|개정판|

항공기 엔진 | 제1권 왕복엔진

Aircraft Engine for AMEs

BM (주)도서출판 성안당

발/간/사

1948년, 첫 민간 항공기가 역사적인 비행을 시작한 이래 우리나라는 세계 7대 항공운송 강국으로 성장했습니다. 현재 세계 177개 도시와 379여개의 항공노선으로 연결 되어 있고, 작년 한 해 만도 1억 2,337만 명의 여객과 427만 톤의 화물을 실어 날랐습니다. 특히, 지난 가을에는 국제민간항공기구(ICAO) 이사국 7연임 달성에 성공함으로써 국제항공 무대에서도 우리나라의 위상은 더욱 높아졌습니다.

국내 항공 산업이 나날이 성장해감에 따라 우리 국토교통부에서는 보다 체계적으로 항공종사자를 양성하고자 2015년 12월부터 항공정비사, 조종사, 항공교통관제사 등을 위한 「항공종사자 표준교재」를 발간하여 왔습니다.

특히 항공정비사를 위한 표준교재는 2015년 12월 초판 발간 후부터 지금까지 많은 예비 항공정비사와 교육 업계의 꾸준한 관심을 받아왔으며, 긍정적인 평가와 동시에 때로는 새로운 교육내용에 대한 건의도 있었습니다.

이에 힘입어 최근 헬리콥터 정비사를 위한 교육교재와 항공전자분야의 전문정비사 양성을 위한 항공전자 · 전기 · 계기(심화) 교재를 발간하였고,

더불어 기존 항공정비사 교육교재 또한 새롭게 바뀐 항공안전법규와 정비기술의 발전 동향을 반영하여 새롭게 개편하였습니다.

이번에 발간하는 제2판 항공정비사 표준교재는 이전의 항공기 형식에는 없던 첨단소재, 동력장치, 전기전자 시스템 등을 갖춘 초대형 항공기의 출현에 따른 새로운 시스템, 장비 및 절차 등을 학습할 수 있도록 최신 동향을 반영 하는 데에 중점을 두었으며,

더불어 초판 교재 중 이해가 어려웠던 용어들을 작업현장에서 실제 사용하는 용어로 수정함과 동시에 한글과 원어를 같이 표기하여 학습자의 이해도를 높이고, 그림자료 또한 국내 작업현장의 자료 등을 활용하는 등 실제 교재 이용자의 다양한 건의사항을 충분히 검토하고 반영하여 학습 편의성을 높일 수 있도록 노력하였습니다.

바라건대, 본 개정판을 통하여 항공정비사를 꿈꾸는 학생, 교육기관의 교수, 현업에 종사하는 항공정비사들에게 교육의 표준 지침서가 되어 우리나라 항공정비 분야의 기초를 튼튼히 하고 저변을 확대하는 데 크게 기여하기를 바랍니다.

끝으로 이 책을 개정 발간하는데 아낌없는 노력과 수고를 하신 개정 집필자, 연구자, 감수자 등 편찬진에게 진심으로 감사드리며 내실 있고 좋은 책을 만들기 위해 노력하신 항공정책실 항공안전정책과장 이하 직원들의 노고에 감사를 표합니다.

항공정책실장 **김 상 도**

표준교재 이용 및 저작권 안내

표준교재의 목적

본 표준교재는 체계적인 글로벌 항공종사자 인력양성을 위해 개발되었으며 현장에서 항공안전 확보를 위해 노력하는 항공종사자가 알아야 할 기본적인 지식을 집대성하였습니다.

표준교재의 저작권

표준교재의 이용 및 주의사항

이 표준교재는 「항공안전법」 제34조에 따른 항공종사자에게 필요한 기본적인 지식을 모아 제시한 것이며, 항공종사자를 양성하는 전문교육기관 등에서는 이 표준교재에 포함된 내용 이상을 해당 교육과정에 반영하여 활용할 수 있습니다.

또한, 이 표준교재는 「저작권법」 및 「공공데이터의 제공 및 이용 활성화에 관한 법률」에 따른 공공저작물 또는 공공데이터에 해당하므로 관련 규정에서 정한 범위에서 누구나 자유롭게 이용이 가능합니다.

그리고 「공공데이터의 제공 및 이용 활성화에 관한 법률」에 따라 이 표준교재를 발행한 국토교통부는 표준교재의 품질, 이용하는 사람 또는 제3자에게 발생한 손해에 대하여 민사상 · 형사상의 책임을 지지 아니합니다.

표준교재의 정정 신고

이 표준교재를 이용하면서 다음과 같은 수정이 필요한 사항이 발견된 경우에는 항공교육훈련포털(www.kaa.atims.kr)로 신고하여 주시기 바랍니다.

- 항공법 등 관련 규정의 개정으로 내용 수정이 필요한 경우
- 기술된 내용이 보편타당하지 않거나, 객관적인 사실과 다른 경우
- 오탈자 및 앞뒤 문맥이 맞지 않아 내용과 의미 전달이 곤란한 경우
- 관련 삽화 등이 누락되거나 추가적인 설명이 필요한 경우

※ 주의 : 표준교재 내용에는 오류, 누락 및 관련 규정 미반영 사항 등이 있을 수 있으므로 의심이 가는 부분은 반드시 정확성 여부를 확인하시기 바랍니다.

목 차

CONTENTS

| 왕복엔진 |

PART 01 왕복엔진 일반 1-2

PART 02 엔진연료 및 연료조절계통 2-2

Reciprocating Engines

목 차

CONTENTS

| 왕복엔진 |

목 차

CONTENTS

| 왕복엔진 |

PART 09 화재방지 계통 9-2

PART 10 엔진 정비 및 작동 10-2

Reciprocating Engines

PART 11 경량항공기 엔진 11-2

01 왕복엔진 일반

General of Reciprocating Engines

1 왕복엔진 일반

General of Reciprocating Engines

1.1 일반적인 요구 사항 (General Requirements)

항공기에 사용되는 엔진의 일반적인 요구조건에는 효율성, 경제성, 및 신뢰성 등이 있다. 낮은 연료소모량, 초기 조달비용과 유지비가 저렴해야 하며, 효율성을 고려하여 마력당 중량비(weight-to-horsepower ratio)를 낮추어야 한다. 또한 신뢰성이 저하됨이 없이 고출력을 지속적으로 유지하면서 차기 오버홀(overhauls)시기까지 장기간 동안 작동할 수 있는 내구성을 갖추어야 한다. 가능한 진동이 없어야 하고 다양한 속도와 고도에서 광범위한 출력을 낼 수 있어야 하며, 정비를 위한 접근성이 용이해야 한다.

이러한 요구 사항들은 모든 기후조건에서 점화를 가능하게 하는 점화계통과, 엔진이 작동되고 있는 비행 자세, 고도, 또는 기후 조건에 관계없이 적절한 혼합가스를 공급할 수 있는 연료조절장치를 필요로 한다. 또한 윤활계통과 진동감쇠장치(vibrations damping unit)가 요구된다.

1.1.1 출력과 무게(Power and Weight)

모든 항공기 동력장치(powerplants)의 유효출력은 추력(thrust)으로써 항공기를 추진시키는 힘(force)이다. 왕복엔진의 정격출력은 제동마력(bhp: brake horsepower)을 사용하며, 가스터빈엔진의 정격출력은 추력마력(thp: thrust horsepower)을 사용한다.

$$\text{추력마력}(thp) = \frac{\text{추력} \times \text{항공기 속도}(m.p.h)}{375\ mile\text{-}pounds\ per\ hours}$$

시간당 375 mile-pound의 값은 다음과 같은 기본적인 마력 공식에서 유도된다.

$$1hp = 33{,}000\ feet\text{-}lb\ per\ minute$$

$$33{,}000 \times 60 = 1{,}980{,}000\ feet\text{-}lb\ per\ hour$$

$$\frac{1{,}980{,}000}{5{,}280} = 375\ mile\text{-}pound\ per\ hour$$

1마력은 분당 33,000 ft-lb 또는 시간당 375 mile-pound와 같다. 정적상태에서 추력은 약 시간당 2.6 lbs로 계산된다.

추력(thrust)이 4,000 lbs인 가스터빈엔진을 장착한 항공기가 500 mph로 비행하고 있다면 추력마력(thp)은 아래와 같다.

$$\frac{4{,}000 \times 500}{375} = 5{,}333.33\ thp$$

마력은 속도에 따라 달라지므로, 항공기 속도에 따라 각 마력을 계산하는 것이 필요하다. 일반적으로 왕복엔진의 출력은 제동마력(brake horsepower)으로 표시되고, 터빈엔진은 파운드(lbs) 단위의 추력(thrust)으로 표시되기 때문에 마력을 기준으로 왕복엔진과 터빈엔진의 직접적인 출력의 비교는 어렵다. 그러나 왕복엔진의 제동마력(brake horsepower)을 프로펠러에 의한 추력으로 전환할 수 있으므로 터빈엔진의 추력과 왕복엔진의 프로펠러 추력에 의한 비교가 가능하다. 엔진의 이륙출력(takeoff power)은 항공기 이륙 시에 사용하는 최대 출력(maximum power)으로 엔진 제작사에 의해 2~5분 정도 사용시간이 제한된다. 보통 최대출력을 2분 이상 유지하는 경우는 드물며, 이륙 후 몇 초 이내에 상승에 필요한 출력과 장시간 유지될 수 있는 출력으로 줄여진다. 항공기가 순항고도(cruising altitude)까지 상승한 후, 엔진출력은 비행기간 동안 유지될 수 있는 순항출력(cruise power)으로 더욱 줄여진다.

제동마력 당 엔진 무게(엔진의 비중량)가 감소하면, 유효하중(useful load)과 항공기 성능은 확연히 증가한다. 반면 과도하게 무거운 것을 운송하는 것은 항공기 엔진의 성능을 감소시키게 된다. 설계 및 금속재료의 개선을 통해 항공기 엔진의 중량을 감소시킴으로써 동력 대 중량비(비중량)가 크게 향상되었다.

1.1.2 연료 경제성(Fuel Economy)

항공기 엔진의 연료 경제성을 나타내는 기본적인 매개변수(Parameter)는 일반적으로 연료소비율(SFC: Specific Fuel Consumption)이다. 가스터빈 엔진의 연료소비율은 측정된 연료흐름(lb/hr)을 추력(lb)으로 나눈 것이며, 왕복엔진은 제동마력(brake horsepower)으로 나눈 것이다. 이 값을 추력당연료소비율(TSFC: Thrust Specific Fuel Consumption)과 제동비연료소모율(BSFC: brake specific fuel consumption)이라고 부른다. 등가연료소비율(Equivalent Specific Fuel Consumption)은 터보프롭엔진에서 사용되며, 측정된 연료흐름(lb/hr)을 터보프롭의 등가축마력(equivalent shaft horsepower)으로 나눈 것이다. 연료소비율을 기준으로 여러 엔진을 비교할 수 있다. 저속에서는 왕복엔진과 터보프롭엔진이 터보제트엔진 또는 터보팬엔진보다 더 경제적이지만 고속에서는 프로펠러 효율의 손실로 인해 400mph 이상의 고속에서는 터보팬 엔진보다 경제성이 떨어진다.

1.1.3 내구성과 신뢰성 (Durability and Reliability)

내구성과 신뢰성은 일반적으로 다른 요소를 포함하지 않고 언급하기 어렵기 때문에 동일한 요소로 간주된다. 즉, 신뢰성은 고장(failures) 주기에 따른 평균시간으로 측정되는 반면, 내구성은 오버홀(overhauls) 주기에 따른 평균시간으로 측정된다.

항공기 엔진은 다양한 비행 자세와 극한의 기상조건에서 정격출력(specified rating)을 유지할 수 있을 때 신뢰할 수 있다. 동력장치(powerplants)의 신뢰성에 대한 표준은 감항당국 엔진 제작사, 그리고 기체 제작사에 의해서 합의된다. 엔진 제작사는 설계(design), 조사(research), 그리고 시험(testing)을 통해서 제품의 신뢰성이 보장된다. 엔진의 제조 과정과 조립 절차는 엄격하게 관리되며, 완성된 엔진은 시험을 거친 후 공장에서 출고된다.

내구성이란 요구된 신뢰성이 유지되는 범위에서의 엔진 수명을 말한다. 엔진이 형식시험(type test) 또는 보증시험(proof test)을 성공적으로 마쳤다는 것은 오버홀이 요구되기 전까지 오랜 기간 동안 정상 상태로 작동될 수 있다는 뜻이다. 오버홀 주기(TBO: time between overhauls)는 엔진 온도, 고출력 상태로 작동된 엔진 사용 시간, 그리고 정비시행시기 등에 따라 달라진다. 권고된 오버홀 주기는 엔진 제작사에 의해 정해진다.

신뢰성과 내구성은 엔진 제작사에 의해 수립되지만, 엔진의 지속적인 신뢰성은 정비(maintenance), 오버홀(overhaul), 그리고 운영자(operating personnel)에 의해서 결정된다. 세심한 정비와 오버홀 방법, 주기적인 검사와 비행 전 검사(preflight inspections), 그리고 제작사가 정해준 운용 한계를 엄격히 준수하면 엔진고장(engine failure)은 거의 발생하지 않는다.

1.1.4 작동 유연성(Operating Flexibility)

작동 유연성이란 엔진이 원활하게 작동하면서, 저속(idling)에서 최대출력(full-power)에 이르기까지 모든 속도범위에서 요구되는 성능을 제공하는 엔진의 능력이다. 또한 항공기 엔진은 대기조건의 모든 변화에 따라 광범한 작동 에 대응하여 효율적으로 작동되어야 한다.

1.1.5 소형화(Compactness)

항공기의 적절한 유선형(streamlining)과 균형(balancing)을 위해서는 엔진의 모양과 크기는 가능한 한 작아야 한다. 단발 항공기의 엔진 모양과 크기를 작게 하면 조종사의 시야확보가 유리하고, 항력(drag)을 줄일 수 있는 장점이 있다.

중량제한(Weight limitations)은 소형화 요건과 밀접한 관계가 있다. 엔진이 더 길어지고 폭이 넓어지면 비중량(specific weight)을 허용한계 내에서 유지하기가 더욱 어렵게 된다.

1.1.6 동력 장치 선택(Powerplant Selection)

엔진의 비중량(specific weight)과 비연료소비율은 앞에서 설명되었지만, 특정한 설계 요건에 적합한 최종적인 동력장치(powerplant) 선택은 분석적인 관점에서 논의될 수 있는 것 이상의 요소들에 기준을 두어야 한다.

순항 속도가 250mph를 초과하지 않는 항공기를 위한 동력장치의 통상적인 선택은 왕복엔진이다. 저속범위에서 경제성이 요구되는 경우, 종래(conventional)의 왕복엔진이 선택되는데, 그 이유는 탁월한 효율(excellent efficiency)과 비교적 저렴한 비용(low cost) 때문이다.

고고도 성능이 요구되는 경우, 터보 과급기(turbo-supercharged)를 장착한 왕복엔진을 선택하게 되는데, 그 이유는 30,000feet 이상의 고고도에서 정격출력(rated power)을 유지할 수 있기 때문이다. 터보프롭엔진(turboprop engine)은 순항속도가 180~350mph의 범위에서 작동성능이 우수하다. 터보프롭엔진이 주어진 엔진 출력에서 연료하중(fuel load) 또는 유상하중(payload)을 더 크게 할 수 있는 이유는 왕복엔진에 비해 중량(pound of weight)당 더 많은 출력을 생성하기 때문이다. 350mph에서 마하(Mach) 0.8~0.9 속도에서는 터보팬엔진(turbofan engines)이 일반적으로 사용되며, 마하(Mach) 1 이상의 속도에서는 후기연소기(after-burner)를 장착한 터보제트 엔진(turbojet engines) 또는 저바이패스 터보팬엔진(low-bypass turbofan engine)이 사용된다.

1.2 엔진의 분류(Types of Engines)

왕복엔진의 분류는 실린더 배열에 의한 분류방식과 냉각 방법에 의한 분류방식이 많이 사용된다. 실린더 배열에 따라 직렬형(in line), V형(V-type), 성형(radial), 대향형(opposed) 등으로 분류하며, 냉각 방법에 따라 액랭식(liquid cooled), 또는 공랭식(air cooled)으로 분류한다.

실제로 모든 피스톤 엔진은 주위의 공기로 과도한 열을 전달시킴으로써 냉각시킨다. 공랭식엔진은 공기를 이용하여 엔진을 냉각시키는 방법으로서 실린더와 실린더 헤드에 냉각핀(cooling fin)을 설치하여 실린더의 표면적을 증가시키고, 이 냉각핀 사이로 공기를 지나가도록 유도하여 냉각시키는 방법이다. 일부 고출력엔진에서 액랭식을 사용하기도 하지만 대부분의 왕복엔진은 공랭식을 사용한다.

1.2.1 직렬형엔진(Inline Engines)

직렬형 엔진은 냉각 및 진동제어를 위해 일반적으로 실린더 수가 짝수로 제한되지만, 일부 엔진은 3기통으로 구성된 경우도 있는데, 특히 크랭크샤프트(Crankshafts) 아래쪽에 실린더가 장착되어 있는 것을 도립 직렬형 엔진(inverted engine)이라고 한다. 직렬형 엔진의 냉각 방법은 공랭식과 액랭식이 사용되나 항공기용 엔진에서는 액랭식이 거의 사용되지 않는다.

직렬형 엔진은 전면 면적(frontal area)이 작으며 유선형으로 제작하기에 알맞다. 크랭크샤프트(Crankshafts) 아래에 실린더가 배치된 도립식 엔진을 사용하면 착륙장치(landing gear)를 짧게 할 수 있고, 조종사 시야 확보가 용이하다. 공랭식 직렬형 엔진의 출력 증가를 위해 실린더 수를 증가시키면 냉각효율이 떨어진다. 따라서 이러한 형식의 엔진은 저마력(low horsepower) 또는 중마력(medium horsepower) 구형 소형엔진에 사용되었다.

[그림 1-1] 4기통 대향형 엔진(typical four-cylinder opposed engine)

1.2.2 대향형 또는 O-형엔진 (Opposed or O-type Engines)

대향형 엔진(opposed-type engine)은 경항공기와 경헬리콥터에 적합한 엔진으로 그림 1-1과 같이 1개의 크랭크샤프트(Crankshafts)에 양쪽으로 실린더가 배치되어 수평으로 장착된다. 대향형 엔진의 냉각방식은 공랭식과 액랭식을 사용할 수 있으나 대부분 공랭식이 사용된다.

대향형 엔진은 마력당 중량비(weight-to-horsepower ratio)가 비교적 낮고, 공기 흐름이 유선형이며, 진동(vibration)이 적은 것이 장점이다.

1.2.3 V-형엔진(V-type Engines)

V-형 엔진은 일반적으로 12개 실린더가 60°의 경사각을 이루는 V자 형태로 2열로 배열되어 있으며, 냉각방식은 공랭식과 액랭식이 사용된다. 엔진은 V 다음에 대시(Dash)를 붙이고 피스톤 배기량을 $inch^3$로서 표시된다. 예를 들어, V-1710이다. 이 엔진 형식은 주로 제2차 세계대전 동안 사용되었으며 대부분 구형 항공기에 제한적으로 사용되었다.

1.2.4 성형엔진(Radial Engines)

1열(single-row) 성형엔진은 그림 1-2와 같이 중앙의 크랭크샤프트(Crankshafts)를 중심으로 홀수의 실린더가 방사형(radial type)으로 배열된 엔진이다. 성형엔진은 크랭크샤프트(Crankshafts)가 짧기 때문에 왕복엔진 중에 마력 당 중량비가 가장 낮다. 1열 성형엔진의 실린더 수는 3개, 5개, 7개, 9개로 구성되며, 2열(double-row) 성형엔진은 그림 1-3과 같이 1개의 크랭크샤프트(Crankshafts)에 1열 성형엔진이 복열로 연결되어 있다. 4열 성형엔진의 경우 한 열에 7개의 실린더가 4열로 배열되어 총 28개 실린더가 장착된다.

[그림 1-2] 성형엔진(Radial engine)

[그림 1-3] 복열성형엔진(Double row radials)

1.3 왕복엔진(Reciprocating Engines)

1.3.1 설계 및 구조(Design and Construction)

왕복엔진의 기본 주요 부품은 크랭크케이스, 실린더, 피스톤, 커넥팅로드 (connecting rod), 밸브, 밸브작동기구(valves-operating mechanism), 그리고 크랭크샤프트(Crankshafts)다. 각 실린더 헤드에는 밸브와 점화플러그가 있다. 밸브 중 하나는 흡기계통으로 통하는 통로에 있고, 다른 하나는 배기계통으로 통하는 통로에 있다. 각 실린더 내부에는 커넥팅로드에 의해 크랭크샤프트(Crankshafts)에 연결되어 움직이

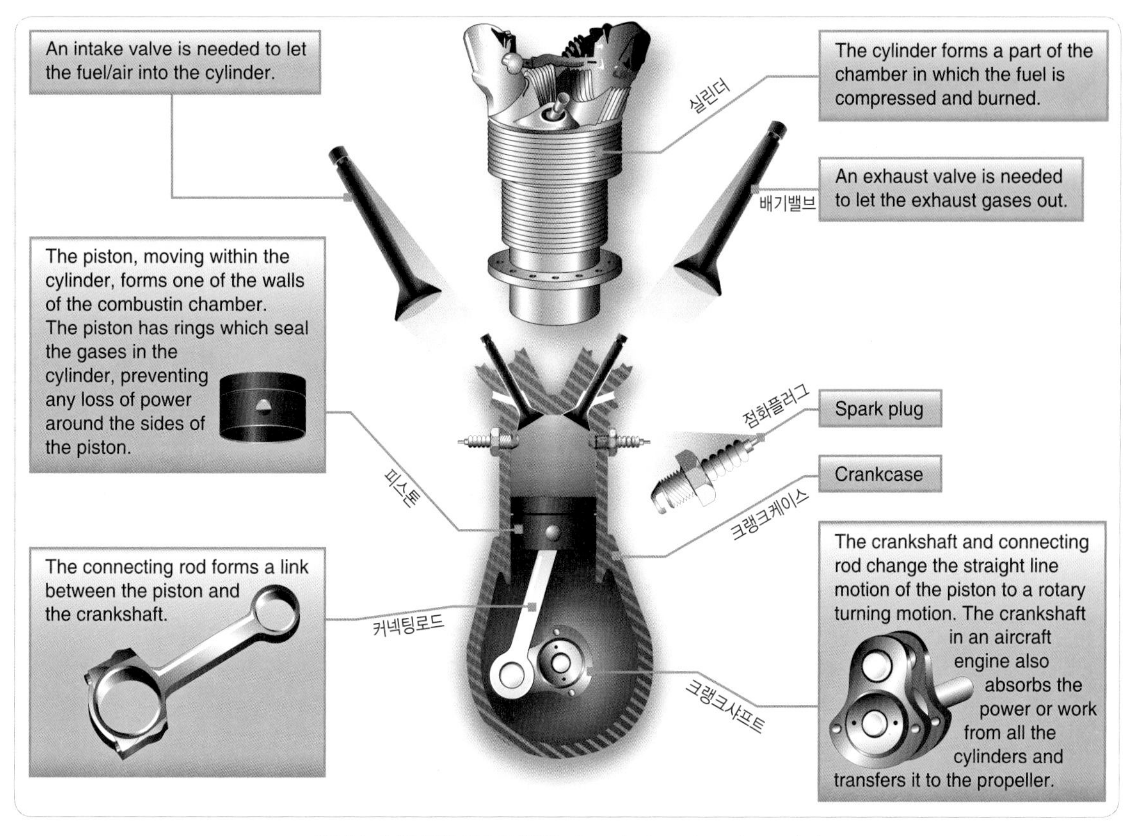

[그림 1-4] 왕복엔진 기본 구성품(Basic parts of a reciprocating engine)

는 피스톤이 있다. 그림 1-4는 왕복엔진의 기본 부품을 묘사하고 있다.

1.3.2 크랭크케이스 부분(Crankcase Sections)

크랭크 케이스는 엔진 본체를 지지하는 토대(foundation)로서 크랭크샤프트(Crankshafts)의 회전 부위를 지지하는 베어링 및 베어링 지지대(supports)를 포함하고 있다. 주물 또는 단조 된 알루미늄합금은 대체로 가볍고 강하기 때문에 크랭크케이스 제작에 사용된다. 크랭크케이스의 기능은 다음과 같다.

① 크랭크케이스는 그 자체를 지지하며, 엔진의 다양한 내부 및 외부 기계장치(mechanisms)를 지지한다.
② 윤활유를 단단히 밀폐(enclosure)시킨다.
③ 실린더 장착을 위한 지지대(support)가 있다.
④ 동력장치(powerplant)를 항공기에 장착하기 위한 장착장치가 있다.
⑤ 크랭크샤프트(Crankshafts)와 베어링의 비틀어짐(misalignment)을 방지한다.

크랭크케이스는 다양한 기계적인 하중과 여러 힘을 받고 있다. 실린더는 크랭크케이스에 고정되

[그림 1-5] 크랭크케이스(crankcase)

어 있기 때문에, 연소에 의한 팽창력이 크게 작용하고 있다. 주 베어링을 통해 작용하는 크랭크샤프트(Crankshafts)의 균형 잡히지 않은 원심력과 관성력이 크랭크케이스에 방향과 크기가 연속적으로 변하는 굽힘 모멘트(bending moments)로 작용한다. 크랭크케이스는 큰 변형 없이 이러한 굽힘 모멘트를 견딜 수 있는 충분한 강성(stiffness)이 있어야 한다.

엔진에 프로펠러 감속기어(reduction gear)가 장착되었다면, 전방 또는 후방 끝에서 추가적인 힘이 가해진다. 또한 고출력 시 프로펠러에 의해 생성되는 추진력(thrust forces)외에도 항공기 운항 중에 발생할 수 있는 급격한 방향전환으로 인해 크랭크케이스에 원심력(centrifugal forces)과 회전력(gyroscopic forces)이 가해진다. 회전력은 대형 프로펠러가 장착되었을 경우에는 특히 심하다. 전방 부분에서 원심하중(centrifugal load)을 흡수하기 위하여 대형 원심베어링이 노즈섹션(nose section)에 사용된다.

크랭크케이스 섹션(crankcase section)의 전반부 또는 노즈(nose)는 다양한 형태로 되어 있다. 일반적으로 테이퍼 진 형태(tapered)이거나 원형(round)이다. 프로펠러가 크랭크샤프트(Crankshafts)에 의해 직접 구동되는 경우, 엔진 구성품들을 배치할 공간을 줄일 수 있다. 대향형엔진 또는 직렬형엔진의 크랭크케이스는 일반적으로 원통형(cylindrical)이 사용된다. 실린더 패드(cylinder pads)는 실린더가 부착되는 베이스(base)로서 캡 스크루(cap screw), 볼트(bolt), 또는 스터드(Stud)에 의해 실린더가 장착될 수 있도록 정밀하게 가공되어 있다.

프로펠러가 감속기어에 의해 구동될 경우, 감속기어를 수용할 수 있는 더 많은 공간이 필요하게 된다. 테이퍼 진 노즈 섹션(tapered nose section)은 프로펠러를 직접 구동하는 저출력 엔진(low-powered engine)에 주로 사용되는 데 그 이유는 감속기어를 수용하기 위한 추가적인 공간이 필요하지 않기 때문이다. 크랭크케이스 전방 부분은 일반적으로 알루미늄합금이나 마그네슘합금으로 주조된다. 출력이 1,000~2,500마력인 엔진의 크랭크케이스 노즈 섹션(crankcase nose section)은 감속기어를 수용하기 위해 더 크게 되어 있으며, 최대한 많은 힘(strength)을 얻기 위해 리브(rib)로 보강한다.

조속기(governor)는 프로펠러 속도와 블레이드 각도(blade angle)를 제어하기 위해 사용된다. 프로펠러 조속기를 장착하는 방법은 다양하다. 특히 프로펠러가 오일압력(oil pressure)에 의해서 작동되고 제어되는 엔진이라면, 비록 장착이 복잡하게 되더라도 조속기와 프로펠러 거리 때문에 후방 부분(rear section)에 장착한다. 유압(hydraulic)으로 작동되는 프로펠러가 사용되는 경우에는, 오일(oil) 통로의 길이를 단축하기 위해 조속기를 노즈 섹션(nose section)에 장착하는 것이 바람직하다. 조속기는 벨 기어(bell gear) 주위의 치차(gear teeth)로부터 구동되기도 하고 또는 다른 적절한 방법으로 구동된다. 이 기본 배열은 터보프롭(turboprop)에서도 사용된다.

일부 대형 성형엔진(radial engine)의 노즈 섹션(nose section) 하부에는 오일(oil)을 모으기 위한 작은 방(chamber)이 있다. 이것을 노즈 섹션 오일섬프(nose section oil sump)라고 한다. 노즈 섹션은 메인 크랭크케이스(main crankcase) 또는 파워섹션(power section)에 다양한 힘을 전달하기 때문에 부하(load)를 효율적으로 전달하기 위해 적절히 고정되어 한다.

실린더가 장착되는 기계로 가공된 표면을 실린더 패드(cylinder pad)라고 하는데, 크랭크케이스에 실린더를 적절하게 고정시키거나 체결되도록 해준다. 실린더 플랜지를 패드에 장착시키는 일반적인 방법은 크랭크케이스의 나사 홀(threaded holes)에 스터드(Stud)를 장착하는 것이다. 실린더 패드의 안쪽 부분은 챔퍼(chamfer) 또는 테이퍼(taper) 처리되어 있는데, 실린더 스커트(cylinder skirt)에 큰 고무 오링(O-ring)을 설치하여 실린더와 크랭크케이스 사이를 밀봉시켜 오일(oil)이 누설(leakage)되는 것을 방지한다.

특히 도립 직렬형엔진(inline type engine)과 성형엔진(radial type engine)에서는 크랭크케이스 안에서 오일(oil)이 뿌려지기(thrown) 때문에 도립된 실린더 내부로 오일이 유입되는 것을 최소화하기 위해 실린더 스커트의 길이가 상당부분 연장되어 있다. 피스톤과 피스톤 링 어셈블리는 오일이 직접 뿜어지도록 마련되어 있어야 한다.

장착러그(mounting lug)는 크랭크케이스 후면 또는 성형엔진의 디퓨저 섹션 주위에 마련되어 있다. 단발 항공기 동체나 다발 항공기 날개의 나셀(nacelle) 구조부에 동력장치(powerplants)를 장착하기 위한 엔진 마운트(engine mount)이거나 프레임워크(framework)이다. 장착러그(mounting lug) 크랭크케이스 나 디퓨저 부분과 일체형이거나, 분리할 수 있는 엔진 마운트이다.

장착 방식은 프로펠러를 포함하여 모든 동력장치를 지지하고 있기 때문에 급격한 기동이나 다른 하중에 대한 충분한 강도를 갖도록 설계되어야 한다. 실린더의 신장과 수축 때문에, 디퓨저 쳄버(Diffuser Chamber)로부터 흡입밸브포트(intake valve port)를 통해 혼합가스를 운반하는 흡입관(intake pipe)은 누설방지가 되어 있는 슬립 조인트(slip joint)로 되어 있다. 과급기(supercharger)가 없는 엔진의 경우, 특히 엔진이 아이들 회전속도(idling speed)상태 일 때 외부의 대기압이 내부 압력보다 더 높다. 반면 과급기가 장착되어 있은 엔진이 최대출력(full-throttle)으로 작동하는 경우, 케이스 외부의 압력보다 내부의 압력이 훨씬 더 높다. 슬립 조인트(slip joint)의 연결부에 약간의 누설(leakage)이 되면, 혼합가스가 희박해지기 때문에, 엔진의 아이들(idle)회전속도가 빨라질 수 있으며, 만일 누설이 심할 경우, 이때에는 아이들(idle) 속도로도 전혀 회전하지 못할 것이다. 스로틀이 열린 상태에서는, 아마도 소량의 누설은 엔진 작동에 뚜렷한 영향이 없겠지만, 약간의 희박한 연료 · 공기 혼합기는 디토네이션(detonation) 또는 밸브와 밸브 시트(valve seat)에 손상 원인이 된다. 일부 성형엔진의 흡입관은 상당히 길며, 일부 직렬형엔진의 흡입관은 실린더에 직각으로 되어 있다. 이런 경우에, 흡입관의 유연성(flexibility)이나 슬립 조인트가 필요하지 않다. 어느 경우에서나, 엔진 흡기계통은 공기 누설이 없어야 하며, 설정된 공연비(fuel/air ratio)가 변화하지 않도록 배치되어야 한다.

1.3.3 액세서리 부분(Accessory Section)

액세서리(후방) 부분은 일반적으로 알루미늄합금 또는 마그네슘 주물로 되어 있다. 일부 엔진에서는 일체형(one piece)으로 주조되어, 마그네토(magnetos), 기화기(carburetor), 연료펌프(fuel pumps), 오일펌프(oil pumps), 진공펌프(vacuum pump), 시동기(starter), 발전기(generator), 회전속도계(tachometer), 구동장치(drive) 등과 같은 액세서리를 장착하기 쉽게 되어있다.

또 다른 경우에는 알루미늄합금 주조된 구성과 액세서리 마운트가 위치한 곳에는 주물 마그네슘 덮개판(Cover Plate)으로 분리되어 있다. 액세서리 구동축은 액세서리가 적절히 구동되도록 배열된 장착 패드에 장착되어 있다. 이러한 방식은, 마그네토, 펌프, 그리고 다른 액세서리가 정확한 시기와 기능을 발휘할 수 있도록 적절한 구동속도를 위한 다양한 기어 비를 제공하기 위해 배열되었다.

1.3.4 액세서리 기어열 (Accessory Gear Trains)

엔진 부품과 액세서리를 구동시키기 위한 평 기어와 베벨기어 모두를 포함하는 기어열은 서로 다른 형태의 엔진에 사용된다. 평 기어는 대체로 큰 부하의 액세서리를 구동시키기 위해 사용되거나, 기어열 사이의 가장 작은 움직임 또는 틈(backlash)이 요구되는 곳에 사용된다. 베벨기어는 짧은 축으로 이어지는 다양한 액세서리 장착 패드(Mount Pad)에 각진 곳에 사용된다. 대향형 왕복엔진의 액세서리 기어열은 일반적으로 단순한 배열 구조이다. 대부분의 이런 엔진들은 적절한 속도에서 액세서리를 구동시키기 위해 단순한 기어열을 사용한다.

1.4 크랭크샤프트(Crankshafts)

크랭크샤프트는 크랭크케이스의 세로축에 평행하게 있고, 일반적으로 각 스로(throw) 사이에 주 베어링(main bearing)에 의해 지지된다. 일반적으로 크랭크케이스에 횡 방향 웹(transverse webs)이 주베어링마다 하나씩 설치되어 있어서 크랭크샤프트 주 베어링은 크랭크케이스에 견고하게 지지되어진다.

이 웹은 내부구조의 필수 부분을 형성하며 주 베어링을 지지할 뿐만 아니라 전체 케이스의 강도를 높여준다. 크랭크케이스는 세로축 방향으로 2개 부분으로 나누어진다. 그림 1-6과 같이, 이러한 플레인 베어링은 주 베어링 또는 캠샤프트 베어링의 절반이 케이스의 한쪽 부분과 반대 부분에 나머지 절반이 되도록 크랭크샤프트에 놓여 있다. 크랭크샤프트는 피스톤과 커넥팅로드의 왕복운동을 프로펠러를 회전시키기 위한 회전운동으로 전환시킨다. 크랭크샤프트는 축의 길이를 따라 정해진 지점에 위치한 1개 이상의 크랭크(cranks)로 구성된 축이다. 크랭크 또는 스로(throw)는 기계로 가공되기 전에, 축에 오프셋(offset)되어 단조로 제작된다. 크랭크샤프트는 왕복엔진에 의해 생성되는 힘의 대부분을 받는 중추역할을 하고 있기 때문에 극히 강한 합금강인 크롬 · 니켈 · 몰리브덴강(chromium-nickel-molybdenum steel)으로 제작된다.

크랭크샤프트의 구조는 싱글피스(single-piece), 또는 멀티피스(multipiece)로 구성된다. 그림 1-7에

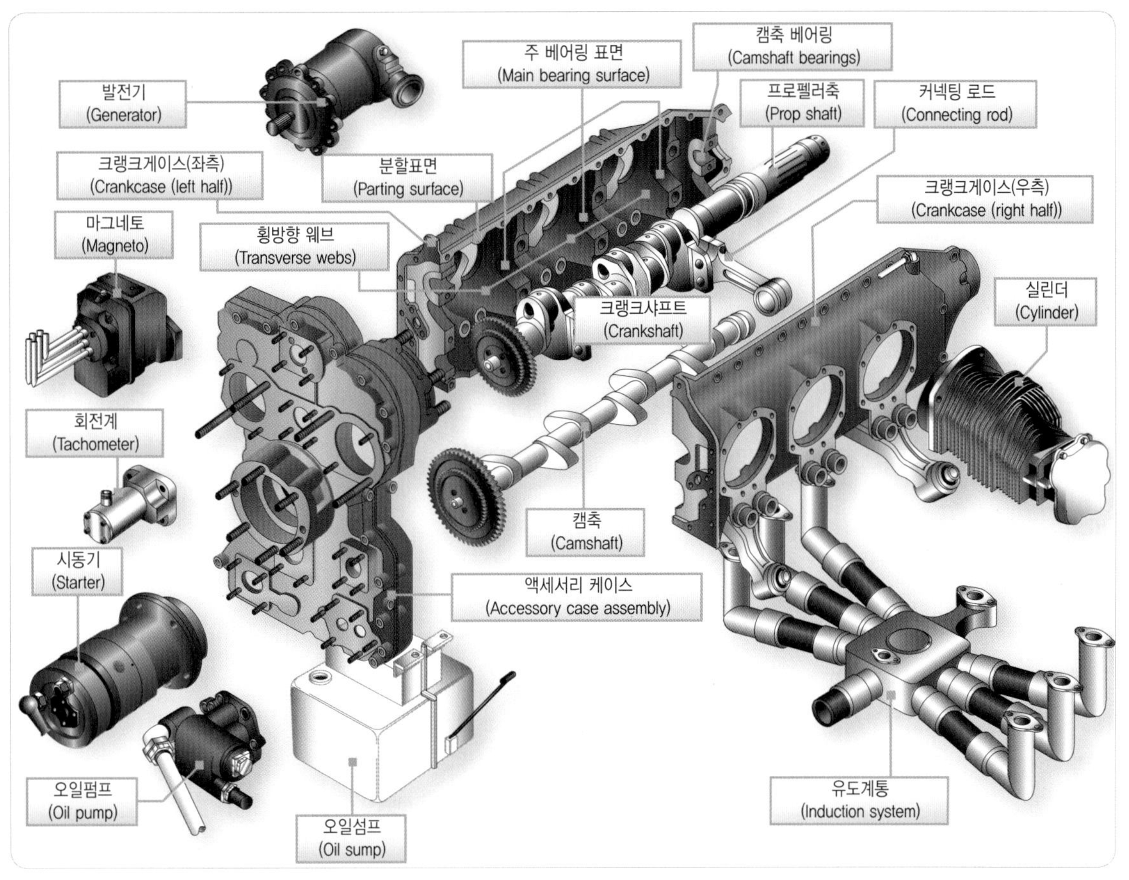

[그림 1-6] 왕복엔진 기본 구성품(Typical opposed engine exploded into component assembles)

서는 항공기 엔진에 사용되는 크랭크샤프트의 대표적인 두 가지 형태를 보여 준다. 4 스로(throw) 축 구조는 4기통 수평 대향형(horizontal opposed)엔진 또는 4기통 직렬형(inline)엔진에 사용된다. 6 스로(throw) 축 구조는 6기통 직렬형엔진, 12기통 V-형엔진, 그리고 6기통 대향형엔진에 사용된다. 성형엔진의 크랭크샤프트는 엔진이 단열(single-row), 복열(twin-row) 또는 4열(four-row) 형식에 따라 단열-스로(single-throw), 복열-스로(two-throw), 또는 4열-스로(four-throw) 형태가 있다. 그림 1-8에서는 단열-스로(single-throw) 성형엔진 크랭크샤프트를 보여 주고 있다.

크랭크샤프트는메인 저널(main journal), 크랭크핀(crankpin), 크랭크 칙(crank cheek)으로 구성되어 있으며, 엔진의 진동을 줄이기 위해 카운터웨이트(counterweight)와 댐퍼(dampers)장착되어 있다.

주 저널(main journal)은 주 베어링(main bearing)에 의해 지지되며, 크랭크샤프트의 회전을 위한 중심 역할을 한다. 마모를 줄이기 위해 표면경화(surface hardened) 처리되어 있다.

크랭크핀(crankpin)은메인 저널(main journals)로부터 편심(off-center)되어 있는 부분으로 커넥팅로

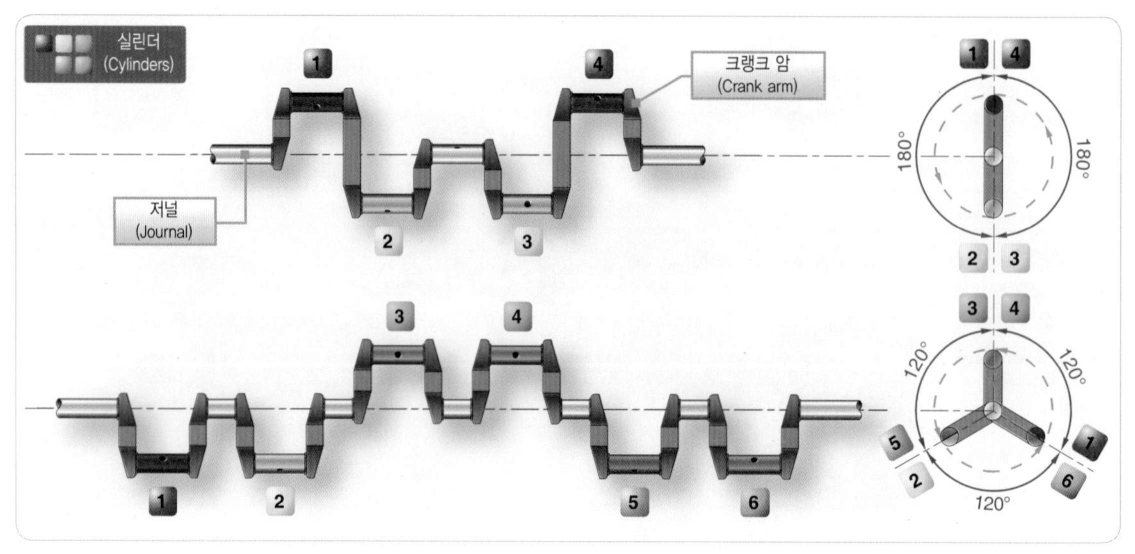

[그림 1-7] 크랭크샤프트(Solid types of crankshafts)

드(connecting rod)와 연결되는 것으로 스로(throw)라고 부르기도 한다. 스로(throw)는 2개의 크랭크 칙과 1개의 크랭크핀으로 구성된다. 피스톤과 커넥팅로드에 의해 크랭크핀에 힘이 가해지면 크랭크샤프트가 회전하게 된다.

외부표면은 마모를 줄이기 위해 질화(nitriding)처리로 표면경화 처리한다. 크랭크핀(crankpin)은 크랭크샤프트의 무게를 감소시키고 윤활유 흐름의 통로역할을 하기 위해 중공(hollow)으로 제작된다. 초기 엔진에서는 중공으로 만들어 진 크랭크핀이 슬러지 챔버(sludge chamber)의 역할을 하였지만 최근 엔진들은 슬러지 등을 유중에 분산시키는 무회분산제(AD: Ashless Dispersant)오일(oil)을 사용하기 때문에 더 이상 슬러지 챔버(sludge Chamber)로 사용하지 않는다.

크랭크 칙(crank cheek)은 크랭크 암(crank arm)이라고도 부르며, 메인 저널과 크랭크 핀을 연결 시켜주는 크랭크샤프트의 한 부분이다. 많은 엔진에서 크랭크 칙은 저널너머로 연장되어 있는데 이것은 크랭크샤프트의 평형을 유지하기 위해 사용되는 균형추(counterweight)를 지지하기 위함이다. 일부 엔진에

[그림 1-8] 왕복엔진 기본 구성품(single-throw radial engine crankshaft)

서는 크랭크샤프트로부터 실린더 벽에 오일(oil)이 분무되도록 크랭크 칙에 홀(hole)을 뚫어 놓았다. 크랭크 칙은 크랭크핀과 저널 사이에 필요한 강성을 얻기 위해 견고한 구조이어야 한다.

모든 경우에, 크랭크샤프트의 형태와 크랭크핀의 수는 엔진의 실린더 배열에 상응한다. 동일한 축의 서로 다른 크랭크의 위치는 크랭크샤프트에 크랭크의 각도로 나타낸다.

가장 간단한 크랭크샤프트는 단열-스로(single-throw) 또는 360° 형태이고, 단열(single-row) 성형엔진에 사용되며, 한 싱글피스(single-piece), 또는 멀티피스(multipiece) 구조로 구성되며, 2개의 주 베어링(각 끝단에 1개씩)에 의해 지지된다. 복열-스로(double-throw) 또는 180° 크랭크샤프트는 복열(twin-row)성형엔진에 사용된다. 성형엔진에서는 각 실린더 열 마다 스로가 한 개씩 있다.

1.4.1 크랭크샤프트의 균형 (Crankshaft Balance)

엔진에서의 과도한 진동은 금속구조의 피로파괴(fatigue failure)를 초래할 뿐만 아니라, 작동되는 부품이 급속하게 마모되는 원인이 된다. 또한 균형 잡히지 않은 크랭크샤프트에 의해 과도한 진동이 발생한다. 따라서 크랭크샤프트는 정적 균형(static balance)과 동적 균형(dynamic balance)을 유지하여야 한다.

크랭크샤프트의 정적균형은 크랭크핀, 크랭크 칙 및 카운터웨이트가 완전히 조립된(entire assembly) 상태에서 회전축을 중심으로 균형이 잡혔을 때 이루어진다.

크랭크샤프트의 정적 균형을 점검(check)할 경우, 크랭크샤프트를 2개의 나이프 에지(knife edge) 위에 올려놓는다. 시험(test) 중에 축이 어느 한 방향으로 돌아가려는 경향이 있으면 정적균형이 잡히지 않은 것이다.

1.4.2 다이내믹 댐퍼(Dynamic Dampers)

다이나믹 댐퍼의 목적은 크랭크샤프트가 회전하는 동안 발생하는 진동을 경감시키기 위함이다.

다이내믹 댐퍼는 크랭크샤프트에 고정되어 있는 진자(pendulum)이며, 카운트웨이트(counterweight) 어

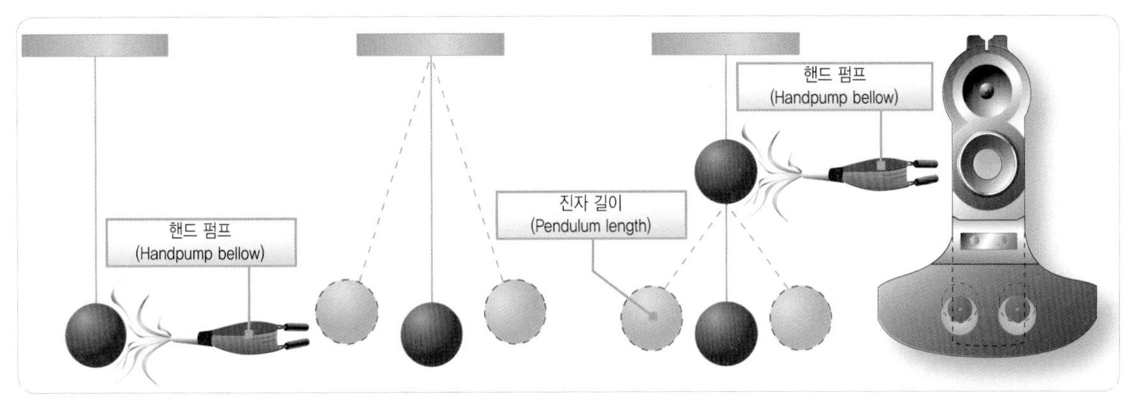

[그림 1-9] 왕복엔진 기본 구성품(Principles of a dynamic damper)

셈블리에 통합되어 있다. 일부 크랭크샤프트는 두 개 또는 그 이상의 이와 같은 어셈블리를 통합하고 있으며, 각각 다른 크랭크 칙에 부착(attach)되어 있다.

다이나믹 댐퍼는 크랭크샤프트에 발생하는 비틀림 진동(torsional vibration)을 경감시키기 위해 필요하다. 일반적으로 비틀림 진동은 주로 피스톤의 동력 임펄스(power impulse)에 의해 발생한다. 실제로 왕복엔진의 출력은 폭발행정에서 단속적으로 발생하기 때문에 비틀림 진동이 발생하게 된다. 또한 각 실린더에서 생성되는 출력이 일정하지 않을 경우에도 발생하게 된다. 크랭크샤프트에 진동주파수(vibration frequency)가 발생하면 진자의 움직임에 의해서 진동주파수를 상쇄시켜 진동을 최소화 한다.

엔진에 사용되는 다이내믹 댐퍼의 구조는 크랭크 칙에 부착된 움직일 수 있게 되어 있는 홈이 파진 강철(slotted-steel) 카운터웨이트(counterweight)로 되어 있다. 그림 1-9에서는 다이내믹 댐퍼의 원리를 보여주고 있다.

1.5 커넥팅로드(Connecting Rods)

그림 1-10과 같이, 커넥팅로드는 피스톤의 왕복운동을 크랭크샤프트의 회전운동으로 변환시켜주며, 동시에 힘을 전달시켜 주는 연결 장치이다. 따라서 커넥팅로드는 충분한 강도를 가져야하며, 동시에 커넥팅로드와 피스톤이 정지하여 방향을 바꾸고 각 행정(stroke)의 끝에서 다시 시작할 때 발생하는 관성력을 줄일 수 있을 정도로 충분히 가벼워야 한다.

그림 1-11과 같이, 커넥팅로드는 네 가지 형태가 있다.

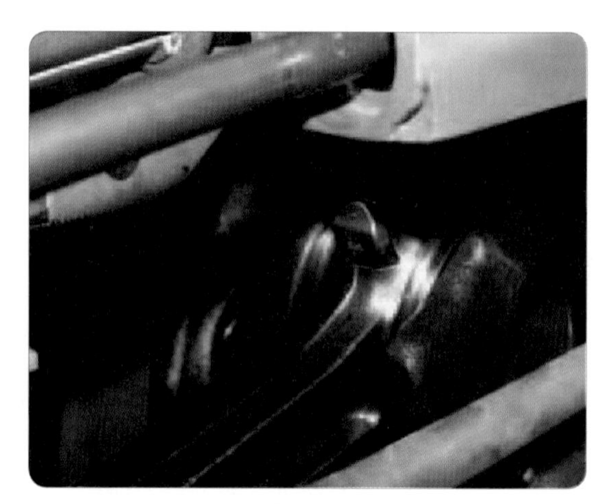

[그림 1-10] 커넥팅 로드(connecting rod)

(1) 평형(Plain)
(2) 포크 블레이드형(Fork-and-blade)
(3) 마스터와 아티큘레이터 (Master-and-articulated)
(4) 분리형(Split-type)

1.5.1 마스터와 아티큘레이터 로드(Master-and-articulated Rod Assembly)

마스터와 아티큘레이터 로드는 주로 성형엔진에 사용된다. 성형엔진의 각 열(row)의 실린더 내에 있는 전체 피스톤 중에 한 개의 피스톤만 마스터로드(master rod)에 연결되고 나머지 실린더 내에 있는 피스톤은 아티큘레이터 로드(articulated rods)에 의해서 마스터 로드에 연결된다. 18기통 엔진은 실린더가 복열(double rows)로 배열되어 있어서 2개의 마스터 로드와 16개의 아티큘레이터 로드가 있다. 강철로 된 아티큘레이터 로드는 단조로 제작되며, 보통 I형 또는 H형 단면으로 되어 있는데 이는 무게는 가벼우면서도 고강도 비틀림 저항이 크기 때문이다. 아티큘레이터 로드는 너클핀(Knuckle-pin)에 의해 마스터 로드 플

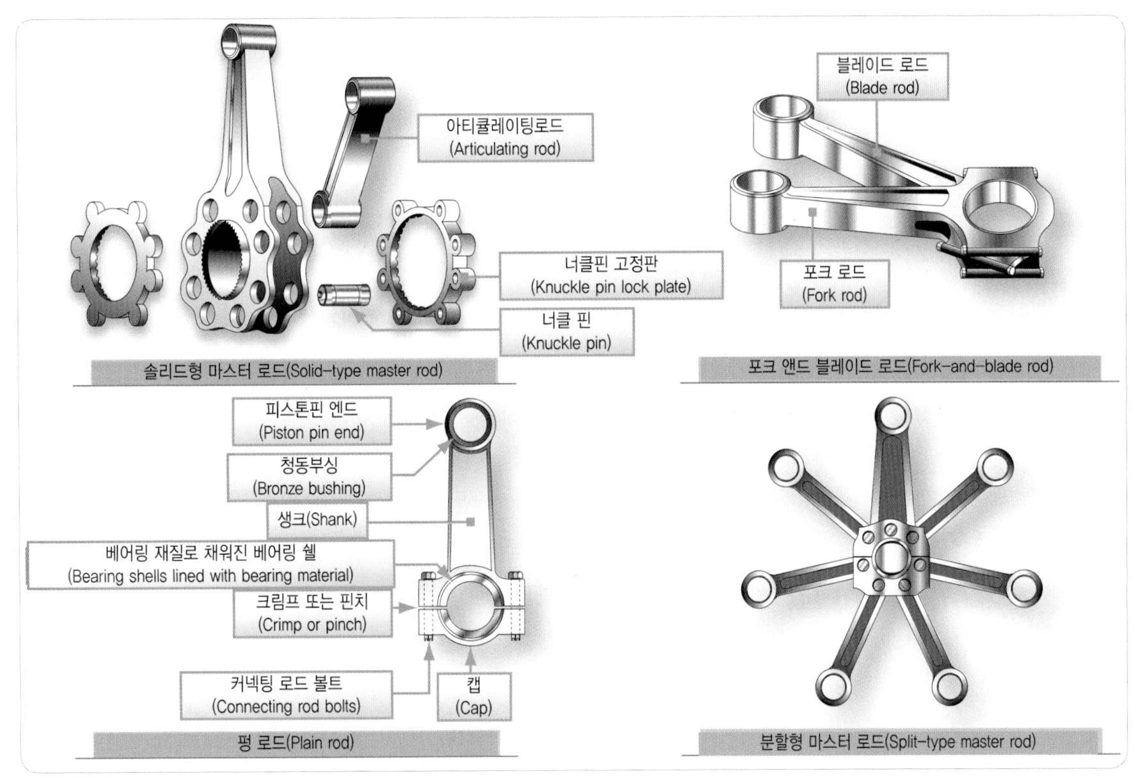

[그림 1-11] 커넥팅 로드 어셈블리(Connecting rod assembly)

랜지(flange)에 장착된다. 각 아티큘레이터 로드 끝에 청동부싱(Bronze bushings)이 장착되어 있어 너클핀 및 피스톤 핀 베어링 역할을 한다.

마스터 로드는 피스톤핀과 크랭크핀을 연결시켜 주는 역할을 한다. 마스터 로드 대단부(big end)는 크랭크핀과 연결되며, 마스터 로드 베어링이 장착되어 있다. 소단부에는 피스톤 핀이 연결되며 피스톤 핀 부싱(piston-pin bushing)이라고 하는 플레인 베어링(plain bearing)이 장착되어 있다.

스플릿 스플라인형(split-spline Type), 또는 스플릿 클램프형(Split-clamp Type)으로 된 크랭크샤프트를 사용하는 경우, 일체형(one-piece) 마스터 로드가 사용된다. 마스터 로드와 아티큘레이터 로드가 조립되고 난 다음 크랭크핀에 장착하고, 그 후에 크랭크샤프트에 연결한다. 일체형 크랭크샤프트를 사용하는 엔진의 마스터 로드 대단부는 마스터 로드 베어링처럼 분할되어 있다.

마스터로드를 크랭크핀에 장착한 후에, 베어링 캡(bearing cap)을 놓고 마스터 로드에 볼트로 체결한다. 너클핀의 중심은 크랭크핀의 중심과 일치하지 않는다. 그래서 그림 1-12에서 보는 것과 같이, 크랭크핀 중심이 크랭크샤프트의 매 1회전마다 정확한 원을 나타내지만 반면에, 너클핀의 중심은 타원형의 경로를 그리고 있다.

타원형 경로는 마스터 로드 실린더를 관통하는 중심선에 대해 대칭을 이루고 있다. 타원의 긴지름은 같

[그림 1-12] 마스터와 아티큘레이터 로드

지 않음을 볼 수 있다. 그러므로 링크 로드(link rod)는 크랭크 스로의 중심에 비례하여 다양한 각도의 기울기를 갖는다.

링크 로드의 다양한 기울기와 너클핀의 타원 운동 때문에, 모든 피스톤은 크랭크 스로가 움직인 각도에 대해서 각 실린더는 동일한 양으로 움직이지는 않는다. 실린더와 피스톤 위치 간의 이러한 차이는 엔진 작동에 상당한 영향을 줄 수 있다.

1.5.2 너클핀(Knuckle-pins)

너클핀의 목적은 마스터 로드 플랜지 홀(flange holes)에 장착되어 아티큘레이트 로드를 마스트 로드에 연결하기 위함이다. 너클핀은 전부동식(full-floating)이 사용되며, 너클핀이 장착된 양쪽 측면에 고정판(lock plate)을 부착하여 측면이동을 방지한다.

1.5.3 평형 커넥팅로드 (Plain-type Connecting Rods)

그림 1-11과 같이, 평형 커넥팅로드는 직렬형엔진이나 대향형엔진에 사용된다. 커넥팅로드 소단부에는 피스톤 핀에 대해 베어링 역할을 하는 청동부싱(bronze bushing)이 장착되며, 크랭크 핀이 장착된 커넥팅로드 대단부에는 캡(cap)이 씌워진 두 조각의 셀 베어링(shell bearing)이 장착되어 있다. 베어링 캡은 볼트나 스터드에 의해서 커넥팅로드 대단부에 고정된다. 점검, 정비, 수리, 오버홀 작업 수행 시 커넥팅로드의 적절한 접합(fit)과 균형(balance)을 유지하기 위해서는 항상 장탈 전과 같은 실린더에 장착해야 한다.

커넥팅 로드와 캡은 엔진 내에서 위치를 표시하기 위하여 숫자가 찍혀져 있다. 즉 1번 실린더에 대한 로드는 1, 2번 실린더에 대한 로드는 2로 표시되어 있다.

1.5.4 포크-블레이드형 로드 (Fork-and-blade Rod Assembly)

그림 1-11과 같이, 포크와 블레이드 커넥팅 로드는 주로 V형 엔진에 사용된다. 블레이드 로드의 대단부는 분리되어 있어서 포크 로드의 대단부에 겹쳐서 장착된다. 싱글 투피스(Single Two-piece) 베어링은 커넥팅로드의 크랭크샤프트 대단부에 사용된다. 이러한 형태의 커넥팅로드는 현대 엔진에는 거의 사용되지 않는다.

1.6 피스톤(Pistons)

그림 1-13에서 보는 것과 같이, 왕복엔진의 피스톤은 실린더 안에서 왕복운동을 하는 원통형 구성품이다. 피스톤이 상사점에서 하사점으로 내려가면서 연료 · 공기 혼합가스를 흡입하는 과정을 거치고, 다시 상사점으로 올라가면서 혼합가스를 압축하고, 점화되어 연소된 팽창가스는 피스톤을 하사점으로 밀어낸다. 이 힘은 커넥팅로드를 통해 크랭크샤프트로 전달된다. 다시 피스톤이 상사점으로 올라가면서 피스톤은 실린더로부터 배기가스를 밀어내 보낸다.

[그림 1-13] 피스톤(piston)

1.6.1 피스톤 구조(Piston Construction)

항공기 엔진 피스톤의 대다수는 알루미늄합금을 단조하여 기계 가공한 것으로 바깥쪽 표면에는 피스톤링(piston ring)을 장착하기 위한 홈(Groove)이 기계 가공되어 있으며, 피스톤 안쪽에는 보다 많은 열을 엔진 오일(oil)에 전달하기 위해 냉각핀(cooling fin)이 설치되어 있다.

피스톤은 그림 1-14와 같이 트렁크형(trunk-type) 또는 슬리퍼형(Slipper-type)을 사용한다. 슬리퍼형 피스톤은 강도가 약하고, 마모에 대한 저항력이 떨어지기 때문에 현대식 고출력엔진(high-powered engines)에는 사용되지 않는다. 피스톤은 헤드(head)모양에 따라 평(flat)형, 오목(recessed)형, 컵(concave)형, 볼록(dome, convex)형, 으로 분류한다. 오목형(recessed head)은 밸브 작동에 간섭을 주지 않도록 피스톤 헤드(head)를 움푹 파이도록 가공하였다.

최신 엔진의 피스톤은 피스톤 핀에 수직면으로 직경이 큰 타원형으로 되어 있는데, 이러한 피스톤을 캠 그라운드 피스톤(cam ground pistons)이라고 한다. 타원형으로 되어 한쪽 부분의 직경을 크게 한 이유는 엔진의 초기 시동 시에 실린더 내부에서의 피스톤 움직임이 흔들리지 않고 똑바로(straight) 유지될 수 있도록 하기 위함이다. 엔진이 정상작동이 되고 피스톤이 가열되면 열팽창에 의해서 완전한 원형이 된다. 즉, 저온에서는 타원형이고, 작동 온도에 도달하면 원형으로 변화된다는 것이다. 이과정은 예열(warm up)하는 동안 피스톤이 실린더 벽을 치(slap)는 경향을 줄일 수 있으며, 엔진이 정상 작동 온도에 도달하면 피스톤은 정확한 치수(correct dimension)를 유지하게 된다.

압축링(compression ring)과 오일링(oil ring)을 장착할 수 있도록 피스톤 둘레에 6개의 홈(groove)이 가공되어 있다.[그림 1-15 참조]

압축링은 상부로부터 3개의 홈에 장착되어지고, 오일링은 오일 조절링(oil control ring)과 오일 오일스크레이퍼 링(scraper ring, oil wipe ring)으로 구분된

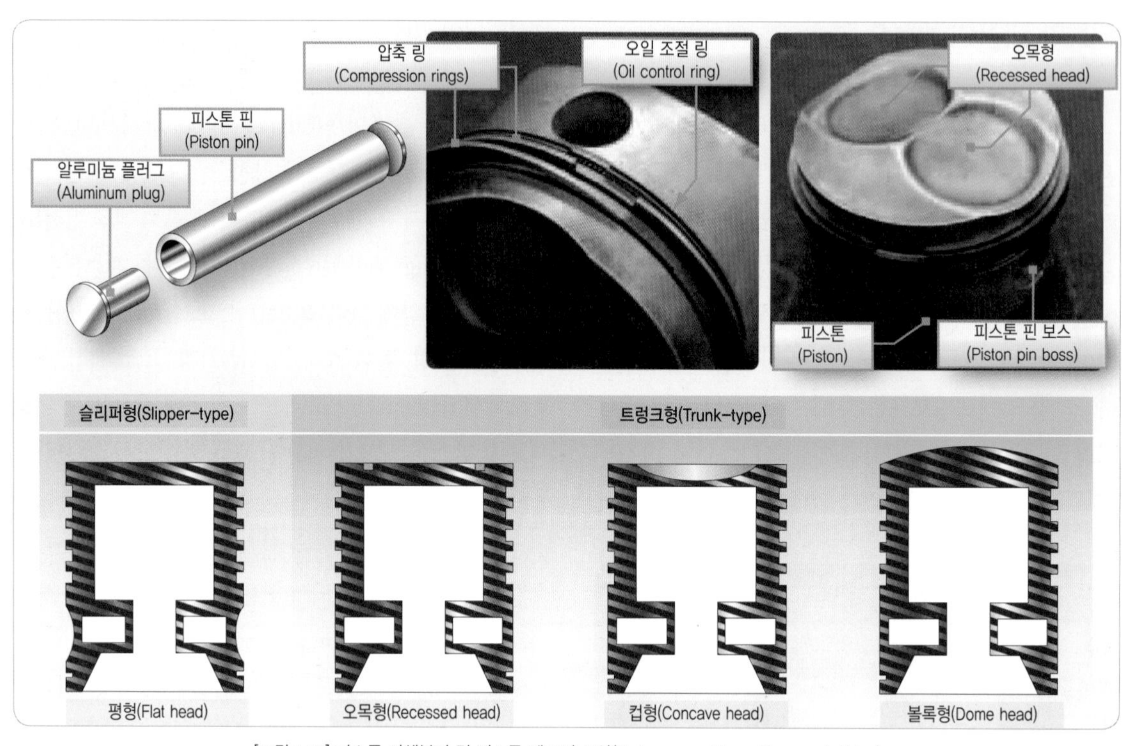

[그림 1-14] 피스톤 어셈블리 및 피스톤 헤드의 모양(Piston assembly and types of piston)

[그림 1-15] 피스톤 주변의 가공된 링(Machined rings around a piston)

다. 오일 조절링은 피스톤 핀 바로 위에 장착되어, 실린더 벽에 형성되는 유막을 조절하는 기능을 한다. 오일조절링 홈(groove)에서 피스톤 안쪽으로 홀(hole)이 뚫려 있어서 조절된 오일은 이 통로를 통해 크랭크케이스로 되돌려진다. 오일 스크레이퍼링은 과도한 오일(oil) 소모를 방지하기 위해 피스톤 벽이나 스커트(skirt)에 장착된다.

각각의 링 홈(ring groove) 사이에 있는 피스톤 벽 부분은 링 랜드(ring land)라고 부른다. 피스톤 스커트(piston skirt)는 피스톤헤드(piston head)를 안내해 주는 역할을 하도록 피스톤핀 보스(boss)와 연결되어 있다. 피스톤핀 보스(piston-pin boss)는 피스톤헤드에 걸리는 큰 부하를 피스톤핀으로 전달하기 위해 강한 재질로 만들어진다.

1.6.2 피스톤핀(Piston-pin)

피스톤핀은 피스톤을 커넥팅로드에 연결하는데 사용된다. 재질은 니켈합금강으로 만들어졌으며, 간혹 리스트 핀(wristpin)이라고 부르기도 하는데, 그 이유는 피스톤핀과 아티큘레이터 로드(articulated rod)의 상호작용이 사람의 팔과 같은 작용을 한다고 보았기 때문이다.

현재 대부분의 항공기 엔진에 사용되고 있는 전부동식(full-floating type) 피스톤 핀은 핀 보스에서, 커넥팅로드가 핀에서 자유롭게 회전할 수 있게 되어 있다. 피스톤핀의 끝단에 비교적 연한 알루미늄 플러그를 장착하여, 실린더 벽을 보호하고, 좋은 베어링 표면을 만들어 준다.

1.7 피스톤링(Piston Ring)

피스톤링은 같이, 연소실로부터 가스압력이 누출(leakage) 되는 것을 방지하고, 연소실 내부로 오일(oil)이 스며들어가는 것을 최소로 줄여주는 역할을 한다.[그림 1-15 참조]

각각의 피스톤링은 피스톤 홈(grooves) 장착이 되면 실린더 벽에 지속적인 압력을 유지할 수 있도록 스프링작용을 함으로써 효과적인 가스 실(gas seal)의 역할을 한다.

1.7.1 피스톤링 구조 (Piston Ring Construction)

대부분의 피스톤링은 고온에서도 탄성을 유지할 수 있는, 고급 주철(high-grade cast iron)로 만들어진다. [그림 1-14 참조] 피스톤링은 피스톤과 실린더 벽 사이의 간격(clearance)에 대해 충분한 기밀(gastight)이 유지되도록 실린더 벽에 잘 밀착되어야 한다. 또한 실린더 벽의 모든 지점에서 동일한 압력이 유지되어야 하고, 링의 홈 옆면에도 기밀이 잘 유지되도록 해야 한다.

피스톤 링은 주로 회주철(Gray cast iron)로 만들어지지만 일부 엔진은 고온에 잘 견딜 수 있는 크롬도금연강(chrome-plated mild steel) 피스톤링을 상부 압축링으로 사용한다. 링의 표면을 크롬으로 도금한 압축링은 강철(steel)로 제작된 실린더 벽에 사용해야하며, 크롬으로 도금한 크롬 실린더(chrome cylinders)에는 사용할 수 없다.

1.7.2 압축링(Compression Ring)

압축링의 목적은 엔진 작동시 연소가스가 피스톤을 지나 누설되는 것을 방지하기 위함이다. 압축링은 피스톤헤드(piston head) 바로 아래에 있는 링 홈(ring grooves)에 장착된다.

압축링의 수는 엔진 형식과 설계에 따라 결정되는데 대부분의 항공기 엔진은 각 피스톤 당 2개 또는 3개의 압축링으로 구성된다. 압축링은 단면의 모양에 따라 직사각형(rectangular), 테이퍼형(tapered), 쐐기형(wedge shaped)이 있다. 테이퍼형은 실린더 벽에 대해 베어링 에지(bearing edge)를 제공하여 마찰을 감소시키고, 더 좋은 기밀 작용을 한다.

1.7.3 오일 조절링(Oil Control Ring)

오일 조절링은 압축링 하부 홈(피스톤핀 홀 상부 홈)

에 장착되어 있으며, 피스톤 마다 1개 이상의 오일 조절링이 장착된다. 잉여 오일(surplus oil)이 크랭크케이스로 되돌아 갈 수 있도록 오일 조절링 홈 또는 홈 랜드에 드릴링이 되어 있다.

오일 조절링은 한 개의 홈에 2개가 동시에 장착되거나 각각 분리된 홈에 장착된다. 오일 조절링의 목적은 실린더 벽에 형성되는 유막(oil film)의 두께를 조절하는 것이다. 만일 많은 양의 오일(oil)이 연소실에 들어가면 연소실벽(combustion chamber wall), 피스톤헤드(piston head), 점화플러그(spark plug), 그리고 밸브헤드(valve head)에 두꺼운 탄소막을 형성시킨다.

이 탄소가 링 홈(ring groove)이나 밸브가이드(valve guide)에 들어가면 밸브와 피스톤링이 고착되는 원인이 되며, 디토네이션(detonation), 조기점화(preignition), 또는 과도한 오일(oil) 소모의 원인이 되기도 한다.

1.7.4 오일 스크레이퍼링(Oil Scraper Ring)

오일 스크레이퍼링의 단면은 경사진 면(beveled face)을 갖고 있으며 피스톤 스커트의 하부 홈에 장착된다. 경사진 면이 피스톤 헤드 반대쪽을 향해 있다면 피스톤이 상향 행정에서는 링 위의 여분의 오일(oil)을 남아 있게 하고, 피스톤이 하향 행정에서는 오일 조절링에 의해서 크랭크케이스로 되돌아가게 한다.

1.8 실린더(Cylinders)

엔진에서 동력이 발생되는 부분을 실린더라고 한다. [그림 1-16 참조] 실린더는 연소와 가스 팽창이 일어나는 연소실 역할을 하며, 내부에 피스톤과 커넥팅로드가 있다. 실린더어셈블리의 설계 및 구성을 위한 구비조건은 다음과 같다.

(1) 엔진 작동 중에 발생하는 내부 압력(internal pressure)에 견딜 수 있는 강도이어야 한다.
(2) 엔진의 중량을 줄이기 위해 경금속(lightweight metal)으로 제작되어야 한다.
(3) 효율적인 냉각을 위해 열전도성이 우수해야 한다.
(4) 제작, 검사 및 유지하기가 비교적 쉽고 비용이 저렴해야 한다.

공랭식 엔진의 실린더헤드(cylinder head)는 열전도성이 우수하며, 무게가 가벼운 알루미늄합금을 단조(forged) 하거나 주조(die-cast)하여 만든다. 실린

[그림 1-16] 왕복엔진 실린더(engine cylinder)

더헤드의 내부 모양은 대체로 반구형(semispherical shape)을 사용하는데, 그 이유는 강도가 높고, 배기가스의 신속하고 완전한 배출이 가능하기 때문이다.

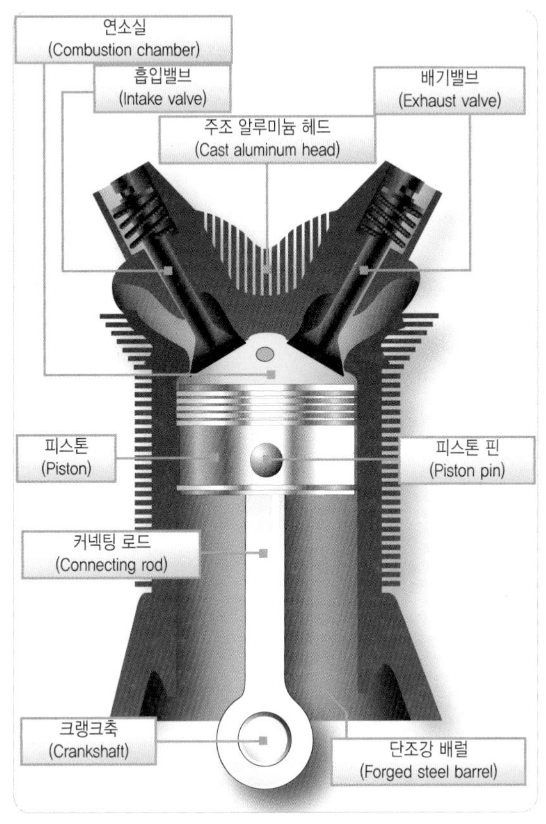

[그림 1-17] 실린더 어셈블리의 내부구조
(Cutaway view of the cylinder assembly)

[그림 1-18] 실린더 헤드 및 배럴
(aluminum head and steel barrel of a cylinder)

1-17과 같이, 공랭식 엔진에 사용되는 실린더는 오버헤드 밸브(overhead valve)형식이 사용된다. 각 실린더는 두 가지 주요 부분(major parts)인 실린더헤드(cylinder head)와 실린더배럴(cylinder barrel)로 구성된다. 조립시 실린더헤드는 가열하여 팽창시키고, 실린더배럴은 냉각하여 수축시킨 후 조립한다. 가열에 의해 팽창된 실린더헤드가 식으면서 수축되고, 냉각되어 수축된 배럴은 상온에서 팽창되어 기밀접합(gastight joint)된다. 그림 1-18과 같이, 대부분의 실린더는 이러한 방식으로 알루미늄 헤드와 강철 배럴을 사용하여 구성된다.

1.8.1 실린더헤드(Cylinder Heads)

실린더헤드의 목적은 연료 · 공기 혼합가스의 연소를 위한 공간 제공과 적절한 냉각을 위해 실린더에 더 많은 열전도율을 제공한다.

피스톤이 압축행정 상사점에 도달하기 직전에 연료 · 공기 혼합가스가 점화되어 연소가 이루어진다. 연소된 가스(ignited charge)의 급격한 팽창과 높은 압력 생성이 폭발행정(expansion stroke, power stroke)의 동력을 발생시킨다.

실린더 헤드에는 흡입밸브와 배기밸브 포트(port)를 비롯한 점화플러그, 흡입 및 배기밸브 작동장치 등이 있다. 그 외에도 점화플러그 부싱, 밸브가이드, 로커암 부싱, 그리고 밸브시트가 장착된다.

점화플러그가 장착되는 부분(opening)은 구형 실린더에는 청동이나 강철 부싱(bushing)이 수축 접합되어 있으나, 최근 제작되는 엔진 실린더에는 스테인리스강 헬리코일 점화플러그 인서트(Heli-Coil spark plug insert)가 많이 사용되고 있다.

청동 또는 강철로 된 밸브가이드(valve guide)는 수축(shrunk) 또는 나사(screwed)로 조여 장착한다. 밸브가이드는 대체로 실린더 중심선과 비스듬한 각도로 장착된다.

밸브시트는 상대적으로 연한 실린더헤드의 금속이 밸브가 열리고 닫힐 때 발생하는 해머링 작용(hammering action)과 배기가스로부터 보호하기 위해 경화금속(hardened metal)의 원형 고리로 만든다.

공랭식 엔진의 실린더헤드는 극한 온도에 노출된다. 따라서 적절한 냉각핀 면적을 제공하고 빠르게 열을 전도하는 금속을 사용하는 것이 필요하다. 공랭식 엔진의 실린더헤드는 일반적으로 주조나 단조로 제작된다.

알루미늄합금은 주조하기에 적합하고, 깊고 간격이 좁은 핀을 기계 가공하기가 쉬우며, 가솔린에 있는 사에틸납(tetraethyl lead)의 부식작용에 대해 내성이 우수하다.

실린더의 효과적인 냉각을 위해 가장 크게 개선된 점은 핀(fin)의 두께를 줄이고, 핀의 깊이를 증가시킨 것이다. 그 결과 현대 엔진에서는 핀의 전체 면적이 크게 증가 되었다. 냉각핀의 맨 아래 부분(base)은 0.090"에서 맨 위쪽(tip end)은 0.060"로 테이퍼(taper)져 있다.

실린더헤드의 배기부분은 다른 부분보다 온도가 높다. 따라서 배기부분의 실린더 외부에는 더 많은 냉각핀이 설치되어 있다.

1.8.2 실린더배럴(Cylinder Barrel)

실린더배럴은 피스톤이 작동하는 공간으로 마찰에 의한 손상이 발생하기 쉽다. 따라서 실린더 배럴은 고강도가 요구되는 부분이므로 일반적으로 강철(steel)로 제작된다. 또한 실린더배럴은 가능한 한 가벼우면서도 고온에서 작동하기에 적절한 특성을 가져야 하며, 좋은 베어링특성과 높은 인장 강도(high tensile strength)를 갖는 재질로 제작된다.

실린더배럴은 단조 된 강철합금(steel alloy)으로 제작하며, 피스톤과 피스톤링에 의해 마모가 잘되지 않도록 내부는 표면 경화한다. 표면 경화는 일반적으로 고온 상태의 강철을 암모니아나 시안화물 가스(cyanide gas)에 노출시키는 방법이다. 이렇게 하면 강철의 표면에 질소가 수천분의 일 인치 두께로 흡수되어 노출된 표면이 질화 철(iron nitride)을 형성하게 된다. 이러한 공정을 질화처리 과정이라고 한다.

실린더배럴은 피스톤 링과의 마찰에 의해 마모가 발생하는데, 크롬 도금을 통해 실린더 배럴 표면을 원형으로 재생할 수 있다. 이것은 새로운 표준 치수(new standard dimensions)로 되돌리는 공정이다. 크롬 도금 실린더에는 주철 링만을 사용해야 한다. 호닝(honing)은 실린더 벽을 정확한 치수로 가공하기 위한 공정이며, 엔진 시운전 동안에 피스톤링이 자리 잡도록 십자무늬가 새겨진다. 일부 엔진의 실린더배럴은 열팽창과 마모를 고려해서 상부 직경이 하부 직경보다 작게 제작되는데, 이를 '초크보어(chokebored)'라고 한다.

일부의 실린더 배럴은 외부표면 한쪽 끝에 나사산이 있어 실린더헤드에 나사접합(threaded-joint)이 가능하다. 냉각핀은 실린더배럴의 일부분으로 기계 가공되며, 수리 및 서비스(service) 한계를 가지고 있다.

1.8.3 실린더 번호(Cylinder Numbering)

엔진 좌 · 우측의 구별이 필요할 때, 항상 엔진의 후방 또는 액세서리(accessory) 끝단에서 보았을 때를 기준으로 한다. 마찬가지로 엔진을 후방에서 보았을 때, 크랭크샤프트의 회전을 시계 방향 또는 반시계 방향이라고 말한다.

그림 1-19와 같이, 직렬(Inline)형 엔진과 V-형 엔진의 실린더 번호는 일반적으로 후방에서부터 부여한다. V-형 엔진에서 실린더 열(cylinder bank)은 액세서리 끝단에서 보았을 때, 오른쪽 열과 왼쪽 열이라고 알려졌다. 대향형 엔진(opposed engine)의 실린더 번호는 우측 후방에서부터 1번, 좌측 후방이 2번으로 시작한다. 1번 실린더 전방은 3번 실린더이며, 2번 실린더 전방은 4번 실린더이다. 위에서 언급한 내용이 대향형 엔진의 실린더 부여방식의 표준은 아니며, 제작회사에 따라 실린더 번호 부여방식이 다르다. 예를 들면 콘티넨탈(CONTINENTAL)사의 경우 실린더 번호를 엔진 후방 우측에서부터 부여하며, 라이커밍(LYCOMING)사의 경우 실린더 번호를 엔진 전방 우측에서부터 시작한다. 따라서 정확한 실린더 번호를 알려면 해당 엔진 매뉴얼(engine manual)을 참조하여야 한다.

단열(1열) 성형엔진의 실린더는 후방에서 보았을 때 시계 방향으로 번호를 부여한다. 1번 실린더는 상부 실린더(top cylinder)이다. 복열(2열) 성형엔진에서도 단열 성형엔진과 동일한 방식으로 실린더 번호가 부여된다. 1번 실린더는 후방 열의 상부 실린더이며, 2번 실린더는 1번 실린더로부터 시계 방향으로 전방 열의 첫 번째 실린더이다. 3번 실린더는 2번 실린더에서 시계방향으로 후방 열의 실린더이다. 따라서 모든 홀수 실린더는 후방 열에 있고, 모든 짝수 실린더는 전방 열에 있다.

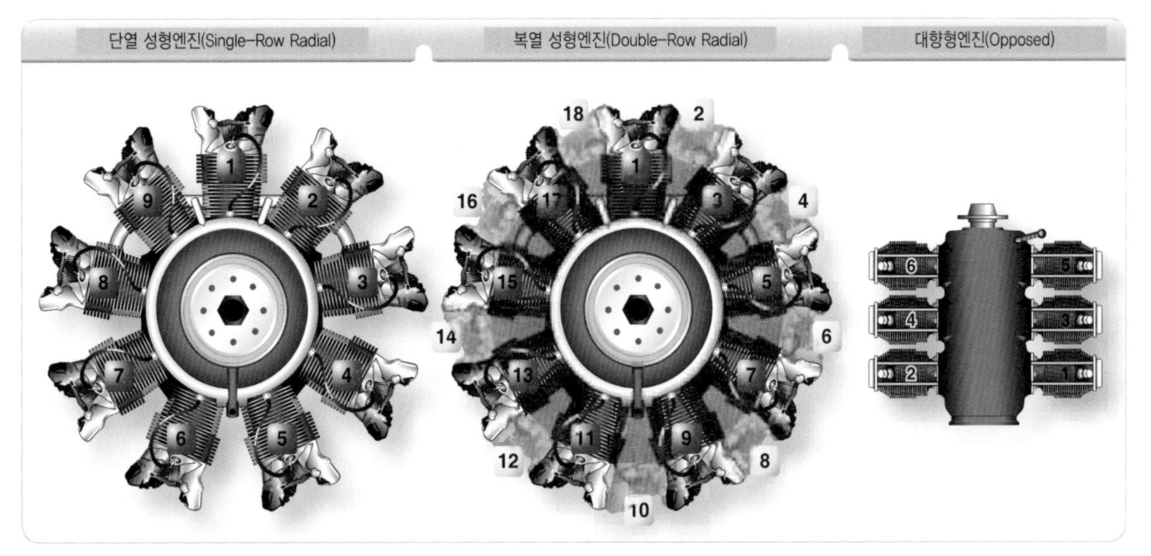

[그림 1-19] 엔진 실린더 번호(Numbering of engine cylinders)

1.9 점화순서(Firing Order)

엔진의 점화 순서는 서로 다른 실린더에서 동력(power)이 발생되는 순서이다. 점화 순서는 진동(vibration)을 최소화 시키고, 균형(balance)을 이룰 수 있도록 설계된다.

직렬형 엔진(In inline engine)의 점화 순서는 크랭크샤프트를 따라서 균등하게 분배되도록 배열된다. 6실린더 직렬형 엔진은 대체로 1-5-3-6-2-4의 점화 순서를 갖는다. 대향형 엔진(opposed engine)의 점화 순서는 일반적으로 주 베어링을 중심으로 좌 · 우측을 번갈아 이루어진다. 라이커밍(LYCOMING)사의 6기통(six-cylinder) 대향형 엔진의 점화 순서는 1-4-5-2-3-6이고, 4기통 대향형 엔진의 점화 순서는 1-4-2-3이다. 콘티넨탈(CONTINENTAL)사의 6기통 대향형 엔진의 점화순서는 1-6-3-2-5-4이며, 4기통 대향형 엔진의 점화 순서는 1-3-2-4이다.

1.9.1 단열 성형엔진 (Single-row Radial Engines)

단열 성형엔진의 점화 순서는 먼저 홀수번호 실린더들이 번호순으로 점화한 후, 이어서 짝수번호 실린더들이 번호순으로 점화한다. 예를 들면, 5기통 성형엔진의 점화 순서는 1-3-5-2-4이고, 7기통 성형엔진의 점화 순서는 1-3-5-7-2-4-6이며, 9기통 성형엔진의 점화 순서는 1-3-5-7-9-2-4-6-8이다.

1.9.2 복열 성형엔진(Double-row Radial Engines)

복열성형엔진은 2개의 단열성형엔진을 결합한 형태로서 각 열에서 번갈아 가며 점화되는 것을 의미한다. 즉 같은 열의 두 개의 실린더가 연속해서 점화되지 않는다는 것이다.

14기통 복열성형엔진의 점화 순서를 계산하는 쉬운 방법은 1에서 시작하여 14까지 번호에 점화 순서 번호(firing order number)인 9를 더하거나 5를 빼면, 1에서 14 사이에 있는 점화순서 번호를 구할 수 있다. 예를 들어, 1번 실린더 다음은 1에서 9를 더하면 점화순서는 10번 실린더가 된다. 그 다음은 10에서 5를 빼면 점화순서는 5번 실린더가 된다. 다시 5에서 9를 더하면 점화순서는 14번 실린더가 된다. 이런 방식으로 계속하면 14기통 복열성형엔진의 점화순서를 구할 수 있다.

18기통 복열성형엔진의 점화순서 번호는 11과 7이다. 예를 들어, 1번 실린더 다음은 1에서 11을 더하면 점화순서는 12번 실린더가 된다. 그 다음은 12에서 7을 빼면 점화순서는 5번 실린더가 된다. 다시 5에서 11을 더하면 점화순서는 16번 실린더가 된다. 16에서 7을 빼면 점화순서는 9번 실린더가 되고, 9에서 11을 더하면 20이 되기 때문에 18기통 복열성형엔진의 실린더 범위를 넘어서게 된다. 이럴 경우에 9에서 7을 빼면 점화순서는 2번 실린더가 된다. 이러한 과정을 18개 실린더에 계속 적용하면 된다.

1.10 밸브(Valves)

연료 · 공기혼합 가스는 흡입밸브포트(intake valve port)를 통해 실린더로 유입되고, 연소가스는 배기밸브포트(exhaust valve port)를 통해 배출된다. 각각의 밸브헤드는 실린더 내부의 흡입포트와 배기포트를 열

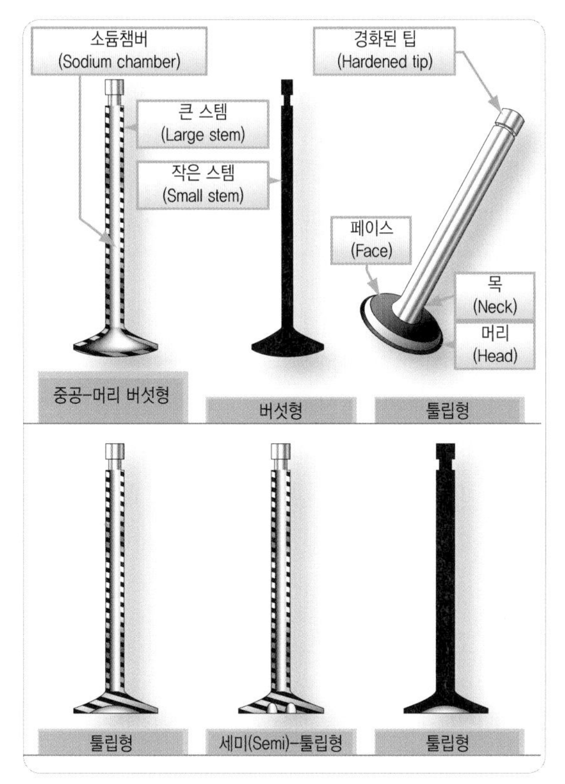

[그림 1-20] 밸브 유형(Various valve types)

고 닫는 역할을 한다. 항공기 엔진에 사용되는 밸브는 대부분 포핏형(poppet-type)밸브를 사용하는데, 밸브가 튀기(pop) 때문에 포핏형(poppet-type)밸브로 불린다. 밸브 형상에 따라 버섯(mushroom) 또는 튤립(tulip) 모양이라고 부른다. 그림 1-20은 이러한 밸브들의 다양한 모양과 유형을 보여준다.

1.10.1 밸브 구조(Valve Construction)

항공기 엔진의 실린더에 있는 밸브는 고온, 부식 및 작동응력을 받기 때문에 이러한 영향에 저항할 수 있는 금속합금으로 제작된다. 흡입밸브는 배기밸브보다 저온에서 작동하기 때문에 크롬니켈강(chromic-nickel steel)으로 제작되며, 배기밸브는 일반적으로 내열성이 우수한 니크롬(nichrome), 실크롬(silchrome), 또는 코발트 · 크롬(cobalt-chromium)강으로 제작된다.

밸브 페이스(valve face)는 밸브 시트(valve seat)에 밀착되어 연소실 내부의 기밀을 유지하고, 밸브헤드의 열을 실린더 헤드로 전달하는 역할을 한다. 밸브 페이스는 일반적으로 30° 또는 45°의 각도를 갖는다. 일부 엔진에서는 흡입밸브의 면(face)을 30°, 배기밸브의 면(face)은 45°로 하는 경우도 있다.

밸브 페이스(Valve face)는 내구성을 향상시키기 위해 스텔라이트(stellite) 재질을 사용하기도 한다. 스텔라이트는 약 1/16" 정도 밸브 페이스에 용접되어 정확한 각도로 가공된다.

스텔라이트는 고온부식에 강하며, 밸브 작동 중에 일어나는 충격과 마모에도 잘 견딘다. 어떤 엔진 제작사는 밸브에 니크롬 면(nichrome facing)을 사용하기도 하는데, 이것은 스텔라이트 재료와 같은 목적으로 사용된다.

밸브스템(valve stem)은 밸브헤드의 안내역할을 하는 길고 가는 축으로, 밸브 가이드(valve guide)내에서 밸브의 왕복운동을 유지한다. 밸브스템은 내마모성을 높이기 위해 표면경화 처리되어 있다.[그림 1-21 참조]

밸브 넥(valve neck)은 밸브헤드와 스템 사이의 접합부분이다. 밸브 팁(tip)은 밸브를 개폐하는 로커 암(rocker arm)에 의해 발생하는 해머링 작용(hammering action)에 견디기 위해 경화처리 되어있다.

밸브스템의 끝부분에는 스플리트링 스템 키(split-ring stem key)를 위한 홈(groove)이 기계 가공되어 있다. 이 스템 키는 밸브스프링 고정와셔(valve spring retaining washer)를 제자리에 유지하도록 하는 고정링(lock ring) 역할을 한다.

일부 흡입 및 배기밸브 스템은 중공으로 제작하여 그 내부에 열전도성이 우수한 금속나트륨(metallic sodium)으로 채워져 있다.

금속나트륨의 용융점은 약 208°F이며, 밸브의 왕복운동은 액체 나트륨을 순환시켜서, 밸브헤드로부터 밸브스템으로 열을 전달하는 역할을 한다. 이 열은 밸브가이드를 통해서 실린더헤드와 냉각핀으로 방출된다. 이렇게 해서 밸브의 작동 온도는 300~400°F 정도로 감소하게 된다. 어떤 경우에도 나트륨이 채워진 밸브는 절단되거나 파열되지 않도록 취급하여야 한다. 이 밸브의 나트륨이 외부 공기에 노출되면, 화재발생의 원인이 되거나 인명피해가 발생할 수 있는 폭발의 원인이 될 수 있다.

[그림 1-21] 실린더 헤드에 장착된 밸브가이드(valve guide)

[그림 1-22] 고정링 형태의 스템 키(Stem keys forming a lock ring)

가장 일반적으로 사용되는 흡입밸브는 솔리드 스템(Solid Stem)이고, 밸브헤드는 평형이나 튤립형이다. 저출력엔진의 흡입밸브헤드는 일반적으로 평형밸브를 사용한다. 일부 엔진의 흡입밸브는 튤립형이면서 배기밸브보다 작은 밸브스템 형태 또는 배기밸브와 유사하지만 솔리드 스템과 헤드를 사용한다. 밸브의 형태는 유사하지만, 밸브 페이스의 재질이 다르기 때문에 구별하여 사용한다. 따라서 흡입밸브는 일반적으로 식별하기 쉽도록 가장자리가 평평하게 가공되어 있다.

1.11 밸브작동기구 (Valve-operating Mechanism)

왕복엔진이 올바르게 작동하기 위해서는 각 밸브는 적절한 시기에 열리고 닫혀야 한다. 흡입밸브는 상사점에 도달하기 직전에 열리고, 배기밸브는 피스톤이 상사점을 지난 후에도 어느 시기까지 열려 있어야 한다. 따라서 흡입행정이 시작되는 시기와 배기행정이 끝나는 시기에서 두 밸브가 동시에 열려 있는 시기를 밸브 오버랩(valve overlap)이라고 한다. 밸브 오버랩을 두는 이유는 연소된 가스의 완전한 배출을 통한 체적효율 향상과, 실린더 작동 온도를 낮추기 위함이다. 이러한 타이밍은 밸브작동기구에 의해서 제어되며,

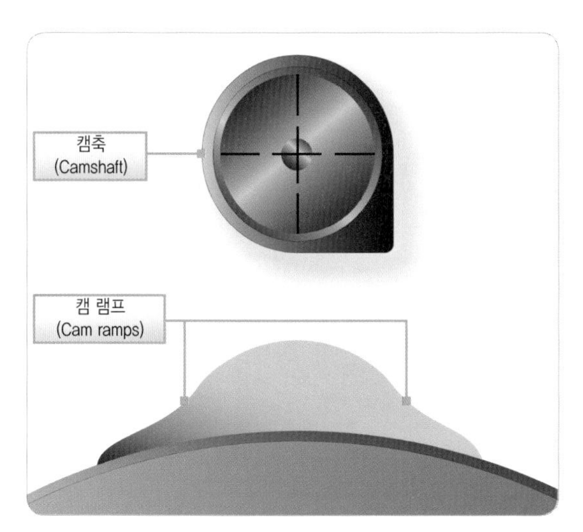

[그림 1-23] 캠 로브 형태(Typical cam lobes)

밸브타이밍(valve timing)라고 한다.

밸브가 밸브시트에서 들어 올려 진 거리인 밸브 리프터(valve lift)와 밸브가 열려 있는 시기인 밸브 지속 시기(valve duration)는 모두 캠 로브(cam lobe) 모양에 의해 결정된다.

그림 1-23에서는 전형적인 캠 로브를 보여 주고 있다. 밸브작동기구가 서서히 움직이기 시작하는 캠 로브 부분을 램프(ramp) 또는 스텝(step)이라고 한다. 램프의 목적은 로커 암(rocker arm)이 밸브 팁(valve tip)과 쉽게 접촉할 수 있도록 캠 로브 양면을 기계 가공한 것이다. 즉, 로브가 갑자기 나타남으로써 발생하는 충격을 감소시키기 위함이다.

그림 1-24와 1-25에서 보는 것과 같이, 밸브작동기구는 캠 롤러(cam roller) 또는 캠 팔로워(cam follower)에 대응하여 작동하는 로브가 있는 캠 링(cam ring)이나 캠샤프트(camshaft)로 구성된다.

캠 팔로워는 차례대로 밸브를 열어 주도록 로커암(Rocker Arms)을 구동시키는 푸시로드와 볼소켓(Ball socket)을 밀어 준다. 1-26에서 보는 것과 같이, 스

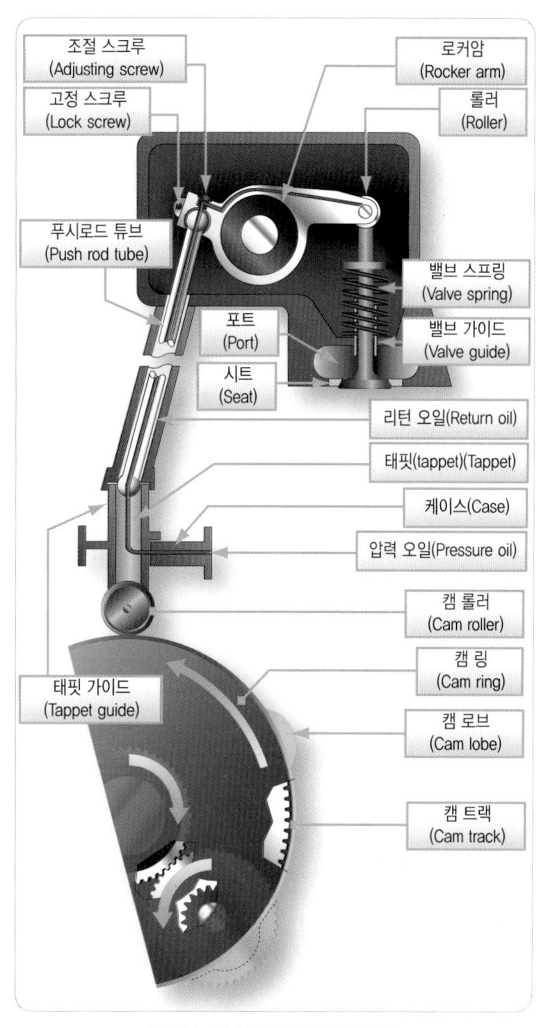

[그림 1-24] 밸브작동기구(성형엔진)

프링은 밸브스프링 고정와셔(valve spring retaining washer)와 스템키(stem key)에 의해 제자리에 유지되고, 각각의 밸브를 닫아 주고 밸브기구는 반대 방향으로 밀어 준다.

1.11.1 캠링(Cam Ring)

성형엔진의 밸브작동기구는 실린더의 열의 개수에

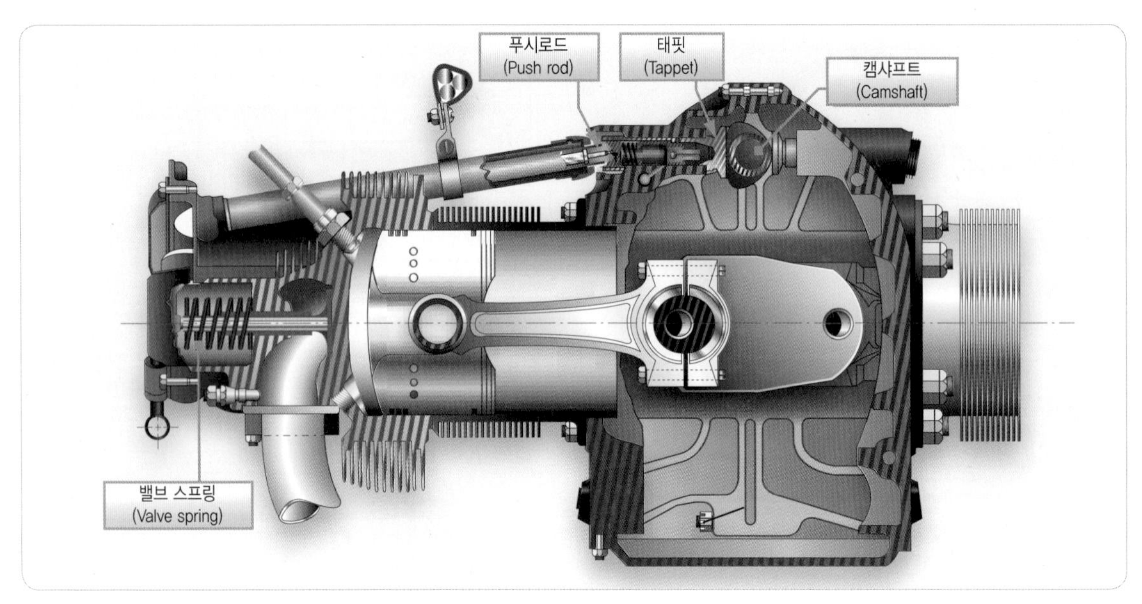

[그림 1-25] 밸브 작동기구(대향형 엔진)

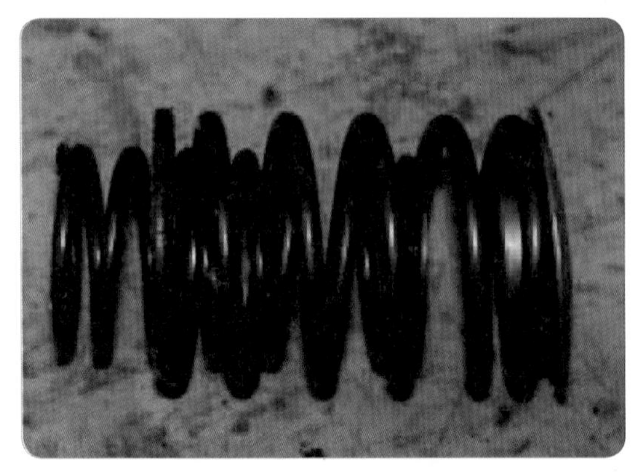

[그림 1-26] 밸브 스프링의 세트 형태(A typical set of valve springs)

따라 결정되며, 한 개 또는 두 개의 캠 링에 의해 작동된다. 단열 성형엔진에서는 하나의 캠 링이 사용되며, 이중 캠 트랙(double cam track)이 필요하다. 하나의 캠 트랙은 흡입밸브를 작동시키고, 다른 하나의 캠 트랙은 배기밸브를 작동시킨다. 캠 링은 외부 표면에 연속된 캠이나 로브(lobe)를 가진 강철로 만들어진 원형 부품이다. 캠 트랙(cam track)은 로브와 로브사이의 표면 모두를 포함한다. 즉 캠 롤러가 타고 이동하는 공간을 말한다. 캠 링이 회전함에 따라 캠 로브는 캠 롤러를 통해 태핏 가이드(tappet guide) 속에 있는 태핏을 위로 밀어 올려, 푸시로드와 로커암(rocker arms)을 통해 밸브를 열수 있도록 힘을 전달한다. 단열 성형엔진에서, 캠링은 일반적으로 프로펠러 감속기어(reduction gearing)와 동력 부분(power section) 전방 끝 사이에 위치한다. 복열 성형엔진에서는 뒤쪽 열에 있는 밸브를 작동하기 위한 제 2캠은 동력 부분 후방 끝과 과급기 부분(supercharger section) 사이에 장착된다.

그림 1-24에서 보는 것과 같이, 캠 링은 크랭크샤프트와 동심으로 장착되어 있으며, 캠의 중간 구동기어를 통해 속도가 감속되어 크랭크샤프트에 의해 구동된다. 캠링은 바깥 둘레 주위에 일정한 간격을 두고 평행하게 2개의 로브 세트가 있는데, 한 세트(캠 트랙)는 흡입밸브를 위한 것이고, 다른 세트는 배기밸브를 위

5기통 (5 Cylinders)		7기통 (7 Cylinders)		9기통 (9 Cylinders)		회전방향 (Direction of Rotation)
로브 수 (Number of Lobes)	속도 (Speed)	로브 수 (Number of Lobes)	속도 (Speed)	로브 수 (Number of Lobes)	속도 (Speed)	
3	1/6	4	1/8	5	1/10	크랭크샤프트
2	1/4	3	1/6	4	1/8	크랭크샤프트 반대

[그림 1-27] 성형엔진 캠링 테이블

한 것이다. 캠 링은 흡기와 배기 트랙들 양쪽에 4~5개의 로브를 가지고 있다. 밸브 개폐의 시기는 이들 로브의 간격과 크랭크샤프트 속도와 방향에 따라 구동되는 캠 링의 속도와 방향에 의해 결정된다. 캠을 구동하는 방법은 엔진의 제작 방법에 따라 다양하다. 캠 링은 안쪽이나 바깥 둘레에는 치차(teeth)가 있다. 만약 감속기어가 캠 링의 바깥쪽에 치차(teeth)와 맞물린다면, 캠은 크랭크샤프트의 회전 방향으로 돌아간다. 캠 링이 안쪽 톱니에 의해서 구동된다면, 캠은 크랭크샤프트와 반대 방향으로 회전된다.

4로브 캠은 7기통 또는 9기통 엔진에 사용된다. [그림 1-27] 7기통 엔진에서, 4로브 캠은 크랭크샤프트와 동일한 방향으로 돌아가고, 9기통 엔진에서는 크랭크샤프트 회전과 반대 방향으로 돌아간다. 9기통 엔진에서는 실린더의 사이 간격은 40°이며 점화 순서는 1-3-5-7-9-2-4-6-8이다. 이것은 점화충격(firing impulse) 사이에 80°의 간격이 있다는 것을 의미한다. 캠 링의 4로브 간격은 점화충격 간격보다 더 큰 90°이다. 따라서 밸브 작동과 점화 순서의 적절한 관계를 얻기 위해서는 크랭크샤프트 회전과 반대로 캠을 회전시키는 것이 필요하다. 4로브 캠을 사용하는 7실린더 엔진은 실린더의 점화 간격은 캠 로브의 간격보다 더 크다. 따라서 캠은 크랭크샤프트와 같은 방향으로 회전하는 것이 필요하다.

1.11.2 캠샤프트(Camshaft)

대향형엔진의 밸브기구는 캠샤프트에 의해 작동된다. 캠샤프트는 크랭크샤프트에 장착된 또 다른 기어와 연결된 기어에 의해 구동된다.(그림 1-28) 항상 캠샤프트는 크랭크샤프트 속도의 1/2로 회전한다. 캠샤프트 회전에 따라 로브는 밸브를 열기 위해 푸시로드와 로커암(Rocker Arms)을 통해 힘이 전달되어 태핏 가이드 안에 있는 태핏어셈블리를 밀어 올린다.(그림 1-29)

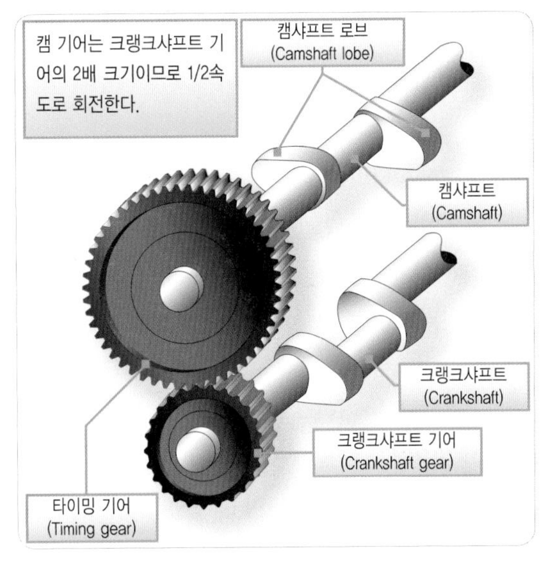

[그림 1-28] 대향형 엔진의 캠 구동장치
(Cam drive mechanism opposed-type aircraft engine)

[그림 1-29] 리프트의 캠하중(Cam load)

1.11.3 태핏어셈블리(Tappet Assembly)

태핏어셈블리는 다음과 같이 구성된다.

(1) 캠링 둘레의 크랭크케이스에 장착되어 태핏 가이드 안에서 미끄러지듯 움직이는 원통형 태핏(cylindrical tappet)
(2) 캠 링과 로브의 윤곽선을 따라가는 태핏 롤러
(3) 태핏 볼소켓(tappet ball socket) 또는 푸시로드 소켓(push rod socket)
(4) 태핏 스프링(tappet spring)

태핏 어셈블리의 기능은 캠 로브의 회전운동을 왕복운동으로 변환시키고, 이러한 움직임을 푸시로드와 로커 암에 전달하며, 그런 다음 적정시기에 밸브가 열리게 한다. 태핏스프링의 목적은 밸브가 열릴 때 충격하중을 감소시키기 위하여 로커 암과 밸브 끝 사이의 간극을 메우는 것이다. 로커어셈블리에 윤활을 위해 속이 빈 푸시로드로 엔진 오일(oil)이 흐를 수 있도록 태핏을 관통하여 홀(hole)이 뚫려 있다.

1.11.4 솔리드 리프터/태핏 (Solid Lifters/Tappets)

솔리드 리프터나 캠 팔로워는 일반적으로 나사와 잠금 너트를 조절하여 필요한 밸브 간극을 수동으로 조절한다. 밸브 간극은 밸브가 완전히 닫히기 위해서 밸브장치가 충분한 여유를 갖는지 보장하기 위해 필요하다. 이러한 조정이나 검사는 유압 리프터(hydraulic lifter)를 사용하기 전까지는 지속적으로 정비해야 할 항목이다.

1.11.5 유압 밸브태핏 (Hydraulic Valve Tappets)

일부 항공기 엔진은 밸브 간극 조절기구의 필요성이 없도록, 자동적으로 밸브 간극을 '0'으로 유지시키는 유압 태핏이 사용된다. 그림 1-30에서는 전형적인 유압 태핏(zero-lash valve lifter)을 보여 준다.

그림 1-30에서 보는 것과 같이, 엔진 밸브가 닫혔을 때의 태핏 바디(캠팔로워)는 기본 원(base circle) 또는 캠의 반대쪽에 있게 된다. 플런저스프링은 외부 끝단의 푸시로드소켓에 대하여 경미한 압력을 가하여 푸시로드소켓과 접촉하도록 유압 플런저를 밀어서 밸브 연결 장치의 간극을 없애 준다. 플런저가 바깥쪽으로 밀려 나오는 움직임에 따라 볼 체크밸브(ball check valve)는 밸브시트에서 분리된다. 오일(oil)은 엔진 윤활계통에 직접 연결된 공급실(supply chamber)로부터 유입되어 압력실(pressure chamber)에 채워진다. 캠샤프트(Camshaft)가 회전함에 따라 캠은 태핏 본체(tappet body)와 유압 리프터 실린더(hydraulic lifter cylinder)를 바깥쪽으로 밀어 준다. 이러한 작동은 시

트 위로 볼 체크밸브를 밀어 넣게 되고, 이렇게 하여 압력실에 갇힌 오일(oil)은 완충작용(cushion)을 한다. 엔진 밸브가 밸브시트에서 떨어질 때에 밸브장치에서 팽창이나 수축을 보정하기 위해서, 미리 설정된 누출은 플런저와 실린더 보어(cylinder bore) 사이에서 일어난다. 엔진밸브가 닫힌 후 곧바로, 또 다른 작동 사이클을 준비하기 위해 요구되는 오일(oil)의 양은 공급실에서 압력실로 유입된다.

유압 밸브 리프터(Hydraulic valve lifters)는 보통 오버홀(overhaul)시기에 조절된다. 유압 밸브리프터는 윤활을 하지 않은 건식상태로 조립하여 간극을 점검하고, 간극조절은 서로 길이가 다른 푸시로드를 사용하여 조절한다. 밸브 간극은 최소 및 최대 밸브간극이 설정되어 있다. 이러한 최소와 최대 한계치 내의 측정된 값은 허용되지만, 대략 최대와 최소 사이의 중간 값이 바람직하다. 유압 밸드 리프터는 나사 조절식(screw adjustment type)에 비해 정비가 거의 필요하지 않으며, 윤활이 잘되며, 작동소음이 적다.

1.11.6 푸시로드(Push Rod)

푸시로드는 튜브 형태이며, 밸브태핏에서 로커암으로 밀어 올리는 힘을 전달한다. 경화된 강철볼(hardened-steel ball)은 튜브의 양 끝에 붙어 있다. 볼의 한쪽 끝은 로커암의 소켓에 꼭 맞게 되어 있다. 어떤 경우에, 볼은 태핏(tappet)과 로커 암에 있고 소켓이 푸시로드에 있는 것도 있다. 푸시로드가 튜브 모양인 것은 가벼운 무게와 강도 때문에 사용된다. 가압된 엔진 윤활유가 중공의 푸시로드를 통해서 볼의 끝(ball end)과 로커암(Rocker Arms) 베어링, 밸브스템 가이드에 공급된다. 푸시로드는 크랭크케이스에서부터 실린더 헤드까지 연결되어 있는 푸시로드튜브라고 하는 튜브하우징(tubular housing)에 밀폐되어 있다.

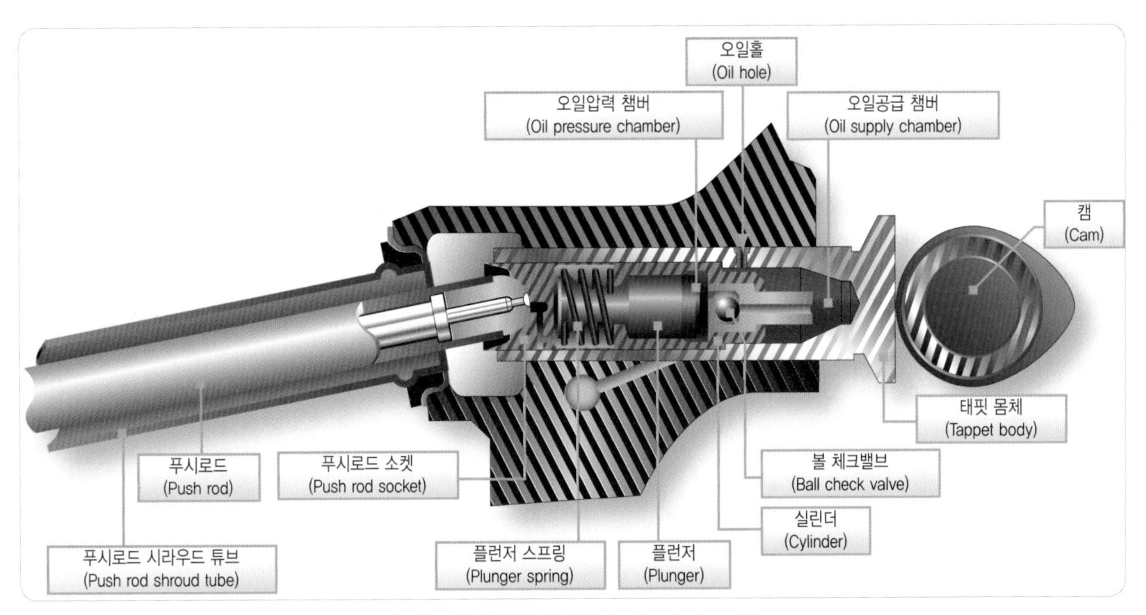

[그림 1-30] 유압밸브 태핏(Hydraulic valve tappets)

1.11.7 로커암(Rocker Arms)

그림 1-31에서 보는 것과 같이, 로커암은 밀어 올리는 힘을 캠으로부터 밸브에 전달한다. 중심축 역할을 하는 로커암 어셈블리는 플레인 베어링, 롤러베어링, 또는 볼베어링이나 이것들의 조합된 형대로 지지되고 있다. 일반적으로 로커암의 한쪽 끝은 푸시로드를 지지하고, 다른 한쪽 끝은 밸브스템을 지지한다. 로커암의 한쪽 끝은 때때로 강철 롤러(steel roller)를 장착하기 위한 홈(slot) 이 있는 것도 있다. 반대쪽 끝은 나사식 분할 클램프(threaded split clamp)와 고정 볼트(locking bolt), 또는 탭 홀(tapped hole)이 있다. 로커암과 밸브스템 끝 사이의 간극을 조정하기 위한 조절나사가 있는 경우도 있다. 조절나사는 밸브가 완전히 닫히도록 명시된 간극으로 조정할 수 있다.

1.11.8 밸브스프링(Valve Springs)

각 밸브는 두 개 또는 세 개의 헬리컬 스프링(helical spring)에 의해서 닫힌다. 스프링이 하나만 사용될 경우, 특정 속도에서 진동(vibration) 또는 서지(surge)의 원인이 된다. 이러한 문제를 해결하기 위하여 각 밸브마다 두 개 또는 그이상의 스프링이 장착되는데, 하나는 다른 하나의 내부에 위치하여 각 밸브스템 위에 장착된다. 직경과 피치(pitch)가 서로 다른 두 개 이상의 스프링은 서로 다른 엔진 회전속도에서 진동하며 엔진작동 중에 발생하는 스프링 서지 바이브레이션(spring-surge vibration)을 급격히 감쇠시키며, 또한 고온과 금속피로(metal fatigue)로 인해 한 개가 파손될 경우 안전하게 제 가능을 유지할 수 있도록 한다.

스프링은 밸브스프링 위쪽 리테이너(Retainer)나

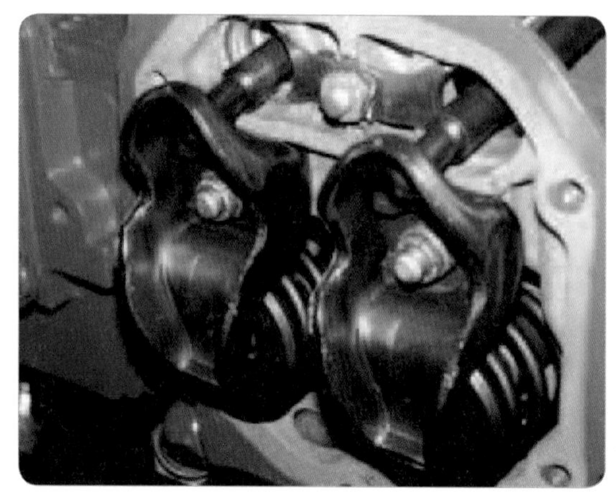

[그림 1-31] 대향형 엔진 로커 암

와셔(washer)의 오목한 곳에 장착된 플레인 베어링 락크(split locks)에 의해서 제 위치가 유지되고, 밸브스템에 가공된 홈과 맞물린다. 밸브스프링의 기능은 밸브를 닫히도록 하는 것이고 밸브시트에 밸브를 안전하게 유지시키는 것이다.

1.12 베어링(Bearings)

베어링은 표면을 지지하거나, 다른 표면에 의해 지지를 받는다. 좋은 베어링은 부여되는 압력에 충분히 잘 견딜 수 있는 강한 재료로 만들어져야 하고, 움직이는 상대 표면과의 마찰과 마모가 최소가 되어야 한다.

작동시 소음이 없고, 효율적인 작동을 위해 아주 정밀한 공차로 만들어져야 하며, 동시에 자유롭게 움직일 수 있도록 매우 정밀한 공차(very close tolerance)로 부품이 만들어져야 한다. 베어링은 동력손실이 과도하지 않도록 움직이는 부품의 마찰을 감소시키기 위해 여러 형태의 윤활 베어링이 사용된다. 베어링은 방사상 하중(radial load), 추력하중(thrust load), 또

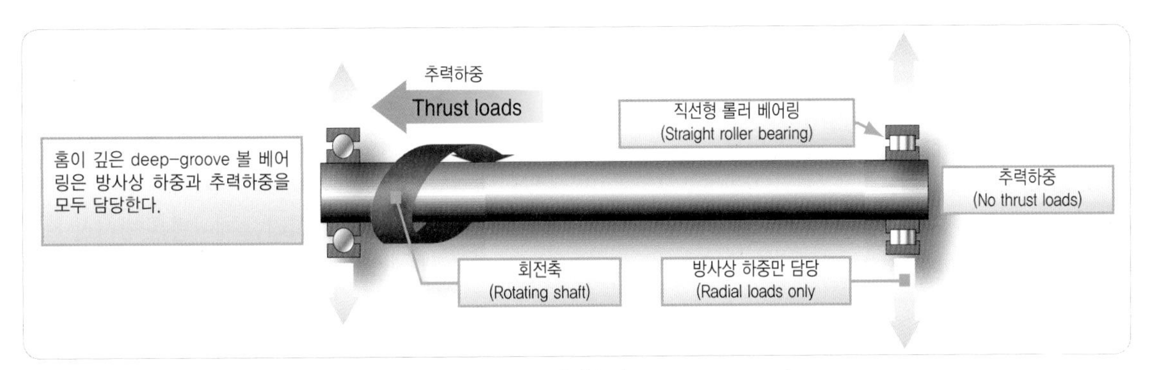

[그림 1-32] 방사상 하중과 추력하중(Radial and thrust loads)

[그림 1-33] 베어링 유형(Bearings)

는 두 힘의 합성력, 즉 추력하중과 방사상 하중 둘 다 받는다. 그림 1-32에서는 방사상 하중과 추력하중을 설명하고 있다.

베어링 표면이 서로 관련하여 움직이는 방법은 두 가지가 있다. 먼저는 미끄럼마찰(sliding friction)로서 한 금속이 다른 금속에 대한 미끄럼운동에 의한 것이고, 두 번째는 구름마찰(rolling friction)로서 한 표면이 다른 표면에 대한 롤링운동을 하는 것이다. 그림 1-33에서 보는 것과 같이, 일반적으로 사용되는 베어링은 플레인 베어링(plain bearing), 롤러베어링(roller bearing), 그리고 볼베어링(ball bearing) 세 가지가 있다.

1.12.1 플레인 베어링(Plain Bearings)

플레인 베어링은 대부분 크랭크샤프트, 캠링, 캠샤프트, 커넥팅로드, 그리고 액세서리 구동축(accessory drive shaft) 베어링으로 사용된다. 일부 베어링은 추력하중(thrust load)을 받도록 설계되었지만, 플레인 베어링은 통상 방사상 하중(radial load)만 받는다. 플레인 베어링은 보통 은, 청동, 알루미늄, 그리고 구리, 주석, 또는 납 등의 여러 가지 합금과 같이 철을 함유하지 않은 비철금속으로 만들어진다. 일부 엔진에서는 마스터로드 또는 크랭크핀 베어링을 얇은 강철껍질로 내부 및 외부표면에 은으로 도금한 후, 다시 내부표면에 납 · 주석(lead-tin)으로 도금하여 사용한다.

액세서리 부문에서 다양한 축을 지지하기 위해 사용되는 작은 베어링을 부싱(bushing)이라고 한다. 이 경우 다공성 오일라이트 부싱(porous oilite bushing)이 널리 사용된다. 이러한 베어링은 엔진 작동 중의 마찰열로 인해서 베어링 표면으로 오일(oil)이 스며 나오도록 내부에 오일이 채워져 있다.

1.12.2 볼베어링(Ball Bearings)

볼베어링 어셈블리는 홈이 파진 안쪽 레이스(inner race)와 바깥쪽 레이스(outer race), 베어링이 분해되도록 설계된 한 세트 이상의 볼 세트(ball set), 그리고 베어링 리테이너(bearing retainer)로 구성된다. 그들은 일부 왕복엔진에서 축 베어링과 로커암(rocker arms) 베어링으로서 사용된다. 특별히 깊은 홈을 가진 볼베어링은 성형엔진의 프로펠러 추력을 전달하고, 엔진 전방 부분에서 방사상 하중을 위해서 사용된다. 이러한 형태의 베어링은 방사상 하중과 추력하중 모두를 감당할 수 있으며, 축의 한쪽 끝에서 방사상 하중을 지지하고 축 방향으로 움직이는 추력하중으로부터 축을 유지하기 때문에 가스터빈엔진에서도 사용된다.

1.12.3 롤러베어링(Roller Bearings)

롤러베어링은 여러 가지 형태와 모양으로 만들어지고 있지만, 대부분 항공기 엔진에 사용되는 두 가지 형태는 직선 롤러베어링(straight roller) 과 테이퍼 롤러베어링(tapered roller bearing)이다. 직선 롤러베어링은 방사상 하중만을 받는 곳에 사용된다. 테이퍼 롤러베어링은 안쪽 레이스와 바깥 레이스 베어링 표면이 원추형 모양이다. 이러한 베어링은 방사상 하중(radial load)과 추력하중(thrust load) 모두에 잘 견딘다. 직선 롤러베어링은 고출력 왕복엔진 항공기의 크랭크샤프트 주 베어링으로 사용된다. 또한 방사상 하중이 큰 가스터빈엔진에도 사용된다. 대부분 가스터빈엔진의 회전축은 한쪽 끝에는 깊은 홈을 가진 볼베어링이 방사상 하중과 추력하중을 지지하고, 다른 쪽 끝에서 직선 롤러베어링이 방사상 하중만을 지지하고 있다.

1.13 프로펠러 감속기어 (Propeller Reduction Gearing)

그림 1-34에서 보는 것과 같이, 고마력 엔진에서 나오는 제동마력(brake horsepower)의 증가는 크랭크샤프트의 회전수(rpm)에 비례하여 증가한다. 그러므로 효율적인 작동이 이루어질 수 있는 값으로 프로펠러 회전속도를 제한하려면 감속기어가 필요하게 된다. 프로펠러 선단(blade tip)의 속도가 음속에 도달하게 되면, 프로펠러 효율은 급격히 감소한다. 감속기어를 사용하면 엔진을 더 높은 회전수(rpm)에서 작동할 수 있게 하여 엔진에서 더 많은 출력을 얻을 수 있도록 하고, 프로펠러의 회전수(rpm)는 낮출 수 있다. 이렇게 하여 프로펠러 효율이 저하되는 것을 방지한다. 감속기어는 매우 높은 응력에 견디어야 하기 때문에, 기어는 강을 단조하여 기계 가공된다. 많은 형태

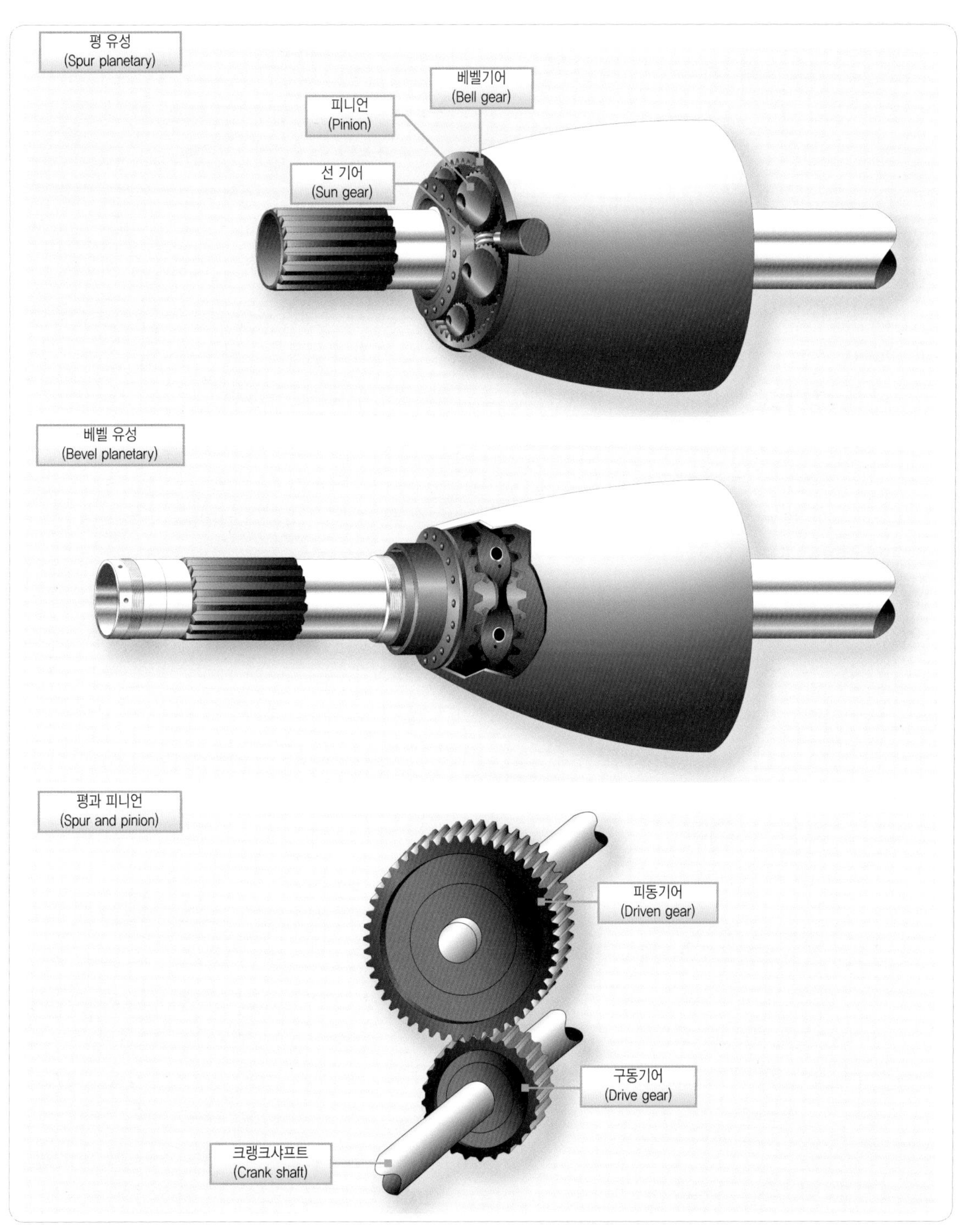

[그림 1-34] 감속기어(Reduction gears)

의 감속기어장치가 사용되고 있는데, 가장 일반적으로 사용되는 세 가지 형태는 평 유성(spur planetary), 베벨유성(bevel planetary), 그리고 평과 피니언(spur and pinion)감속기어장치이다. 평 유성기어 감속장치(spur planetary reduction gearing)는 대형 구동기어(driving gear)나 크랭크샤프트에 스플라인(splined)되었거나 급랭 축소(shrunk)하여 장착한 선 기어(sun gear), 벨 기어(bell gear)라고 불리는 대형 고정기어(stationary gear), 그리고 케리어 링(carrier ring)에 부착된 작은 평 유성 피니언 기어(spur planetary pinion gear)로 구성되어 있다.

케리어링은 프로펠러 샤프트(propeller shaft)에 고정되어 있고 유성기어는 선 기어와 고정된 벨 기어 또는 링 기어 사이에 맞물려 있다. 고정된 벨 기어는 전방 부문 하우징에 볼트나 스플라인으로 연결되어 있다. 엔진이 작동할 때에 선 기어는 회전한다. 유성기어는 링 기어와 맞물려 있기 때문에, 유성기어 역시 회전한다. 또한 유성기어는 고정기어와 맞물려 있기 때문에 유성기어가 자전하면서 고정기어를 둘레를 공전하며, 그리고 링기어 안쪽과 맞물려진 유성기어는 크랭크샤프트와 같은 방향으로 프로펠러 샤프트(propeller shaft)를 회전시키지만, 감소된 속도로 회전시킨다.

일부 엔진의 벨 기어 프로펠러축에 장착되어 있으며, 유성피니언기어 케이지(cage)는 고정되어 있다. 선 기어(sun gear)는 크랭크샤프트에 스플라인으로 연결되어 구동기어 역할을 한다. 이러한 방식의 프로펠러 회전속도는 감소되지만, 크랭크샤프트 회전과는 반대 방향이다.

베벨유성감속기어에서 구동기어는 외부의 치차를 베벨기어로 제작되어 크랭크샤프트에 부착되어 있다. 맞물려진 베벨 피니언 기어의 한 세트는 프로펠러축의 끝에 부착된 케이지(cage)에 장착된다. 피니언기어는 구동기어에 의해서 움직이고, 엔진 전방 부문 하우징에 볼트로 고정되거나 스플라인으로 연결된 고정기어 주위를 운동한다. 베벨 피니언 기어의 추력은 특수 설계된 추력 볼베어링에 의해 흡수된다. 구동기어와 고정기어는 대체로 강력한 볼베어링에 의해서 지지된다. 이런 형태의 유성 감속기어장치는 언급했던 것보다 훨씬 소형이므로 작은 프로펠러 기어 감속장치가 필요할 경우에 사용된다.

1.14 프로펠러축(Propeller Shafts)

프로펠러 샤프트(propeller shaft)는 세 가지 주요한 형태가 있는데, 테이퍼(tapered), 스플라인(splined), 또는 플랜지(flange)이다. 테이퍼 축은 테이퍼 번호로 규격을 표시하고, 스플라인과 플랜지 축은 SAE 번호로 표시된다. 대부분 저출력 엔진의 프로펠러 샤프트(propeller shaft)는 크랭크샤프트의 일부로서 단조로 제작되며, 테이퍼 형이며, 슬롯(slot)이 있어서 프로펠러 허브를 프로펠러축에 고정할 수 있다.

프로펠러의 키 홈(keyway)과 키 인덱스(key index)는 1번 실린더 상사점에 연관된다. 프로펠러축의 끝단에는 프로펠러 고정너트(retaining nut)를 장착하기 위한 나사산이 있다. 일반적으로 테이퍼형 프로펠러 샤프트(propeller shaft)는 구형 엔진과 소형엔진에 사용된다.

고출력 성형엔진의 프로펠러 샤프트(propeller shaft)는 대체로 스플라인으로 되어 있다. 프로펠러축의 한쪽 끝에는 프로펠러 허브 너트를 장착하기 위해 나사산이 있다. 프로펠러 추력을 감당하는 트러스트 베어링은 프로펠러 샤프트(propeller shaft) 주위에 있으며, 전방 부분 하우징으로 프로펠러 추력을 전달한다.

하우징으로부터 돌출된 부위에 있는 (두 세트의 나사 사이) 스플라인은 프로펠러 허브를 장착하기 위한 것이다. 프로펠러 샤프트(propeller shaft)는 대부분 길이 전체가 강철합금으로 단조로 가공된다. 프로펠러 샤프트는 감속기어장치에 의해 엔진 크랭크샤프트와 연결되지만, 소형 엔진의 프로펠러 샤프트는 단순히 엔진 크랭크샤프트의 연장된 부분이다. 프로펠러 샤프트(propeller shaft)를 회전시키기 위해서는 엔진 크랭크샤프트가 회전해야 한다.

플랜지형 프로펠러 샤프트(flanged propeller shafts)은 대부분 최신 왕복엔진과 터보프롭엔진에서 사용된다. 축의 한쪽 끝에 있는 플랜지는 프로펠러 장착용 볼트를 위한 홀(hole)이 뚫려 있다. 조절피치 프로펠러에 사용되는 분배밸브(distributor valve)가 장착되도록 내부에 나사가 있는 짧은 축이 장착되기도 한다. 플랜지형 프로펠러 샤프트는 대부분 프로펠러 구동 항공기에 가장 일반적인 장착 방법이다.

1.15 왕복엔진 작동 원리(Reciprocating Engine Operating Principles)

기체의 압력, 부피, 그리고 온도 사이의 관계는 엔진 작동의 기본적인 원리이다. 내연 기관은 열에너지를 기계적 에너지로 변환시키는 장치이다. 가솔린이 기화하여 공기와 혼합되고 실린더 안으로 유입되어 피스톤에 의해서 압축되고 전기 스파크(electric spark)으로 점화된다. 열에너지가 기계에너지로 변환되고, 다시 일로 바뀌는 것은 실린더 내에서 이루어진다. 그림 1-35는 이런 변환을 얻기 위해 필요한 다양한 엔진 구성품과, 엔진의 작동을 설명하기 위한 주요한 용어들을 나타내고 있다.

내연 왕복엔진의 작동 사이클은 필요한 일련의 일이 연속적으로 발생하는데, 실린더 내에서 연료 · 공기의 혼합물을 흡입, 압축, 점화, 연소, 그리고 팽창시키고, 연소 작용의 진행 과정에서 생긴 부산물을 제거, 배출하는 것들을 포함한다. 압축된 혼합가스가 점화될 때, 연소 결과로 생기는 가스는 매우 빠른 속도로 팽창하여 피스톤을 실린더 헤드로부터 밀게 한다. 이와 같이 피스톤의 하향운동은 커넥팅로드를 통하여 크랭크샤프트에 작용하기 때문에 크랭크샤프트에 의한 원운동, 즉 회전 운동으로 변환된다. 실린더 상부 또는 헤드에 있는 밸브는 연소가스가 배출되도록 열리고, 피스톤은 크랭크샤프트와 프로펠러의 운동량에 의해서 실린더 내에서 사이클의 다음 작용을 할 수 있는 곳까지 다시 올라간다. 이때에 실린더의 또 다른 밸브가 열리고 새로운 연료 · 공기 혼합가스가 흡입된다. 연소된 배기가스를 배출하는 밸브를 배기밸브라고 하고, 새로운 연료 · 공기의 혼합가스를 받아들이는 밸브는 흡입밸브라고 한다. 이들 밸브는 밸브 작동기구에 의해서 적절한 시기에 기계적으로 열리고 닫힌다. 따라서 4 행정 사이클(four stroke cycle) 엔진의 5 가지 이벤트(five events) 순서는 흡입(intake), 압축(compression), 점화(ignition), 출력(power), 배기(exhaust)이다.

그림 1-35에서 보는 것과 같이, 실린더 보어(bore)는 실린더 직경(inside diameter)이다. 행정(stroke)은 실린더의 한쪽 끝에서 다른 쪽 끝까지 피스톤이 움직

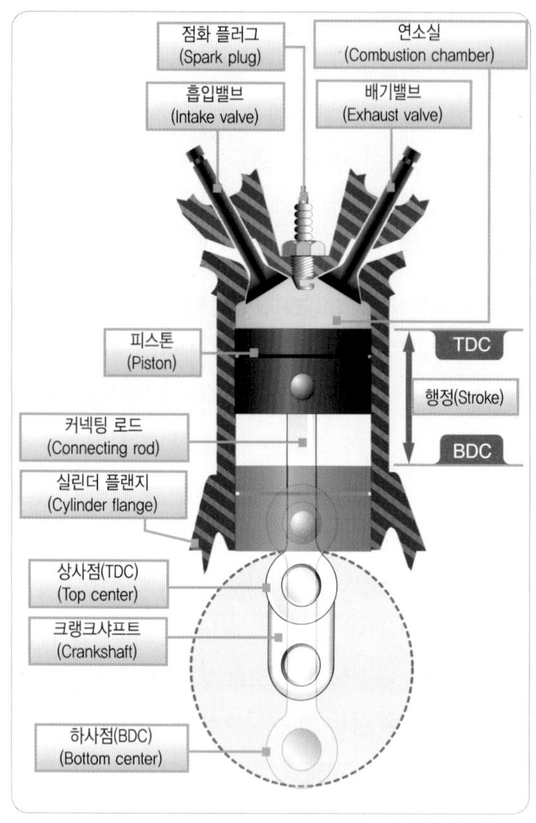

[그림 1-35] 엔진작동의 구성요소 및 용어
(Components and terminology of engine operation)

이는 거리이며, 상사점(top dead center: TDC)에서 하사점(bottom dead center: BDC), 또는 하사점에서 상사점까지의 거리를 말한다.

1.16 작동 사이클(Operating Cycles)

통용되고 있는 여러 작동 사이클은 다음과 같다.

(1) 4행정(four-stroke)

(2) 2행정(two-stroke)

(3) 로터리(rotary)

(4) 디젤(diesel)

1.16.1 4행정 사이클(Four-stroke Cycle)

대부분 항공기에 사용되는 왕복엔진은 4행정 사이클이며, 발명자인 독일 물리학자의 이름을 따서 오토 사이클(otto cycle)이라고 불린다. 4행정 사이클 엔진을 항공기에 사용하면 많은 이점이 있다. 그 이점 중의 하나는 과급(supercharging)을 통해 쉽게 고성능을 얻을 수 있다는 것이다.

그림 1-36에서 보는 것과 같이, 이런 형식의 엔진에서는 필요한 연속작용이나 각 실린더의 작동 사이클을 완성시키기 위해서 4행정이 요구되는 것이다. 4행정에서는 크랭크샤프트의 완전한 2회전(720°)이 필요하다. 그러므로 이런 형식의 엔진 실린더는 크랭크샤프트의 매 2회전마다 한 번씩 점화한다.

4행정 사이클 엔진의 작동에 관한 다음 고찰에 있어서 점화시기와 밸브의 개폐작용은 엔진의 종류에 따라 다르다는 것을 알게 될 것이다. 많은 요인들이 특정한 엔진의 점화시기에 영향을 미치며, 그 엔진을 정비하고 오버홀(overhaul)하기 위해서는 이 점에 관한 제작사의 권고를 따르는 것이 매우 중요하다. 밸브 타이밍과 점화 시기는 항상 크랭크샤프트의 움직이는 각도에 따라 정해진다. 밸브를 완전히 열려면 어느 정도까지 크랭크샤프트의 이동이 필요하다. 명시된 시기(specified timing)는 밸브가 완전히 열려 있는 위치가 아니라 밸브가 열리기 시작하는 시기를 나타낸다. 그림 1-37에서는 밸브개폐시기 도표의 예를 보여 준다.

1.16.1.1 흡입행정(Intake Stroke)

흡입행정에서 피스톤은 크랭크샤프트의 회전에 의해서 실린더 내에서 아래쪽으로 내려간다. 피스톤의 이런 작용은 실린더 내의 압력을 대기압 이하로 감소

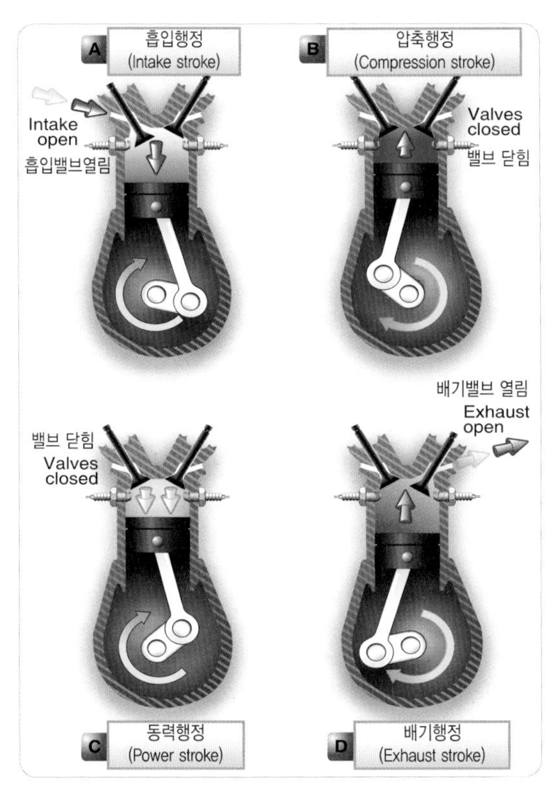

[그림 1-36] 4행정 사이클(Four-stroke cycle)

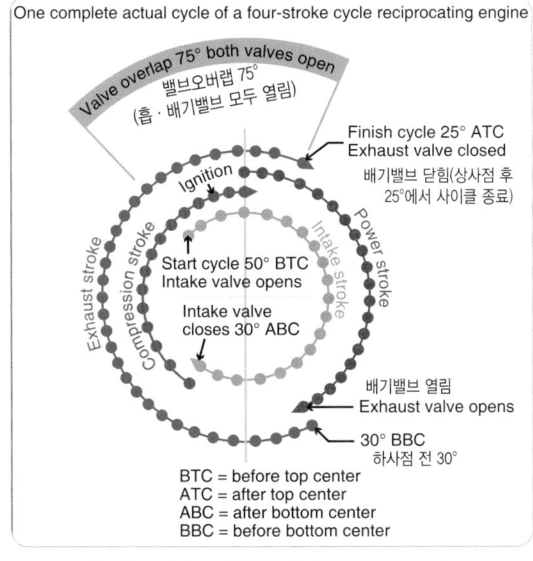

[그림 1-37] 밸브 개폐시기 선도(Valve timing chart)

시켜 공기는 기화기(carburetor)로 흐르도록 하며, 기화기는 연료를 필요한 만큼 정확히 계량한다. 연료 · 공기 혼합가스는 흡입파이프를 통하여 흡입밸브를 지나 실린더 안으로 들어간다. 연료 · 공기 혼합가스의 양과 중량은 스로틀이 열리는 각도에 따라 달라진다.

흡입밸브는 피스톤이 배기행정 상사점에 도달하기 전에 상당히 열려 있으며, 이것은 많은 양의 연료 · 공기 혼합가스가 실린더 안으로 들어갈 수 있도록 하여 마력을 증대하기 위한 것이다. 하지만, 밸브가 상사점에 도달할 때까지 열릴 수 있는 거리는, 이전 사이클의 뜨거운 잔류가스가 흡입파이프와 흡기계통을 통해 역류할 가능성 등의 몇 가지 요인들에 의해서 제한받는다.

모든 고출력 항공기 엔진에서 흡입과 배기밸브는 흡입행정을 시작할 때에 피스톤이 상사점에 위치에서 밸브가 열리기 시작한다. 위에서 언급한 바와 같이 흡입밸브는 배기행정의 상사점 전에서 열리며(valve lead), 배기밸브의 닫힘은 피스톤이 상사점을 통과하여 흡입행정을 시작한 후에도 상당히 지연된다(valve lag). 이와 같은 밸브개폐시기를 밸브오버랩(valve overlap)이라 하며, 흡입되는 차가운 연료 · 공기의 혼합가스의 순환에 의해서 실린더 내부를 냉각시키고, 실린더 안으로 흡입되는 연료 · 공기 혼합가스의 양을 증가시키고, 연소로 발생되는 부산물 배출을 쉽게 하기 위한 방안이다. 흡입밸브는 특정 엔진에 따라 다르지만, 흡입 기체의 모멘텀에 의해 실린더를 더 완전하게 충전시키기 위해 압축행정의 하사점을 지나 약 50~70 ° 정도에서 닫히도록 설정되어 있다. 피스톤이 거의 하사점에 도달하면 피스톤 상부의 비교적 큰 실린더 부피 때문에, 이런 시기에는 피스톤의 작은 상향 이동은 혼합가스 유입에 큰 효력이 없다. 밸브가 너무 늦게까지 열려 있으면 가스가 흡입밸브를 통하여 다시 빠져나갈 수 있기 때문에, 밸브를 늦게 닫히게 하는 목적이 상실 된다.

1.16.1.2 압축행정(Compression Stroke)

흡입밸브가 닫힌 후 피스톤의 계속적인 상향운동은 연료 · 공기 혼합가스를 압축하는데 이는 바람직한 연소 및 팽창 특성을 얻기 위한 것이다. 연료 · 공기 혼합가스는 피스톤이 상사점에 도달하면 전기적인 불꽃에 의해서 점화된다. 점화시기는 특정 엔진의 성질에 따라 다르고 피스톤이 상사점을 약간 지날 때까지 연료 · 공기 혼합물을 완전히 연소시켜야 하기 때문에, 상사점 전 25~35 ° 까지 다양하다. 여러 요소들이 점화시기에 영향을 미치며 엔진 제작사는 최적의 상태를 결정하기 위해서 상당한 시간 동안 연구와 시험을 해 왔다. 모든 엔진은 점화시기를 조절하는 장치들을 갖추고 있으며, 엔진제작사의 권고에 따라 점화계통이 조절되는 것이 매우 중요하다.

1.16.1.3 동력행정(Power Stroke)

압축행정의 마지막 단계에서 피스톤이 상사점을 지나 동력행정에서 하향운동을 하면, 피스톤은 엔진 출력이 최대일 때 15톤(30,000 psi) 이상의 힘으로 실린더 상부에서 연소가스의 급격한 팽창에 의해서 아래쪽으로 밀려 내려간다. 이 연소가스의 온도는 3,000~4,000℉ 정도가 된다. 연소가스의 압력 때문에 동력행정에서 피스톤이 하향의 힘을 받으면 커넥팅로드의 하향운동은 크랭크샤프트에 의해서 회전운동으로 바뀐다. 그리고 회전운동은 프로펠러 샤프트(propeller shaft)에 전해져서 프로펠러를 회전시킨다. 연소가스가 팽창하면 온도는 안전한계까지 떨어지고 배기구를 통하여 배기가스는 배출된다. 배기밸브가 열리는 시기는 최대한 팽창력을 이용할 수 있고, 실린더가 완전하고 신속하게 배출을 할 수 있도록 여러 가지를 고려하여 결정된다. 하사점에 이르기 전 (보통 하사점 전 50~70° 사이)에 상당히 오래 열려 있지만, 실린더 내부에는 다소의 압력이 남아 있는 상태이다. 이와 같은 시기 조절은 압력이 가능한 한 신속히 가스를 배기구 밖으로 배출할 수 있도록 하기 위해 이용되고 있다. 이러한 과정은 바람직한 팽창이 이루어진 후 실린더 안에서 열의 낭비를 제거해 주며 실린더와 피스톤의 과열을 방지한다. 실린더 내부에 배기부산물이 조금이라도 남아 있다면 다음 사이클이 시작할 때 흡입되는 연료 · 공기 혼합가스를 희박하게 만들기 때문에 완전한 배출은 매우 중요하다.

1.16.1.4 배기행정(Exhaust Stroke)

피스톤이 하사점을 지나서 동력행정이 완료되고 배기행정의 상향운동을 시작하면, 피스톤은 연소된 배기가스를 배기구 밖으로 밀어내기 시작한다. 배기가스가 실린더를 빠져나가는 속도 때문에 실린더 내부는 압력이 낮아진다. 이렇게 낮아지고 감소된 압력은 흡입밸브가 열리기 시작할 때 새로운 연료 · 공기 혼합가스가 실린더 내부로 흡입되는 것을 촉진시킨다. 흡입밸브의 열림은 엔진 종류에 따라 차이가 있지만 배기행정이 상사점에 도달하기 전 8~55 ° 사이에서 열리도록 설정되어 있다.

1.16.1.5 2행정 사이클(Two-stroke Cycle)

2행정 사이클 엔진은 초경량, 경량 스포츠, 그리고 수많은 실험용 항공기에서 사용되면서 다시 부각되고 있다. 이름에서 알 수 있듯이, 2행정 사이클 엔진은 실린더에서 요구되는 일련의 작용들이 완성되기 위해서는 피스톤에서 오직 하나의 상행행정과 하나의 하행 행정만이 필요하다. 그러므로 엔진은 크랭크샤프트의 1회전으로 작동 사이클이 완성된다. 흡입과 배기 기능은 동일한 행정에서 이루어진다. 이들 엔진은 공랭식이거나 수랭식으로 될 수 있고 대체로 엔진과 프로펠러 사이에 감속기어 하우징을 필요로 한다.

1.16.1.6 로터리 사이클(Rotary Cycle)

로터리 사이클은 매 회전운동마다 4사이클 중에서 3번을 완료되며, 타원형의 하우징 안쪽에서 돌아가는 3면 로터(rotor)를 갖고 있다. 이러한 엔진은 싱글-로터 또는 멀티-로터일 수 있거나, 공랭식이거나 또는 수랭식이기도 한다. 이들은 주로 실험용 항공기와 경항공기에 사용된다. 또한, 이러한 형식의 엔진은 진동 특성이 매우 낮다.

1.16.4 디젤 사이클(Diesel Cycle)

디젤 사이클은 실린더에 충전된 연료 · 공기에 대한 점화를 일으키기 위해서 고압으로 압축하는 것에 달려있다. 공기가 실린더로 흡입됨에 따라 피스톤에 의해서 압축되어 최대압력이 되었을 때, 연료가 실린더 안으로 분사된다. 이때에 실린더 내부는 고압과 고온인 상태에서 연료가 연소되어 실린더 내부 압력이 상승하게 된다. 고온 고압의 연소가스에 의해 피스톤이 하향운동을 하게하고, 다시 크랭크샤프트를 회전운동으로 전환시켜 동력을 얻는다. 제트 A(JET A) 연료(kerosene)로 작동할 수 있는 수랭식과 공랭식 엔진의 다른 유형으로 디젤 사이클이 이용된다. 2행정 디젤과 4행정 디젤을 포함하여 쓰이고 있는 많은 형식의 디젤 사이클이 있다.

1.17 왕복엔진 출력과 효율(Reciprocating Engine Power and Efficiencies)

모든 항공기 엔진은 일을 할 수 있는 능력과 생성되는 출력에 따라 등급이 정해진다. 여기서는 일과 출력, 그리고 이것들의 계산 방법에 대해서 설명하고자 한다. 또 왕복엔진의 출력을 결정하는 여러 가지 효율에 대해서 고찰하고자 한다.

1.17.1 일(Work)

일(work)은 물체에 작용하는 힘과 힘의 방향으로 움직인 거리와의 곱으로 표시한다.

$$\text{일}(W)=\text{힘}(F)\times\text{거리}(D)$$

일은 여러 기준으로 측정되며, 가장 일반적인 단위는 피트-파운드(ft-lb)이다. 1 파운드의 물질이 1 피트 이동했다면 1 피트-파운드(ft-lb)의 일을 한 셈이다. 질량이 커지면 커질수록, 거리가 길어지면 길어질수록 일도 더 증가하게 된다.

1.17.2 마력(Horsepower)

기계적 동력의 일반적인 단위는 마력(hp)이다. 18세기 말, 증기기관을 발명한 제임스 와트(James Watt)는 영국산 말 한 마리는 초당 550ft-lb 또는 분당 33,000ft-lb의 비율로 일할 수 있음을 발견하였다. 그의 관찰에서부터 마력이 생겨났고, 마력은 영국의 측량 단위 중에서 동력의 표준 단위이다. 어떤 엔진의 정격마력(rated horsepower)을 계산한다면 동력을

33,000으로 나누면 ft-lb/min이고, 또한 550으로 나누면 ft-lb/sec가 된다.

$$1\ hp = \frac{ft - lb\ per\ min}{33{,}000}$$

$$or\ \frac{ft - lb\ per\ sec}{550}$$

위에서 기술한 바와 같이, 일은 힘과 거리와의 곱이다. 그리고 동력(power)은 단위 시간에 할 수 있는 일이다. 결과적으로 중량 33,000파운드인 물체가 1분 동안에 수직 상방으로 1피트 이동했을 때, 소비되는 동력은 분당 33,000ft-lb 또는 정확히 1 마력(hp)이다.

일은 물체를 올릴 때에 작용하는 힘뿐만 아니라, 모든 방향으로 작용하는 힘에 적용되는 것이다. 만약 중량이 100파운드인 물체가 땅 위에서 끌린다면, 비록 결과적으로 운동 방향이 거의 수평 방향일지라도 가해진 힘은 일을 한 것이다. 이 힘의 크기는 지면의 거칠기에 따라 달라질 것이다.

만약 무게가 파운드로 매겨진 용수철저울에 매달려 있다면, 저울 손잡이를 잡아당기면 필요한 힘의 크기를 측정할 수 있을 것이다. 필요한 힘이 90파운드이고 100파운드 무게의 물체가 2분 동안에 660피트 끌려갔다면 2분 동안에 행해진 일의 양은 59,400ft-lb 또는 매분 29,700ft-lb가 될 것이다. 1 마력(hp)은 분당 33,000ft-lb이므로, 이 경우 마력은 29,700/33,000 또는 0.9 마력(hp)이 될 것이다.

1.17.3 피스톤 배기량(Piston Displacement)

다른 요인들이 일정할 경우, 피스톤 배기량이 크면 클수록, 엔진 최대마력은 더 크게 낼 수 있다. 피스톤이 하사점에서 상사점까지 움직일 때 이를 단위체적(specific volume)이라 한다. 피스톤의 변위에 의한 체적을 피스톤 배기량이라 하며, 미국산 엔진은 입방인치(cubic inches)로, 다른 엔진은 입방센티미터(cubic centimeters)로 표시된다.

실린더의 피스톤 배기량은 실린더 단면적에 한 행정 동안에 피스톤이 실린더 안에서 움직인 거리를 곱하여 얻을 수 있으며, 다수의 실린더가 있는 엔진의 총 피스톤 배기량은 실린더 1개의 피스톤 배기량에 실린더 수를 곱하여 구할 수 있다.

체적(V)은 실린더 단면적(A)에 높이(h)를 곱한 값과 같으므로 다음 수식이 성립된다.

$$V = A \times h$$

원의 넓이를 구할 때 파이(π)값을 사용하는데, 이 값은 원(circle)의 지름에 대한 원주의 비율, 즉 원주율(π)을 나타낸다. 소수점 이하 넷째 자리의 값이 3.1416이며, 대부분 계산에 적용하기에 충분하다.

원, 사각형, 삼각형과 같은 면적은 제곱으로 나타내어야 한다. 반지름은 원의 지름의 절반인 길이이며, 원의 넓이는 반지름(r)의 제곱에 π를 곱하여 구한다. 공식은 다음과 같다.

$$A = \pi r^2$$

원의 반지름은 지름의 1/2과 같으므로

$$r = \frac{d}{2}$$

Example

피스톤 직경이 5.5inch, 행정이 5.5inch인 PWA 14실린더 엔진의 피스톤 배기량을 계산하라. 필요한 공식은:

$$r = \frac{d}{2}$$

$$A = \pi r^2$$

$$V = A \times h$$

총배기량(V)=$V \times n$(실린더의 수)

이 공식에 값을 대입하여 계산하면

$$r = \frac{d}{2} = \frac{5.5}{2} = 2.75in$$

$$A = \pi r^2 = 3.1416\ (2.75\ in \times 2.75\ in)$$
$$A = 3.1416 \times 7.5625\ in^2 = 23.7584 in^2$$
$$V = A \times h = 23.7584\ in^2 \times 5.5\ in = 130.6712\ in^3$$
$$\text{총배기량}\ V = V \times n = 130.6712\ in^3 \times 14$$
$$\text{총배기량}\ V = 1829.3968\ in^3$$

소수점 이하를 반올림하면, 총배기량은 1,829 in3이다.
피스톤배기량을 계산하는 또 다른 방법은 공식에서 반경 대신에 피스톤 직경을 이용하는 것이다.

$$A = \frac{1}{4}\pi d^2$$

$$A = 1/4 \times 3.1416 \times 5.5 \times 5.5$$
$$= 0.7854 \times 30.25 = 23.758 in^2$$

1.17.4 압축비(Compression Ratio)

모든 내연 기관은 각 동력행정으로부터 합당한 양의 일을 얻기 위하여 연료와 공기의 혼합기를 압축해야 한다. 실린더 내의 연료와 공기의 충전은 코일스프링이 큰 힘으로 압축되면 될수록 작용할 수 있는 힘이 커지는 스프링에 비유할 수 있다.

그림 1-38에서 보는 것과 같이, 엔진의 압축비는 피스톤이 하사점에 있을 때의 실린더 내부의 체적과 상사점에 있을 때 실린더 내부 체적의 비교이다. 이러한 비교는 비율(ratio)로 표현되므로 압축비(compression ratio)라는 용어가 사용된다. 압축비는 엔진에서 발생되는 최대마력의 제어 요소이지만, 사용되는 연료의 등급, 엔진의 회전속도, 그리고 이륙시 요구되는 메니폴드 압력에 의해 제한된다. 예를 들면, 피스톤이 하사점에 있을 때 실린더 내부의 체적이 $140in^3$이고, 피스톤이 상사점에 있을 때 실린더 내부의 체적이 $20in^3$이면, 압축비는 140 대 20이 될 것이다. 이것을 분수로 표현하면 140/20 또는 7대 1이며, 보통 7:1로 표시된다.

압축비, 매니폴드 압력 및 매니폴드 압력(manifold pressure)의 압축압력에 대한 제한은 엔진작동에 큰 영향을 미친다.

매니폴드압력은 흡입매니폴드에서 들어오는 공기

나 연료 · 공기의 평균 절대압력이며, 이 단위는 수은 인치(inHg)로 측정된다. 매니폴드압력은 엔진 속도(스로틀 설정)와 과급 정도에 따라 달라진다. 과급기(supercharger)의 작동은 실린더로 들어가는 혼합가스의 무게를 증가시켜 준다. 실제 과급기가 항공기 엔진에 사용되면, 매니폴드압력은 외부 대기압보다 현저하게 높아지게 된다. 과급기 사용의 장점은 정해진 실린더 용적에 더 많은 양의 혼합기를 충전함으로써 큰 출력을 낼 수 있다는 것이다.

압축비와 매니폴드압력은 실린더 밸브가 모두 닫혔을 때 작동 사이클에서 나타나는 실린더압력으로 결정된다. 압축전의 압력은 매니폴드압력에 의해 결정되지만, 최고 압축(점화 직전)에서의 압력은 압축비와 매니폴드압력을 곱한 값에 의해 결정된다.

예를 들면, 압축비가 7:1, 매니폴드 압력(manifold pressure)이 30inHg에서 엔진이 작동된다면 점화 직전의 압력은 약 210inHg가 되며, 매니폴드 압력이 60inHg일 때의 압력은 420inHg가 된다.

매우 자세하게 다루지 않더라도, 압축이라는 것은 매니폴드압력 변화에 대한 효과를 확대시킨 것이며, 이 두 가지 크기는 점화 바로 직전의 연료 충전 압력에 영향을 미치게 된다. 만일, 이런 때 압력이 너무 높게 되면 조기점화(pre-ignition)나 디토네이션(detonation)이 발생하며 과열(overheating)현상이 발생한다.

조기점화는 점화플러그에 의해 점화되기 전에 연

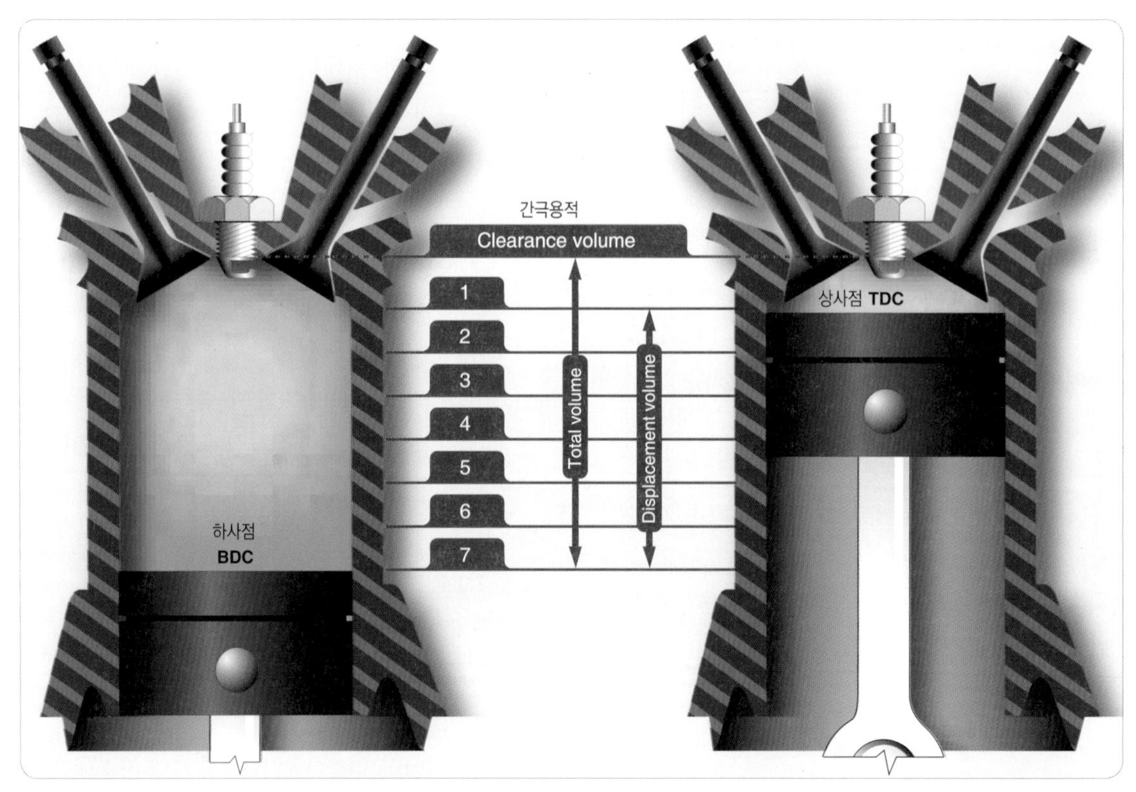

[그림 1-38] 압축비(Compression ratio)

료 · 공기 혼합가스가 자연 발화하여 연소를 시작하는 것이며, 디토네이션은 연료 · 공기가 점화플러그에 의해 점화된 후에 제어된 비율로 연소하는 것이 아니라, 실린더 온도와 압력이 급격히 높아져서 미연소 영역에서 발화되어 비정상적인 폭발이 일어나는 현상을 말한다. 만약 이 상태가 지속될 경우 손상(damaged)되거나 파손(destroyed)될 수 있다.

엔진에 높은 압축비를 이용하는 이유 중의 하나는 연료의 경제성을 얻기 위한 것이며, 낮은 압축비의 엔진보다 더 많은 열에너지를 유용한 일로 전환시킬 수 있기 때문이다. 보다 많은 열량이 유용한 일로 전환되기 때문에, 실린더 벽에는 적은 열량이 흡수되게 된다. 이 요인은 엔진의 냉각작용을 촉진하여 열효율을 증가시킨다. 다시 말해서 디토네이션 발생하지 않는 범위 내에서 연료 절감 요구와 최고 마력 요구조건 사이에서 절충이 필요하게 된다. 어떤 고압축 엔진 제작회사에서는 고옥탄가 연료를 사용하고 최대 매니폴드 압력(manifold pressure)을 제한하여 높은 매니폴드 압력에서도 디토네이션이 발생되지 않게 한다.

1.17.5 지시마력(Indicated Horsepower)

엔진에 의해서 생산되는 지시마력이란 지시되는 평균유효압력과 엔진의 출력에 영향을 주는 요인들로부터 계산된 마력이다. 지시마력은 엔진 내부의 마찰 손실을 고려하지 않은 연소실에서 생성된 동력이다. 이 마력은 엔진이 작동되는 동안에 기록된 실제 실린더 압력의 함수로서 계산된다.

지시마력 계산을 쉽게 하기 위해서, 엔진 실린더에 부착되어 있는 것과 같은 기계적인 지시장치는 완전한 작동 사이클이 이루어지는 동안에 실린더의 실제 압력을 기록한다.

이러한 압력 변화는 그림 1-39에서 보는 것처럼 그래프로 나타낼 수 있다. 그림에서 실린더압력은 압축행정에서 상승하고, 상사점 이후에 최고점에 도달하고, 동력행정에서 피스톤이 아래쪽으로 움직일 때 감소한다. 작동 사이클 동안에 실린더압력은 변화하기 때문에, 평균압력(직선 AB)으로 계산된다. 이 평균압력이 동력행정 기간 동안에 지속적으로 일정하다면 이것은 같은 기간 동안 변화하는 압력이 한 일과 동일

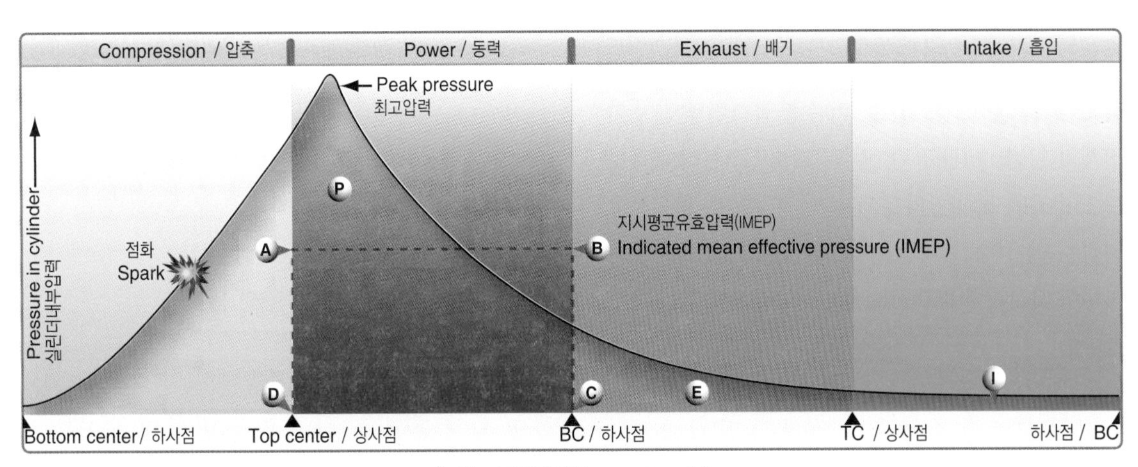

[그림 1-39] 압축비(Compression ratio)

한 양이 될 것이다. 이 평균압력은 지시평균유효압력이라고 부르고, 다른 엔진 성능과 마찬가지로 지시마력을 계산하는데 활용된다. 만일 엔진 특성과 지시평균유효압력(indicated mean effective pressure)을 알고 있다면 지시마력을 계산할 수 있다.

4행정 사이클 엔진에 대한 지시마력(Indicated Horsepower)은 공식을 암기하기 쉽도록 분자를 "PLANK"라는 문자로 배열하였다. 다음 공식으로서 계산될 수 있다.

$$\text{지시마력}(ihp) = \frac{PLANK}{33{,}000}$$

P = 지시평균유효압력(psi)
L = 행정의 길이(ft)
A = 피스톤헤드의 면적 – 실린더의 단면적(in^2)
N = 분당 동력 행정의 수 : $rpm/2$
K = 실린더의 수

위 공식에서, 지시평균유효압력에 피스톤 면적을 곱한 값은 피스톤에 작용하는 힘(lbs)이다. 이 힘에 행정 길이(ft)를 곱한 값은 동력행정에서 수행된 일과 같고, 여기에 분당 행정 수를 곱하면 1분 동안에 한 일과 같으며. 또 엔진 전체의 실린더 수를 곱하면 엔진이 한 전체의 일(ft-lb)과 같다. 결국 1마력이라는 것은 1분당 33,000ft-lb의 일의 양과 같이 정의할 수 있으므로 엔진이 한 전체 일의 양(ft-lb)을 33,000으로 나누면 그것이 지시마력(Indicated Horsepower)이다.

Example

지시마력 유효압력(P) = 165 lb/in^2, 행정(L) = 6 in or 0.5 ft, 직경 = 5.5 in, 회전수(rpm) = 3,000, 실린더 수(K) = 12일 때 지시마력을 구하려면?

$$\text{지시마력}(ihp) = \frac{PLANK}{33{,}000ft - lb/min}$$

A는 공식에 의해서

$$A = 1/4\pi D^2$$
$$A = 1/4 \times 3.1416 \times 5.5 \times 5.5$$
$$= 23.76in^2$$

N은 rpm에 1/2을 곱하여

$$N = 1/2 \times 3{,}000 \times 1.5rpm$$

그러므로 공식에 대입하여,

$$\text{지시마력}(ihp) = \frac{165 \times 0.5 \times 23.76 \times 1{,}500 \times 12}{33{,}000feet-lb/min}$$

$$= 1{,}069.20$$

1.17.6 제동마력(Brake Horsepower)

앞에서 언급한 지시마력(Indicated Horsepower)의 계산은 마찰력이 없는 엔진에 대한 이론적인 동력이다. 마찰로 인하여 손실되는 마찰마력은 지시마력에서 프로펠러에 공급되는 실제 마력을 빼야 한다. 유용한 일에서 프로펠러에 공급되는 동력을 제동마력(bhp: brake horsepower)이라 한다. 제동마력은 지시마력에서 마찰마력을 뺀 실제 유용한 일로 전환된 마력이다. 즉, 지시마력(Indicated Horsepower)에서 피스톤의 펌핑 작용, 피스톤의 마찰, 그리고 모든 가동 부품의 마찰과 같은 기계적 손실인 마찰마력을 뺀 실제로 프로펠러에 전달되는 출력이 제동마력이다.

엔진 제동마력의 측정은 토크 또는 비틀림 모멘트의 양으로 측정된다. 토크는 힘과 축에 작용하는 힘의 거리를 곱하여 계산한다.

$$토크 = 힘 \times 거리$$

토크는 하중의 측정단위로 lb-in 또는 lb-ft로 적절하게 표시된다. in-lb 또는 ft-lb로 표시되는 일과 토크를 혼동해서는 안 된다.

토크를 측정하는 데는 다이나모미터(Dynamometer)와 토크미터와 같은 다수의 측정 장비들이 있다. 그림 1-40에서 보는 것과 같이, 토크 교정을 입증하기 위해 사용할 수 있는 매우 간단한 유형의 장치는 프로니 브레이크(Prony Brake)이다. 프로니 브레이크는 프로펠러샤프트가 있는 드럼(drum)에 힌지(hinge)로 체결되어 있는 칼라(collar) 또는 브레이크(brake)가 필수적으로 구성되어 있다.

칼라나 드럼의 마찰력은 마찰조절 휠(Friction adjusting wheel)로 마찰 제동(friction brake)을 만든다. 길이를 알고 있는 암(arm)은 고정되어 부착되거나 힌지가 있는 컬러의 일부분이며, 끝부분의 한 점

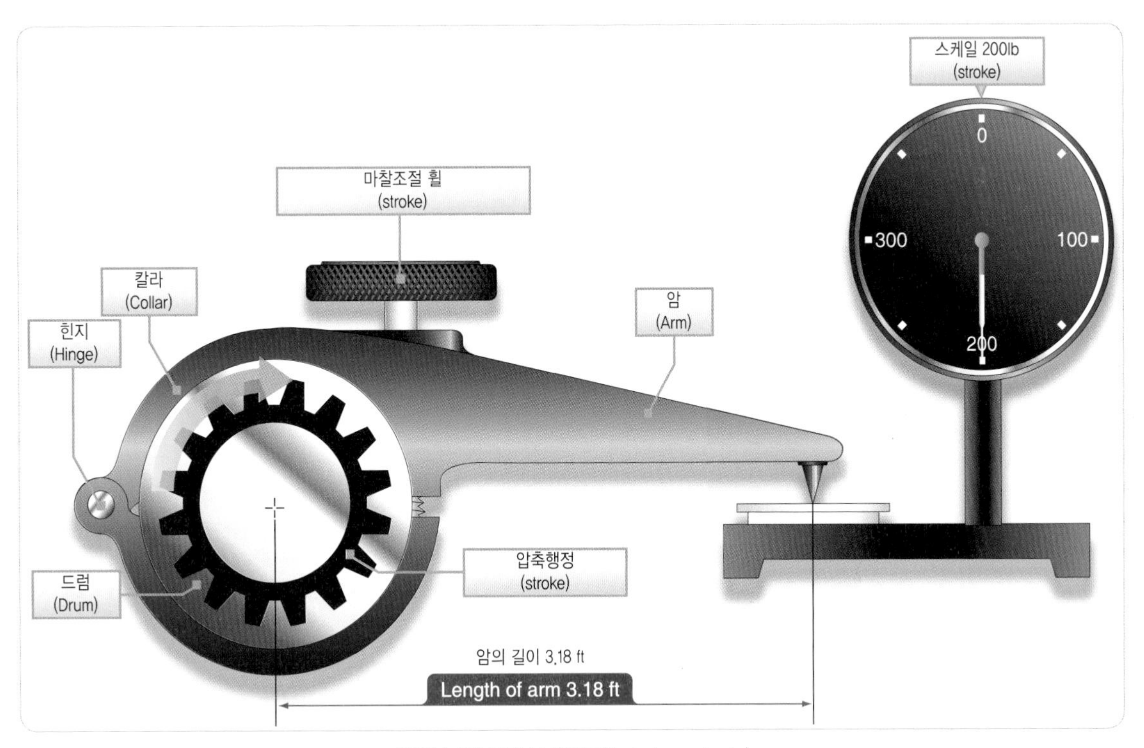

[그림 1-40] 프로니 브레이크(Typical prony brake)

에서 스케일 세트와 접촉되고 있다. 프로펠러 샤프트(propeller shaft)가 회전함에 따라 제동(brake)되어 있는 힌지가 있는 칼라(collar)가 움직이려고 하지만 스케일에 지지되어 있는 암(arm)에 의해 동작이 제지된다. 이때 스케일은 암(arm)의 움직임을 저지하는 데 걸리는 힘을 지시하게 된다. 만일 스케일에 기록된 힘에 암(arm)의 길이를 곱한다면, 그 값은 회전축이 갖고 있는 토크 값이 된다.

예를 들어, 스케일이 200파운드이고 암(arm)의 길이가 3.18피트일 때, 축에 가해진 토크는

$$200lb \times 3.18ft = 636lb\text{-}ft$$

토크를 알고 있을 경우, 프로펠러축의 1회전에 의한 일은 공식에 의해 쉽게 계산할 수 있다.

$$\text{회전당일} = 2\pi \times \text{토크}$$

회전 당 일(Work per revolution)에 회전수(rpm)을 곱하면 분당 일 또는 동력(power)이 된다. 만일 일이 ft-lb/min로 표시된다면, 이것을 33,000으로 나누면 축의 제동마력(brake horsepower)이다.

$$\text{동력} = \text{회전당일} \times rpm$$

$$\text{제동마력}(bhp) = \frac{\text{회전당일} \times rpm}{33{,}000} \quad \text{또는}$$

$$\text{제동마력}(bhp)$$

$$= \frac{2\pi r \times \text{저울에 걸리는 힘}(lb) \times \text{암의 길이}(ft) \times rpm}{33{,}000}$$

Example

스케일에 힘 = 200lb, 암의 길이 = 3.18ft, Rpm = 3,000, π = 3.1416일 때 제동마력(bhp)을 구하는 공식에 대입하여 계산하면?

$$bhp = \frac{2 \times 3.14 \times 200 \times 3.18 \times 3{,}000}{33{,}000} = 363.2 = 363$$

브레이크 칼라(brake collar)와 프로펠러축 드럼 사이의 마찰력이 엔진에 상당한 부하로 작용하지만, 엔진을 정지시킬 만큼 크지 않은 경우, 제동마력(brake horsepower)을 계산하기 위해서 칼라와 드럼 사이의 마찰의 양을 알아야 할 필요는 없다. 부하 하중이 가해지지 않으면 측정할 토크가 없고, 엔진은 가동된다. 부과된 부하 하중이 너무 커서 엔진이 정지(engine stalls)하면 상당한 토크가 측정될 수 있지만 회전수(rpm)는 없다. 두 경우 모두 엔진의 제동마력을 측정하는 것은 불가능하다. 그러나 어느 정도의 마찰이 브레이크 드럼과 칼라 사이에 존재하고 하중이 증가하면 프로펠러 샤프트(propeller shaft)가 칼라(collar)와 암(arm)에 하중을 전달시키려는 경향이 점점 커지고 스케일 상에 큰 힘이 나타내게 된다. 토크가 증가함에 따라 분당 회전수(rpm)가 비례하여 감소한다면, 축에 전달되는 마력은 변하지 않고 유지된다. 이것은 $2\pi r$과 33,000은 일정한 수이고, 토크와 rpm은 변수가 되는 방정식에서 알 수 있다. 회전수(rpm)의 변화가 토크 변화에 반비례하면 역시 마력은 변하지 않는데, 이것은 중요한 것이다. 마력은 토크와 rpm의 함수이고 토크, rpm 또는 둘 모두를 변화시킴으로써 마력을 변화시킬 수 있다.

1.17.7 마찰마력(Friction Horsepower)

마찰마력은 지시마력(Indicated Horsepower)에서 제동마력(brake horsepower)을 뺀 값이다. 마찰마력은 작동하는 부품의 마찰, 연료의 이송, 배기가스의 배출, 오일 및 연료 펌프의 구동, 그리고 엔진의 액세서리 등을 구동하는데 소요되는 마찰력에 저항하는 마력이다 최신의 항공기 엔진에서 마찰에 의해 손실되는 마력은 지시마력의 약 10~15%에 해당된다.

1.17.8 마찰과 제동평균유효압력(Friction and Brake Mean Effective Pressures)

이미 설명한 지시평균유효압력(IMEP, Indicated Mean Effective Pressure)은 작동 사이클 중 연소실에서 생성된 평균압력이고, 마찰이 없는 상태의 지시마력(Indicated Horsepower)은 이론적인 표현이다. 동력이 프로펠러축에 얼마만큼 유용한 일로 전달되는가는 지시마력으로는 알 수 없다. 그러나 이것은 실린더에서 일어나는 실제 압력과 관계가 있고 이러한 압력을 측정하는 데 사용할 수 있다.

마찰 손실과 실제 출력을 계산하는 데 있어서 실린더의 지시마력은 두 가지 동력으로 분리하여 생각할 수 있다. 첫째는 내부 마찰을 극복하는 동력이고, 이렇게 소모된 마력은 마찰마력이라 한다. 둘째는 동력이 프로펠러에서 유용한 일을 만들어 내는 제동마력(brake horsepower)이다. 논리적으로 제동마력을 만들어 내는 IMEP(지시평균 유효압력)의 일은 BMEP(brake mean effective pressure, 제동평균유효압력)로 부른다. 내부 마찰을 극복하는 데 사용한 잔여 압력은 FMEP(friction mean effective pressure, 마찰평균유효압력)라고 말한다.

그림 1-41에서 보는 것과 같이, IMEP는 총 실린더 출력에 대한 유용한 표시지만, 실질적인 물리학적 양은 아니다. 마찬가지로 FMEP와 BMEP는 이론적인 것이지만 마찰 손실과 실제 출력의 적절한 표시인 것이다.

비록 BMEP와 FMEP는 실린더에서 실제 존재하지는 않더라도, 압력 제한치를 표시하거나, 엔진의 전체 작동 범위를 통하여 엔진 성능을 평가하는 데 있어 편리한 수단이다. IMEP, BMEP, 그리고 FMEP 사이의 연관 관계가 있기 때문이다.

엔진 작동에서 기본적인 제한적 조건 중 하나는 연소하는 동안에 실린더에서 발생되는 압력이다. 압축비와 지시평균유효압력의 논의에서 알 수 있듯이, 한계 내에서 증가된 압력은 증가된 동력으로 나타나게 된다. 또한 만약 실린더압력이 한계치 내에서 제어되지 않는다면, 그것은 엔진 결함을 유발시키는 위험한 내부 부하가 걸릴 수 있다는 것도 알고 있다. 그러므로 동력을 효율적인 적용을 위한 보호조치로서 실린더 압력을 결정하는 것은 매우 중요하다. 만약 제동마력(brake horsepower)을 알고 있다면, 제동평균유효압력은 다음 식에서 구할 수 있다.

$$BMEP = \frac{bhp \times 33{,}000}{LANK}$$

Example

bhp = 1,000, 행정 = 6in, 내경 = 5.5in, rpm = 3,000, 사이클 수 = 12일 때, BMEP를 구하면?

행정의 길이(length)는

$$L = 6in = 0.5ft$$

실린더 내경의 면적은

$$\begin{aligned} A &= 1/4\pi D^2 \\ &= 1/4 \times 3.1416 \times 5.5 \times 5.5 \\ &= 23.76in^2 \end{aligned}$$

분당 동력행정 수는

$$N = 1/2 \times rpm = 1/2 \times 3{,}000 \times 1{,}500$$

방정식(equation)에 대입하면,

$$\begin{aligned} BMEP &= \frac{bhp \times 33{,}000}{LANK} \\ &= \frac{1{,}000 \times 33{,}000}{0.5 \times 23.76 \times 1{,}500 \times 12} \\ &= 154.32\ [lbs\ per\ inch^2] \end{aligned}$$

1.17.9 추력마력(Thrust Horsepower)

추력마력은 엔진과 프로펠러가 협력하여 얻어지는 결과라고 할 수 있다. 프로펠러가 효율 100%로 설계되었다면 추력과 제동마력(brake horsepower)은 같게 될 것이다. 그러나 프로펠러의 효율은 엔진 회전속도, 자세, 고도, 온도, 그리고 대기속도에 따라 변한다. 이와 같이 프로펠러축에 전달되는 추력마력과 제동마력의 비율은 결코 같을 수가 없다. 예를 들어, 엔진이 1,000bhp이고 효율 85%인 프로펠러가 사용될 경우, 그 엔진-프로펠러의 추력마력은 850thp (thrust horsepower)이다. 지금까지 언급한 네 가지 마력 가운데 엔진-프로펠러 결합체의 성능을 결정하는 것은 추력마력이다.

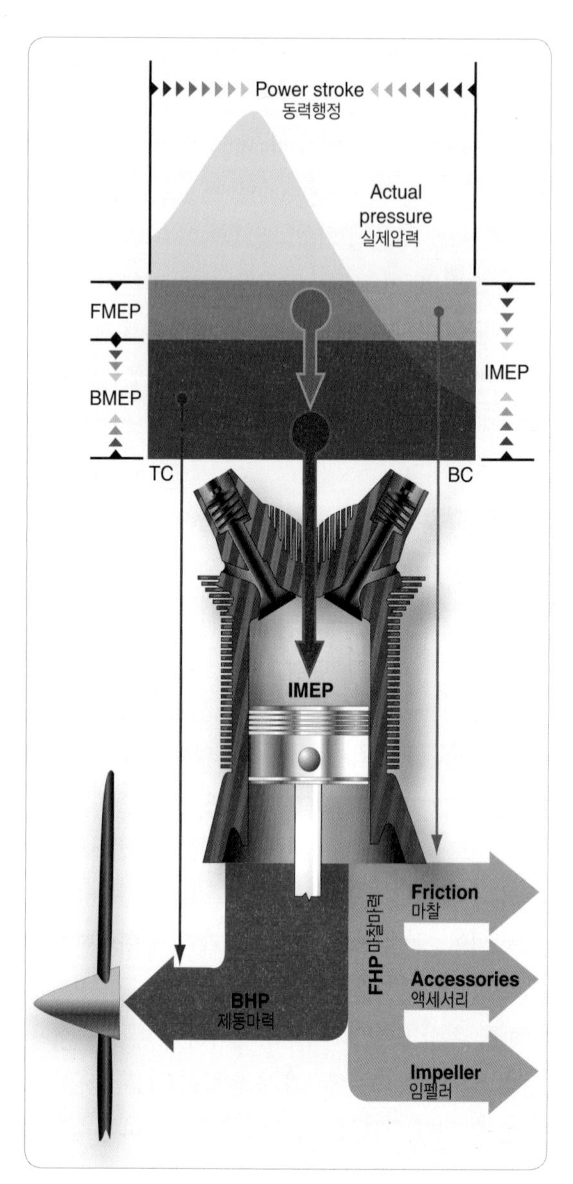

[그림 1-41] 동력과 압력(Power and pressure)

1.18 효율(Efficiencies)

1.18.1 열효율(Thermal Efficiency)

엔진과 동력에 대한 연구는 동력의 근원으로 열을 생각한다. 실린더 내에서 가솔린의 연소에 의한 열은 실린더 내에서 가스의 급격한 팽창을 일으켜서 피스톤을 움직이는 기계적인 에너지를 만든다. 기계적 일이 열로 변하고 주어진 열량의 총합은 기계적 일의 합과 같은 에너지를 갖고 있다는 것은 잘 알려진 사실이다. 열과 일은 이론적으로 상호 변환 가능하며 서로 일정한 관계를 유지한다. 따라서 열은 연료량의 단위에서와 마찬가지로 일의 단위(예를 들어, ft-lb)로도 측정된다. 영국 열량단위인 BTU(British Thermal Unit)는 물 1lb를 1°F 상승시키는 데 소모되는 열량을 말한다. 이것은 기계적인 일로서는 778 ft-lb에 상당한다. 석유류의 연료 1lb를 완전 연소시킬 경우 약 20,000btu의 열량을 얻을 수 있고, 이것은 15,560,000lb-ft의 기계적인 일에 해당된다. 이러한 것들은 제각기 열과 일의 단위로 연료의 열에너지를 나타내는 것이다.

하나의 엔진에 의해서 유용한 일과 연료의 열에너지와의 비율을 각각 일과 열의 단위로 나타낼 경우 이를 열효율이라 부른다. 두 개의 유사한 엔진이 똑같은 연료의 양을 사용할 경우 연료의 열에너지를 보다 많이 일로 변환시키는 (더 높은 열효율) 엔진이 보다 큰 동력을 내는 것이다.

따라서, 보다 큰 열효율을 갖는 엔진은 밸브, 실린더, 피스톤, 그리고 엔진의 냉각시스템에 소요되는 불필요한 소모 열량이 적다. 또한 열효율이 높다는 것은 낮은 연료 소모율을 의미하고 따라서 주어진 동력으로 일정한 거리를 비행할 때 연료 소모량이 보다 적게 된다. 이와 같이 높은 열효율의 실제적인 중요한 요소이며, 이는 항공기 엔진의 성능에 있어서 가장 바람직한 형태들 중의 하나로 여겨져야 한다. 발생된 전체 열량 중에서 25~30%는 실제 엔진의 출력으로 사용되고, 15~20%는 냉각계통(실린더헤드 핀에서 방열되는 열량)에서 손실되고, 5~10%는 작동 부품의 마찰력을 극복하는 데 손실되며, 나머지 40~45%는 배기를 통해 손실된다. 피스톤에 기계적인 일로 바꾸어 주기 위한 열 함유량을 증가시키기 위해서는 마찰(friction)과 펌핑(pumping) 손실을 감소시키고, 미(未)연소된 연료의 양을 줄이고, 엔진 부품에 소모되는 열 손실을 줄여서 열효율을 증가시켜야 한다.

기계적인 일로 전환되는 전체 연소 열량의 대부분은 주로 압축비에 달려 있게 된다. 앞에서도 언급했듯이, 압축비는 피스톤 배기량에 연소실 공간을 더한 것에 연소실 공간의 비율이다. 높은 압축비에 상당하는 대부분은 크랭크샤프트에서 실제 유용한 일로 전환되는 연소의 열에너지의 비이다. 반면에, 압축비를 증가시키면 실린더헤드 온도도 상승한다. 이러한 높은 압축비에 의해서 지나치게 높은 온도는 실린더 재질을 급격히 약화시키고 이상연소를 유발하기 때문에 제한되어야 할 요소이다. 엔진의 열효율은 제동마력(brake horsepower) 또는 지시마력(Indicated Horsepower)에 기초하고 있으며 다음 공식으로 표시된다.

$$\text{지시열효율} = \frac{ihp \times 33{,}000}{\text{연소된 연료의 무게}/min. \times \text{열량} \times 778}$$

제동열효율에 대한 공식은 지시마력에 대한 값 대

신에 제동마력(brake horsepower)에 대한 값으로 대치시키는 것을 제외하면, 위 공식과 같다.

Example

어떤 엔진이 1시간 주기로 85bhp를 만드는데 2시간 동안 50lbs의 연료를 소모한다. 연료의 열 함유량을 파운드당 18,800 BTU라 가정할 때 이 엔진의 열효율을 구하라.

$$\text{제동열효율} = \frac{85 \times 33{,}000}{0.833 \times 18{,}800 \times 778}$$

$$= \frac{2{,}805{,}000}{12{,}184{,}569} = 0.23 \ or \ 23\%$$

왕복엔진의 열효율은 단지 약 34% 정도이다. 다시 말해서 이는 연소된 연료에 의해 생겨난 전 열량의 약 34%만을 기계적인 일로 전환시킨다는 것이다. 나머지 열량들은 배기가스, 냉각시스템, 엔진 내부의 마찰 등을 통해 손실되는 것이다. 그림 1-42에서는 왕복엔진에서의 열 분포 상태를 나타내고 있다.

1.18.2 기계효율(Mechanical Efficiency)

기계효율이란 실린더 내부에서 가스가 팽창하면서 발생되는 동력의 어느 정도 양이 실제로 출력축에 전달되는지를 보여 주는 비율이다. 이것은 제동마력(brake horsepower)과 지시마력(Indicated Horsepower) 사이의 비교이며 다음 식에 의해 표현된다.

$$\text{기계효율} = \frac{bhp}{ihp}$$

제동마력(brake horsepower)은 프로펠러축에 전달되는 유용한 마력이다. 지시마력은 실린더 안에서 발생되는 총 마력이다. 이 두 마력의 차이점은 마찰력을 극복하는 데 소모되는 동력인 마찰마력이다. 기계효율에 가장 큰 영향을 미치는 요인은 엔진 내부의 마찰인 것이다. 엔진 내부에서 작동하는 부품 사이의 마찰은 엔진 회전속도에 따라 실제적으로 일정하게 존재한다. 따라서 엔진의 기계효율은 엔진의 최대 제동마력을 만들게 되는 회전수(rpm)에서 작동할 때 가장 커지게 된다. 왕복엔진 항공기의 평균적인 기계적 효율은 90% 정도에까지 이른다.

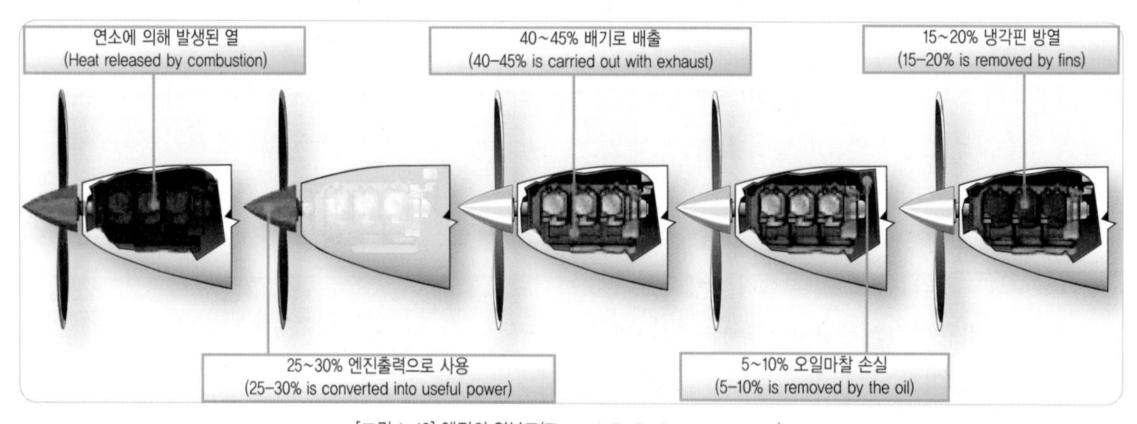

[그림 1-42] 엔진의 열분포(Thermal distribution in an engine)

1.18.3 체적효율(Volumetric Efficiency)

체적효율은 실린더 안에 흡입된 연료·공기의 체적(온도와 압력을 보정한)과총 배기량(total piston displacement)과의 비를 백분율(%)로 표현된 것이다. 여러 가지 요인들이 100%의 체적효율을 막는 원인이 된다. 과급되지 않은 엔진의 피스톤은 실린더의 상사점에서 하사점까지 움직일 때마다 매번 같은 체적을 배기시킨다. 흡입행정에서는 이 체적을 채우는 혼합기 양은 주위 대기온도와 압력에 달려 있다. 따라서 엔진의 체적효율을 구하기 위해서는 대기온도와 압력에 대한 기준이 설정되어 있어야 한다. 미국 표준대기는 1958년도에 설정되었으며, 이는 체적효율을 계산하기 위해 필요한 온도와 압력을 제공해 준다.

표준 해면 온도는 59℉ 또는 15℃이다. 그리고 이 온도에서 표준 대기 압력은 14.69 lb/inch^{2}로 이는 29.92inHg이다. 이러한 표준 해면 조건들은 표준 밀도를 결정해 주고, 엔진에서 이와 동일한 표준 밀도로 채워진 체적이 피스톤 배기량과 정확하게 일치한다면, 이것은 100% 체적효율로 작동되고 있다고 할 수 있다. 따라서 이것보다 적은 체적으로 흡입하는 엔진의 체적효율은 100%미만이고, 과급기를 장착한 엔진(30.00inHg 이상으로 압력 상승)은 실린더 내로 유입되는 공기를 가압함으로써 100% 이상의 체적효율을 가질 수 있다. 체적효율에 대한 공식은 다음과 같다.

$$\text{체적효율} = \frac{\text{(온도, 압력이 보정된) 흡입체적}}{\text{피스톤 배기량}}$$

체적효율을 감소시키는 많은 요인들은 다음과 같다.

(1) 부분 출력 작동
(2) 작은 직경에 비해 긴 흡입관
(3) 흡입계동 배관의 심한 굴곡
(4) 기화기 공기 온도가 너무 높을 때
(5) 실린더헤드 온도가 너무 높을 때
(6) 불충분한 배기
(7) 부정확한 밸브개폐시기

1.18.4 추진효율(Propulsive Efficiency)

프로펠러는 추력을 발생시키기 위하여 엔진과 함께 사용된다. 엔진은 회전하는 축을 통하여 제동마력(brake horsepower)을 공급하고, 프로펠러는 제동마력(bhp)을 받아들여 추력마력(thrust hp)으로 전환시킨다. 이러한 변환에서, 일부 동력이 낭비되게 된다. 기계효율은 입력된 동력에 대한 유용한 동력의 출력 비율이기 때문에 추진효율은(이 경우에는 프로펠러 효율)은 제동마력에 대한 추력마력의 비율이다. 평균적으로 추력마력은 제동마력의 약 80% 정도이다. 나머지 20%는 마찰과 미끄럼으로 인한 손실이다. 프로펠러의 블레이드 각도를 조절하는 것은 비행 중에 모든 조건들에 대해 최고의 추진 효율을 얻기 위한 가장 좋은 방법이다.

이륙하는 동안 항공기가 저속으로 움직이면서 최대의 출력과 추력이 요구될 때, 낮은 블레이드 각도는 최대 출력을 내게 한다. 고속 비행이나 강하할 때 최대 추력과 효율을 얻기 위해서는 블레이드 각도를 증가시킨다. 어떠한 비행 조건에서라도 최대 효율(maximum efficiency)로 요구된 추력을 얻기 위해서 정속 프로펠러(constant-speed propeller)가 사용된다.

02 엔진연료 및 연료조절계통

Engine Fuel and Fuel Metering Systems

2 엔진연료 및 연료조절계통

Engine Fuel and Fuel Metering Systems

2.1 연료계통 요구조건 (Fuel System Requirements)

가장 일반적인 왕복엔진의 연료는 항공용 휘발유(AVGAS, Aviation Gasoline)이고, 터빈엔진에서는 Jet-A이다. 일반적으로 사용되는 왕복엔진의 항공용 휘발유는 80 Octane(Red)이거나 또는 100LL Octane(Blue)이다. LL(Low Lead)는 80 Octane 항공유에 비해 4배나 되는 납(Lead)을 포함하고 있다.

2.2 기본 연료계통(Basic Fuel System)

왕복엔진 항공기에서는 엔진구동펌프와 연료조절계통은 연료가 처음 연료 조절장치로 들어가는 점으로부터 흡기관, 또는 실린더 안으로 주입될 때까지를 말한다. 예를 들어, 전형적인 왕복엔진의 연료계통은 엔진구동연료펌프(engine-driven fuel pump), 연료 · 공기 조절장치(fuel/air control unit, metering device), 연료매니폴드밸브(fuel manifold valve) 그리고 연료분사노즐(fuel discharge nozzles)로 구성된다. 최근의 왕복엔진에서 연료조절계통은 공기 흐름에 따라 미리 결정된 비율로 연료를 조절한다. 엔진으로 들어가는 공기 흐름은 기화기(carburetor) 또는 연료 · 공기 조절장치에 의해 조정된다.

2.3 왕복엔진의 연료조정장치 (Fuel Metering Devices for Reciprocating Engines)

기본적인 작동 원리의 상세한 내용은 정비지침서에 있지만 여기서는 간단히 그 원리를 설명한다. 특정한 장치나 구성품을 검사하거나 또는 정비하는데 필요한 명확한 정보는 제작자의 지침서를 참조해야한다.

왕복엔진 연료조절계통의 기본적인 요구조건은, 사용되는 계통의 형식이나 또는 장비가 장착되는 엔진 모델과는 관계없이 동일하다. 연료조절계통은 엔진이 작동되는 모든 속도와 고도에서 엔진에 적절한 연료 · 공기혼합기를 이룰 수 있도록 들어오는 공기에 비례하여 연료를 조절해야 한다. 그림 2-1과 같이 연료 · 공기혼합비 곡선(fuel/air mixture curves)에서, 왕복엔진의 최적의 출력(best power)과 최적의 경제적인 연료 · 공기 혼합의 요구조건은 거의 같다는 것을 알 수 있다.

연료조절계통(fuel metering system)은 기화기로부터 공기 흐름 속으로 연료를 분배하고 분무해야 한다. 이 연료조절계통은 모든 실린더로 공급되는 연료 · 공기 혼합가스가 동등한 양으로 유지되어야 한다. 즉, 엔진의 각 실린더마다 같은 양의 연료 · 공기혼합가스와 같은 연료 · 공기혼합비로 공급받아야 한다.

고도가 증가하면 대기압이 감소하기 때문에 공기의 밀도도 감소한다. 과급기 없이 정상적으로 흡입하는

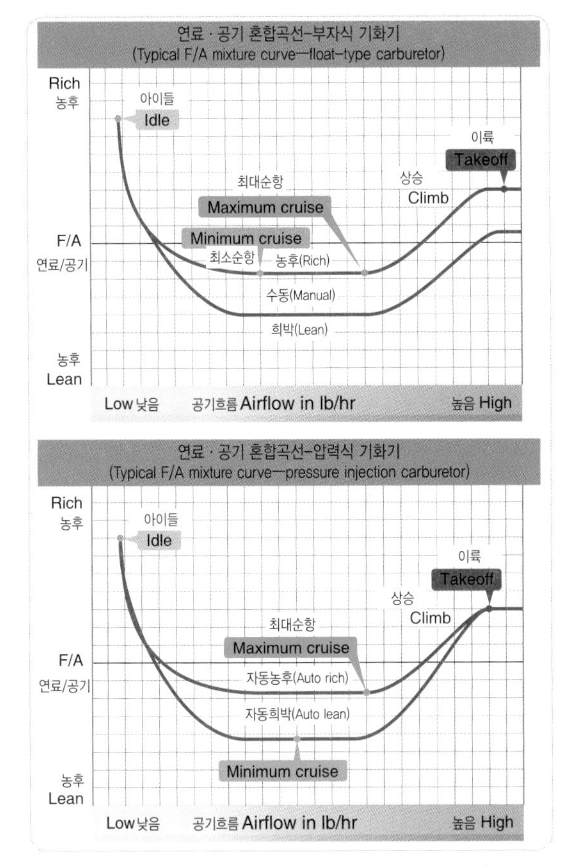

[그림 2-1] 연료 · 공기 혼합곡선(Fuel/Air mixture curves)

엔진(normally aspirated engine)의 경우, 흡입행정 동안에 실린더 내부로 유입될 수 있는 혼합가스 또는 공기의 양(volume)이 고정되어 있기 때문에 고도가 증가될 때 감소된 밀도 때문에 공기의 중량유량은 감소하게 된다.

고고도 비행시 밀도 감소로 인하여 흡입되는 공기는 동일한 체적에 비해 중량유량이 감소하게 된다. 이로 인하여 기화기를 통과할 때 형성되는 공기/연료의 공기/연료의 혼합가스는 지표면 보다 더 농후한 혼합비가 형성되게 된다. 따라서 이 자연스런 농후 혼합비 경향을 희박하게 보상해 주는 혼합조정장치(mixture control)가 필요한 것이다. 어떤 항공기는 혼합비 조절이 수동으로 조작되는 기화기를 사용하기도 한다. 다른 항공기는 적절한 연료 · 공기혼합비를 유지하기 위해 고도에 따라 자동적으로 희박한 혼합비가 생성되는 기화기를 사용한다. 항공기 엔진에 대한 농후 혼합기 요구조건은 최대허용출력(maximum usable power)을 얻기 위한 연료 · 공기혼합기를 결정하는데 출력곡선(power curve)이 제공된다. 그림 2-2에서 보여 준 것과 같이, 이 곡선은 완속 속도(idle speed)에서부터 이륙속도(takeoff speed)까지 100rpm 간격으로 표시된다. 그림 2-1에서 보는 것과 같이, 실린더헤드온도를 안전한 범위 내로 유지시키기 위해 기본적인 연료 · 공기혼합기의 요구량에 연료를 추가시킬 필요가 있기 때문에 순항출력 이상의 출력을 사용할 경우 연료혼합비는 점점 농후해져야 한다.

출력영역(power range)에서 엔진은 곡선에서 나타낸 것과 같이, 더 희박한 혼합비에서 작동된다. 그러나 더 희박한 혼합 상태가 되면, 실린더헤드온도는 최대허용온도를 초과하게 되고 이상폭발(detonation)이 일어나게 된다.

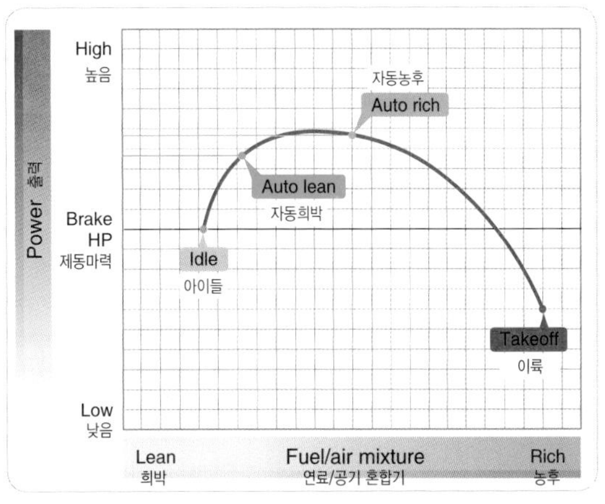

[그림 2-2] 출력 대비 연료/공기 혼합곡선
(Power versus fuel/air mixture curve)

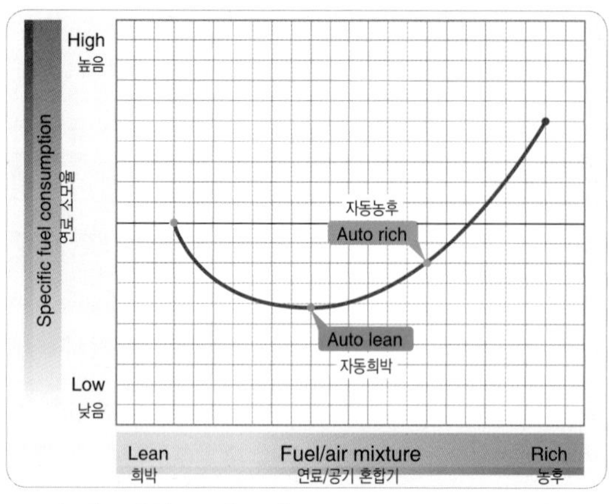

[그림 2-3] 연료소모율 곡선(Specific fuel consumption curve)

그림 2-3의 그래프에서 보여 준 것과 같이, 최상의 경제적인 설정(best economy setting)은 순항 범위에 곡선을 잘 적용시켜 이루어질 수 있다. 연료 · 공기혼합을 나타내는 곡선(curve) 아래 지점의 자동-희박(auto-lean)이란 마력 당 최소의 연료가 사용되는 것이다. 이 순항 범위에서 엔진은 약간 더 희박한 혼합기에서 정상적으로 작동하고 그리고 낮은 점의 혼합기보다 더 농후혼합에서 분명하게 작동한다. 만약 엔진에 대해 명시된 것보다 더 희박한 혼합비가 사용된다면, 엔진의 가장 희박한 실린더는 희박혼합기의 더 느린 연소 때문에 그다음 사이클의 흡입행정이 시작될 때까지 연소가 진행되어 역화(backfire)를 일으키는 경향이 있다.

2.3.1 연료 · 공기 혼합기(Fuel/Air Mixture)

가솔린 등의 액체연료는 공기와 혼합되지 않으면 연소되지 않는다. 이 혼합기가 엔진 실린더 내에서 적절하게 연소되려면, 연료와 공기의 비율이 정해진 어떤 범위 내에서 유지되어야 한다. 좀 더 정확하게 설명하자면 그것은 연료가 공기 중에 있는 산소와 함께 연소된다는 말일 것이다. 공기 중의 78%가 연소에 관여하지 않는 불활성인 질소이고, 나머지 21%는 산소이다. 열은 가솔린과 산소의 혼합가스를 연소시킴으로써 발생된다. 질소와 연소 가스부산물은 이 열에너지를 흡수하고, 팽창에 의해 출력으로 바꾼다. 연료 · 공기 혼합가스의 무게 비율은 엔진 성능에 매우 중요하다. 주어진 혼합가스의 특성은 화염 속도와 연소온도로서 측정될 수 있다.

공기/연료혼합가스의 구성은 혼합비율로서 나타낸다. 예를 들어, 12:1의 혼합가스 비율은 공기 12파운드와 연료 1파운드로 구성된다. 공기의 체적이 온도와 압력에 따라 크게 변화하기 때문에 혼합비는 무게로 표현된다. 혼합비는 또한 소수로도 표현된다. 그러므로 12:1의 공연비와 0.083의 공연비는 같은 혼합비를 나타낸다. 공연비가 8:1 정도의 농후한 상태로, 16:1 인 정도의 희박한 상태로는 엔진 실린더에서 연소는 가능하겠지만, 이 범위보다 넘어서는 희박혼합비 또는 농후혼합비가 되면 연소가 어려워지고 연소실 안에서 불꽃이 꺼지는 일이 발생할 수도 있다. 엔진은 무게비로서 약 12:1의 공연비로서 최대출력을 발생시킨다.

화학적인 과정에서는 연료와 공기의 연소를 위한 완전한 혼합비율은 연료 0.067파운드 대 공기 1, 즉 15:1의 공연비이다. 과학자들은 이러한 완전한 연소를 화학량론적(stoichiometric)혼합이라고 부른다. 충분한 시간과 소용돌이(turbulence)가 주어진 경우의 혼합 상태라면 연료와 공기 중의 산소는 모두 연소과정에서 사용될 수 있다. 연료와 공기의 혼합기에서 방출되는 열의 비율이 최대이기 때문에, 화학량론적 혼합에서 가장 높은 연소온도(combustion temperature)를 생성한다. 만약 같은 양의 공기에 더 많은 연료가 공급된다면 이론 혼합비에 비해 출력과 온도의 변화가 일어난다. 혼합비가 농후해지면 연소가스온도는 더 낮아지고, 출력은 연료 · 공기 혼합비가 거의 0.0725가 될 때까지 증가한다. 0.0725의 연료 · 공기비에서 0.080의 연료 · 공기비까지의 혼합비에서 연소는 지속될지라도 출력은 일정하게 유지된다. 0.0725의 연료 · 공기비에서 0.080의 연료 · 공기비까지의 혼합비는 주어진 공기 흐름 또는 매니폴드압력에 대해 가장 큰 출력으로 사용되기 때문에, 최대출력 혼합비(best power mixtures)라고 한다. 이 연료 · 공기비 범위 내에서 방출되는 총 열량은 증가하지 않지만 초과된 연료로 형성된 혼합가스의 중량은 증가한다. 따라서 작동 물질의 양은 증대된다. 더구나 이론 혼합비를 초과하여 공급된 연료로 인한 농후한 혼합비는 연소과정을 가속화시켜 연료 에너지(fuel energy)를 출력(power)으로 변환시키기에 유리한 시간인자(time factor)를 제공한다.

만약 연료 · 공기비가 0.080 이상으로 농후(enrich)해지면, 출력이 손실되고 온도가 감소하게 된다. 과도한 연료의 냉각효과는 연료량을 증가시키는 원인이 된다. 이 감소된 온도와 느려진 연소속도가 연소효율을 감소시킨다. 만약 일정한 공기 흐름 상태에서, 혼합비가 0.067 연료 · 공기비 이하로 희박해진다면, 출력과 온도는 함께 감소한다. 이때 출력손실은 발생하지만 연료절감효과가 훨씬 크기 때문에 오히려 유리하다. 희박한 혼합비를 사용하는 목적은 연료를 절약하기 위한 것이다. 즉, 최소연료유량(least fuel flow)으로 필요한 출력을 얻기 위한 것이다. 경제적인 연료의 사용을 나타내는 척도는 비연료소비율(SFC: specific fuel consumption)이며, 이는 1 마력 당 1시간에 소비하는 연료의 중량이다.

$$SFC = \frac{pound\ fuel/hour}{horsepower}$$

이 비율을 사용하여 다양한 출력설정(power setting)에 따른 엔진의 연료소모량을 비교할 수 있다. 공기의 흐름이 일정한 상태에서 연료 · 공기 혼합비가 0.067 이하로 희박하게 되면, 출력은 감소하지만 마력당 연료 소비에 대한 비용이 낮아진다. 혼합기의 공급량이 점점 줄어들면 이로 인한 힘(strength)의 손실은 연료유량의 감소에서보다 더 낮은 비율로 일어난다. 이런 바람직한 경향은 혼합기의 영향이 최적의 경제적인 연료 · 공기 혼합비가 될 때까지 계속된다. 이 혼합비로서 최소의 연료로 요구되는 마력이 얻어진다. 다시 말하면 주어진 연료로 가장 큰 출력을 얻을 수 있다는 것이다. 최적의 경제적인 연료 · 공기 혼합비는 분당회전수(rpm)와 다른 조건(conditions)에 따라 변화한다. 그러나 대부분의 왕복엔진에서 순항출력(cruise power)을 위해 수동희박조정이 실행되는 항공기에서 혼합비를 0.060~0.065 사이로 유지하는 데 있어 이 작동 범위를 규정하는 것이 충분히 정확해야 한다.

농후혼합비 또는 희박혼합비의 냉각효과는 연소에 필요한 양을 초과하는 연료 또는 공기의 공급 때문에 발생한다. 연료 · 공기의 혼합비가 0.067 이상이 될 때 사용되지 않은 연료가 실린더 내부를 냉각시킨다. 같은 기능으로 0.067 이하에서 초과 공급된 공기에 의해서 실린더 내부가 냉각된다.

공급되는 혼합기의 농도 변화는 출력, 온도, 그리고 점화시기 요구조건에 영향을 주는 엔진 운전 조건의 변화를 제공한다. 최대출력 연료 · 공기 혼합비는 주어진 공기 흐름으로부터 최대 출력이 요구될 때가 가장 적당하다고 할 수 있다. 최적의 경제적인 연료 · 공기 혼합비는 가장 적은 연료유량으로 얻어진 출력의 결과로서 나타난다. 가장 효율적인 작동을 할 수 있는 연료 · 공기 혼합비는 엔진속도(engine speed)와 출력에 따라 달라진다. 그림 2-1에서 보는 것과 같이, 연료 · 공기비에서 이 변화를 보여 주는 그래프에서, 완속(idling)과 고속작동에서는 혼합비가 농후하고, 순항범위(cruising range)에서는 혼합비가 희박하다는 것을 알 수 있다. 완속 회전속도에서, 밸브 오버랩(valve overlap) 시에 배기구를 통해 실린더에 약간의 공기 또는 배기가스가 유입되게 된다. 흡입구를 통해 실린더 내로 들어가는 혼합기는 이러한 배기가스나 추가되는 공기를 보상할 수 있을 만큼 충분히 농후해야 한다. 순항출력에서 희박혼합기는 연료를 절감하고 항공기의 항속거리를 증대시킨다. 거의 최대출력으로 작동되고 있는 엔진은 과열(overheating)과 이상폭발(detonation)을 막기 위해 농후혼합비(rich mixture)가 요구된다. 엔진은 단시간 동안만 최대출력으로 작동되기 때문에, 높은 연료소비량은 심각한 문제는 아니다. 만약 엔진이 너무 희박한 혼합비에서 작동되고 있어서 연료의 공급량이 증가되도록 혼합비가 조절되면 처음에는 엔진의 출력이 급속히 증대되지만, 그다음에 점차적으로 최대출력에 도달할 때까지 점진적으로 증대한다. 연료의 양을 더욱 증가시켜 주면, 출력은 처음에 점차적으로 떨어지고, 그다음에 혼합비가 점점 더 농후해지면 더 빠르게 떨어진다. 여러 가지의 작동조건 하에서 엔진 각각의 형식에 대한 혼합비에 관련되는 특별한 지침서가 있다. 이 지침서를 따르지 않으면 효율적인 성능을 얻을 수 없고 자주 엔진에 손상을 주기도 한다. 지나치게 농후한 혼합비는 출력의 손실과 연료의 낭비를 초래한다. 엔진을 최대출력의 근처에서 작동시킬 때, 너무 희박한 혼합비는 출력의 손실을 초래하며 특정조건에서 심각한 과열현상을 초래할 수 있다. 엔진이 희박혼합비에서 작동될 때, 실린더헤드온도게이지를 주의 깊게 주시해야 한다. 엔진의 혼합비가 과도하게 희박하면, 흡입계통을 통해 역화(backfire)현상이 일어나거나 완전히 정지하게 된다. 역화는 혼합기가 희박한 경우에 연소속도가 느려지기 때문에 발생한다. 만약 혼합가스가 흡입밸브가 열릴 때까지 여전히 연소하고 있다면, 그것은 새로 들어온 혼합가스를 발화시키고 불꽃은 흡입계통에 있는 가연성의 혼합가스로 인하여 역으로 나아간다.

2.4 기화기 원리 (Carburetion Principles)

2.4.1 벤투리 원리(Venturi Principles)

기화기는 흡입계통을 통해 들어오는 공기 흐름을 측정해야 하고 이 측정된 값에 따라 연료를 조절하여 공기 흐름 속으로 분사시킬 수 있어야 한다. 이 공기 측정 장치를 벤투리(venturi)라 하며 이것은 유체의 속도가 증가하면 압력은 감소한다는 물리학의 기본 법칙을 이용한 것이다. 그림 2-4에서 보여 준 것과 같이, 간단한 벤투리는 목(throat) 부분이라고 부르는 좁은 부분이 있는 통로 또는 튜브이다. 좁은 부분을 통과하는 공기의 속도가 증가할 때, 공기의 압력은 떨어진다. 목 부분에서의 압력은 벤투리의 어느 다른 곳에서보다도 낮다는 것을 알 수 있다. 이 압력 감소는 속도

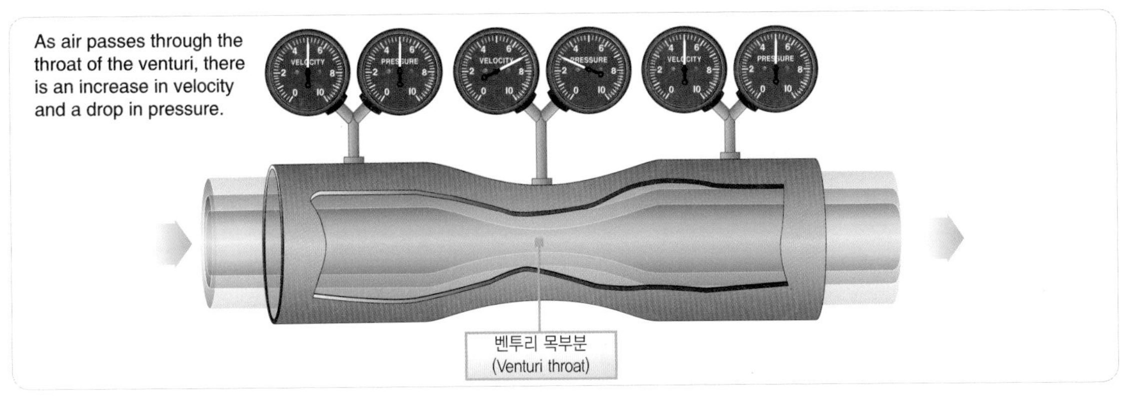

[그림 2-4] 단순한 벤투리 관

에 비례하므로 공기 흐름의 척도가 된다. 대부분의 기화기의 기본적인 작동 원리는 입구와 벤투리 목 부분 사이의 압력 차이를 이용한 것이다.

2.4.2 벤투리 원리의 기화기 적용 (Application of Venturi Principle to Carburetor)

기화기는 실린더로 들어가는 공기가 벤투리로 되어 있는 기화기의 한 부분인 배럴을 통과하도록 엔진에 장착되어 있다. 벤투리의 크기와 모양은 기화기가 설계되는 엔진의 요구조건에 따라 달라진다. 고출력 엔진에 사용하는 기화기는 1개의 큰 벤투리 또는 몇 개의 작은 벤투리를 갖고 있다. 공기는 엔진과 기화기의 설계에 따라 벤투리의 위쪽으로나 아래쪽으로 흐를 수 있다. 공기가 아래로 통과할 경우 하향기화기(downdraft carburetor)라고 하며, 공기가 위로 통과할 경우 상향기화기(updraft carburetor)라고 한다. 그림 2-5에서 보는 것과 같이, 어떤 기화기는 측면방향(sidedraft) 또는 수평공기 흡입구를 사용하도록 제작되었다.

피스톤이 흡입행정에서 크랭크축 방향으로, 즉 아래쪽으로 움직일 때, 실린더 내부 압력이 낮아지게 된다. 흡입행정에서 피스톤이 상사점에서 하사점으로 내려올 때 배기행정에서 배출되었던 양만큼 새로운 혼합가스가 기화기와 매니폴드를 통해 실린더 내부로 흡입된다. 이러한 과정에서 공기 흐름은 기화기 벤투리를 거쳐 지나가게 된다. 스로틀밸브(throttle valve)는 벤투리와 엔진 사이에 위치하고 있으며, 기계적인 연결 기구에 의해 조종석에 있는 스로틀레버와 연결된다. 스로틀은 실린더로 공급되는 공기흐름(airflow)을 조절하여, 엔진출력을 제어한다. 실제로, 더 많은

[그림 2-5] 측 방향 수평흐름 기화기(Side draft horizontal flow carburator)

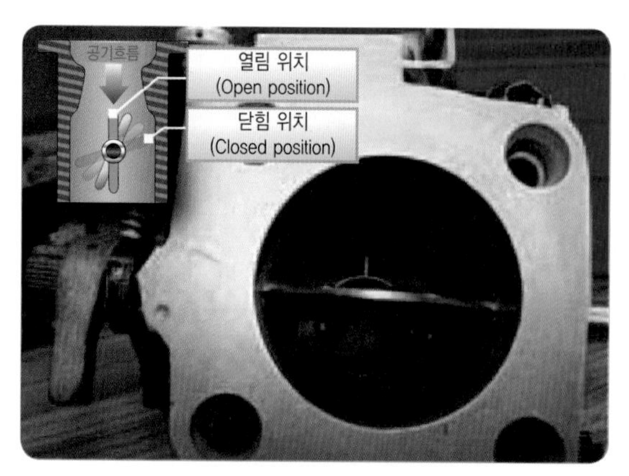

[그림 2-6] 완전 열림 스로틀 위치(Wide open throttle position)

공기가 엔진으로 유입되면 기화기는 자동적으로 적정 연료 · 공기 혼합비를 유지하기 위해 충분한 가솔린을 추가로 공급하게 되는데, 이것은 공기 흐름의 양(volume)이 증가하게 되면 벤투리 내의 공기흐름의 속도가 증가하여 압력이 감소하게 되는데 감소한 압력으로 인해 더 많은 연료가 공급되게 된다. 스로틀밸브는 완전히 열린 위치(wide open throttle position)에서, 흐름과 같은 방향일 때 공기의 통로를 거의 차단하지 않는다. 스로틀의 작용은 그림 2-6에서 설명된다. 이 그림은 스로틀 밸브가 점점 더 닫히는 방향으로 회전할 때 공기 흐름을 어떻게 제한하는지를 보여 준다.

2.4.3 연료의 계량과 분사 (Metering and Discharge of Fuel)

그림 2-7은 엔진구동 연료펌프에서 오는 연료가 기화기 입구 쪽의 벤투리 내에 공기 흐름 속으로 분사되

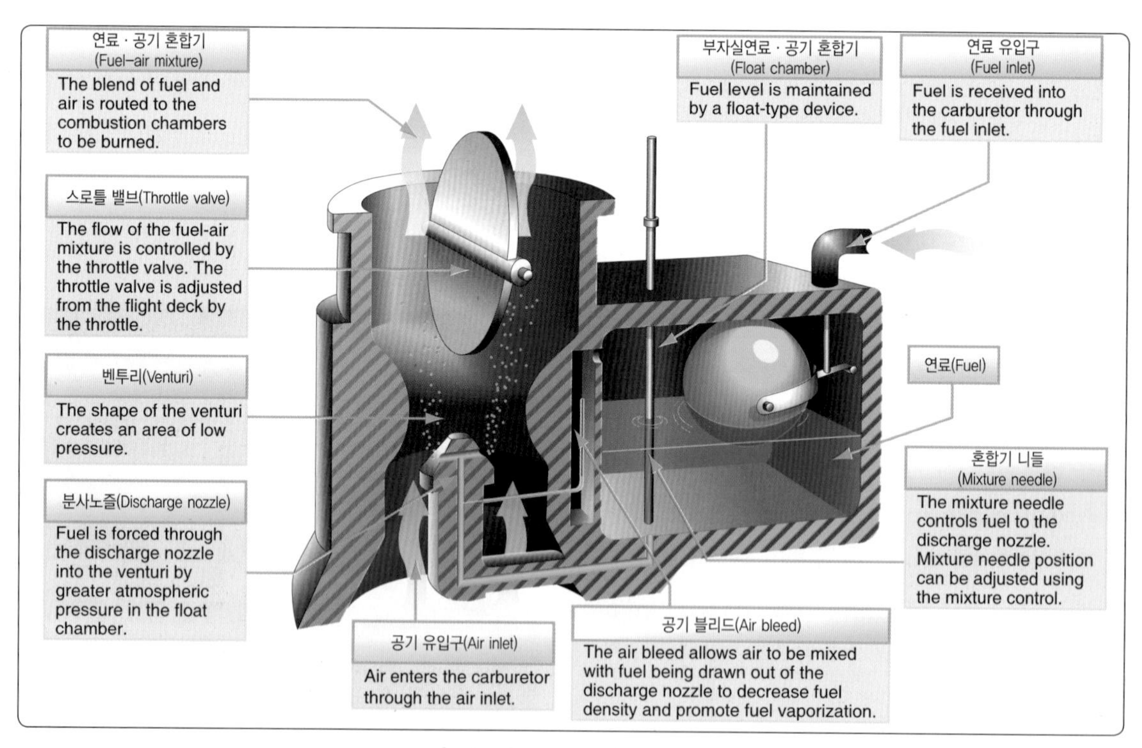

[그림 2-7] 연료분사(Fuel discharge)

[그림 2-8] 니들밸브와 시트(Needle valve and seat)

[그림 2-9] 부자실 분사노즐과 부자
(Float chamber discharge nozzle and float)

고 있는 것을 보여 준다. 부자 작동식 니들 밸브(float-operated needle valve)는 입구를 통해 들어오는 연료를 조절하여 연료 부자실(fuel float chamber)에 정해진 연료량을 유지시켜준다. 그림 2-8은 부자실 속의 니들 밸브와 시트를 보여 주고, 그림 2-9는 부자와 연료 분사노즐을 보여 준다. 부자실 속의 유면은 엔진이 정지하고 있을 때 연료가 넘치는 것을 방지하기 위해 분사노즐의 높이보다 약간 낮게 조절되어야 한다.

분사노즐(discharge nozzle)은 공기가 기화기를 통해 엔진의 실린더로 들어가는 통로 중 가장 압력이 낮아지는 벤투리 목(throat) 부분에 설치된다. 기화기 속에 있는 연료는 두 가지의 다른 작동압력을 받는데, 하나는 분사노즐에 작용하는 저압(low pressure)이고 다른 하나는 부자실에 작용하는 높은 압력(high pressure), 즉 대기압이다. 부자실 내의 상대적으로 더 높은 대기압에 의해 연료가 공기 흐름 속으로 분사된다. 엔진으로 공급되는 공기 흐름을 증가시키기 위해 스로틀을 더 열어 주면 벤투리 목 부분에서 압력이 크게 감소하게 되고 공기흐름이 증가하게 된다. 증가된 공기흐름에 비례해서 연료 분사 량이 증가한다. 만약 스로틀이 "닫힘" 위치("Closed" Position)로 움직였다면, 공기 흐름과 연료유량은 감소한다.

그림 2-7에서 보이는 것과 같이, 연료가 분사노즐에 도달하기 위해 미터링 제트(metering jet)를 거쳐 지나가야 한다. 미터링 제트는 실제로 연료가 거쳐 지나가는 어떤 정해진 크기의 홀(hole)이다. 이 제트(jet)의 크기는 각각의 차압에서 연료 분출량의 정도를 결정한다. 만약 제트가 더 큰 것으로 교체된다면, 농후한 혼합비가 되고, 연료유량은 증가한다. 만약 더 작은 제트가 장착되었다면, 연료유량이 감소하여 희박한 혼합비가 된다.

2.5 기화기 계통(Carburetor Systems)

여러 가지의 부하와 서로 다른 엔진 회전속도에 따라 적절한 엔진 작동에 대비하기 위해, 각각의 기화기는 다음과 같은 여섯 가지 계통을 가지고 있다.

(1) 주 계량장치(main metering system)
(2) 완속장치(idling system)
(3) 가속장치(accelerating system)

(4) 혼합기 조정장치(mixture control system)
(5) 연료 차단장치(idle cutoff system)
(6) 출력증강장치(enrichment system) 또는 이코노마이저 장치(economizer system)

각 시스템에는 명확한 기능이 있으며, 단독으로 작동할 수 있고, 하나 또는 그 이상이 함께 작동한다.

주 계량장치는 완속 이상의 모든 속도에서 엔진에 연료를 공급한다. 이 계통에 의해 분사되는 연료는 벤투리 목 부분의 압력 강하에 의해 결정된다.

매우 낮은 엔진회전수에서 주 계량장치가 불규칙하게 작동할 수도 있으므로 분리된 완속장치가 필요하게 된다. 저속에서 스로틀은 거의 닫힌 상태이기 때문에 벤투리를 통과하는 공기의 속도는 느려지고 압력 감소는 거의 없다. 따라서 차압은 주 계량장치를 작동시키기에는 불충분하기 때문에 연료는 분사되지 않는다. 그러므로 대부분의 기화기는 저속에서도 엔진에 연료를 공급하기 위한 완속장치(idling system)를 갖추어야 한다.

가속장치는 엔진출력을 갑자기 증가시킬 때 추가 연료를 공급한다. 엔진에서 더 많은 출력을 얻기 위해 스로틀이 열리면, 기화기를 통하는 공기 흐름이 증가한다. 그때 주 계량장치(main metering system)는 연료 분출량을 증가시킨다. 그러나 급가속시 공기 흐름은 즉시 증가하지만 연료흐름은 관성력 때문에 즉시 증가하지 못하므로 가속되는 순간에 증가된 공기에 비해 연료가 부족한 과희박 혼합비 상태가 된다. 이 순간에 가속장치가 증가된 공기에 대해 부족한 추가 연료를 순간적으로 공급하여 일시적인 과희박 혼합비 상태를 해결하고 유연한 가속이 되도록 해 준다.

혼합기 조정장치(mixture control system)는 혼합기에서 공기와 연료의 비율을 결정한다. 수동 혼합기 조정은 조종석의 조정장치를 사용하여, 작동조건에 맞도록 혼합비를 선택할 수 있다. 이러한 수동 혼합기 조정장치 외에도, 많은 기화기는 수동 혼합기 조정장치가 선택한 그 혼합비가 공기 밀도의 변동으로 변화되지 않도록 해 주는 자동 혼합기 조정장치(automatic mixture control)을 갖고 있다. 항공기가 상승하여 대기압이 감소될 때, 흡입계통을 거쳐 지나가는 공기의 무게도 감소하기 때문에 자동 혼합기 조정장치가 필요한 것이다. 고도 증가시 밀도는 감소하나 체적은 일정하다. 벤투리 목 부분에서 압력강하를 결정하는 것은 공기 흐름의 체적(volume)이기 때문에, 기화기는 해면상의 고밀도 공기에 대해 공급한 연료의 양만큼 고고도의 저밀도 상태의 공기에 동일한 양의 연료를 공급하려고 한다. 따라서 항공기가 고도가 높아질수록 자연스럽게 농후한 혼합비가 되려는 경향이 있다. 자동 혼합기 조정장치(automatic mixture control)는 공기 밀도의 감소를 보상하기 위해 연료 분출량을 감소시켜 이런 자연적인 현상을 방지한다.

기화기는 엔진을 정지시키기 위해 연료를 차단할 수 있도록 연료 차단장치(idle cutoff system)를 갖고 있다. 이 연료 차단장치는 수동 혼합기 조정장치(manual mixture control)와 같은 레버에 의해 작동되며, 수동 혼합기 조정레버(mixture control lever)를 완속 차단(idle cutoff) 위치에 놓으면, 기화기에서 공급되는 연료를 완전히 차단시킨다. 항공기 엔진은 점화장치 작동을 차단(off)시켜 엔진을 정지시키기 보다는 연료를 차단(shutting off)시켜 정지시킨다. 만약 기화기가 계속 연료를 공급하는 상태에서 점화장치를 차단(off)시키면, 연료 · 공기혼합 가스는 흡입계통을 거쳐 계속 실린더로 공급된다. 엔진 내부가 과열된 상태라면, 연소실 내의 부분적인 열점(hot spots)에 의해 이 가연성의 혼합가스가 발화될 수 있다. 이로 인해 엔진은 계속 작동되거나 킥백(kick back)을 일으킬 수도 있다. 또한 연소되지 않은 혼합가스가 실린더를 지나 뜨거운 배기 매니폴드에서 발화될 수도 있다. 또는 엔진이 정상적인 정지를 하였지만 가연성의 혼합기 가스가 흡입통로, 실린더 및 배기계통에 남아 있을 수 있다. 이것은 엔진이 정지된 후에 불의의 시동(kick over)이 되고 프로펠러 근처에 있던 사람을 심각한 부상을 입힐 수 있기 때문에 불안전 상태이다. 엔진이 연료 차단장치에 의하여 정지됐을 때, 점화플러그는 기화기로부터 연료 분사가 멈출 때까지 연료 · 공기혼합가스에 계속 점화를 시켜주지만 기화기로부터 연료공급이 중단이 되기 때문에 더 이상 연소할 연료 · 공기 혼합가스가 없어서 엔진은 정지하게 된다. 일부 엔진 제작사는 프로펠러가 정지되기 직전에, 스로틀을 충분히 열어 피스톤이 흡입계통, 실린더, 배기계통을 거쳐 신선한 공기를 주입하도록 함으로써 불의의 시동에 대한 추가된 예방책을 권고한다. 엔진이 완전히 정지된 후, 점화스위치를 오프(off) 위치로 돌려준다.

출력증강장치(power enrichment system)는 엔진이 고출력으로 작동하는 동안 자동적으로 혼합기를 농후하게 증대시킨다. 그것은 여러 다른 작동 조건에 맞도록 연료 · 공기혼합비를 변화시킬 수 있도록 한다. 순항속도에서 희박혼합비는 경제적인 이유에서 바람직하지만, 고출력 작동 시에는 혼합가스가 엔진 실린더를 냉각시키는 효과와 최대출력을 얻기 위해 농후해져야 한다. 출력증강장치는 자동적으로 필요한 만큼의 연료 · 공기비를 변화시킨다. 기본적으로 이 장치는 순항속도에서는 밸브가 닫히고 고출력 시에는 혼합기에 여분의 연료를 공급하기 위해 열린다. 비록 그것은 고출력에서 연료유량을 증대시키지만, 출력증강장치는 실제로 연료 절약 장치이다. 이 장치가 없다면 완전한 출력 범위를 넘어선 농후혼합비에서 엔진을 작동할 경우가 생기게 된다. 그렇게 되면, 혼합기는 최대출력에서 안전한 작동을 보정하기 위해 순항속도에서까지도 필요 이상의 농후한 상태가 된다. 출력증강장치는 때때로 이코노마이저(economizer) 또는 출력 보상장치(power compensator)라고도 부른다.

비록 여러 가지의 장치를 분리해서 설명했지만, 기화기는 하나의 유닛(unit)으로서 역할을 한다. 한 개의 장치가 작동 중이라고 다른 장치가 작동하지 않는 것은 아니다. 주 계량장치(main metering system)가 공기 흐름에 비례하여 연료를 분출하는 것과 동시에, 혼합기 조정장치(mixture control system)는 혼합비가 농후해야 하는지 아니면 희박해야 하는지를 결정한다. 스로틀이 갑자기 넓게(wide) 열린다면, 가속장치와 출력증강장치(power enrichment system)는 주 계량장치(main metering system)에 의해 이미 분출되고 있는 연료에 추가 연료를 더 보내 주는 역할을 한다.

2.6 기화기 종류(Carburetor Types)

모든 기화기 중에서 가장 일반적인 부자식기화기(float-type carburetor)는 몇 가지의 단점을 지니고 있다. 급격한 기동비행에 의한 플로트 작용에 미치는 영향과 저압에서 분출되어야 하는 연료는 완전히 기화되기 어렵고 일부 유형의 과급기 계통으로 연료를 보내기데 어려움을 겪는다. 무엇보다도 부자식기화기의 가장 큰 단점은 결빙경향(icing tendency)이다. 부자식기화기는 저압에서도 연료를 공급해야 하므로,

방출노즐이 벤투리 목 부분에 위치되어야 하고, 그리고 스로틀밸브도 방출노즐에서 엔진으로 공급되는 쪽에 있어야 한다. 이것은 연료의 기화로 인하여 발생하는 온도의 감소가 벤투리 내에서 일어나므로 결과적으로 결빙이 벤투리와 스로틀밸브에서 쉽게 형성된다는 것을 의미한다.

압력식기화기(pressure-type carburetor)는 대기압보다 큰 압력으로 공기 흐름 안으로 연료를 분출한다. 이 결과로 연료를 보다 잘 기화시켜 스로틀밸브에서 엔진으로 들어가는 공기 흐름 속에 연료를 분출시킬 수 있다. 연료분사노즐이 이 지점에 위치하면 공기가 스로틀 밸브를 통과한 후와 엔진 열이 온도하락을 상쇄시키는 지점에서 연료의 기화로 인한 온도 강하가 발생한다. 따라서 연료 기화 결빙(fuel vaporization icing)의 위험이 실질적으로 제거된다. 연료 챔버(fuel chamber)는 모든 작동 조건에서 채워져 있기 때문에 급속한 기동과 거친 공기가 압력식 기화기(Pressure carburetors)에 미치는 영향은 무시할 수 있다.

압력식기화기는 대개 직접 연료분사장치로 대체되었고, 최신의 항공기 엔진에서 사용을 제한시킨다.

2.7 기화기의 결빙(Carburetor Icing)

기화기 결빙의 세 가지 일반적인 분류는 다음과 같다.

(1) 연료증발 결빙(fuel Evaporation Ice)
(2) 스로틀 결빙(throttle ice)
(3) 충돌 결빙(Impact Ice)

연료가 공기 흐름 속으로 투입된 후에 연료의 기화현상으로 인해 공기의 온도가 감소하기 때문에 연료증발 결빙 또는 냉각 결빙이 형성된다. 연료가 증발할 때 온도는 기화가 일어나는 구역에서 더 낮아지게 된다. 유입되는 공기 중의 어떤 습기(moisture)라도 이 구역에서 결빙될 수 있다. 그것은 부자식기화기의 경우처럼, 연료가 기화기 스로틀로부터 상향하는 공기 흐름에 분사되는 계통에서 자주 일어난다. 반면 하향식 기화기 계통에서는 자주 발생되지 않는다. 냉각 결빙은 상대습도가 100% 훨씬 아래일지라도, 대기의 습기 조건의 넓은 범위를 넘어 100°F 정도의 기화기 공기 온도에서도 형성될 수 있다. 일반적으로 연료증발 결빙은 기화기에 있는 연료분배노즐(fuel distribution nozzle)에서 축적되려는 경향이 있다. 이런 형식의 결빙은 매니폴드압력(manifold pressure)을 더 낮게 하고, 연료 흐름을 방해하여 혼합기 분배에 영향을 줄 수 있다.

스로틀 결빙(throttle ice)은 보통 스로틀이 부분적인 "닫힘(closed)" 위치에 있을 때, 스로틀의 뒷면에서 형성된다. 스로틀밸브 주위에 갑자기 공기가 밀려들어 가기 때문에 스로틀밸브 후면의 압력이 낮아진다. 이것은 스로틀밸브의 전면과 후면 사이에 압력 차이가 생겨 혼합기에 냉각효과를 주게 된다. 그리하여 압력이 낮은 쪽의 습기가 얼어붙게 된다. 스로틀 결빙은 제한된 통로에 축적되는 경향이 있다. 적은 양의 결빙이라도 공기 흐름과 매니폴드압력(manifold pressure)이 비교적 크게 감소하는 원인이 된다. 많은 양의 결빙은 스로틀을 움직이지 않게 하고 작동을 불가능하게 만들기도 한다. 스로틀 결빙은 38°F 이상의 온도에서는 거의 형성되지 않는다.

충돌 결빙은 눈, 진눈깨비와 같은 대기에 존재하는 수분으로부터, 또는 32°F 이하의 온도에서 표면에 부뒷치는 결로수(condensation liquid water)로부터 형성된다.

관성효과(inertia effect) 때문에, 충돌 결빙은 공기 흐름의 방향을 바꾸어 주는 표면상에 또는 그 근처에 모인다.

이러한 형식의 결빙은 기화기 스크린(carburetor screen)과 조절요소와 같은 기화기의 엘보(elbow)에 형성되게 된다. 가장 위험스러운 충돌 결빙은 기화기 스크린에 모이는 것이고 공기 흐름과 출력의 아주 빠른 감소의 원인이 되는 것이다. 일반적으로, 충돌 결빙의 위험은 항공기 구조물의 전연에 얼음이 형성되었을 때 존재한다. 어떤 조건에서는 비교적 건조한 상태에서 기화기에 얼음이 들어가게 되고, 입구스크린 또는 벽에 달라붙지 않을 것이고, 또는 엔진 공기 흐름 또는 매니폴드압력에도 영향을 주지 않을 것이다. 이 얼음은 기화기에 들어가서 기화기 공기 조절 통로 내부에 점차적으로 모이게 되고, 기화기 조절 특성에 영향을 주게 된다.

2.8 부자식 기화기 (Float-type Carburetors)

부자식기화기(float-type carburetor)는 기본적으로 엔진 실린더에 공급되는 공기의 흐름에 알맞게 분사되는 연료의 양을 제어하는 여섯 개의 장치로 구성되어 있다. 이 장치들은 모든 엔진 작동 범위 내에서 정확한 연료유량을 엔진에 공급하기 위해 상호작용한다.

그림 2-10은 부자식기화기의 중요한 여섯 개의 장치들을 보여 준다. 이 장치들은 다음과 같다.

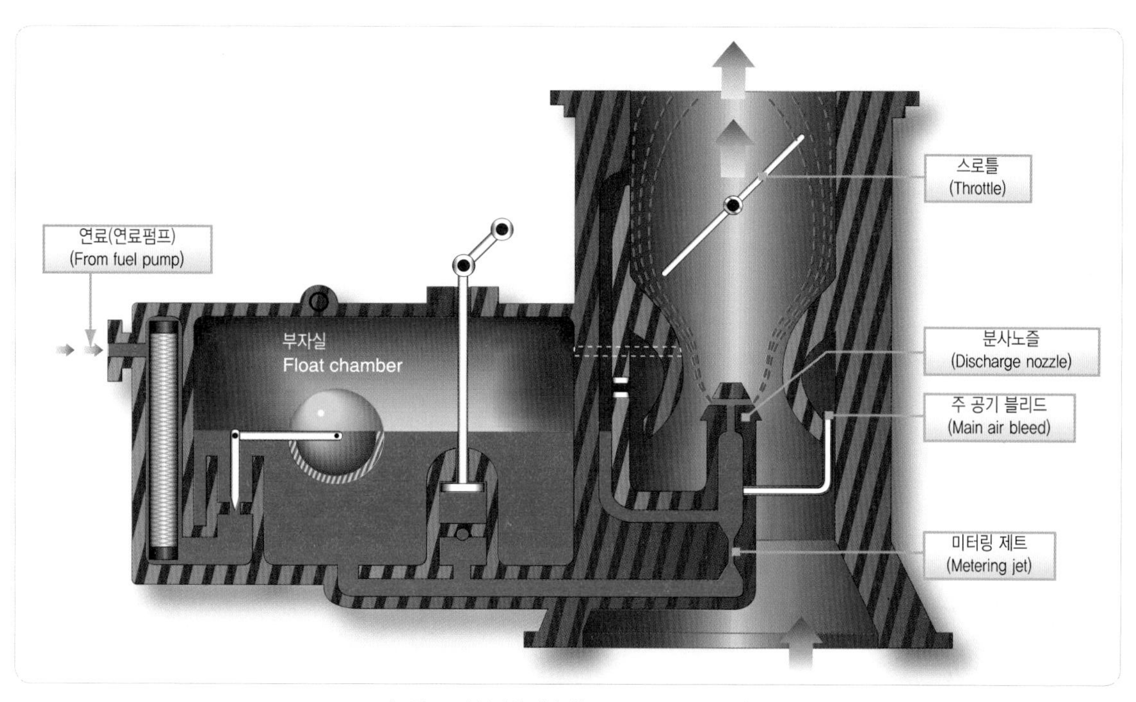

[그림 2-10] 부자식 기화기(A float-type carburetor)

(1) 부자기구 및 부자실(float mechanism float chamber)
(2) 주 계량장치(main metering system)
(3) 완속장치(idling system)
(4) 혼합비 조정장치(mixture control system)
(5) 가속장치(accelerating system)
(6) 이코노마이저장치(economizer system)

2.8.1 부자실과 기구장치 (Float Chamber Mechanism System)

부자실은 연료공급(fuel supply) 부분과 기화기의 주 계량장치(main metering system) 사이에 장착되어 있다. 그림 2-11에서 보는 바와 같이 부자실(float chamber)은 기화기에 있는 연료 저장소(reservoir) 역할을 한다. 부자실은 보통 주 분사노즐(main discharge nozzle)에 있는 방출구(outlet hole)의 약 1/8 inch 정도 낮게 연료의 높이를 유지시켜준다. 부자실 연료의 높이를 일정하게 조절하는 이유는 연료 흐름의 양을 정확하게 하고, 엔진이 정지되어 있을 때 연료가 노즐(nozzle)에서 누설(leakage)되는 것을 방지하기 위함이다. 부자실 내에 있는 연료레벨(fuel level)은 플로트작동 니들밸브(float-operated needle valve)와 니들시트(needle seat)에 의하여 거의 일정하게 유지된다. 니들시트는 보통 청동(bronze)으로 제작된다. 니들밸브는 경화 강(hardened steel)으로 만들어지거나 또는 시트를 밀착하게 하는 합성고무(synthetic rubber)로 되어 있다. 부자실에 연료가 없을 때, 부자(float)는 부자실 바닥(bottom)으로 떨어져서 니들밸브(needle valve)를 완전히 열리게 한다. 연료가 공급라인을 통해 부자실로 들어와 연료가 설정된 레벨(predetermined level)에 도달하면 부자에 의해 니들밸브가 닫힌다. 엔진 작동 중에 연료가 노즐을 통해 엔진으로 공급된 만큼 니들밸브에 의해 연료가 공급되어 연료레벨(fuel level)을 일정하게 유지한다. [그림 2-10 참조]

[그림 2-11] 부자(float)가 장탈된 상태의 부자실
(Float chamber (bowl) with float removed)

벤투리 내의 공기흐름의 속도가 증가하면 압력이 감소하게 되는데, 이 압력의 변화량에 의해 연료량이 산정된다. 그러므로 부자실의 연료레벨을 정확하게 유지되면, 흡입 기류(intake airstream)로 분사되는 연료의 양이 정확하게 제어된다.

2.8.2 주 계량장치(Main Metering System)

주 계량장치는 완속(idling) 이상의 모든 속도 범위에서 엔진에 연료를 공급하고 다음과 같이 구성되어 있다.

(1) 벤투리(Venturi)
(2) 주 계량 제트(main metering jet)
(3) 주 분사노즐(main discharge nozzle)

(4) 완속장치 통로(idling passage)
(5) 스로틀밸브(throttle valve)

스로틀밸브는 기화기 벤투리를 통해 공기 흐름의 질량(mass)을 제어하기 때문에, 다른 기화기 장치뿐만 아니라 주 계량장치에 있는 주요한 구성품을 고려해야 된다. 그림 2-12에서는 전형적인 주 계량장치를 보여 준다. 벤투리는 다음의 세 가지 기능을 수행한다.

(1) 연료 · 공기혼합기(fuel/air mixture)의 비율을 맞춘다.
(2) 분사노즐(discharge nozzle)의 압력을 감소시킨다.
(3) 최대 스로틀(full throttle)에서 공기 흐름을 제한한다.

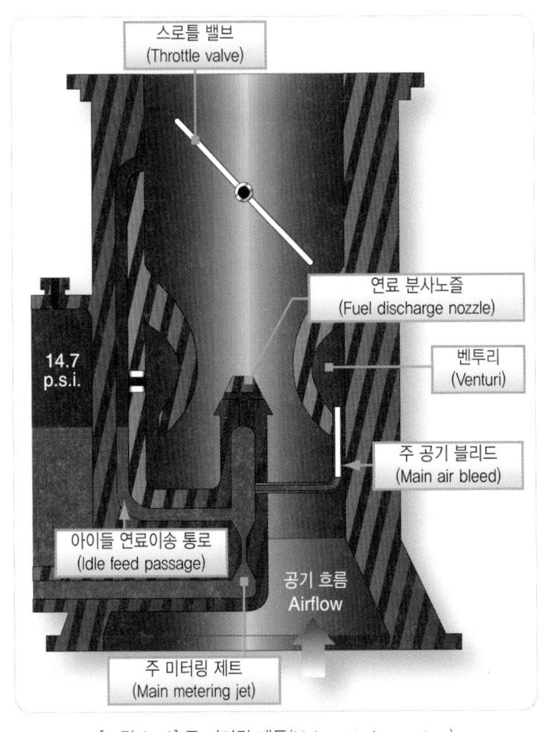

[그림 2-12] 주 미터링 계통(Main metering system)

연료분사노즐(fuel discharge nozzle)은 기화기 배럴(carburetor barrel)에 있기 때문에 노즐 끝(end)부분이 벤투리의 목(throat)부분이나 또는 벤투리의 가장 좁은(narrowest)부분에 있게 된다.

주 계량 오리피스(main metering orifice) 또는 제트(jet)는 스로틀이 완전히 열릴 때 연료유량을 제한하기 위해 부자실과 분사노즐 사이의 연료 통로(fuel passage)에 위치한다.

엔진 크랭크축이 기화기의 스로틀이 열린 상태에서 회전할 때, 흡입매니폴드(intake manifold)에서 생성된 저압(low pressure)이 기화기 배럴을 통해 들어오는 공기에 작용한다. 대기와 흡입매니폴드 사이의 압력 차이로 인하여, 공기는 공기흡입구로부터 기화기 배럴(carburetor barrel)을 통해 흡입매니폴드 안으로 유입된다. 공기 흐름의 체적은 스로틀이 열린 정도에 따라 달라진다. 벤투리를 통해 흐르는 공기의 속도는 증가한다. 이 속도 증가로 인해 벤투리 목에서 저압부분(low pressure area)이 형성된다. 노즐 주변의 압력 강하로 인하여 부자실과 노즐 주변의 압력차가 발생하여 부자실에 있는 연료가 노즐을 통해 분사된다. 연료는 노즐을 통해 작은 미립자(particle)의 형태로 공기 중에 빠르게 기화한다. 대부분의 기화기에서 연료를 계량하는 힘(metering force), 즉 차압은 스로틀이 많이 열릴수록 증가한다. 연료가 분사되기 위해서 최소한 0.5inHg의 차압이 발생되어야 한다. 연료를 계량하는 힘(metering force)이 급감한 저속에서 기화기에 에어 블리드(air bleed) 또는 에어 미터링 제트(air metering jet)가 포함되어 있지 않으면 분사 노즐(discharge nozzle)에서 연료 공급이 줄어든다. 공기 흐름과 관련된 연료유량의 감소는 두 가지 요인에서 기인된다.

(1) 연료는 분사노즐의 벽에 밀착하려는 경향이 있어 미세한 분무를 형성하는 대신에 간헐적으로 큰 덩어리로 떨어져 나가게 된다.

(2) 연료를 계량하는 힘 중 일부는 부자실을 채우는 데 사용하여 분사노즐 배출구까지 연료를 내보내는데 필요한 힘 중의 일부가 줄어드는 요인이 된다.

그림 2-13에서 보여 준 것과 같이, 에어 블리드(air bleed)의 기본 원리는 간단한 도형으로 설명될 수 있다. 3가지 각각의 경우에서, 같은 정도의 흡입력이 액체를 담은 용기 안에 놓인 수직 튜브에 걸려 있다. 그림 2-13의 A와 같이, 튜브의 위쪽 끝에 흡입력이 가해지면 액체는 표면에서 약 1인치(inch) 이상 올라가게 된다. 만약 그림 2-13의 B와 같이, 액체 표면 위쪽에 나와 있는 튜브의 옆쪽에 작은 홀(hole)이 뚫려 있다면 공기 방울이 튜브로 들어와 액체는 계속적으로 물방울이 생기면서 빨려 올라오게 된다. 따라서 튜브로 들어간 공기 블리드(bleed) 때문에 액체가 튜브로 빨려 들어오려는 힘을 일부 감소시키게 된다. 그러나 튜브의 밑바닥이 크게 뚫려 있어서 공기 추출 홀(hole) 또는 통기 구(vent)에 많은 양의 흡입력은 걸리지 않게 된다. 반면에 튜브의 크기에 비해 상당히 큰 홀(hole)이 뚫려 있다면 액체를 끌어 올리는 데 작용할 흡입력은 줄어들 것이다. 만약 튜브의 밑바닥에 계량 오리피스(metering orifice)가 있도록 계통이 개조되었을 경우 그림 2-13의 C와 같이 에어 블리드 튜브(air bleed tube) 때문에 공기가 오히려 연료 수준 이하로 빨려 들어가게 된다.

기화기에서는 연료 수준보다 약간 낮은 쪽의 연료 노즐 아래쪽 부분에 에어 블리드 라인이 연결되어 있다. 에어 블리드의 열린 끝단은 공기가 비교적 움직이지 않고 거의 대기압에 가까운 곳인 벤투리 벽(venturi wall) 뒤쪽에 놓이게 된다. 노즐 팁(tip)의 낮은 압력 때문에 부자실에서 연료가 흘러나오게 되고 벤투리 뒤에서는 공기가 끌려 들어오게 된다. 주 계량 연료 계통 안으로 빠져나가는 공기는 연료 밀도를 감소시키고 표면장력(surface tension)을 파괴시킨다. 이 현

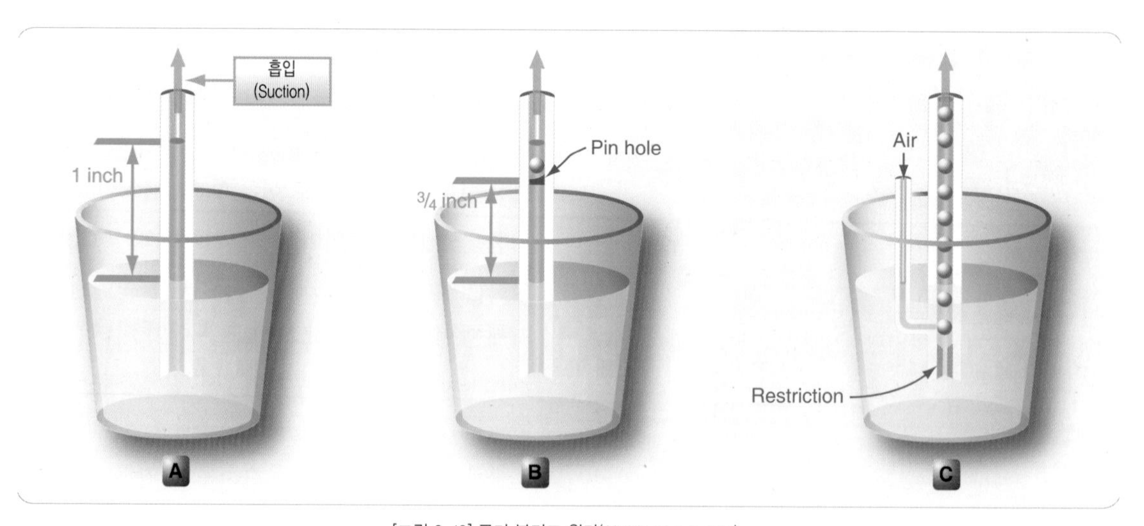

[그림 2-13] 공기 블리드 원리(Air bleed principle)

상은 보다 좋은 기화와 특히 더 낮은 엔진 회전속도에서, 연료분사를 효과적으로 제어할 수 있다. 스로틀, 또는 버터플라이밸브(butterfly valve)는 기화기 배럴(carburetor barrel) 속의 벤투리 한쪽 끝단 근처에 위치된다. 스로틀은 엔진으로 들어가는 공기 흐름을 조절하여 엔진 회전속도 또는 출력을 제어하는 수단을 마련한다. 이 밸브는 축을 중심으로 회전할 수 있는 디스크로써 기화기의 공기통로를 열거나 또는 닫히도록 회전시킬 수 있다.

2.8.3 완속계통(Idling System)

완속 상태에서 스로틀밸브를 닫게 되면, 벤투리를 지나는 공기 속도가 너무 느려지게 되고 그로 인해서 주 분사노즐(main discharge nozzle)에서 충분한 연료가 분사되지 않는다. 실제로 연료 분사가 정지(stop)될 수도 있고 또는 전체적으로 정지하게 된다.

그러나 피스톤의 흡입(piston suction)에 의한 저압(low pressure)이 스로틀밸브의 엔진 쪽에 존재한다. 그림 2-14에서 보여 준 것과 같이, 엔진을 완속 회전으로 작동하게 하기 위해서, 연료 통로는 스로틀밸브의 가장자리 부근의 저압부에 있는 열린 부분으로 연료를 분사시키기 위해 연결되어 있어야 한다. 이 열린 부분을 아이들링 제트(idling jet)라고 부른다.

주 분사노즐이 작동할 수 있을 정도로 충분히 스로틀이 열려 있으면 연료는 아이들링 제트(idling jet)에서 흘러나오지 않는다. 스로틀이 주 분사노즐로부터 분사를 정지시킬 정도로 닫히게 되면 곧바로 연료는 아이들링 제트(idling jet)에서 흘러나온다. 아이들 에어 블리드(idle air bleed)로 알려진 분리된 에어 블리드는 완속장치의 한 부분이다. 그것은 메인 에어 블리드(main air bleed)와 같은 기능을 갖는다. 완속 혼합기 조정장치(idle mixture adjusting device)와도 서로 연결되어 있다. 그림 2-15에서는 전형적인 완속장치를 보여 주고 있다.

[그림 2-14] 완속운전에서 스로틀 작동위치(Throttle action in idle position)

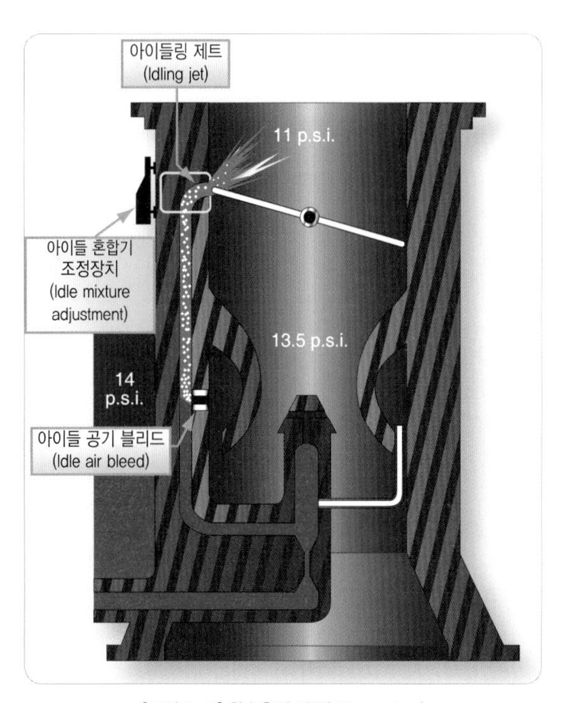

[그림 2-15] 완속운전 계통(Idling system)

2.8.4 혼합기 조정계통 (Mixture Control System)

고도가 증가함에 따라 공기는 점점 더 희박해진다. 고도 18,000 피트(feet)에서, 공기 밀도는 해면고도(sea level)의 반(half)정도이다. 이것은 해면고도에서 1 입방피트(1feet³)의 체적이 가지고 있는 공기에 비해 18,000 피트에서는 반(half)으로 줄어든다는 것이다. 따라서 18,000 피트에서 실린더 내의 공기유량은 해면고도 상의 공기에 비해 절반(half)만 산소(oxygen)가 포함되어 있다.

벤투리에 의해 생성된 저압영역(low pressure area)은 공기 밀도보다는 공기 속도에 의해 생성된다. 따라서 벤투리의 작용은 저고도에서와 같이 고고도에서도 동일한 양의 연료를 분사하게 한다. 결과적으로 연료 혼합비(fuel mixture)는 고도가 증가함에 따라 더 농후한 것이 된다. 이러한 현상은 수동 혼합기 조정장치(manual mixture control) 또는 자동 혼합기 제어장치(automatic mixture control)으로서 극복될 수 있다.

그림 2-16과 그림 2-17에서 보는 바와 같이, 부자식 기화기의 혼합기 조정장치는 작동원리에 따라 니들형(needle type)과 역흡입형(back-suction type)으로 분류되며, 일반적으로 연료 · 공기 혼합비를 조절하기 위해 순수한 수동식(manual)과 조종석 제어가능 장치(cockpit controllable devices)의 두 가지 유형을 사용한다.

그림 2-16에서 보여 주는 것과 같이, 니들형에서는 부자실 바닥에 있는 니들밸브에 의해 수동으로 조절된다. 조종석에 있는 조정장치를 통해 위아래로 움직이게 된다. 조정장치를 농후(rich)로 움직이면 니들밸브가 완전히 열려서 연료가 노즐을 통해 유입된다. 반대로 조정장치가 희박(lean)으로 움직이면 밸브가 닫히는 방향으로 움직여서 연료흐름이 제한된다.

그림 2-17에서 보여 주는 것과 같이, 역흡입형(back-suction type) 혼합기 조정장치는 가장 널리 사용되고 있는 형식이다. 이 장치에서는 벤투리에 의해

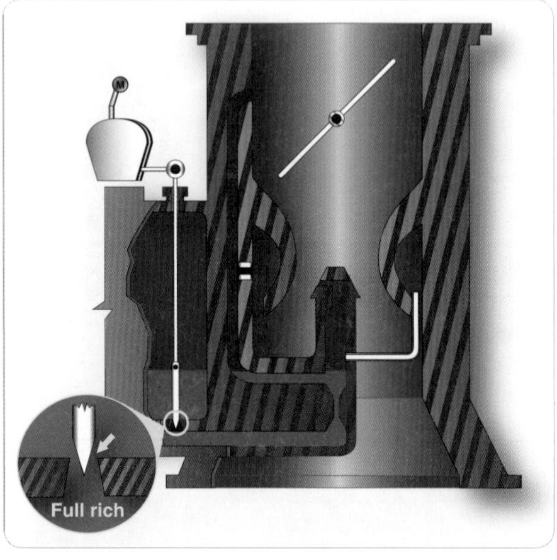

[그림 2-16] 니들식 혼합 제어계통(Needle-type mixture control system)

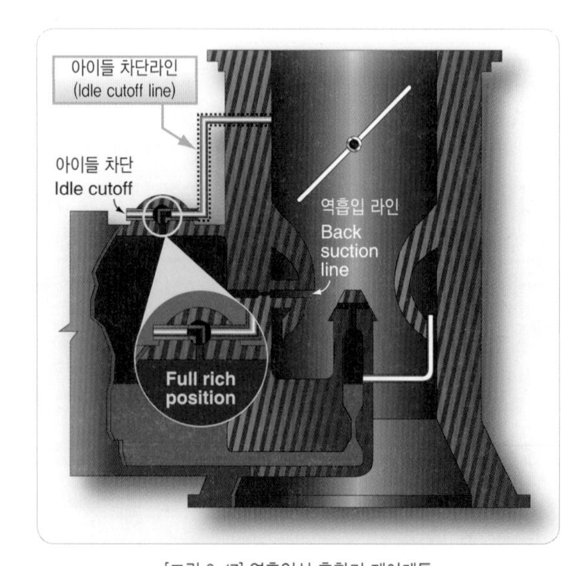

[그림 2-17] 역흡입식 혼합기 제어계통 (Back-suction-type mixture control system)

서 생성된 일정량의 저압이 부자실의 연료에 작용하여 주 분사노즐에 작용하는 저압에 대응하게 되고, 조절밸브(adjustable valve)가 작동하여 대기압이 부자실로 유입된다. 밸브가 완전히 닫히면 부자실의 연료 압력과 분사노즐의 압력이 거의 같아져서 연료 흐름은 최대 희박(maximum lean) 상태가 된다. 밸브가 완전히 열리면 부자실에 작용하는 연료압력이 최대가 되어 혼합비는 가장 농후한 상태로 된다. 이렇게 열리고 닫히는 밸브의 위치를 조절하여 혼합비가 조절된다. 조종석에 있는 조절판(quadrant)은 서로 맞은편에 희박("lean")과 농후("rich")로 표시되어 있으며 희박 쪽의 맨 마지막에 완속차단("idle cutoff") 표시가 되어 있어 엔진 정지 시에 사용된다.

니들형 혼합기 조정장치(needle-type mixture control)가 장착된 부자식기화기(float carburetor)에서는, 혼합기 조정레버가 완속차단("idle cutoff")에 놓이게 되면 연료 흐름을 완전히 차단하게 된다. 역흡입형(back-suction type) 혼합기 조정장치가 장착된 기화기에서는 스로틀밸브에서 엔진으로 가는 쪽에 극히 낮은 압력을 끌어내는 별도의 완속 차단 라인(idle cutoff line)이 연결되어 있다.[그림 2-17에서 점선부분 참조]

기계적으로 연결되어 있는 혼합기 조정장치는 완속차단(idle cutoff) 위치에 있을 때는 스로틀은 피스톤의 흡입력(suction)을 받는 통로를 열어 주게 되고 그 외의 위치에 있을 때는 밸브가 대기압(atmosphere)에 연결된 통로를 열어 준다. 위의 경우 엔진을 정지시키려면 스로틀을 닫아 주고 혼합기 조절은 완속차단(idle cutoff)("idle cutoff")에 놓아야 한다. 엔진이 멈추어질 때까지 스로틀을 닫고 있다가 스로틀을 완전히 연다.

2.8.5 가속계통(Accelerating System)

스로틀밸브를 급속히 열면 기화기의 공기 통로를 통해 많은 양의 공기가 유입되지만 공기와 혼합되는 연료량은 주 계량장치(main metering system)의 반응이 느리기 때문에 정상보다 적게 유입된다. 결과적으로 스로틀의 급격한 열림은 연료·공기혼합기(fuel/air mixture)를 순간적으로 희박(lean)하게 한다. 이러한 원인에 의해 엔진이 느리게 가속이 되거나 스텀블(stumble)의 원인이 된다.

이러한 경향을 극복하기 위해 기화기에 가속펌프라는 소형 연료펌프가 장착되어 있다. 그림 2-18은 부자식기화기에 사용되는 가속장치의 일반적인 유형이다. 스로틀 제어 장치에 의해 연동장치를 통하여 작동되는 간단한 피스톤펌프와 벤투리 근처에 있는 기화기 배럴(carburetor barrel) 또는 주 계량장치(main metering system)로 통하는 라인으로 구성되어 있다. 스로틀이 닫히면 피스톤이 뒤로 이동하여 실린더에

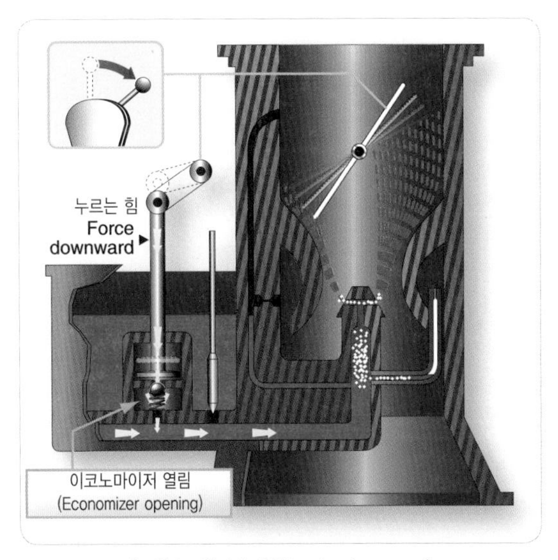

[그림 2-18] 가속계통(Accelerating system)

[그림 2-19] 절개된 기화기 내부의 가속펌프
(Accelerating pump shown in cutaway)

연료가 채워진다. 피스톤이 천천히 앞으로 밀리면 연료가 부자실로 스며들고 급속히 밀면 피스톤은 많은 연료를 보내 주어 벤투리에 연료를 분사하고 혼합가스를 농후하게 한다.

2.8.6 이코노마이저 장치(Economizer System)

스로틀 전개, 즉 완전히 열린 상태에서 엔진이 최대 출력을 얻기 위해서는 연료 공기 혼합비가 순항 시보다 더 농후해져야 한다. 추가된 연료는 엔진이 이상폭발을 방지하도록 연소실을 냉각하는 데 사용된다. 이코노마이저 장치의 약 60~70% 이하로 스로틀을 설정한 상태의 출력이다. 이 장치도 가속장치와 마찬가지로 스로틀 조종에 의해 작동된다.

그림 2-20에서 보여 주는 것과 같이, 전형적인 이코노마이저계통은 스로틀밸브가 순항출력 이상으로 열려 미리 결정된 지점에 도달할 때 열리기 시작하는 니들밸브로 구성되어 있다. 스로틀이 계속해서 더 열리면 니들밸브는 훨씬 많이 열려지고 추가의 연료는 니들밸브를 통해서 흐른다. 이러한 추가의 연료는 주 유량조정제트로부터 흐름을 보충하여 주 방출노즐로 향하게 된다.

그림 2-21에서는 압력작동식(pressure-operated) 이코노마이저계통을 보여 준다. 이 형식은 밀폐된 공간에 밀봉된 벨로우즈를 가지고 있는데 이 공간은 엔진 매니폴드압력과 통해 있다. 매니폴드압력이 어떤

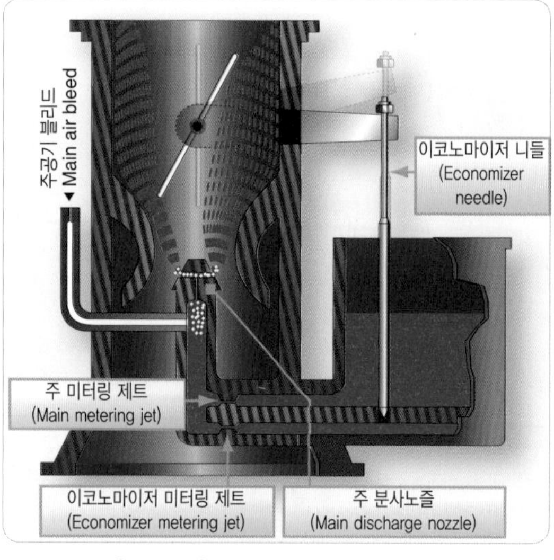

주공기 블리드 Main air bleed
이코노마이저 니들 (Economizer needle)
주 미터링 제트 (Main metering jet)
이코노마이저 미터링 제트 (Economizer metering jet)
주 분사노즐 (Main discharge nozzle)

[그림 2-20] 니들밸브식 이코노마이저 계통
(A needle-valve type economizer system)

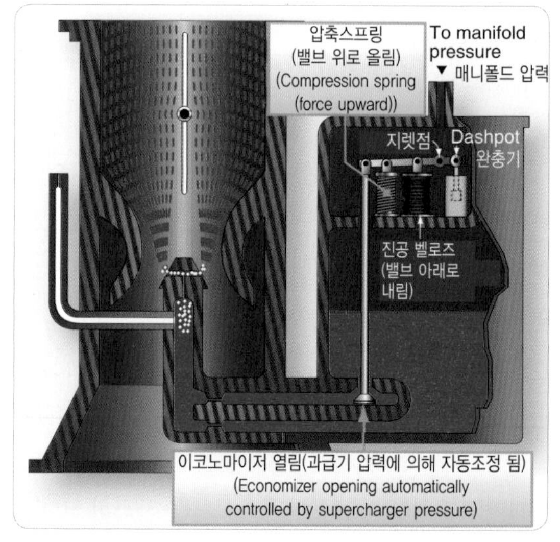

[그림 2-21] 압력으로 작동되는 이코노마이저 계통
(A pressure operated economizer system)

값에 도달하면 벨로우즈가 수축되면서 연료통로에 있는 밸브를 열어 주 노즐을 통해 분사되는 정상적인 연료의 양을 공급한다.

그림 2-22는 또 다른 형식의 이코노마이저 장치로서 역흡입형(back-suction type)으로 순항속도에서 연료 절약은 부자실 내의 연료레벨(fuel level)에 작용하는 압력을 줄여 주어 이루어진다. 스로틀밸브가 순항 위치(cruising position)에 있으면 이코노마이저 홀(economizer hole)과 역흡입형 이코노마이저 장치 채널(back-suction economizer channel) 그리고 제트(jet)를 통해 부자실에 흡입이 적용된다. 그러므로 부자실에 적용된 흡입(suction)은 벤투리 효과에 의해 적용된 노즐 흡입에 대응하여, 연료흐름이 감소되어 순항 시에 연료 · 공기혼합비가 희박해지므로 경제적이다.

또 다른 형식의 혼합비조정장치는 고정된 계량 슬리브(stationary metering sleeve)에서 자유롭게 회전되는 계량밸브를 사용한다. 혼합기 슬리브에 있는 홈

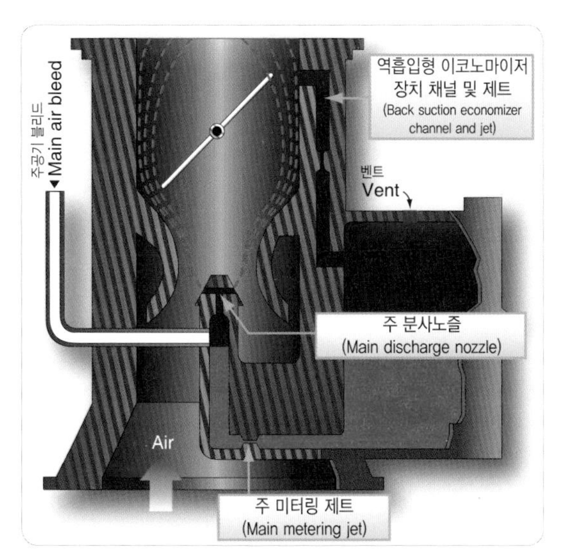

[그림 2-22] 압력식 기화기(Float-type carburetor)

을 통해 주 계통과 완속계통으로 연료가 들어간다. 속이 빈 계량 슬리브에 있는 홈의 한쪽 끝과의 사이 간격에 따라 연료 조정이 이루어진다. 혼합기 조정이 홈의 크기를 줄이는 방향으로 움직이면 고도 보정을 위해 보다 희박한 혼합비를 만들어 준다.

2.9 압력분사식기화기 (Pressure Injection Carburetors)

압력분사식기화기는 부자식기화기와는 완전히 다르다. 왜냐하면 그것은 통기가 되는 부자실이나 벤투리관에 있는 분사노즐에서 흡입력을 빼내는 장치가 필요하지 않기 때문이다. 반면에 그것들은 엔진의 연료펌프로부터 분사노즐에 접속되어 있는 가압된 연료계통을 가지고 있다. 벤투리는 단지 공기유량에 맞추어 계량제트로 가는 연료량을 조정하는 데 필요한 압력 차이를 만들어 주는 역할만 한다.

2.9.1 전형적인 분사식 기화기 (Typical Injection Carburetor)

분사식기화기는 연료펌프에서 분사노즐로 밀폐공급장치(closed-feed system)를 사용하는 유압기계식장치(hydromechanical device)이다. 스로틀 바디(throttle body)를 통과하는 공기 흐름의 질량에 따라 고정된 제트(fixed jet)를 통해 연료를 조정하여 정압(positive pressure)으로 연료를 분사한다.

그림 2-23에서는 기본 부품만 표시되도록 단순화한 압력형 기화기(pressure-type carburetor)를 나타낸다. 2개의 작은 통로를 볼 수 있는데, 하나는 기화기

공기흡입구에서 유연성이 있는 다이어프램의 왼쪽으로 가는 통로이고, 다른 하나는 벤투리 목 부분에서 다이어프램의 오른쪽으로 가는 통로이다.

공기가 기화기를 거쳐 엔진으로 들어갈 때 벤투리에서의 압력 감소 때문에 다이어프램의 오른쪽의 압력이 낮아진다. 그 결과로, 다이어프램은 오른쪽으로 움직여서 연료밸브를 열어 준다. 그때 엔진구동펌프에 의한 압력이 연료를 열려 있는 밸브를 통해서 공기흐름 속으로 연료를 분사시키는 분사노즐로 가도록 힘을 가해 준다. 연료밸브가 열리는 간격은 다이어프램에 작용하는 2개의 압력 차이에 의해 결정된다. 이러한 압력 차이는 기화기를 통과하는 공기유량에 비례하게 된다. 그러므로 공기 흐름이 연료 분사의 비율을 결정하게 한다.

압력 분사식 기화기는 다음과 같은 구성품들의 조합으로 되어 있다.

(1) 스로틀 바디(throttle body)

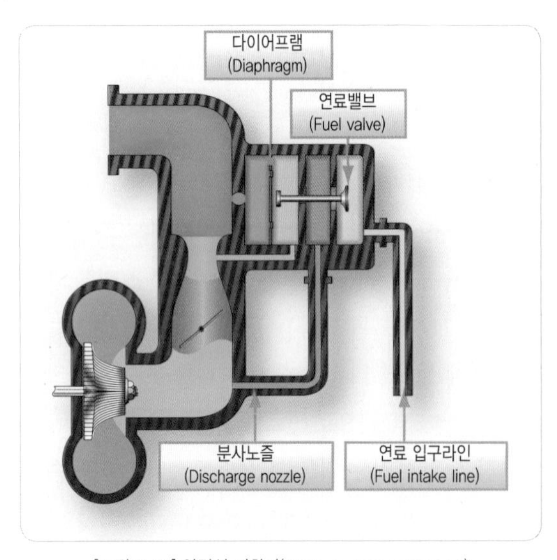

[그림 2-23] 압력식 기화기(Pressure-type carburetor)

(2) 자동 혼합기제어장치(automatic mixture control)

(3) 조절기 장치(regulator unit)

(4) 연료 제어장치(FCU : fuel control unit), 일부는 장착 연결부(adaptor)를 갖춘 것도 있다.

2.9.2 스로틀 바디(Throttle Body)

스로틀 바디는 스로틀밸브, 주 벤투리, 부스트 벤투리 그리고 충격관(impact tubes)으로 구성되어 있다. 실린더로 들어가는 모든 공기는 스로틀 바디를 통과해야 하므로 스로틀 바디는 공기량을 제어하고 측정하는 장치(air control and measuring device)이다. 공기 흐름은 체적과 무게로 측정되므로 엔진이 요구하는 어떤 상황에서도 알맞은 양의 연료를 공급하게 된다.

베르누이의 정리에 의거하여, 공기가 벤투리를 통과할 때 속도는 증가하고 압력은 감소한다. 그림 2-24의 챔버 B에서 보여 주는 것과 같이, 이렇게 해서 생긴 낮은 압력은 조절기 부분에 있는 공기 다이어프램의 저압 쪽인 챔버 B로 벤트(vent)된다. 충격관(impact tubes)은 기화기 입구의 공기압력을 감지하여 공기밀도를 측정하는 자동 혼합 제어장치(automatic mixture control)로 압력을 전달시킨다. 자동 혼합 제어장치에 의해서 공기는 다이어프램의 고압 측인 챔버 A로 흐른다. 다이어프램에 작용하는 2개의 챔버 내의 압력 차이가 연료 포핏밸브(poppet valve)를 열어주는 에어 미터링 포스(air metering force)인 것이다.

스로틀 바디는 스로틀밸브로 가는 공기 흐름을 조절한다. 스로틀밸브는 기화기의 설계에 따라 직사각형 또는 디스크형일 수 있다. 밸브는 축(shaft)에 장착되며, 아이들 밸브(idle valve) 및 조종석의 스로틀 제

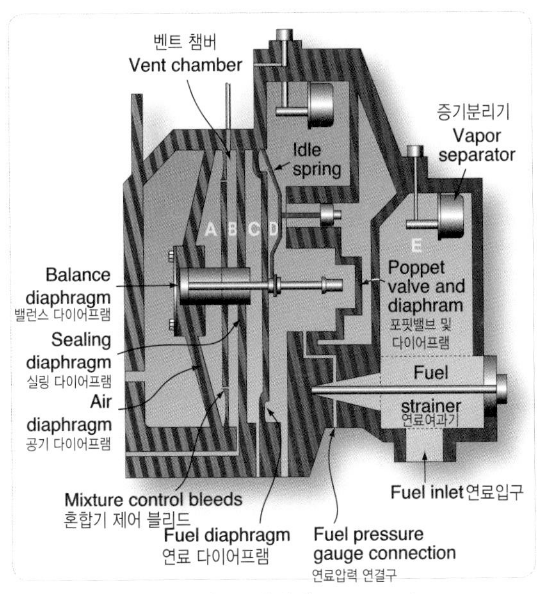

[그림 2-24] 조절기 장치(Regulator Unit)

어장치(throttle control)에 연결되어 있다. 스로틀 멈춤(throttle stop)은 스로틀밸브의 작동 범위를 제한시켜 주고 엔진 완속 속도를 조절하기도 한다.

2.9.3 조절기 부분(Regulator Unit)

그림 2-24에서 보여 준 것과 같이, 조절기 부분은 다이아프램(diaphragm)에 의해 조절되는 장치이며, 5개의 챔버와 2개의 조절 다이아프램(diaphragm) 그리고 1개의 포핏밸브로 구성되어 있다. A 챔버는 공기흡입구로부터 공기흡입구압력(air-inlet pressure)에 의해 조절된다. B 챔버는 부스트 벤투리 압력이다. C 챔버는 분사노즐 또는 연료공급밸브(fuel feed valve)에 의해 조절된 연료압력을 받는다. D 챔버는 포핏밸브(poppet valve)가 열림으로써 조절되는 연료 압력을 받는다. E 챔버는 연료펌프 압력으로서 연료 펌프 압력 릴리프 밸브(fuel pump pressure relief valve)에 의해 조절된다. 포핏밸브 어셈블리(poppet valve assembly)는 2개의 주 조정 다이아프램(main control diaphragm)에 있는 스템(stem)에 연결되어 있다. 조절기 장치(regulator unit) 부분의 목적은 연료조정장치(FCU, fuel control unit)에 있는 유량조정제트(metering jet)의 입구 쪽에서 연료 압력을 조절하는 것이다. 이 압력은 엔진으로 들어가는 공기 흐름의 질량에 따라서 자동적으로 조절된다.

E 챔버로 가는 입구에 있는 기화기 연료여과기는 모든 연료가 D 챔버로 들어갈 때 통과해야 하는 정교한 망사스크린(fine mesh screen)이다. 여과기는 정해진 시간마다 장탈하여 세척을 해야 한다.

스로틀 바디(throttle body)와 벤투리를 통과하는 공기유량이 lbs/hr로 주어졌을 때 B 챔버에 1/4 psi의 부압(negative pressure)이 걸렸다면, 이것은 다이아프램어셈블리를 움직여서 D 챔버에 보다 많은 연료가 들어가도록 포핏밸브가 열려서 왼쪽으로 움직이려 한다.

C 챔버의 압력은 분사노즐 또는 임펠러 연료공급밸브에 의해 5psi로 일정하게 유지된다. 따라서 다이아프램어셈블리와 포핏밸브는 D 챔버의 압력이 $5\frac{1}{4}$ psi가 될 때까지 열리는 쪽으로 움직이게 될 것이다. 이러한 압력상태 하에서 연료조정장치의 제트들의 앞쪽과 뒤쪽에 1/4의 압력차가 생기면서 다이아프램어셈블리는 균형을 유지하게 된다.

만약 노즐압력, 즉 C 챔버 압력이 $5\frac{1}{2}$psi로 상승한다면, 다이어프램어셈블리의 균형은 무너지고, 그리고 다이어프램어셈블리는 포핏밸브를 열어주는 방향으로 움직여서 D 챔버에서 요구되는 $5\frac{3}{4}$psi로 만들어준다. 그 결과 C 챔버와 D 챔버 사이에 1/4psi 차압은 다시 유지되고, 그리고 유량조정제트 주위의 압력강하가 동일하게 이루어진다.

만약 연료 주 입구압력이 증가 또는 감소하면 압력 변화에 따라 D 챔버로 유입되는 연료흐름이 증가하거나 감소하게 된다. 따라서 D 챔버 압력도 마찬가지로 증가되거나 감소하려는 경향이 있다. 이전에 형성되었던 균형이 무너지게 되고, 포핏밸브와 다이어프램어셈블리는 1/4psi 차압에서 압력을 재설정하기 위해 연료흐름을 증가시키거나 또는 감소시키도록 움직인다.

혼합기조정플레이트(mixture control plate)가 자동희박(auto-lean)에서 자동농후로 움직일 때, 연료유량은 변한다. 혼합기의 위치가 바뀔 때, 제트의 주위에서 수립된 차압을 유지하는 다이어프램어셈블리와 포핏밸브어셈블리는 C 챔버와 D 챔버 사이에 1/4psi의 수립된 차압을 유지하기 위해 위치를 움직인다. 저출력 설정, 즉 낮은 공기 흐름 하에서, 부스트 벤투리에 의해 만들어진 압력 차이는 연료의 안정된 조절을 수립하기에 불충분하다. 그러므로 그림 2-24에서 보여 준 아이들 스프링은 조절기에 연결되어 있다. 포핏밸브가 닫히는 위치로 움직이면, 포핏밸브는 아이들 스프링과 접촉된다. 스프링은 완속운전에서 필요한 것보다 더 많은 연료를 공급하기 위해 포핏밸브가 충분히 열리도록 잡아 준다. 과농후 혼합기(overrich mixture)는 적절하게 아이들 밸브(idle valve)에 의해 조절된다. 완속에서 아이들 밸브(idle valve)는 적정한 양으로 연료유량을 제한시킨다. 아이들보다 더 높은 속도일 때 아이들 밸브는 더 이상 연료계량 효과(metering effect)를 갖지 않는다.

증기 벤트계통은 연료펌프, 엔진실에 있는 열, 그리고 포핏밸브의 근처에서 압력강하에 의해 만들어진 연료증기를 없애기 위해 이들 기화기에 장치된다. 증기 배출구는 D 챔버와 E 챔버 양쪽에 위치한다.

만약 증기배출밸브가 닫힌 위치에 고착(stick)되거나 또는 증기 배출구에서 연료탱크 사이의 벤트라인이 막히게 된다면 증기 제거작용(vapor-eliminating)은 멈춘다. 만약 증기배출밸브가 열린 위치에 고착되었거나 또는 증기배출부자가 연료로 채워지고 부자가 가라앉았다면 연료가 벤트라인을 통해 흘러넘치게 된다.

2.9.4 연료조정장치(Fuel Control Unit)

그림 2-25에서 보는 것과 같이, 연료조정장치(FCU: fuel control unit)는 조절기어셈블리(regulator assembly)에 연결되어 있고, 모든 계량제트(metering jet)와 밸브를 포함한다. 아이들 밸브와 출력증강밸브를 갖고 있는 혼합기조정판은 자동농후, 자동희박, 그리고 완속차단(idle cutoff)과 같은 여러 가지의 설정을 위한 제트의 조합을 선택한다.

연료조정장치의 목적은 분사노즐로 가는 연료유량

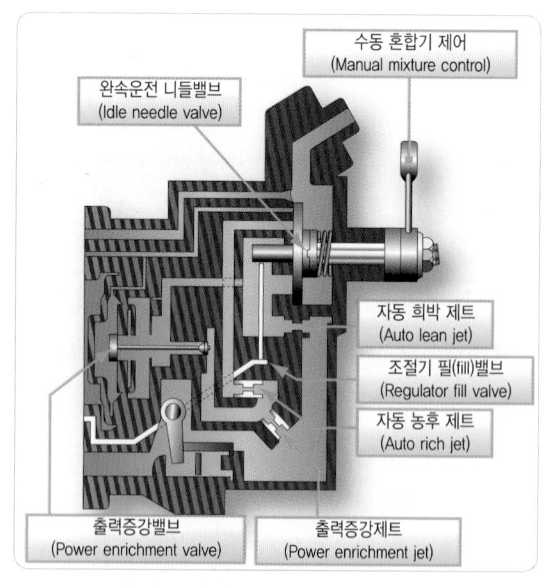

[그림 2-25] 연료제어장치(Fuel control unit)

을 계량하고 조정하는 것이다. 그림 2-25에서 보이는 것과 같이, 기본적인 장치는 직렬접속, 병렬접속, 그리고 직병렬접속으로 배열된 3개의 제트(jet)와 4개의 밸브(valve)로 구성된다. 이들 제트와 밸브는 조절기 장치(regulator unit)로부터 일정 압력으로 연료를 받아 필요한 만큼 조절하여 분사노즐로 보낸다. 수동 혼합기 조정밸브(manual mixture control valve)도 연료 유량을 조절한다. 알맞은 제트를 사용하고 있으며 제트 전후의 차압을 조절해 줌으로써 분사노즐로 연료의 양을 알맞게 공급하여 여러 경우의 출력맞춤에 알맞은 연료 · 공기 혼합비를 만들어 준다. 제트로 들어가는 입구압력은 조절기 장치(regulator unit)에 의해 조절되고 출구압력은 분사노즐에 의해 조절된다는 것을 기억해 두어야 한다.

연료조정장치의 기본이 되는 제트로는 자동 희박 제트(auto-lean jet), 자동 농후 제트(auto-rich jet), 그리고 출력증강제트(power enrichment jet)가 있다. 기본적인 연료유량은 희박혼합비의 상태에서 엔진을 작동시키는 데 요구되는 연료이고 자동희박제트에 의해 조절된다. 출력증강제트는 수동 혼합기 조정장치가 자동농후 위치에 있을 때의 최량출력(best power) 혼합비보다 약간 더 농후하게 해 주는데 필요한 양만큼 연료를 기본적인 연료유량에 추가시켜 주는 역할을 한다.

기본적인 연료조정장치에 있는 네 가지 밸브는 다음과 같다.

(1) 아이들 니들 밸브(idle needle valve)
(2) 출력증강밸브(power enrichment valve)
(3) 조절기 보충 밸브(regulator fill valve)
(4) 수동 혼합기 조정(manual mixture control)

이들 밸브(valve)의 기능은 다음과 같다.

(1) 아이들 니들밸브(Idle Needle Valve)

아이들 니들밸브는 단지 완속 범위(idle range)에서만 연료를 조절한다. 그것은 원형의 윤곽이 있는 니들밸브 또는 실린더밸브로서 기본적인 연료조정장치의 다른 모든 계량장치(metering device)와 직렬로 연결되어 있다. 아이들 니들밸브는 스로틀 축에 연동장치(linkage)로서 연결되어 있으며 저출력에서 흐르는 연료 흐름을 제한한다.

(2) 수동 혼합기 조정장치(Manual Mixture Control)

수동식 혼합기 조정 장치는 회전식 원판형 밸브(rotary disk valve)로서 자동희박제트, 자동농후제트, 그리고 2개의 작은 벤트홀(venthole)로부터 연료가 들어갈 수 있는 포트(port)를 가진 둥근 고정 디스크 밸브로 구성되어 있다. 클로버 잎 모양의 또 다른 회전 디스크는 스프링 힘에 의해 고정 디스크 뒤에 장착되어 수동식 혼합기 조정레버(manual mixture control lever)의 작동에 의해 고정 디스크에 있는 포트 위로 회전하게 된다. '완속차단(idle cutoff)' 위치에서는 모든 포트(port)와 벤트가 전부 막혀버린다. '자동희박' 위치에서는 자동희박 쪽의 포트와 2개의 벤트 홀은 열리게 된다. 이 위치에서 자동농후제트(auto-rich jet) 위치 쪽의 포트(port)는 닫히게 된다. '자동농후' 위치에서는 모든 포트(port)가 열리게 된다. 그림 2-26에서는 밸브판의 위치를 보여 준다. 수동식 혼합기 조정레버의 3가지 위치는 희박 또는 농후, 또는 완전히 연료를 차단하는 위치가 있어 그중 하나를 선택할 수 있다. '완속차단(idle cutoff)' 위치는 엔진을 시동하거나 정지시킬 때 사용된다. 시동 시에는 프라이머(primer)

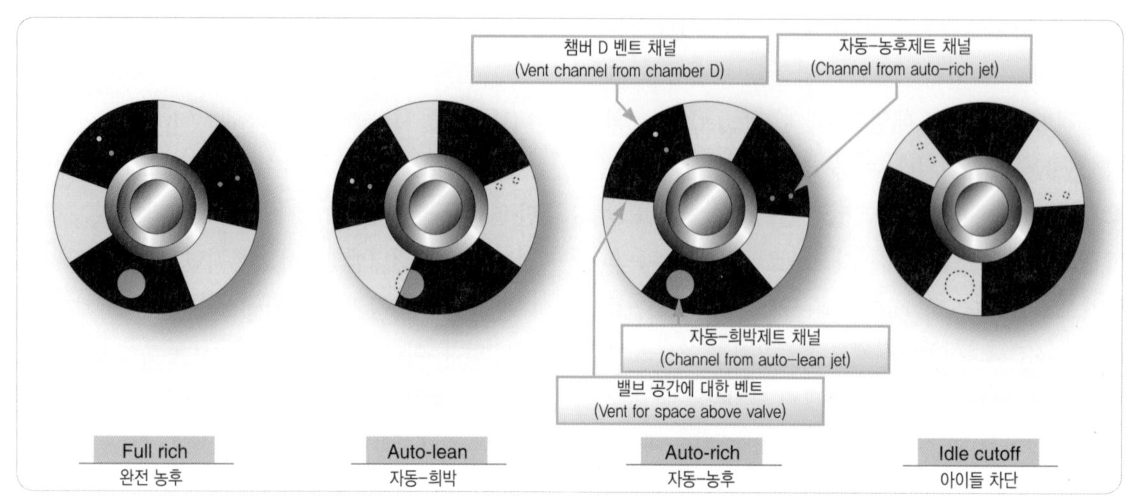

[그림 2-26] 수동 혼합기 제어밸브 판 위치(Manual mixture control valve plate positions)

에 의해서 연료가 공급된다.

(3) 조절기 공급밸브(Regulator Fill Valve)

조절기공급밸브는 조절기 내의 C 챔버에 계량된 연료 압력을 공급하는 연료 통로에 위치한 작은 포핏형의 밸브이다. 완속차단 위치에서 캠의 평편한 부분이 밸브스템에 멈추어 스프링 힘에 의해 밸브가 닫히게 된다. 이것은 C 챔버로 가는 연료 흐름을 정지시켜 확실한 완속차단을 만들어 준다.

(4) 출력 증강 밸브(Power Enrichment Valve)

출력증강밸브는 또 다른 포핏형 밸브(poppet-type valve)이다. 이는 자동희박제트(auto-lean jet) 와 자동농후제트(auto-rich jet)가 병렬로 놓여 있으나, 출력증강제트(power enrichment jet)와는 직렬로 놓여 있다. 이 밸브는 출력 범위(power range) 중 초반에 열리기 시작한다. 또 그것은 계량된 연료 압력(metered fuel)과 스프링 힘을 이겨내는 계량되지 않은 연료(unmetered fuel) 압력에 의해 열리게 된다. 출력증강밸브와 자동 농후 제트를 통과하는 혼합된 연료 흐름이 출력증강제트의 연료량을 초과할 때까지의 출력 범위 내에서는 계속해서 더 많이 열리게 된다. 이때 출력증강제트는 출력 범위에서 계량 역할을 맡아 연료를 조절한다.

(5) 물 분사장치(Carburetor equipped for Water Injection)

물 분사를 위한 장치가 장착된 기화기는 디리치먼트 밸브(derichment valve)와 1개의 디리치먼트 제트(derichment jet)가 추가로 장착된다. 디리치먼트 밸브와 디리치먼트 제트는 서로 직렬로 되어 있으며 출력증강제트(power enrichment jet)와는 병렬로 되어 있다.

기화기는 2가지 기본 요소를 변화시켜서 연료 흐름을 제어한다. 압력 감소 밸브의 역할을 하는 연료조정장치(fuel control unit)는 계량력(metering force)에 따라서 계량압(metering pressure)을 결정해 준다. 실제로 조절기는 조절 압력이 연료를 가압시킬 수 있도록 오리피스의 크기를 변화시킨다. 오리피스를 통과하는 액체의 양이 오리피스의 크기와 압력 강하에 따라 변하는 것이 유압의 기본 법칙(law of hydraulic)이다. 내부 자동장치(internal automatic device)와 혼합기 조절장치의 상호작용으로 연료가 통과하는 계량 통로의 크기를 알맞게 조절해 준다. 내부 장치(internal device), 고정제트(fixed jet)와 가변출력증강밸브(variable power enrichment valve)는 직접적인 외부 제어 대상이 아니다.

2.10 자동 혼합비 조정장치 (Automatic Mixture Control:AMC)

그림 2-27에서 보는 바와 같이, 자동 혼합기 조절장치는 벨로우 어셈블리(bellows assembly), 보정된 니들(calibrated needle), 그리고 시트(seat)로 되어 있다. 그 목적은 온도와 고도의 변화에 따른 공기 밀도의 변화에 대해 보상시켜 주는 데에 있다.

자동 혼합기 조절장치는 28in.Hg의 절대압력으로 봉해져 있는 금속 벨로우로서 온도와 압력 변화에 따라 반응을 보인다. 그림에서 보는 바와 같이, 자동 혼합기 조절장치는 기화기 공기 입구에 위치하고 있다. 공기의 밀도가 변함에 따라서, 벨로우의 수축 및 팽창 작용이 일어나서 대기압 통로에 있는 니들을 움직여 준다. 해면상에서는 벨로우가 수축되어 니들이 대기압 통로에 있지 않게 된다.

항공기가 상승하여 대기압이 감소하면, 벨로우는 팽창하여 니들이 대기압 통로를 점차 막아 주어, 그림 2-24에서 보여 준 조정기의 A 챔버에서 B 챔버로 서서히 빠져나간다. 이를 흔히 역 흡입 블리드(Back-suction Bleed), 또는 혼합기 조절 블리드(Mixture Control Bleed)라고 한다.

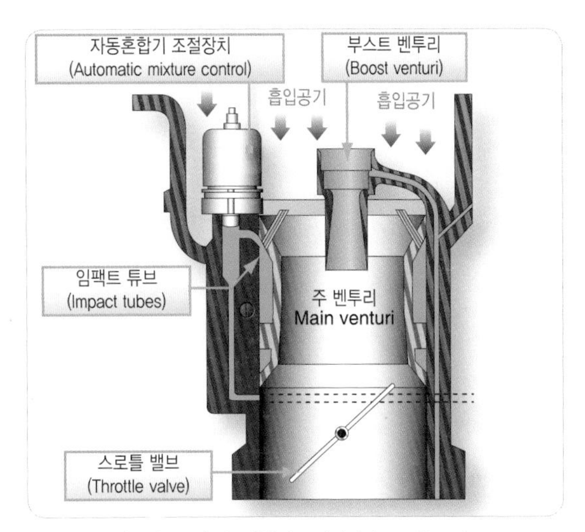

[그림 2-27] 자동혼합기 조절장치와 스로틀 보디
(Automatic mixture control and throttle body)

이 블리드를 통해 공기가 누설되는 비율은 해면에서의 경우와 고고도에서와 거의 같다. 그래서 끝이 가늘게 되어 있는 니들이 A 챔버로 들어가는 공기의 흐름을 제한하면, 공기 다이아프램(diaphragm) 왼쪽의 압력은 감소하여 결과적으로 포핏밸브가 시트 쪽으로 향해 움직여서 공기 밀도 감소에 대한 보상만큼 연료 흐름을 감소시켜 준다. 조절부분의 리드 시일(lead seal)이 방해를 받지 않을 경우 자동 혼합기 조절장치는 장탈하여 세척할 수 있다.

2.11 스트롬버그 PS 기화기 (Stromberg PS Carburetor)

PS시리즈 기화기는 낮은 압력(low-pressure), 단일 배럴(single-barrel) 직접분사식(injection-type)기화

기이다. 기화기는 기본적으로 공기 부분(air section), 연료 부분(fuel section), 그리고 분사노즐(discharge nozzle)로 구성되어 있으며, 이들은 완벽한 연료 조절계통(fuel metering system)을 형성하도록 함께 장착되어져 있다. 이 기화기는 압력분사식 기화기와 비슷하여 작동 원리도 같다.

그림 2-28에서 보이는 것과 같이, 이 형식의 기화기에서는 공기의 질량유량에 근거하여 조절작용이 수행된다. 주 벤투리를 지나는 공기 흐름이 벤투리 목 부분에서 부압을 만들어 기화기의 주 조절기 부분에 있는 B 챔버와 연료분사노즐 다이아프램(diaphragm)의 벤트에 전달해 준다. 들어오는 공기의 압력은 기화기 조절기 부분의 A 챔버와 주 연료 분사노즐 제트(main fuel discharge jet)에 연결된 주 분사 블리드로 전달된다. 분사노즐(discharge nozzle)은 분사노즐밸브에 연결된 스프링으로 가압되는 다이아프램(diaphragm)을 가지고 있으며, 이것은 주 분사제트 속으로 주입되는 연료의 흐름을 조절한다. 여기서 연료는 엔진으로 들어가는 공기 흐름 속으로 분배와 분사가 잘되도록 공기와 혼합된다.

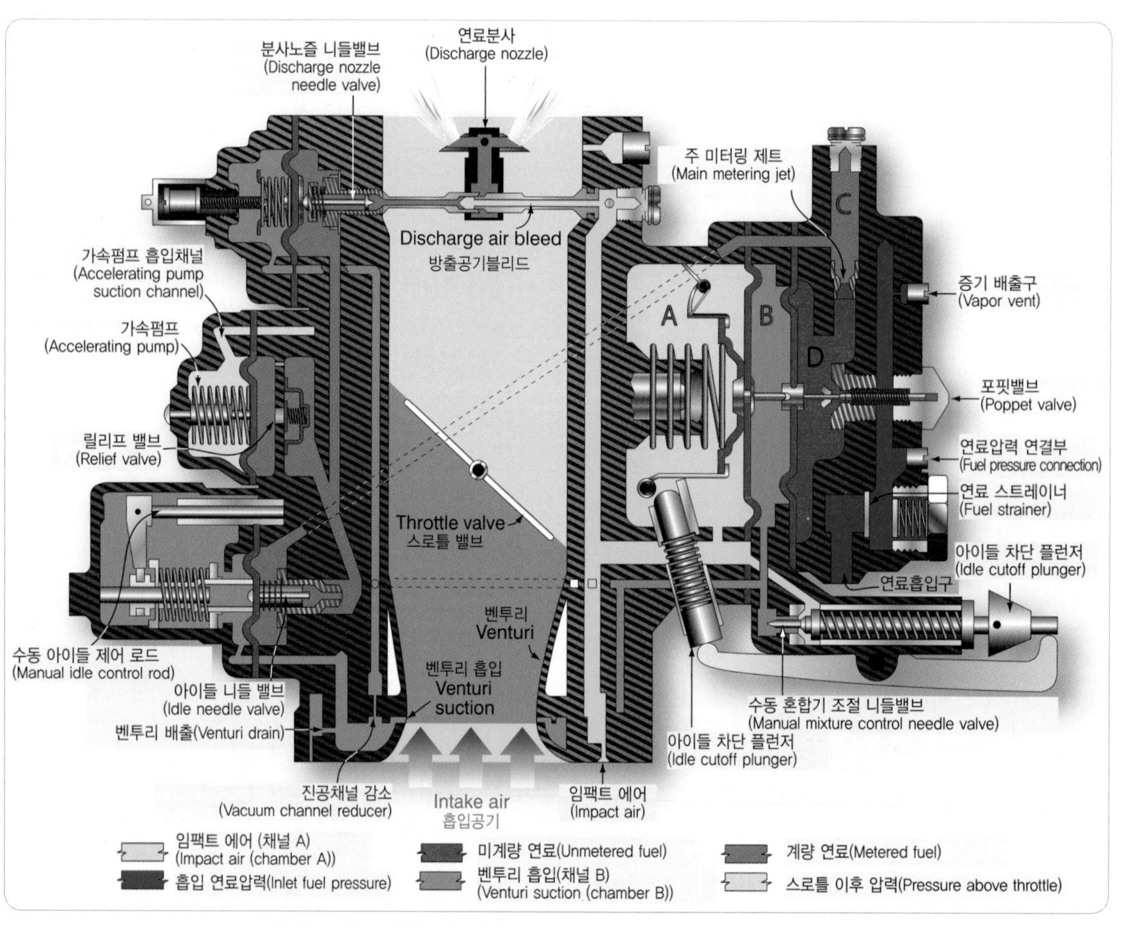

[그림 2-28] PS 시리즈 기화기의 개략도(Schematic of the PS series carburetor)

압력분사식 기화기와 마찬가지로, PS 시리즈 기화기(PS series carburetor)에서도 조절기 스프링은 완속 시, 또는 D 챔버 압력이 거의 4psi가 될 때까지 포핏밸브를 열려고 하는 고정된 장력을 가지고 있다. 분사노즐 스프링은 여러 용도의 조절장치가 있는데, C와 D 챔버 내를 4psi로 압력 균형을 이루도록 할 것이다. 이것은 주 제트 앞쪽과 뒤쪽의 압력 차이가 없어 연료 흐름이 없게 된다.

주어진 공기 흐름에서, 만약 벤투리에서 생긴 부압이 1/4lbs가 되었다면, 이러한 압력 감소가 B 챔버와 분사노즐의 벤트 쪽에 전달된다. A 챔버와 B 챔버의 공기 막의 면적이 B 챔버와 D 챔버 사이보다 2배가 크기 때문에 B 챔버의 1/4lbs 압력 감소로 인해서 다이아프램어셈블리는 오른쪽으로 움직여서 포핏밸브를 열어 준다. 반면, 분사노즐어셈블리의 벤트 쪽에서 낮아진 압력은 전체 압력을 4lbs에서 3.75lbs로 낮추게 하는 요인이 된다. 더욱 증가된 조절된 연료 압력(4.25lbs)은 결과적으로 벤투리를 통과하면서 계량 부분 전후에 1/4 lbs 차압을 발생하게 한다.

제트를 지나 벤투리로 가는 데에 따른 압력 감소율은 모든 범위에 적용된다. 연료입구 압력의 어떤 증가 또는 감소는 이미 설명된 것처럼 여러 챔버의 균형을 무너지게 한다. 이렇게 되면, 주 연료조절기 다이아프램어셈블리는 균형을 유지하기 위해 위치를 다시 바꾸게 된다.

수동으로 작동되든지 또는 자동으로 작동되든지 간에 혼합기 조절기는 B 챔버로 들어가는 임팩트 공기압력(미조절된 공기압력)을 방출하여 고도에 따른 농후현상을 보상시켜 준다. 따라서 B 챔버의 압력 증가는 다이아프램과 포핏밸브를 닫히는 위치로 더욱 많이 움직여서 고도에 따른 공기 밀도의 감소 비율에 따라 연료 흐름을 제한시킨다.

아이들밸브(idle valve)와 이코노마이저 제트(economizer jet)도 하나의 장치로 합칠 수가 있으며, 그 장치는 밸브어셈블리의 움직임에 따라 수동으로 조절된다. 낮은 공기량의 위치는 밸브의 경사진 부분이 계통 내에서 훌륭한 제트 역할을 하게 되어 아이들 범위에 알맞은 연료량을 조절하게 된다. 밸브가 순항

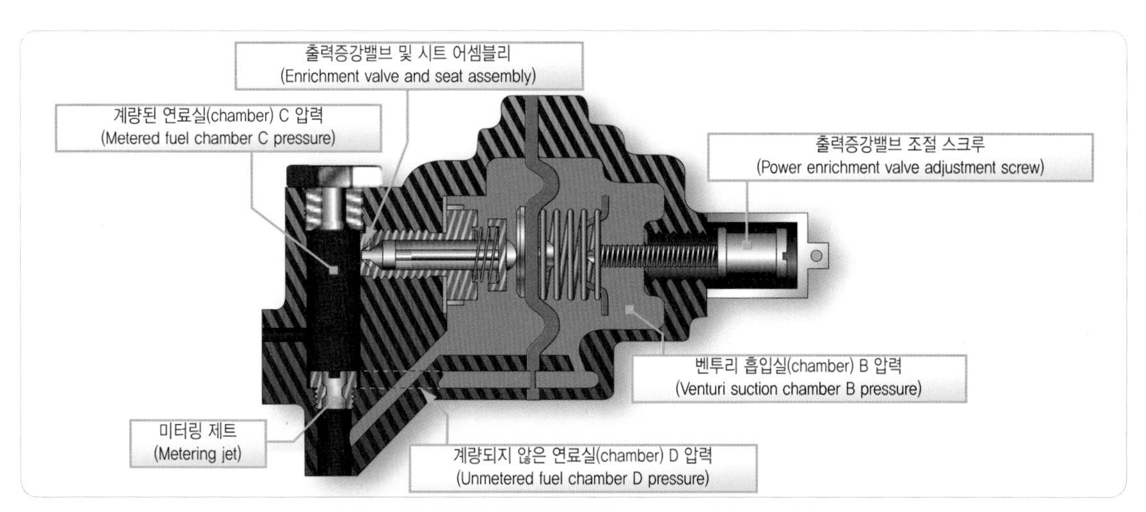

[그림 2-29] 공기흐름 출력증강밸브(Airflow power enrichment valve)

위치에 놓이게 되면, 밸브의 직선 부분은 고정 오리피스 효과를 나타내어 순항 혼합비를 만들어 준다. 스로틀 밸브에 의해 이 밸브가 완전열림 위치로 당겨질 때 그 제트가 당겨져서 시트로부터 완전히 빠져나오고 시트 쪽은 조절되는 제트가 된다. 이 제트는 이륙 출력 혼합비에 맞게 조정된다.

공기량으로 조정되는 출력증강밸브(power enrichment valve)는 이 기화기와 함께 사용될 수도 있다. 그것은 스프링으로 가압되는, 다이아프램 작동식 조절밸브(diaphragm-operated metering valve)로 구성되어 있다. 그림 2-29에서 그 구조를 나타내었다. 다이아프램(diaphragm)의 한쪽은 조절되지 않는 공기압력이 걸리고, 다른 쪽은 벤투리 부분과 스프링 힘이 합해져 걸려 있다. 다이아프램 사이의 압력 차이가 스프링을 누를 수 있을 만큼 충분히 커졌을 때 밸브가 열려서 추가 연료의 양을 조절된 연료통로에 공급해 주며 그 밖에도 주 조절제트에 의해 공급된 연료의 양에 추가로 연료량을 공급해 준다.

2.11.1 가속펌프(Accelerating Pump)

스트롬버그 PS 기화기 가속펌프는 스로틀밸브의 엔진 쪽으로 통기되는 다이어프램의 맞은편으로 계량된 연료채널(metered fuel channel) 안에 장착된 스프링 작동식 다이어프램어셈블리이다. 이 배열로서, 스로틀을 열면 부압의 신속한 감소가 일어난다. 이 부압의 감소는 스프링이 늘어나서 가속펌프 다이어프램을 움직인다. 다이어프램과 스프링 작용은 가속펌프에 있는 연료를 퍼내어 분사노즐로 나가는 연료를 밀어낸다.

증기는 주연료실 D 챔버의 상단에서 블리드 홀(bleed hole)을 통해 배출된 다음 벤트라인을 통해 항공기에 있는 연료탱크(main fuel tank)로 다시 배출된다.

2.11.2 수동 혼합기 조절 (Manual Mixture Control)

수동 혼합비 조절은 고도에서 농후 혼합을 수정하는 하나의 수단이다. 이것은 A 챔버와 B 챔버 사이에 조정 가능한 블리드 압력을 형성하는 니들밸브와 시트로 구성된다. 밸브는 항공기가 상승할 때 정확한 연료·공기비를 유지시켜 주기 위해 벤투리 흡입(venturi suction)을 블리드 시키도록 조정할 수 있다.

혼합기 조절레버가 완속차단(idle cutoff) 위치로 움직일 때, 링키지(linkage)에 있는 캠(cam)은 A 챔버에 있는 릴리스 레버(release lever)에 대하여 안쪽 방향으로 완속차단(idle cutoff) 플런저를 움직이는 로커암을 작동시킨다. 레버는 A 챔버와 B 챔버 사이의 다이어프램에 모든 장력을 해제하도록 조절장치 다이어프램 스프링을 압축한다. 이것은 연료 흐름을 정지시키기 위해 포핏밸브가 닫히도록 연료압력에 포핏밸브 스프링 힘을 더하도록 허용한다. 완속차단(idle cutoff)에 혼합기 조절레버를 놓기 위해 혼합비 조절 니들밸브가 시트로부터 빠져나오고 블리드를 위해 기화기 내에서 부압 조절을 허용한다.

2.12 연료분사장치 (Fuel-injection Systems)

직접 연료분사계통은 전형적인 기화기 계통보다 많은 이점을 가지고 있다. 급기계통의 결빙의 위험이 보다 적은데, 그 이유는 연료가 기화함으로써 일어나는 온도의 강하가 실린더 내부에서 또는 그 근처에서 일어나기 때문이다. 연료분사계통의 확실성 있는 작용 때문에 가속 효과가 향상된다. 또한 연료분사로 인해 연료 분배를 향상시키기도 한다. 이것은 불규칙한 분배로 인해 혼합비의 변화가 자주 생겨 실린더 혼합비가 필요 이상으로 농후해져야 희박한 혼합비를 가진 실린더가 잘 작동하게 되는 그러한 계통에서 보다 더 많은 연료 절약을 기할 수 있다.

연료분사계통은 구조, 작동, 그리고 작동 측면에서 다양성이 있다. 벤딕스사와 콘티넨탈사의 연료분사계통도 이 섹션에서 설명될 것이다. 그것들은 작동 원리를 이해할 수 있게 설명되어 있다. 어느 한 계통의 특수한 세부 사항에 대해서는 장비를 만든 제작사의 사용설명서를 참조한다.

2.12.1 벤딕스사의 정밀 연료분사장치 (Bendix/Precision Fuel-injection System)

벤딕스 직렬축형(inline stem-type) 조절장치 분사계통(RSA, regulator injection system) 계열은 분사장치, 흐름분할기, 연료분사노즐로 구성되어 있다. 이 계통은 엔진의 공기소비량을 측정하고 엔진으로 가는 연료유량을 제어하기 위해 공기 흐름의 힘을 이용하는 연속흐름장치이다. 개개의 실린더에서 연료분배계통은 연료 흐름분할기와 공기 블리드 노즐의 이용으로 얻어진다.

2.12.2 연료분사장치(Fuel Injector)

연료분사어셈블리(fuel injection assembly)는 다음과 같이 구성되어 있다.

(1) 공기 흐름 부분
(2) 조절기 부분
(3) 연료 조절 부분- 일부 연료분사장치는 자동 혼합비 조정장치를 갖추고 있음.

2.12.3 공기 흐름 부분(Airflow Section)

엔진의 공기 흐름 소모량은 스로틀몸통 부분에 있는 벤투리 목 부분의 압력과 임팩트 압력을 감지하여 측정된다. 이 2개의 압력을 공기 다이아프램의 양쪽으로 빠지게 된다. 그림 2-30에서는 공기 흐름 측정 부분의 절단면을 보여 준다. 스로틀밸브가 움직여 엔진의 공기소모량에 변화를 준다. 이것은 벤투리에서의 공기 속도를 변화시켜 준다. 그림 2-31에서 보여 주는 것과 같이, 엔진에 공급되는 공기 흐름이 증가하면, 벤추리 목 부분에서 압력 감소 때문에 다이아프램 왼쪽의 압력은 낮아진다. 결과적으로 다이아프램이 왼쪽으로 움직여 볼 밸브를 열어 준다. 그림 2-32에서 보여 주는 것과 같이, 이 힘을 만들어 주는 것은 임팩트 튜브에 의해 얻어지는 임팩트 압력이다. 이 차압은 '공기 조절 힘(air metering force)'으로 불린다. 이 힘

[그림 2-30] 공기흐름 계통 단면도
(Cutaway view of airflow measuring section)

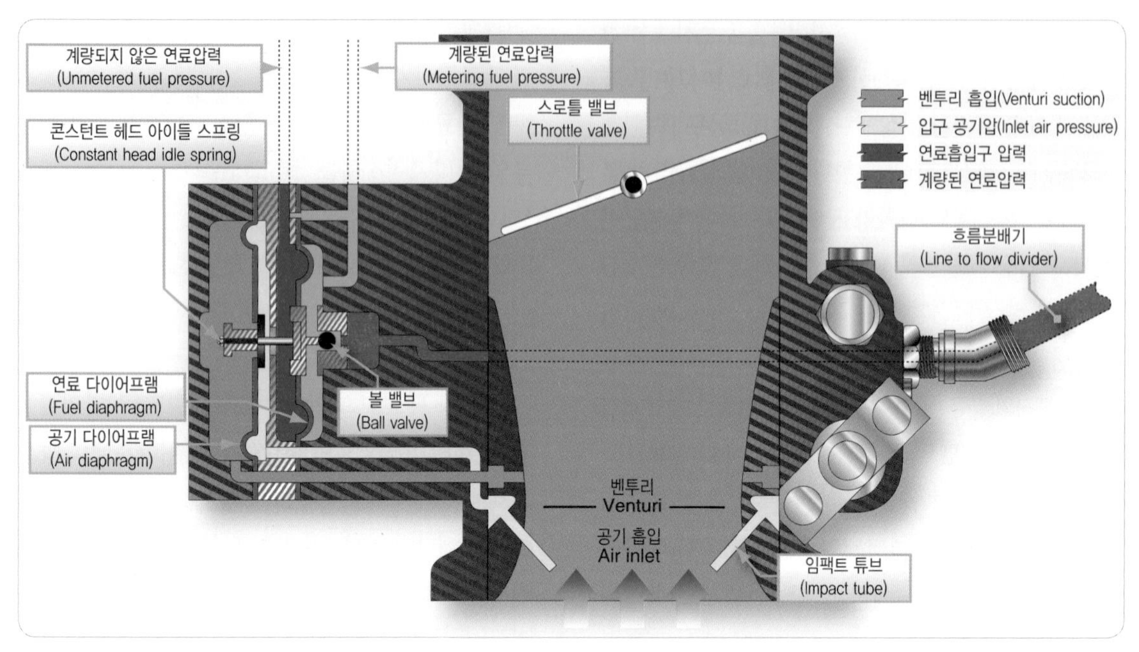

[그림 2-31] 연료분사의 공기흐름 부분(Airflow section of a fuel injector)

은 다이어프램의 반대쪽에 임팩트 압력과 벤투리 부압을 전달함으로써 이루어진다. 이들 두 압력의 차이는 다이어프램의 면적에 압력차를 곱한 것과 같은 유용한 힘이 된다.

[그림 2-32] 흡입공기 압력용 임팩트 튜브
(Impact tubes for inlet air pressure)

2.12.4 조절기 부분(Regulator Section)

그림 2-33에서 보여 주는 것과 같이, 조절기 부분은 공기 조절 힘에 대항하는 연료 다이어프램으로 구성되어 있다. 연료입구압력은 연료 다이어프램의 한 쪽에 가해지고 조절된 연료압력은 다른 쪽에 가해진다. 연료 다이어프램에 작용하는 차압은 연료 조절 힘이라고 부른다. 연료 다이어프램의 볼 쪽에서 나타낸 연료압력은 연료가 연료여과기와 수동 혼합비 조정의 회전판을 거쳐 통과한 후의 압력이고 조절된 연료압력이라고 부른다. 연료입구압력은 연료 다이어프램의 반대쪽에 가해진다. 연료 다이어프램에 부착된 볼 밸브는 그림 2-33에서 보는 바와 같이 그것에 작용하는 힘에 의하여 오리피스 홀(hole)과 연료유량을 제어한다.

볼밸브가 열리는 간격은 다이어프램들 사이에 작용

[그림 2-33] 볼밸브가 부착된 연료 다이어프램
(Fuel diaphragm with ball valve attached)

하는 압력 차이에 의해 결정된다. 이 압력 차이는 분사장치를 통과하는 공기 흐름에 비례한다. 그러므로 공기 흐름의 체적은 연료유량의 정도를 결정한다.

낮은 출력 세팅 시, 벤투리에 의해 생기는 압력 차이는 만족스러운 연료 조절을 하기에 불충분하다. 일정 압력을 받는 아이들 스프링은 일정한 연료 차압을 마련해 주도록 만들어졌다. 이것은 완속 범위에서 적절한 연료유량을 최종적으로 만들어 준다.

2.12.5 연료 조절 부분(Fuel Metering Section)

그림 2-34에서 보여 주는 것과 같이, 연료 조절 부분은 공기 조절 부분에 부착되어 있고 입구 연료여과기, 수동혼합비조정밸브, 아이들밸브, 그리고 주 미터링제트로 구성되어 있다. 아이들밸브는 외부의 조절 가능한 링크에 의하여 스로틀밸브에 연결되어진다. 일부 분사장치 모델에서, 출력증강제트(power enrichment jet)도 이 부분에 위치한다. 그림 2-35에서 보여 주는 것과 같이, 연료 조절 부분의 목적은 흐름분할기로 가는 연료유량을 계량(meter)하고 조정(control)하는 것이다. 수동혼합비조정밸브는 레버가 농후의 한계점에 있을 때 가장 농후한 상태를 만들고,

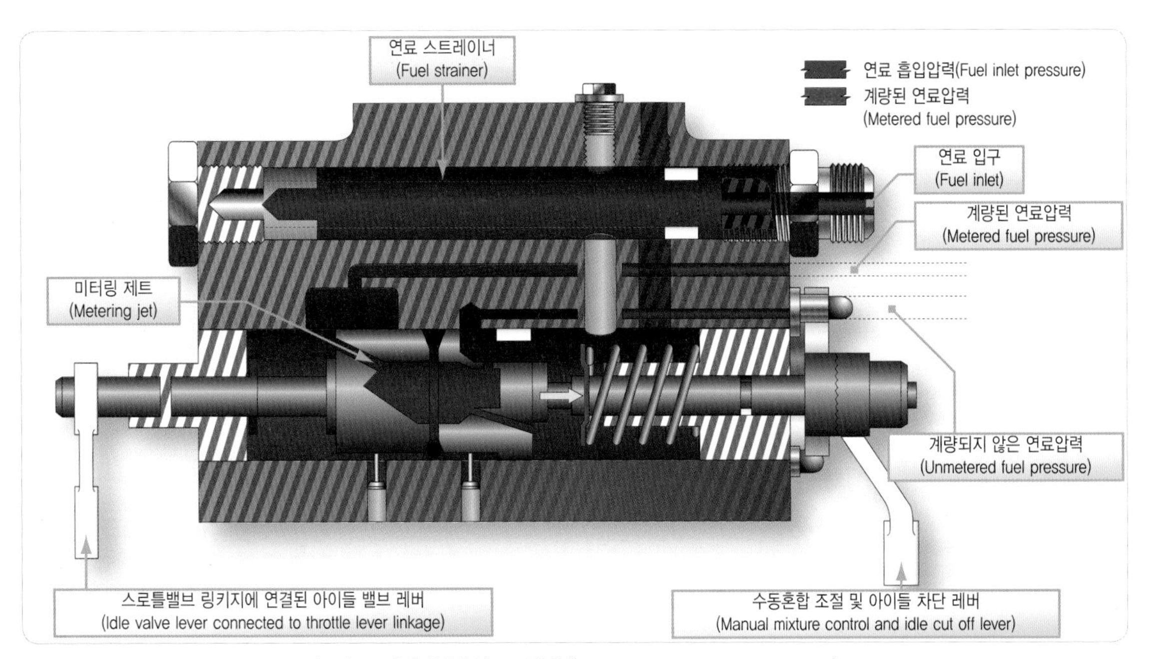

[그림 2-34] 인젝터의 연료 조절부분(Fuel metering section of the injector)

[그림 2-35] 연료흡입구 및 조절장치(Fuel inlet and metering)

레버가 완속차단으로 움직일 때 점차적으로 희박한 혼합비를 만든다. 완속과 완속혼합비 모두는 개개의 엔진 요구조건에 부합시키기 위해 외부에서 조절하게 되어 있다.

2.12.6 연료 흐름분할기(Flow Divider)

조절된 연료는 연료조정장치(FCU, fuel control unit)에서 여압 된 흐름분할기까지 인도된다. 이 장치는 조절된 연료를 가압된 채로 유지하며 모든 엔진 회전속도에서 여러 개의 실린더로 연료를 나누며, 그리고 조정레버가 완속 차단 위치에 있을 때 개개의 노즐 라인을 차단시켜 준다.

그림 2-36에 있는 다이아그램이 보여 주는 것처럼, 조절된 연료압력은 연료가 흐름분할기 니들의 내경을 거쳐 지나가도록 채널을 통해 흐름분할기로 들어간다. 완속에서, 조절기로부터 연료압력은 다이어프램과 밸브어셈블리에 가해진 스프링 힘을 이겨내도록 증강해야 한다. 그림 2-37에서 보여 주는 것과 같이, 이것은 연료가 연료노즐로 밸브의 통로를 통해 나갈 때까지 위쪽 방향으로 밸브를 이동시킨다. 조절기

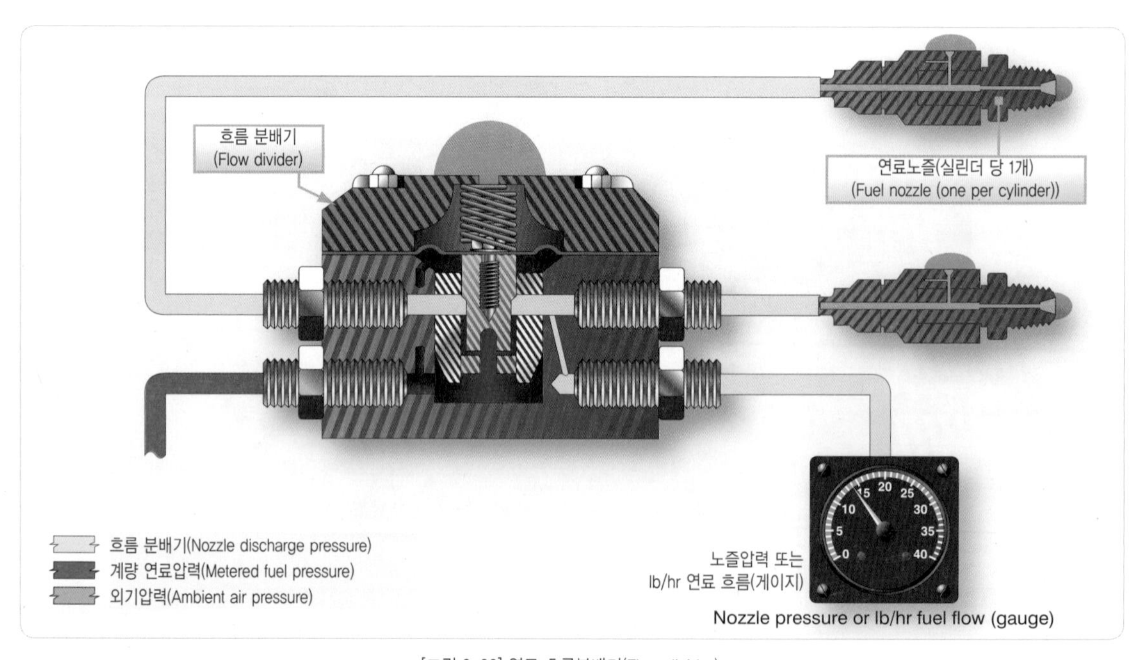

[그림 2-36] 연료 흐름분배기(Flow divider)

[그림 2-37] 흐름분할기 절단면(Flow divider cutaway)

는 흐름분할기로 연료의 고정된 양을 계량하고 인도하기 때문에, 밸브는 오직 노즐로 이 양을 지나가게 하는 데 필요한 어느 정도만 열린다. 완속에서 요구되는 홀(hole)은 아주 작은데 개개의 실린더에서 연료는 흐름분할기에 의해 완속에서 분배된다.

조절장치를 통과한 연료유량이 완속 요구량 이상으로 증대될 때, 연료압력은 노즐라인에서 증가한다. 이 압력은 흐름분할밸브를 완전히 열어 주고, 그리고 엔진으로 연료 분배는 방출노즐의 기능이 되는 것이다.

시간당 연료유량당 파운드로 보정된 연료압력계는 Bendix RSA 분사장치와 함께 연료유량지시기로 사용될 수 있다. 이 게이지는 흐름분할기에 연결되어 있고 방출노즐에 가해지고 있는 압력을 감지한다. 이 압력은 연료유량에 정비례하며 출력과 연료소비량을 지시한다.

2.12.7 연료분사노즐(Fuel Discharge Nozzles)

연료분사노즐에는 에어 블리드가 배치되어 있다. 그림 2-38에서 보여 주는 것과 같이, 실린더 헤드마다

[그림 2-38] 연료노즐 어셈블리(Fuel nozzle assembly)

각각의 노즐이 하나씩 장착되어 있다. 노즐 출구는 실린더의 흡입구로 통한다. 각각의 노즐은 정해진 크기의 제트에 연결된다. 제트의 크기는 연료입구의 허용압력과 엔진이 요구하는 최대연료유량에 의해 결정된다. 연료는 이 제트를 통해 노즐어셈블리 내에 있는 외기압력실 안으로 방출된다. 개개의 흡입밸브실에 들어가기 전에, 연료는 연료의 분무화를 돕기 위해 공기와 혼합된다. 그림 2-36에서 보이는 연료 압력은 개개의 노즐로 나누어지기 전에, 연료유량에 정비례하여 지시되므로 간단한 압력계만으로도 GPH(gallons per hour)의 연료유량으로 보정될 수도 있으므로 유량계로서 사용된다. 터보과급기로 개조된 엔진은 쉬라우드로 보호된 노즐을 사용해야 한다. 공기매니폴드의 사용으로서, 이들 노즐은 공기입구압력이 분사장치로 통기된다.

2.12.8 컨티넨탈사의 연료분사장치 (Continental/TCM Fuel-injection System)

그림 2-39에서 보여 주는 것과 같이, 컨티넨탈 연료분사계통은 각 실린더헤드에 있는 흡기밸브포트 안으로 연료를 주입시킨다. 계통은 연료분사 펌프, 조절장치, 연료매니폴드, 그리고 연료분사노즐로 구성된다.

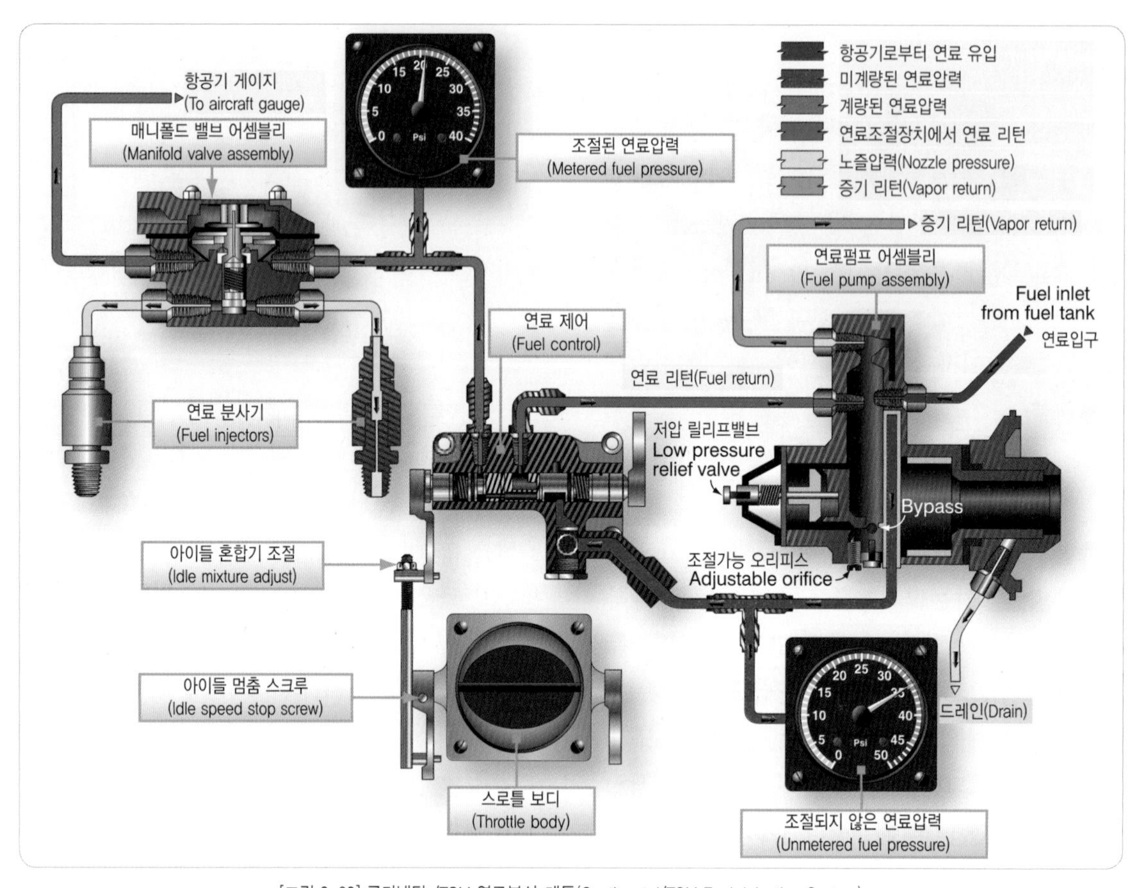

[그림 2-39] 콘티넨탈 /TCM 연료분사 계통(Continental/TCM Fuel-Injection System)

그것은 엔진 공기 흐름에 맞도록 연료유량을 제어하는 연속흐름식이다. 연속흐름장치는 엔진에서 시기를 필요로 하지 않는 로타리 베인 펌프를 사용한다.

2.12.9 연료분사펌프(Fuel-injection Pump)

그림 2-40에서 보여 주는 것과 같이, 연료펌프는 정용량 식으로, 엔진의 액세서리 구동계통에 연결하기 위해 스플라인축을 갖고 있다. 스프링으로 가압하는 다이어프램형 릴리프밸브가 마련되어 있다. 릴리프밸브의 다이어프램 챔버는 대기압과 통기된다. 그림 2-41에서는 연료분사펌프의 단면도를 보여 준다.

연료는 증기 분리기의 소용돌이 공간으로 들어간다. 여기서 증기는 오직 액체 연료만이 펌프로 인도되도록 소용돌이 운동에 의해 분리된다. 증기는 연료의 작은 압력제트에 의해 소용돌이 공간의 꼭대기 중앙에서 끌어들여서 증기 귀환관으로 향하게 된다. 이 귀환관은 증기를 연료탱크로 되돌려 보낸다.

고도 또는 대기 조건의 영향을 무시하면, 정용량 엔진구동펌프의 사용은 엔진 회전속도에서 변화에 따라 펌프가 공급하는 총 연료량이 비례하여 변화되도록 한 것이다. 펌프는 엔진에 의해 요구되는 것보다 더 큰

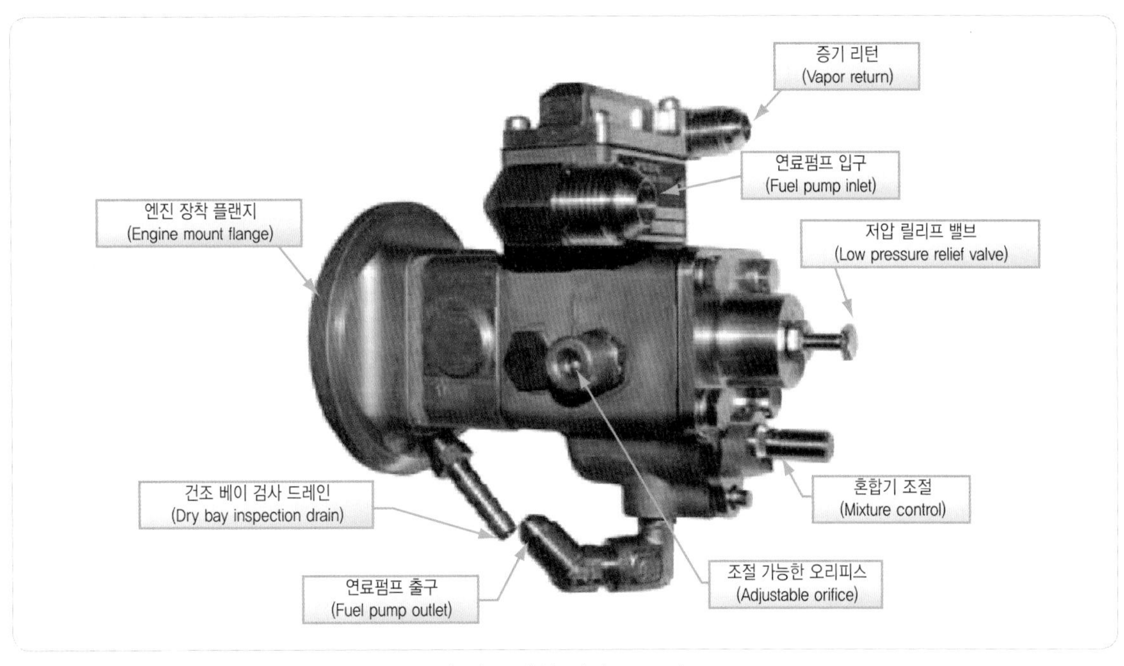

[그림 2-40] 연료펌프(Fuel pump)

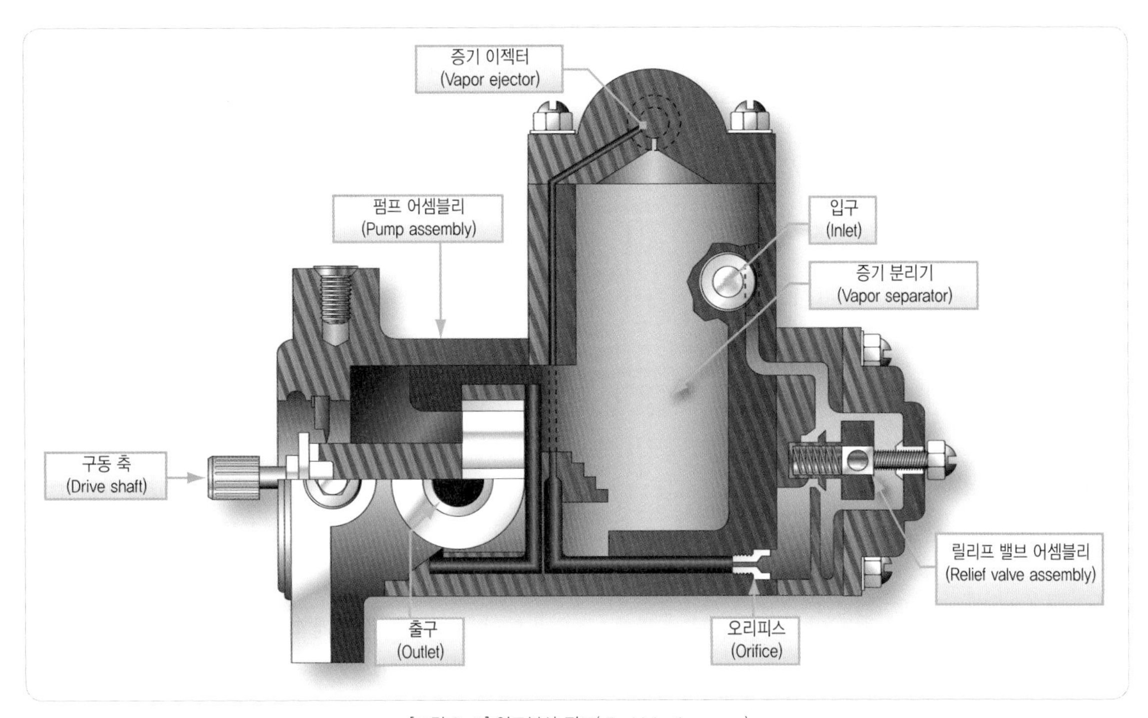

[그림 2-41] 연료분사 펌프(Fuel injection pump)

용량을 공급하기 때문에, 재순환 경로가 요구된다. 이 통로에 있는 보정된 오리피스와 릴리프밸브를 조정하여 펌프 출구압력은 역시 엔진 회전속도에 비례하여 유지된다. 이런 장치는 모든 엔진 작동속도에서 적당한 펌프 압력과 연료 공급 압력을 확실하게 한다.

체크밸브가 마련되어 있어서 계통으로 가는 승압펌프 압력이 시동 시에 엔진구동펌프를 바이패스 할 수 있도록 마련된다. 또한 이러한 상태는 높은 대기온도에서도 증기형성을 억제한다. 더 나아가서 이것은 엔진구동펌프의 고장이 있는 경우 연료압력공급원으로서의 보조연료 펌프로 이용된다.

2.12.10 연료 · 공기 조정장치 (Fuel/Air Control Unit)

그림 2-42에서 보여 주는 것과 같이, 연료 · 공기 조정어셈블리의 기능은 적절한 연료 · 공기의 비율을 위하여 조절된 연료압력과 엔진의 공기유입을 조절함에 있다. 에어 스로틀은 매니폴드 입구에 설치되어 있고 항공기에서 스로틀 조정에 의해 작동되는 버터플라이 밸브는 엔진으로 들어가는 공기 흐름의 양을 제어한다.

에어스로틀어셈블리는 축과 버터플라이밸브를 포함한 알루미늄 주물이다. 주물의 내경은 엔진의 크기에 맞추어 만들어지고 벤투리 또는 그 밖의 제한장치는 없다.

2.12.11 연료조정장치(Fuel Control Assembly)

연료조정장치의 몸통은 스테인리스강 밸브와 함께 최대의 베어링 작용을 위해 청동으로 만든다. 그것의 안쪽 내부에는 한쪽 끝에 미터링밸브와 다른 쪽 끝에

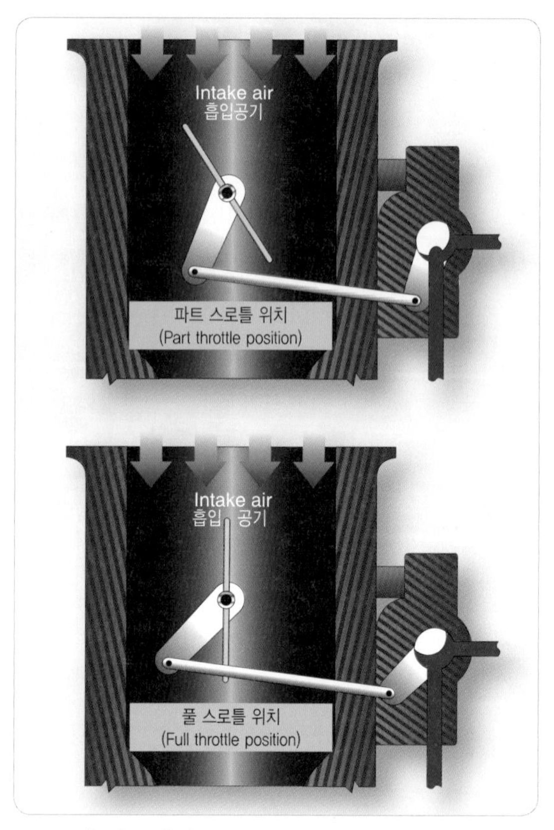

[그림 2-42] 연료 공기 제어장치(Fuel air control unit)

혼합비조절밸브를 갖고 있다. 각각의 스테인리스강 로터리밸브는 연료실을 형성하는 홈을 갖고 있다.

그림 2-43에서 보여 준 것과 같이, 연료는 여과기를 통하여 조종기 내에 들어가고 미터링밸브로 지나간다. 로터리밸브는 끝단의 바깥쪽 부분에 캠 모양의 모서리를 갖고 있다. 연료전달포트에서 캠의 위치는 매니폴드밸브와 노즐로 지나가는 연료를 제어한다. 연료귀환포트는 센터미터링플러그(center metering plug)의 귀환통로와 연결된다. 혼합비조절밸브와 이 귀환통로의 일치 정도에 따라 연료펌프로 되돌아가는 연료의 양을 결정한다.

공기 스로틀에 미터링밸브를 연결하게 되어 연료유

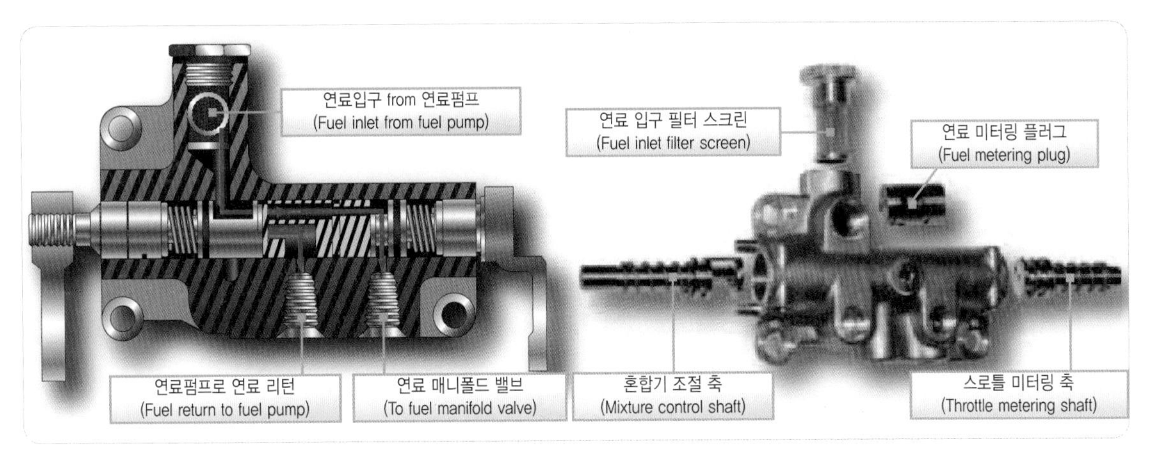

[그림 2-43] 듀얼 연료제어 어셈블리(Dual fuel control assembly)

량은 정확한 연료 · 공기비에 맞는 공기 흐름에 정확히 비례하여 흐르게 된다. 조절레버는 혼합비 조절밸브 축에 장착되고 조종석 혼합비조절에 연결된다.

2.12.12 연료 매니폴드밸브 (Fuel Manifold Valve)

그림 2-44에서 보여 주는 것과 같이, 연료 매니폴드 밸브는 연료입구, 다이어프램실, 그리고 각각의 노즐로 보내기 위한 출구포트를 포함하고 있다. 스프링 작동식 다이어프램은 몸통의 중심 안쪽에 있는 밸브를 작동시킨다. 연료압력은 다이어프램을 움직이게 하는 힘을 제공한다. 다이어프램은 스프링 장력을 유지시키기 위해 커버로 포장되어 있다. 밸브가 몸통에서 겹쳐진 시트 쪽으로 내려가면 실린더로부터 다이아프램 쪽으로 통하도록 홀(hole)이 뚫려 있고 볼 밸브는 밸브 내에 장착되어 있다.

들어오는 모든 연료는 다이아프램 챔버 내에 장착된 미세한 여과기를 통하여 지나야만 한다.

연료분사 조절밸브로부터, 연료는 각각의 실린더로 연료유량을 분배하기 위해 중심부에 위치한 연료 매니폴드밸브로 전달된다. 연료 매니폴드밸브 내의 다이어프램은 각각의 실린더 연료공급포트를 동시에 열거나 닫도록 플런저밸브를 올리거나 내려 준다.

2.12.13 연료분사노즐(Fuel Discharge Nozzle)

연료분사노즐은 연료가 흡입구 안으로 직송되도록 실린더 위쪽에 위치하고 있다. 그림 2-45에서 보여 준 것과 같이, 노즐몸통은 각각의 끝단에 넓게 도려낸 홀(hole)과 함께 홀(hole) 뚫린 중앙통로를 가지고 있다. 하단은 연료가 노즐로 분사되기 전에 연료와 공기의 혼합을 위한 챔버로 사용된다. 상부의 보어는 노즐을 보정하기 위해 움직일 수 있는 오리피스를 갖고 있다. 노즐은 약간의 범위 내에서 보정되고, 엔진에 장착된 모든 노즐은 같은 범위 내에서 노즐몸통에 숫자로 표시되어 있다.

방사 방향으로 뚫린 홀(hole)들은 한쪽 카운터 보어에 노즐몸통의 바깥쪽으로 연결된다. 이 홀(hole)들은 오리피스 위에 넓게 도려낸 곳(counter-bore)으로 들

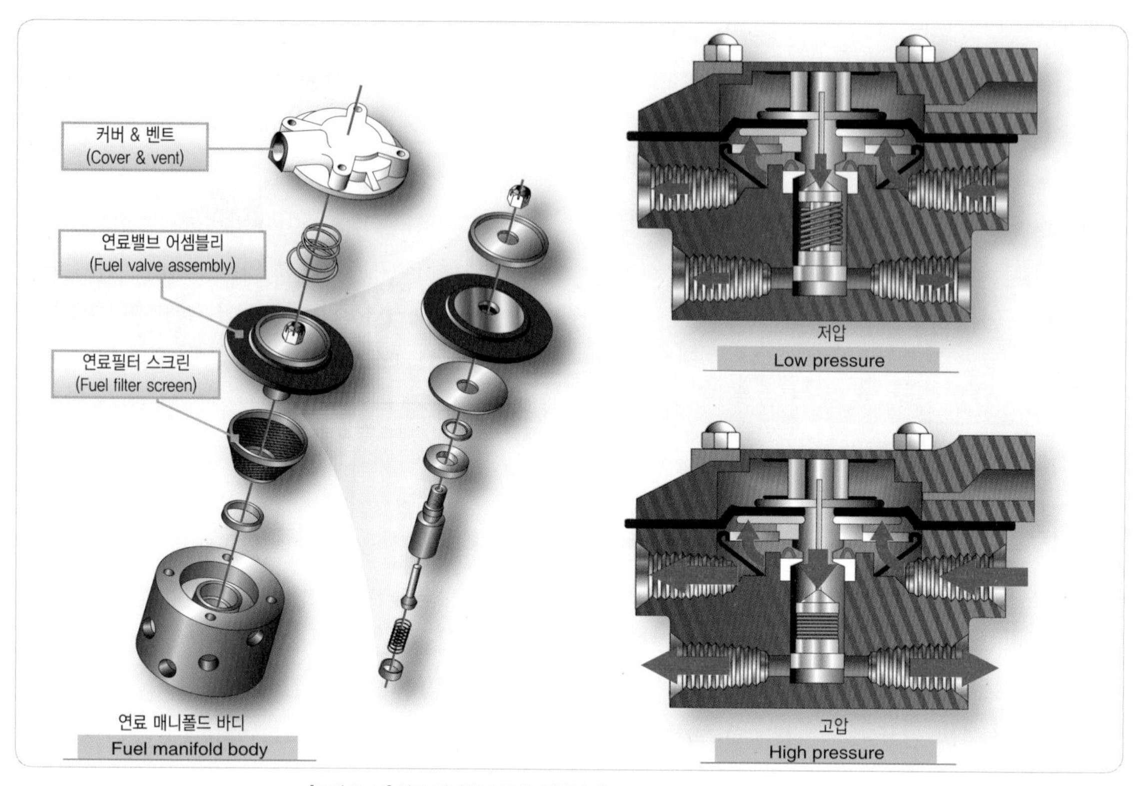

[그림 2-44] 연료 매니폴드 밸브 어셈블리(Fuel manifold valve assembly)

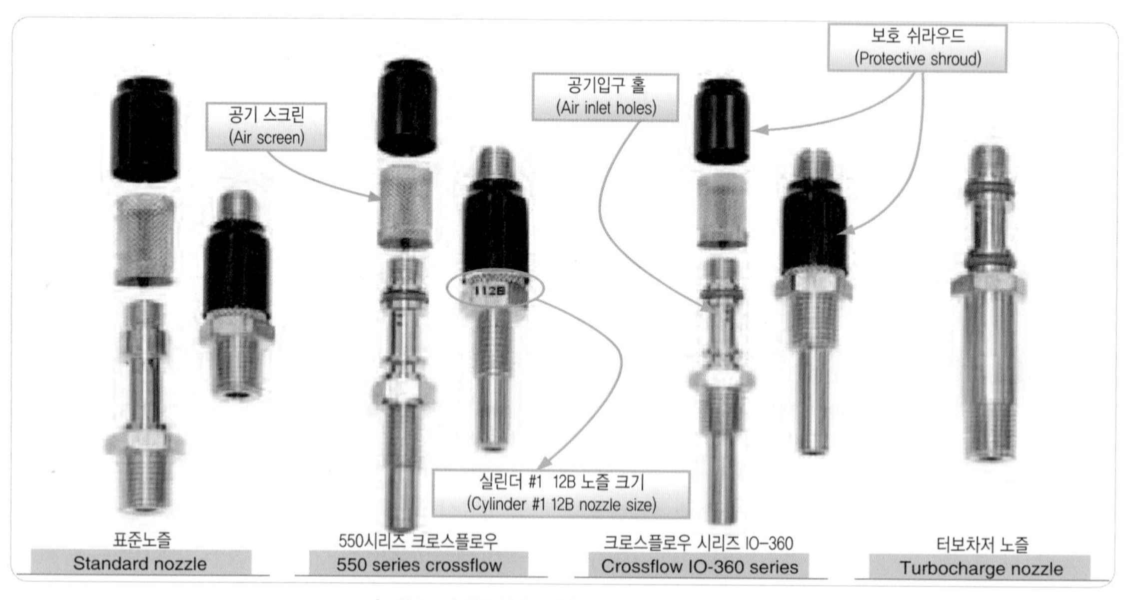

[그림 2-45] 연료 분사 노즐(Fuel discharge nozzles)

어가며, 노즐몸통 위에 장착된 원통형 스크린을 통해 공기를 빼낸다. 쉴드는 노즐몸통에 접착되고 여과기 스크린보다는 짧게 아래쪽으로 벌어져 있다. 이것은 기계적인 보호와 노즐 내부에서 먼지와 이물질을 제거하는 공기 흐름의 방향을 급속히 바꾸는 데 필요하다.

2.13 기화기 정비 (Carburetor Maintenance)

2.13.1 기화기 탈거(Carburetor Removal)

탈거 절차는 관계된 기화기의 형식과 그것이 사용되는 엔진의 형식에 따라 다르다. 그러므로 각 형식의 장착 절차는 항상 제작사 기술지시(manufacturer's technical instruction)를 참조한다. 일반적인 절차는 기화기의 형식에 관계없이 거의 비슷하다.

기화기를 탈거하기 전에, 연료차단밸브 또는 연료 선택밸브가 닫혔는지를 확인한다. 스로틀 및 혼합비 조절레버와 연결된 링키지를 분리하고, 스로틀은 닫힌 위치에서 안전결선을 한다. 연료입구 라인과 모든 증기 귀환라인, 계기, 그리고 프라이머 라인을 분리한다. 만약 동일한 기화기가 다시 장착되고자 한다면, 스로틀과 혼합비조절의 연결 위치(떼어낼 때의 그 위치)를 바꾸지 않는다. 공기 흡입도관 또는 공기 흡입도관의 덧붙임 판을 떼어 놓는다. 기화기로부터 공기 스크린과 개스킷을 떼어 놓는다. 엔진에서 기화기를 고정시키는 너트와 와셔를 떼어 놓는다. 하향식기화기를 탈거할 때, 엔진 내부로 떨어져 들어간 것이 없는지를 확인하고 특별히 주의한다. 기화기를 탈거하는 즉시 엔진 내부에 작은 부품 또는 이물질이 떨어져 들어가는 것을 막기 위해 기화기 장착 플랜지에 보호덮개를 장착한다. 기화기 탈거와 장착 시에 연료라인에 이물질의 유입을 막기 위해 적당한 캐핑(capping)을 한다.

2.13.2 기화기의 장착 (Installation of Carburetor)

기화기를 엔진에 장착하기 전에 기화기가 적절히 안전결선 되어 있는가 점검한다. 기화기의 홀(hole)로부터 모든 플러그가 제거되었는가 확인한다.

엔진의 기화기 장착 플랜지로부터 보호덮개를 탈거한다. 기화기 장착 플랜지의 제 위치에 개스킷을 놓는다. 어떤 엔진에서는 블리드 통로는 마운트 패드에 같이 있다. 개스킷은 개스킷 자체에 있는 블리드 홀(bleed hole)이 기화기 장착 플랜지 내의 통로와 일치하도록 장착되어야 한다.

기화기를 장착하기 전에 흡입통로에 외부 물질이 있는지 검사한다. 기화기가 엔진의 제 위치에 장착되면 즉시 스로틀 밸브를 닫게 하고 장착이 완료될 때까지 닫힌 위치에 있도록 안전결선을 한다.

기화기 공기 입구의 스크린 도관을 제 위치에 놓고 급기계통에 외부 물질이 들어갈 수 있는 가능성을 차단한다.

연료 흐름의 조절을 위해 다이아프램이 사용된 기화기를 장착할 때는 연료라인을 연결하고 기화기에 연료를 채운다. 그런 다음, 연료 부스터 펌프를 작동시키고 혼합기조절레버를 완속차단 위치로부터 농후 위치로 움직인다. 드레인 밸브로부터 오일이 없는 연료가 흘러나올 때까지 계속해서 흘려준다. 이는 기화기로부터 부식방지용 오일이 완전히 제거되었음을 나타낸다.

연료 흐름을 차단하고, 연료입구와 증기배출구를 막는다. 그리고 최소 8시간 동안 기화기에 연료가 차 있도록 둔다. 이는 다이아프램이 충분히 연료에 담겨져 있도록 하여 다이아프램의 움직임이 부식방지유의 끈적거림으로부터 풀려나서 기화기가 원래 보정되어 있던 상태대로 잘 적응되도록 함에 있다.

기화기 장착 볼트를 정비매뉴얼에 있는 정해진 토크 값으로 조여 준다. 스로틀과 혼합비조절레버를 연결하기 전에 기화기에 부수적으로 장착되는 모든 볼트 및 너트를 조이고 안전결선 한다. 기화기를 장착한 후 조종 케이블과 링키지를 연결하기 전에 움직임이 자유로운지 점검한다. 기화기에서 항공기 연료탱크로 연결된 증기배출라인을 불어 내어 막히지 않았는지 점검한다.

2.13.3 기화기의 리그작업 (Rigging Carburetor Controls)

조종석에서 조정레버를 최대로 움직임에 따라 스로틀이 최대로 움직이도록 기화기나 연료 조절장치의 스로틀을 연결하고 조절한다. 항공기 내의 스로틀 쿼드런트(throttle quadrant)의 스프링 백이 '완전열림(full-open)' 또는 '완전닫힘(full-close)' 위치와 일치하도록 스로틀 조종 링키지를 점검 또는 조절한다. 조정링키지, 또는 케이블에 과도한 운동이나 헐거움이 없도록 장력을 수정한다. 기화기의 혼합기조절장치는 최소정지에서 최대정지까지 완전한 움직임이 되는지 확인해야 한다.

위치 표시가 되어있지 않은 수동 혼합기 조절장치가 장착되어 있는 기화기나 연료 조정장치를 장착할 때는 기화기나 연료조정장치에 있는 혼합비조정장치가 최대 한계범위로 움직일 때 조종석 내 조정 쿼드런트의 농후 위치와 희박 위치의 양쪽 끝에서 스프링 백의 작동 양과 일치하도록 혼합기 조정장치를 조절한다.

조절눈금이 고정될 수 있는 혼합기 조정장치일 경우에는 항공기에 있는 조정 쿼드런트에 정해진 위치가 기화기 또는 연료 조절장치에 대응하는 위치에 일치될 수 있도록 조정 기계장치를 조절한다. 조정레버는 운동의 전체 범위에서 걸림 없이 자유로이 그리고 부드럽게 이동될 수 있어야 한다.

모든 경우에 '전진'과 '후퇴' 위치에서 조정이 적절히 작동되는지 확인한다. 조정링키지나 케이블의 장력을 수정한다. 작동 시 진동에 의하여 풀어질 수 있는 가능성을 제거하기 위하여 모든 조정장치들을 안전결선 한다.

2.13.4 완속 혼합비 조절 (Adjusting Idle Mixtures)

과도하게 농후하거나 또는 희박한 완속 혼합비는 실린더 내에서 불완전한 연소를 초래하며 점화전에 탄소 찌꺼기가 끼는 결과와 점화전의 결함을 유발한다. 이외에도 과도한 농후와 희박한 완속 혼합비로 인한 높은 완속 상태에서 지상 활주가 필요한 경우 너무 빠른 지상 활주 속도와 과도한 브레이크 마모의 결과를 초래한다. 각 엔진이 최상의 작동 상태를 얻기 위해서는 그 특성이나 장착 방법에 적합하도록 기화기에 완속 혼합기를 가져야 한다.

지금까지 언급된 밸브의 작동, 실린더 압축, 점화, 그리고 기화기의 완속 혼합기가 적절히 조절된 엔진은 어느 때나 주어진 회전속도에서 과열(over-heat),

과부하(loading up), 또는 점화전의 고장 없이 작동하게 된다. 만약 엔진이 완속 혼합기 조정으로 완속 특성에 맞는 안정된 상태로 작동치 않으면 이는 엔진 작동에 영향을 미치는 어느 한 부분이 수정되지 않았음을 의미한다. 이러한 경우에는 고장의 원인을 분석하여 수정해야 한다.

완속 혼합기를 점검하기 전에, 오일온도와 실린더헤드 온도가 정상작동온도가 될 때까지 엔진을 난기운전(warm-up)해야 한다. 난기운전이 완료될 때까지 프로펠러 조정은 회전속도 증가(increase rpm)위치에 있어야 한다. 완속 혼합비를 조절할 때에는 항상 실린더헤드 온도가 정상작동온도 상태에 있도록 한다. 그림 2-46에서 보여 주는 것과 같이, 완속 혼합비 조절은 완속 혼합기연료조정밸브에서 한다. 그것은 완속 정지(Idle speed stop)의 조절과 혼동하지 말아야 한다. 완속 혼합비 조절의 중요성은 아무리 강조해도 지나칠 수 없다. 저속에서 가장 좋은 엔진의 작동은 오직 적당한 연료 · 공기혼합비가 엔진의 각 실린더에 전달되었을 때 얻을 수 있다. 너무 농후한 혼합비와 그로 인한 결과인 불완전연소는 어떤 다른 단 하나의 원인이라기보다 더 많은 점화전 결함의 원인이 된다. 너무 희박한 완속 혼합비는 엔진을 가속시킬 수가 없다. 뿐만 아니라 완속 혼합비 조절은 순항 범위에까지 원만한 엔진 작동과 연료 · 공기혼합비에 영향을 끼친다.

[그림 2-46] 기화기를 위한 아이들 혼합기 조절장치
(Idle mixture adjustment for carburetor)

재래식기화기를 가진 엔진에서, 완속 혼합기는 조종석에 있는 혼합비조정레버로서 수동으로 점검된다. 기화기 혼합비조정레버를 천천히 그리고 부드럽게 완속차단(idle cutoff) 위치로 움직인다. 매니폴드압력계를 사용하지 않는 장치에서는 분당회전수(rpm)의 변화를 지시해 주는 회전속도계(tachometer)를 관찰하는 것이 필요하다. 대부분의 장치에서, 완속 혼합비는 엔진이 점화를 멈추는 순간에 약간의 분당회전수(rpm)가 상승하도록 조정되어야 한다. 이 분당회전수(rpm)의 증가는 장치의 설정에 따라 10~50rpm까지 변한다. 순간적인 분당회전수(rpm)의 증가에 이어 엔진 회전속도는 떨어지기 시작한다. 이때 즉시 혼합기조정레버를 완속 차단에서 농후 위치로 조정하면 엔진이 완전히 꺼지는 것을 방지할 수 있다.

그림 2-47에서 보여 주는 것과 같이, RSA 연료분사엔진에서, 최적의 완속 세팅은 모든 조건 하에서 만족한 가속을 위해 충분히 농후해야 하고 점화전의 오염 또는 엔진의 거친 작동을 방지하기 위해 충분히 희박해야 한다. 혼합비조정레버를 완속 차단 위치로 이동할 때 25~50rpm의 상승은 보통 이들 조건을 모두 만족시킨다. 실제의 완속 혼합비 조절은 스로틀레버와 완속 레버 사이에 링키지를 길게 또는 짧게 연결함으로써 만들어진다.

만약 완속 혼합비의 점검이 과희박 또는 과농후로 나타나면, 연료유량의 증가 또는 감소 조절이 요구된다. 그다음 점검을 반복한다. 적절한 완속 혼합비가 확인될 때까지 점검과 조절을 지속한다. 이 과정을 반

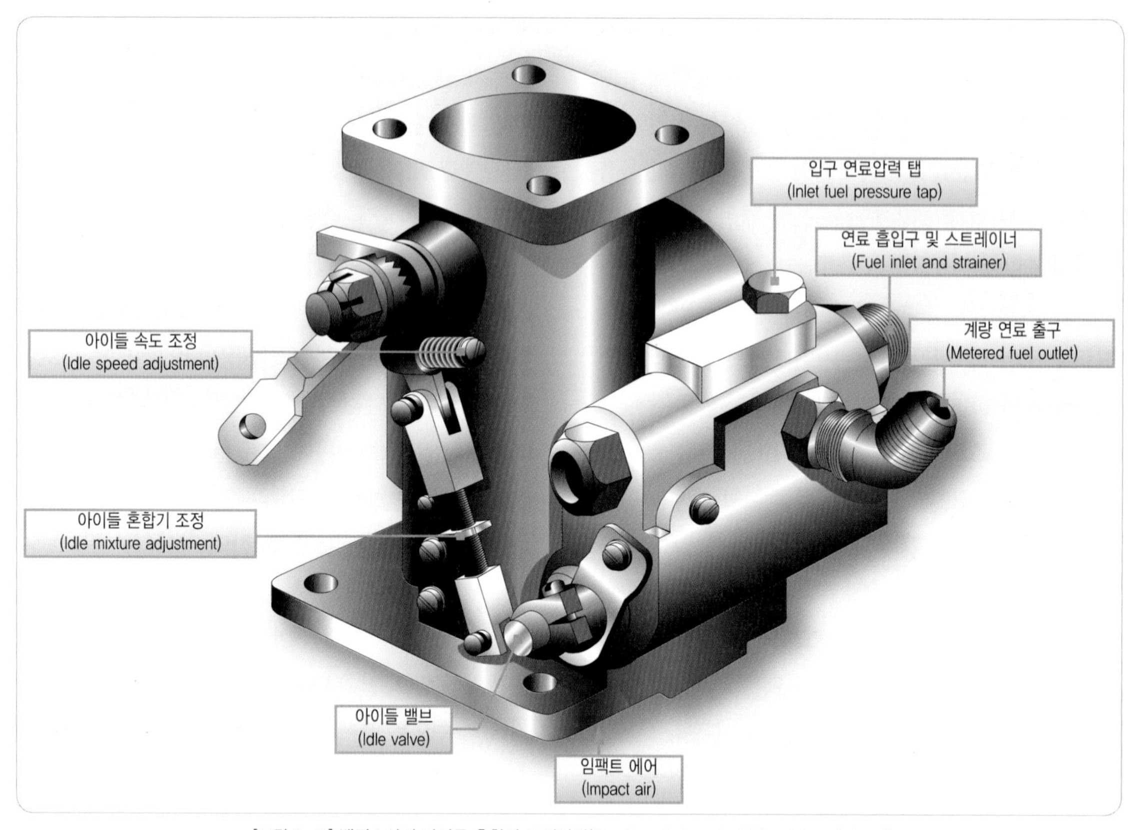

[그림 2-47] 벤딕스사의 아이들 혼합기 조절장치(Bendix adjustment of idle mixture linkage)

복하는 동안에, 완전히 방해가 안 되는 곳에 완속 정지로 이동하는 것과 스로틀에 의하여 요구되는 분당 회전수(rpm)에서 엔진 회전속도를 유지하는 것이 바람직한 것이 되게 한다. 조절이 끝날 때마다 짧은 시간 동안 높은 분당회전수(rpm)에서 작동시켜서 엔진을 깨끗하게 유지한다. 이것은 부적절한 완속 혼합기로 인한 점화전의 오염을 방지한다. 완속 혼합비를 조절한 후, 완속 혼합비가 고출력에서 원래의 완속으로 반복된 변화를 통해 일정하고 알맞은 확실한 혼합비를 결정짓기 위해 몇 번을 재점검한다. 운항을 위해 항공기의 상태를 해제하기 전에 엔진 완속의 어떠한 불일치라도 수정한다.

그림 2-48에서 보여 주는 것과 같이, 공기스로틀 레버에 위치한 재래식의 스프링 작동식 스크루를 갖고 있는 콘티넨털(Continental) TCM 연료분사장치에서 완속 혼합기를 세팅한다. 연료펌프 압력은 기본적인 보정의 일부분이고 완속 조절이 되기 전에 펌프 압력이 정확하게 조정하였는지를 확인하는 절차를 필요로 한다. 완속 혼합기 조절은 조절밸브와 공기스로틀 레버 사이의 링키지 끝단 조절밸브에 있는 잠금너트로 한다. 혼합기를 더 농후하게 하기 위해서는 링키지를 짧게 너트를 조여야 한다. 반대로 혼합기를 더 희박하게 하려면 링키지가 길게 되도록 너트를 풀어야 한다. 혼합비조정레버를 완속 차단 쪽으로 천천히 이동

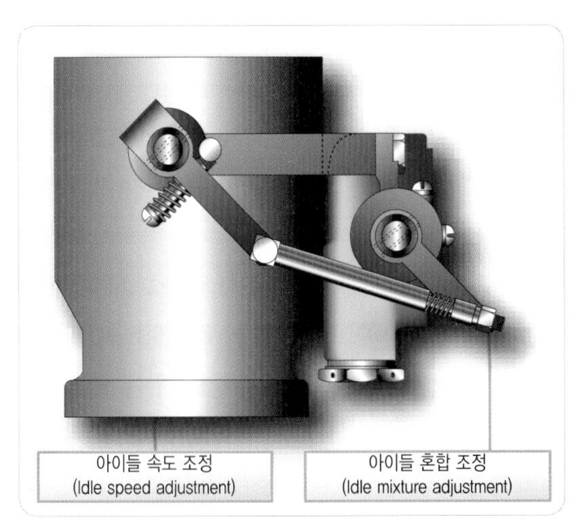

[그림 2-48] TCM 조정지점(TCM adjustment points)

할 때 완속이 약간 그리고 순간적으로 상승하도록 조절한다. 만약 완속 혼합기가 너무 희박하게 조절됐다면 완속에서 분당회전수(rpm)의 상승은 없을 것이다.

2.13.5 완속 조절(Idle Speed Adjustment)

완속 혼합기를 조절한 후 항공기 정비매뉴얼에 명시된 완속 회전속도(rpm)로 완속 정지(Idle Stop)를 재설정한다. 엔진은 완전히 난기운전이 되어 있어야 하고 점화계통의 고장에 대해 점검되어 있어야 한다. 어떤 기화기 조절 절차를 막론하고 엔진을 깨끗하게 유지하도록 정상적인 정격속도의 약 1/2 정도로 엔진을 주기적으로 작동시킨다.

일부 기화기는 아이들 분당회전수(rpm)를 조절하기 위해 편심으로 된 조절스크루를 갖추었다. 또 어떤 것은 스로틀밸브의 닫힘을 제한하기 위한 스프링 작동식 스크루를 사용한다. 어느 경우이든지 간에, 스로틀을 정지에 맞추고 필요한 만큼 분당회전수(rpm)를 증감시키기 위해 스크루를 사용한다. 스로틀을 열어 엔진을 깨끗하게 하고 스로틀을 다시 닫아 분당회전수(rpm)가 안정되도록 한다. 요구되는 완속 회전속도가 얻어질 때까지 이 작동을 반복한다.

2.14 연료계통 검사 및 정비 (Fuel System Inspection and Maintenance)

연료계통 장치의 검사는 기본적으로 정확한 작동을 입증하는 기능시험과 함께 설계 필요조건의 견고성에 대한 계통의 시험으로 구성된다. 항공기의 종류에 따라 사용되는 연료계통에는 상당한 차이가 있기 때문에 어느 특정한 기종의 연료계통을 자세히 설명할 필요는 없다. 항공기에 대하여 검사를 수행하거나 정비 기능을 수행할 때는 제작사의 지침서에 따라야 한다.

2.14.1 계통의 전체 구성(Complete System)

모든 계통에 대해 마모, 파손 또는 누설 상태를 검사한다. 모든 구성품이 안전하게 부착되었는지 확인한다.

연료계통의 드레인 플러그 또는 밸브를 열고 계통 내에 물이나 침전물이 있는지 점검해야 한다. 필터와 섬프도 역시 점검해야 한다. 흐름량 계기와 보조펌프의 필터와 스크린은 세척하고 부식 흔적이 없어야 한다.

조정레버는 움직임이 자유롭고 안전하게 고정되고, 마찰로 인한 손상이 없는지에 대해 점검하여야 한다.

연료벤트는 제 위치로 되어 있는지, 또는 장애물이 없는지 점검하여야 하며, 만약 그렇지 않으면 연료 흐름 또는 연료 보급에 영향을 줄 수도 있다. 주 입구 목부분의 드레인은 장애물이 없는지 점검되어야 한다.

만약 승압펌프가 장착되었다면 그 계통은 승압펌프

를 작동시켜 누설에 대한 점검을 수행하여야만 한다. 이 점검을 수행하는 동안 전류계 또는 부하계를 읽어야 하며 해당되는 모든 펌프의 읽은 값은 대략 같아야만 한다.

2.14.2 연료탱크(fuel tank)

항공기 표면 또는 구조 내의 모든 패널은 탈거되어야 하며 탱크는 외부 표면에 대한 부식 부착의 안전성 및 스트랩과 슬링의 조절이 적절한가를 점검해야 한다. 피팅 또는 연결부에 누설 또는 결함이 있는지 점검한다.

가벼운 합금 재료로 제작된 몇몇 연료탱크에는 납 성분이 있는 연료와 물의 조합으로 인한 부식 효과를 줄이기 위해 카트리지가 마련되어 있는데 이 카트리지는 점검되어야 하며 명시된 기간에 새것으로 교환되어야 한다.

2.14.3 라인과 피팅(Line and Fittings)

라인은 적절하게 지지되어 있는지, 그리고 너트와 클램프는 안전하게 조여졌는가를 확인한다. 적절한 토크(torque)로 호스 클램프를 조여 주기 위해, 호스 클램프 토크렌치를 사용한다. 만약 렌치의 사용이 불가능한 상황이면, 클램프를 손으로 조이고 호스와 클램프에 대해 명시된 회전수만큼 더 조인다. 만약 클램프가 규정된 토크에서 고정되지 않는다면, 클램프나, 호스, 또는 2개 모두를 교체한다. 새 호스를 교환한 후에는 클램프를 매일 점검하고 만약 필요하다면 조여준다. 매일 점검 결과, 콜드 플로우(cold flow : 호스 클램프나 지지부의 압력으로 호스에 생긴 깊고 영구적인 자국)의 흔적이 나타나면, 보다 짧은 주기로 클램프를 검사한다.

만약 호스의 층이 분리되었거나, 과도한 콜드 플로우가 있었거나, 또는 호스가 딱딱하게 굳어져서 구부러지지 않는다면 호스를 교체한다. 클램프로 인한 과도한 자국, 튜브 또는 커버 스톡(cover stock)에서의 균열 등은 과도한 콜드 플로우를 나타낸다.

굴곡부가 약해진 호스, 피팅 또는 라인이 제대로 정렬이 안 될 우려가 있을 경우 라인을 교환한다. 어떤 호스는 클램프 끝이 벌어지려는 경향이 있는데 이는 누설만 안 된다면 그리 문제가 되지 않는다.

호스의 합성고무 외피에 기포가 생길 수도 있다. 이러한 기포는 반드시 호스의 사용 여부에 영향을 주는 것은 아니다. 기포가 호스 위에 발견되었다면 항공기로부터 호스를 탈거하고 핀으로 기포를 터트린다. 그러면 기포가 없어질 것이다. 만약 오일, 연료 또는 작동유와 같은 액체가 기포 내 핀 홀로부터 흘러나온다면 호스는 사용할 수 없다. 만약 공기만 누설된다면 작동 압력의 1.5배에 해당하는 압력으로 압력 시험을 한다. 만약 액체가 누설되지 않는다면, 호스는 사용하는데 문제가 없을 것이다.

호스의 외피에 터진 홀(hole)이 생기면 이 홀(hole)로 물과 같은 부식 요소가 들어가 와이어 피복에 영향을 미쳐 결국에는 호스의 파손을 유발할 수 있다. 이러한 이유 때문에 부식 요소에 노출되는 호스 외피에 홀(hole)이 생기는 것을 피하여야 한다.

호스의 외피에는 표면의 노화로 인해 생기는 보통 길이가 짧은 미세한 균열이 생길 수 있는데 이러한 균열이 첫 피복까지 침투하지 않는다면 호스는 사용 가능한 것으로 간주할 수 있다.

2.14.4 선택밸브(Selector Valves)

선택밸브를 돌려 봐서 작동이 자유로운지, 과도한 유격이 있는지, 그리고 지침의 지시가 정확한지를 점검한다. 만약 유격이 과도하다면 모든 작동 기구에 대해 조인트의 마모, 핀의 헐거움, 그리고 구동꼭지가 파손되었는지 점검한다.

결함이 있는 부품은 교환한다. 케이블 조정계통에 마모 또는 케이블 가닥의 풀어짐, 손상된 풀리, 또는 마모된 풀리 베어링에 대하여 검사한다.

2.14.5 펌프(Pumps)

부스터펌프 검사 시, 다음의 조건에 대해 점검한다.

(1) 적절한 작동
(2) 연료와 전기적인 연결의 누설과 상태
(3) 전동기 브러쉬의 마모

드레인 라인의 트랩, 굽힘, 또는 방해물에서 자유로운지를 확인한다. 엔진구동펌프에 누설과 장착의 안정성을 점검한다. 벤트와 드레인 라인에 장애물이 있는지를 점검한다.

2.14.6 주 연료 여과기(Main Line Strainers)

매일 비행 전 검사 시에는 주 연료 여과기로부터 물과 찌꺼기를 배출시킨다. 항공기 정비지침서에 명시된 시기에 스크린을 탈거하여 세척한다. 하우싱으로부터 제거된 찌꺼기(침전물)를 시험 분석한다. 고무성분의 미립자는 종종 호스 노화의 조기경보가 된다. 누설과 개스킷 손상 여부를 점검한다.

2.14.7 연료량 계기(Fuel Quantity Gauges)

만약 직독식 계기가 사용된다면 유리가 깨끗한지, 그리고 연결부에 누설이 없는지에 대하여 점검한다. 계기까지 가는 라인에 대해 누설과 부착의 안전성을 점검한다.

기계식 계기는 플로트 암의 자유로운 움직임과 플로트의 위치와 지침의 위치가 적절히 일치하는가에 대해 점검한다.

전기식 또는 전자식 계기에서는 양쪽의 지시기를 확인하고 탱크 유닛이 안전하게 장착되어 있는지, 그리고 그들의 전기 연결 부분이 단단히 조여졌는지 확인한다.

2.14.8 연료압력계(Fuel Pressure Gauges)

지침의 허용오차가 0인지, 그리고 과도하게 흔들리지 않는지 점검한다. 보호 유리가 헐거운지, 그리고 범위의 표시가 적절히 되어 있는가에 대해 점검한다. 라인과 연결부의 누설에 대하여 점검한다. 벤트에 장애물이 없는지 확인한다. 만약 계기에 결함이 있다면 교환한다.

2.14.9 압력경고 신호(Pressure Warning Signal)

모든 장착에 대하여 장착의 안전성, 전기계통, 연료계통, 그리고 공기 연결부에 대하여 검사한다. 시험스위치를 눌러서 램프가 켜지는지 점검한다. 축전지스위치를 온(on)하여 부스터펌프로 압력을 올려서 램프가 꺼질 때의 압력을 관찰하여 작동을 점검한다. 만약 필요하다면 접촉 장치를 조절한다.

2.14.10 왕복엔진의 물분사계통(Water Injection Systems for Reciprocating Engines)

이 계통은 현대의 항공기 엔진에서는 대단히 제한적으로 사용되었다. 물 분사는 대부분 대형성형엔진에 사용되어졌다. 그것은 물 분사가 없는 것보다 이륙시 엔진으로부터 더 많은 출력을 얻을 수 있다. 고출력으로 세팅되어 작동되고 있는 기화기는 그 기화기가 실제로 필요로 하는 것보다 더 많은 연료를 기화기로 보낸다. 더 희박한 혼합비는 더 큰 출력을 내겠지만 과열과 이상폭발을 방지하기 위해 추가적으로 더 많은 연료가 필요하게 된다. 이상폭발 방지액을 분사함으로써 혼합비는 최대 출력을 낼 수 있는 정도로의 희박한 혼합비로 될 수 있고, 물과 알코올의 혼합액의 증발은 초과 연료를 사용하는 것과 같은 냉각효과를 준다.

03 흡기 및 배기계통

Induction and Exhaust Systems

3 흡기 및 배기계통

Induction and Exhaust Systems

3.1 왕복엔진 흡입계통(Reciprocating Engine Induction Systems)

항공기 왕복엔진의 흡입계통은 흡입공기가 유입되는 에어 스쿠프(Air Scoop)와 공기를 흡입 필터로 공급해주는 덕트(duct)로 구성되어 있다. 공기필터(air filter)는 일반적으로 기화기 히트박스(heat box)에 장착되어 있거나 혹은 연료분사제어기(fuel injection controller)나 기화기 근처에 장착되어 있다. 경항공기에 사용되는 엔진은 일반적으로 기화기(carburetor) 또는 연료분사계통(fuel-injection system)이 장착되어 있다. 유입된 공기는 연료조절장치(fuel metering device)를 통과하면서 연료와 공기가 혼합되고, 이 혼합 가스는 흡입매니폴드(intake manifold)를 통해 실린더로 공급된다. 그림 3-1과 같이 공기흡입기는 엔진 흡입계통으로 공기가 최대한 유입되도록 엔진 카울링(cowling)에 위치하고 있다.

[그림 3-1] 엔진 카울링에 있는 공기 스쿠프
(Inlet scoop in engine cowling)

그림 3-2에서 보여 주는 흡입 공기 여과기는 먼지 및 기타 이물질이 엔진에 유입되는 것을 방지한다. 여과된 공기는 연료조절장치(fuel metering device)로 유입된다. 스로틀에서 나오는 공기는 매니폴드압력(manifold pressure)이라고 하며, 이 압력은 수은 인치(inHg) 단위로 측정되며 엔진 출력을 제어한다.

흡입계통은 다양하게 배열할 수 있는데, 일반적으로 사용되는 두 가지 형태는 상향류 흡입계통(updraft induction system)과 하향류 흡입계통(downdraft induction system)이다. 상향류 흡입계통은 균형튜브(balance tube)와 두 개의 러너(runner)로 구성된다.

그림 3-3은 흡입러너 양쪽 사이에서 압력 불균형을 감소시키는 데 사용되는 균형튜브이다. 기화기를 장착한 엔진의 흡입계통은 각 실린더에 동일한 양의 연료가 공급될 수 있도록 흡입계통의 압력이 일정하고 균일할 수 있도록 유지하는 것이 매우 중요하다. 연료분사엔진(fuel-injected engines)에서, 연료는 흡입밸브 직전에 위치한 흡입구(intake port)에 직접 분사된다. 이 계통에서는 각 흡입구의 압력을 일정하게 유지하는 것이 중요하다.

하향류 흡입계통(downdraft induction system)은 넓은 작동 범위에서 각각의 개별 실린더에 최적의 공

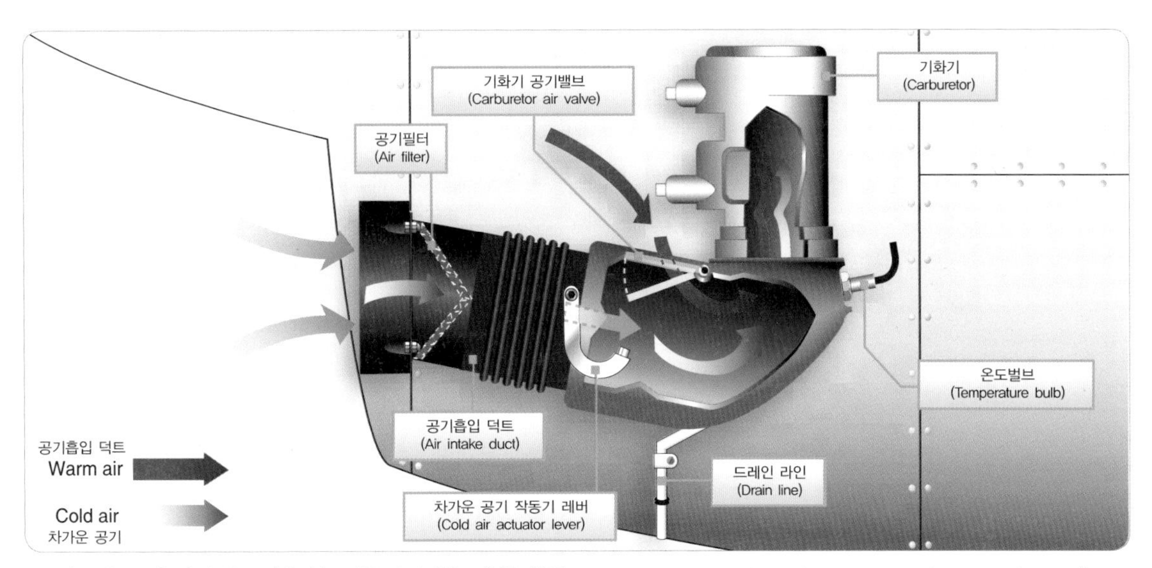

[그림 3-2] 기화기를 사용하는 과급기가 없는 흡입계통(Non-supercharged induction system using a carburetor)

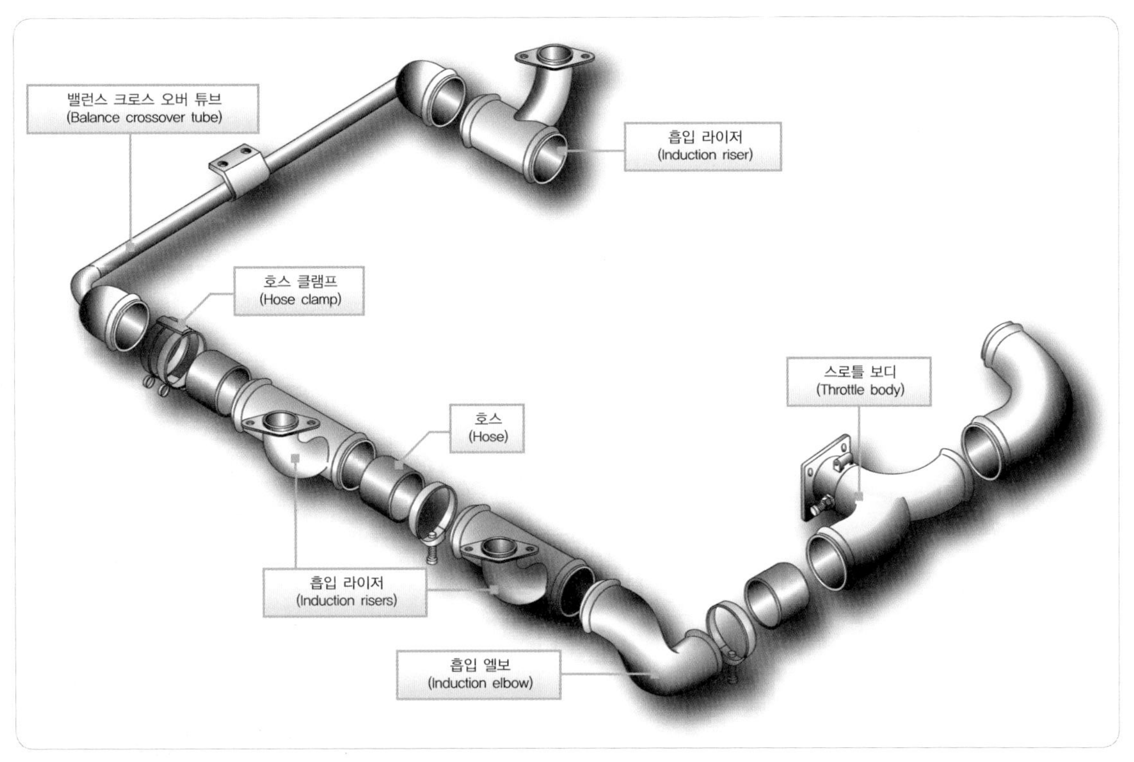

[그림 3-3] 상향류 흡입계통(Updraft induction system)

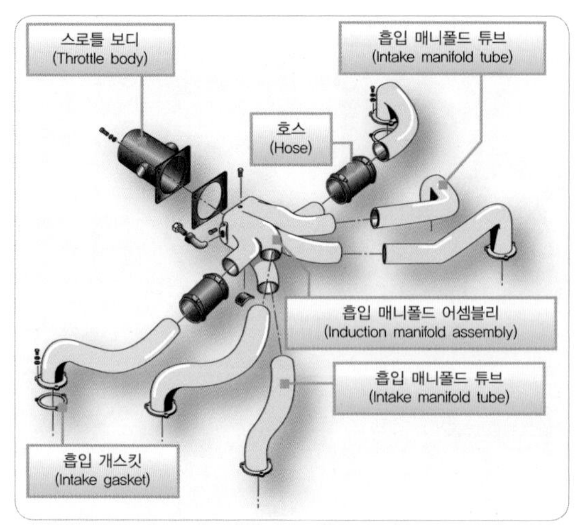

[그림 3-4] 하향류 흡입계통
(Downdraft balanced induction system)

기 흐름을 제공한다. 그림 3-4에서 보여 주는 것과 같이 연료와 공기 양의 비율이 최적으로 된다면 더욱더 원활하고 효율적인 엔진 작동을 기대할 수 있다. 흡입 매니폴드(induction manifold)로부터 공기는 흡입포트로 유입되어 연료 노즐의 연료와 혼합된 후, 흡입 밸브가 열릴 때 가연성 혼합기가 되어 실린더로 유입된다.

3.1.1 기본적인 기화기 흡입계통 (Basic Carburetor Induction System)

그림 3-2는 기화기를 장착한 엔진에서 사용되는 흡입계통의 다이어그램이다. 이 흡입계통에서의 기화기로 유입되는 공기의 정상적인 흐름은 프로펠러 스피너(propeller spinner) 아래의 전방 노즈 카울링(front nose cowling)에서 유입되고, 공기필터를 거쳐 기화기로 이어지는 공기 덕트(air duct)를 통해 유입된다. 기화기 가열 공기밸브(carburetor heat air valve)는 기화기의 결빙을 방지하기 위해서 따뜻한 공기(기화기 가열)로 대체할 수 있도록 공기밸브가 기화기 아래쪽에 있다. [그림 3-5] 기화기 착빙은 기화기의 목(throat) 부분에서 온도가 낮아졌을 때, 충분한 수분이 결빙으로 나타나고 엔진으로 유입되는 공기의 흐름을 방해한다. 엔진 내부로 유입되는 공기는 정상 작동시, 외부의 공기스쿠프(air scoop)를 통해 유입되고, 결빙상태가 되면 기화기 가열 공기밸브에 의해 엔진 격실(engine compartment)로부터 뜨거운 공기(warm air)가 유입된다. 기화기 열(carburetor heat)은 조종석에 있는 푸시풀컨트롤(push-pull Control)에 의해서 작동된다. 기화기 열 공기도어(carburetor heat air door)가 닫히면, 배기관 주위로부터 따뜻한 덕트 공기가 기화기 내부로 유입되고 이로 인해 흡입공기온도가 높아진다. 만약 공기 흐름의 정상 통로가 막혀 있다면, 대체 공기창(alternater air door)은 엔진 흡입(engine suction)에 의해 열리게 된다. 밸브는 스프링 힘으로 닫히고, 필요할 경우에는 엔진 흡입(engine suction)에 의해 열린다.

그림 3-6과 같이, 기화기 공기필터는 기화기의 공기덕트 앞에 있는 공기흡입기에 장착되어 있다. 공기필터의 목적은 기화기를 통해서 엔진으로 흡입되는 먼지 또는 이물질을 방지하려는 데 있다. 스크린은 알루미늄합금프레임(aluminum alloy frame)과 깊게 크

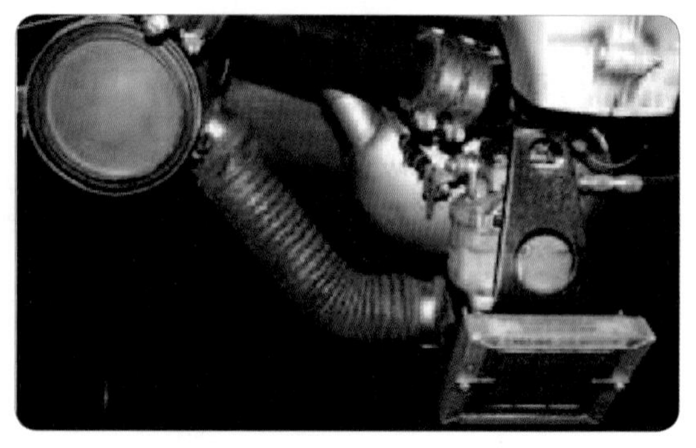

[그림 3-5] 기화기 열 공기 필터 위치
(Location of a carburetor heat air filter)

[그림 3-6] 공기필터의 위치(Location of air filter)

림핑된 스크린(deeply crimped screen)으로 구성되어 있으며, 공기 흐름에 대해서 최대의 스크린 면적이 되도록 배열되어 있다. 공기필터는 종이, 폼(foam) 및 다른 유형 필터를 포함하여 몇 가지 유형의 공기필터가 사용된다. 대부분의 공기필터는 주기적인 정비(servicing)가 필요하며, 필터의 유형에 따라 특정 지침을 따라야 한다. [그림 3-6]

기화기의 공기덕트는 노즈카울에 리벳으로 고정된 덕트와, 기화기 공기밸브와 고정 덕트 사이의 유연한 덕트로 구성되어 있다. 기화기 공기덕트는 외부 공기를 기화기에 공급해 주는 통로역할을 한다. 공기는 램 공기 흡입구를 통하여 계통으로 유입된다.

비록 많은 신형 항공기에 장착되지 않았지만, 일부 엔진들은 기화기 입구의 공기 온도를 나타내는 기화기 공기 온도 지시계통이 장착되어 있다. 만약 수감부(bulb)가 기화기의 엔진 쪽에 위치되어 있다면, 계통은 연료·공기혼합기의 온도를 측정하게 된다.

3.1.1.1 흡입계통 결빙(Induction System Icing)

정비사는 항공기가 비행 중일 때 발생하는 작동 상태에 대해 일반적으로 관련되지 않지만 흡입계통의 결빙이 엔진 성능 및 고장탐구(troubleshooting)에 미치는 영향에 대해 알아야 한다. [그림 3-7]

점검결과 모든 것이 정상적이고, 지상에서 엔진 성능이 완전하게 작동하는 것으로 나타났을 때에도 흡입계통 결빙으로 인해 엔진 작동이 불규칙해지고 공중에서 엔진의 동력을 잃을 수 있다. 일반적으로 다른 원인으로 인해 발생하는 많은 엔진 문제는 실제로 흡입계통 결빙으로 인해 발생한다.

흡입계통 결빙은 연료·공기혼합가스의 흐름을 차단시키거나 연료·공기혼합 비율을 변화시킬 수 있기 때문에 상당히 위험한 작동이다. 항공기가 구름, 안개, 비, 진눈개비, 눈, 또는 수분함량이 높은 맑은 상태에서 비행하는 동안 흡입계통에 얼음이 생길 수 있다. 흡입계통 결빙은 보통 세 가지 유형으로 분류된다.

- 충격 결빙(impact ice)
- 연료 증발 결빙(fuel evaporation ice)
- 스로틀 결빙(throttle ice)

흡입계통의 흡입구 부근에 있는 공기 흐름, 또는 위험스러운 결빙영역보다 앞서 기화기 열 계통(carburetor heat system)을 사용하여 계통을 지나가는 공기온도를 증가시킴으로서 결빙을 방지하거나 제거할 수 있다. 이러한 공기는 배기 매니폴드 주위의 덕트에 의해서 모아진다. 일반적으로 이러한 열은 엔진실(engine compartment)과 배기 매니폴드(exhaust manifold) 주위에서 따뜻한 공기가 순환되도록 흡입계통을 여는 제어밸브(control valve)에 의해서 얻어진다.

기화기 열의 부적절하거나 부주의한 사용은 흡입계통 가장 앞쪽 단계의 결빙만큼이나 위험스러울 수 있다. 공기의 온도가 높아지면 공기가 팽창하여 밀도가 감소하게 되어 실린더에 유입되는 공기 체적의 중량(weight)이 감소된다. 결국 체적효율

(volumetric efficiency)의 감소로 인해 엔진의 출력이 급격히 감소한다. 또한 높은 흡입공기 온도는 디토네이션(detornation)과 엔진 고장(engine failure)의 원인이 될 수도 있으며, 특히 이륙과 고출력 작동에서 빈번하게 발생한다. 따라서 모든 엔진 작동(engine operation) 상태에서 기화기 온도는 결빙과 디토네이션을 방지하도록 최적의 상태로 유지되어야 한다.

흡입계통 결빙의 위험이 있을 때는, 조종석의 열 제어(cockpit carburetor heat control)의 위치는 항상 'Hot' 위치("Hot" position)에 놓아야 한다.

공기의 흐름을 제한하거나 매니폴드 압력을 감소시키는 스로틀 결빙뿐만 아니라 어떤 결빙이라도 충분한 기화기 열을 이용하여 잘 제거할 수 있다. 만일 엔진실(engine compartment)에서 열이 충분하고 지연되지 않고 활용된다면, 몇 분 내에 얼음이 제거된다.

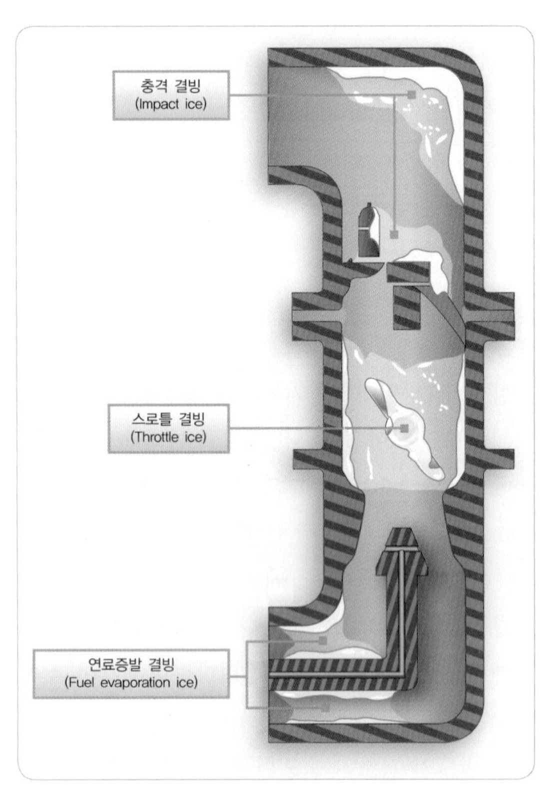

[그림 3-7] 흡입계통의 결빙 유형

결빙의 위험이 없을 경우 조종석의 열 제어(cockpit carburetor heat control)의 위치는 항상 'Cold' 위치("Cold" position)에 놓아야 한다. 만일 건조한 눈이나 얼음 입자들이 있다면, 'Cold' 위치로 놓는 것이 가장 최선이다. 열의 이용은 눈이나 얼음을 녹이며, 그 결과 수분이 모여서 흡입계통의 벽에 얼어붙을 수도 있다. 역화 상태에서의 히터밸브(heater valve) 손상을 방지하기 위해서 기화기 열은 엔진을 시동하는 동안에는 절대 사용해서는 안 된다. 또한 지상 운전 중에는 엔진의 원활한 작동을 위해 충분한 기화기 열만 사용해야 한다.

부분적인 스로틀(part throttle)의 작동이 스로틀 부위에 결빙을 일으킬 수 있다. 스로틀이 부분적으로 닫힘 위치에 있을 때는 엔진에 흡입되는 공기의 양을 제한하게 되는 효과가 있다. 고정피치 프로펠러 항공기가 활공하고 있을 때에는, 스로틀이 같은 위치에 있을 때보다 엔진에는 더욱 많은 양의 공기가 소모되는 원인이 되며, 따라서 스로틀 뒷부분의 공기 결핍 현상이 더욱 커진다. 이러한 상황에서 순간적으로, 스로틀이 일부 닫히게 되는 것은 스로틀을 통과하는 정상적인 공기 속도보다 훨씬 더 빠르게 되며, 현저히 낮은 공기압력 부분이 생긴다. 압력이 낮은 부분은 스로틀 밸브 주위의 공기 온도를 더욱 저하시킨다. 만약 이러한 공기의 온도가 어는점 이하로 떨어지고 수분이 함유되어 있다면, 스로틀에 얼음이 형성되고 부품들의 부근에는 공기 흐름이 제한되어 엔진을 멈추게 하는 원인이 될 것이다.

스로틀 결빙은 조절피치 프로펠러를 장착함으로써 이러한 낮은 출력에서도 보통 때보다 높은 제동평균유효압력BMEP(Brake Mean Effective Pressure)을 사용해서 스로틀의 결빙을 최소화할 수 있다. 낮은 분당 엔진 회전수(rpm) 상태에서 잠시 동안 스로틀을 많이 열어 주어 부분적인 스로틀 작동에 의해서 생기는 온도 저하의 장애를 없애 주기 때문에, 높은 BMEP는 결빙의 경향을 감소시킨다.

3.1.1.2 흡입계통 여과기 (Induction System Filtering)

먼지와 불순물은 항공기 엔진에 심각한 결함의 원인이 된다. 먼지는 단단한 연마 재질의 소형 입자로 구성되어 있으며, 엔진 실린더로 흡입되는 공기에 의해 유입될 수 있다. 또한 먼지는 기화기 연료 계량 장치에 모이게 되며, 모든 상태의 출력에서 공기 흐름과 연료 흐름 사이의 적절한 비율을 뒤집을 수 있다. 먼지는 실린더 벽(cylinder wall)에 붙어서 벽 표면과 피스톤링(piston ring)을 갉아 내기도 하며, 오일을 오염시키고 엔진의 전체 내부를 흐르면서 베어링과 기어를 마모시키는 원인이 된다. 심한 경우에는 누적된 먼지는 오일 통로를 막아 오일 공급이 차단되는 원인이 되기도 한다. 비록 먼지의 상태는 지상에서 가장 극심하지만, 이러한 상황에서 엔진 보호 장치 없이 지속적인 작동은 매우 심각한 엔진 마모와 과도한 오일 소모량을 초래하게 될 것이다.

먼지가 많은 대기 상태에서의 엔진 운용이 필요할 경우에는 흡입계통 공기흡입구에 먼지 필터를 장치하여 엔진을 보호할 수 있다.

이러한 형태의 공기여과장치는 보통 필터요소(filter element), 도어(door), 그리고 전기적으로 구동되는 엑츄에이터(electrically operated actuator)로 구성된다. 여과장치가 작동될 때 공기 흐름에 정면으로 설치되지 않은 통풍 창문 모양으로 된 점검창(access panel)을 통해서 공기가 유입된다. 이러한 입구의 위치로 인하여, 공기는 강제로 돌면서 덕트 속으로 들어가도록 한다. 먼지 입자가 고체이므로 직선으로 진행하려는 경향이 있기 때문에 대부분의 먼지들은 이 지점에서 분리되며, 통풍창으로 들어온 먼지들은 필터에 의해 쉽게 제거된다.

비행 중에 필터를 작동시킬 때는, 실제 표면 결빙, 또는 물기에 젖은 이후의 필터 요소 결빙으로부터 발생될 수 있는 가능한 결빙 상태에 대해서 주의를 해야 한다. 어떤 장비는 필터가 과도하게 제한받을 때에는 스프링 힘에 의해서 필터 창문이 자동적으로 열리도록 된 것도 있다. 이것은 필터가 얼음이나 먼지로 막혔을 때에 공기 흐름이 차단되는 것을 방지한다. 또 다른 계통(system)은 필터(filter)가 장착된 공기 흡입구(air intake)에 결빙 방호장치(ice guard)를 사용하기도 한다.

결빙 방호장치(ice guard)는 필터가 장착된 공기흡입구로부터 가까운 곳에 위치시킨 굵은 철망 스크린(coarse-mesh screen)으로 구성된다. 흡입되는 공기가 스크린을 통과하거나 스크린 주위를 통과하도록 하기 위해서 스크린은 유입되는 공기의 통로에 위치한다. 스크린에 얼음이 생기면 무거운 수분입자를 잃은 공기는 얼음이 형성된 스크린을 주위를 통과하여 필터에 들어가게 된다. 여과 장치의 효율은 적절한 정비와 서비스(servicing)에 달려 있다. 만족스러운 엔진 보호를 위해서는 필터의 주기적으로 장탈하여 세척해야 한다.

3.1.1.3 흡기계통 검사 및 정비(Induction System Inspection and Maintenance)

흡기계통은 모든 주기적으로 계획된 점검을 하는

동안에 균열이나 누설을 점검하여야 한다. 시스템의 부품들이 안전하게 장착되어 있는지를 점검하여야 한다. 걸레조각이나 종잇조각이 흡입구나 덕트로 들어간다면, 공기 흐름이 제한될 수 있기 때문에 시스템은 언제나 청결하도록 유지되어야 한다. 느슨한 볼트나 너트들도 엔진 안으로 들어간다면, 심각한 손상을 일으킬 수 있다.

기화기 공기필터가 장착된 시스템에서는 필터를 주기적으로 점검하여야 한다. 만약 더럽거나 적절한 오일 막을 형성시키고 있지 못하면, 필터를 장탈하여 세척해야 하고 건조한 후에는 보통 오일과 녹을 방지할 수 있는 물질에 담가둔다. 필터를 재장착하기 전에 과도한 액체는 배출되도록 그대로 두어야 한다. 종이 필터는 점검하고 필요하다면 교체해야 한다.

3.1.1.4 흡입계통 고장탐구 (Induction System Troubleshooting)

표 3-1에서는 가장 일반적인 흡기계통 고장에 대한 일반적인 안내서이다.

3.1.2 과급된 흡입계통 (Supercharged Induction Systems)

항공기는 공기 압력이 낮은 고도에서 운용되기 때문에, 연료 · 공기혼합기를 압축하는 장치를 마련하는 것이 유용하다. 일부 계통은 엔진에 들어가는 공기 압력을 정상화 하는데 사용된다. 이들 계통은 고도가 증가함에 따라 손실된 공기 압력을 회복시키는 데 사용된다. 이러한 형태의 계통은 지상승압계통(ground boost system)이 아니며, 매니폴드 압력을 30inHg 이상 높이는데 사용되지 않는다. 지상 승압 엔진

[표 3-1] 흡입계통 고장탐구(Common problems for troubleshooting induction system)

Probable Cause	Isolation Procedure	Correction
1 Engine fails to start		
a Induction system obstructed	Inspect air scoop and air ducts	Remove obstructions
b Air leaks	Inspect carburetor mounting and intake pipes	Tighten carburetor and repair or replace intake pipe
2 Engine runs rough		
a Loose air ducts	Inspect air ducts	Tighten air ducts
b Leaking intake pipes	Inspect intake pipe packing nuts	Tighten nuts
c Engine valves sticking	Remove rocker arm cover and check valve action	Lubricate and free sticking valves
d Bent or worn valve push rods	Inspect push rods	Replace worn or damaged push rods
3 Low power		
a Restricted intake duct	Examine intake duct	Remove restrictions
b Broken door in carburetor air valve	Inspect air valve	Replace air valve
c Dirty air filter	Inspect air filter	Clear air filter
4 Engine idles improperly		
a Shrunken intake packing	Inspect packing for proper fit	Replace packing
b Hole in intake pipe	Inspect intake pipe	Replace defective intake pipes
c Loose carburetor mounting	Inspect mount bolts	Tighten mount bolts

(ground boosted engine)이라고 하는 실제의 과급엔진(supercharged engine)은 매니폴드압력을 30inHg 이상으로 높일 수 있다. 다시 말하면, 실제의 과급기(supercharger)는 매니폴드 압력을 주위 압력 이상으로 높일 수 있다.

경항공기에 장착된 많은 엔진들은 어떤 형태의 압축기나 과급장치를 사용하지 않기 때문에, 왕복엔진의 흡입계통은 보통 과급식 또는 비과급식으로 분류할 수 있다. [그림 3-8]

왕복엔진 흡입계통에서 사용되는 과급장치는 정상적으로 내부 구동식이거나 또는 외부 구동식(터보 과급식)으로 분류된다. 내부 구동식 과급기(Internally driven supercharger)는 연료 · 공기혼합기가 기화기를 떠난 후에 압축하고, 반면에 외부 구동식 과급기(externally driven supercharger (turbocharger))는 기화기에서 연료와 공기가 혼합되기 전에 공기를 압축한다.

3.1.2.1 내부 구동식 과급기 (Internally Driven Superchargers)

내부 구동식 과급기는 오직 고마력 성형엔진에서 사용되며, 기계적인 연결을 통하여 구동되는 엔진이다. 비록 그들의 사용은 매우 제한되었지만, 일부는 아직도 화물수송기와 농약살포비행기(spray plane)에서 사용된다. 과급기의 여러 형태의 구조와 배열을 제외하면, 모든 내부 구동식 과급기를 장치한 흡입계통은 매우 유사하다. 항공기 엔진은 실린더에서 연소가 잘 이루어지도록 동일한 온도 제어가 필요하다. 예를

[그림 3-8] 과급기가 없는 왕복엔진 사례(An example of a naturally aspirated reciprocating engine)

들면 유입되는 공기 온도는 완전한 연료 기화 및 고른 분포를 보장하기 위해 충분히 따뜻해야 한다. 동시에 체적효율을 감소시키거나 이상폭발(detonation)이 일어날 만큼 뜨거워서는 안 된다. 흡입공기를 압축하는 어떤 유형의 과급기든 공기를 압축하는 과정에서 열이 발생한다. 따라서 엔진으로 유입되기 전에 냉각을 할 필요가 있다. 이러한 필요조건으로서, 내부 구동식 과급기를 사용하는 대부분의 흡입계통은 압력 및 온도 감지장치와 공기를 가열하거나 냉각을 위한 장치가 포함되어야 한다.

그림 3-9는 간단한 내부 구동식 과급기는 부품의 위치와 공기와 연료 · 공기혼합기의 통로를 보여주고 있다. 항공기 속도의 증가에 따라 덕트를 통과하는 공기는 램효과(ram effect)에 의해 압력이 증가하게 된다. 따라서 기화기는 공기의 양에 비례하여 연료의 유량을 조절하여 정확한 연료의 양을 공기와 혼합시킨다. 엔진의 출력 조절은 기화기의 공기 흐름 조절을 통해서 이루어지는데, 조종석에서 제어 할 수 있다. 매니폴드압력 게이지(gauge)는 혼합기가 실린더 내부에 들어가기 전의 압력을 측정하는데, 이것이 기대할 수 있는 엔진 성능을 나타낸다.

기화기 공기 온도 게이지는 흡입되는 입구공기온도나 연료 · 공기혼합기의 온도를 측정한다. 유입공기 또는 혼합기의 온도지시계는 유입되는 공기의 온도가 안전 범위 내에서 유지될 수 있도록 안내하는 역할을 한다.

만약 기화기 흡입구로 유입되는 공기의 흡입 온도가 100°F, 기화기 방출노즐에서는 부분적인 연료의 기화로 인하여 약 50°F의 온도로 강하가 생길 것이다. 부분적인 기화가 되면 온도는 기화열을 흡수하기 때문에 강하된다. 최종적인 연료의 기화는 혼합기가 실린더 내부에서 고온에 접하게 되어 일어난다.

흡입계통 내부의 기류에 분무된 연료는 작은 공 모양이다. 이때의 문제는 일률적으로 분쇄된 연료가 공 모양의 상태에서 여러 개의 실린더 내부에 배분될 수 있는가 하는 점이다. 여러 개의 실린더를 가진 엔진에

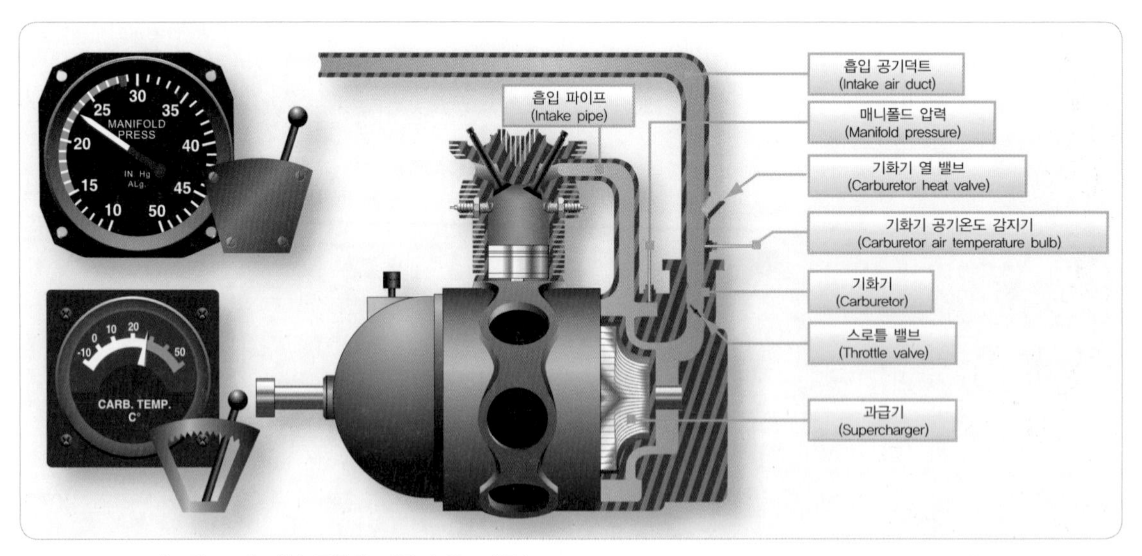

[그림 3-9] 내부 구동식 과급기 유도계통(Internally-driven supercharger induction system)

대해서 균일하게 나누고 분배하는 것이 가장 큰 문제이며 특히 엔진의 고속회전 시 많은 양의 공기가 흡입될 때 더욱 문제가 된다.

그림 3-10에서는 성형엔진에서 주로 사용되는 연료 분배를 개선하기 위한 한 가지 방법을 보여 준다. 이 장치는 분배 임펠러라고 한다. 임펠러는 볼트나 스터드로 크랭크샤프트의 뒤쪽 끝단에 붙어 있다. 임펠러는 크랭크샤프트의 끝단에 부착되어 있어서 같은 속도로 작동되기 때문에, 실질적으로 실린더 내부로 흐르는 혼합기량을 증가시키거나 압력을 상승시키지

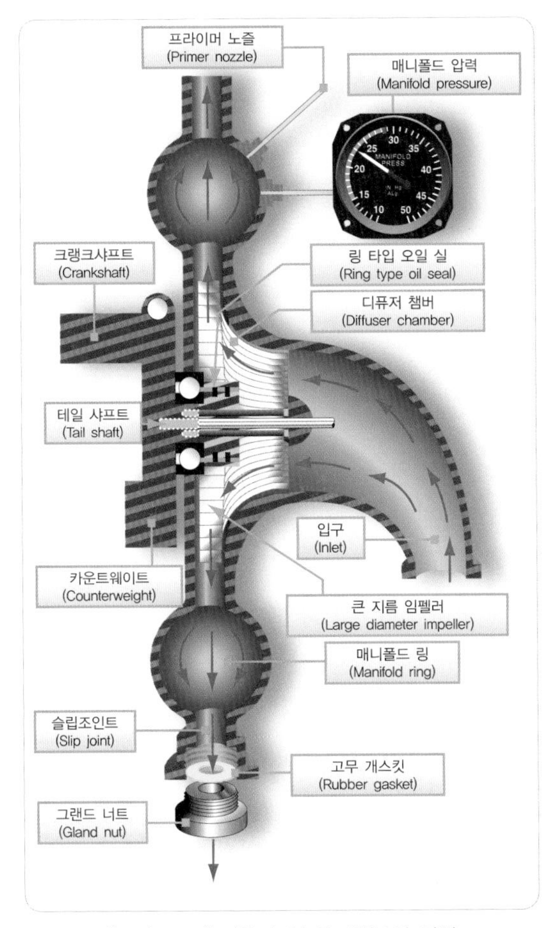

[그림 3-10] 기화기 열 공기밸브의 위치
(Location of a carburetor heat air valve)

는 못한다. 그러나 작은 공 모양으로 유지되는 연료는 임펠러에 부딪히면서 더 미세한 입자로 분해되어 더 많은 공기와 접촉하게 된다. 이는 특히 엔진의 가속 및 저온 상태에서 여러 개의 실린더에 분배하는데 향상된 결과와 함께 더 균질혼합기를 만들어 낸다. 실린더 내부에서 연료 · 공기혼합기의 보다 큰 압력을 얻기 위해서는 디퓨저나 브로워 섹션(blower section)은 고속 임펠러(high speed impeller)가 있어야 한다. 반면에 크랭크샤프트에 직접 연결된 분배 임펠러, 과급기, 브로워 임펠러(blower impeller)는 크랭크샤프트로부터 기어열(gear train)을 통하여 구동된다.

3.1.2.2 터보과급기(Turbosuperchargers)

외부 구동식 과급기(externally driven supercharger)는 엔진의 기화기나 연료 조절장치의 입구로 압축된 공기를 공급하도록 설계되어 있다. 엔진 배기가스의 에너지에서 얻은 동력으로 구동되는 외부 구동식 과급기는 유입되는 공기를 압축시키는 임펠러를 터빈(turbine)이 직접 구동시킨다. 이러한 이유 때문에 외부 구동식 과급기는 터보과급기(turbosupercharger) 또는 터보차저(turbocharger)라고 부른다. 과급기를 장착한 엔진의 매니폴드 압력은 30inHg 이상으로 올린다. 즉, 매니폴드 압력이 30inHg 이상일 때 과급된 것으로 간주한다.

그림 3-11에서 보는 것과 같이, 전형적인 터보과급기는 다음 세 가지의 주요 부품으로 구성된다.

(1) 압축기 어셈블리(compressor assembly).
(2) 터빈 휠 어셈블리(turbine wheel assembly)
(3) 전부동식 축 베어링 어셈블리(full floating shaft bearing assembly)

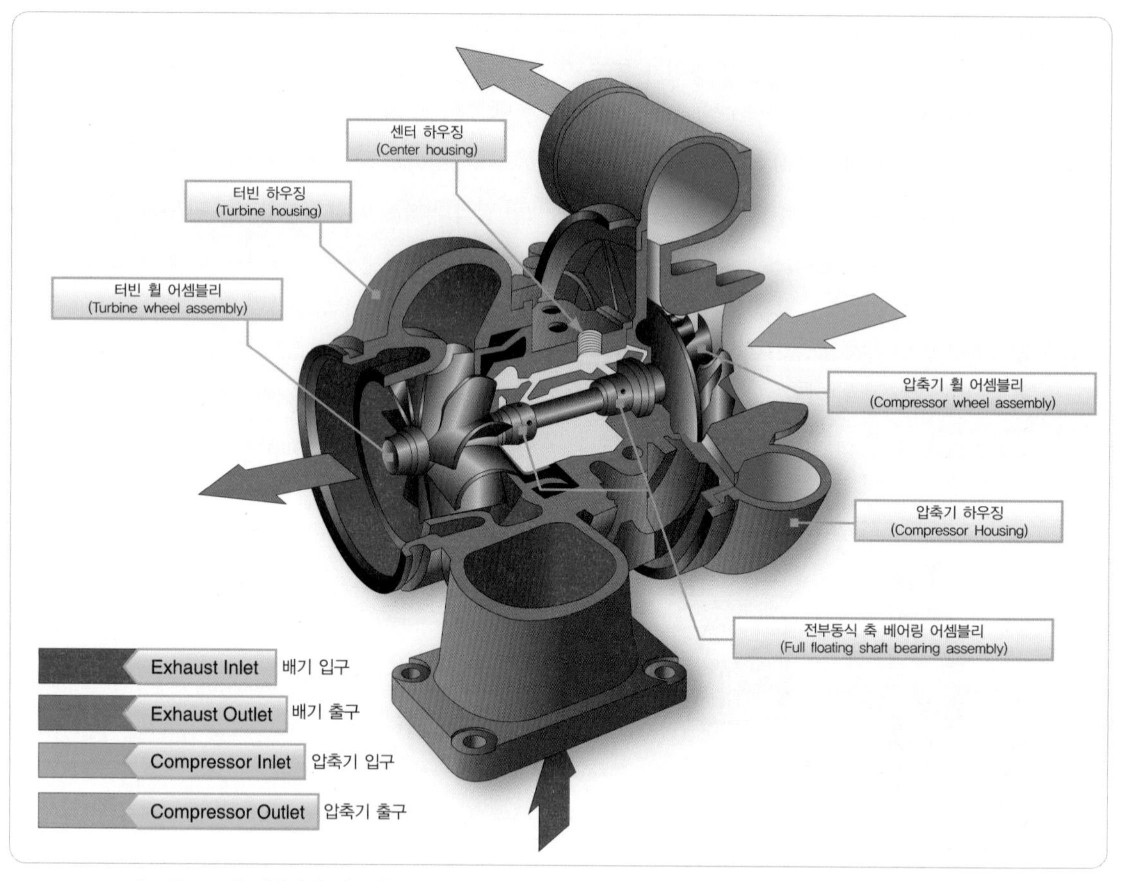

[그림 3-11] 전형적인 터보과급기와 주요부품(A typical turbosupercharger and its main parts)

그림 3-12에서는 터보과급기의 자세한 예를 보여준다. 주요 어셈블리에 추가해서 압축기 케이싱과 배기가스 터빈 사이에 위치한 배플(baffle)이 있으며, 이것은 냉각공기를 펌프와 베어링 케이스에 흐르도록 하여 터빈으로부터 방출되는 열로부터 압축기를 보호한다. 냉각공기가 제한 받는 곳에 장착할 때는 배플 대신에 흡입계통으로부터 직접 공기를 받아 규칙적으로 냉각하는 슈라우드(shroud)로 교체되기도 한다.

압축기어셈블리는 임펠러(impeller), 디퓨저(diffuser), 그리고 케이싱(casing)로 구성된다. 흡입계통의 공기는 압축기 케이싱의 중앙에 있는 원형 흡입구를 유입되어 임펠러의 블레이드에 의해 축 방향에서 원주방향으로 가속되어 디퓨저로 유입된다. 디퓨저 베인(diffuser vane)은 공기의 출구 방향을 조절해 주며, 높은 속도(high velocity)의 공기를 높은 압력(high-pressure)의 공기로 변환시켜준다.

임펠러는 배기가스 터빈(exhaust-gas turbine)의 터빈 휠 샤프트(turbine wheel shaft)에 장착되어 구성된다. 이 어셈블리를 로터(rotor)라고 한다.

그림 3-13에서 보는 것과 같이, 배기가스 터빈어셈블리(exhaust gas turbine assembly)는 터보과급기와 웨스트게이트밸브(waste gate valve)로 구성된다. 배

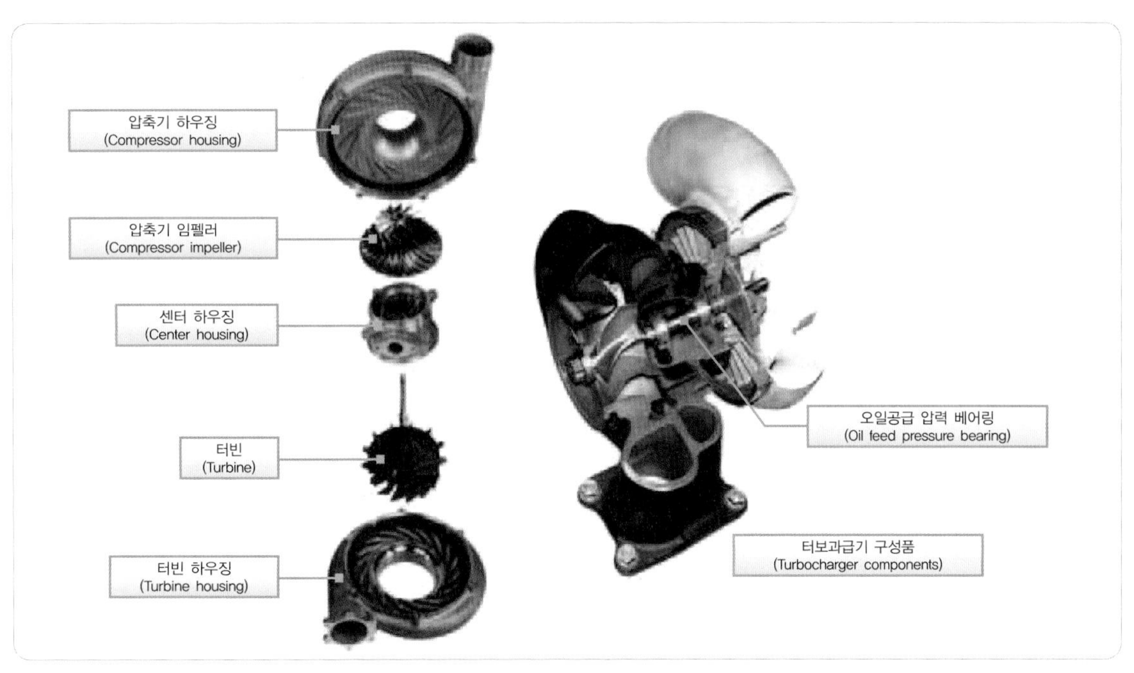

[그림 3-12] 터보과급기의 주요 구성품 상세도(Detail examples of the main components of a turbosupercharger)

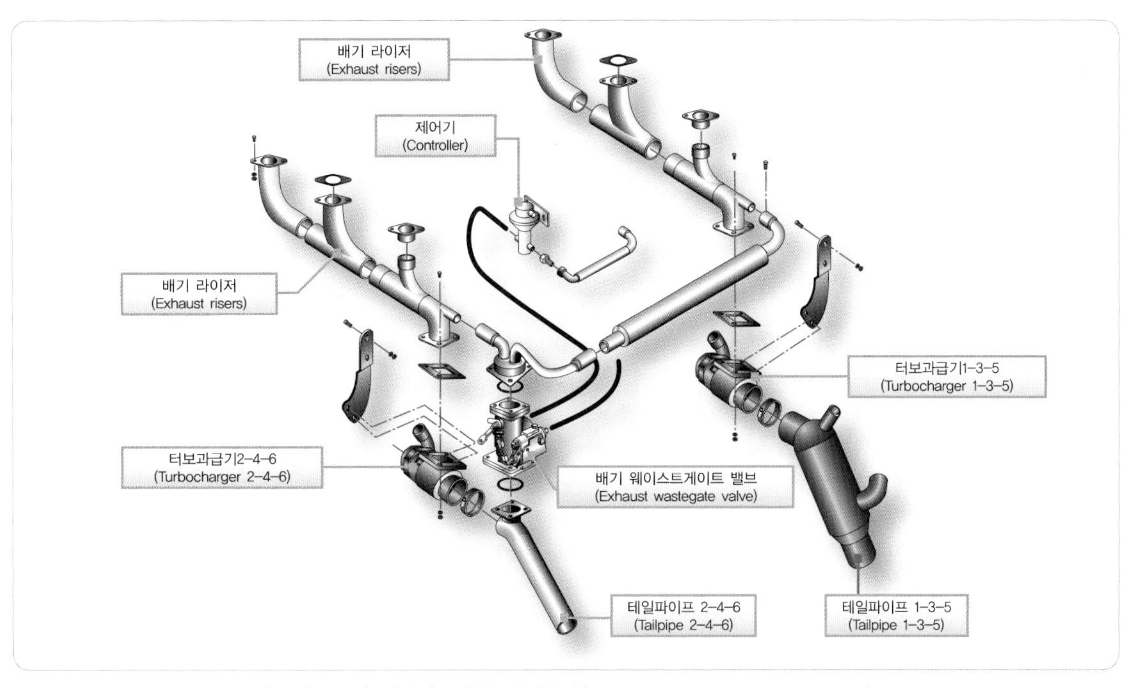

[그림 3-13] 배기가스터빈 어셈블리(Exhaust gas turbine assembly)

기가스에 의해서 회전되는 터빈 휠은 임펠러를 구동시킨다. 터보 하우징(turbo housing)은 배기가스를 터빈 휠에 흐르도록 하며, 웨이스트게이트밸브는 터빈 휠에 흐르는 배기가스의 양을 조절해 준다.

웨이스트게이트는 터빈으로 향하는 배기가스의 양(volume)을 조절하여 로터(rotor)의 회전 속도를 조절한다. [그림 3-14] 만일 웨이스트케이트가 완전히 닫혀 있으면 모든 배기가스가 백업("backed up")되어 터빈 휠을 통과한다. 만일 웨이스트게이트가 부분적으로 닫혀 있으면 그에 해당되는 배기가스만 터빈으로 향하게 된다. 그렇게 하여 흐르는 배기가스는 터빈 바깥쪽에 방사상으로 배열된 터빈 블레이드(turbine blades)를 타격(strike)하여 로터(rotor)를 회전시키게 된다. 그런 다음, 가스는 에너지의 대부분이 소진되어 밖으로 배출된다. 웨이스트게이트가 완전히 열렸을 때는 거의 모든 배기가스는 압력 상승 없이 외부로 배출된다.

3.1.2.3 노멀라이저 터보차저 (Normalizer Turbocharger)

경비행기에서 사용되는 엔진에는 외부 구동식 노멀라이징 계통(externally driven normalizing system)가 장착된다. 이들 계통은 배기가스의 에너지로 구동되며, 일반적으로 "노멀라이징 터보차저(normalizing turbocharger)" 계통이라고 부른다. 이들 계통은 30inHg 이상으로 매니폴드압력을 상승시키기 위한 과급기로 사용하도록 설계되지는 않았다. 고도가 증가로 인한 압력 강하로 인한 출력 감소를 보상하기 위한 용도로 설계 되었다. 대부분의 경비행기 엔진에 장착된 터보차저(노멀라이징)계통은 특정한 고도 이하

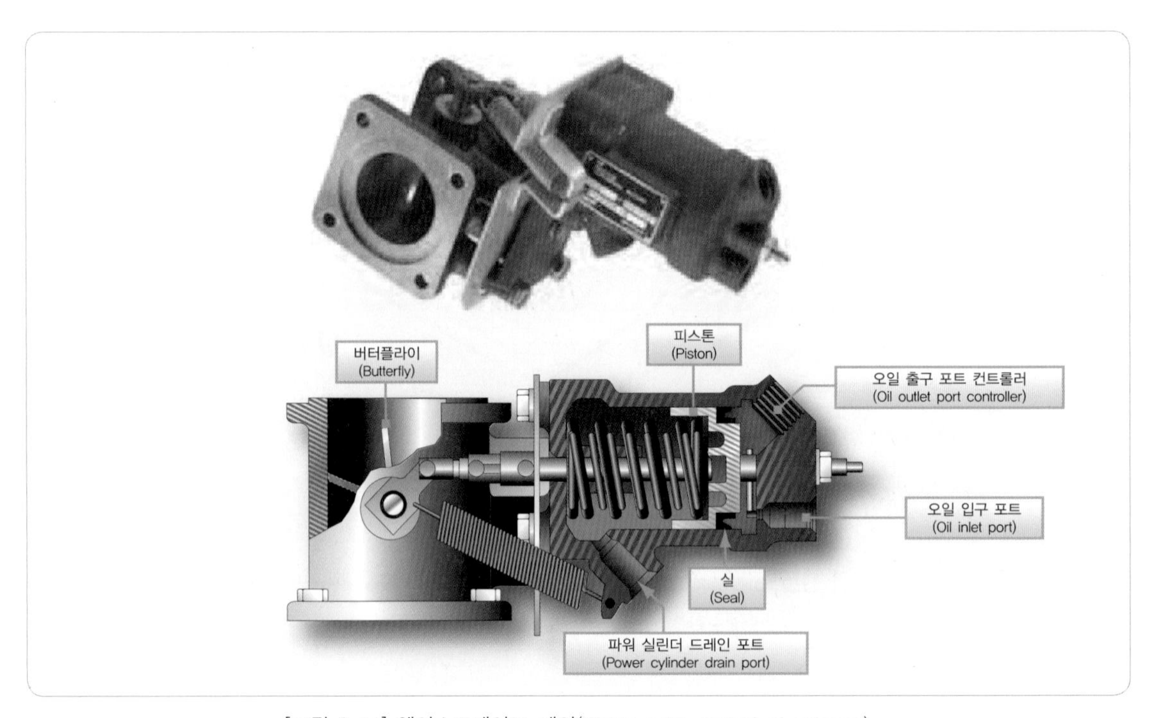

[그림 3-14] 웨이스트게이트 제어(Waste gate control of exhaust)

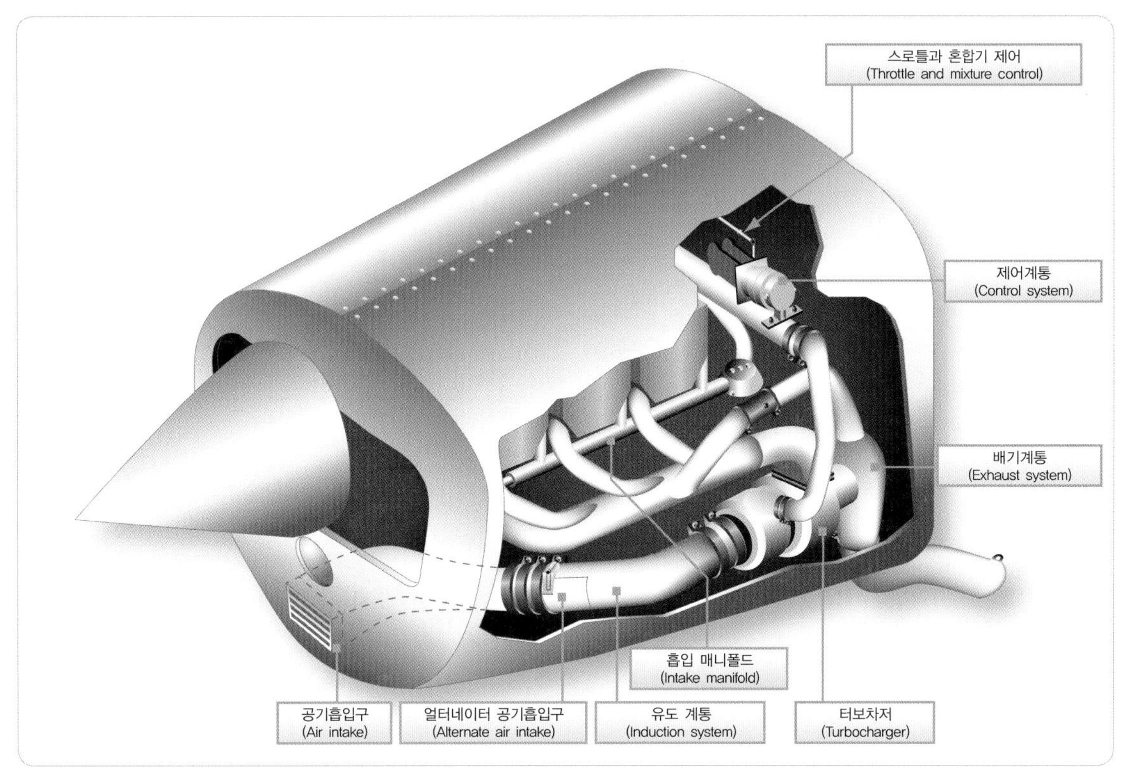

[그림 3-15] 노멀라이징 터보과급기 계통의 공기 유도와 배기계통 위치
(Typical location of the air induction and exhaust systems of a normalizing turbocharger system)

에서는 최대출력을 이용할 수 있기 때문에, 예를 들어 고도 5,000feet 이상의 특정고도에서 작동하도록 설계되었다. 그림 3-15에서 보는 것과 같이, 경비행기에 장착된 전형적인 표준 터보차저의 공기 흡입계통과 배기계통의 위치를 보여 준다.

3.1.2.4 지상 승압식 터보과급기 계통 (Ground-Boosted Turbosupercharger System)

지상승압식 터보과급기 계통(ground-boosted turbosupercharger System)이나 지상 승압식(해수면) 터보과급기 계통(ground-boosted (sea level) turbosupercharged)은 해면에서부터 임계고도까지 작동되도록 설계되었다. 종종 해면승압식 엔진(sea level-boosted engine)이라고 부르는 이 엔진은 터보과급기를 사용하지 않는 엔진보다 해수면에서 더 큰 출력을 낼 수 있다. 앞에서 설명했듯이, 엔진은 제대로 과급시키기 위해서는 30inHg 이상으로 승압해야 한다. 이러한 유형의 터보과급기는 매니폴드 압력을 30inHg 이상에서 약 40inHg 정도로 증가시킨다. 그림 3-16에서 보는 것과 같이, 흡입공기계통은 나셀(nacelle)의 한쪽에 위치한 필터가 장착된 램공기 흡입구로 구성된다. 흡입 필터가 막히면, 나셀 내부의 대체 공기 도어(alternate air door)를 통해 엔진 주위의 가열된 공기, 즉 대체공기를 자동으로 흡입할 수 있

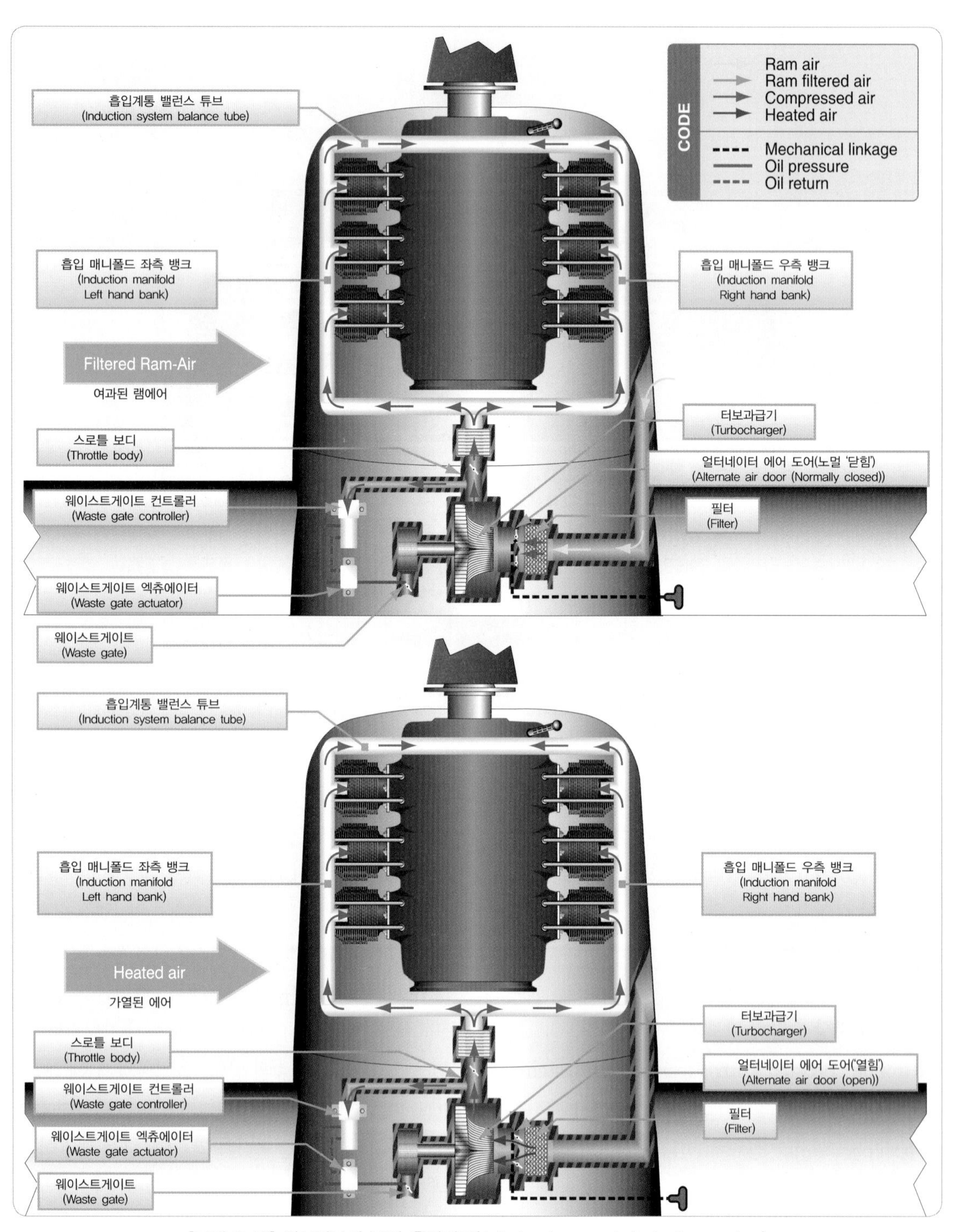

[그림 3-16] 터보과급기 공기 흡입계통(A turbocharger air induction system)

다. 대부분의 경우에, 필터가 막힐 경우 대체 공기 도어를 수동으로 작동 할 수 있다.

모든 터보과급기계통은 엔진에 공급되는 승압(boost)량, 즉 추가되는 매니폴드압력(extra manifold pressure)을 제어하기 위한 제어 유체로 엔진 오일을 사용한다. 웨이스트게이트 엑츄에이터(waste-gate actuator)와 제어장치(controller)는 출력 공급을 위하여 가압된 엔진오일을 사용한다. 터보과급기는 웨스트게이트와 웨스트게이트 엑츄에이터(waste-gate actuator)에 의해서 제어된다.

기계적으로 연결된 웨스트게이트에 물리적으로 연결된 웨스트게이트 엑츄에이터(actuator)는 웨스트게이트의 버터플라이밸브(butterfly valve) 위치를 제어한다. 웨스트게이트는 터보과급기 터빈입구 주변으로 엔진 배기가스를 우회시킨다. 터보과급기의 터빈을 거쳐 지나는 배기가스 양을 제어함으로써, 압축기 회전속도와 흡입구 승압(상단 압력) 양이 제어된다. 또한 엔진오일은 터보과급기에 있는 압축기와 터빈을 지지하는 베어링의 냉각과 윤활을 위해 사용된다. 터보과급기 윤활유는 엔진오일계통을 통해 공급되는 엔진오일이다. 오일냉각기의 뒤쪽으로부터 오일공급 호스는 터보과급기의 센터하우징과 베어링으로 오일을 향하게 한다. 오일호스를 통해서 터보과급기의 오일을 엔진의 후방에 위치된 오일배유펌프(scavenge pump)로 되돌려 보낸다. 오일 공급선에 있는 한 방향 체크밸브(one-way check valve)는 엔진이 작동하지 않는 동안에 터보과급기 안으로 유출되는 오일을 막아 준다. 피스톤링형 오일실(Piston ring-like oil seals)은 센터하우징으로부터 터빈과 압축기 하우징으로 들어가는 윤활유를 막아 주기 위해 압축기 휠 축에 사용된다.

웨스트게이트 위치는 오일압력을 조정하기 위하여 웨스트게이트 엑츄에이터에서 제어된다. 서로 다른 여러 형태의 제어기는 웨스트게이트 엑츄에이터에 정확한 압력을 공급하기 위하여 사용된다. 이것은 오일 흐름을 제한하거나 오일이 엔진으로 되돌아오도록 한다. 오일이 제한되면 될수록 더 높은 압력이 웨스트게이트 엑츄에이터에서 생기며, 더 많이 닫힌 웨스트게이트인 것이다. 이것은 배기가스가 터빈을 거쳐 지나감으로써 입구압력이 상승되도록 압축기 회전속도를 증가시킨다. 오일이 제어기에 의해 제한되지 않고 승압도 감소한다면 반대로 된다. 터보과급기 압축기의 출구에서 스로틀까지 압력을 데크 압력(deck pressure) 또는 상부 데크 압력(upper deck pressure)이라고 부른다.

3.1.2.5 전형적인 터보과급기 시스템 (A Typical Turbosupercharger System)

그림 3-17에서는 해면승압식 터보과급기 시스템의 그림을 보여 준다. 광범위하게 사용되는 이 시스템은 세 가지의 구성품에 의해서 자동적으로 조절된다.

① 배기 바이패스벨브어셈블리(exhaust bypass valve assembly)
② 밀도제어기(density controller)
③ 차압제어기(differential pressure controller)

웨스트게이트 위치에 의해서 '완전열림(full open)'과 '닫힘(closed)'의 위치(position)를 조절하여 일정한 출력으로 유지될 수 있다. 웨스트게이트가 완전히 열리면, 모든 배기가스는 비행기 밖에 대기로 배출되고, 공기는 압축되지 않은 상태로 엔진 공기흡입구로 보

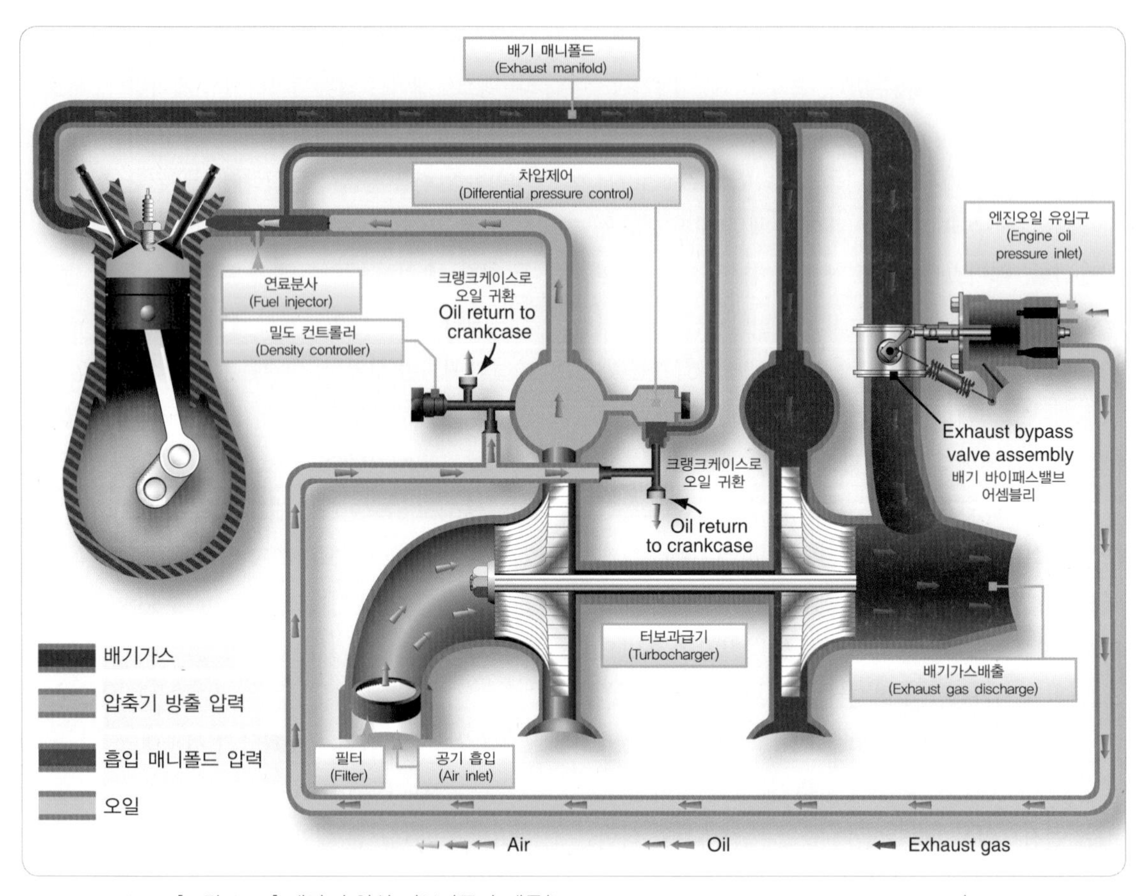

[그림 3-17] 해면 승압식 터보과급기 계통(Sea level booster turbosupercharger system)

내진다. 반대로 웨스트게이트가 완전히 닫히면, 배기가스가 최대로 터보과급기 터빈으로 유입되어 최대과급이 이루어진다. 웨스트게이트가 극도의 두 위치 사이에서, 이 계통이 작동되도록 설계된 최대고도 이하에서는 일정한 출력을 낼 수 있다. 임계고도(critical altitude mean)가 16,000fee의 엔진은 16,000feet 이상에서 매니폴드 정격압력 100%를 만들어 낼 수 없다. 임계고도는 표준대기 상태에서의 최대고도를 의미하고, 규정된 회전속도, 규정된 출력 또는 규정된 매니폴드압력으로 유지하는 것이 가능하다.

임계고도는 최대운영한계 이하에서 동력설정을 할 때마다 존재한다. 만일 항공기가 출력 설정 변화에 대응하지 않고 임계고도 이상의 고도로 비행한다면, 웨이스트게이트는 일정한 출력을 유지하기 위하여, 자동적으로 '완전닫힘' 위치로 구동될 것이다. 그리하여 웨스트게이트는 해면고도에서는 거의 완전히 열린 위치에 있으며, 항공기가 상승할수록 미리 설정된 매니폴드압력을 유지하도록 하기 위하여, '닫힘' 위치 쪽으로 계속 움직일 것이다. 웨스트게이트가 고착되는 것을 방지하기 위해서 조금의 간격을 남겨 두고, 완전히 닫혔을 때는 항공기가 고도를 계속해서 상승할수록 매니폴드압력은 점차 감소할 것이다. 만일 더 높은 출력으로 조절할 수 없을 때에는 터보과급기에 대한 임계고도에 도달된 것이며, 이러한 고도 이상에서는 출력이 계속해서 감소하게 될 것이다.

출력을 결정하여 주는 웨스트게이트밸브의 위치는 오일압력에 의해서 조절된다. 엔진 오일압력은 웨스트게이트밸브와 링케이지로 연결된 웨스트게이트어셈블리 내부의 피스톤을 움직여 주는 역할을 한다. 피스톤 내부의 엔진 오일압력이 증가하게 되면, 웨스트게이트밸브가 '닫힘' 위치 쪽으로 움직이며 엔진의 출력은 증가하게 된다. 결과적으로, 오일압력이 감소하게 되면, 웨스트게이트밸브가 '열림' 위치 쪽으로 움직이며, 엔진의 출력은 감소하게 된다.

웨스트게이트밸브에 부착된 피스톤 위치는 블리드오일에 의해서 좌우되며 그 엔진 오일압력은 피스톤 위쪽에 오일압력을 가하여 피스톤의 위치를 변경시킨다. 오일은 2개의 조절장치인 밀도제어기와 차압제어기를 지나서 엔진의 크랭크케이스로 되돌아오게 된다. 이들 두 개의 제어기는 각각 독립적으로 작동되어 얼마나 많은 양의 오일이 크랭크케이스로 되돌아오는지 그 양을 결정해 주며, 그래서 피스톤에 작동되는 오일압력을 결정해 준다. 밀도제어기는 터보과급기의 임계고도 이하에서 매니폴드압력이 제한되도록 설계되었으며, 다만 최대출력 위치에서만 블리드 오일을 조절해 준다.

밀도제어기의 내부의 압력과 온도를 감지하는 벨로우의 변화는 연료 분사기 입구와 터보과급기 압축기 사이의 압력과 온도 변화에 대해서 반응한다. 건조한 질소(dry nitrogen)로 채워진 벨로우는 온도가 상승함에 따라 압력이 상승하게 될 때 일정한 밀도를 유지하도록 해 준다. 웨스트게이트밸브의 꼭대기에 오일압력을 변화시키는 벨로우의 변화는 블리드밸브(bleed valve) 위치를 다시 조절하여 블리드 오일의 압력을 변화시킨다. [그림 3-18]

차압제어기(differential pressure controller)는 밀도제어기에 의해서 조절되는 "완전열림(wide open)" 위치를 제외한 웨스트게이트밸브의 모든 위치의 상태에서 기능을 발휘한다. 차압제어기의 한쪽 편에서는 다이어프램에서 스로틀로부터 들어오는 상류 공기에 대한 압력을 감지하고, 다른 편에서는 스로틀밸브의 실린더 쪽의 공기압력을 감지한다. [그림 3-17] 스로틀이 "완전열림(wide open)" 위치에서 밀도제어기(density controller)가 웨이스트게이트를 조절할 때는 차압제어기 다이어프램(differential pressure controller diaphragm) 양쪽의 압력 차이는 최소 상태이며, 제어기 스프링은 블리드밸브(bleed valve)를 닫힘 상태로 유지시킨다. "파트 스로틀(part throttle)" 위치에서는 공기의 압력차가 증가되고, 블리드밸브(bleed valve)가 열려서 블리드 오일이 엔진 크랭크케이스로 흐르게 되며, 웨이스트게이트 피스톤의 위치를 변화시킨다. 그러므로 두 개의 제어기는 스로틀이 어느 위치에서 터보과급기 작동을 제어하도록 독립적으로 작동한다.

파트 스로틀 작동 시에도 차압제어기의 기능을 유지해 나가면서 밀도제어기는 최대 출력을 얻도록 웨이스트게이트밸브 위치를 유지하게 된다. 차압제어기는 분사장치 입구 압력을 감소시켜서 계속적으로 엔진의 모든 작동 범위에 걸쳐서 밸브를 조절한다.

차압제어기는 부분적인 스로틀로 작동하는 동안에 "부트스트랩핑(Bootstrapping)"으로 알려진 불안정한 상태를 완화시킨다. 부트스트랩핑이란 매니폴드압력의 계속적인 불안정한 상태를 초래하는 조절되지 않은 출력 변화를 지시하는 것이다. 이런 상태는 웨이스

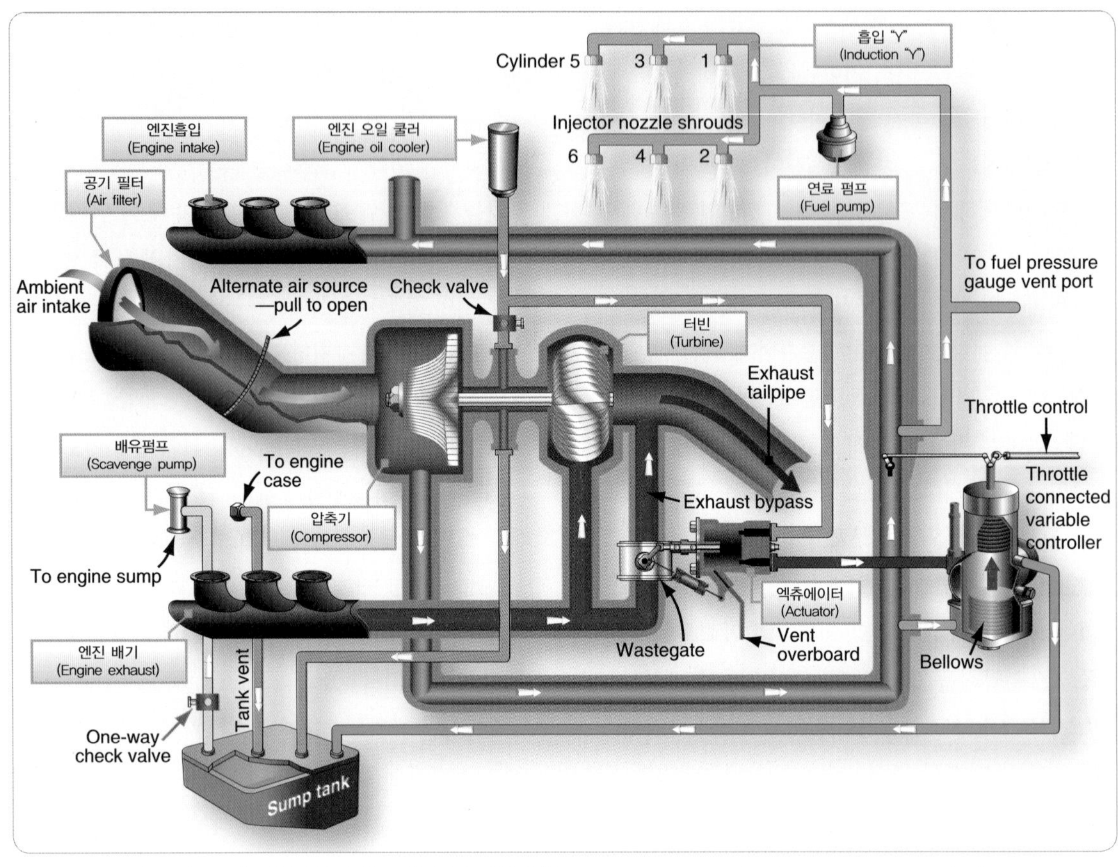

[그림 3-18] 터보과급기계통 엔진의 구성요소(Components of a turbocharger system engine)

트게이트가 완전히 닫혀 있을 때 계통의 작동을 주시함으로써 알아낼 수 있다. 이때에 차압제어기는 웨이스트게이트의 밸브 위치를 조정하지 않는다. 온도나 분당회전수(rpm)의 변동으로 인하여 다소의 출력 변화를 일으키며, 약간의 변화로 인하여 터빈으로 가는 배기가스 양이 변화하기 때문에 매니폴드 압력의 변화가 발생한다. 터빈으로의 배기가스 흐름의 변화는 출력의 변화를 유발하고 매니폴드압력 지시에 영향을 미치게 된다. 그때에 부트스트랩핑은 매니폴드압력으로 하여금 평형상태에 도달하도록 시도되고 표류하게 됨으로써 터보과급을 하는 일에는 바람직하지 않은 순환 과정이다.

때때로 부트스트랩핑(bootstrapping)은 과승압(overboost)이라고 하는 조건과 혼동되지만, 부트스트랩핑은 엔진 수명에 유해한 조건은 아니다. 과승압(overboost) 상태는 매니폴드압력(manifold pressure)이 특정 엔진에 대해 규정된 허용한계를 초과하여 심각한 손상을 일으킬 수 있는 상태이다. 따라서 시스템이 오작동하는 경우 과부하로 인한 부스트 손상을 방지하기 위해 최대 데크 압력(maximum deck pressure)을 약간 초과하여 설정된 압력릴리프밸브(pressure relief valve)를 일부 계통에서 사용된다.

차압제어기는 터보과급기가 자동적으로 조절되는 기능을 발휘하는 데 필수적인 것이며, 차압제어기는 계통을 정상화시키는 데 필요한 시간을 단축시켜 주어 부트스트랩핑을 감소시켜 주기 때문이다. 터보과급기가 장착된 엔진은 비과급 엔진보다 여전히 스로틀이 훨씬 민감하다. 터보과급기 엔진에서 스로틀을 급속히 움직이면 일정량의 매니폴드압력이 흔들리게 된다. 부트스트랩핑보다는 심하지 않는 이러한 상태를 오버슈트(overshoot)라고 한다. 오버슈트는 위험한 상태가 아니지만 조종사나 작동자가 몇 초 사이에 변화되는 매니폴드압력 상태를 파악하여 매니폴드압력을 다시 설정해 주어야만 한다. 자동제어는 터보과급기 속도 변화와 관성을 없애기 위해서 갑작스러운 스로틀 설정 변화에 신속하게 충분히 반응할 수 없으므로, 오버슈트는 작동자에 의해서 제어되어야 한다. 이 조절은 계통이 새로운 안정화 상태에 도달할 수 있도록 몇 초 동안에 수행되는 스로틀 설정 변화를 천천히 함으로써 가장 잘 수행될 수 있다. 그러한 절차는 스로틀의 민감도에 관계없이 터보과급기가 장착된 엔진에는 효과적이다.

3.1.2.6 터보과급기 제어기와 계통 설명 (Turbocharger Controllers and System Descriptions)

터보과급식 엔진은 앞의 계통에서 설명된 동일한 구성품들을 많이 포함하고 있다. [그림 3-18] 일부 계통들은 연료분사계통에 대한 공기기준 및 경우에 따라 마그네토(magneto)를 가압하기 위해 상부 데크 압력(upper deck pressure)에 연결된 특수 라인과 피팅(fitting)을 사용한다. 기본계통 작동은 다른 터보과급기(turbocharger)계통과 유사하지만 주요 차이점은 제어기(controller)에 있다. 이 제어기는 압축기의 출력을 감지하여 데크압력을 감시한다. 이 제어기는 배기 바이패스밸브(exhaust bypass valve)를 열거나 닫는 웨이스트게이트 엑츄에이터(wastegate actuator)를 통과하여 오일흐름을 제어한다. 데크압력이 불충분할 때, 제어기는 웨이스트게이트 엑츄에이터에 오일압력이 증가함에 따라 오일흐름이 제한된다. 이 압력은 터빈을 고속회전하게 하여 더 많은 배기가스가 통과하게 하여 압축기 출력이 증가되도록 웨스트게이트밸브를 차단시키도록 피스톤에 작용한다. 반대로 데크압력이 너무 크게 되었을 때, 배기 웨이스트게이트는 완전히 열리고 터빈을 통과하는 배기 흐름을 감소시키기 위해 배기가스 일부를 우회시킨다. 애프터-쿨러(after-cooler)는 압축기 단계와 공기스로틀 입구 사이에 유입공기 경로에 장착되어 있다. [그림 3-19]

대부분의 터보과급기는 흡입공기 온도를 5배 올릴 수 있는 수준까지 압축할 수 있다. 이것은 최대 500°F까지의 압축공기를 100°F인 날에 최대이륙출력(full power takeoff) 상태로 유입공기 온도를 감소시킬 수 있다는 의미이다. 이것은 모든 왕복엔진에서 스로틀 입구 최대공기온도를 초과되는 것을 허용하게 된다. 일반적으로 스로틀입구 최대공기온도는 230~300°F까지의 범위이다. 이 최댓값을 초과할 경우 연소실에서 이상폭발(detonation)이 일어날 가능성이 높아진다. 이러한 문제를 해결하기 위해 애프트-쿨러를 사용한다. 따라서 애프터-쿨러의 기능은 압축공기를 냉각시켜 이상폭발의 가능성을 낮추고, 터보과급기 성능을 향상되도록 디토네이션 가능성을 감소시키고 충전 공기밀도를 증대시키도록 엔진을 설계한 것이다. 엔진 시동할 때, 제어기는 불충분한 압축기 배출압력(데크압력)을 감지하고 웨이스트게이트 엑츄에이터에서 엔진으로 흐르는 오일을 제한시킨다. 이것은 웨

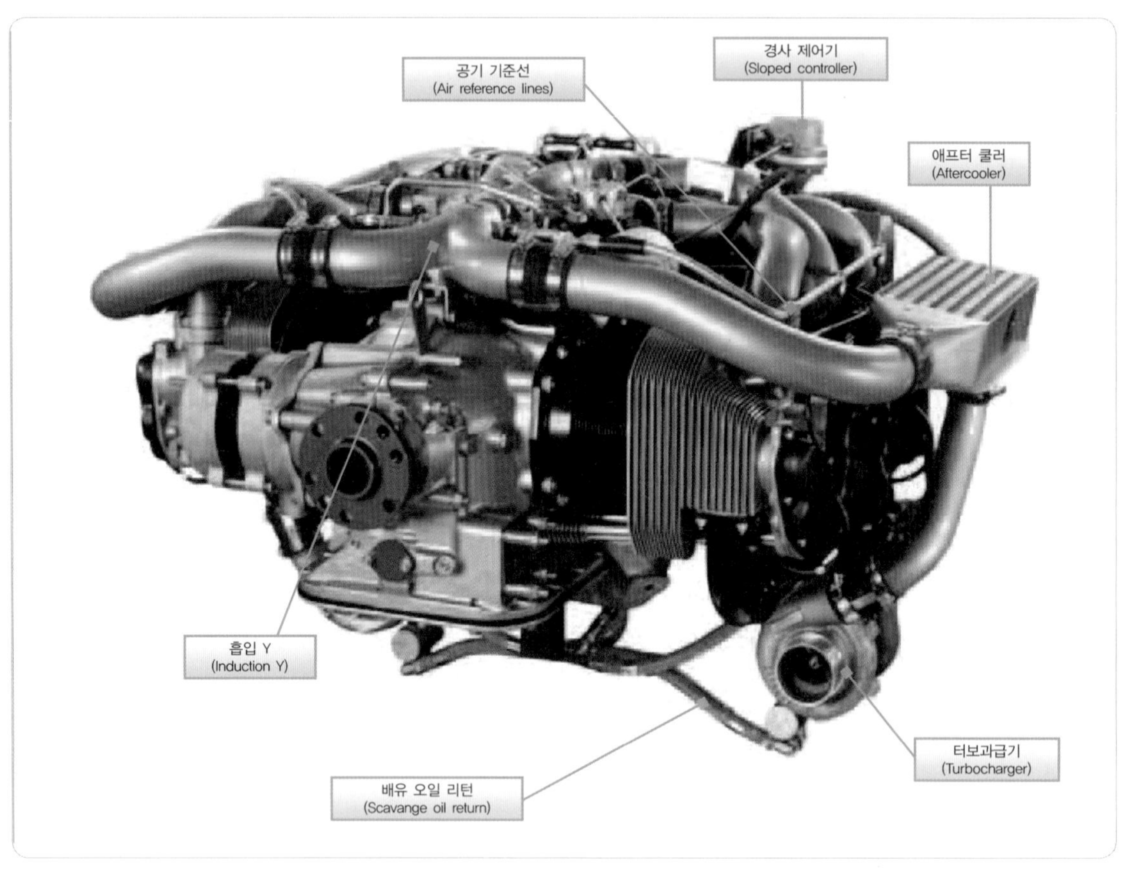

[그림 3-19] 애프터 쿨러 설치(An after-cooler installation)

스트게이트 버터플라이밸브를 닫히게 한다. 스로틀을 전진시킴에 따라 터빈/압축기 축의 회전속도와 압축기 방출압력을 증가시켜 터빈을 지나는 배기가스 흐름은 증가시킨다. 제어기는 상판(upper deck)과 매니폴드압력 사이에 차이를 감지한다. 만약 데크압력이나 스로틀 차압이 상승한다면, 웨이스트게이트 엑추에이터에 오일압력을 경감해 주는 제어기 포핏밸브(poppet valve)가 열린다. 이렇게 터보과급기 압축기 방출압력(데크압력)은 감소된다.

3.1.2.7 가변절대압력제어기 (Variable Absolute Pressure Controller)

가변절대압력제어기(VAPC: Variable Absolute Pressure Controller)는 설명했던 다른 제어기와 유사한 오일조절밸브(oil control valve)를 갖추고 있다.[그림 3-20] 오일흐름 제한장치는 상부 데크압력으로 간주되는 아네로이드벨로우즈(aneroid bellows)에 의해서 작동된다. 스로틀 기계장치에 연결된 캠은 제한밸브와 아네로이드에 압력을 가한다. 스로틀이 더 큰 값으로 열리면 캠이 아네로이드에 더 큰 압력을 가하게 된다. 이것은 아네로이드를 압축시키기 위해 필요한

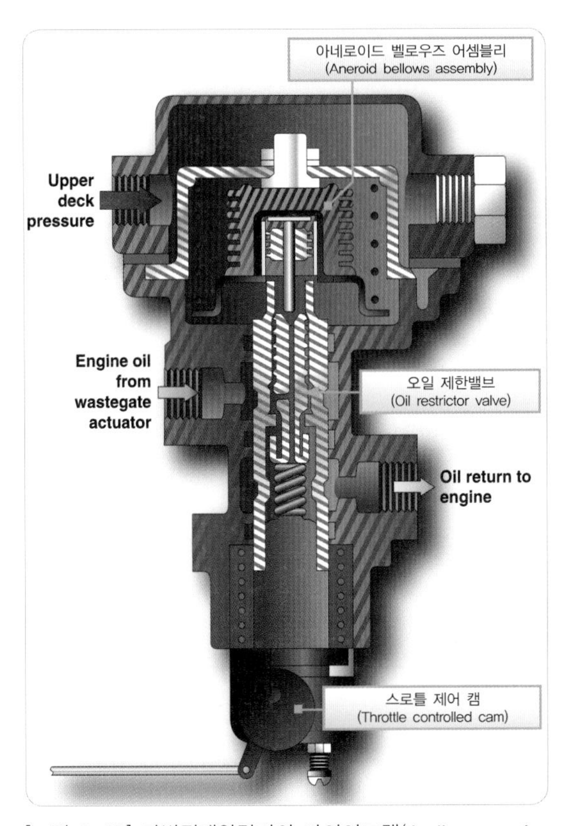

[그림 3-20] 가변절대압력기의 다이어그램(A diagram of a variable absolute pressure controller(VAPC))

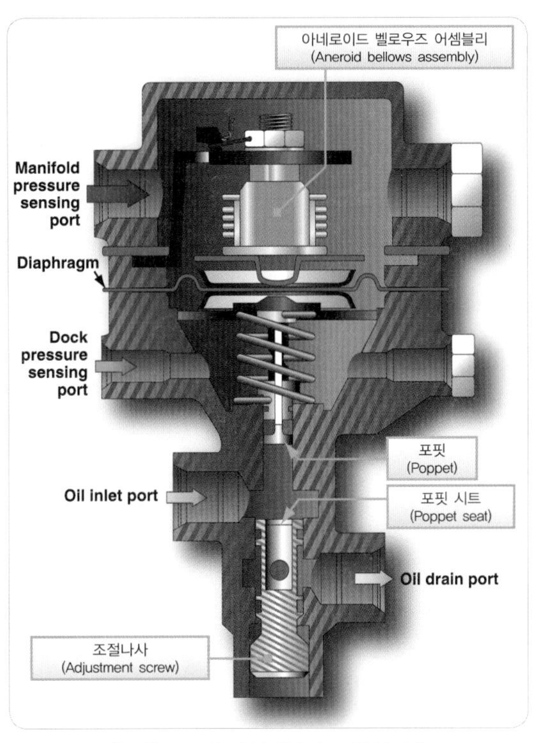

[그림 3-21] 경사제어기 다이어그램
(A diagram of a sloped controller)

상부 데크압력의 양을 증대시켜서 오일흐름 제한밸브를 열어 준다. 이것은 스로틀 위치에 의한 아네로이드 변경을 극복하기 위해서는 상부 데크압력의 예정된 절대 값이 요구된다는 것을 의미한다. 스로틀이 넓게 열리면, 매니폴드압력과 상부 데크압력 필요조건은 크게 증가한다.

3.1.2.8 경사제어기(Sloped Controller)

경사제어기는 완전히 열린 스로틀 상태에서 정격 압축기 방출압력을 유지하고, 파트-스로튼 설정에서는 이런 압력이 감소되도록 설계되었다. (그림 3-21) 절대압력 기준에 의한 스프링으로 지지된 벨로우즈와 연결된 다이어프램은 스로틀 전후에 위치된 출구를 통해 흡기매니폴드압력과 갑판압력으로 나타난다. 이 구조는 부분적으로 닫힌 스로틀로 인하여 갑판압력과 매니폴드압력 사이에 차압을 지속적으로 감시한다. 만약 갑판압력이나 스로틀 차압이 상승한다면, 제어기 포핏은 열리고 터보과급기 방출압력(데크압력)은 감소한다. 경사제어기는 스로틀이 닫힘에 따라 감소되는 갑판압력보다 스로틀 차압에 더 민감하다.

3.1.2.9 절대압력제어기 (Absolute Pressure Controller)

이 장치는 터보과급기의 속도와 출력을 제어하기 위해 사용되지만, 최대출력에서 오직 시스템만을 제어는 절대압력제어기이다. 절대압력제어기는 상갑판압력에서 언급되는 아네로이드벨로즈를 갖추고 있다. 이것은 터빈을 지나는 배기가스를 많게 또는 적게 보내도록 웨이스트게이트를 동작시킨다. 절대압력이 설정값에 도달하였을 때에는 오일을 우회시키고, 웨이스트게이트 엑츄에이터에 압력을 경감시킨다. 이것은 절대압력제어기가 터보과급기의 압축기 방출압력이 최대가 되도록 제어하게 한다. 이러한 터보과급기는 임계고도까지 조종사의 조작이 필요가 없이 완전히 자동적인 것이다.

3.1.2.10 터보과급기 고장탐구 (Turbocharger System Troubleshooting)

표 3-2에서는 터보과급기계통의 고장탐구와 함께 원인과 수리에 대한 가장 일반적인 것들을 포함하고 있다. 이들 고장탐구 절차는 오로지 안내서이며, 해당 제작사의 지침서나 고장탐구 절차로 대신하여 사용하지 않아야 한다.

[표 3-2] 터보과급기 고장탐구시 일반적인 문제(Common issues when troubleshooting turbocharger Systems)

Trouble	Probable Cause	Remedy
Aircraft fails to reach critical altitude	Damaged compressor or turbine wheel	Replace turbocharger
	Exhaust system leaks	Repair leaks
	Faulty turbocharger bearings	Replace turbocharge
	Wastegate will not close fully	Refer to wastegate in the trouble column
	Malfunctioning controller	Refer to differential controller in the trouble column
Engine surges	Bootstrapping	Ensure engine is operated in proper range
	Wastegate malfunction	Refer to wastegate in the trouble column
	Controller malfunction	Refer to differential controller in the trouble column
Wastegate will not close fully	Wastegate bypass valve bearing tight	Replace bypass valve
	Oil inlet orifice blocked	Clean orifice
	Differential controller malfunction	Refer to controller in the trouble column
	Broken wastegate linkage	Replace linkage and adjust waste gate for proper opening and closing
Wastegate will not open	Oil outlet obstructed	Clean and reconnect oil return line
	Broken wastegate linkage	Replace linkage and adjust waste gate opening and closing
	Controller malfunction	Refer to controller in the trouble column
Differential controller malfunctions	Seals leaking	Replace controller
	Diaphragm broken	Replace controller
	Controller valve stuck	Replace controller
Density controller malfunctions	Seals leaking	Replace controller
	Bellows damaged	Replace controller
	Valve stuck	Replace controller

3.2 왕복엔진 배기계통 (Reciprocating Engine Exhaust Systems)

왕복엔진의 배기계통은 엔진에서 배출되는 고온, 유독한 가스를 함께 모아서 처리하는 스캐빈지 계통(scavenging system)이다. 주요 기능은 항공기 탑승자와 기체에 철저히 안전하도록 배기가스를 처리하는 것이다. 배기계통은 여러 가지 유익한 기능을 가지고 있지만 그 첫 번째 역할은 배기가스의 잠재적인 유해 요소에 의한 피해를 막는 것이다. 현대의 배기계통은 비교적 경량이면서도 고온이나 부식에 강하고 진동에 적절히 잘 견디고, 최소의 정비작업으로 결함 없이 작동할 수 있다.

항공기 왕복엔진에 일반적으로 사용하는 배기계통에는 2개의 형태가 있는데, 쇼트 스택계통(short stack system)과 콜렉터 계통(collector system)이다. 쇼트 스택 계통은 소음이 적고, 과급기가 없는 저(低)마력의 엔진에 주로 사용된다. 콜렉터 계통은 대부분의 과급기가 없는 대형엔진, 또는 터보과급기가 장착된 모든 엔진에 사용되고 나셀(nacelle)에 유선형의 상태를 유지시키면서 나셀 부근의 정비를 용이하게 할 수 있는 곳에 장착된다. 터보과급기가 장착된 엔진에서는 과급기의 터빈 압축기를 구동시키기 위해 배기가스를 한곳으로 모아야 한다. 그러한 계통에는 오직 1개의 출구를 가진 콜렉터 링으로 배기가스를 보낼 수 있는 배기헤드(exhaust header)를 가지고 있다. 콜렉터 링 출구에서 나온 고온의 배기가스는 테일파이프를 지나 터빈을 구동시키기 위해 터보과급기로 들어간다. 비록, 콜렉터계통은 배기계통 배압을 상승시키지만, 그로 인한 마력 손실보다는 터보과급기의 사용으로 인한 마력 이득이 더 크다. 쇼트 스택계통은 비교적 구조가 간단하고 너트와 클램프의 사용만으로도 쉽게 장착, 장탈할 수 있으나, 대부분의 현대 항공기에서는 사용이 제한적이다.

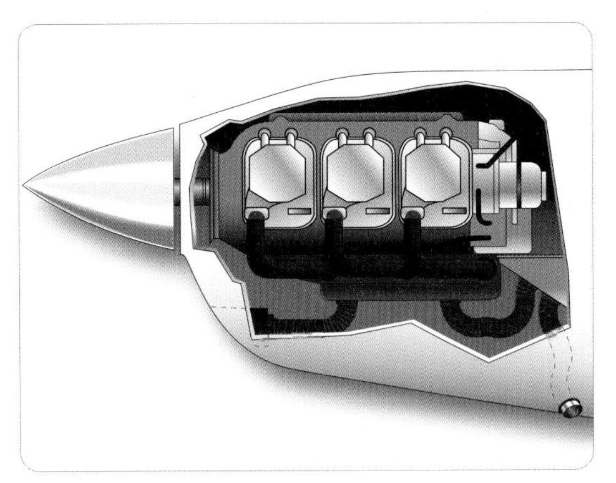
[그림 3-22] 전형적인 콜렉터 배기계통의 위치 (Location of a typical collector exhaust system)

그림 3-22에서, 수평대향형엔진의 전형적인 콜렉터 배기계통 부품의 측면도로 보여 준다. 이와 같이 장

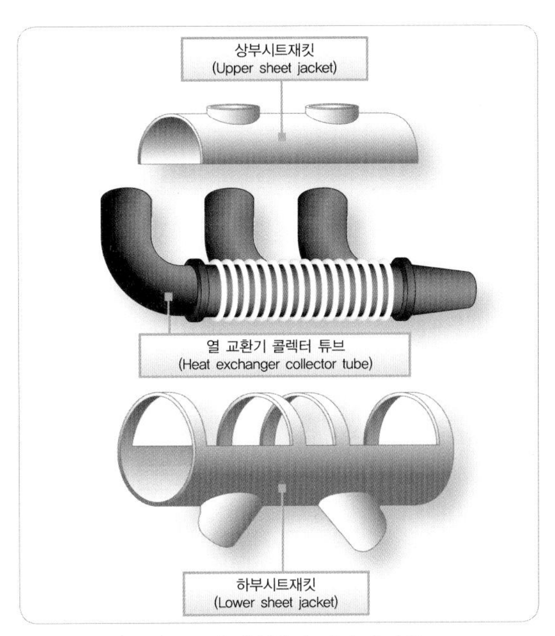

[그림 3-23] 객실히터 배기 슈라우드 (A cabin heater exhaust shroud)

착된 배기계통은 각 실린더에 있는 다운스택(down-stack), 각 엔진의 양쪽에 있는 배기수집관(exhaust collector tube), 그리고 방화벽(firewall) 양쪽에서 후방 아래쪽으로 배기가스를 분사하는 배기배출기(exhaust ejector assembly) 등으로 구성되어 있다. 다운스택은 고온 잠금 너트(high temperature locknut)로 실린더에 연결되어 있고 링클램프에 의해서 배기수집관에 고정되어 있다. [그림 3-23] 배기수집관은 방화벽에 있는 배기배출기의 입구에서 끝나고 공기의 흐름이 배기배출기를 통과할 수 있는 적당한 속도로 배출될 수 있도록 테이퍼져 있다.

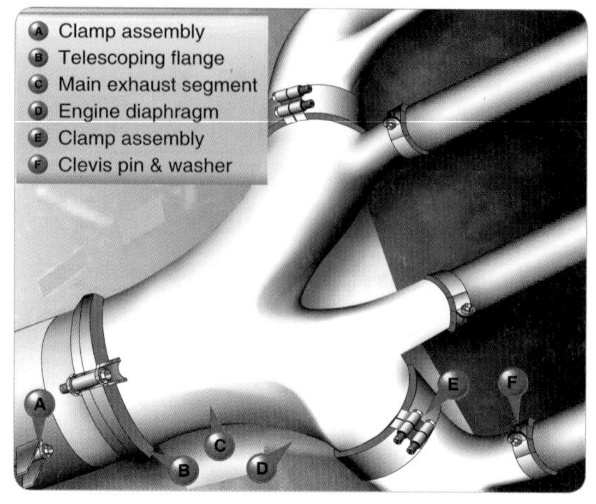

[그림 3-24] 성형엔진에 장착된 배기컬렉터 링의 구성요소
(Element of an exhaust collector ring installed on a radial engine)

3.2.1 성형엔진 배기 콜렉터 링 시스템 (Exhaust Collector Ring System)

그림 3-24에서 보는 것과 같이, 14실린더 성형엔진에 장착되어 있는 배기콜렉터링을 나타내고 있다. 콜렉터링은 내식강으로 7개 부분으로 제작되어 용접되었고, 각 부분은 2개의 실린더에서 나오는 배기가스를 한곳으로 수집한다.

그림 3-25에서 보듯이, 각 부분은 크기별로 구분되어 있다. 콜렉터링에 연결된 테일파이프로부터, 짧은 부분은 안쪽 편이고 긴 부분은 바깥쪽 편이다.

콜렉터링의 각 부분은 엔진 흡입구(Blower Section)에 있는 지지대(Bracket)에 볼트로 연결되어 있고, 엔진 배기구에 있는 숏스텍과 콜렉터링 출구 사이에 슬리브(Sleeve)로 연결되어 부분적으로 지지되고 있다. 배기 테일파이프는 텔레스코핑 신축이음(Telescoping Expansion Joint)으로 콜렉터링에 연결되어 있으므로 테일파이프를 제거하지 않고 콜렉터링의 일부분을 장탈할 수 있는 충분한 여유가 있다. 배기 테일파이프는 내식강으로 제작하여 용접되었고, 일부 항공기에서는 머프형 열교환기(muff-type heat exchanger)와 함께 장착되어 있다.

[그림 3-25] 성형엔진 배기 컬렉터 링
(A radial engine exhaust collector ring)

3.2.2 매니폴드와 오그멘터 배기장치 (Manifold and Augmentor Exhaust Assembly)

일부 성형엔진에서는 배기 매니폴드와 오그멘터(Augmentor)를 조합하여 사용하고 있다. 전형적인 18실린더 엔진에서는 2개의 배기구와 2개의 오그멘터가 사용되고 있다. 각 매니폴드는 9개의 실린더에서 나오는 배기가스를 모아서 오그멘터의 앞쪽 끝단으로 보내 준다.

배기가스는 오그멘터 밸마우스로 직접 들어간다. 오그멘터는 엔진 냉각을 원활히 할 수 있도록 공기 흐름을 증가시키기 위해 벤추리(Venturi)와 같은 형상으로 설계되었다.

오그멘터 베인은 각각의 테일파이프에 장착된다. 베인이 완전히 닫히면 테일파이프의 단면적이 약 45% 감소된다. 오그멘터 베인은 전기엑츄에이터에 의하여 구동되고, 지시계는 베인의 위치를 나타내고자 조종석의 오그멘터 베인 스위치에 있다. 엔진의 온도를 높이기 위해서는 오그멘터를 통과하는 공기의 속도를 감소시키도록 '닫힘' 위치로 놓아 베인을 움직이게 한다. 단지, 시스템은 대체로 성형엔진을 사용하는 구형 항공기에서 사용된다.

3.2.3 왕복엔진 배기계통 정비 실무 (Reciprocating Engine Exhausting System Maintenance Practices)

배기계통 결함은 심각한 위험 요소로 인식해야 한다. 결함 위치와 형태에 따라 계통의 결함으로 인하여 승무원이나 승객에게 일산화탄소의 중독, 엔진 출력의 일부 또는 전체 손실을 초래할 수 있으며, 항공기 화재의 원인이 될 수 있다.

부품의 균열(crack), 개스킷(gasket)의 누설이나 완전 파손은 비행에서 중대한 문제의 원인이 될 수 있다. 이러한 결함들은 결함 현상이 나타나기 전에 탐지될 수 있다. 배기 개스킷(gasket) 주위에 나타나는 검은 매연은 개스킷이 결함을 갖고 있다는 것을 보여 준다. 배기계통은 매우 철저하게 검사되어야만 한다.

3.2.4 배기계통 검사 (Exhaust System Inspection)

항공기의 형태에 따라 배기계통 부품의 위치나 형태가 어느 정도 차이가 있지만 왕복엔진 배기계통에 대한 검사의 요구 사항은 매우 유사하다. 다음에 나오는 항목에는 모든 왕복엔진에 대한 배기계통에 대한 일반적인 검사 방법과 절차가 서술되어 있다. 그림 3-26에서는 3가지 형태의 배기계통의 주요 검사 영역을 보여주고 있다.

배기계통에 정비를 수행할 때에는 아연도금(galvanized)이 되어 있거나 아연판으로 만든 공구를 절대 사용해서는 안 된다. 배기계통 부품에는 흑연 연필로 표시해서도 안 된다. 납(Lead), 아연(Zinc), 또는 아연도금에 접촉이 되면, 가열될 때 배기계통의 금속으로 흡수되어 분자 구조에 변화를 주게 된다. 이러한 변화는 접촉된 부분의 금속을 약화시켜 균열이 생기게 하거나 궁극적으로는 결함을 발생케 하는 원인이 된다.

배기계통이 완전히 장착된 뒤 엔진 카울의 모든 부품들을 장착하여 잠그고, 배기계통을 사용하기 위해서는 엔진을 작동시켜 정상 작동 온도까지 가열시켜야 한다. 그다음에 엔진 작동을 정지시켜서 배기계통이 노출될 수 있도록 카울링을 장탈시킨다.

배기가스 누출의 증거가 있는지 각각의 클램프 연결과 배기구 결합 부분에 배기가스 누출의 흔적에 대해 반드시 검사해야 한다. 배기누설은 누설되는 곳에 있는 파이프에 광택이 없는 회색, 또는 거무스름한 줄무늬로 나타난다. 배기누설은 보통 2개의 배기계통 부품을 제대로 맞추어 조립하지 못해(poor alignment) 나타난다. 배기계통 연결 부분에서 누설이 발견되면, 클램프를 풀고 누설되는 부분을 가스가 새지 않도록 다시 확실하게 맞추어 조립한다.

[그림 3-26] 3가지 유형의 배기계통의 주요 검사부위
(Primary inspection areas of three types of exhaust systems)

제 위치로 맞춘 후 규정 토크를 넘지 않는 범위에서 누설되는 부분이 없도록 다시 조여 준다. 만약 규정 토크로 조여도 헐거운 부분이 없어지지 않을 경우에는 볼트 또는 너트가 늘어났기 때문에 교환해야 한다. 규정 토크로 조여 준 후 모든 너트는 안전결선을 해야 한다.

카울을 장탈하여 요구되는 세척 작업을 수행할 수 있다. 일부 배기 부품은 일반적인 센드브라스트(sandblast)로 마감하여 제작되고 다른 부품들은 세라믹 피막을 입혀서 마감한다. 세라믹 피막을 입힌 스텍은 기름 제거 세척만 해야 하며, 샌드블라스트(sandblast) 또는 알칼리 세척제(alkali cleaner)를 사용해서는 안 된다.

배기계통을 검사할 때는 표면의 균열(crack), 찌그러짐(dent), 또는 누락된 부품(missing part)이 있는지 세심한 주의를 기울여야 한다. 또한 용접 부분, 클램프, 지지대 결합 부분, 버팀대, 슬립조인트, 스택 플랜지(stack flange), 개스킷(gasket), 플렉시블 커플링에도 적용된다. 용접된 부분과 함께 구부러진 곳도 세심히 검사하여야 하며, 움푹 찌그러진 부분이나 낮은 밑바닥에도 연소 생성물이나 습기로 인한 내부 침식으로 피팅(pitting)이나 얇아진 부분이 없는지 검사해야 한다. 아이스 픽(ice pick)이나 유사한 도구는 의심되는 영역을 조사하는 데 유용하다.

배기계통은 배플이나 디퓨저 내부를 검사하기 위하여 필요에 따라서는 분해하여야 된다. 만약 육안검사를 위해 접근할 수 없는 부품, 또는 장탈할 수 없는 다른 부품에 가려져 있을 경우에는 누설 여부를 검사하기 위해서 장탈해야 한다. 때때로 약 2psi 정도의 적당한 내부 압력을 가하여 부품의 개구부를 막고 물속에 잠기게 하여 검사할 수 있다. 조금이라도 누설되는 경우에는 기포가 발생되어 쉽게 탐지할 수 있다. 장착 검사에 요구되는 절차도 보통 사용되는 검사 방법과 동일하다. 매일 수행하는 검사도 노출 부분의 균열, 눈금 표시, 과다한 누설, 그리고 클램프의 풀림 여부를 점검해야 할 것이다.

3.2.5 머플러와 열교환기 결함 (Muffler and Heat Exchange Failures)

모든 머플러 또는 열교환기 결함의 약 절반 정도는 객실 또는 기화기 열원으로 사용되는 열교환기 표면의 균열이나 파열에 의한 결함으로 발생된다. 보통 바깥벽에 나타나는 열교환기 표면의 결함은 배기가스가 객실 난방장치(Cabin Heat System) 쪽으로 빠져나가게 한다. 대부분의 경우, 응력 집중 부근에 열과 진동 피로에 의해서 이러한 균열을 유발시킨다. 방열핀이 부착된 곳의 점 용접의 결함은 배기가스 누설의 원인이 된다. 더욱이 열교환기 표면의 결함은 유해한 일산화탄소화물과 함께 배기가스가 엔진 흡입계통으로 들어가게 되어 엔진의 과열이나 출력 감소의 원인이 된다.

3.2.6 배기 매니폴드와 스택 결함 (Exhaust Manifold and Stack Failures)

배기 매니폴드와 스택의 결함은 대부분이 용접 부분이나 클램프 결합 부분의 피로에 의한 결함이 대부분이다. 예를 들면 스택에서 플랜지(stack-to-flange) 또는 스택에서 매니폴드(stack-to-manifold) 사이의 연결, 교차 파이프(crossover pipe), 또는 머플러 연결 등이다. 이러한 결함은 주로 화재 위험이 있지만 일산화탄소에 의한 문제도 초래된다. 방화벽 개구부(firewall opening), 날개 스트러트 피팅(wing strut fitting), 도어(door), 그리고 날개 루트 개구부(wing root opening) 등이 불완전하게 밀폐되었을 경우에 배기가스가 객실로 들어갈 수 있다.

3.2.7 머플러 내부 결함 (Internal Muffler Failures)

배플, 디퓨저 등의 내부 결함은 배기가스의 흐름을 방해하여 엔진의 일부 또는 전체 출력을 상실하게 된다. 그림 3-27에서 보는 것과 같이, 만일 배플 내부의 부서진 조각들이 이탈되어 일부 또는 전체 배기가스 흐름을 막는다면, 엔진 결함이 발생할 수 있다.

다른 결함과는 반대로 과열 상태에 의한 침식(erosion)이나 침탄(carburization)은 내부 결함의 주요 원인이다. 엔진의 역화(backfiring), 또는 미연소 연료(unburned fuel)가 배기계통 내에서 이루어지는 연소가 원인이 될 수 있다. 더욱이 균일하지 못한 배기

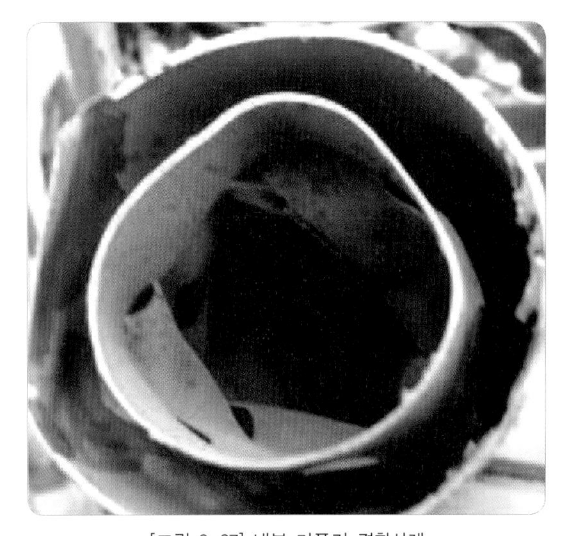

[그림 3-27] 내부 머플러 결함사례
(An example of internal muffler failure)

가스의 흐름으로 인한 국부적인 열점(hot-spot)과열로 인한 연소는 머플러 외부 벽을 부풀게 하거나 파손시키는 원인이 된다.

3.3 터보 과급기를 장착한 배기계통 (Exhaust System with Turbocharger)

터보과급기(turbocharger, turbosupercharger)를 장착한 엔진의 배기계통은 압력과 온도가 크게 상승한 상태로 작동하기 때문에 정비 시 추가 예방조치가 필요하다. 고압 고도에서 작동 시 배기계통 압력은 해수면 값 정도이다. 압력의 차이 때문에 계통의 공기 누설은 배기가스의 심한 배출을 가져오며, 이것은 주변 구조물에 심각한 손상을 초래할 수 있다. 고장의 일반적인 원인은 불규칙한 계통 운용이 야기한 웨이스트게이트(wastegate)에서의 카본 축적이다. 과도한 침전물 축적은 웨이스트게이트(wastegate) 밸브(valve)를 닫힘 위치로 고정되게 하여 오버부스트(overboost)의 원인이 된다. 터보 자체에 코크(coke) 침전물이 쌓이면 비행에서 점진적인 출력손실 및 이륙 전 매니폴드(manifold) 압력이 낮아지는 원인이 된다. 주기적인 디-코킹(de-coking) 혹은 카본 침전물 제거가 엔진의 효율 유지를 위하여 필요하다. 해당 제작사의 지침에 따라서 세척, 수리, 오버홀(overhaul)하고 계통 부품 및 컨트롤 등을 조절해야 한다.

3.3.1 오그멘터 배기계통 (Augmentor Exhaust System)

오그멘터 튜브(augmentor tube)를 장착한 계통에서 오그멘터 튜브는 정확한 맞춤, 장착물의 안전, 그리고 전체적인 상태 등을 위하여 일정한 주기로 검사되어야 한다. 오그먼터 튜브에 열교환기 표면이 포함되어 있지 않더라도 나머지 배기계통과 함께 균열이 있는지 검사해야 한다. 오그먼터 튜브의 균열은 화재의 원인이 될 수 있으며, 혹은 나셀(nacelle), 날개, 혹은 객실로 배기가스가 유입되게 하여 일산화탄소 위험을 야기할 수 있다.

3.3.2 배기계통 수리(Exhaust System Repairs)

일반적으로 배기 스택(exhaust stack), 머플러(muffler), 배기관(tailpipe) 등은 수리하는 것보다 새것 혹은 수리된 부품으로 교체하는 것이 좋다. 배기계통의 용접 수리가 복잡한 이유는 적절한 수리재료를 선택할 수 있도록 모재를 정확하게 식별하기가 어렵기 때문이다. 원래 금속의 재질 구성 및 조직 구조의 변화는 수리를 더욱 복잡하게 한다. 그러나 용접수리가 필요할 때 원래 모양은 유지되어야 한다. 배기계통 정렬이 뒤틀리거나 다른 방식으로 영향을 받지 않아야 한다. 내부의 튀어나온 수리나 경사진 용접 비드(bead)는 부분적인 열점(hot stop)의 원인이 되거나 배기가스의 흐름을 방해할 수 있기 때문에 허용되지 않는다. 배기계통 부품들을 수리하거나 교환할 때 알맞은 금속제품(hardware)이나 클램프(clamp)를 사용해야 한다. 제작 시 사용되어진 황동이나 특수 고온도 로크너트(locknut)들이 스틸(steel), 혹은 저온 셀프-로킹 너트(self-locking nut)로 교체되어서는 안 된다. 사용한 개스킷(gasket)은 절대 재사용되어서는 안 되며, 분해가 필요할 때 개스킷은 제작사에서 제공한 것과 동일한 유형의 새것으로 교체되어야 한다.

04 엔진 점화계통

Engine Ignition Systems

4 엔진 점화계통

Engine Ignition Systems

4.1 왕복엔진 점화계통 (Reciprocation Engine Ignition Systems)

왕복엔진의 점화계통에 대한 기본적인 요건은 엔진의 형식에 관계없이 유사하다. 모든 점화계통은 정확한 점화 순서(firing order)로 엔진의 각 실린더에 있는 각 점화플러그의 중심전극에서 접지전극으로 고압 스파크(high-tension spark)을 공급해야 한다. 크랭크샤프트의 정해진 회전각도에서 그 실린더의 피스톤이 상사점 전의 정해진 각도가 되고, 그 위치에서 스파크가 일어난다. 점화계통의 출력전압은 엔진의 모든 작동조건 하에서 점화전의 간극 사이로 강력한 스파크를 만들어 줄 수 있어야 한다. 점화플러그는 엔진의 실린더 내 연소 범위에 전극이 노출되도록 실린더헤드 안으로 나사산에 의해 장착된다.

왕복엔진의 점화계통은 마그네토 점화계통(magneto-ignition system) 또는 전자식 전 자동 디지털 엔진 제어 계통(Full Authority Digital Engine Control (FADEC))의 두가지 분류로 나눌수 있다. 마그네토 점화계통은 또한 단식(single)과 복식(dual) 마그네토 점화계통(magneto-ignition system)으로 분류될 수 있다. 보통 하나의 마그네토와 필요한 와이어링으로 구성되는 단식 마그네토 점화계통은 동일한 엔진에서 또 다른 독립된 단식 마그네토와 와이어링이 함께 사용된다. 복식 마그네토는 일반적으로 하나의 마그네토 하우징 안에서 두 개의 완전한 마그네토에 공급하는 하나의 회전자석을 사용한다. 그림 4-1에서는 각 형식의 예를 보여 준다.

항공기 마그네토 점화계통은 고전압(high-tension) 또는 저전압(low-tension)으로 분류될 수 있다. 저전압 마그네토 계통은 마그네토에서 발전된 저전압을 전압분배기를 통해 분배시키고 각 점화플러그 근처에 있는 2차 코일에서 승압시켜 점화플러그로 보낸다. 이 저전압 계통은 고전압 계통에서 고전압이 점화플러그를 통과할 때까지 갖고 있는 몇 가지 고질적인 문제점을 개선하였다. 점화도선(ignition lead)에 사용되는 재료는 고전압을 잘 견디지 못하고 스파크가 실린더에서 생기기 전에 누설되는 경향이 있는 것이다. 새로운 재료가 고안되고 차폐가 개발되어야 고전압 마그네토 계통이 가진 문제점은 극복된다. 고전압 마그네토계통은 아직도 가장 폭넓게 항공기 점화계통에서 사용되고 있다.

일부 아주 구형 재래식의 항공기는 배터리-점화계통(battery-ignition system)을 사용하였다. 이 계통

[그림 4-1] 단식과 복식 마그네토(Single and dual magnetos)

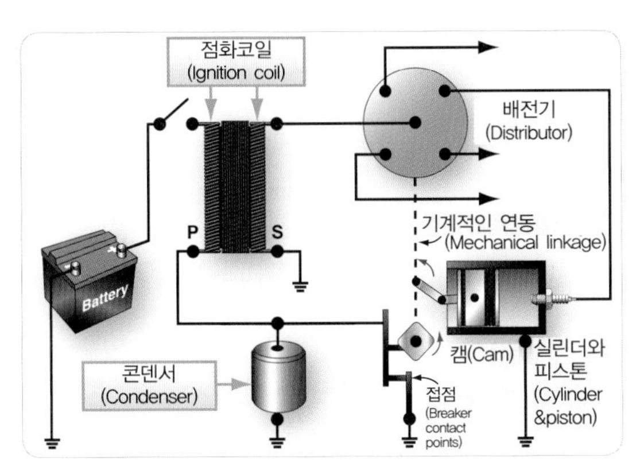

[그림 4-2] 배터리 점화계통(Battery-ignition system)

에서, 에너지의 공급원은 마그네토보다는 오히려 배터리 또는 발전기이다. 이 계통은 그 시기에 대부분의 자동차에 사용되는 점화계통과 비슷하다. 그림 4-2에서는 배터리-점화계통의 간단한 도면을 보여 준다.

4.2 마그네토 점화계통 작동 원리 (Magneto-ignition System Operating Principles)

엔진 구동식 교류발전기의 특별한 형식인 마그네토는 에너지의 공급원으로서 영구자석을 사용한다. 영구자석을 기본적인 자기장으로 사용함으로써, 전도체의 집중된 길이인 코일의 권선, 그리고 자기장의 상대적인 움직임을 이용하여 권선에 전류가 생기게 된다. 우선, 마그네토는 엔진에 의해 영구자석이 회전하고 코일의 권선에 전류가 흐르도록 유도함으로써 전력을 생산한다. 전류가 코일의 권선을 통해 흐를 때, 코일권선을 감싸고 있는 자신의 자기장을 발생시킨다. 정확한 시기에 이 전류 흐름은 멈추고 코일에 있는 2차 권선을 건너는 자기장이 붕괴되면서 고전압이 생기게 된다. 이것이 점화플러그 간극(spark plug gap)을 가로지르는 아크(arc)생성을 위해 사용되는 전압(voltage)이다. 양쪽의 경우에서, 전력을 발생시키는 데 필요한 세 가지 기본적인 행위가 각 실린더에 있는 점화플러그 간극을 건너 스파크를 만드는 고전압을 발전시키기 위해 존재한다. 마그네토 작동은 스파크가 오직 크랭크샤프트가 정해진 실린더의 압축행정 상사점 전에 피스톤이 위치하는 각도에 있을 때 일어나도록 엔진에서 시기를 정한다.

4.2.1 고전압 마그네토 계통 작동이론 (High-tension Magneto System Theory of Operation)

고압 마그네토계통은 논의의 목적을 위해 세 가지의 명백한 회로로서 구분될 수 있는데, 자기회로(magnetic circuit), 1차 전기회로(primary electrical circuit), 그리고 2차 전기회로(secondary electrical circuit)이다.

4.2.1.1 자기회로(The Magnetic Circuit)

그림 4-3에서 보여 주는 것과 같이, 자기회로는 영구 다중극(permanent multi-pole) 회전자석(rotating magnet), 연철심(soft iron core), 그리고 폴슈(pole shoe)로 구성된다. 자석은 항공기 엔진에 기어로 연결되고 두 폴슈 사이의 공간에서 회전하여 전압을 유기시키는 데 필요한 자력선을 형성시킨다. 자석의 극은 자력선이 N극을 통과하고 코일 코어를 거쳐 자석의 S극에 돌아갈 수 있도록 하나씩 건너 번갈아 배열되어 있다. 자석이 그림 4-3의 A와 같은 위치에 있을 때는 2개의 반대되는 극이 완전히 폴슈와 일치되게 배열되

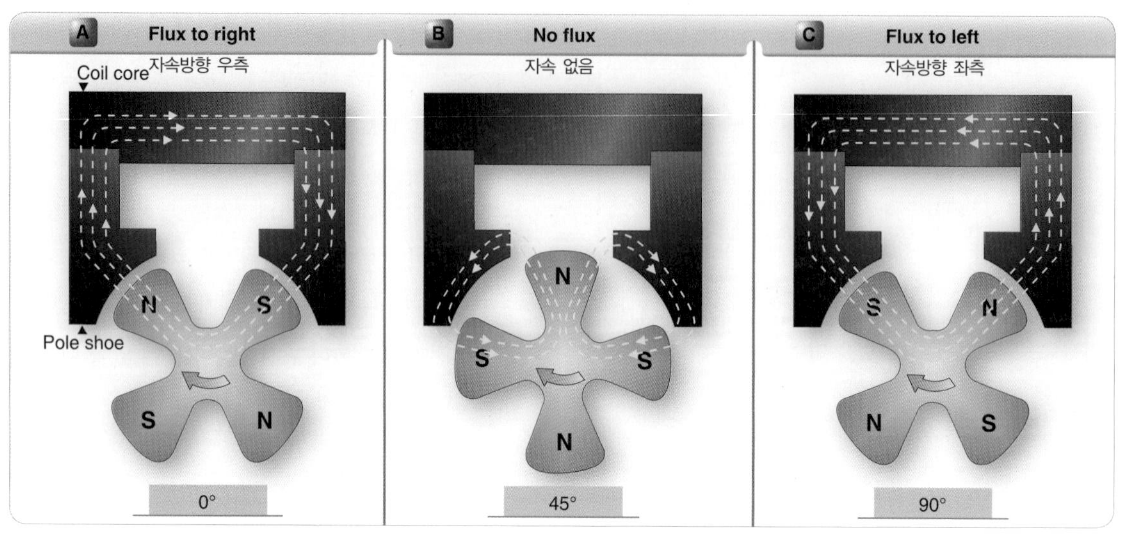

[그림 4-3] 회전자석의 세 가지 위치에서 자속 변화(Magnetic flux at three positions of the rotating magnet)

기 때문에 코일 코어를 통과하는 자력선이 최대로 강해진다. 회전자석이 이 위치에 있을 때를 풀 레지스터(Full-register position)라 부르며, 이때 가장 많은 양의 자력선이 자기회로를 통하여 시계 방향으로 형성되고 코일 코어를 거쳐 왼쪽에서 오른쪽으로 연결된다. 자석이 움직여서 최대위치에서 멀리 떨어지면 코일 코어를 통과하는 자력선의 수가 감소하기 시작한다. 그 결과 자석의 극이 폴슈와 멀어지게 되면 자력선의 일부는 폴슈의 끝부분을 맴도는 짧은 통로를 택하게 된다.

그림 4-3의 B에서 보여 주는 것과 같이, 자석이 풀 레지스터(Full-register)에서 점점 멀어짐에 따라 점점 더 많은 수의 자력선이 폴슈의 끝부분을 맴도는 짧은 회로를 형성하게 되고 최대위치로부터 45° 위치인 중립위치에 이르면 모든 자력선은 짧은 회로로 흐르고 코일 코어를 통과하는 자력선은 없게 된다. 자석이 최대위치로부터 중립위치로 움직일 때 코일 코어를 통과하는 자력선의 수는 일반 전자석의 자장에 자력선의 흐름에 점차 약해질 때와 같은 모양으로 감소한다. 자석의 중립위치는 자석의 한 극이 자석회로의 폴슈 사이의 중앙에 올 때이다. 자석이 이 위치에서 시계 방향으로 움직이면 폴슈 끝부분을 맴도는 짧은 회로를 형성했던 자력선은 다시 코일 코어를 통과하여 흐르기 시작한다. 그러나 이때 자력선은 그림 4-3의 C와 같이 반대 방향으로 코일 코어를 통과하여 흐른다. 자석이 중립위치를 벗어나서 움직일 때 회전하는 영구자석의 N극이 그림 4-3의 A에서 도시한 왼쪽 폴슈 대신 오른쪽 폴슈와 마주보게 되므로 자력선은 거꾸로 흐르게 되는 것이다. 자석이 다시 움직여서 도합 90°만큼 회전하면 최대의 자력선이 반대 방향으로 흐르는 또 다른 풀 레지스터(Full-register position)에 이른다. 회전자석이 90° 회전할 때 생기는 변화를 그림 4-4에 그래프로 나타내었는데, 이 그림에서 한 곡선이 자석 회전에 따라 코일 코어 주위에 1차 코일이 감겨져 있지 않을 때 코일 코어에 흐르는 자력선의 세기가 어떻게 변하는가를 나타낸다.

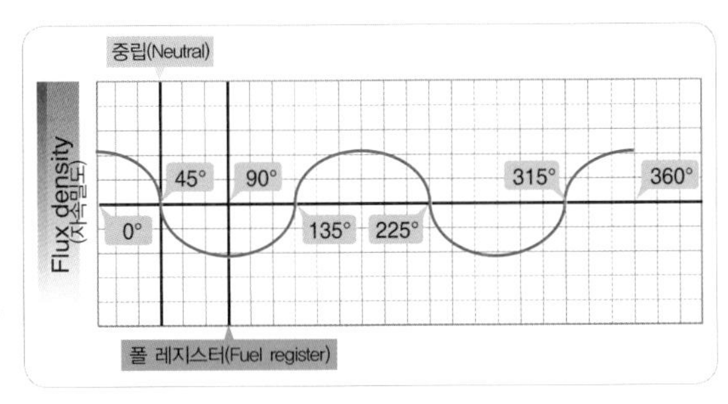

[그림 4-4] 마그네토 회전에 따른 자속 밀도변화
(Change in flux density as magnet rotates)

그림 4-4에서 자석이 0° 위치인 풀 레지스터(Full-register)로부터 움직이면 자력선의 흐름이 점차 약해지고 45° 위치가 되는 중립위치에 이르면 0이 되는 것을 볼 수 있다. 자석이 중립위치를 통과하여 움직이는 동안 자력선은 반대로 흐르고 곡선에서 나타내는 바와 같이 수평선 아래로 증가되기 시작한다. 90°에 이르면 또 다른 최대 자력선의 최대위치에 도달하고 이렇게 하여 4극 자석이 360° 1회전 하는 동안 4번의 최대위치와 4번의 중립위치를 거치고 4번의 방향 변화가 일어나게 된다. 자석회로에 관한 이 설명은 코일 코어가 회전자석에 의해 어떻게 영향을 받는가를 보여주기 위한 것이다. 그 영향이란 자장의 증가 및 감소와 자석이 90° 회전할 때마다 자극이 바뀌는 것을 말한다. 코일 코어 주위에 마그네토 일차 회로의 한 부분인 코일이 감겨 있을 때 이 역시 자장의 변화에 영향을 받는다.

4.2.1.2 1차 전기회로 (The Primary Electrical Circuit)

그림 4-5에서 보여 주는 것과 같이, 1차 전기회로는 한 세트의 차단기접점(breaker contact point), 콘덴서(condenser), 그리고 절연코일(insulated coil)로 구성된다. 그림 4-5에서 보여 주는 것과 같이, 1차 코

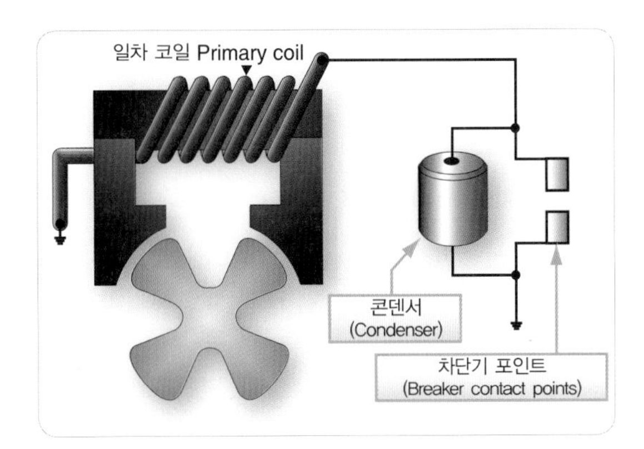

[그림 4-5] 고압 마그네토의 일차 전기회로
(Primary electrical circuit of a high-tension magneto)

일은 몇 바퀴의 굵은 구리선으로 구성되며 한쪽 끝은 코일 코어에 접지되고 다른 쪽 끝은 브레이커 포인트(breaker point)의 접지되지 않은 쪽에 연결되어 있다. 1차회로는 접지되지 않은 브레이커 포인트가 접지된 브레이커 포인트와 접속할 때에만 형성된다. 회로에서 세 번째 구성품인 콘덴서(capacitor)는 브레이커 포인트와 병렬로 연결된다. 콘덴서는 회로가 열리고(open) 1차 코일의 부근에 자장의 붕괴가 촉진될 때 접점(point)에서 생기는 아크를 방지한다.

1차 회로의 브레이커 포인트는 대략 풀 레지스터(Full-register)에서 닫힌다. 브레이커 포인트가 닫힐 때 1차 회로는 형성되고 회전자석은 1차 회로에 전류 흐름을 유도한다. 이 전류는 자체의 자장을 생성시키는데 그 자장은 영구자석 회로의 자속의 변화와 반대 방향으로 형성된다. 유도전류가 일차 회로에 흐르고 있는 동안 코일 코어에 자력선이 약화되지 못하도록 방해한다. 이것은 "유도전류는 항상 그 전류를 유도시킨 운동이나 변화에 대하여 그 자력이 방해하는 방향으로 흐른다." 하는 렌쯔의 법칙(lenz's law)에 따른 것이다. 그러므로 1차 회로에 흐르는 전류는 회전자석이 중립위치를 통과하여 몇 도 더 회전할 때까지 코일

코어에 자력선이 같은 방향으로 강하게 유지되도록 해 준다. 중립위치를 몇 도 지난 이 위치를 E-gap 위치라고 부르고, E는 효율(efficiency)을 나타낸다.

회전자석이 E-gap 위치에 있고 1차 코일이 자장을 반대 방향으로 유지하고 있을 때 1차회로의 브레이커 포인트가 열림으로서 대단히 강한 자력선의 변화를 얻을 수 있다. 브레이커 포인트의 열림은 1차 회로에 전류의 흐름이 정지되고 회전자석이 코일 코어를 통과하는 자장을 빨리 역류시킬 수 있게 된다.

이 갑작스러운 자력선의 역류가 코일 코어에 강한 자력선의 변화를 일으키고 이 변화는 마그네토의 1차 코일 위에 감겨져 있고 1차 코일과 절연되어 있는 2차 코일에 작용하여 스파크 플러그에 점화(fire) 일으키기 위해 필요한 고압의 맥류를 유지시킨다. 회전자석이 회전을 계속하여 대략 풀 레지스터(Full-register)

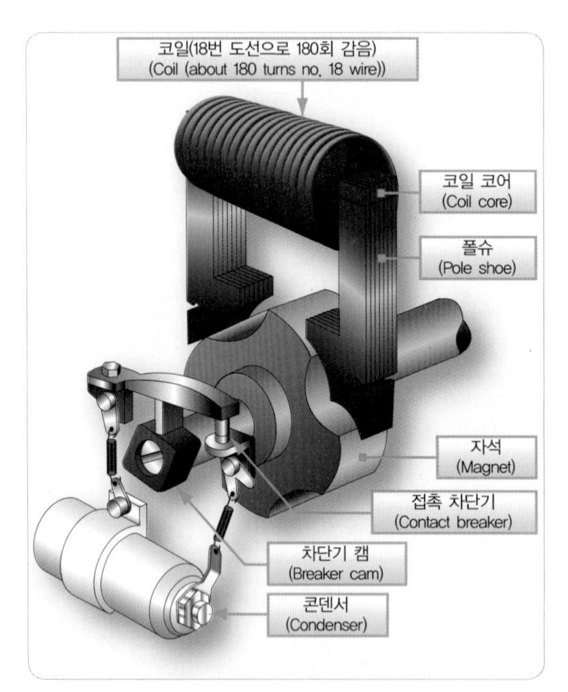

[그림 4-6] 고압마그네토의 구성품
(Components of a high-tension magneto circuit)

에 이르면 1차 회로의 포인트가 다시 붙고 점화 순서에 따라 다음 스파크 플러그에 점화(fire)를 일으키는 순환이 계속된다. 강한 자력이 어떻게 발생되는가를 설명하기 위하여 각 동작이 일어나는 순서를 자세히 살펴보기로 한다.

그림 4-6에서 보여 주는 것과 같이, 1차 회로에는 브레이커 포인트, 캠, 콘덴서가 병렬로 연결되어 있고 영구자석이 회전할 때 일어나는 작용이 그림 4-7에 그래프로 표시되어 있다. 그림 4-7의 맨 위에 있는 (A)에는 자석의 원래 정 자속 변화곡선(original static flux curve)이 나타나 있고 그 아래쪽에 브레이커 포인트의 순서적인 개폐가 나타나 있다. 브레이커 포인트의 개폐는 브레이커 캠(breaker cam)에 의해 시기가 정해진다는 것이다. 포인트는 자속의 최대량이 코일 코어를 거쳐 지날 때 닫히고 중립위치를 약간 지난 후 열린다. 캠에 4개의 로브가 있기 때문에, 포인트는 회전자석이 4번의 중립위치에 이를 때 각각에 같이 연관되어 열리고 닫힌다. 또한, 포인트의 개폐 주기는 대개 동일하다.

그림 4-7의 맨 위에 0°로 표시된 위치인 최대 자력선 위치에서 시작하여 다음 장에 설명하는 상황들이 발생한다.

그림 4-7의 D 에서 보여 주는 것과 같이, 자석 회전자가 중립위치 쪽으로 회전할 때 코일 코어를 통과하는 자력선의 세기는 감소되기 시작한다. 그림 4-7의 C 에서 보여 주는 것과 같이, 이 자력선의 변화가 1차 회로에 전류를 유지시킨다. 이 유도전류는 그 자체의 자장을 만들고 이 자장은 유도전류를 유지시키는 자력선의 변화를 방해한다. 1차 코일의 전류가 흐르지 않으면 회전자석이 중립위치 쪽으로 회전할 때 코일 코어의 자력선은 점차 감소되어 없어지고 그 반

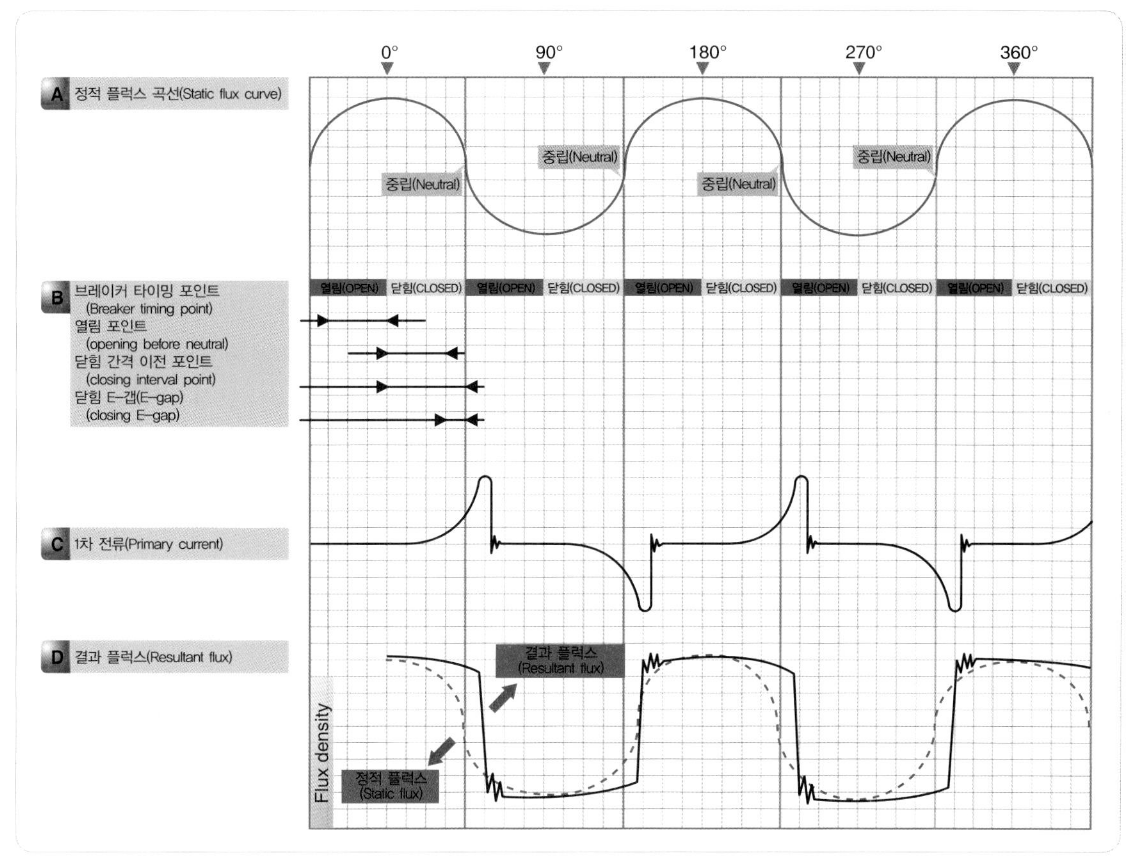

[그림 4-7] 자속 곡선(Magneto flux curves)

대이면 증가하기 시작한다.(그림 4-7의 D 에 점선으로 표시된 정 자속) 그러나 1차 회로의 전자기 작용(electromagnetic action)이 자력선의 변화를 방지하고 자장이 일시적으로 유지되게 한다.(그림 4-7의 D 합력 자력선) 그 결과 회전자석이 브레이커 포인트가 열리는 위치에 도달할 때까지 자석회로에 강한 자력이 있게 된다.

브레이커 포인트는 열려 있을 때 자속 결합에서 매우 빠른 변화로 인하여 1차 코일에서 전류의 흐름을 방해하기 위해 콘덴서로서 역할을 한다. 2차 권선의 고전압(high-voltage)은 엔진 실린더에 있는 연료·공기혼합기를 점화시키기 위해 점화플러그에 간극을 건너 방전한다. 각각의 스파크는 실제로 연속된 작은 진동이 일어난 후, 한 번의 최상승점 방전(one peak discharge)으로 이루어진다.

그 작은 진동들은 전압이 너무 낮아져서 방전되지 못할 때까지 계속 일어난다. 전류는 점화를 위해 완전히 방전되는 시간 동안 2차 코일에 흐른다. 자기회로에 있는 에너지 또는 응력은 다음 스파크 생성을 위해 포인트가 닫히는 순간까지 완전히 소멸된다. 고압 마그네토-점화계통에 사용되는 브레이커어셈블리는 실린더에 있는 피스톤의 위치와 관련하여 적절한 시

[그림 4-8] 피벗리스 브레이커어셈블리와 캠
(Pivot-less type breaker assembly and cam)

기에 1차 회로를 자동으로 열고 닫는다. 1차 전류 흐름의 차단은 내식성과 내열성을 가진 합금으로 만들어진 한 쌍의 브레이커 포인트를 통하여 이루어진다.

그림 4-8에서 보여 주는 것과 같이, 항공기 점화계통에 사용되는 대부분의 브레이커 포인트는 포인트의 한쪽이 움직이고 다른 쪽은 고정되는 피봇이 없는 형식이다. 그림 4-8에서 보여 주는 것과 같이, 판스프링(leaf spring)에 부착된 가동식 브레이커 포인트는 마그네토 하우징으로부터 절연되고 1차 코일에 연결되어 있다. 고정식 브레이커 포인트는 포인트가 닫힐 때 1차 회로를 형성하도록 마그네토 하우징에 접지되고 포인트가 적절한 시기에 열릴 수 있도록 조정될 수 있다.

브레이커어셈블리(breaker assembly)의 또 다른 부품은 금속판스프링에 의해 캠을 누르고 있는 스프링 작동식 캠 팔로워(cam follower)이다. 캠 팔로워는 미카르타 블록(micarta block) 또는 유사한 재료로 만들어졌으며 캠의 둘레를 타고 운동하는 장치로 캠 로브가 팔로워 밑을 지날 때마다 가동 포인트가 고정 포인트에서 떨어져 위로 들리도록 해 준다. 펠트 오일러 패드(felt oiler pad)는 캠의 윤활 및 부식 방지를 위해 금속판스프링의 아래쪽에 장치되어 있다.

브레이커 엑츄에이팅 캠(breaker-actuating cam)은 마그네토 회전자축에 의해 직접 구동되게 하거나 또는 회전자축으로부터 기어열을 통해 구동되게 한다. 대부분의 대형 성형엔진은 특정한 엔진과 함께 작동되도록 설계된 보상 캠(compensated cam)을 사용하며, 각 실린더 마다 마그네토에 의해 점화되는 로브가 하나씩 있다. 캠 로브는 아티큘레이터 로드(articulated rods)의 타원형 경로에 대해 보상하기 위해 균등하지 않은 간격으로 기계 가공한다. 이 경로는 크랭크샤프트 회전에 따라 각 실린더의 피스톤 상사점의 위치를 다르게 한다. 그림 4-9에서는 2-로브, 4-로브, 그리고 8-로브의 비 보정 캠(uncompensated cam)과 함께 보정된(compensated) 14-로브 캠을 보

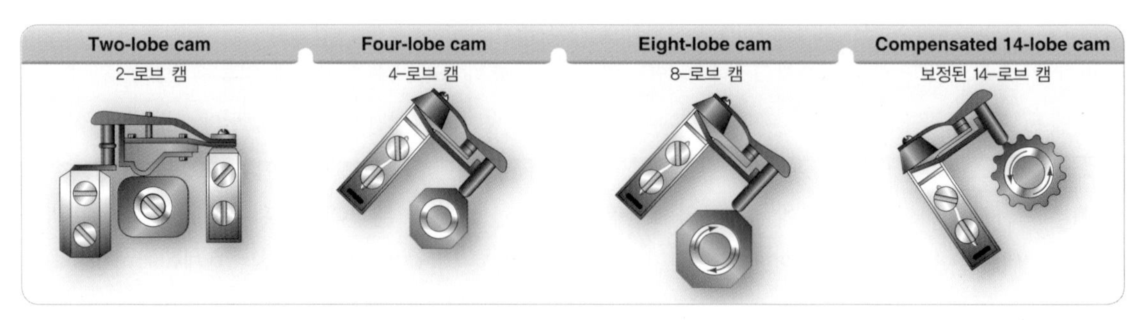

[그림 4-9] 브레이커의 유형(Typical breaker assemblies)

여 준다.

각 실린더마다 같은 피스톤의 위치에서 점화되도록 보상 캠 로브의 비균등 간격이 마련되어 있지만 회전자석의 E-gap 위치의 작은 차이와 마그네토에 의해 발전되는 고전압 임펄스는 약간의 변화가 생긴다. 각 캠 로브 사이의 간격이 특정한 엔진의 특정한 실린더에 맞추어 만들기 때문에, 보상 캠에는 엔진의 계열, 마스터 로드의 위치, 마그네토 시기 조절을 위해 사용되는 로브, 캠의 회전방향, 그리고 회전자석이 중립위치를 지난 각도를 나타내는 E-gap 위치를 볼 수 있도록 표시가 되어 있다. 이들 표시에 추가적인 예는 실린더 시기 조절을 위한 E-gap 위치가 있는 회전자석의 위치를 표시하기 위해 캠의 면을 잘라내고 계단식으로 표시한 부분과 마그네토 하우징에 긁어 표시한 기호에 일치시키는 것(I-mark)이다. 회전자석이 E-gap 위치 안으로 이동할 때 브레이커 포인트가 열리기 시작해야 하므로 하우징에 있는 기호와 캠에서 계단 표시의 일치는 브레이커 포인트를 점검하고 조절하기 위해 정확한 E-gap 위치를 알아내는 신속하고 쉬운 방법을 제공한다.

4.2.1.3 2차 전기회로 (the secondary electrical circuit)

2차 회로는 코일의 2차 권선, 배전기 회전자(distributor rotor), 배전기 캡(distributor cap), 점화도선(ignition lead), 그리고 점화플러그를 갖고 있다. 2차 코일은 권선 수가 약 13,000이며 가늘고 절연된 와이어로 만들어지는데, 그것의 한쪽 끝은 1차 코일 또는 코일 코어에 전기적으로 접지되고 다른 쪽 끝은 배전기 회전자에 연결되어 있다. 1차 코일과 2차 코일은 절연재료로 싸여 있다. 전체의 코일어셈블리는 클램프와 스크루로 폴슈에 고정되어 있다.

일차 회로가 접속되면 1차 코일을 통해 흐르는 전류는 2차 권선을 건너 기전력을 유도시키는 자력선을 만들어 낸다. 1차 회로의 전류 흐름이 차단되면 2차 권선의 자력선이 잘라지므로 1차 권선을 싸고 있는 자장이 붕괴된다. 2차 권선에서 유기되는 전압의 세기는 모든 다른 요소가 같을 때, 코일의 권선 수에 의해 결정된다. 대부분의 고압 마그네토는 2차 코일의 권선 수가 수천이 되기 때문에, 매우 높은 전압, 가끔 20,000v 정도의 고전압을 발전시킨다. 2차 코일에서 유도된 고전압은 회전 부분과 고정 부분의 2개 부분으로 구성된 배전기로 보내진다. 이 회전 부분은 배전기 회전자라고 부르고 고정 부분은 배전기 블록이라 부른다. 디스크, 드럼, 또는 손가락 모양을 하고 있는 회전 부분은 속에 있는 전도체를 둘러싸고 있는 부도체(절연체)로 만들어진다. 고정 부분인 블록 역시 부도체로 만들어지며 점화플러그와 배전기를 연결하는 점화도선이 부착되는 단자와 단자 소켓을 포함하고 있다. 이 고전압은 연료 · 공기혼합기를 점화시키기 위해 실린더에 있는 점화플러그의 중심전극에서 접지전극 사이의 공기 간격을 뛰어넘는 데 사용된다.

마그네토가 1번 실린더의 E-gap 위치로 움직이고 브레이커 포인트가 분리되거나 또는 열리는 순간에 배전기 회전자가 배전기 블록에 있는 1번 전극과 일치된다. 브레이커 포인트가 열릴 때 유도되는 2차 전압은 배전기 블록에 있는 1번 전극에서 작은 공기 간격에 아크를 만들어 주는 배전기 회전자로 들어간다.

그림 4-10에서 보여 주는 것과 같이, 배전기가 모든 4행정 사이클 엔진에서 1/2 크랭크샤프트 속도로 회전하기 때문에, 배전기 블록은 엔진 실린더 수와 같은 수의 전극이나 또는 마그네토가 공급을 담당하는

실린더 수와 같은 수의 전극을 갖는다. 전극이 배전기 블록의 주위에 원주형으로 배열되어 있으며 회전자가 회전할 때, 회로는 회전자 팁과 배전기 블록에 있는 전극 사이에서 정렬이 되는 시기마다 다른 실린더와 점화플러그로 형성된다. 배전기 블록의 전극은 배전기 회전자가 회전하는 방향에서 순서대로 번호가 매겨진다.

배전기의 숫자는 엔진 실린더 번호가 아니고 마그네토가 점화되는 순서를 나타낸다. 즉, '1'로 표시한 배전기 전극은 1번 실린더에 있는 점화플러그로 연결되고, '2'로 표시한 배전기 전극은 점화되는 두 번째 실린더에, '3'으로 표시한 배전기 전극은 점화되는 세 번째 실린더에 연결되며 그 다음도 같다.

그림 4-10에서, 배전기 로터 핑거(distributor rotor finger)는 9기통 성형엔진의 5번 실린더를 점화하는 '3'으로 표시한 배전기 전극과 일치된다. 9기통 성형엔진의 점화 순서는 1-3-5-7-9-2-4-6-8이기 때문에, 마그네토가 점화되는 순서에서 세 번째 전극은 5번 실린더에 공급한다.

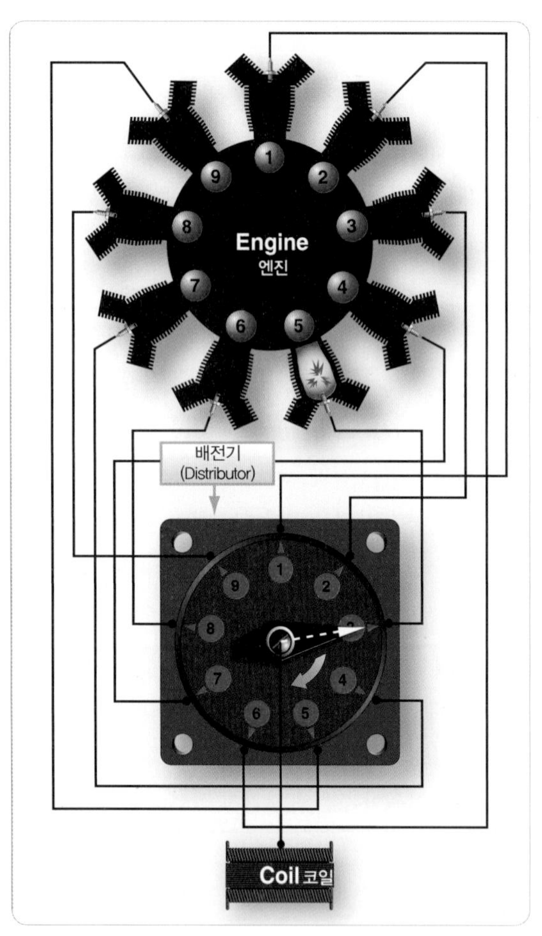

[그림 4-10] 배전기 터미널 번호와 실린더 번호와의 관계
(Relation between distributor terminal numbers and cylinder numbers)

4.2.1.4 마그네토와 배전기의 벤트 (Magneto and Distributor Venting)

마그네토와 배전기어셈블리는 급격한 온도 변화를 겪게 되므로 습기가 응축되는 문제점을 설계 시에 고려하게 된다. 습기는 어떤 형태이든 전기의 좋은 도체이다. 따라서 마그네토에 있는 배전기 블록, 배전기 회전자 및 코일 케이스와 같은 비전도체인 물질에 흡수되면 전기적 통로가 따로 생겨날 가능성이 있다. 이렇게 되면 정상적으로는 배전기의 공기 간격 사이로 방전 스파크를 생성하는 고압 전류가 습기 있는 절연 표면에 방전하거나 점화되어야 하는 점화플러그가 아닌 다른 점화플러그에 전류를 잘못 공급할 가능성이 있게 된다. 이런 상태를 플래시 오버(Flashover)라고 부르며, 보통 실린더 점화 실패가 생기는 결과를 가져온다. 이것은 엔진을 손상시킬 수 있는 조기점화(pre-ignition)라고 부르는 위험한 엔진 상황의 원인이 된다. 이러한 이유로 코일, 콘덴서, 배전기 및 회전자는 왁스(waxed)처리되어 습기가 묻을 때 습기를 흡수하여 전기적 회로를 만들지 않고 분리된 물방울로 유지하도록 해 준다.

플래시오버는 플래시오버가 발생된 부분품에 가는

연필로 그은 금처럼 보이는 그을음 흔적을 보고 추적할 수 있다. 그을음 흔적은 탄화수소를 함유한 이물질 분자가 방전으로 연소되어 생긴 것이다. 탄화수소를 함유한 물질에 섞여 있던 수분은 플래시오버가 발생할 때 증발해 버리고 남은 탄소가 전류의 흐름이 가능한 통로를 형성하므로 더 이상 수분이 없더라도 탄소 흔적을 따라 방전이 계속된다. 이것은 점화플러그로 방전되는 것을 방지하므로 실린더는 점화되지 못한다.

마그네토는 고도에 따라 압력 및 온도 변화를 겪게 되므로 습기가 들어가지 못하도록 밀봉할 수 없다. 따라서 적절한 배수 및 통풍으로 플래시오버 및 탄소 흔적이 생기는 경향을 감소시키게 된다. 또한 마그네토에 통풍이 잘되면 배전기의 간격 사이에서 일어나는 정상적인 방전에 의해 발생되는 부식성 가스를 잘 뽑아내는 효과가 있다.

어떤 항공기에서는 마그네토의 내부 구성품과 점화계통의 여러 가지 부분품에 대한 가압이 더 높은 절대압력을 유지하고 플래시오버를 제거하는 데 필수적인 요건이 되는 경우가 있다. 이 형식의 마그네토는 더 높은 고도에서 작동되는 터보과급기가 달린 엔진과 함께 사용된다. 플래시오버는 낮은 압력에서 전기가 공기 간격을 더 쉽게 점프하므로 고고도일수록 더 쉽게 잘 발생한다. 마그네토의 내부를 가압(pressurizing)함으로써, 대기 압력이 매우 낮더라도 정상적인 공기압력이 유지되고 전기 또는 스파크가 마그네토의 적절한 영역 내에 유지된다.

가압이 되는 마그네토 내부라고 하더라도 공기는 흐름이 생기고 하우징 밖으로도 흘러나올 수도 있다. 더 많은 가압 공기를 제공하고 블리드 공기의 양을 줄이면 마그네토 내부에는 가압된 상태를 유지한다. 사용되는 통풍 방법에 관계없이 통풍구또는 밸브에 장애물이 없어야 한다. 또한 점화계통 부품에 미세한 양의 오일조차 플래시오버 및 그을음 흔적을 생성하기 때문에 점화계통 구성부품을 통과하는 통풍 공기에 오일이 없어야 한다.

4.2.1.5 점화하니스(Ignition Harness)

점화하니스(ignition harness)는 마그네토에서 점화플러그로 전기에너지를 공급되게 한다. 그림 4-11에서 보여 주는 것과 같이, 점화하니스는 엔진에서 마그네토가 각 실린더에 전류를 공급할 수 있도록 연결되는 절연도선으로 구성되어 있다. 각 도선의 한쪽 끝은 마그네토 배전기 블록에 연결되고 다른 쪽 끝은 해당 점화플러그에 연결된다. 점화하니스는 두 가지 목적으로 사용된다. 그것은 점화플러그에 고전압을 전달하기 위한 전도체 경로를 마련한다. 또한 도선에 순간적으로 고전압이 흐를 때 도선 주위에 생기는 분산 자력선을 위한 차폐물로서 역할을 한다. 이들 자력선을 수용하여 접지시켜 줌으로써 점화 하니스는 항공기 무선수신기 및 기타 전기적으로 민감한 장비에 전기 방해를 차단시킨다.

마그네토는 그것이 작동하고 있는 동안에 고주파수

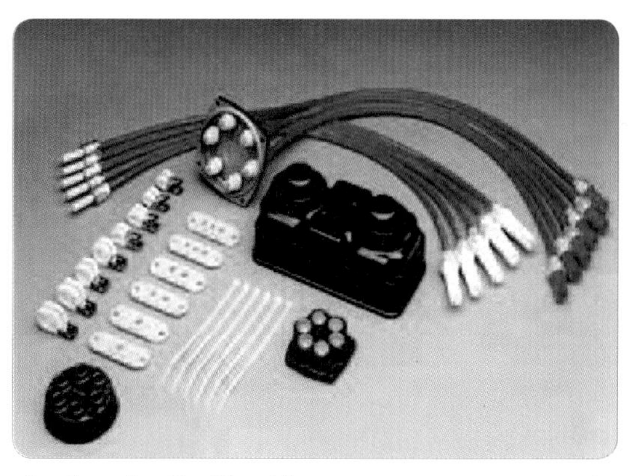

[그림 4-11] 고압 점화 도선(A high-tension ignition harness)

의 전자파를 발산하는 장치이다. 마그네토에서 만들어 내는 파 진동은 제어되지 않으며 넓은 주파수의 범위에 미치며 반드시 차폐되어야 한다. 만약 마그네토와 점화도선이 차폐되지 않았다면, 그들은 안테나를 형성하여 점화계통으로부터 임의의 주파수를 입수한다. 도선차폐물은 도선의 전체 길이를 에워싸는 금속제의 그물 망(metal mesh braid)이다.

정전용량(컨덴서)은 절연체에 의해 나누어진 2개의 도체 사이에 전하를 저장하는 능력이 있다. 절연체라 불리는 도선 절연체는 정전하로서의 전기에너지를 저장할 수 있다는 것을 의미한다. 유전체로서 정전하를 저장하는 예로서는 플라스틱 머리빗에 저장된 정전기이다. 차폐물이 점화도선 주위에 놓여 있을 때, 정전용량은 2개의 판을 가까이할수록 증대한다. 전기적으로, 점화도선은 커패시터로서 작용하고 전기에너지를 흡수하고 저장하는 능력을 갖고 있다. 마그네토는 점화도선에 의해 일으키는 정전용량을 충전시키기에 충분한 에너지를 만들어 내야하고 점화플러그를 점화하고 남을 만큼 충분한 에너지를 갖추어야 한다.

점화도선의 정전용량(capacitance)은 점화플러그 간극을 뛰어넘어 스파크를 만들어 주기 위해 요구되는 전기적 에너지를 증가시킨다. 차폐된 도선을 가진 점화플러그를 점화하기 위해 더 높은 마그네토 1차 전류가 필요하다. 이 정전용량 에너지는 점화플러그가 점화될 때마다 점화플러그 간극을 가로질러 스파크가 방출된다. 점화도선의 정중앙은 엔진에 의한 열, 진동, 또는 날씨에 의한 손상을 방지하는 얇은 실리콘고무로 피복된 차폐, 그 위에 금속의 그물망을 씌우고 다시 그 위에 실리콘 재질의 절연물질로 둘러싸인 고전압을 통과시키는 도체이다.

그림 4-12에서는 전형적인 점화도선의 단면을 보여 준다. 점화도선은 마그네토에서 개별 실린더로 연결될 때 배기 및 진동지점에서 열점(hot spot)을 피하기 위해 정확하게 연결되고 클램프에 의해 고정되어야 한다. 점화도선은 정상적으로 전천후의 형식이며

[그림 4-13] 점화도선 점화플러그 끝단
(Ignition lead spark plug end)

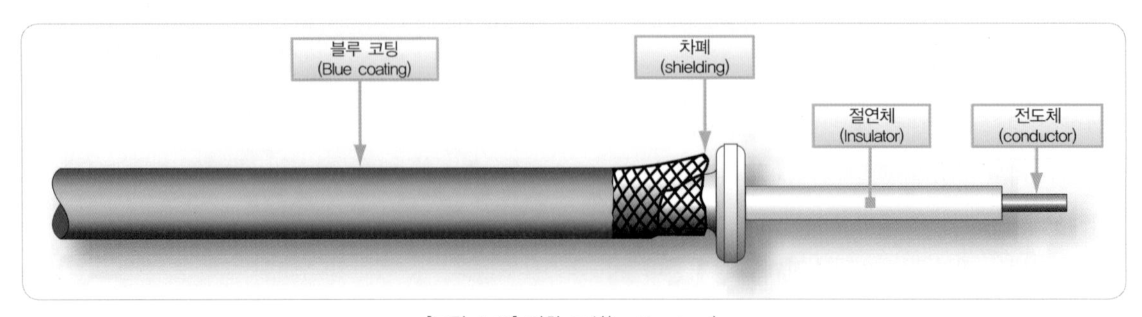

[그림 4-12] 점화 도선(Ignition lead)

마그네토 배전기에서 단단히 연결되어 있으며 나사에 의해 점화플러그에 붙여진다. 그림 4-13에서 보여 주는 것과 같이, 차폐된 점화도선의 점화플러그 쪽 끝부분의 전천후로 설계되어 있다. 이것은 점화플러그의 도선 끝단이 습기로부터 완전히 밀봉되기 때문에 권고된다.

구형 성형엔진에 사용된 점화하니스(ignition harness) 형식은 엔진의 크랭크 케이스 주위에 부착시키기 좋도록 만들어진 매니폴드의 형태로 각 점화플러그까지는 유연한 연장선(flexible extensions)으로 연결된다. 그림 4-14에서는 전형적인 고압 점화하니스를 보여 준다. 수많은 구식의 단열성형엔진 항공기 점화계통은 오른쪽 마그네토가 각각의 실린더에 있는 앞쪽 점화플러그에 대해 스파크를 공급하고, 그리고 왼쪽 마그네토가 뒤쪽 점화플러그를 점화하는 곳에서 이중마그네토장치(dual-magneto system)를 사용한다.

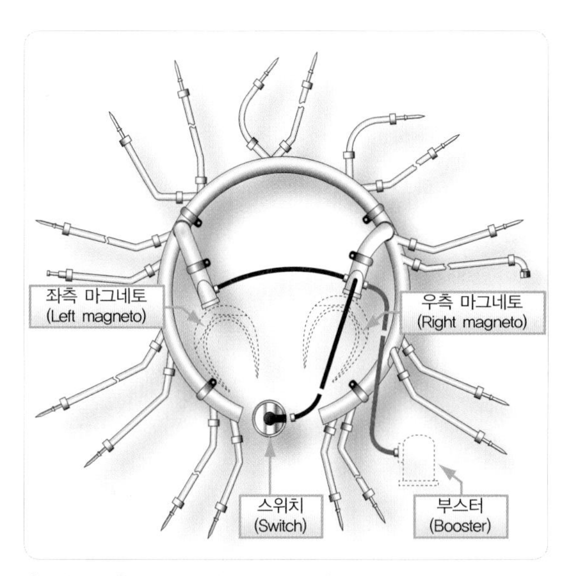

[그림 4-14] 9기통 엔진 점화 하니스(Accessory-mounted nine cylinder engine ignition harness)

4.2.1.6 점화스위치(Ignition Switches)

항공기 점화계통에 있는 모든 구성품들은 점화스위치에 의해 제어된다. 사용되는 스위치의 형식은 항공기의 엔진 수와 사용되는 마그네토의 형식에 따라 다르다. 그러나 모든 스위치는 계통을 작동시키거나 차단시키는 방법은 거의 같다. 점화스위치는 꺼지는 위치에 있을 때 스위치를 거쳐 접지되는 회로가 형성되는 점에서 다른 형식의 스위치와 적어도 한 가지의 다른 점이 있다. 다른 전기스위치는 스위치가 오프(off) 위치에 있을 때, 보통 회로를 차단하거나 또는 열게 된다.

점화스위치는 코일과 차단기 접점 사이에서 1차 전기회로에 연결된 하나의 단자를 갖고 있다. 스위치의 다른 단자는 항공기 접지 구조물에 연결되어 있다. 그림 4-15에서 보여 주는 것과 같이, 1차 회로를 완성하기 위한 두 가지 수단은 다음과 같다.

(1) 차단기 접점이 붙어 있을 때 접점을 통해 접지되는 회로.
(2) 점화스위치가 연결될 때 스위치를 통해 접지되는 회로.

그림 4-15에서 보여 주는 것과 같이, 1차 전류는 점화스위치가 Off 위치, 즉, 접속된 점화스위치를 통하여 접지로 여전히 경로가 있기 때문에 차단기 접점이 열렸을 때 차단되지 않는다.

접점이 열릴 때 1차 전류가 중단되지 않기 때문에, 1차 코일 자속 자기장의 급속한 붕괴는 없고 2차 코일에서 점화플러그를 점화하기 위한 고전압은 유도되지 않는다.

회전자석이 E-gap 위치를 지나 회전할 때, 1차 코일의 자속 자기장의 점차적인 몰락이 일어난다. 그러

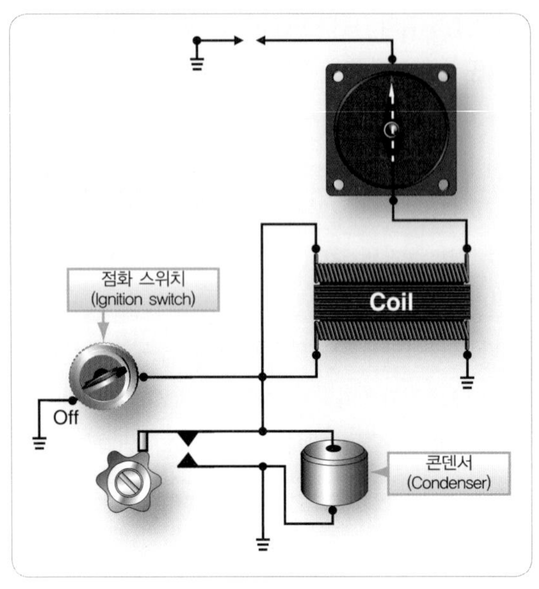

[그림 4-15] 점화 스위치 꺼짐 상태
(Typical ignition switch on off position)

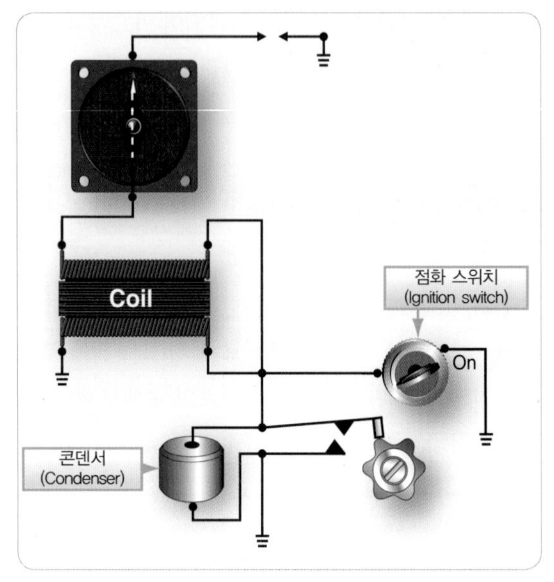

[그림 4-16] 점화 스위치 켜짐 상태
(Typical ignition switch in on position)

나 자속 자기장의 몰락은 유도전압(induced voltage)이 점화플러그를 점화하기에 너무 낮아 느리게 일어날 수밖에 없다. 그래서 점화스위치가 접속된 스위치로서 오프(off) 위치에 있을 때, 접점(contact point)은 마치 그들이 회로에서 이동한 것처럼, 그리고 마그네토가 작동하고 있지 않은 것처럼 완전히 단락된다.

그림 4-16에서 보여 주는 것과 같이, 점화스위치가 열린 스위치로서 온(on) 위치에 놓였을 때, 1차 전류의 차단과 1차 코일 자속 자기장의 급속한 붕괴는 차단기 접점의 열림으로써 한 번 더 제어되거나 또는 유발된다. 점화스위치가 온(on) 위치에 있을 때, 스위치는 1차 회로에 전혀 영향을 미치지 않는다.

점화/시동스위치, 또는 마그네토스위치는 마그네토의 온(on) 또는 오프(off)를 제어하고 또한 시동기를 돌려 주기 위해서 시동기 솔레노이드를 연결할 수 있다. 맥류(pulsating direct current)를 방출하는 시동용 진동기(starting vibrator) 박스가 엔진에서 사용될 때, 점화/시동스위치는 시동 진동기와 지연 접점을 제어하기 위해 사용된다. 일부 점화/시동스위치는 시동 사이클 동안에 가장 중요한 특색에 누름단추를 갖춘다. 이 계통은 시동 주기 동안에 실린더의 흡기구 안으로 분사되도록 추가의 연료를 허락한다.

4.2.1.7 단식 및 복식 고전압 계통의 마그네토 (Single and Double High-tension System Magnetos)

항공기 엔진에 사용되는 고압계통 마그네토는 단식 마그네토 또는 복식 마그네토이다. 그림 4-17과 같이, 단식 마그네토 설계는 마그네토 브레이커어셈블리, 회전자석, 코일을 포함해서 배전기까지 하우징에 합체시킨다. 복식 마그네토는 2개의 마그네토를 하나의 하우징에 합체한 것이다. 회전자석 1개와 캠 1개가 2개씩의 브레이커 포인트와 코일을 공유하고 있다. 그림 4-18에서 보여 주는 것과 같이, 2개의 독립된 배전기가 마그네토 안에 설치된다.

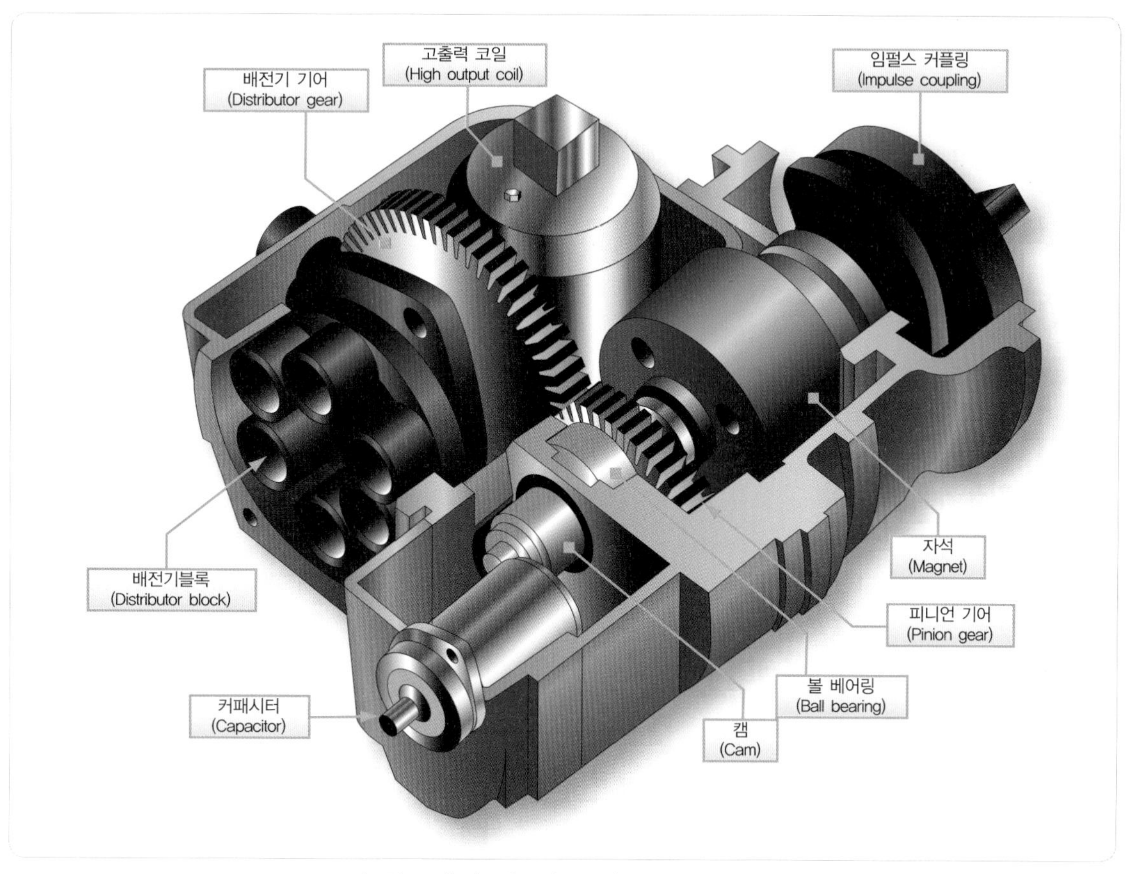

[그림 4-17] 마그내토 내부구조(Magneto cutaway)

[그림 4-18] 복식 마그네토
(A dual magneto with two distributors)

4.2.1.8 마그네토 장착 부분 (Magneto Mounting System)

그림 4-19에서 보여 주는 것과 같이, 플랜지 장착식 마그네토는 마그네토의 회전축의 구동 끝단 둘레에 있는 플랜지에 의해 엔진에 부착된다. 장착 플랜지에 있는 긴 홈은 엔진에서 마그네토의 점화 시기를 조절하는 범위를 제공하기 위한 것이다. 어떤 마그네토는 플랜지로 장착하고 클램프를 사용하여 엔진에 마그네토를 고정시킨다. 이 설계도 점화 시기 조절을 고려하고 있다. 베이스 부착식 마그네토는 오직 아주 구형 또는 옛날 항공기 엔진에서만 사용된다.

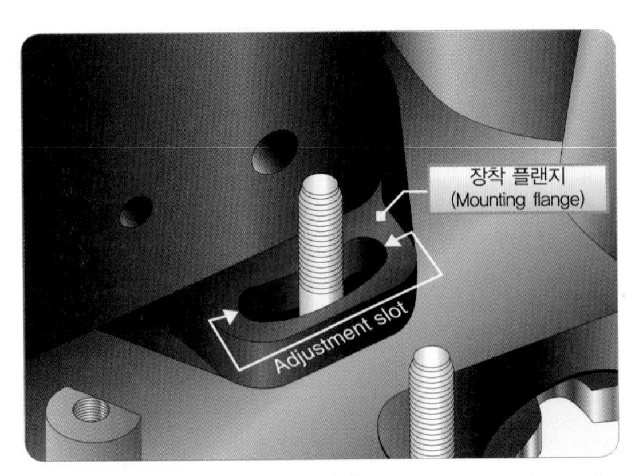

[그림 4-19] 마그네토 장착 플랜지(Magneto mounting flange)

4.2.1.9 저압 마그네토계통 (Low-tension Magneto System)

고압 점화계통(High-tension ignition system)은 설계에서 수많은 정교함과 개선을 겪어 왔다. 이것은 단순히 실린더에 점화를 제공하는 것에 그치지 않고 새로운 전자계통으로 제어하는 기기를 포함한다. 고전압은 마그네토에서 점화플러그까지 고전압을 운반하는데, 내부적으로 그리고 외부적으로 어떤 문제점을 가지고 있다. 초기에는 고공에서 공기압력이 감소할 때 고전압을 간직할 수 있는 절연체를 제공하기 어려웠다. 고전압 계통의 또 다른 요구조건은 전천후 사용과 무선통신장비를 구비한 항공기에서 고전압으로 인한 전파 잡음을 방지하기 위해 차폐장치로 둘러싸여 있는 점화도선을 갖추는 것이었다. 많은 항공기가 터보과급기(turbosupercharger)를 갖추고 더 높은 고도에서 작동되었다. 이들 고도에서 낮은 압력은 고전압을 한층 더 새어 나오게 한다. 이들 문제점에 대처하기 위해 저전압 점화계통이 개발되었다.

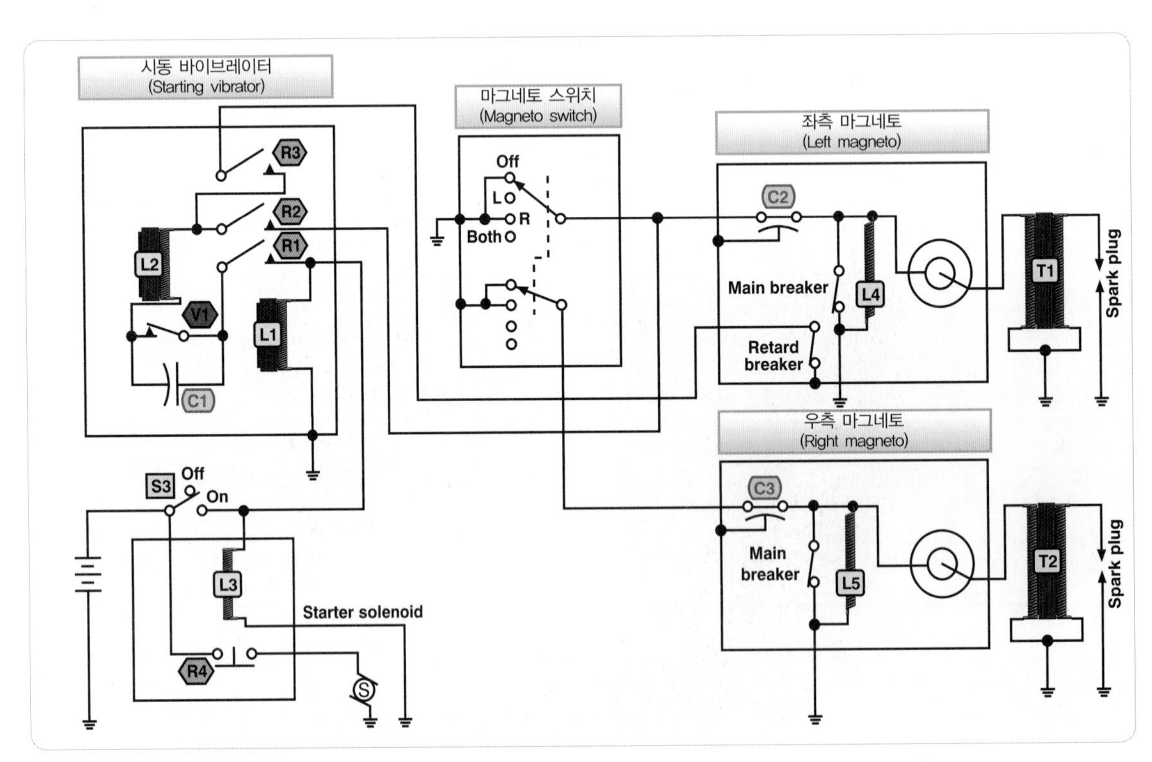

[그림 4-20] 저압 점화계통 회로도(Simplified low-tension ignition system schematic)

그림 4-20에서 보여 주는 것과 같이, 전자적으로 저압 점화계통은 고압 점화계통과는 다른 것이다. 저압 점화계통에서 낮은 전압은 마그네토에서 만들어져서 점화플러그 근처에 있는 변압코일의 1차 권선까지 흐른다. 여기서 전압은 변압기의 작용에 의하여 고전압으로 승압되고 매우 짧은 고압 도선에 의해 점화플러그에 전달된다.

브러시형 배전기를 사용함으로써 배전기 내의 공기간격이 없어지고 고전압은 변압기와 점화플러그 사이의 단지 짧은 도선에만 통하기 때문에 저압 계통에는 배전기와 하니스 모두에서 플래시 오버가 사실상 생기지 않는다.

비록 많은 양의 전기 누설이 생기는 것이 모든 점화계통의 특성이지만, 금속제 전선관이 접지전위에 있고, 모든 점화계통에 걸쳐 점화도선과 금속제 전선관이 인접해 있기 때문에 무선수신기 차폐장치에서 더욱 뚜렷하게 누설이 생긴다. 그러나 저압 점화계통에서는 계통 전체를 통해서 대부분의 전류가 저전압 상태로 전도되기 때문에 이런 누설(leakage)은 상당히 줄어든다. 비록 저압 점화계통의 변압기 코일과 점화플러그 사이에 도선은 짧지만 그들은 고전압 전도체이며, 그리고 고압 점화계통에서 일어나는 동일한 결함이 나타날 수 있다.

저압 점화계통은 고압 점화도선을 제작하는데 사용하는 우수한 재료와 차폐 및 저압계통 기능을 갖춘 각각의 점화플러그에 대한 코일의 추가비용 때문에 현대 항공기에서 사용이 제한적이다.

4.3 FADEC 계통의 개요 (FADEC System Description)

FADEC는 연료분사기가 열리고 닫히는 단순한 움직임에 의해 연쇄적으로 작동되는 집적디지털전자회로 점화장치 및 전자연료분사장치(electronic sequential port fuel injection system)이다. FADEC는 통합제어시스템(integrated control system)으로서 점화(ignition), 점화시기(timing), 그리고 연료혼합(fuel mixture), 공급(delivery), 분사(injection), 그리고 점화(spark ignition)를 끊임없이 감시하고 제어한다. FADEC는 크랭크샤프트의 회전속도, 피스톤의 상사점 위치, 흡입매니폴드압력, 그리고 흡입공기온도와 같은 엔진 작동 조건을 감시하고 그때 최적의 엔진 성능을 얻기 위해 주어진 동력 세팅에 따라서 연료·공기혼합 비율과 점화시기(ignition timing)를 자동적으로 조정한다. 결과적으로 FADEC가 구비된 엔진은 마그네토뿐만 아니라 수동 혼합기 조정장치(manual mixture control)도 필요하지 않다.

그림 4-21과 같이, 이 마이크로프로세서를 기본으로 한 계통은 엔진 시동을 위한 점화시기를 제어하고 엔진 회전속도와 매니폴드압력에 관련된 시기를 변화시킨다.

파워링크(PowerLink)는 정해진 작동상태와 결함상태(fault condition) 모두에서 조정되도록 해 준다. 이 계통은 출력(power) 또는 추력(thrust)이 불리한 변화를 방지하지 않도록 설계되어졌다. 항공기의 1차 동력공급원이 없어진 경우에, 엔진제어는 2차 동력공급원을 이용하여 계속 동작하도록 해 준다. 제어장치로서, 이 계통은 종합적인 시스템 현황을 판단하기 위해 자체 진단을 수행하는 시스템으로서 그 정보를 각종

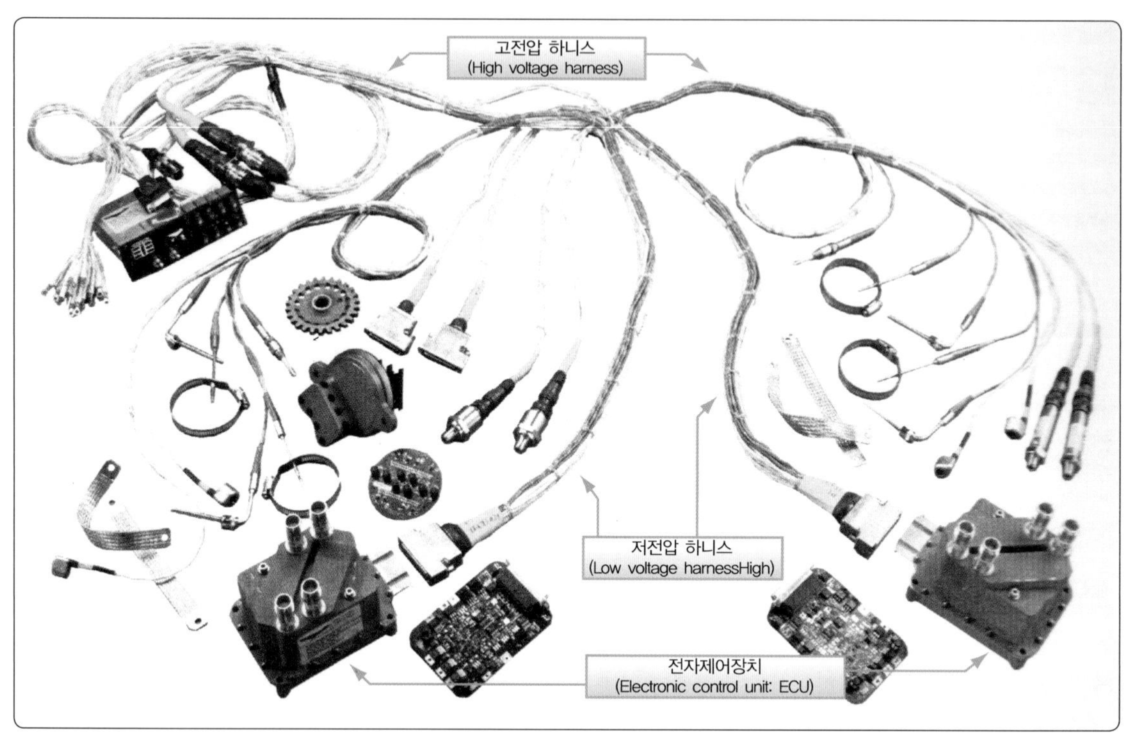

[그림 4-21] 파워링크 시스템 구성품(Power link system components)

계기들을 통해 조종사에게 전달해 준다. 파워링크는 극단적인 저장온도에 잘 견딜 수 있고 극한의 열, 한랭, 그리고 높은 습도 환경에서 FADEC 미장착 엔진과 동일한 성능으로 작동된다.

4.3.1 저전압 하니스(Low-voltage Harness)

그림 4-22에서 보여 주는 것과 같이, 저전압 하니스는 FADEC 계통의 모든 필수 구성 부품들을 연결시킨다. 이 하니스는 신호전달버스로서 역할을 하며 항공기 동력공급원, 점화스위치, 속도감지어셈블리(speed sensor assembly: SSA), 온도 및 압력감지기와 함께 전자제어장치(electronic control unit: ECU)에 서로 연결된다. 속도감지어셈블리(SSA), 연료압력감지기, 매니폴드압력감지기를 제외한 연료 인젝터 코일과 모든 감지기는 저전압 하니스에 고정배선으로 연결되어 있다. 이 하니스는 감지기 입력 정보를 50핀 커넥터를 통해 전자제어장치(ECU)로 전송한다. 하니스는 캐논 플러그 커넥터로 엔진에 장착된 압력감지기에 연결된다. 25핀 커넥터는 속도감지기신호처리장치(speed sensor signal conditioning unit)에 하니스를 연결시켜 준다. 저전압 하니스는 객실 하니스/벌크헤드 커넥터를 통해 방화벽에 장착된 데이터 포트(Data Port)에 의해 객실 하니스에 부착된다. 벌크헤드 하니스는 또한 계통을 작동시키는 데 필요한 항공기 전력을 공급한다.

전자제어장치(ECU)는 시스템의 주요 핵심이며 점화 및 연료분사 제어를 모두 제공하여 실현 가능

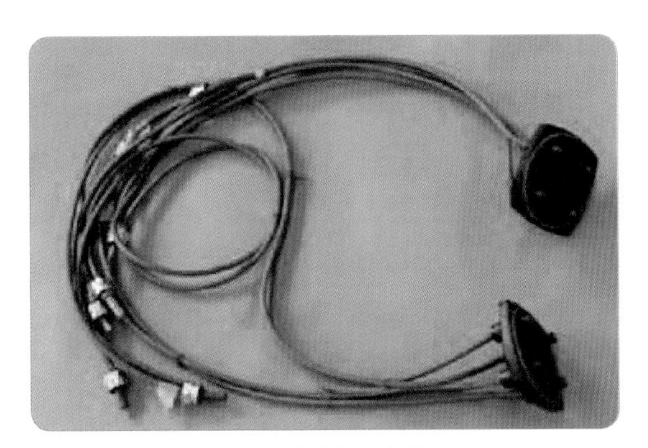

[그림 4-22] 6 기통 엔진 저전압 하니스(Typical six-cylinder engine electronic control and low-voltage harness)

한 최대효율(maximum efficiency)로 엔진을 작동시킨다. 각각의 전자제어장치는 2개의 실린더를 제어하는 컴퓨터라고 하는 2개의 마이크로프로세서(microprocessors)가 있다. 각 컴퓨터는 자체 할당된 실린더를 제어하고 다른 컴퓨터의 실린더에 대한 중복제어도 가능하다.

컴퓨터는 속도감지어셈블리(SSA)에 의해 감지되는 엔진 회전속도와 캠축기어로부터 발생된 타이밍펄스를 지속적으로 감시한다. 엔진의 정확한 속도와 엔진의 타이밍 순서를 알고 있는 컴퓨터는 매니폴드 공기압력 및 매니폴드 공기온도를 모니터링 하여 공기밀도를 계산하고 흡입행정 동안에 실린더로 유입되는 흡입 공기량을 결정한다. 컴퓨터는 분당 엔진 회전수(rpm)와 매니폴드공기압력(manifold air pressure)에 근거하여 엔진 동력의 백분율을 계산한다.

이 정보로부터 컴퓨터는 최상의 출력(best power)이나 또는 최상의 경제 작동모드를 위한 연소 사이클에 필요로 하는 연료를 계산할 수 있다. 컴퓨터는 연료가 정확한 시간에 분사되도록 해야 하고, 연료분사 지속시간이 올바른 연료 · 공기비(fuel-to-air ratio)를 위해 정시에 이루어지도록 해야 한다. 그런 다음컴퓨터는 다시 출력 계산의 백분율에 근거하여 스파크점화이벤트(spark ignition event)와 점화시기(ignition timing)를 설정한다. 배기가스온도는 연료 · 공기비율의 계산이 그 연소 현상에 대해 정확했는지를 확인하기 위해 연소한 후에 측정된다. 이 과정은 매 연소와 출력 사이클에서 그것에 할당된 실린더에 대한 각각의 컴퓨터에 의해 반복된다.

컴퓨터는 또한 실린더헤드온도와 배기가스온도 모두를 제어하도록 각각의 전용의 실린더에서 연료 · 공기비를 제어하기 위해 연료의 양을 변화시킬 수 있다.

4.3.2 전자제어장치 (Electronic Control Unit: ECU)

그림 4-23과 같이, 전자제어장치(ECU, electronic control unit)는 한 쌍의 엔진 실린더가 할당되어져 연료혼합기와 점화시기(spark timing)를 제어한다. 전자제어장치(ECU) 1은 1번과 2번 실린더를 제어하고, 전자제어장치(ECU) 2는 3번과 4번 실린더를 제어하고, 그리고 전자제어장치(ECU) 3은 5번과 6번 실린더를 제어한다. 각각의 전자제어장치는 윗부분과 아랫부분으로 구분되어 있다. 아랫부분은 전자회로기판을 갖고 있지만, 반면에 윗부분은 점화코일이 들어 있는 곳이다. 각각의 전자제어판은 제어통신로에 맞는 2개의 독립된 마이크로프로세서 제어기를 갖고 있다. 엔진이 작동되고 있는 동안에 하나의 제어통신로는 단 하나의 엔진 실린더를 작동시키기 위해 지정된다. 그러므로 하나의 전자제어장치는 실린더 당 하나의 제어통신로로서 2개의 엔진 실린더를 제어할 수 있다. 제어통신로는 독자적인 것이고, 그리고 하나의 전자제어장치 내에서 전자 구성 부품을 나누지 않는다. 그

들은 또한 독자적이고 분리된 전원에서 동작한다. 그러나 만약 하나의 제어통신로가 고장이 나면 동일한 전자제어장치 내에 한 쌍으로 있는 다른 제어통신로는 연료분사와 점화시기에 대한 예비의 제어로서 그것의 지정된 실린더와 다른 대립시킨 엔진 실린더 모두를 동작시킬 수 있다. 전자제어장치에 각각의 제어통신로는 현재의 작동상태를 감시하고 정해진 매개변수 내에서 정상적인 엔진 작동이 되도록 그것의 실린더를 작동시킨다. 다음의 입력 값들이 저전압 하니스를 통해 제어통신로로 전송된다.

(1) 엔진 회전속도와 크랭크 위치를 감시하는 속도 감지기(speed sensor).
(2) 연료압력 감지기(Fuel pressure sensor).
(3) 매니폴드압력 감지기(Manifold pressure sensor).
(4) 매니폴드공기온도 감지기(Manifold air temperature (MAT) sensors).
(5) 실린더헤드온도 감지기(CHT sensor).
(6) 배기가스온도 감지기(EGT sensor).

모든 중요한 감지기는 다른 전자제어장치에 있는 제어통신로에 연결되는 한 쌍 중에 각각의 형식으로부터 하나의 감지기에 두 가지 형태로 중복되는 것이다. 종합적인 소프트웨어의 내정 값(default value)은 또한 중복되는 한 쌍의 감지기 모두가 고장이 나는 바람직하지 않은 상태일 때 사용된다. 제어통신로는 얼마나 많은 연료가 실린더의 흡기구 안으로 주입되는지를 결정하기 위해 작동상태에 관하여 감지기 입력에 근거하여 엔진 회전속도, 매니폴드압력, 매니폴드온도, 그리고 연료압력의 변화를 감시한다.

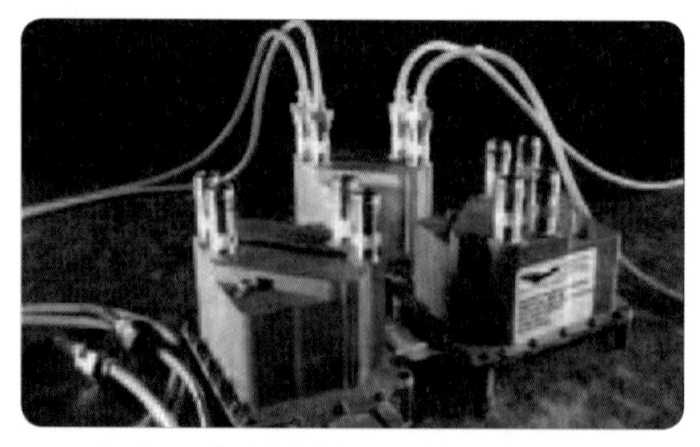

[그림 4-23] 전자제어장치(Electronic control unit)

4.3.3 파워링크 점화계통 (PowerLink Ignition System)

점화계통은 전자제어장치 위에 고전압 코일, 고전압 하니스, 그리고 점화플러그로 구성되어 있다. 모든 엔진에 실린더 당 2개의 점화플러그가 있기 때문에, 6기통 엔진은 12개의 도선과 12개의 점화플러그를 갖는다. 고전압 하니스에 각각의 도선(lead)의 한쪽 끝단은 점화플러그에 부착되고, 그리고 도선의 다른 쪽 끝단은 각각의 전자제어장치(ECU)에 있는 점화플러그 타워에 장착된다. 스파크 타워 쌍은 전자제어장치의 코일 팩 중 한곳의 반대쪽 끝단에 연결된다. 2개의 코일 팩은 전자제어장치의 윗부분에 위치된다. 각각의 코일 팩은 2개의 점화플러그 타워를 위해 고전압 펄스를 발생시킨다. 하나의 타워는 (+)펄스를 점화하고 동일한 코일의 다른 쪽은 (-)펄스를 점화한다. 각각의 전자제어장치는 2개의 엔진 실린더에 대한 스파크를 제어한다. 그림 4-24에서 보여 주는 것과 같이, 각각의 전자제어장치 내에 제어통신로는 엔진 실린더에 대한 스파크를 제어하기 위해 2개의 코일 팩 중 한쪽에 명령을 한다. 고전압 하니스는 전자제어장치 스파크 타워에서 엔진의 점화플러그로 에너지를 운반한다.

압축행정에서 주어진 실린더에 있는 양쪽 점화플러그에 점화하기 위해, 양쪽 제어통신로는 그들의 코일팩을 점화시켜야 한다. 각 코일 팩은 그 전자제어장치에 의해 제어되는 2개 실린더의 각각에서 점화플러그를 갖고 있다.

점화 스파크(ignition spark)는 엔진의 크랭크샤프트 위치에 시기 조절된다. 그 시기는 엔진의 작동 범위에 따라 변할 수 있으며 엔진 부하상태에 의존한다. 스파크 에너지는 또한 엔진 부하에 따라 변한다.

엔진 점화시기(ignition timing)는 전자제어장치에 의해 이루어지며 수동으로 조정할 수 없다.

4.3.3.1 보조점화장치(Auxiliary Ignition Units)

엔진을 시동하는 동안에 크랭크샤프트가 시동기에 의해 회전되므로 속도가 낮기 때문에 마그네토의 출력도 낮다. 이것은 회로에서 유도되는 전압의 양을 결정하는 요소가 고려될 때 이해될 수 있다.

유도전압(induced voltage)의 값을 증가시키기 위해 자기장의 강도는 더 강한 자석을 사용함으로써, 코일에서 권선 수를 증가시킴으로써, 또는 자석과 전도체 사이에 상대운동의 정도를 증가시켜야 한다.

회전자석의 강도와 코일의 권선 수는 마그네토 점화계통에서 상수 요소이기 때문에, 전압은 회전자석이 회전하는 속도에 따라 만들어 낸다. 시동을 위해 엔진이 구동(cranking)되기 시작하면, 회전자석은 약

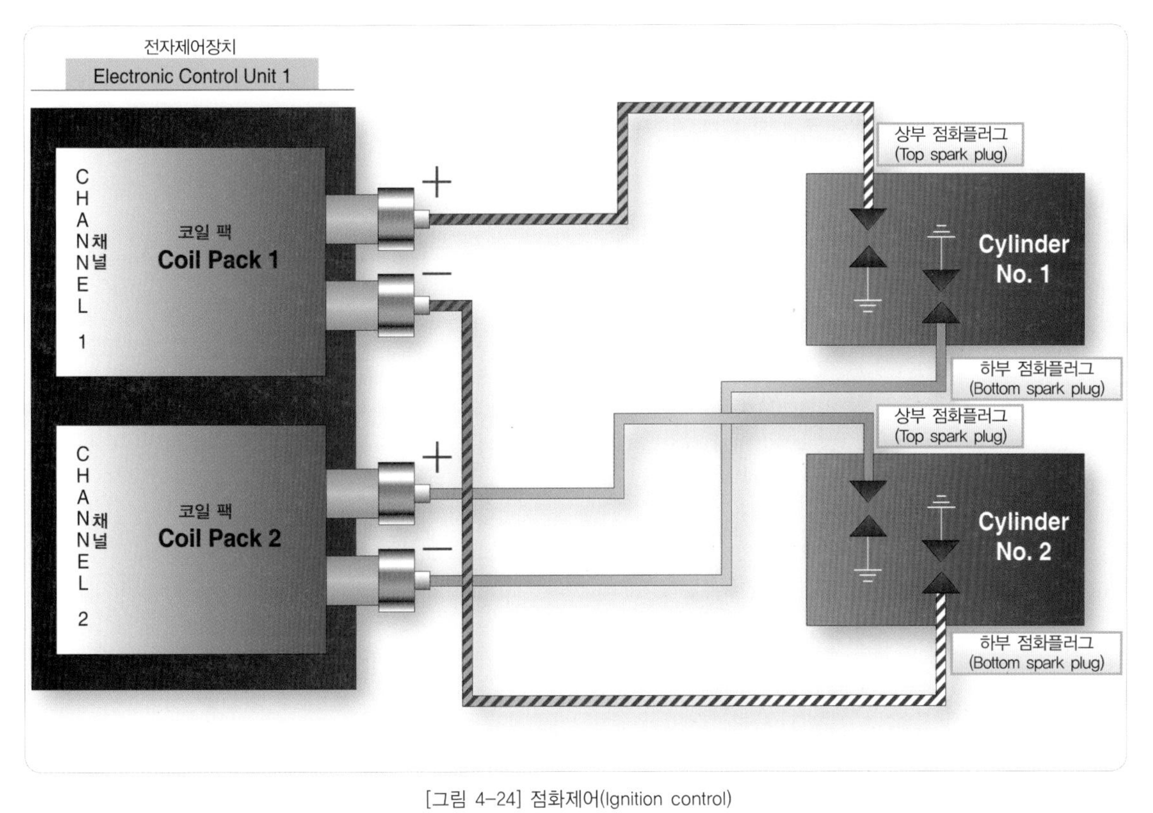

[그림 4-24] 점화제어(Ignition control)

80rpm으로 회전된다. 유도전압의 값이 너무 낮기 때문에, 스파크는 점화플러그 간극을 뛰어넘지 못한다. 엔진 시동을 용이하게 하도록 보조 장치가 고전압을 만들어 내기 위해 마그네토에 연결된다.

보통 그러한 보조점화장치(auxiliary ignition unit)는 배터리에 의해 전압을 가해지고 왼쪽 마그네토에 연결된다. 왕복엔진 시동계통은 정상적으로 다음의 시동 보조 장치 종류 중 하나를 갖추고 있다.

- 부스터 코일(booster coil)- 구형
- 시동용 진동기(starting vibrator) 또는 스파크 샤워(shower of spark)라고도 부른다.
- 임펄스 커플링(impulse coupling)
- 전자점화장치(electronic ignition system)

시동이 되는 동안에 엔진은 정상속도에 비해 매우 느리게 돌아가고 있다. 점화는 피스톤이 정상회전의 반대 방향으로 회전하려는 킥백(kick back)을 방지하기 위해 점화를 지연시키거나 뒤쪽으로 이동해야 한다. 각 시동계통마다 시동 시에 점화를 지연시키는 방법을 갖고 있다.

4.3.4 승압코일(Booster Coil)

그림 4-25에서 보여 주는 것과 같이, 구형 성형엔진 점화계통에 주로 사용되던 승압코일어셈블리(booster coil assembly)는 연철심(soft iron core)에 감긴 2개의 코일과 한 세트의 접점(contact point), 그리고 콘덴서로 구성되어 있다.

승압코일은 마그네토에서 분리되어 있으며 자체에서 연속된 스파크를 발생시킬 수 있다. 시동 시에, 이들 스파크는 배전기 회전자에 핑거를 통해 해당되는 실린더의 점화도선(ignition lead)으로 보내진다.

1차 권선(primary winding)의 한쪽 끝단이 내부 자체로 접지되고 다른 쪽 끝단은 가동접점(moving contact point)에 연결되어 있다. 고정접점(stationary

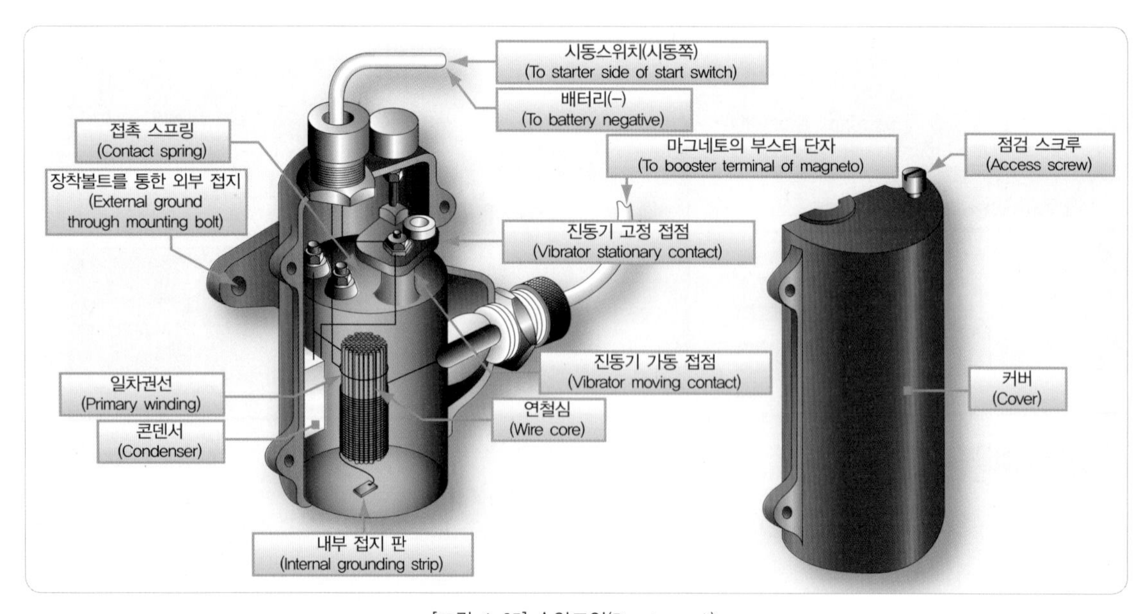

[그림 4-25] 승압코일(Booster coil)

contact)은 마그네토스위치가 시동위치에 있을 때, 배터리 전압이 연결되거나, 또는 시동기가 맞물리게 되었을 때 자동적으로 연결되는 단자로 설치된다. 1차 코일에 비하여 몇 배 더 많이 감긴 2차 권선(secondary winding)은 한쪽 끝단이 내부 자체에 접지되고 다른 쪽 끝단은 고압 단자로 연결된다. 고압 단자는 점화케이블에 의해 배전기에 있는 전극에 연결되어 있다.

일반 배전기 단자(distributor terminal)는 고압 마그네토의 1차 코일 또는 2차 코일을 통해 접지되기 때문에, 승압코일에 의해 제공되는 고전압은 배전기 회전자에 있는 독립된 회로에 의해 배전되어야 한다. 이것은 하나의 배전기 회전자에 두 개의 전극을 사용하도록 만들어진다. 주 전극(main electrode) 또는 핑거(finger)는 마그네토 출력전압을 운반하고, 보조전극 또는 뒤에 따라가는 핑거는 오직 승압코일의 출력을 배전한다. 보조전극은 항상 그것이 주 전극을 뒤따르도록 해서 시동하는 기간 동안 점화를 지연시키도록 위치된다.

그림 4-26에서는 그림 4-25에서 보여 준 승압코일 구성 부분을 도면으로 설명한다. 작동이 되면 배터리

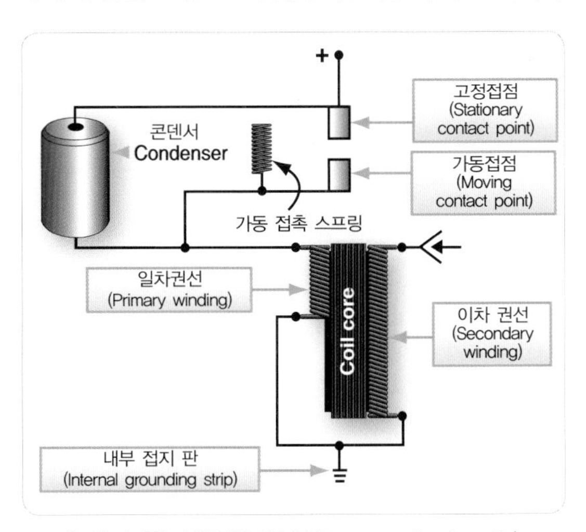

[그림 4-26] 승압코일 배선도(Booster coil schematic)

전압은 시동기스위치를 통해 승압코일의 (+)단자로 연결된다. 그림 4-26에서 보여 주는 것과 같이, 이것은 전류가 닫힌 접점(contact point)을 통해 1차 코일과 접지로 흐르게 한다. 1차 코일을 거쳐 흐르는 전류는 코일 코어를 자화하는 코일에 대하여 자장을 새로이 만든다. 코어가 자화되었을 때, 그것은 정상적으로 스프링에 의해 고정접점에 부딪치어 붙들어 놓은 곳에, 가동접점을 끌어당긴다.

가동접점이 철심 쪽으로 끌어당겨졌을 때, 1차 회로는 차단되고 코일 코어(coil core) 주위에 형성된 자장이 붕괴된다. 코일 코어는 1차 코일에 전류가 흐를 때에만 전자석(electromagnet)으로 작용하기 때문에, 그것은 1차 코일 회로가 차단되자마자 곧바로 그것의 자력을 상실한다. 이것은 접점(contact point)을 닫히도록 스프링의 작용을 가능케 하고 다시 1차 코일 회로를 형성한다. 이것은 코일 코어를 재 자화(remagnetize)시키고 1차 코일 회로를 재개방하도록 가동접점을 다시 끌어당긴다. 이 작용은 시동기스위치가 닫힘 또는 온(on) 위치에서 유지되는 동안, 가동접점으로 하여금 빠르게 진동하게 한다. 이 작용의 결과는 승압코일의 2차 코일을 연결하는 자장을 계속적으로 형성, 그리고 붕괴시키는 것이다. 1차 코일에 비해 2차 코일에서 훨씬 많은 배수의 권선 수로서, 2차 코일에 형성되는 유도전압(induced voltage)은 엔진에서 점화를 제공하기에 충분히 높은 것이다.

그림 4-26에서 보여 준 것과 같이, 접점(contact point)에 병렬로 연결되어 있는 콘덴서는 이 회로에서 중요한 기능을 가지고 있다. 1차 코일에 전류 흐름이 접점이 열려 차단되었을 때, 1차 자장의 각각의 붕괴에 수반하여 일어나는 높은 자기유도전압은 콘덴서로 밀려들어간다. 콘덴서가 없으면, 전기적인 아크는 자

장이 붕괴될 때마다 접점(contact point)을 건너뛸 것이다. 이것은 접점을 태워 움푹 들어가게 하고 승압코일의 출력전압을 크게 줄인다. 승압코일은 승압코일의 2차 권선에서 고전압 스파크를 유도시키도록 1차 권선에서 맥직류(pulsating DC)를 발생시킨다.

4.3.5 임펄스 커플링(Impulse Coupling)

많은 대향형 왕복엔진은 시동 보조장치(auxiliary starting system)로서 임펄스 커플링(impulse coupling)이 장착되어 있다. 임펄스 커플링은 엔진과 마그네토 축 사이의 스프링 기계 연결장치로서 적절한 시기에 마그네토 축을 고회전시키기 위해 감기게 되어있다. 일반적으로 왼쪽 마그네토에 짧은 가속을 제공하여 시동에 필요한 강한 스파크를 만들어 준다. 그림 4-27에서 보여 주는 것과 같이, 이 장치는 캠(cam)과 플라이웨이트 어셈블리(flyweight assembly), 스프링(spring), 그리고 바디어셈블리(body assembly)로 구성된다. 그림 4-28에서는 전형적인 마그네토에 장착된 조립된 임펄스 커플링을 보여 준다.

그림 4-29와 같이, 마그네토는 임펄스 커플링에 의해 저속에서 일시적으로 고정되도록 유연하게 연결되어 있다. 플라이웨이트는 느린 회전 때문에 스터드(stud) 또는 스톱 핀(stop pin)에 의해 고정된다. 이때 임펄스 커플링 내의 스프링은 감긴다. 엔진은 점화되고자 하는 실린더의 피스톤이 대략 상사점 위치에 도달할 때까지 회전을 계속한다. 이 지점에서, 마그네토 플라이웨이트는 임펄스 커플링의 바디와 접촉하고 스톱 핀에 의해 고정되었던 부분이 풀린다. 그림 4-30에서 보여 주는 것과 같이, 마그네토의 회전자석의 고

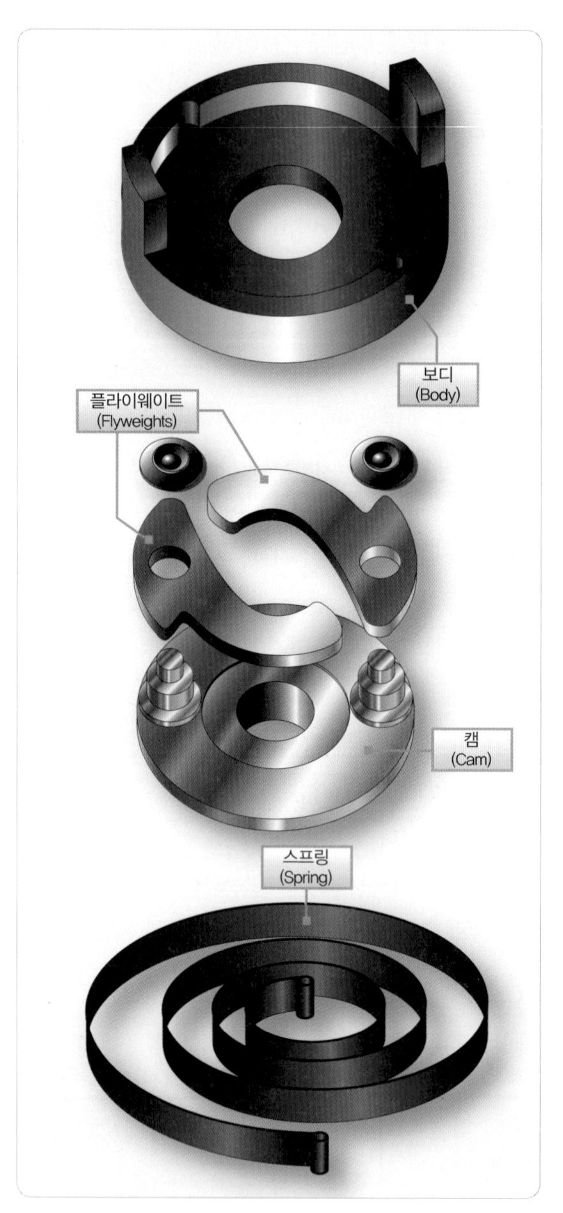

[그림 4-27] 임펄스 커플링 부품(Parts of an impulse coupling)

회전으로 스프링은 원래의 위치로 되돌아온다. 이것이 마그네토 회전자석의 고속 회전에 상당하는 만큼의 점화플러그 전극에서 간극을 뛰어넘는 스파크를 일으킨다. 임펄스 커플링은 두 가지 기능을 수행하는

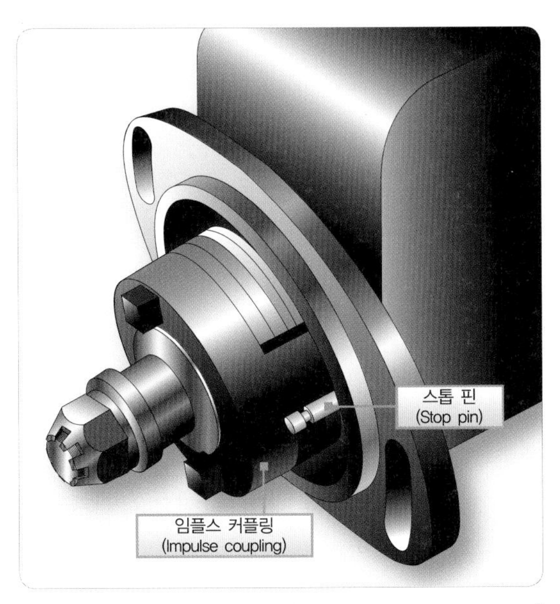

[그림 4-28] 조립된 임펄스 커플링(Impulse coupling on a magneto)

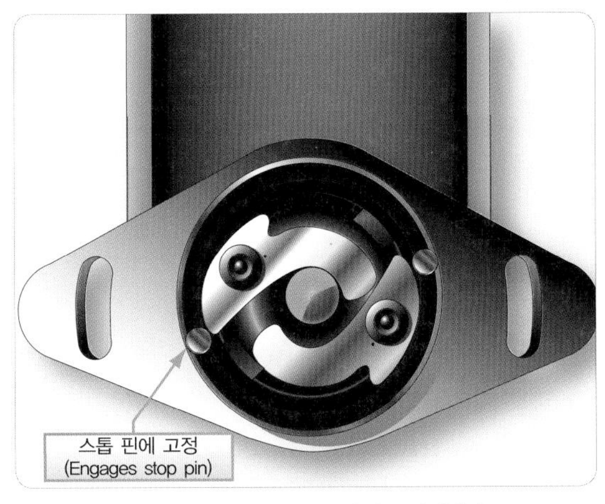

[그림 4-29] 스톱 핀에 고정된 플라이웨이트
(Flyweight engage stop pins)

데, 양호한 스파크를 만들어 내기에 충분히 빠르게 마그네토를 회전시키는 것과 시동되는 동안에 점화시기를 지연시키는 것이다. 엔진이 시동되고 마그네토가 충분한 전류를 제공하는 속도에 도달한 후, 임펄스 커플링에 있는 플라이웨이트는 원심력 또는 고회전으로 인하여 바깥 방향으로 빠진다. 이 작용은 두 개의 플라

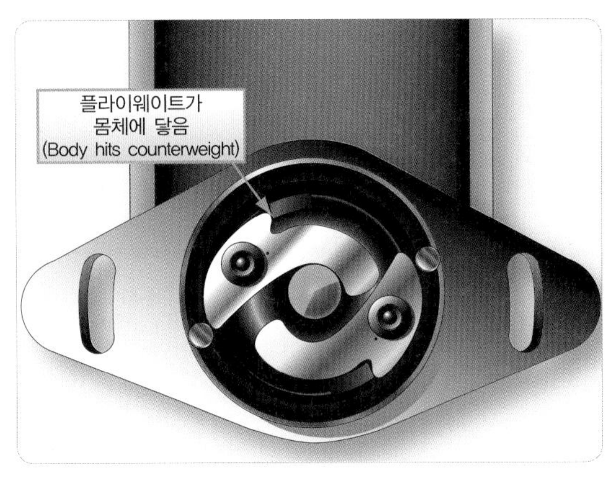

[그림 4-30] 고정된 부분이 해제된 플라이웨이트
(Flyweight contact body, releasing impulse coupling to spin)

이웨이트 머리 부분이 스톱 핀과 접촉할 수 없도록 만든다. 이렇게 되는 것은 엔진에 대하여 정상적인 타이밍 위치로 마그네토를 되돌려 고정형의 장치로 만든다. 임펄스 커플링의 존재는 시동기가 구동하는 속도로 회전하는 크랭크샤프트가 각 실린더의 상사점을 지날 때 날카로운 '딸깍' 하는 소리에 의해 확인된다.

임펄스 커플링으로부터 발생될 수 있는 문제점은 플라이웨이트가 자화될 수 있고 스톱 핀을 맞물리게 하지 않을 수 있다는 것이다. 추운 날씨에서 플라이웨이트에 응결된 오일 또는 찌꺼기는 동일한 결과를 일으키게 한다. 이것은 플라이웨이트를 스톱 핀으로 잡을 수 없도록 함으로써 시동 시 스파크를 만들지 못하는 결과를 가져온다. 마모도 임펄스 커플링에 문제점의 원인이 될 수 있다. 그들은 제작자에 의해 미리 정해진 대로 검사되어야 하고 어떤 정비라도 수행되어야 한다. 임펄스 커플링의 또 다른 단점은 실린더의 매 점화시기마다 오직 한 번의 스파크를 만들어 낼 수밖에 없다는 점이다. 이것은 특히 어려운 시동 상황 시에서의 단점이다. 비록 이런 단점이 있지만 임펄스 커플링은 아직도 광범위하게 사용된다.

4.3.6 고전압 지연차단 바이브레이터 (High-tension Retard Breaker Vibrator)

시동 사이클 동안 더 많은 스파크 출력(spark power)을 제공하기 위해, 시동 중에 점화플러그 전극에서 여러 번의 스파크를 제공하는 스파크샤워시스템(shower of sparks system)이 개발되었다. 그림 4-31에서 보여 주는 것과 같이, 시동용 진동기(starting vibrator) 또는 스파크샤워는 필수적으로 전기로 작동되는 진동기(vibrator), 콘덴서(condenser), 그리고 릴레이(relay)로 구성되어 있다. 이들 구성 부품들은 베이스 플레이트(base plate)에 장착되며, 금속 케이스로 둘러싸여 있다.

승압코일(booster coil)과 달리 시동 진동기(starting vibrator)는 자체적으로 높은 점화 전압을 생성하지 않는다. 이 시동 진동기의 기능은 배터리(battery)의 직류(DC)를 맥직류(pulsating DC)로 변환시켜서 마그네토의 1차 코일로 전달한다. 점화스위치를 닫으면 시동기솔레노이드(starter solenoid)가 자화(energize)되고 엔진이 회전되게 한다. 동시에, 전류는 또한 진동기코일과 그것의 접점(contact point)을 거쳐 흐른다. 진동기코일에 흐르는 전류는 진동기 접점을 끌어당겨 열리게 하는 자장을 만든다. 진동기 접점이 열릴 때, 코일을 흐르는 전류는 정지되고, 그리고 가동 진동기 접점을 끌어당기는 자장은 소멸된다. 이것은 진동기 접점을 닫히게 허락하고 다시 진동기코일에서 배터리 전류를 흐르도록 해 준다. 이것은 하나의 작동 주기를 완성한다. 그러나 사이클은 초당 수번씩 일어

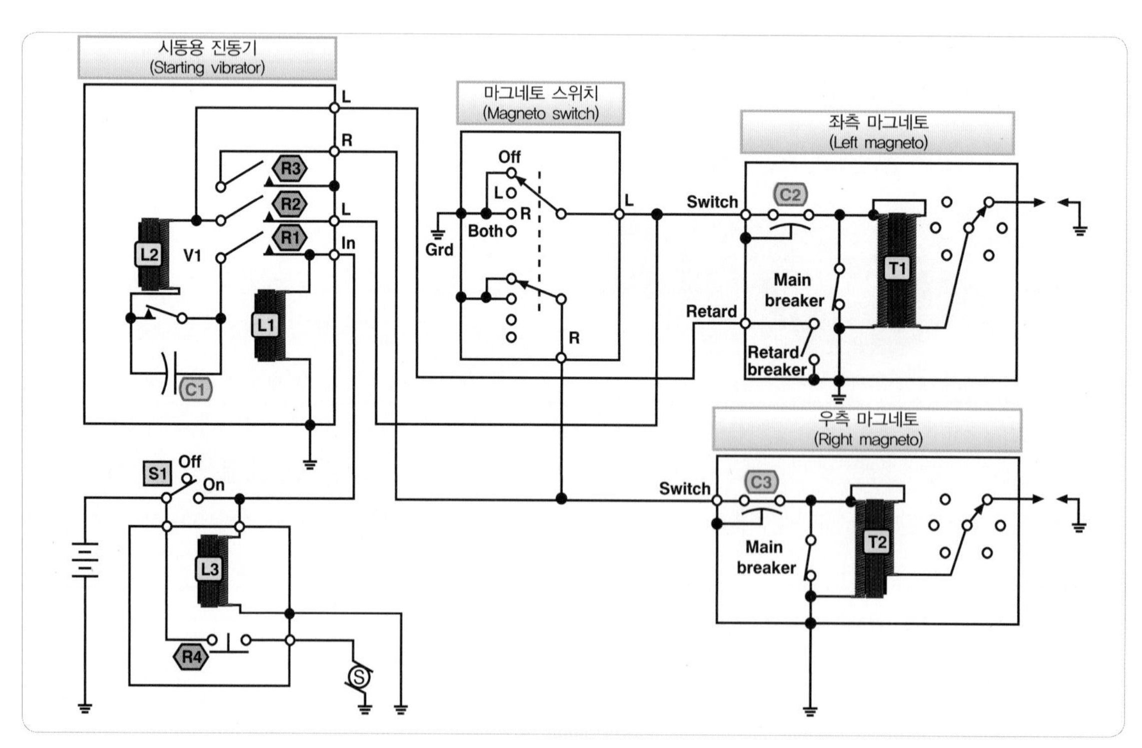

[그림 4-31] 고압 지연 차단기 마그네토와 시동용 진동기 회로(High-tension retard breaker magneto and starting vibrator circuit)

날 정도로 매우 빠르게 일어나므로 진동기 접점이 버저 음을 만든다.

진동기 접점이 닫힐 때마다 전류는 맥직류로서 마그네토로 흐른다. 이 전류는 초당 수차례 차단되기 때문에, 결과로서 일어나는 자장은 초당 여러 번 마그네토의 1차 코일과 2차 코일을 건너 생성과 붕괴를 반복하는 것이다. 2차 코일에서 유도되는 독립된 전압의 빠른 반복은 선택된 점화플러그 공기 간극을 건너뛰면서 스파크샤워를 만들어 낸다.

지연차단기 마그네토(retard breaker magneto)와 시동 진동기 계통(starting vibrator system)은 수많은 형식의 항공기에서 고압 시동장치의 일부분으로 사용된다. 4기통과 6기통 점화계통용으로 설계된 지연차단기 마그네토는 경항공기에서 임펄스 커플링의 필요성을 배제시킨다. 이 계통은 시동 시 지연된 점화를 얻기 위하여 추가의 차단기를 사용한다. 시동 진동기는 또한 많은 헬리콥터 점화계통에서 적응할 수 있는 것이다. 그림 4-31에서는 지연차단기 마그네토와 시동 진동기 개념을 사용하는 점화계통의 도면을 보여 준다.

마그네토스위치가 양쪽(both)위치에 있고 시동스위치 S1이 온(on) 위치일 때, 시동기솔레노이드 L3과 코일 L1이 자화되고 릴레이 접점 R4, R1, R2, 그리고 R3이 닫힌다. R3는 오른쪽 마그네토를 접지로 연결하고 시동하는 동안에는 작동이 되지 않도록 해 준다. 전류는 배터리(battery)로부터 R1, 진동기 접점 V1, 코일 L2를 거쳐, 지연차단기의 양쪽 접점(contact point)을 거치고, 그리고 R2와 왼쪽 마그네토의 주 차단기 접점을 거쳐 접지로 흐른다.

자화된 코일 L2는 L2로 통하는 전류 흐름을 차단하는 진동기 접점(contact point) V1을 열어 준다. L2에 관련된 자장은 붕괴하고, 진동기 접점 V1은 다시 닫힌다. 다시 한 번, 전류는 L2를 거쳐 흐르고, 그리고 다시 V1 진동기 접점은 열린다. 이 과정은 계속적으로 반복되고, 차단된 배터리 전류는 왼쪽 마그네토의 주 차단기 접점(contact point)과 지연차단기 접점을 거쳐 접지로 흐른다.

릴레이 R4가 닫히기 때문에, 시동기가 자화되고 엔진 크랭크샤프트는 회전된다. 엔진이 그것의 정상적인 점화진각 위치에 도달할 때, 왼쪽 마그네토의 주 차단기 접점은 열리기 시작한다. 진동기로부터 오는 전류의 차단된 서지는 엔진의 지연된 점화 위치에 도달될 때까지 열리지 않는, 지연차단기 접점을 거쳐 접지로 통하는 경로를 여전히 찾아낼 수 있다. 크랭크샤프트의 운동이 이 지점에 있을 때, 지연차단기 접점(contact point)이 열린다. 주 차단기 접점은 여전히 열려 있기 때문에, 마그네토 1차 코일은 더 이상 단락되지 않고, 전류는 T1 주위에 자장을 만들어 낸다.

진동기 접점 V1이 열릴 때마다, V1을 거쳐 흐르는 전류는 차단된다. T1에 관련해 붕괴되는 자장은 마그네토 2차 코일을 거슬러 잘라지고 점화플러그를 점화하기 위해 사용되는 에너지의 고전압 서지를 유도시킨다. V1 접점이 빠르게 연속적으로 열리고 닫히기 때문에, 스파크샤워는 주 차단기 접점과 지연차단기 접점 모두가 열릴 때 실린더에 공급된다.

엔진이 가속되기 시작한 후, L1과 L3에 전원을 차단하는 수동 시동기스위치는 해제된다. 이 작용은 진동기와 지연차단기 회로 모두로 하여금 작동되지 않게 한다. 그것은 또한 오른쪽 마그네토로부터 접지를 제거하는 릴레이 접점 R3을 개방한다. 양쪽 마그네토는 피스톤 위치가 바로 상사점 직전인 정상적인 점화진각에서 점화한다.

4.3.7 저전압 지연차단 바이브레이터 (Low-tension Retard Breaker Vibrator)

그림 4-32에서 보여 주는 것과 같이, 제한적으로 사용되는 이 계통은 경항공기 왕복엔진을 위해 설계되었다. 전형적인 계통은 지연차단기 마그네토(retard breaker magneto), 단일 차단기 마그네토(single breaker magneto), 시동 진동기(starting vibrator), 변압코일(transformer coils), 그리고 시동기(starter)와 점화스위치(ignition switch)로 구성되어 있다.

계통을 작동시키기 위해, 시동기스위치 S3을 온(on) 위치에 놓는다. 이것은 릴레이 접점 R1, R2, R3, 그리고 R4를 닫게 하는 시동기솔레노이드 L3과 코일 L1을 자화시킨다. 마그네토스위치를 L 위치에 놓으면, 전류는 진동기 접점(contact point) R1, L2, R2를 거쳐 흐르고, 그리고 주 차단기 접점을 거쳐 접지로 흐른다. 또한 전류는 R3과 지연차단기 접점을 거쳐 접지로 흐른다. L2를 거친 전류는 진동기 접점을 개방하는 자장을 만든다. 그때 접점을 다시 닫게 하는 전류는 L2를 거쳐 흐름을 멈춘다. 이들 전류의 서지는 지연차단기 접점과 주 차단기 접점 모두를 거쳐 접지로 흐른다.

시동기스위치가 닫혔기 때문에, 엔진 크랭크샤프트는 회전하고 있다. 정상 점화진각 위치 또는 정상운전 점화 위치에 도달했을 때, 마그네토의 주차단기접점은 열린다. 그러나 전류는 여전히 닫힌 지연차단기접점을 거쳐 접지로 흐른다. 엔진이 돌아가는 것을 지속할 때, 지연 점화 위치에 도달되고, 그리고 지연차단기 접점은 열린다. 주 차단기 접점은 여전히 열려 있기

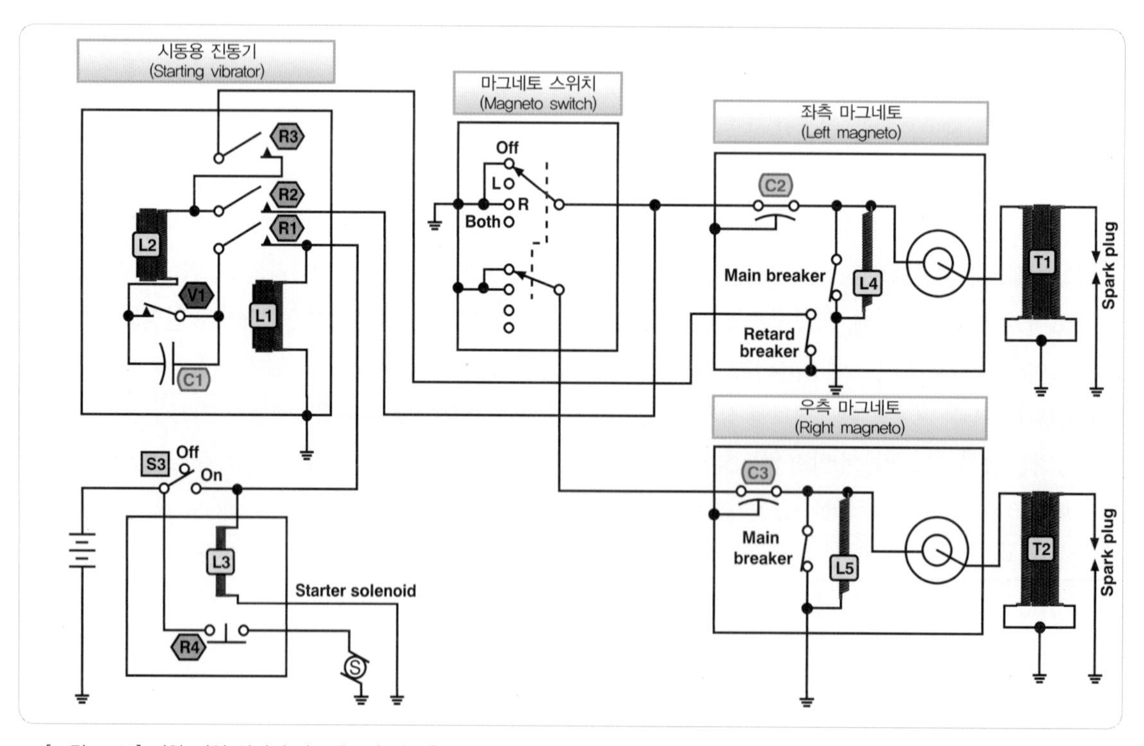

[그림 4-32] 저압 지연 차단기 마그네토와 시동용 전동기 회로(Low-tension retard breaker magneto and starting vibrator circuit)

때문에, L4 주위에 자장을 일으키는, 전류는 코일 L4를 거쳐 접지로 흐른다.

엔진이 돌아가는 것을 지속할 때, T1 1차 코일을 거쳐 L4 자장을 붕괴시키고, 점화플러그를 점화하기 위해 T1의 2차 코일에 고전압을 유도시키는, 진동기 차단기 접점은 열린다.

엔진이 점화할 때 시동기스위치는 풀리고 L1과 L3가 자화에서 끊어진다. 이것은 진동기 회로와 지연차단기 접점 회로를 열리게 만든다. 그다음 점화스위치는 양쪽(Both)위치로 놓고 왼쪽 마그네토와 동시에 오른쪽 마그네토를 동작하도록 허락한다.

4.4 점화플러그(Spark Plugs)

점화계통에서 점화플러그의 기능은 연소실의 벽을 통해 짧은 순간적인 고전압전류를 전달하는 것이다. 연소실 내부에는 이 순간적인 전류가 연료 · 공기혼합기에 점화되도록 전기 스파크(electric spark)를 일으킬 수 있는 공기간극(air gap)이 마련되어 있다. 항공기용 점화플러그가 구조와 작동에서 간단하지만 항공기 엔진에서 고장의 원인이 될 수도 있다. 그럼에도 불구하고 점화플러그는 적절하게 정비하고 정확한 엔진 작동 절차를 실행하면 많은 문제없이 작동하게 된다.

점화플러그는 극한기온, 전기적인 압력, 그리고 매우 높은 실린더 압력 환경에서 작동한다. 엔진이 2,100rpm으로 작동할 때 실린더 각 점화플러그의 공기 간극에서는 초당 약 17회 정도의 고전압 스파크(high-voltage spark)가 발생한다. 이것은 약 1,649℃(3,000 ℉)가 넘는 스파크가 계속 있는 것처럼 보이게 되며, 점화플러그는 2,000psi 정도 높은 가스압력과 20,000V 정도의 높은 전기적인 압력을 받는다. 점화플러그는 극단적인 상황에서도 반드시 작동되어야 하며 한 개의 점화플러그에서라도 스파크가 정확하게 일어나지 않는다면 엔진이 출력을 상실한다는 현실에서, 엔진의 작동에서 점화플러그는 매우 중요한 역할을 한다.

그림 4-33에서 보여 주는 것과 같이, 점화플러그의 세 가지 주요 부분품은 전극(electrode), 절연체(insulator), 그리고 외피(outer shell)이다. 실린더에 꼭 맞는 나사산으로 된 금속 쉘은 보통 정밀하게 가공된 강(steel)으로 만들고 가끔 엔진가스에 의한 부식을 방지하고 고열에서 나사산끼리 서로 붙어 버리는 것을 방지하기 위해 도금되기도 한다. 정밀 가공된 나사산과 구리개스킷(copper gasket)은 점화플러그 주위에서 실린더 가스압력이 누설되는 것을 방지한다. 점화플러그를 통해 새어 나올 수 있는 압력은 금속 쉘과 세라믹 절연체 사이, 그리고 절연체와 중심전극어셈블리 사이에 있는 내부 시일에 의해 밀폐된다. 다른 쪽 끝단은 마그네토로부터 점화도선을 수용하기 위해 나사로 되어 있다. 전천후의 점화플러그는 이 연결에 들어오는 습기를 방지하기 위해 방수 처리가 되어 있는 도선(lead)과 점화플러그(plug) 사이에 시일을 형성한다.

절연체(insulator)는 전극 주위의 코어 부분을 보호한다. 절연체는 전기적인 절연(electrical insulation)뿐 아니라 세라믹 팁이나 노즈(nose) 부분의 열을 실린더로 전달한다. 절연체는 산화알루미늄 세라믹 재질로서 우수한 절연내력, 높은 기계적 강도 및 열전도성이 탁월하다. 점화플러그의 형식은 서로 다른 엔진의 열 범위(heat range), 길이(reach), 거대전극(massive electrode), 세선전극(fine wire electrode) 또는 서로 다른 장착 요구조건의 특성에 따라 달라진다.

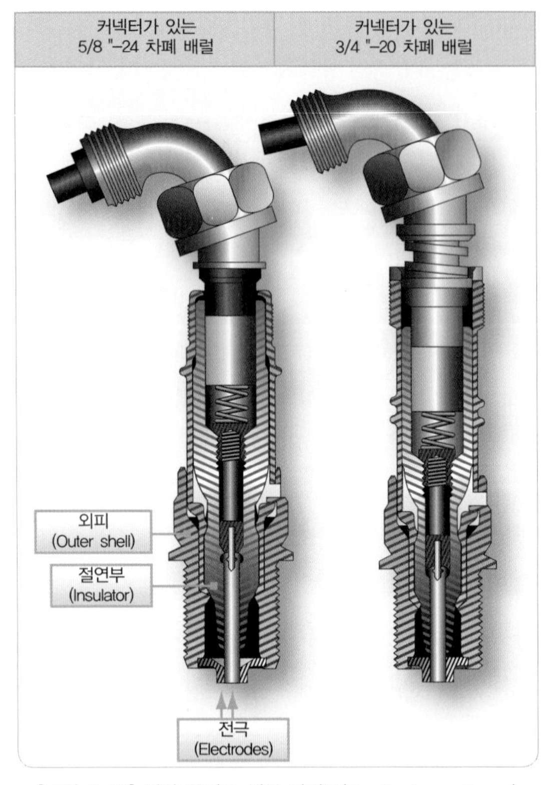

[그림 4-33] 점화 플러그 내부 단면도(Spark plug cutaway)

그림 4-33과 그림 4-34에서 보여 주는 것과 같이, 전극은 거대전극 또는 니켈계열 합금인 세선전극(fine wire electrode)처럼 여러 가지로 설계된다. 거대전극의 재료는 용융점(melting point)이 낮고 부식(corrosion)에 더 취약하다. 주요 차이점은 비용과 수명이다. 세선(fine wire) 이리듐과 백금은 매우 높은 용융점을 가지며, 귀금속으로 간주된다. 따라서 이 유형의 점화플러그의 비용은 고가이지만 성능이 향상되어 서비스 수명이 길어진다. 세선전극(fine wire electrode) 플러그는 연료 · 공기혼합기 중 일부가 자체점화(own spark)되는 것을 막아주기 때문에 거대전극(massive electrode) 플러그보다 더 효과적이다. 효율적이지 못한 연소는 불균일한 점화로 인해 발생한다. 이리듐 전극(iridium electrode)은 더 큰 스파크 갭(spark gap)을 가지므로 더 강력한 스파크를 일으켜 증가된 성능을 발휘한다. 모든 전극 간극은 전극 재료의 침식과 용융점에 약점이 있다.

[그림 4-34] 세선전극(Fine wire electrodes)

점화플러그의 가용 열 범위는 실린더헤드로 연소열을 전달하는 능력을 나타내는 것이다. 점화플러그는 그을음이 생길 수 있는 탄소퇴적물을 태워 버릴 만큼 고온으로 작동하면서도 조기점화(preignition)를 방지할 수 있도록 충분히 냉각되어야 한다. 점화플러그의 조기점화(preignition)는 플러그 전극이 예열플러그(glow plug)처럼 적색으로 뜨겁게 가열되어, 정상 점화 위치(normal firing position) 이전에 연료 · 공기 혼합기가 연소되는 현상이다. 그림 4-35에서 보여 주는 것과 같이, 노즈 코어(nose core)의 길이는 점화플러그의 가용 열 범위를 확립하는 주요소이다. 열간 플러그(hot plug)는 긴 열전달 경로를 생성하는 긴 절연 노즈(long insulator nose)가 있다. 냉간 플러그(cold plug)는 비교적 짧은 절연체(short insulator)가 있어 실린더 헤드로 열을 빠르게 전달한다.

만약 엔진이 한 가지 속도로 작동된다면, 점화플러그 설계는 크게 단순화될 것이다. 비행 조건에 따라 엔진의 부하(load)가 달라지므로 점화플러그는 저속과 저 부하에서 가능한 한 뜨겁게 작동하도록 설계되어야 하고 순항출력(cruise power)과 이륙출력(takeoff power)에서는 가능한 한 차갑게 작동하도록 설계되어야 한다.

특정한 항공기 엔진에서 사용할 점화플러그는 엔진제작사에서 광범위한 시험을 거친 후에 결정된다. 엔진에 사용할 점화플러그가 열간 플러그(hot plug) 혹은 냉간 플러그(cold plug)로 사용 승인 시 압축비(compression ratio), 과급의 정도(degree of supercharging), 그리고 엔진을 어떻게 운영하는지에 따라 점화플러그도 결정된다. 고압축 엔진(high-compression engine)은 저온 범위의 냉간 플러그(cold plug)를 사용하려는 경향이 있는 반면에, 저압축 엔진(low-compression engine)은 고온 범위의 열간 플러그(hot plug)를 사용하려고 한다.

적당한 리치(reach)를 가진 점화플러그는 실린더 안쪽으로 장착된 전극 끝단이 점화를 위한 최상의 위치에 있도록 한다. 그림 4-36과 같이, 점화플러그 리치(spark plug reach)는 실린더의 점화플러그 부싱에 삽입된 나사 부분의 길이이다. 리치가 부적절한 점화플러그를 사용하면 점화플러그가 실린더에 달라붙거나 부절절한 연소가 일어날 우려가 있다.

극단적으로 만약 너무 긴 리치가 사용된다면, 점화플러그는 피스톤 또는 밸브와 접촉하게 되어 엔진을 손상시킬 수 있다. 점화플러그의 나사산이 너무 길면 연소실 안으로 돌출되어 플러그를 탈거하는 것이 거의 불가능할 정도로 나사산에 탄소가 축적된다. 이것은 또한 조기점화의 원인이 될 수 있다. 연소의 열은 너무 이른 시기에 연료 · 공기혼합기를 발화시킬 수 있는 점화 공급원인 탄소의 일부분을 만들 수 있다. 따라서 엔진에 인가된 점화플러그를 선택하는 것은 매우 중요하다.

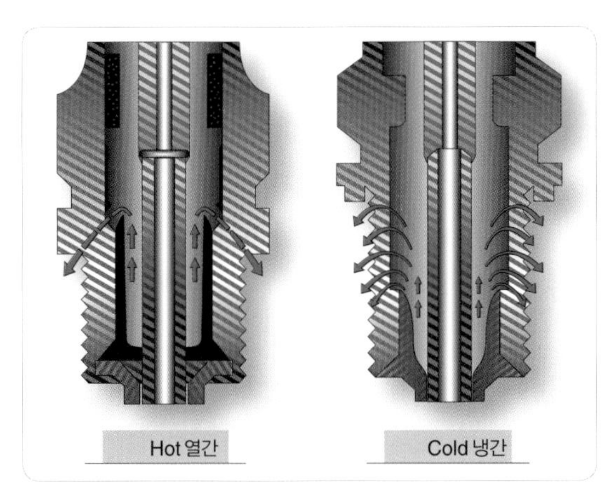

[그림 4-35] 열간 및 냉간 플러그(Hot and cold spark plugs)

4.5 왕복기관 점화계통의 정비 및 검사 (Reciprocating Engine Ignition System Maintenance and Inspection)

항공기의 점화계통은 세심한 설계와 철저한 시험의 결과물이다. 적절하게 정비되고 검사된 점화계통은

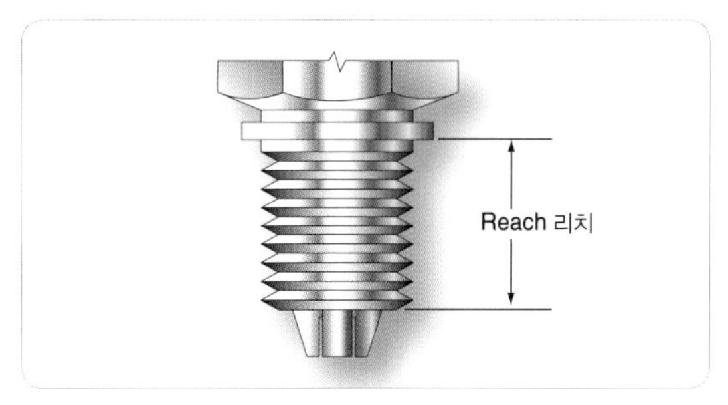

[그림 4-36] 점화플러그 리치(Spark plug reach)

여러 가지 면에서 신뢰성을 보장할 수 있다. 그러나 곤란한 점은 점화계통 성능, 특히 마그네토장치에 영향을 주는 정상적인 마모가 일어날 수 있다는 것이다. 절연물질의 파손과 변질, 브레이커 포인트의 마모와 부식, 베어링과 오일 시일의 마모, 그리고 전기배선 연결의 문제점은 마그네토-점화계통에 관련될 수 있는 모든 가능한 결함(defects)이 된다. 점화시기(ignition timing)는 다음의 네 가지 조건이 동일한 순간에 일어날 수 있도록 정밀한 조절과 정성스런 주의를 필요로 한다.

(1) 1번 실린더의 피스톤이 압축행정 상사점 전에 미리 정해진 숫자인 각도 위치에 있어야 한다.
(2) 마그네토의 회전자석이 E-gap 위치에 있어야 한다.
(3) 차단기 접점은 1번 캠 로브에서 열리기 직전의 위치에 있어야 한다.
(4) 배전기 핑거(distributor finger)는 1번 실린더를 제공하는 전극과 정렬되어야 한다.

만약 이들 조건 중 하나가 다른 어느 조건들과 동기화되지 점화계통의 점화시기가 벗어나게 되어 엔진의 성능이 감소하게 된다.

크랭크샤프트가 점화를 위한 최적의 위치에 도달하기 전에 실린더 내부에서 점화가 이루어지면 타이밍이 빠르다고 한다. 점화가 너무 일찍 일어나면 실린더 내에서 상승운동을 하던 피스톤에 연소력(full force of combustion)에 의해 반대 방향으로 움직이게 하는 힘이 작용하게 된다. 그 결과 엔진의 출력 손실(loss of engine power), 과열(overheating), 이상폭발(detonation) 및 조기점화(preignition)현상이 나타난다. 크랭크샤프트가 점화를 위한 최적의 위치에 도달한 후, 점화가 이루어지면 타이밍이 늦었다고 한다. 점화가 너무 늦게 일어나면 연료와 공기의 혼합기를 연소시킬 시간이 충분하지 않아 불완전 연소상태가 되어 엔진의 출력이 감소하게 된다.

점화계통의 다른 부분에 습기가 형성되어 결함이 발생할 수 있다. 습기(moisture)는 균열(crack) 또는 헐거워진 덮개(loose cover)를 통해 점화계통 부분품에 스며들거나 응결(condensation)로 인해 발생한다.

계통을 저압에서 고압으로 재 조절(readjustment)할 때 발생하는 공기순환은 습기가 많은 공기를 흡입할 수 있다. 보통 엔진의 열이 이 습기를 증발시키기에 충분하지만 때로는 엔진이 냉각됨에 따라 습기가 응축될 수 있다. 그 결과 많은 양의 습기가 축적되면 절연물질이 그 전기저항을 잃어버리는 결과를 초래한다. 소량의 습기도 오염되면 점화플러그용의 고전압 중 일부가 접지되어 마그네토출력이 감소되는 원인이 될 수 있다.

습기의 응축량이 많으면 플래시오버(flashover) 현상에 의해 접지되어 마그네토의 전 출력이 소멸되는 수가 있다. 비행 중에 습기가 축적되는 일은 극히 드문데 이는 계통의 작동온도가 높아서 습기가 응축되는 것을 막기에 효과적이기 때문이다. 따라서 습기의 응축으로 인한 고장은 분명히 지상 작동 시에 더 나타난다.

점화플러그는 종종 다른 계통에 실제 오작동이 있을 때 점화플러그가 결함 원인으로 진단되는 경우가 있다. 기화기의 고장, 연료의 불충분한 분배(poor fuel distribution), 과다한 밸브오버랩(valve overlap), 프라이머계통(primer system)의 누설, 또는 결핍된 아이들 속도(idle speed) 및 부적절한 혼합기의 조정 등이 점화 불량과 같은 증상으로 나타낸다. 이런 상태 중

많은 수가 점화플러그를 교환하면 일시적으로 개선될 수 있지만 결함의 실제 원인이 제거되지 않았기 때문에 짧은 시간 내에 재결함이 발생하게 된다. 따라서 다양한 엔진계통에 대한 철저한 이해, 세심한 점검 및 우수한 정비방법으로 이러한 결함을 크게 감소시킬 수 있다.

4.6 점화시기 조절장치 (Magneto Ignition Timing Devices)

4.6.1 엔진에 붙여진 점화시기 참조표지 (Built-in Engine Timing Reference Marks)

대부분의 왕복엔진은 엔진 내부에 타이밍 레퍼런스 마크(timing reference mark)가 있다. 그림 4-37과 같이, 타이밍 레퍼런스 마크는 제작사에 따라 다르다. 시동기 기어 허브(starter gear hub)가 정확하게 장착되면, 타이밍 마크(timing mark)가 시동기의 마크와 일렬로 일치되도록 표시된다. 그림 4-38에서 보여 주는 것과 같이, 시동기 기어 허브가 없는 엔진에서, 타이밍 마크(timing mark)는 보통 프로펠러플랜지 가장자리에 있다.

플랜지 가장자리에 찍힌 T.C(Top Center:상사점) 마크(mark)는 1번 피스톤이 상사점 위치에 있을 때 크랭크샤프트 하부의 크랭크케이스 분할선(split line)과 맞물리게 된다. 다른 플랜지 마크는 상사점 전(before top center)의 각도를 나타낸다. 어떤 엔진에는 프로펠러 감속기어에 각도표시가 되어 있다. 이런 엔진의 점화시기를 측정하려면 감속구동기어(reduction drive gear) 하우징외부에 있는 플러그(plug)를 제거하고 타이밍 마크(timing mark)를 확인해야한다.

어느 경우에서든지, 엔진제작사 지침서에는 내장된 타이밍 마크의 위치를 알려준다.

그림 4-39에서 보여 주는 것과 같이, 타이밍 마크(timing mark)를 크랭크샤프트와 맞출 때는 전방 부분에 있는 프로펠러 축, 크랭크샤프트 플랜지 또는 벨

[그림 4-37] 라이커밍 타이밍 마크(Lycoming timing marks)

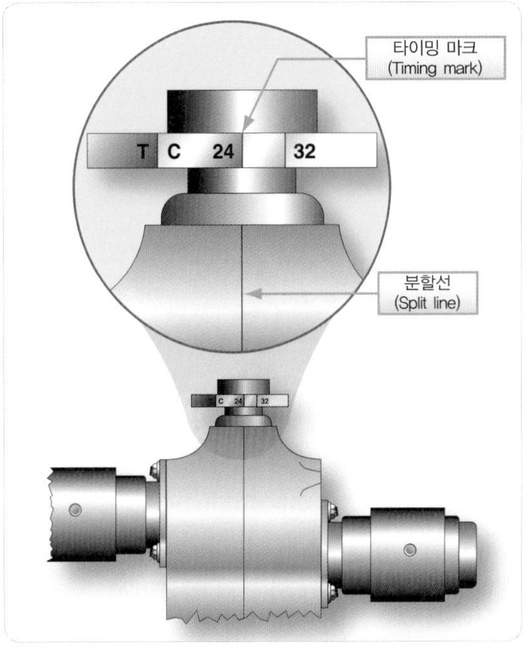

[그림 4-38] 프로펠러 플랜지 타이밍 마크 (Propeller flange timing marks)

기어(bell gear)에 있는 고정된 화살표나 표지와 일직선으로 맞물리는 것을 확인해야 한다. 이때 시선과 표지 사이가 사각이 되면 크랭크샤프트 위치를 잘못 맞출 우려가 있다. 보통 마그네토의 점화시기를 맞추거나 또는 점검할 때 1번 실린더를 기준으로 한다. 마그네토를 장착할 때, 1번 실린더는 압축행정에 있어야 하고 타이밍 마크는 일렬로 맞춰져야 한다.

기어 치차(gear teeth) 사이에 간격(clearance)이 있기 때문에 모든 기어계통에서 기어 물림유격(backlash)의 크기는 장착에 따라 다르다. 타이밍 설정(timing set up)을 위해 엔진의 움직임을 멈추거나 눈금을 읽을 때는 항상 정상회전 방향으로 시기를 잡는다. 감속기어에 있는 타이밍 마크를 사용할 때 또 다른 불리한 점은 감속기어 하우징 내부의 타이밍 마크에 대한 레퍼런스 마크(reference mark)를 볼 때 존재하는 작은 오류이다. 이것은 타이밍 마크와 레퍼런스 마크 사이에 깊이(depth)가 있기 때문에 발생할 수 있다.

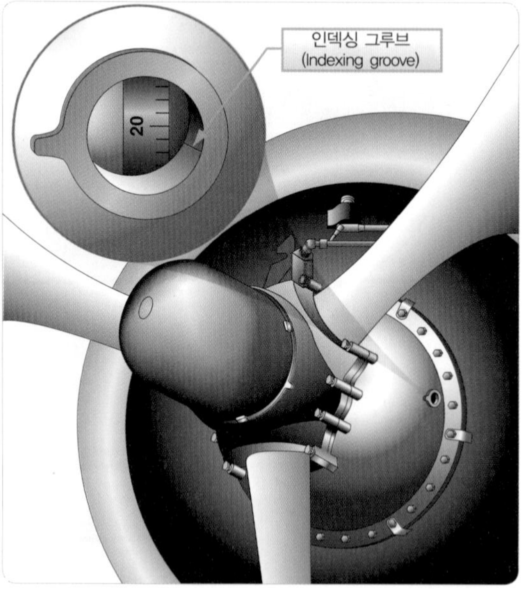

인덱싱 그루브
(Indexing groove)

[그림 4-39] 내장형 타이밍 마크
(Typical built-in timing mark on propeller reduction gear)

4.6.2 타이밍디스크(Timing Disks)

그림 4-40에서 보여 주는 것과 같이, 대부분의 타이밍디스크장치(timing disk device)는 크랭크샤프트 플랜지에 설치되고 타이밍 플레이트(timing plate)을 사용한다. 표지(marking)은 엔진의 규격에 따라 다르다. 이 플레이트는 크랭크축 각도로 번호가 매겨진 눈금과 타이밍 디스크(timing disk)에 부착된 포인터(pointer)를 사용하여 크랭크축 플랜지에 임시로 설치된다.

4.6.3 피스톤 위치 지시기 (Piston Position Indicators)

점화시기, 밸브 개폐시기, 또는 연료분사펌프의 분사시기 등에 사용되는 주어진 피스톤 위치는 상사점

[그림 4-40] 타이밍 플레이트 및 포인터
(A timing plate and pointer)

(top dead center)을 기준으로 한다. 이 위치를 톱 센터(top center: TC)와 혼동해서는 안 된다. 톱 센터(top center: TC) 위치의 피스톤은 타이밍(timing) 관점에서 볼 때 거의 가치가 없다. 그 이유는 이 위치에서 크랭크샤프트의 운동 각도가 1~5°까지 변할 수 있기 때문이다. 그림 4-41에서는 피스톤의 비 이동구역(no-travel zone)을 강조하기 과장된 것이다. 크랭크샤프트가 위치 A에서 위치 B까지 작은 호(arc) 그리는 동안 피스톤이 움직이지 않는다는 데 유의해야 한다. 이 운동 정지 구역은 크랭크샤프트와 커넥팅로드가 피스톤을 위쪽으로 밀어 올리는 동작이 정지되는 때에 시작되어 크랭크샤프트가 피스톤을 아래쪽으로 끌어당기는 운동을 할 수 있을 때까지 크랭크샤프트가 커넥팅로드의 아래쪽 끝을 회전시킬 때까지 계속된다. 상사점(top dead center)은 다른 모든 피스톤과 크랭크샤프트 위치의 기준이 되는 1개의 피스톤과 크랭크샤프트의 위치이다. 1개의 피스톤이 톱 센터(top center: TC)에 있을 때는 크랭크샤프트 중심으로부터 최대의 거리에 있고 또한 운동 정지 구역의 중앙에 있는 것이다. 그 피스톤은 크랭크샤프트 저널, 크랭크 핀, 그리고 피스톤핀의 중심선을 통해 그려질 수 있는 일직선상에 있게 된다. 그림 4-41의 오른쪽에서는 이것을 보여 준다. 이렇게 일렬로 정렬되면 피스톤에 가해지는 힘이 크랭크샤프트를 움직일 수 없게 된다.

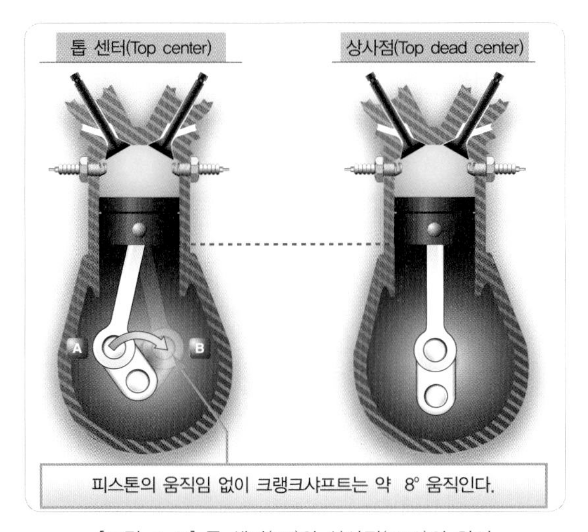

[그림 4-41] 톱 센터(TC)와 상사점(TDC)의 차이
(Difference between top center and top dead center)

4.6.4 타이밍 라이트(Timing Lights)

그림 4-42와 같이, 타이밍 라이트는 마그네토 접점(contact point)이 열리는 정확한 순간을 결정하는데 사용된다. 흔히 사용되는 두 가지 일반적인 형식이 있다. 두 가지 형식 모두 2개의 라이트와 3개의 외부로 연결되는 전선을 갖추고 있다. 비록 양쪽은 어느 정도의 서로 다른 내부 회로를 갖추고 있지만, 그들의 기능은 거의 같다.

그림 4-42(A), 그림 4-42(B)와 같이, 3개의 전선이 라이트 박스에 플러그로 연결되어 있다. 장비의 전면에 2개의 라이트가 있는데 하나는 녹색이고 또 하나는 적색이며 그리고 장비를 켜고(on) 끄는(off) 스위치가 있다. 타이밍라이트를 사용하려면, '접지도선(ground lead)'이라고 표시를 한 검정색의 가운데 도선은 시험하고자 하는 마그네토의 케이스에 연결된다. 다른 도선은 시기를 맞추고 있는 마그네토의 브레이커 포인트 어셈블리(breaker point assembly)의 1차 도선에 연결된다. 도선 색상은 타이밍 라이트(timing light)의 라이트(light) 색상과 일치한다.

이러한 방식으로 도선을 연결하면, 스위치를 켜고 두 개의 라이트를 관찰하여 접점이 열렸는지 닫혔는지 쉽게 확인할 수 있다. 접점이 닫히면 대부분의 전류가 변압기가 아닌 차단기 접점을 통해 흐르고 라이트는 켜지지 않는다. 접점이 열려 있으면 전류가 변압기

[그림 4-42 (A)] E50 마그네토 동기화
(E50 Magneto Synchronizer)

[그림 4-42 (B)] 타이밍 라이트(Timing light)

를 통해 흐르고 라이트가 켜진다. 타이밍 라이트의 일부 모델은 접점이 열리면 표시등이 꺼지는 반대 방식으로 작동하는 것도 있다. 두 개의 조명 각각은 연결된 브레이커 포인트(breaker point) 세트에 의해 개별적으로 작동된다. 이것은 각각의 접점이 열리는 시기, 또는 마그네토 회전자 회전을 참조하여 접점을 관찰하는 것을 가능하게 한다.

대부분의 타이밍 라이트는 장시간 사용한 후에 교체해야하는 배터리를 사용한다. 약한 배터리로 타이밍 라이트를 사용하려고하면 회로의 전류 흐름이 낮기 때문에 판독 값이 잘못 될 수 있다.

4.7 마그네토의 내부 점화시기 점검 (Checking the Internal Timing of a Magneto)

마그네토를 교환하거나 또는 장착하기 위하여 준비할 때 첫째로 유의해야 할 것은 마그네토의 내부 타이밍(internal timing)이다.

각 마그네토 모델마다 제작사는 브레이커 포인트(breaker point)가 떨어지는 순간에 가장 강한 스파크를 얻기 위해 회전자석의 극이 중립 위치를 벗어나는 각도를 결정한다. E-gap 각도로 알려진 중립 위치에서의 각도 변위는 마그네토의 모델에 따라 다르다.

어떤 형식에서는 마그네토의 점화시기를 맞추기 위하여 브레이커 캠의 끝부분에 모서리를 깎인 치차(chamfered tooth)로 표시해 놓았다. 곧은 자를 이 턱진 부분에 놓고 브레이커 하우징의 테두리에 있는 타이밍 마크(timing mark)와 일치되게 했을 때가 마그네토 회전자가 E-gap 위치에 있고, 브레이커 포인트가 막 열리기 시작하는 때이다.

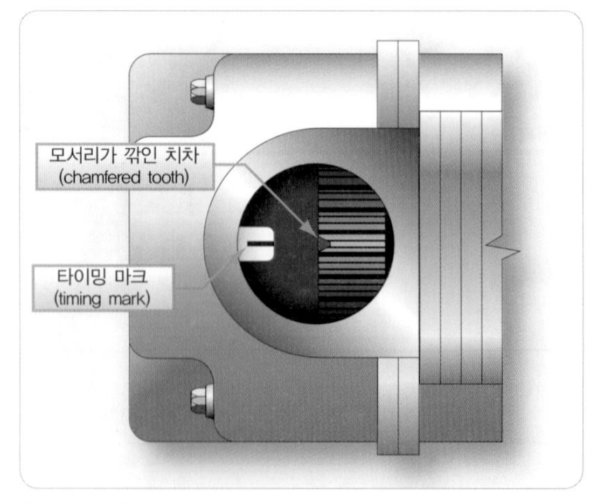

[그림 4-43] 마그네토의 1번 점화 위치를 나타내는 타이밍 마크
(Timing marks indicate the number one firing position of a magneto)

[그림 4-44] 마그네토 E-gap 확인(Checking magneto E-gap)

E-gap을 측정하는 또 다른 방법은 그림 4-43에서 보여 주는 것과 같이, 타이밍 마크와 경사지게 끝이 잘린 기어를 맞추는 방법이다. 이러한 마크가 정렬되면 브레이커 포인트가 열리기 시작하는 때이다.

그림 4-44와 같이, 세 번째 방법으로서, 타이밍 핀(timing pin)이 제자리에 있고 마그네토케이스의 측면이 통기구(vent hole)를 통해 보이는 적색마크(red mark)가 정렬될 때 E-gap이 정확하다. 회전자가 이 위치에 있을 때 브레이커 포인트는 막 열리기 시작한다.

마그네토 벤치 타이밍 또는 E-gap 설정은 마그네토 회전자를 E-gap 위치에 배치한 상태에서 타이밍 라인(timing line) 또는 마크(mark)가 완벽하게 정렬 될 때 브레이커 포인트가 막 열리기 시작하도록 설정해야 한다.

4.7.1 고전압 마그네토의 E-gap 세팅(High-tension Magneto E-gap Setting(Bench Timing))

다음의 단계는 브레이커 부분에 시기 표지를 갖지 않는 S-200 마그네토에 대한 브레이커 포인트의 열리는 시기를 점검하고 조절하기 위한 절차이다.

(1) 마그네토의 상단에서 타이밍 검사 플러그(timing inspection plug)를 제거한다. 배전기 기어에 페인트 처리되고 모서리를 깎아낸 치차가 대략 점검창의 중앙에 올 때까지 정상회전 방향으로 회전자석을 돌려준다. 그다음에 회전자석이 중립위치에 올 때까지 몇 도 뒤쪽으로 자석을 돌려준다. 자력으로 인해 회전자석은 중립위치에 유지된다.

(2) 그림 4-45에서 보여 주는 것과 같이, 타이밍키트(timing kit)를 장착하고 포인트를 영점(zero position)에 맞춘다.

(3) 적절한 타이밍라이트를 브레이커 포인트에 연결하고 포인트가 10°를 지시할 때까지 정상회전 방향으로 자석을 돌려준다. 여기가 E-gap 위치이다. 브레이커 포인트는 이 지점에서 열리도록 조절되어야 한다.

[그림 4-45] 타이밍 키트 설치(Installing timing kit)

(4) 캠 팔로워(cam follower)가 캠 로브(cam lobe)의 가장 높은 점에 올 때까지 회전자석을 돌려주고, 브레이커 포인트 사이의 간격을 측정한다. 이 간격은 0.018±0.006inch(0.46±0.15mm)이어야 한다. 만약 이 간격이 한계 내에 있지 않다면, 포인트는 올바른 세팅을 위해 접점(point)이 조절되어야 한다. 그런 다음 브레이커 포인트가 열리는 시기를 재점검(recheck)과 재조절(readjust)을 하여야 한다. 포인트가 정확한 시기에서 열리도록 조절할 수 없을 경우 교체해야한다.

4.7.2 고전압 마그네토의 엔진 시기 조절 (Timing the High-tension Magneto to the Engine)

항공기 엔진에서 마그네토를 교환할 때, 두 가지 요소를 반드시 고려해야 한다.

(1) 브레이커 포인트(breaker point) 조절을 포함한 마그네토의 내부 타이밍(internal timing)은 마그네토에서 최대 전위 전압(maximum potential voltage)을 얻기 위해 정확해야 한다.
(2) 스파크가 발생하는 엔진 크랭크샤프트의 위치. 엔진은 보통 1번 실린더의 압축행정에 시기 조절되어 있다.

그림 4-46에서 보여 주는 것과 같이, 마그네토는 엔진에서 떼어낸 상태에서 우선 내부 점화시기를 조절 또는 점검하는 것으로 시기 조절이 되어야 한다. 이것은 E-gap 위치에서 포인트가 열리도록 점검되고 조절되는 것이다. 모서리가 깎인 치차는 타이밍 윈도우(timing window)의 중간에서 마그네토에 대한 참조 타이밍 마크(reference timing mark)와 일치되어야 한다. 마그네토는 1번 실린더가 점화되도록 설정한다. 1번 실린더에서 가장 접근하기 쉬운 점화플러그를 탈거한다. 1번 실린더의 피스톤이 압축행정에 도달할 때까지 정상회전 방향으로 프로펠러를 돌린다. 이것은 압축공기가 느껴질 때까지 점화플러그 홀(plug hole)에 엄지손가락을 대고 측정할 수 있다. 보통 엔진에 있는 타이밍 마크를 이용하여, 해당 제작자 지침서에 명시된 것처럼 정확한 상사점 전 규정된 숫자의 각도에 엔진 크랭크샤프트를 설정한다. 엔진이 압축행정에서 정확한 상사점 전의 규정된 숫자의 각도에 있고 엔진의 최종 움직임이 정상회전방향에서 정지된 위치에서 마그네토는 엔진에 장착될 수 있다.

마그네토에 대한 기준표지가 1번 실린더의 점화위치에 일치할 때 마그네토 구동축을 고정시킨 상태에서 엔진구동장치 안으로 마그네토 구동축을 장착한다. 엔진에 대해 마그네토의 미세 타이밍(fine timing)을 위해 슬롯형 플랜지(slotted flange)의 중간에 설치해야한다. 양쪽 마그네토에 타이밍라이트를 연결한다. 엔진은 아직 점화위치에 있는 상태에서, 마그네토

[그림 4-46] 타이밍 마크 정렬(Timing marks aligned)

에 있는 브레이커 포인트가 열릴 때까지 마그네토를 플랜지 슬롯에서 움직여 시기를 맞추어야 한다.

만약 마그네토의 장착 플랜지의 슬롯(slot)이 1번 실린더를 위한 브레이커 포인트의 열림을 실행하기 위해 충분한 움직임을 가능케 하지 않는다면, 마그네토의 위치를 충분히 벗어나도록 마그네토 구동축을 몇 번 회전시킨다. 그런 다음, 다시 장착하는 절차를 반복하고 이전의 점검을 반복한다.

스터드(stud)에 마그네토 장착너트를 끼우고 살짝 조여 준다. 너트는 마그네토 장착플랜지를 맬릿 해머로 두드릴 때 마그네토 어셈블리가 움직일 수 있을 정도로 조인다. 마그네토와 브레이커 포인트에 타이밍 라이트를 다시 연결한다. 타이밍라이트 스위치와 점화스위치를 켜진 상태에서 마그네토 어셈블리를 먼저 회전방향으로 회전시킨 다음 반대 방향으로 회전시킨다. 이것은 포인트가 열리는 순간을 확인하기 위해 수행된다. 이 조절을 완료한 후 장착 너트를 조인다. 프로펠러를 한 깃(blade) 정도 회전방향 반대쪽으로 이동한 다음 타이밍 라이트를 관찰하면서 상사점 전(ahead of top dead center) 정해진 각도에 도달할 때까지 프로펠러를 회전방향으로 움직인다. 규정된 타이밍 위치 내에서 양쪽 포인트의 라이트가 포인트가 떨어지는 순간에 들어오는지를 확인한다.

오른쪽과 왼쪽의 브레이커 포인트 세트는 동시에 즉시 열려야 하고, 적절한 마그네토 대 엔진(Magneto-to-Engine) 타이밍이 존재하며, 그리고 모든 단계의 마그네토 작동이 동기화(synchronized) 되어야 한다. 일부 초기의 엔진은 하나의 마그네토가 압축행정 상사점 전(before top dead center)에 서로 다른 숫자의 각도에서 점화하게 되는 스태커 타이밍(staggered timing)이 있었다. 이 경우에서, 각 마그네토의 타이밍을 따로 맞춰야 했다.

다음의 예와 같이, 타이밍라이트는 마그네토를 엔진에 타이밍(timing)하기 위해 사용된다. 타이밍라이트는 포인트 열릴 때 두 개의 라이트 중 하나가 켜지도록 설계되었다. 타이밍 라이트는 두 개의라이트를 통합한다.

마그네토에 타이밍라이트를 연결할 때, 도선은 케이스의 오른쪽에 있는 라이트가 오른쪽 마그네토의 브레이커 포인트를 나타내고, 왼쪽 라이트는 왼쪽 마그네토 포인트를 나타내도록 연결해야 한다. 검정색 도선(black lead) 또는 접지 도선(ground lead)은 엔진(engine) 또는 유효접지(effective ground)에 연결해야 한다. 항공기에 장착된 완전한 점화계통에서 타이밍 라이트를 사용하여 마그네토를 점검할 때는 엔진 점화스위치(ignition switch)는 양쪽(Both)위치로 두어야 한다. 그렇게 하지 않으면, 라이트는 브레이커 포인트의 열림을 나타내지 않는다.

4.7.3 점화계통의 점검 (Performing Ignition System Checks)

점화계통의 점검은 매 비행 전에 엔진을 점검하기 위해 항공기에서 엔진을 작동하고 있을 때 수행한다. 보통 마그네토 점검은 엔진 작동 점검 동안에 수행된다.

또 다른 점검은 엔진정지(engine shutdown) 전에 수행된다. 점화계통 점검은 개별 마그네토, 하니스, 그리고 점화플러그를 점검하는 것이다.

점화계통 점검에 대해 명시된 엔진 회전수(rpm)에 도달한 후, 회전수(rpm)가 안정화 되도록 하고 다음을 수행한다.

(1) 점화스위치를 우측(Right) 위치에 놓고 회전속도계(tachometer)의 회전수 강하(rpm drop)를 확인한다.
(2) 점화스위치를 양쪽(Both) 위치로 되돌린 후, 회전수(rpm)가 안정화되도록 몇 초 동안 기다린다.
(3) 점화스위치를 좌측(Left) 위치에 놓고 다시 회전수 강하(rpm drop)를 기록한다.
(4) 양쪽(Both) 위치로 점화스위치를 되돌린다.
(5) 각각의 마그네토 위치에서 일어나는 총 회전수 강하 량(amount of total rpm drop)을 기록한다.

마그네토 드롭(magneto drop)은 양쪽 마그네토에서 균일해야 하며 대체로 각 마그네토에 대해 25~75rpm 정도의 낙차(drop)가 발생한다. 항상 특정한 정보에 대해서 항공기 작동매뉴얼을 참조한다.

이 회전수(rpm) 강하는 하나의 마그네토연소(one magneto combustion)에서 작동하는 것이 두 개의 마그네토로 실린더에서 스파크(spark)를 제공할 때만큼 효율적이지 않기 때문이다.

이 시험(tests)은 마그네토뿐만 아니라 점화도선과 점화플러그에도 시행해야한다. 어떤 마그네토이든지 작동 중에 과도한 마그네토 강하(magneto drop)가 발생하면 점화계통의 문제를 점검해야한다. 만약 하나의 마그네토만 마그네토 강하가 크게 나타날 경우 문제점을 분리하여 수정할 수 있다. 이 점화계통 점검은 규정된 한계 내에 있지 않는 회전수 강하(rpm drop)가 이후의 점검에 영향을 미치기 때문에 대개 엔진 작동(engine run-up)시에 점검한다.

4.7.4 점화스위치 점검 (Ignition Switch Check)

점화스위치 점검은 모든 마그네토 접지 도선이 전기적으로 접지되는지를 알아보기 위해 보통 700rpm에서 수행된다. 완속 회전수가 이보다 높은 엔진이 장착된 항공기에서는 이 점검을 수행하기 위해 가능한 최저 회전수에서 수행한다. 이 점검을 수행하는 회전수에 도달할 때 점화스위치를 순간적으로 꺼짐(off) 위치로 놓으면 엔진은 완전히 점화가 중지된다. 200~300rpm의 회전수가 감소된 뒤에 스위치를 가능한 한 빠르게 양쪽(both) 위치에 되돌리면 되는데 점화스위치를 양쪽(both) 위치에 되돌려 놓을 때 후화(afterfire)나 역화(backfire)의 발생 가능성을 배제하려면 작업을 신속하게 수행해야 한다.

점화스위치를 신속하게 돌려주지 않으면 엔진 회전수(engine rpm)가 완전히 떨어지고 엔진이 정지한다. 이 경우 점화스위치를 오프(off)위치에 두고 실린더의 과부하 및 배기 부분에 타지 않은 연료가 고이는 것을 방지하기 위해 혼합기 조절레버를 완속 차단(idle-cutoff) 위치에 놓는다. 엔진이 완전히 정지되었을 때, 재시동(restarting)하기 전에 잠시 동안 작동하지 않는다.

엔진이 오프(off)위치에서 시동이 멈추지 않으면 P리드(P lead)라고 하는 마그네토 접지선(magneto ground lead)연결되지 않은 원인이므로 문제를 수정해야 한다. 이 경우는 점화스위치가 꺼짐(off) 위치에 있어도 하나 이상의 마그네토가 차단되지 않았다는 것을 의미한다. 이 경우에 프로펠러를 돌리면 인명 피해가 발생할 수 있다.

4.7.5 점화도선의 정비와 검사(Maintenance and Inspection of Ignition Leads)

점화도선의 검사는 육안점검과 전기적 시험 모두를 포함해야 한다. 육안검사(visual test) 시에, 도선 덮개(lead cover)는 균열(crack) 또는 다른 손상(damage), 마멸(abrasion), 절단된 가닥, 또는 다른 물리적인 손상에 대해 검사되어야 한다.

배기 스택(exhaust stack)에 인접하여 배선된 경우, 과열 여부를 검사해야 한다. 점화플러그의 상단에서 하니스 커플링 너트(harness coupling nut)를 분리하고 점화플러그 도선 망으로부터 도선을 분리한다. 어떤 손상 또는 비틀어짐에 대하여 접촉스프링과 압축스프링을 검사하고, 균열 또는 그을림에 대해 슬리브를 검사한다. 점화플러그에 연결된 커플링 너트는 손상된 나사산 또는 다른 결함에 대해 검사한다.

각 도선은 고전압 도선 시험기(hightension lead tester)의 검정색 선(black lead)을 접촉 스프링에 연결하고 적색 선(red lead)을 도선 덮개 속에 있는 같은 도선의 아일릿(eyelet)에 연결하여 도선의 연속성을 시험하여야 한다. 시험기에 연속성 램프(continuity lamp)는 시험 시에 확인되어야 한다. 각 도선의 절연저항 시험(insulation resistance test)은 고전압 도선 시험기를 사용하여 점화도선의 스프링에 적색 선(red lead), 또는 고전압(high-voltage) 도선을 연결하여 수행한다. 그때 같은 도선의 끝부분에 있는 페룰(ferrule)에 검정색 도선을 연결하고 도선 시험기의 프레스 투 테스트(Press-to-test) 누름스위치를 누른다. 프레스 투 테스트(Press-to-test) 스위치가 눌러진 위치에 있는 동안 램프가 점멸되고 간극이 점화(gap fire)하는 것을 확인한다.

지시등(indicator lamp)이 점멸되고 간극(gap)이 점화(fire)되지 못하면, 시험 중인 도선은 결함이 있는 것이므로 교체해야 한다. 지시등은 고전압 임펄스(high-voltage impuls)가 전송되었다는 것을 나타내기 위해 점멸된다. 따라서 시험기를 통과하지 못하면 전기펄스(electrical pulse) 와이어를 통해 누출되어 결함이 있음을 나타낸다.

점화 하니스(ignition harness) 시험에 결함이 있는 도선이 드러나면 도선이 결함이 있는 것인지 아니면 배전기 블록에 결점이 있는 것인지를 판정하기 위해 시험을 계속한다. 만약 문제가 개별적인 점화도선에 있다면, 전기 누설의 원인이 점화플러그 엘보(elbow)인지 아니면 다른 곳인지를 판정한다. 엘보를 제거하고 점화도선을 매니폴드의 밖으로 조금 당긴 후, 결함이 있는 도선에서 하니스 시험을 반복한다. 이렇게 하여 누출(leakage)이 멈추면, 도선의 결함이 있는 부분을 절단하고, 엘보 어셈블리, 내부시일, 그리고 때때로 시가레트라고 부르는 단자를 다시 장착한다. [그림 4-47 참조]

만약 도선이 기술된 방식의 수리에서 너무 짧다면, 또는 전기 누설이 하니스 내부에서 있다면, 결함이 있는 도선을 교체한다. 단일 점화도선(single ignition lead) 교체 절차는 다음과 같다.

(1) 배전기 블록에 접근할 수 있도록 마그네토와 배전기를 분해한다.
(2) 교체할 도선이 연결된 배전기 블록의 나사를 풀어 헐겁게 한 다음, 배전기 블록에서 도선을 떼어낸다.
(3) 결함이 있는 도선의 배전기 블록 끝단에서 약 1인치의 절연체와 교체할 케이블의 끝단에서 약

1인치의 절연피복을 벗겨 낸다. 교체하고자 하는 도선의 끝단에 이 끝단의 가닥을 풀어 꼬아 잇고 납땜한다.

(4) 결함이 있는 도선의 점화플러그 끝단에서 엘보를 떼어 놓고, 낡은 도선을 뽑아내고 하니스 안으로 새로운 도선을 끼워 넣는다. 하니스를 통과하여 도선을 끌어당기는 동안, 점화매니폴드를 통해 도선을 끌어당기기 위해 요구되는 힘을 줄일 수 있도록 배전기 끝단에서 점화매니폴드 안으로 교체 도선을 다른 사람이 밀어 준다.

(5) 교체용 도선이 매니폴드를 통하여 완전히 끌려나왔을 때, 점화 도선을 배전기 블록 끝에서 매니폴드로 밀어 올려 향후 수리를 위해 추가 길이를 제공하도록 한다. 점화플러그 엘보의 마찰로 인해 필요할 수 있다.

(6) 배전기블록 끝단에서 절연체의 약 3/8인치 정도 벗겨 내고 전선의 끝단을 뒤로 구부리고 배전기블록 안으로 잘 들어가도록 끝단을 마무리한 다음 배전기에 도선을 삽입하고 나사를 조여 준다.

(7) 그림 4-47에서 보여 주는 것과 같이, 도선의 점화플러그 끝단에서 절연체의 약 1/4인치 정도 벗겨 내고 엘보, 시일, 그리고 시가레트 등을 장착한다.

(8) 실린더번호를 인지하기 위해 케이블의 배전기 끝단에 마커(marker)를 붙인다. 새 마커를 사용할 수 없는 경우 결함이 있는 케이블에서 제거한 마커를 사용한다.

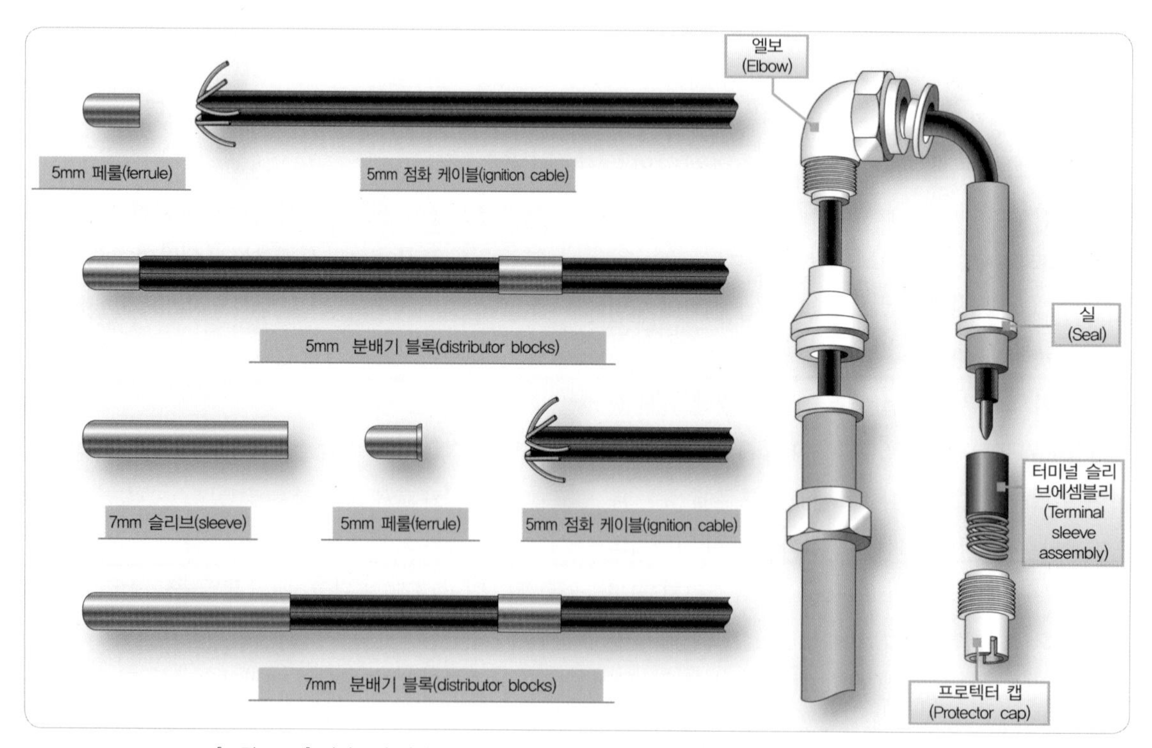

[그림 4-47] 점화도선 단자 교환절차(Replacement procedure for ignition lead terminals)

4.7.6 점화 하니스의 교환 (Replacement of Ignition Harness)

매니폴드의 차폐가 손상되었거나 또는 다수의 결함이 있는 도선은 개별 도선을 교체하는 것보다 하니스를 교체하는 것이 더 실용적일 경우에만 전체 점화 하니스(ignition harness)를 교체한다. 주철제의 하니스는 주철 부분에 누전이 생길 때만 교환한다. 엔진 결함을 수정하기 위하여 하니스를 바꿔야 된다면 바꾸기 전에 하니스에 대한 시험을 광범위하게 해 봐야 한다.

점화도선(ignition harness)를 장착하는 전형적인 절차는 다음과 같다.

엔진에 점화하니스를 장착한다. 고정너트와 볼트를 조이고 안전장치를 하고 지침서에 따라 개별 도선 브래킷을 장착하고 조여 준다. 그다음 점화 하니스는 배전기블록에 개개의 도선 연결을 위해 준비한다. 밴드(band)는 도선에 대해 실린더를 식별하기 위해 점화 하니스의 배전기 끝단에서 각 도선에 부착된다. 그러나 각 도선은 그것을 연결하기 전에 반드시 연속성라이트(continuity light) 또는 타이밍라이트로서 개별적으로 점검되어야 한다.

실린더에서 도선을 접지하는 연속성(continuity)에 대해 점검하고 그다음 도선이 접지된 것을 입증하기 위해 배전기블록 끝단에서 도선에 대해 밴드에 명명된 것처럼 되어 있는지 점검한다.

각 도선에 적힌 실린더 번호가 정확한지 점검한 후 배전기블록에 장착할 수 있도록 적당한 길이로 자른다.

그러나 도선을 자르기 전에 점화매니폴드에 여분의 전선이 들어갈 수 있도록 가능한 한 매니폴드 쪽으로 밀어 넣는다. 이 여분의 전선은 후일 점화플러그 부분의 도선이 점화플러그 엘보와 마찰되어 하니스의 점화플러그 쪽 끝부분 전선을 조금 잘라내야 할 필요가 있을 때 이용할 수 있게 된다. 각 도선을 적절한 길이로 자른 후 끝부분에서 3/8인치 정도 절연피복을 벗겨내고 배전기블록에 삽입시킬 준비를 한다. 도선을 장착하기 전에 전선의 끝이 홀(hole) 안으로 힘 안들이고 들어갈 수 있을 만큼 배전기블록에 세트 스크루를 풀어 준다. 도선을 블록에 삽입하고 세트 스크루를 조여라. 그다음 전선을 점화 순으로 연결한다. 즉 1번 실린더는 블록의 1번 위치와 연결하고 점화 순으로 두 번째 실린더는 블록의 2번 위치와 연결한다.

각 도선을 연결한 후 도선과 배전기블록의 해당 전극 사이에 대한 접속 시험을 연속성라이트(continuity light) 또는 타이밍라이트(timing light)를 이용하여 수행한다.

이 점검을 수행하기 위해서는 점화플러그 쪽 끝부분의 점화도선을 접지시키되 도선 1개를 접지시키고 다른 1개의 도선을 해당 배전기블록의 전극에 접촉시킨다.

만약 라이트가 회로가 형성된 것을 지시하지 않으면 세트 스크루가 점화플러그 도선과 접촉되지 않거나 도선이 잘못된 블록에 연결된 것이다. 배전기블록에 장착하기 전에 결함이 있는 연결 상태를 수정한다.

4.7.7 점화 유도 진동기 계통의 점검 (Checking Ignition Induction Vibrator Systems)

유도 진동기를 점검하려면 수동 혼합기 조절장치(manual mixture control)가 완속 차단(idle cutoff) 상태인지, 해당 엔진의 연료차단밸브(fuel shutoff valve) 및 부스터 펌프(booster pump)가 오프(off) 위치에 있고 배터리 스위치가 온(on) 위치에 있는지 확인한다.

유도진동기(induction vibrator)는 점화스위치가 온(on) 위치에 있는지 아니면 오프(off) 위치에 있는지를 알려주기 때문에 점검하는 동안에 스위치는 오프(off) 위치에 놓는다. 만약 엔진이 관성 시동기(inertia starter) 또는 콤비네이션 시동기(combination starter)를 갖추었다면, 맞물림 메시 스위치(engage mesh switch)를 닫은(close)상태에서 점검하고 만약 엔진이 직접구동식시동기를 갖추었다면, 프로펠러는 방해받지 않는지를 확인하고 시동스위치를 접속한다. 유도진동기 바로 옆에 보조원을 배치하여 윙윙거리는 버저(buzzer)음을 듣게 해야 한다. 만약 시동기가 맞물리게 되거나 또는 크랭크샤프트를 돌려 시동되었을 때, 유도진동기가 윙윙거린다면, 유도진동기는 올바르게 작동하는 것이다.

4.8 점화플러그 검사 및 정비(Spark Plug Inspection and Maintenance)

점화플러그의 작동은 납, 오일, 흑연, 탄소오염(carbon fouling), 또는 점화플러그 간극의 침식(spark plug gap erosion) 때문에 자주 엔진 기능 불량의 주요 근원이 될 수 있다. 보통 정상적인 점화플러그 작동이 동반되는 이들 결함(failure)의 대부분은 적절한 운용과 정비에 의해 최소화 할 수 있다. 점화플러그는 만약 그것이 완전히 또는 간헐적으로 간극에 스파크가 건너지 못하게 된다면 오염된 것으로 간주된다.

4.8.1 점화플러그의 탄소 오염 (Carbon Fouling of Spark Plugs)

그림 4-48과 같이, 연료로 인한 탄소 오염은 공기와 연료의 혼합 상태가 과 농후 또는 과 희박한 혼합으로 인한 간헐적인 연소(intermittent firing)로 인해 생성된다. 점화플러그가 점화되지 않을 때마다, 비연소 전극과 노즈 절연부에 연소되지 않은 연료와 오일이 남아있게 된다. 이러한 문제점은 거의 예외 없이 부적절한 완속 혼합기 조절, 프라이머의 누출, 기화기의 오작동과 관련 있으며, 완속작동 범위에 과 농후(too rich a mixture) 상태를 유발한다.

농후한 연료 · 공기 혼합기(fuel-air mixture)는 배기관에서 배출되는 그을음(soot)이나 검은 연기(black smoke), 완속 연료 · 공기 혼합기(idling fuel-air mixture)가 최대출력으로 엔진회전수가 증가할 때 발생한다.

과도하게 농후한 완속 연료 · 공기 혼합기로 인해 발생하는 그을음은 엔진의 열(heat)이 낮고 연소실의

[그림 4-48] 탄소오염 점화플러그(Carbon fouled spark plug)

난류(turbulence)가 적기 때문에 연소실 내부에 침전된다. 그러나 엔진의 회전속도와 출력이 커지면 그을음은 쓸려 나와(swept out) 연소실내에 응축되지 않는다.

4.8.2 점화플러그의 오일 오염 (Oil Fouling of Spark Plugs)

완속 연료·공기 혼합기(idling fuel-air mixture)가 적절하다고 하더라도 오일이 피스톤 링, 밸브 가이드 및 임펠러 축, 오일 시일 등을 거쳐 실린더로 유입되는 경향이 있다. 낮은 엔진 속도에서 오일은 실린더의 그을음과 결합하여 어울려서 점화플러그를 단락시킬 수 있는 고체를 형성한다. 젖은 점화플러그 또는 윤활유로 덮인 점화플러그는 보통 시동 시에 접지된다. 일부의 경우에는 이들 점화플러그가 엔진을 단시간 작동한 후 깨끗해져서 정상적으로 작동되는 경우가 있다.

얼마 동안 사용한 엔진 오일은 전기적 도체의 능력을 지닌 미세한 탄소 입자를 보유하고 있다. 따라서 점화플러그에 오일이 완전히 젖게 되면 전극 사이의 간격에 아크(arc)가 발생하지 않고, 대신 마치 두 전극 사이에 도체인 철사를 연결한 것처럼 고전압 임펄스(high-voltage impulse)가 오일을 통해 흐른다. 따라서 해당 실린더에는 고회전에 이르러 증가된 공기의 흐름이 여분의 오일을 불어 낼 때까지 연소가 일어나지 않는다. 간헐적으로 점화가 시작될 때 연소가 남은 오일을 불어 내는 일을 돕게 되고 수 초 이내에 엔진은 기화된 흰 증기와 연소된 오일을 배기 부분으로 내뿜으며 깨끗하게 작동되게 한다.

4.8.3 점화플러그의 납 오염 (Lead Fouling of Spark Plugs)

항공기용 점화플러그의 납 오염은 납이 함유된 연료를 사용하는 엔진에 발생되는 현상이다. 납은 연료의 노킹현상을 방지하는 성능을 높이기 위하여 항공연료에 첨가된다. 그러나 납은 연소되는 동안 산화납을 형성하는 성질이 있으며 이 산화납은 경도와 밀도가 다른 형태의 고체로 형성된다.

연소실 표면의 납 침착 물은 고온에서 좋은 전기적 도체의 역할을 하여 실화(misfiring)의 원인이 되며, 낮은 온도에서는 좋은 절연체가 된다. 어떤 경우에든 항공기 점화플러그에 그림 4-49에서와 같이 납의 형성은 정상적인 작동을 방해하게 된다. 납이 침전물의 형성을 최소화하기 위해, 에틸렌 디브로마이드(ethylene dibromide) 연소 시에 납과 결합하는 소거제로서 연료에 첨가된다.

납 오염은 어느 출력 범위에서도 발생 가능하지만 혼합기가 희박한 상태로 순항할 때 가장 납 오염이 잘 생긴다. 이 순항출력에서는 실린더헤드 온도가 상대적으로 낮고 혼합기 속에는 연소에 필요한 양보다 많은 산소가 있다. 산소는 뜨거워지면 대단히 활동적이고 적응력이 강해져서 연료가 전부 소멸됐을 때 여분의 산소 중 일부는 납의 일부 및 소거제의 일부와 화합으로 산화납이나 산화브롬으로 형성된다. 이 바람직하지 못한 납 화합물 중 일부는 비교적 찬 실린더 벽 및 점화플러그와 접촉될 때 고체화되어 층을 이루게 된다.

납 오염은 엔진의 어느 출력 범위에서도 생기지만 경험에 의하여 연소 온도로 그 범위를 가려내어 연소 온도가 이 온도 범위보다 높거나 낮도록 하면 납 오염

[그림 4-49] 납 오염 점화플러그(Lead fouled spark plug)

을 최소한으로 줄일 수 있다.

점화플러그가 완전히 나빠지기 전에 납 오염이 발견되면 연소 온도를 갑자기 높이거나 줄여서 납을 제거하거나 감소시킬 수 있다. 이것은 실린더 부분에 열 충격을 부과하여 팽창하거나 접촉되도록 하면 퇴적된 납과 금속 부품 사이의 팽창률이 다르므로 퇴적물 조각은 떨어지거나 헐거워져서 배기 부분으로 빠져나가든지 연소 과정에서 타 버리든지 하여 납 오염이 제거된다.

실린더 부품에 열 충격을 주는 방법으로는 몇 가지가 쓰인다. 물론 그 방법은 엔진에 장착된 보기에 따라 달라진다. 연소 온도를 갑자기 올리려면 어느 엔진에서든 약 1분 동안 이륙출력을 작동시키면 된다. 납 오염을 제거하기 위해 이 방법을 쓸 때 프로펠러 조절기는 반드시 저피치(고회전) 위치에 있어야 하고, 스로틀은 이륙출력 위치까지 천천히 밀어 올려야 한다. 스로틀을 천천히 움직이면 역화를 방지할 수 있다.

열 충격을 주는 또 다른 방법은 과농 상태의 혼합기를 사용하는 것이다. 이 방법은 여분의 연료가 연소되지 않고 그 대신 연소실에서 열을 흡수하므로 연소실을 갑자기 냉각시킨다. 어떤 기화기에는 수동으로 혼합기 조절 위치를 2가지로 맞출 수 있는데 순항 시에 경제성을 위해 희박한 상태로 낮추고 순항출력 이상으로 작동시키기 위하여 농후한 상태로 맞춰 준다. 이런 형태의 혼합기 조절장치 맞춤으로는 과농 상태의 혼합기를 공급할 수가 없다. 희박 상태로 맞춰 놓은 것이 아주 만족스러운 출력 범위에 농후 상태로 작동시킨다 하더라도 혼합기는 충분할 만큼 농후해지지 않는다.

4.8.4 점화플러그의 흑연 오염 (Graphite Fouling of Spark Plug)

부주의로 인하여 점화플러그에 과도한 나사 윤활제를 발라 놓으면 윤활제가 전극 사이로 흘러 누전의 원인이 된다. 누전되는 원인은 윤활제 속의 흑연이 좋은 전기 도체이기 때문이다. 흑연으로 인한 고장을 제거하는 일은 정비사에게 달려 있다. 윤활제를 바를 때 윤활제가 묻은 손가락이나 걸레 또는 브러시가 점화플러그 나사 부분 이외의 전극이나 점화계통 부품에 닿지 않도록 주의해야 하며, 첫 번째 나사산에는 윤활제를 바르지 않는다.

4.8.5 점화플러그의 전극 침식 (Gap Erosion of Spark Plugs)

그림 4-50과 같이, 전극 침식(gap erosion)은 스파크가 전극 사이에 공기 간극(air gap)을 뛰어넘을 때

모든 항공기 점화플러그에서 일어난다.

스파크가 전극의 재질 일부분을 옮겨서 일부는 다른 전극에 퇴적되고 나머지는 연소실 안으로 들어간다. 침식으로 인해 전극 사이의 간극이 커지면 스파크가 간극을 뛰어넘기 위해 극복해야 하는 저항이 커진다. 이것은 마그네토가 더 큰 저항을 극복하기 위해 더 높은 전압을 생산해야 한다는 것을 의미한다. 점화계통에서 전압이 높아지면 높아질수록, 점화계통에서 절연이 불충분한 부분이 있을 때 이곳으로 방전될 가능성이 더 커진다. 엔진의 실린더 압력이 증가하면 간극의 저항도 증가하므로 간극이 넓어진 상태로 이륙출력 범위까지 올리거나 갑자기 가속시키면 위험이 두 배로 가중된다. 절연파괴, 플래시오버, 그리고 탄소 축적은 점화플러그가 불발하게 되는 결과를 초래하고 과도한 간극과 더불어 나쁜 결과를 가져온다. 점화플러그 간극을 넓게 맞춰 주면 마그네토의 출력이 점화 능력을 갖기 시작하는 시기가 늦어지므로 시동이 어려운 원인이 된다.

점화플러그 제작사는 점화플러그의 중심전극에 밀봉한 저항을 사용하여 전극 침식의 문제점을 부분적으로 극복한다. 즉, 이 고압회로에 추가된 저항은 점화하는 순간에 피크전류를 줄이고, 이 전류의 감소는 전극에서 금속이 떨어져 나가는 것을 방지하는 데 도움이 된다. 또한 강철이나 강철합금의 높은 침식율로 인하여, 점화플러그 제조사는 전극이 큰 점화플러그를 위해 텅스텐(tungsten) 또는 니켈합금을 사용하고, 그리고 미세 와이어 점화플러그에 이리듐과 백금을 도금하는 것이다.

[그림 4-50] 점화플러그 전극 침식(Spark plug gap erosion)

4.8.6 점화플러그의 장탈(Spark Plug Removal)

점화플러그는 반드시 제작사에서 권고된 주기에 맞춰서 탈거하여 검사하고 손질해야 한다. 점화플러그 간극이 침식되는 정도는 작동 조건, 엔진의 형식, 그리고 점화플러그의 형태에 따라 다르기 때문에, 점검주기에 도달하기 전에 점화플러그 결함으로 인한 엔진 고장이 생길 수 있다. 보통 이러한 경우에, 결함이 있는 점화플러그만 교체한다.

점화플러그는 쉽게 손상될 수 있기 때문에, 엔진에서 점화플러그의 탈거하거나 장착할 때 주의해서 다루어야 한다. 손상을 방지하기 위해, 점화플러그는 항상 개별적으로 취급해야하며 새 점화플러그와 수리한 플러그는 반드시 다른 저장함에 분리시켜 보관해야 한다. 그림 4-51에서는 보관의 일반적인 방법을 보여준다. 드릴링 된 트레이로 서로 부딪치고 깨지기 쉬운 절연부와 나사산이 손상되는 것을 방지한다. 만약 점화플러그가 마루 또는 단단한 표면에 떨어졌다면, 그 충격으로 인해 눈에 보이지 않는 미세한 균열이 절연부분에 발생되었을 가능성이 크므로 엔진에 장착하면 안 된다. 떨어진 점화플러그는 폐기시켜야 한다.

[그림 4-51] 점화플러그 트레이(Spark plug tray)

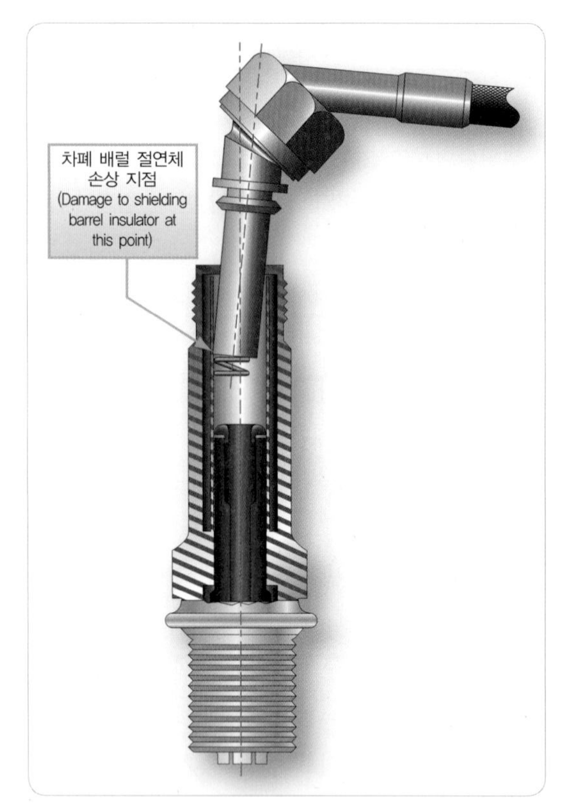

[그림 4-52] 부적절한 도선 장탈
(Improper lead removal technique)

점화플러그가 탈거되기 전에 점화도선이 먼저 분리되어야 한다. 특수공구를 사용하여 점화플러그에서 커플링 너트를 풀고 도선을 플러그 중심선과 직선이 되게 조심스럽게 당겨 빼낸다. 그림 4-52와 같이, 측면하중이 가해지면 내부의 절연체나 도선 끝단의 세라믹 절연체가 손상될 수도 있다. 만약 도선이 이런 방식으로 쉽게 분리될 수 없다면, 네오프렌 칼라(neoprene collar)가 점화플러그 차폐 배럴에 고착되었을 수 있다. 볼트에서 너트를 푸는 것처럼 칼라를 비틀어서 풀어낸다.

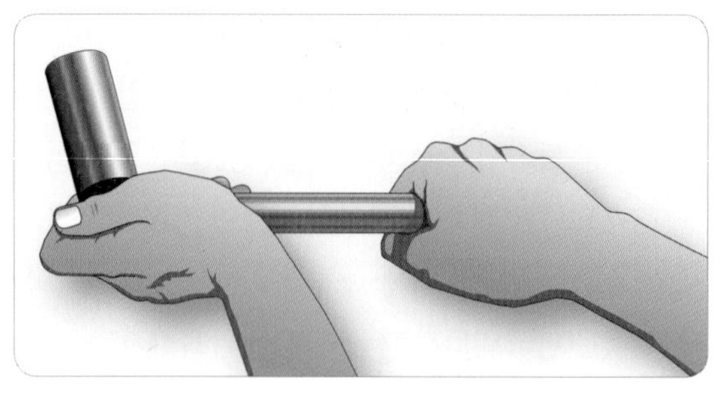
[그림 4-53] 적절한 점화플러그
(Proper spark plug removal technique)

그림 4-53과 같이, 도선이 분리된 후, 점화플러그를 탈거하기 위해 알맞은 규격의 딥 소켓렌치(deep socket wrench)를 선정한다. 한손으로 힌지핸들에 일정 압력을 가하면서 다른 손으로 일직선이 되어 있는 소켓렌치를 잡아 준다. 정확하게 일직선상으로 소켓렌치를 잡아 주지 못하면 점화플러그를 손상시킬 수도 있다.

4.8.7 점화플러그의 손질 (Spark Plug Reconditioning Service)

육안검사(visual inspection)는 점화 플러그를 정비하는 첫 번째 단계여야 한다. 실드 배럴 및 실린더에 나사로 고정되는 쉘(shell)의 나사산이 손상(damage)되었거나 흠집(nick)이 있는지 검사해야 한다. 실드 배럴 도선(lead)의 부식(corrosion), 흠집, 균열이 없는지 검사한다. 점화되는 끝단에서 절연체의 균열, 깨진 조각, 그리고 과도한 전극의 마모에 대해 점검되어야 한다.

공구와 접촉되는 육각 모서리는 둥글게 되었거나 또는 절단되었는지 육안검사 해야 한다. 점화플러그가 육안점검을 통과하면, 솔벤트(solvent)를 사용하여 세척해야 한다. 절대로 솔벤트에 점화플러그를 담그지 말아야 하며, 세척 후에는 솔벤트가 깨끗이 제거되도록 해야 한다. 그림 4-54와 같이, 점화플러그의 전극 부분을 건조시킨 후, 진동 세척기(vibration cleaner)를 사용하여 납 화합 부착물을 제거한다. 전극 부분은 연마제의 블라스터(blaster)를 사용하여 바로 깨끗하게 될 수 있다. 그림 4-55와 같이, 보통 점화플러그 세척 및 시험기를 사용하여 수행된다. 전극 부분이 연마제로 세척되는 동안에 골고루 세척되도록 점화플러그를 적당한 각도로 기울여 돌린다. 연마제 세척 후, 전극 부분은 연마제를 제거하기 위해 공기 블라스터를 통과시킨다. 셀 안쪽의 절연체는 솔벤트, 알콜 또는 인가된 세척제가 배어든 면직물의 걸레로 깨끗하게 세척한다. 전극 부분은 전등과 확대경을 사용하여 검사해야 한다. 만약 점화플러그가 육안점검과 세척점검을 통과하였다면, 그다음에 점화플러그는 두께게이지를 사용하여 간극을 맞추어야 한다. 그림 4-55와 같이, 점화플러그는 고전압 점화플러그 시험기를 사용하여 시험되어야 한다. 이 시험이 수행될 때, 점화플러그의 전극 부분은 엔진의 실린더의 압력과 유사한 공기압을 받는다. 만약 점화 상태가 양호하다면, 점화플러그는 엔진에 장착을 위해 준비된 보관대에 저장되어야 한다.

[그림 4-54] 점화플러그 진동 세척기(Spark plug vibrator cleaner)

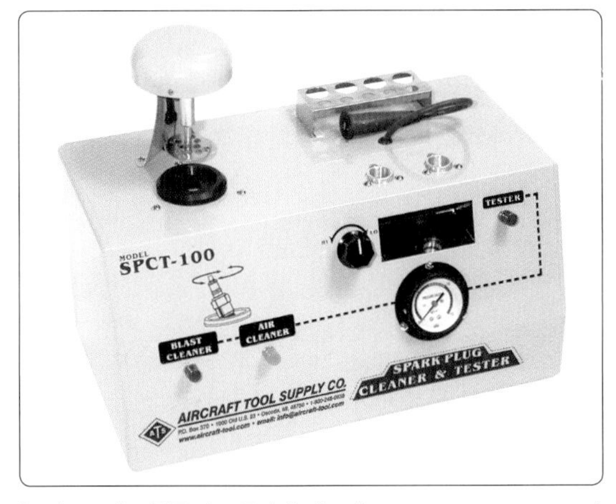

[그림 4-55] 점화플러그 클리너 테스터(Spark plug cleaner tester)

4.8.8 장착 전 검사 (Inspection Prior to Installation)

실린더에 새것의 플러그나 수리한 플러그를 장착하기 전에 점화플러그의 부싱이나 헬리코일 인서트(helicoil inserts)를 깨끗이 세척한다.

황동 또는 스테인리스강으로 된 점화플러그 부싱은 보통 점화플러그 부싱 세척용 탭으로 닦아낸다. 탭에 붙어 떨어져 나온 탄소덩어리나 다른 물질이 실린더 내부에 떨어지는 것을 방지하기 위하여 청소용 탭을 점화플러그 홀(hole)에 삽입하기 전에 깨끗한 그리스로 탭의 홈을 메운 다음 탭을 부싱의 나사 부분에 맞추고 탭이 부싱의 나사 부분 끝보다 더 내려가지 않도록 주의하여 손으로 돌려 넣는다.

어떤 엔진에서는 점화플러그 장착 홀(hole)의 위치가 깊어서 손을 잘 넣을 수 없는 경우가 있는데 이때는 짧은 고무호스를 이음대로 사용하여 탭의 네모난 끝 부분에 덮어씌우면 간접적으로 탭을 돌릴 수 있게 된다. 탭을 부싱에 돌려 넣을 때 탭의 첫 나사가 부싱의 하단 나사에 닿아야 한다.

이렇게 하면 수축이나 기타 비정상적인 조건 때문에 나사의 직경이 줄어든 상태가 아닌 이상, 부싱 재질에 손상을 주지 않고 부싱의 나사 부분에 끼인 탄소 침전물을 제거할 수 있다.

나사 부분의 세척 중에 부싱이 느슨해진 것이 발견되거나 실린더 안쪽이 느슨해졌거나 또는 나사산이 교차되었거나 달리 심하게 손상된 경우 실린더를 교환해야 한다.

점화플러그 장착 헬리코일은 점화플러그 장착 홀(hole)의 직경보다 조금 더 큰 직경의 둥근 와이어 브러시로 세척하는 것이 좋다. 홀(hole)보다 훨씬 큰 브러시를 사용하면 헬리코일이나 그 주위 실린더헤드의 재질을 갉아 낼 가능성이 있다. 또한 브러시를 사용하는 중에 와이어 가닥이 빠져나가서 실린더 내에 떨어지면 절대 안 된다.

동력회전 공구에 와이어 브러시를 연결하여 조심스럽게 인서트를 세척한다. 동력회전 브러시를 사용할 때는 점화플러그의 열 범위의 변화, 연소 누설 및 실린더 손상까지 초래할 수 있으므로 점화플러그 개스킷의 장착 면이 손상되어 떨어져 나오지 않도록 주의해야 한다. 헬리코일 인서트를 세척용 탭으로 세척하면 인서트가 영구적으로 손상되므로 절대 금해야 한다.

헬리코일 인서트가 정상작동으로 인한 손상 또는 세척 중에 손상된 경우 해당 제작 회사의 지침서에 따라 교환한다.

점화플러그를 장착할 때 전극에 먼지나 그리스가 묻을 가능성을 제거하기 위해 보풀이 없는 걸레(lint-free rag)와 세척용 솔벤트를 사용하여 실린더의 점화플러그 개스킷 장착 면을 닦아낸다.

새 점화플러그나 수리한 점화플러그를 장착하기 전에 반드시 다음 상태를 각각 검사해야 한다.

(1) 점화플러그가 해당 제작 회사의 지침서에 명시한 대로 인가된 형식인지 확인한다.
(2) 점화플러그 외부와 내부 절연체에 녹 방지 콤파운드(rust-preventive compound) 흔적이 있는지 검사하여 흔적이 남아 있으면 브러시와 세척용 솔벤트를 사용하여 씻어내고 건조된 공기로 불어서 말려야 한다.
(3) 점화플러그의 양쪽 끝에 찍히거나 균열된 나사 및 전방 절연체에 균열된 곳이 없는지 확인한다.
(4) 몸통을 검사하여 절연체에 균열이 없는지 확인하고 가운데 전극에 결함을 초래할 수 있는 먼지나 외부 물질이 묻어 있지 않는지 확인한다.
(5) 점화플러그 개스킷을 검사하여 너무 압착되었거나 손상된 곳이 있거나 뒤틀렸으면 사용할 수 없다. 열전쌍 개스킷을 사용할 때는 개스킷을 추가로 더 넣지 말아야 한다.

점화플러그의 전극 간격을 맞출 때는 그림 4-56과 같이, 와이어 두께게이지(wirethickness gauge)로 점검해야 한다.

접지 전극이 여러 개인 점화플러그에서는 둥근 중

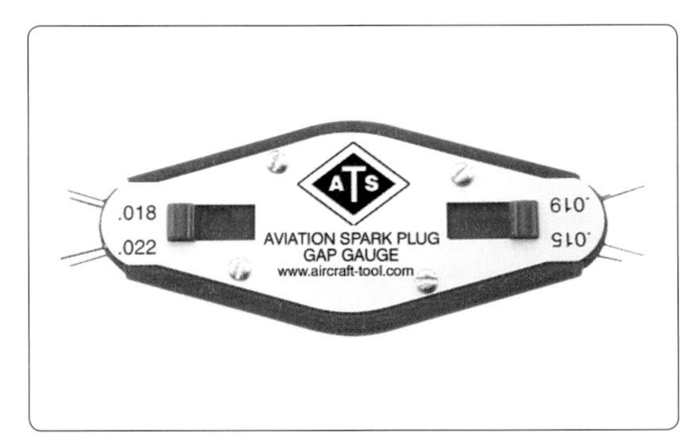

[그림 4-56 (B)] 와이어 갭 게이지(Wire gap gauge)

앙 전극의 형태에 맞추어 접지 전극이 둥근 모양을 하고 있기 때문에 납작한 평형 두께게이지로 점검하면 간격이 부정확하게 나타난다.

와이어 두께게이지를 사용할 때는 게이지를 중앙 전극의 중심선과 나란한 부분의 간격에 삽입해야 한다.

만약 게이지가 약간 기울어지면 간격이 틀리게 나타난다. 점검 결과, 전극 간격이 규정된 한계치 내에 들지 않으면 그 점화플러그는 장착하지 말아야 한다.

4.8.9 점화플러그 장착(Spark Plug Installation)

점화플러그를 장착하기 전에 셀의 전극 끝에서부터 2 개 또는 3 개의 나사에 흑연 고착방지 컴파운드(antiseize compound)를 조심하여 바른다. 고착방지 컴파운드는 바르기 전에 충분히 혼합되도록 저어야 하고 나사 부분에 바를 때는 점화플러그의 앞부분이나 전극에 컴파운드가 묻거나 묻을 가능성이 없도록 특히 주의해야 한다. 이렇게 주의해야 하는 이유는 컴파운드에 혼합되어 있는 흑연이 우수한 전기도체이므로 점화플러그에 영구적인 오염을 일으킬 수 있기 때문이다. 점화플러그를 장착할 때는 렌치를 사용하지 말고 실린더에 장착하여 점화플러그가 개스킷에 닿을 때까지 돌려 넣는다. 만약 점화플러그를 손으로 쉽게 돌려 넣을 수 있으면 나사 부분의 상태가 좋고 깨끗함을 나타낸다. 이 경우 개스킷을 압축하여 기밀 밀봉을 할 수 있도록 조금 더 조여 주면 된다. 만약 점화플러그를 장착하는 데 힘이 들면 점화플러그나 점화플러그 부싱의 나사에 오물이 끼었거나 나사가 손상된 것이다. 과도한 토크를 사용하면 개스킷이 모양을 벗어나 압축되어 다음 제거 또는 설치 중에 파손될 수 있을 정도로 쉘(shell)이 늘어날 수 있다.

점화플러그 셀이 개스킷에 닿은 후에 계속해서 과도하게 힘을 가하면 이때도 쉘이 늘어난다. 그림 4-57

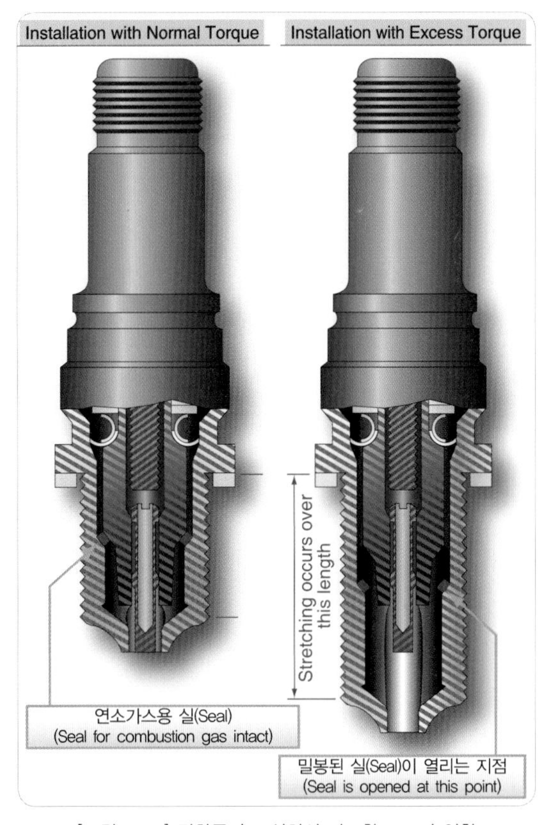

[그림 4-57] 점화플러그 설치시 과도한 토크의 영향
(Effect of excessive torque in installing a spark plug)

에서와 같이, 쉘이 늘어나면, 쉘과 내부 절연체 사이의 시일에 틈이 생겨서 가스가 새거나 내부 절연체가 파손되는 원인이 된다. 점화플러그를 손으로 돌려 장착한 후에 토크렌치를 사용하여 지정된 토크로 조인다.

4.8.10 점화플러그 도선 장착 (Spark Plug Lead Installation)

점화플러그 도선을 설치하기 전에 터미널 슬리브(terminal sleeve)와 일체형 실(integral seal)을 아세톤 또는 인가된 솔벤트에 적신 천으로 잘 닦아야 한다. 플러그 도선을 청소한 후 균열되거나 긁힌 곳이 없는지 검사하고 터미널 슬리브가 손상되었거나 심하게 얼룩진 경우 교환한다. 접촉 스프링이 차지하는 공간을 채우는 것뿐만 아니라 터미널 슬리브의 외부 표면에 절연 재료를 가볍게 코팅하는 것이 때때로 권장된다. 이러한 절연물질은 차폐된 셀의 전기적 접촉 부분에 있는 공간을 차지하게 되어, 접촉 부분에 습기가 들어가 점화플러그에 단락(shorting)이 생기는 것을 방지해야 한다. 일부 제작사는 점화계통의 수분이 문제가 될 때만 이러한 절연성분 사용을 권장하고, 다른 제작사는 그러한 재료의 사용을 중단했다.

점화플러그 도선을 검사한 후에 도선을 점화플러그의 차폐 배럴(shielding barrel)에 조심스럽게 밀어 넣은 다음 적절한 공구로 커플링 엘보 너트를 조여 준다. 대부분의 제작 회사 지침에는 과도하게 조이지 못하도록 설계된 공구를 사용하도록 규정하고 있다. 커플링 너트를 조인 후 엘보를 풀어서 조임 상태를 점검하는 일은 피해야 한다. 모든 점화플러그를 장착하여 조이고 도선을 적절하게 장착한 후 엔진을 시동하여 전 점화계통의 작동 점검을 수행한다.

4.8.11 브리커 포인트 검사 (Breaker Point Inspection)

그림 4-58에서 보여 주는 것과 같이, 마그네토의 점검은 근본적으로 브레이커 포인트의 주기점검과 절연상태 점검으로 이뤄진다. 마그네토가 안전하게 장착된 것을 검사한 후에 마그네토 덮개나 브레이커 덮개를 벗기고 캠이 적절하게 윤활 되는지 점검한다. 정상적인 조건 하에서는 오버 홀 주기 동안 캠을 윤활 시켜 주는 캠 팔로워의 펠트패드(Felt Oiler Pad)에 윤활유가 충분히 있지만 정기적인 점검 시에는 캠을 윤활 시키기에 충분한 윤활유가 있는가를 확인해야 한다. 이 점검은 윤활유 공급 패드를 손톱으로 눌러서 수행하는데 손톱에 윤활유가 묻어나면 캠을 윤활 시킬 만큼 윤활유가 충분히 묻어 있는 것이다. 만약 손톱에 윤활유 흔적이 없으면, 그림 4-58과 같이 팔로워어셈블리의 아래쪽 펠트패드와 위쪽 패드에 경항공기용 윤활유를 각각 한 방울씩 떨어뜨린 후 패드가 윤활유를 빨아들이도록 최소한 15분 동안 두어야 한다. 15분이 지난 후 보풀이 없는 천으로 여분의 윤활유를 닦아낸다.

이 작업을 할 때 언제든지 마그네토 덮개가 벗겨져 있을 때는 브레이커 부분품에 윤활유나 그리스, 또는 엔진 세척용 솔벤트가 묻지 않도록 주의해야 한다. 왜

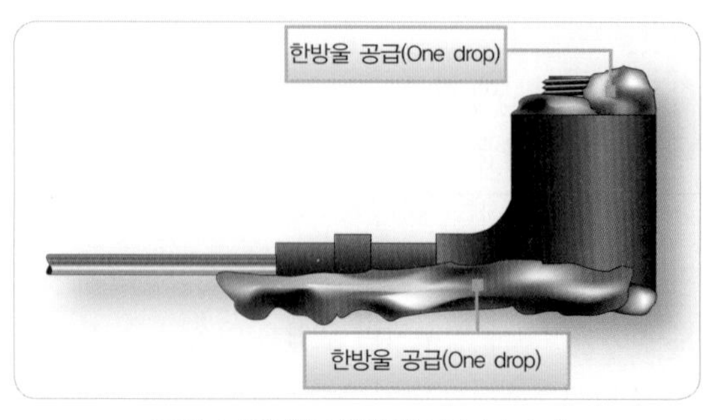

[그림 4-58] 펠트 윤활기(Felt lubricator)

냐하면 이것들은 각기 브레이커 포인트의 작동에 결함을 초래하는 먼지나 그을음을 모으는 접착력을 갖고 있기 때문이다.

펠트패드를 점검하고 손질하여 상태가 만족한 것을 확인한 후 브레이커에 마그네토의 정상적인 작동을 방해할 수 있는 상태가 없는지 육안으로 점검한다. 만약 점검 결과, 브레이커의 접촉면에 기름이나 끈적끈적한 물질이 발견되면 접촉면을 아세톤이나 다른 인가된 솔벤트를 적신 파이프 크리너와 같은 유연한 와이퍼로 접점을 닦아낸다. 와이퍼의 단부에 후크(hook)를 형성함으로써, 접촉부의 후면에 대한 접근이 용이하게 이루어질 수 있다.

브레이커의 접촉면을 세척하려면 브레이커 포인트를 작은 면봉이 들어갈 수 있을 만큼 펼쳐야 한다. 포인트를 세척 목적이나 표면 상태 점검 목적으로 펼칠 때, 항상 주 스프링의 바깥쪽 끝에 힘을 가해야 하고 1/16인치 이상 펼치면 안 된다.

만약 접촉면을 규정치 이상으로 펼치면 가동 포인트를 움직이게 하는 주 스프링이 스프링으로서의 기능을 상실하게 된다. 만약 주 스프링의 기능이 상실되면 가동 스프링을 포인트가 닫히게 하는 기능을 상실하게 되어 마그네토에 정상적으로 유도전류가 생성되지 않는 바운스(Bounce) 또는 플로트(Float) 상태가 된다.

간극게이지(clearance gauge)에 리넨 테이프(linen tape) 또는 보풀이 없는 천 조각으로 싸서 솔벤트에 담그면 면봉을 만들 수 있다. 표면이 깨끗해질 때까지 조심스럽게 분리된 접촉면 사이에 면봉을 통과시킨다. 이 전체 작업중에 때 솔벤트 방울이 캠이나 캠 팔로워 또는 펠트패드에 떨어지지 않도록 주의해야 한다.

브레이커 접촉면을 검사하려면 접촉면의 정상작동 간격, 마모 허용한계, 마무리나 교환이 요구되는 상태 등을 알아야 한다.

비정상 상태는 접촉면의 상태를 보고도 알아낼 수 있는데 정상적인 접촉면은 그림 4-59와 같이, 어두운 회색이고 전기적 접촉이 일어나는 부분 전체에 샌드블라스트 형태를 하고 있다. 이 회색의 샌드블라스트 모양은 포인트가 서로 마모되어 서로 맞물려 있고, 최상의 전기 접점을 제공하고 있음을 나타낸다. 이 상태가 포인트의 유일한 허용 상태는 아니다. 그림 4-60과 같이 깊은 홈(deep pit) 또는 높은 돌출(high peak)이 없는 매끄러운 표면의 요철은 정상으로 간주된다.

그러나 마모가 진전되어 불규칙한 형태가 그림 4-61과 같이 눈에 띄게 확장되어 주위 표면보다 높게 돌출된 형태로 진행되면 브레이커 포인트 접점을 교환해야 한다.

아쉽게도 하나의 접점에서 돌출(peak)된 부분이 형성될 때, 그와 맞닿는 포인트에도 홈(pit)이나 홀(hole)이 생성된다. 이 홈(pit)은 접촉 표면의 백금판을 관통하기 때문에 돌출(peak)된 부분보다 더 다루기 힘든 부분이다. 접촉면에 남아있는 백금의 양에 따라 달라지기 때문에 접촉면이 교체가 필요할 정도로 깊이 패여 있는지 판단하기가 어려운 경우가 있다. 백금판이 오래 사용한 것이고 이전에 수행한 마무리 작업으로 인해 이미 얇아졌을 가능성이 있으면 위험하다.

오버홀 공장(overhaul facilities)에서는 게이지를 사용하여 패드의 남은 두께를 측정하고 패드 상태를 판단하기에 어려움이 없다. 그러나 라인 정비부서(line maintenance)에서는 일반적으로 이 게이지를 사용할 수 없다. 따라서 돌출(peak)이 매우 높거나 홈(pit)이 매우 깊은 경우 새 조립품(new assembly)으로 교환 장착한다. 그림 4-60과 그림 4-61을 비교하면 약간의

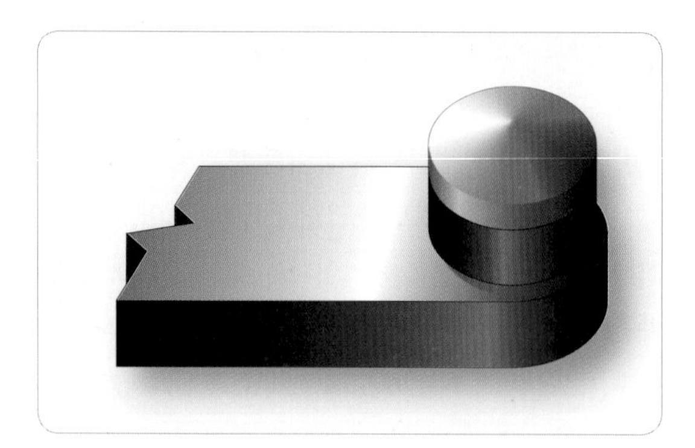

[그림 4-59] 정상 접촉 표면(Normal contact surface)

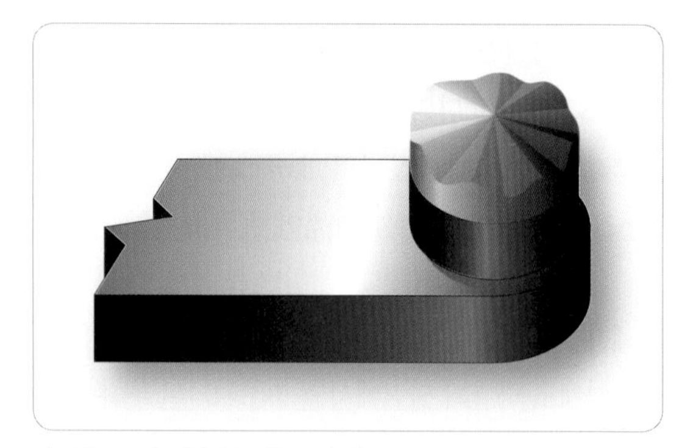

[그림 4-60] 정상 불규칙 포인트(Point with normal irregularities)

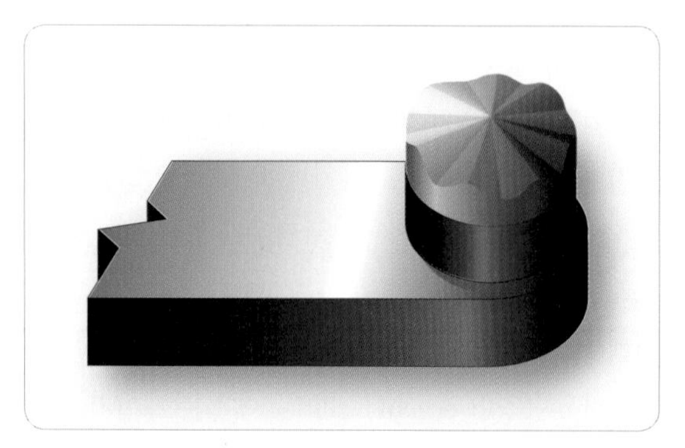

[그림 4-61] 높게 돌출된 포인트(Point with well-defined peaks)

불규칙 상태와 뚜렷이 돌출(peak)된 상태를 구별하는 데 도움이 된다.

가능한 여러 브레이커 접촉면의 상태를 그림 4-62에 예를 들어 도시했다. A항은 서리화(Frosting)라고 하는 침식(erosion)이나 마모(wear)의 예를 보여준다. 이 상태는 개방된 콘덴서에서 발생하며 거친 결정체 모양의 표면 및 포인트의 양쪽에 검은색 그을음을 통해 쉽게 인식된다.

콘덴서의 효과적인 작용이 부족하면 포인트가 떨어질 때마다 강한 열의 아크가 발생하고, 이 아크가 공기 중의 산소와 함께 포인트의 백금 표면을 급격히 산화시키고 침식시켜 거친 결정체 또는 서리로 덮은 모양을 형성한다. 정상적으로 작동되는 포인트는 미세한 입자형으로 은빛을 띠므로 콘덴서 작용의 결핍으로 거친 입자형의 그을음이 생성된 포인트와 혼동해서는 안 된다.

그림 4-62의 (B)와 (C)는 심하게 홈이 파인 포인트를 나타내고 있다. 이들 포인트는 초기 상태에서 모서리 부분이 곱고 고르며 전체적으로 그을음이 낀 접촉면의 중앙이나 중앙 근처에 미세한 홈이나 흠집이 있는 것으로 구별된다. 상태가 좀 더 진전되면 미세한 홈이 크고 깊은 분화구(crater)형태로 진전되어 결국 전체 접촉면이 타거나 검고 구겨진 형태로 된다. 포인트에 홈이 파인 것은 일반적으로 접촉면이 먼지나 불순

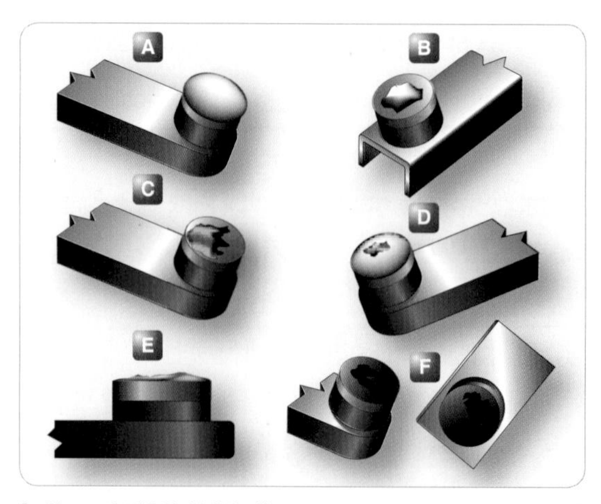

[그림 4-62] 접촉면 상태의 예(Examples of contact surface condition)

물로 인해 발생한다.

만약 포인트에 과도하게 홈이 생기면 새 브레이커 어셈블리(breaker assembly)로 장착해야 한다.

그림 4-62의 E항은 한 지점에서 다른 지점으로 많은 양의 금속이 이전된 것으로 인식될 수 있는 축적 지점(Built-up point)을 나타내고 있다. 언급된 다른 조건과 마찬가지로 축적은 주로 점(point)이 분리되는 아크를 통해 접촉 물질을 전달함으로써 발생한다. 그러나 다른 점(point)과는 한 점의 홈(pit)이 친화력이 있어서 다른 점들이 쌓이기 때문에 진행과정에 타거나(burning)나 산화(oxidation)되지 않는다. 이 상태는 브레이커 포인트 스프링의 장력(breaker point spring tension)이 과도하게 걸려 포인트의 열리는 시기를 지연시키게 된다. 또한 1차 회로 콘덴서의 불량이나 1차 코일의 연결부가 이완되어 발생할 수도 있다. 과도한 축적이 발생할 경우 새 브레이커어셈블리(new breaker assembly)를 장착해야 한다.

그림 4-62의 (F)는 오일 묻은 포인트 상태를 그림으로 나타낸 것인데 그을음으로 오염된 외형과 지금까지 열거한 불규칙 상태가 없는 것으로 식별할 수 있다. 이 상태는 과도한 캠 윤활 또는 마그네토 내부 또는 외부에서 발생할 수 있는 오일 증기(oil vapor)의 결과 일 수 있다. 예를 들어 매연을 뿜어내는 엔진은 윤활유 증기를 생성시키는데 이 증기가 마그네토 환기장치를 거쳐 마그네토로 들어가서 포인트 사이 및 포인트 주위를 통과한다. 이 전기적 도체의 성질을 가진 증기는 아크(arcing)와 버닝(burning)을 발생시킨다. 이 증기는 또한 브레이커어셈블리의 다른 표면에 부착되어 그을린 침전물을 형성한다. 이러한 경우에는 새 브레이커어셈블리(new breaker assembly)를 장착한다.

4.8.12 절연 검사(Dielectric Inspection)

마그네토 검사의 또 다른 면은 절연검사이다. 이 검사는 청결 상태와 균열 여부를 육안으로 검사하는 것이다. 검사 결과, 코일 케이스, 콘덴서, 배전기 회전자 또는 블록에 윤활유 또는 먼지가 묻었거나 탄소 축적의 흔적이 있으면 절연성을 환원시키기 위하여 세척하고 왁스를 칠해야 한다. 접근이 가능한 한 모든 콘덴서와 콘덴서를 담고 있는 케이스를 보풀이 없는 천에 아세톤을 묻혀서 닦는다. 이런 형태의 부분품은 많은 수가 표면에 보호피막 처리가 되어 있다. 이 보호피막이 아세톤에는 영향을 받지 않으나 긁거나 다른 세제액을 쓰면 손상을 입을 가능성이 있으므로 인가되지 않은 솔벤트나 부적당한 세척 방법을 사용해서는 안된다. 또 콘덴서나 콘덴서를 포함하고 있는 부분품을 세척할 때는 어떤 용액에도 적시거나 담그지 말아야 한다. 그 이유는 사용하는 용액이 콘덴서 내부로 스며들어 단락될 가능성이 있기 때문이다.

코일 케이스, 배전기 블록, 배전기 회전자 및 기타 점화계통의 절연성 부분품은 새것이거나 오버홀을 수행한 경우에 왁스 코팅으로 표면 처리를 한다. 절연성의 왁스를 칠하면 습기 흡수, 탄소 축적 및 산의 퇴적 등에 대한 저항력을 보완해 준다.

이들 부분품들이 더러워지거나 윤활유에 젖게 되면 원래의 저항력을 잃게 되어 탄소 축적이 유발된다. 절연성 표면에 아주 미세한 탄소 축적이나 산성물질의 퇴적이 나타나면 인가된 세척용 솔벤트에 적셔서 강모 브러쉬(stiff bristle brush) 힘 있게 문질러서 탄소 축적이나 산성 물질을 제거한 후 깨끗하고 마른 천으로 부품을 닦아내고 특수 점화계통용 왁스(special ignitiontreating wax)를 발라 준다. 부분품에 왁스 처리를 한 후 여분의 왁스를 제거하고 마그네토에 그 부분품을 장착한다.

4.8.13 점화하니스 정비 (Ignition Harness Maintenance)

점화하니스는 간단하지만 마그네토와 점화플러그 사이의 연결부가 그 핵심이 되는 부분이다. 하니스는 엔진에 장착되어 있고 대기 중에 노출되기 때문에 열, 습기 및 고도 변화의 영향에 의하여 손상을 입게 된다. 이러한 요인이 절연 능력 감퇴 및 정상적인 전극의 마손에 부가하여 엔진의 효율적인 작동에 악영향을 미친다.

하니스 내부의 전선에 절연 능력이 없어지면 고전압이 점화플러그로 흐르지 않고 절연 부분을 통과하여 하니스의 차폐 부분으로 누전될 가능성이 있다. 전선이 끊어지거나 절연상태가 불량하면 회로가 단절되는 결과를 초래할 가능성이 있고 나선이 되면 차폐 부분과 닿거나 두 전선이 서로 닿아 단락(short)될 가능성이 있다.

개별 도선에 심한 결함이 생기면 그 도선이 연결된 점화플러그까지 고압의 맥류가 전달되지 못하므로 점화플러그는 작동하지 않는다. 한 실린더에서 한 개의 점화플러그만 점화되면 두개의 점화플러그가 모두 점화될 때처럼 혼합기가 빠른 속도로 연소되지 않으므로 폭발행정에서 연소 압력이 최대치로 상승하는 시기가 늦게 도달된다. 실린더의 최고압력(peak pressure of combustion)에 도달하는 시기가 정상보다 늦으면 결과적으로 그 실린더의 출력이 감소된다. 그러나 연소 시간이 더 길어지면 영향을 받는 실린더가 과열되어 이상폭발(detonation) 조기점화(preignition) 및 실린더의 영구손상을 입힐수 있다.

4.8.14 고전압 점화하니스의 결함 (High-tension Ignition Harness Faults)

가장 흔하면서도 가장 찾아내기 힘든 점화계통의 결함은 고전압 누전(high-voltage leak)이다. 이것은 도체 부분인 케이블 코어로부터 절연 부분을 통과하여 차폐된 매니폴드의 접지부분까지 누설된다. 새 점화 케이블이라 하더라도 정상 작동 중에 소량의 누전이 생긴다. 여러 가지 요인이 함께 작동하여 한 번의 큰 누전을 일으킨 다음 완전히 소멸되는데 이러한 요인들 중에 어떠한 형태로 존재하든 관계없이 습기가 가장 나쁜 영향을 미친다.

고전압이 흐르고 있는 부분에서는 습기가 있는 절연 부분으로 통하는 통로가 아크를 일으키며 타게 된다. 이때 주위에 휘발유나 윤활유 또는 그리스가 있으면 타서 그을음이 된다. 이 탄 자국은 실제로 탄소입자의 통로이기 때문에 탄소트랙(carbon track)이라고 부른다. 일부 유형의 절연체에서는 탄소트랙을 제거하고 절연체를 이전의 유용한 상태로 복원 할 수 있다. 이러한 물질은 도자기, 세라믹, 그리고 일부 플라스틱에 적용된다. 이러한 재료는 탄화수소가 아니기 때문에 탄소트랙이 형성되어도 닦아낼 수 있기 때문이다.

누전되는 위치 및 정도가 다르면 엔진 작동 중에 고장도 달리 나타나는데 보통 불발되거나 집중적으로 한꺼번에 점화되는 형태로 나타난다. 이러한 결함 상태는 매니폴드의 압력변화 또는 기후조건 변화에 따라 간헐적으로 나타날 수도 있다. 매니폴드압력이 증가하면 압축 압력이 증가하여 점화플러그 전극 사이의 공기 저항이 커진다. 전극 사이의 공기 저항이 커지면 전극 사이로 스파크가 발생하기 힘들게 되므로 절연 부분 중 약한 곳으로 방전하려는 경향이 생긴다.

하니스의 약한 부분은 하니스 매니폴드에 모이는 습기에 의해 더욱 악화될 가능성이 있다. 습기가 있는 채로 엔진을 계속 작동시키면 간헐적인 결함이 영구적인 탄소트랙이 된다. 따라서 점화 하니스의 첫 번째 작동불능의 징후는 엔진 실화(engine misfiring) 또는 점화전압의 부분 누출로 인한 거칠기(roughness) 일 수 있다.

그림 4-63은 하니스의 단면을 나타내고 있는데 발생 가능성이 있는 네 가지 결함의 유형을 열거하고 있다.

결함 (A)는 한 개의 케이블 도체 부분에서 다른 도체 부분으로 단락(short)되는 경우이다. 스파크는 실린더 압력이 낮은 실린더의 점화플러그에 단락되기 때문에 이 결함은 보통 실화(misfiring)를 유발한다.

결함 (B)는 절연 부분이 벗겨진 케이블을 나타낸 것이다. 절연 부분이 완전히 파손되지는 않았지만 정상

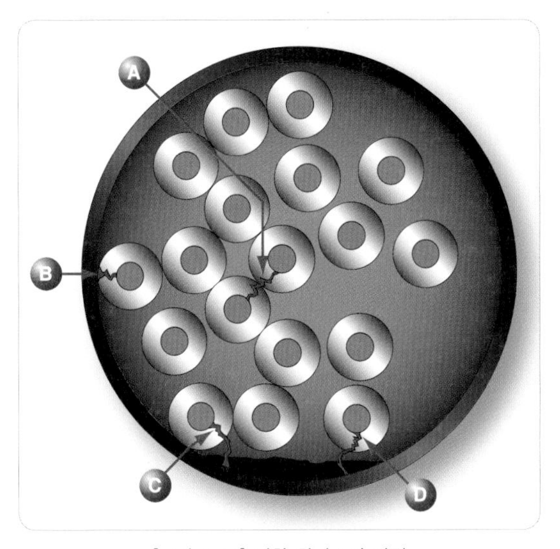

[그림 4-63] 점화 하니스의 단면
(Cross section of an ignition harness)

누출(leakage)보다 더 많이 손상되었으므로 이 케이블이 연결된 점화플러그는 매니폴드압력이 극히 높은 이륙출력으로 엔진이 작동할 때 기능을 잃게 될 가능성이 있다.

결함 (C)는 점화매니폴드의 가장 낮은 부위에 수분이 응축된 결과로 나타난다. 이 응축된 수분은 엔진이 작동할 때 완전히 증발될 수 있지만 일차적으로 발생한 플래시오버에 의해 형성된 탄소 축적이 매니폴드 압력이 높아질 때마다 계속 플래시오버를 유발시키게 된다.

결함 (D)는 절연 부분에 금이 가거나 절연 부분 중의 취약 부위가 습기에 의해 악화되면 발생하게 된다. 그러나 탄소 축적이 금속 차폐 부분과 간접적으로 접하게 되므로 엔진의 모든 작동 범위에 걸쳐 플래시오버 현상을 초래할 가능성이 있다.

4.8.15 하니스 시험(Harness Testing)

그림 4-64와 같이, 점화하니스의 전기적인 시험은 하니스의 각 케이블 주위의 절연상태 또는 절연효과를 점검하는 것이다. 이 시험의 원리는 각 도선에 일정한 전압을 공급한 다음 아주 정밀한 계기로 도선과 접지된 하니스 매니폴드 사이에 전류 누출 량을 측정하는 것이다.

이 측정값을 표준 값과 비교하면 케이블의 상태 또는 사용 가능 여부를 알 수 있는 지침이 된다. 유연성 절연물질은 서서히 그 성능이 퇴화된다. 절연물질이 새것일 때는 전도성이 너무 낮아서 전압이 수천 볼트에 이르더라도 누전되는 전류는 사실상 수백만 분의 1 암페어 정도이다. 자연적으로 절연물질이 퇴화되는 속도는 아주 느리지만 절연물질의 저항에 어떤 변화

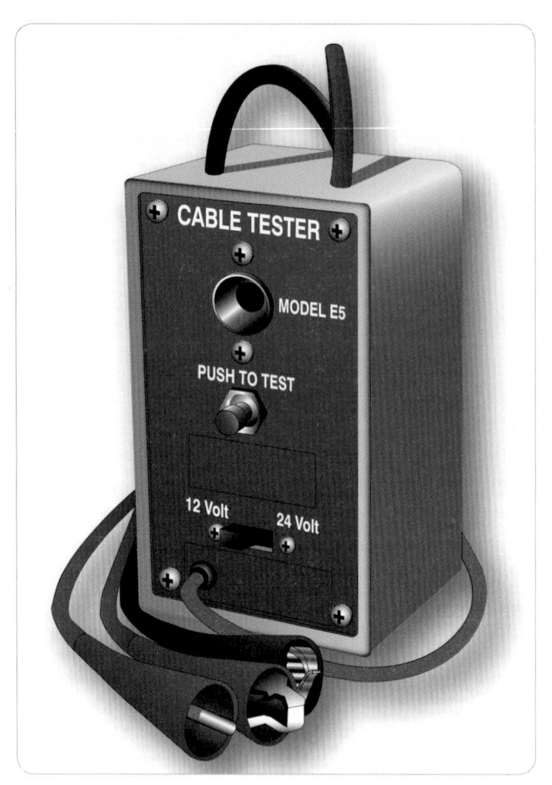

[그림 4-64] 하니스 테스터(Harness tester)

가 생기면 누전되는 전류량이 계속 증가하게 된다.

05

엔진 시동계통

Engine Starting Systems

5 엔진 시동계통

Engine Starting Systems

5.1 왕복엔진 시동계통(Reciprocating Engine Starting Systems)

대부분의 왕복엔진은 시동과정에서 자립회전속도에 도달할 때까지 대용량의 기계적 힘을 낼 수 있는 시동기의 도움이 필요하다.

항공기 개발 초기 단계에서 저출력 왕복엔진 시동 시 프로펠러를 손으로 회전시켜 엔진을 시동하는 수동식 시동방법을 사용하였다. 따라서 윤활유 온도가 거의 응고점(congealing point)에 가까운 추운 날에는 시동장치 작동에 어려움이 많았다. 또한, 시동초기에 크랭크샤프트의 회전속도가 너무 낮아 마그네토 장치(magneto systems)에 의해 발생하는 불꽃이 약해 시동이 더욱 어려웠다. 이러한 문제점을 해결하기 위해 부스터 코일(booster coil), 인덕션 바이브레이터(induction vibrator) 또는 임펄스 커플링(impulse coupling)과 같은 점화장치(ignition system device)를 사용하여 고온 불꽃(hot spark)을 제공함으로써 해결되었다. 반면 일부 저출력 항공기는 여전히 수동으로 프로펠러를 회전시켜 시동하는 방식을 사용하고 있다.

대부분의 왕복엔진에서 사용되는 시동기는 직접구동 전기 시동기(direct cranking electric type)이다. 일부 구형 항공기는 여전히 관성 시동기(inertia starter)를 사용하고 있다.

5.1.1 관성 시동기(Inertia Starters)

관성 시동기는 일반적으로 수동식(hand type), 전기식(electric type), 수동-전기복합식(combination hand and electric type)의 세 가지 유형이 사용된다. 모든 형식의 관성 시동기의 작동은 크랭킹(cranking) 역량을 위해 고속 회전하는 플라이휠(flywheel)에 저

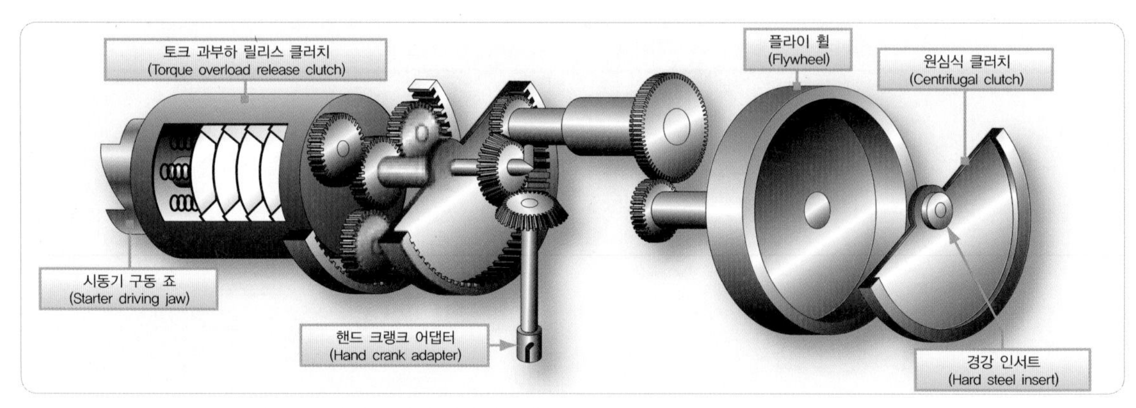

[그림 5-1] 수동-전기 복합식 관성시동기(Combination hand and electric inertia starter)

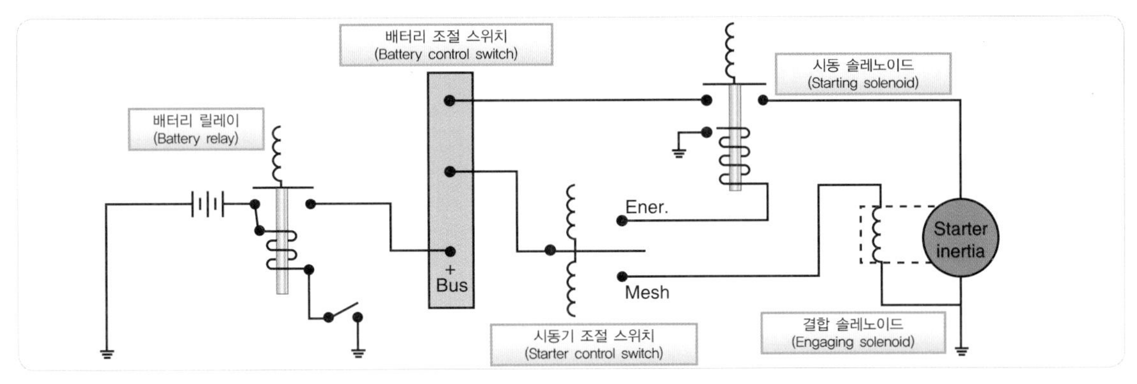

[그림 5-2] 전기식 관성 시동기 회로(Electric inertia starting circuit)

장된 운동에너지(kinetic energy)에 의존한다. 운동에너지는 직선 또는 회전운동의 상태를 지속적으로 유지하려는 형태의 에너지이다. 관성 시동기에서, 에너지는 수동(manual hand) 또는 소형 모터(small motor)로 전기적인 통전과정(energizing process)에서 천천히 축적된다. 그림 5-1에서는 수동-전기복합식 관성 시동기의 플라이휠과 구동기어를 보여 준다. 그림 5-2에서는 전기식 관성 시동기의 전기회로를 보여 준다.

시동기에 전원이 공급되면, 플라이휠을 포함하여 시동기에 포함된 모든 부품들이 작동하기 시작한다. 시동기가 완전히 자화(energized)되면, 수동으로 케이블을 당기거나 또는 전기적 에너지로 작동되는 메싱 솔레노이드(meshing solenoid)에 의해 엔진 크랭크샤프트에 결합된다. 그림 5-3과 같이 시동기가 맞물리면 플라이휠의 에너지는 감속기어와 토크 과부하 릴리스 클러치(torque overload release clutch)를 통해 엔진으로 전달된다.

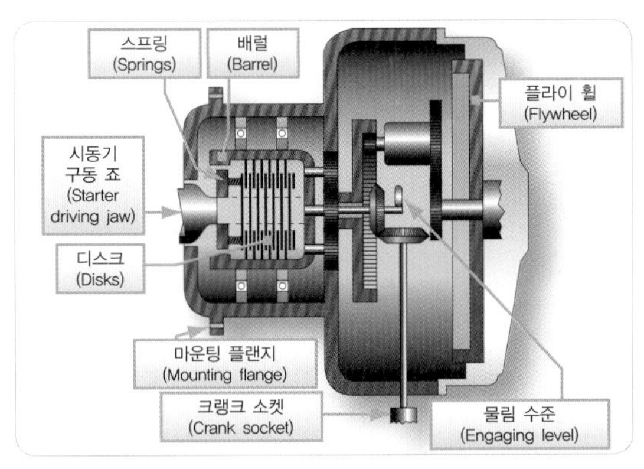

[그림 5-3] 토크 과부하 릴리스 클러치
(Torque overload release clutch)

5.1.2 직접구동 전기시동기 (Direct-cranking Electric Starter)

모든 형식의 왕복엔진에서 가장 널리 사용되는 시동계통은 직접구동 전기 시동기이다. 이런 유형의 시동기는 자화(energized)시 즉각적이고 지속적인 크랭킹(cranking)이 제공된다. 직접구동 전기시동기는 기본적으로 전기모터(electric motor), 감속기어, 그리고 조정-토크 과부하 릴리스 클러치(adjustable torque overload release clutch)를 통해 작동되는 자동 결합 및 분리 메커니즘으로 구성된다. 그림 5-4에서는 직접구동 전기시동기의 전형적인 회로를 나타낸다. 엔진은 시동기 솔레노이드에 전원이 공급되면 즉시 구동된다.

그림 5-4와 같이 시동기에서 배터리로 연결되는 주

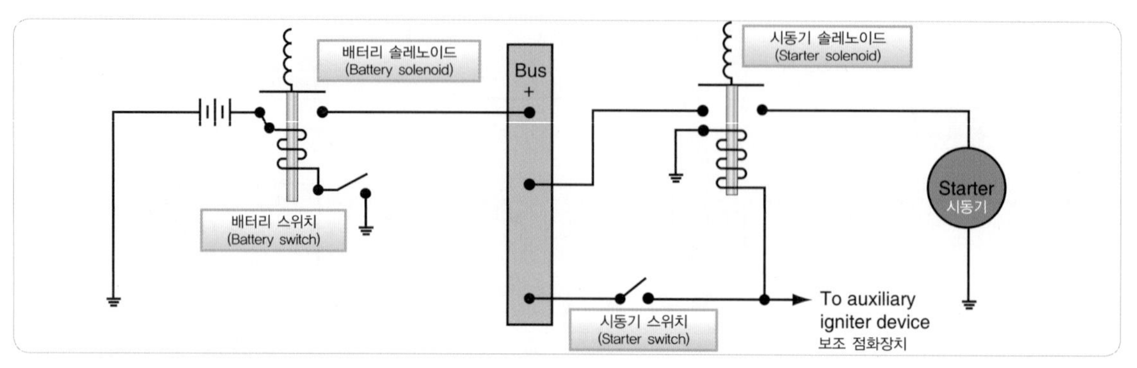

[그림 5-4] 직접구동 전기시동기용 시동기 회로(Typical starting circuit using a direct cranking electric starter)

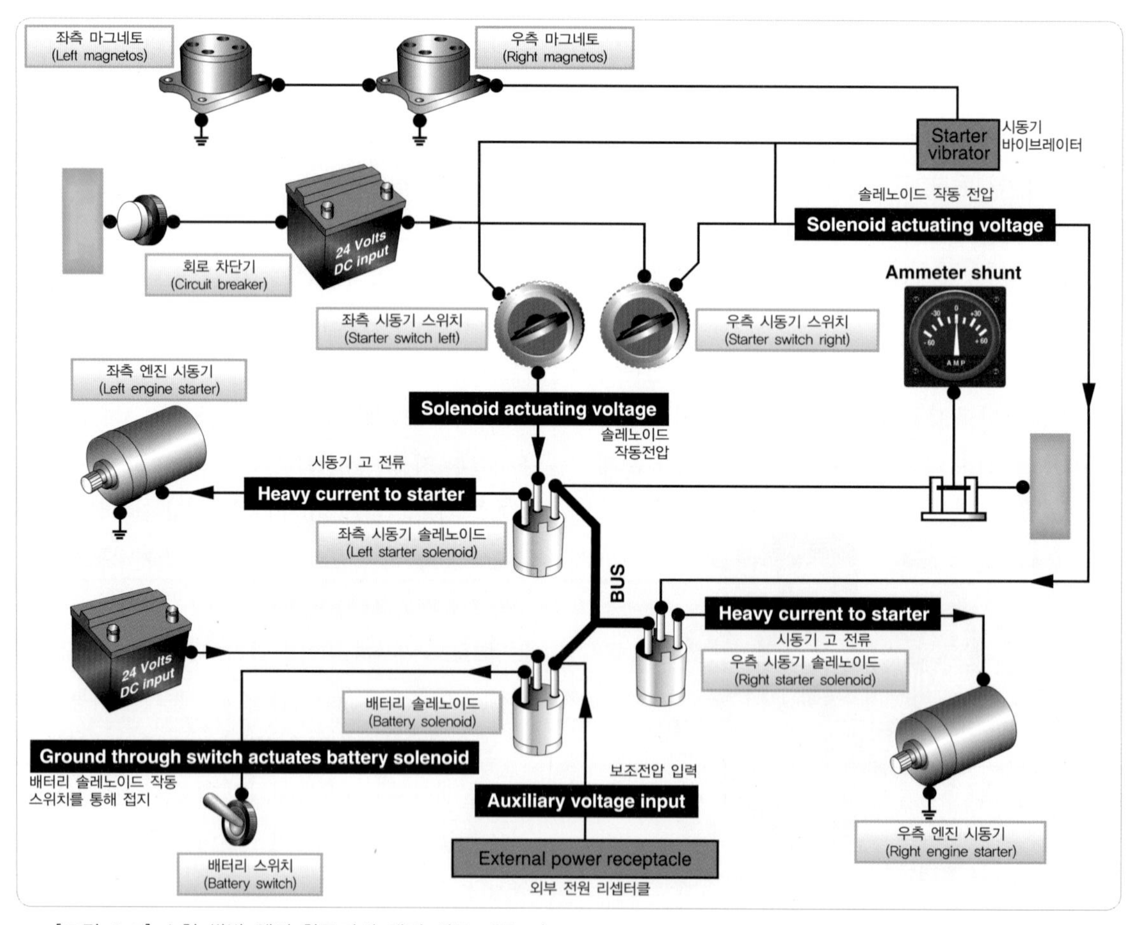

[그림 5-5] 소형 쌍발 엔진 항공기의 엔진 시동 계통도(Engine starting schematic for a light twin-engine aircraft)

케이블은 필요한 시동 토크에 따라 350A에서 100A의 범위의 고전류 흐름을 이송하는 중요한 역할을 한다. 솔레노이드 그리고 원격제어 스위치가 있는 굵은 전선을 사용하는 것은 전체 케이블 무게와 총 회로 전압강하(total circuit voltage drop)를 줄여 준다.

일반적인 시동모터는 높은 시동토크를 생산하는 12V 또는 24V의 직권 모터(series-wound motor)이다. 모터의 토크는 감속기어를 통해 과부하 릴리스 클러치(overload release clutch)로 전달된다. 이 작용에 의해 나선형 스플라인 축(helically splined shaft)이 시동기 조(starter jaw)를 바깥쪽으로 움직여 시동기 조(jaw)가 회전하기 전에 엔진 크랭킹 조(cranking jaw)에 연결시킨다. 엔진이 정해진 회전속도에 도달한 후, 시동기는 자동적으로 분리된다. 그림 5-5는 쌍발 엔진(twin-engine) 항공기 시동계통을 보여준다.

5.1.2.1 대형 왕복엔진용 직접구동 전기시동 계통(Direct-cranking Electric Starting System for Large Reciprocating Engines)

고마력 왕복엔진의 시동계통인 직접구동 전기시동기는 모터 어셈블리(motor assembly)와 기어부분(gear section)으로 구분되며, 기어부분은 모터의 구동축 끝에 볼트로 체결된 일체형으로 구성되어있다.

모터 어셈블리는 아마추어(armature), 모터 피니언 어셈블리(motor pinion assembly), 엔드 벨 어셈블리(end bell assembly), 모터 하우징 어셈블리(motor housing assembly)로 구성된다. 모터하우징은 자기장 구조의 마그네틱 요크(magnetic yoke) 역할을 한다.

시동기 모터는 역회전이 안 되는 직렬 보극모터(series inter-pole motor)이다. 시동기의 속도는 가해진 전압에 따라 비례하고, 부하에 반비례하면서 변화한다. 시동기 기어 부분은 마운팅 플랜지(mounting flange)에 일체화된 외부 하우징(external housing), 유성감속기어(planetary gear reduction), 선 기어(sun gear)와 일체형 기어어셈블리(integral gear assembly), 토크제한클러치(torque-limiting clutch), 그리고 조(jaw)와 콘 어셈블리(cone assembly)로 구성된다. 시동기 회로가 연결되면, 시동모터에서 생산되는 토크가 감속기어와 클러치를 통해 시동기 조(jaw)로 전달된다. 시동기 기어 열(starter gear train)은 모터의 고속 저토크(high speed low torque)를 엔진을 구동하기 위해 요구되는 저속 고토크(low speed high torque)로 변환시킨다. 기어 부분에서, 전동기 피니언(pinion)은 중간 카운트샤프트(countershaft) 기어에 물린다. 맞물리는 축의 피니언은 내부 기어에 물린다. 내부 기어는 선 기어 어셈블리(sun gear assembly)의 일부이고 선 기어 축(sun gear shaft)에 고정되어 있다. 선 기어는 유성기어 어셈블리(planetary gear assembly)의 일부분인 3개의 유성기어를 구동한다. 각각의 유성기어장치 축은 그림 5-6에서 보여 주는 원통형 유성기어장치 캐링 암(carrying arm)에 의해 지지된다. 캐링 암은 유성기어에서 시동기 조(starter jaw)로 다음과 같이 토크(torque)를 전달한다.

(1) 캐링 암(carrying arm)의 원통형 부분은 내부 표면 둘레에 종 방향으로 스플라인에 의해 연결되어 있다.
(2) 접속 스플라인(mating spline)은 시동기 조(starter jaw)의 원통형 부분의 외부 표면에 설치되어 있다.
(3) 조(jaw)가 캐링 암 내부를 따라 움직이면 엔진과 접속하거나 분리된다.

그림 5-6과 같이 3개의 유성기어 또한 6개의 스틸 클러치판(steel clutch plate) 내부 둘레의 치차(teeth)에 접속한다. 이 클러치판들은 하우징 옆면에 있는 청동 클러치판(bronze clutch plate) 외부에 끼워서 회전을 방지한다. 클러치 팩(clutch pack)은 클러치 스프링 리테이너에 의해 적절한 압력으로 유지된다. 시동기 조(jaw)의 내부에 있는 원통형의 트래블링 너트(traveling nut)는 조(jaw)를 팽창, 수축시킨다.

너트 안쪽 벽 둘레의 나선형 조-인게이징 스플라인(spiral jaw-engaging spline)은 선 기어 축의 확장 스플라인의 파인 범위와 동일하게 접촉한다. 이 스플라인 방식은 축의 회전이 트래블링 너트(traveling nut)를 밖으로 나오게 하는데, 조(jaw)가 함께 움직인다. 트래블링 너트 주위의 조 스프링은 조(jaw)를 너트와 함께 움직여서 조 헤드(jaw head) 내벽 주위의 원뿔형 클러치 면을 너트 헤드의 밑면 주변의 표면에 자리 잡도록 해 준다. 선 기어 축에 장착된 리턴 스프링은 트래블링 너트 내벽 주위의 스플라인에 의해 형성된 숄더(shoulder)와 축 끝에 있는 조 스톱 리테이닝 너트(jaw stop retaining nut) 사이에 있다.

트래블링 너트의 원뿔형 클러치 표면과 시동기 조(jaw)가 조 스프링(jaw spring) 압력에 따라 연동되기 때문에 두 부품은 같은 속도로 회전한다. 선 기어 연결축(shaft extension)은 조(jaw)보다 6배 빨리 회전한다. 나선형 스플라인은 왼쪽으로 가공되었고, 선 기어 연결축(sun gear shaft extension)은 조(jaw)와 연결돼서 우측으로 회전하며, 조(jaw)가 약 12° 정도 회전할 때, 시동기 전체 행정(약 5/16인치)이 트래블링 너트(traveling nut)와 조(jaw)가 밖으로 빠져나오도록 한다.

조(jaw)는 엔진이나 조 스톱 리테이닝 너트(jaw stop retaining nut)에 의해 정지될 때까지 밖으로 움직인다. 트래블링 너트는 조(jaw)의 행정 한계를 약간 넘어서 원뿔 클러치 면의 잔류압력이 제거될 때까지 작동된다. 시동기가 계속 회전하는 동안, 원뿔형 클러치 면에 충분한 잔류압력이 나선형 스플라인 토크를 제공하여 조 스프링 압력을 최적화한다. 만약 엔진 시동이 실패하면, 복원력이 부족하기 때문에 시동기 조(jaw)가 원위치로 복원되지 못한다. 그러나 엔진이 점화되고 엔진 조(engine jaw)가 시동기 조(jaw)를 넘어서면, 조 치차(jaw teeth) 경사램프(slopping ramp)의 시동기 조(jaw)가 조 스프링 압력과 부딪히며 시동기 안으로 시동기 조(jaw)를 밀어 넣는다. 이것은 원뿔형 클러치 면을 완전히 분리시키고, 조 스프링 압력이 트래블링 너트를 원뿔형 클러치 면에 다시 접촉시킬 때까지 나선형 스플라인을 따라 밀어 넣는다.

시동기와 엔진이 둘 다 회전하면 조(jaw)를 계속 접촉하게 하는 힘이 시동기가 비-자화(de-energized)될 때까지 지속된다. 그러나 조 치차(jaw teeth)를 갑자기 빨리 움직이면, 천천히 움직이는 시동기 조 치차를 쳐서 시동기 조(jaw)가 분리된 상태로 유지시킨다. 시동기가 정지하면 연결되는 힘이 제거되어 소형 리턴 스프링(return spring)이 시동기 조(jaw)를 다음 시동할 때까지 완전히 접힌 상태로 유지시킨다.

시동기 조(jaw)가 엔진 조(jaw)에 처음 연결될 때, 모터 아마추어가 유효속도까지 도달할 때까지는 큰 토크가 필요하므로 일정 시간이 지체된다. 움직이는 시동기 조(moving starter jaw)와 정지 상태에 있는 엔진 조(stationary engine jaw)가 갑자기 접속하면 엔진을 심하게 손상시키기에 충분한 힘이 발생하거나 엔진토크가 클러치 슬리핑 토크(clutch-slipping torque)를 초과하여 시동기가 클러치 팩 플레이트

(clutch pack plates) 사이에 미끄럼이 발생하지 않을 수 있다. 정상적인 직접구동이 될 때까지, 내접 강 기어(internal steel gear) 클러치판(clutch plate)은 사이에 끼워진 동판(bronze plates)의 마찰에 의해 정지 상태를 유지한다.

엔진에 의해 발생하는 토크가 클러치 세팅을 초과하면, 내부 기어 클러치판(internal gear clutch plates)은 클러치 마찰과 반대로 회전하고, 유성기어 캐링 암(planetary carrying arm)과 조(jaw)가 정지 상태를 유지하는 동안 유성기어가 회전한다.

엔진이 일정 속도에 도달하면, 토크가 클러치 세팅 값 이하로 떨어지고, 내부 기어 클러치판은 다시 정지 상태로 되면서 조(jaw)는 모터를 돌리려는 속도와 같은 속도로 회전한다. 그림 5-7은 시동기 제어스위치의 도해도이다.

시동기가 자화하기 전에 엔진 선택스위치(engine selector switch)가 설정되고, 시동기 스위치 및 연결된 안전 스위치는 반드시 연결되어 있어야 한다.

전류는 시동기(starter), 프라이머(primer)와 유도 진동기(induction vibrator)라는 회로 차단기를 통해 시동기 제어회로에 공급된다. 엔진 선택스위치가 엔진 시동 위치에 있을 때, 시동기가 접속되면서 안전 스

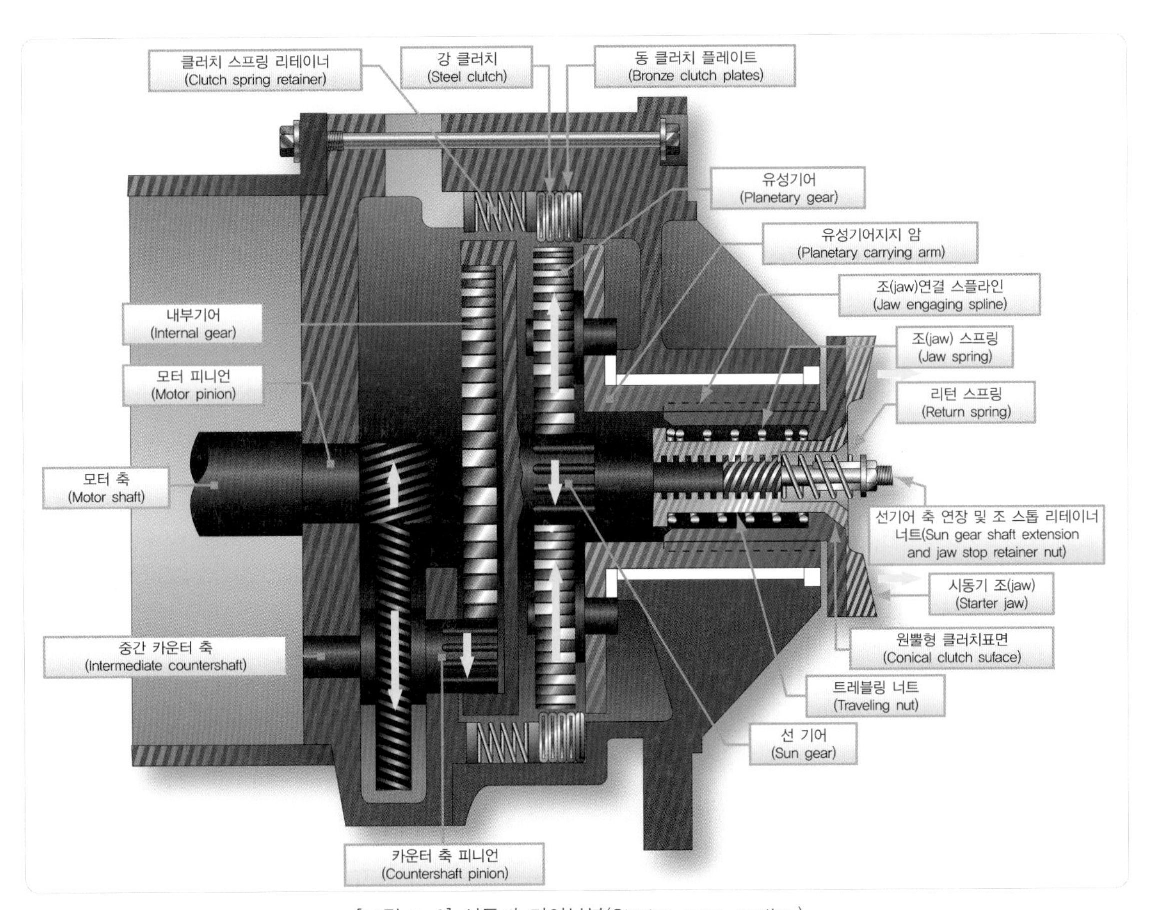

[그림 5-6] 시동기 기어부분(Starter gear section)

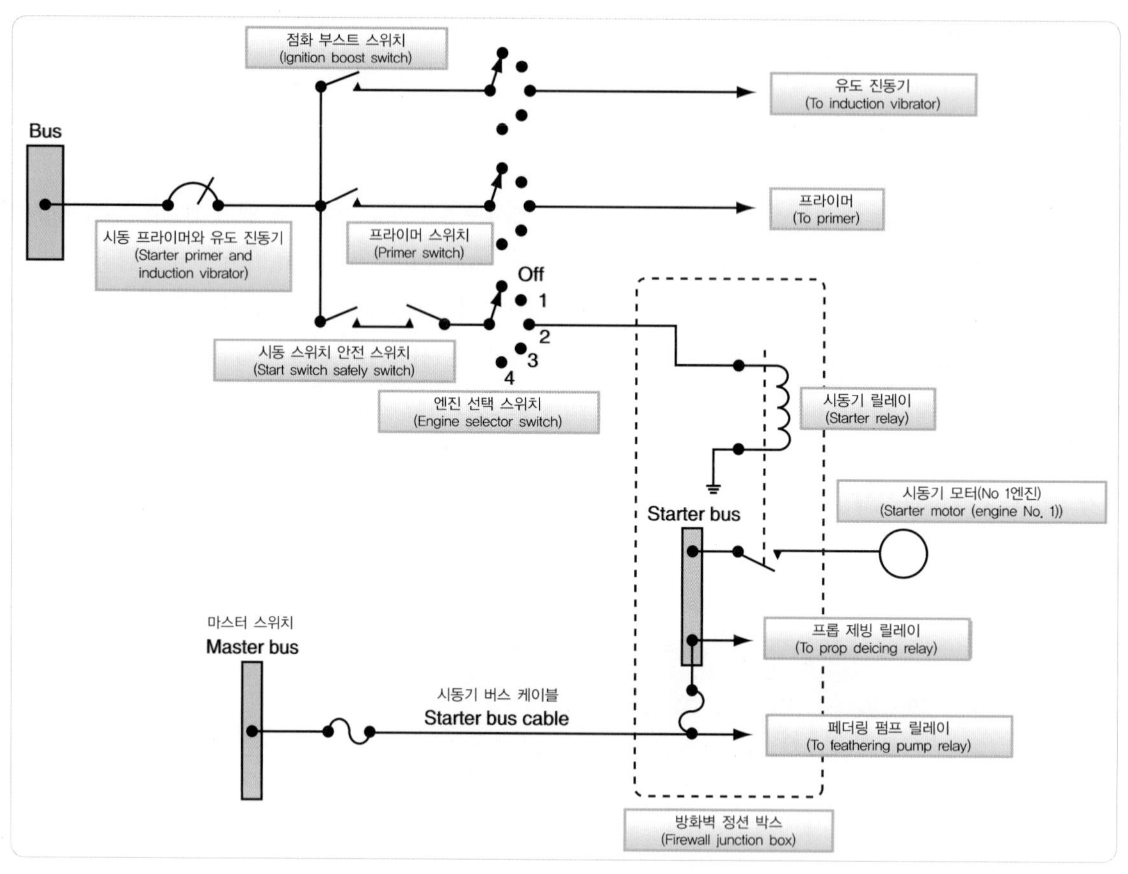

[그림 5-7] 시동기 제어 회로(Starter control circuit)

위치가 엔진나셀에 있는 시동기 릴레이를 자화시킨다. 시동기 릴레이가 자화되면 시동기 모터로의 전원회로가 형성된다. 이 큰 부하에 필요한 전류는 시동기 버스 케이블(starter bus cable)을 통해 직접 마스터 버스(master bus)로부터 공급된다.

모든 시동계통은 엔진의 구동, 또는 회전할 때 사용되는 고에너지 때문에 작동시간에 제한을 받는다. 이를 시동한계라 하고 이 과정에 주의를 기울여야 한다. 그렇지 않으면 과열과 손상을 가져올 수 있다. 시동기는 1분간 작동하면 최소한 1분간 냉각시켜야 한다. 두 번째 또는 그 이후는 1분간 작동하면 5분 냉각시켜야 한다.

5.1.2.2 소형항공기용 직접구동 전기시동계통 (Direct-cranking Electric Starting System for Small Aircraft)

대부분의 소형왕복엔진 항공기는 직접구동 전기시동계통을 사용하고 있다.

일부 이들 계통은 자동으로 시동계통에 접속되고, 일부는 수동으로 접속된다.

그림 5-8에서처럼 수동 접속 시동기는 많은 오래된 항공기에서 사용되고 있으며, 소형항공기에서

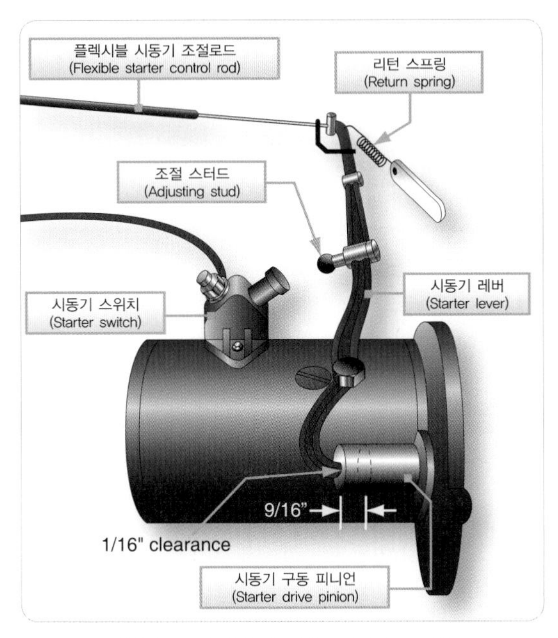

[그림 5-8] 시동기 레버 제어 및 조절
(Starter level controls and adjustment)

는 수동으로 작동되는 오버러닝클러치(overrunning clutch) 구동 피니언(drive pinion)이 전기시동모터(electric starter motor)에서 크랭크축 시동기 구동기어(crankshaft starter drive gear)로 동력을 전달한다. 계기판에 있는 노브(knob) 또는 핸들은 플렉시블 조정 장치를 통해 시동기 레버에 연결되어 있다. 이 노브나 핸들을 당기면 시동기 스위치가 연결되어 구동 피니언을 움직이게 되고 시동기가 작동된다. 스프링에 의해 원래 위치로 복원되고 여기에 연결된 플렉시블 조정장치를 통해 오프(off) 된다. 엔진이 시동이 되면, 클러치의 오버러닝(overrunning)작용은 피니언 분리를 위해 시프트 레버(shift lever)가 해제될 때까지 시동기 구동 피니언을 보호한다. 그림 5-8과 같이 시동기 기어 피니언의 행정 길이가 정해져 있다. 조절레

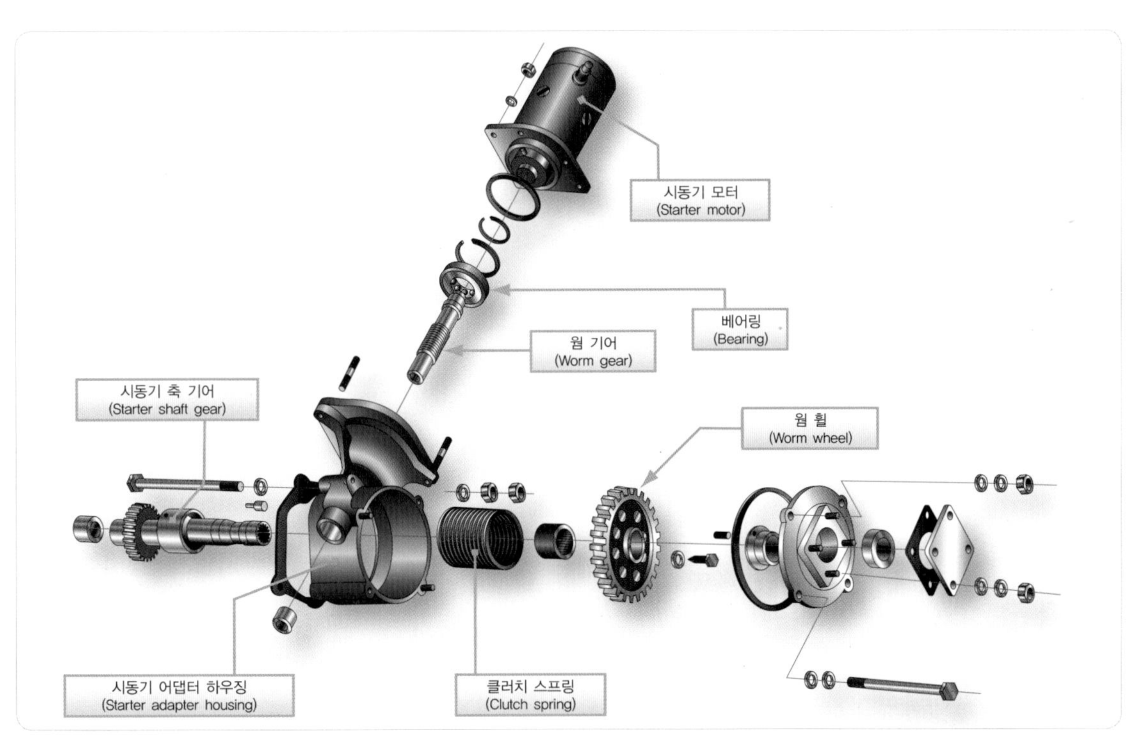

[그림 5-9] 시동기 어댑터(Starter adapter)

버 스터드(adjustable lever stud)가 시동기 스위치와 닿기 전에 시동기 레버가 시동기 피니언 기어(starter pinion gear)를 적절한 거리만큼 움직이게 하는 것이 중요하다.

자동 또는 원격 솔레노이드 전기식 시동계통은 엔진 어댑터에 전기시동기가 장착된다. 시동기솔레노이드는 계기판에 있는 푸시 버튼 또는 로터리 스위치로 작동된다. 솔레노이드를 작동시켰을 때, 접점은 연결되고 전기에너지가 시동모터를 작동시킨다. 시동모터가 회전하면서 웜 감속기어가 장착된 시동기 어댑터의 오버러닝 클러치(overrunning clutch)를 통해 시동기를 구동시킨다. 시동모터에 전원이 공급되면, 접속 웜 축과 기어는 스프링과 클러치에 의해서 시동기 축 기어에 연결되어 축 기어가 크랭크축을 회전시킨다. 엔진이 자체의 동력으로 회전하기 시작하면, 클러치스프링은 축 기어에서 분리된다. 그림 5-9와 같이 시동기 어댑터는 웜 구동기어 축과 웜 기어를 이용

[그림 5-10] 프로펠러 허브에 장착된 시동기 링기어 (Starter ring gear mounted on the propeller hub)

하여 시동모터에서 클러치어셈블리로 토크를 전달한다. 웜 기어가 웜 휠(worm wheel)과 클러치 스프링을 회전시킬 때, 클러치 스프링은 시동기 축 기어의 드럼과 압착된다. 축 기어가 회전할 때, 토크는 크랭크축 기어에 직접 전달된다.

그림 5-10에서 보여 주는 것처럼 다른 엔진은 프로

[그림 5-11] 시동기 구동기어 장착 홀 및 전기 커넥터(Starter drive gear mounting holes and electrical connector)

[그림 5-12] 엔진에 장착된 엔진 시동기
(Engine starter mounted on the engine)

펠러 허브에 설치된 링 기어를 구동시키는 시동기를 사용한다. 그림 5-11에서 보여 주는 것처럼 자화된 모터에 의해서 시동기 구동기어가 회전하면 구동기어와 연결되어 있는 프로펠러 허브의 링 기어(ring gear) 회전시켜 엔진 시동이 된다. 그림 5-12에서 보여 주는 것처럼 엔진이 시동되면, 시동기 구동기어가 반대로 돌면서 구동기어와 분리된다. 소형항공기의 시동모터는 냉각 시간을 반드시 지켜야 한다.

5.1.3 왕복엔진 시동계통의 정비 (Reciprocating Engine Starting System Maintenance Practices)

대부분의 시동계통 정비는 시동기 브러시와 브러시 스프링 교환, 정류자 세척, 그리고 타 버리거나 마모된 시동기 정류자 교환이 필수적이다. 보통, 시동기 브러시는 원래의 길이의 약 1/2까지 마모되면 교환해야 한다. 브러시스프링 장력은 정류자와 브러시에 충분히 밀착되어야 한다. 브러시 도선은 손상되지 않아야 하고 도선 단자는 고정되어야 한다.

광택이 나거나 오염된 시동기 정류자는 정류자를 돌리면서 '00'번 사포나 연마석을 사용하여 갈아 내면 된다. 사포 또는 연마석은 홈(groove)이 닳아지는 것을 방지하기 위해 정류자 전체의 앞뒤로 움직여 주어야 한다. 금강사(emery) 또는 연삭제는 절삭가능 기능이 있어 사용하면 안 된다.

거칠기, 편심, 하이-마이카(high-mica) 등은 정류자의 기능 저하 원인이다. 하이-마이카는 작동이 완료된 후에 제거되어야 한다. 구동기어는 링 기어와 마찬가지로 마모 점검을 해야 한다. 전기적 연결 상태와 부식 유무를 점검해야 한다. 시동기 하우징의 장착 상태를 점검해야 한다.

5.1.4 소형항공기 시동계통의 고장탐구 (Troubleshooting Small Aircraft Starting Systems)

그림 5-13에 기록된 고장탐구 절차는 소형항공기 시동계통의 전형적인 불량 원인들이다.

소형 항공기 고장탐구 절차			
	결함 현상	예상 원인	필요 조치 사항
시동기 작동불능	· 마스터 스위치 또는 회로 결함	· 마스터 회로 점검	· 회로 수리
	· 시동기 스위치 또는 스위치 회로 결함	· 스위치 회로 연속성 점검	· 스위치 또는 전선 교체
	· 시동기 레버가 스위치를 활성화 하지 않음	· 시동기 레버 조절 점검	· 제작사 지침에 따라 시동기 레버를 조절
	· 시동기 결함	· 위의 항목 점검 후, 다른 원인이 분명하지 않으면 시동기의 결함	· 시동기를 장탈하여 수리 또는 교환
시동기는 작동하지만 크랭크축은 구동되지 않음	· 시동기 레버가 크랭크축 기어와 피니언의 체결 없이 작동하도록 조절됨	· 시동기 레버 조절 상태 점검	· 제작사 지침에 따라 시동기 레버를 조절
	· 오버러닝 클러치 또는 드라이브 결함	· 시동기를 장탈하고 시동기 드라이브와 오버런 클러치 점검	· 결함이 있는 부품 교환
	· 손상된 시동기 피니언 기어 또는 크랭크축 기어	· 피니언 기어와 크랭크샤프트 기어를 장탈하여 점검	· 결함이 있는 부품 교환
시동기 드래그	· 배터리 부족	· 배터리 점검	· 배터리 충전 또는 교환
	· 시동기 스위치 또는 릴레이 접점이 연소되거나 오염됨	· 접점 점검	· 서비스 가능한 유닛으로 교환
	· 시동기 결함	· 시동 브러시, 브러시 스프링 장력을 점검하여 브러시 커버의 납땜 상태 점검	· 시동기 수리 또는 교체
과도한 시동기 소음	· 오염 및 마모된 정류자	· 오염제거 및 육안 점검	· 정류자의 회전속도를 낮춤
	· 시동기 피니언 마모	· 피니언 장탈 후, 검사	· 스타터 드라이브 교환
	· 크랭크축 기어의 치차 마모 또는 파손	· 스타터를 장탈하고 수동으로 엔진을 회전시키면서 크랭크축 기어 검사	· 크랭크축 기어 교환

[그림 5-13] 소형항공기 문제 해결 절차(Small aircraft troubleshooting procedures)

06

윤활 및 냉각계통

Lubrication and Cooling Systems

6 윤활 및 냉각계통

Lubrication and Cooling Systems

6.1 엔진 윤활계통의 근본 목적 (Principles of Engine Lubrication)

윤활의 근본 목적은 움직이는 물체 사이의 마찰을 줄이기 위한 것이다. 유체 윤활제나 오일은 쉽게 계통 내를 순환시킬 수 있으므로 항공기 엔진에 널리 사용되고 있다. 이론상으로 본다면, 유체 윤활제는 접촉이 일어나는 표면과 표면을 분리시켜 금속과 금속의 접촉이 발생하지 않도록 한다. 유막(oil film)이 유지되는 한, 금속 간의 마찰은 윤활제 자체의 유체 마찰(fluid friction)로 대치된다고 볼 수 있다. 이상적인 조건 하에서는 마찰과 마모는 최소로 유지된다. 오일은 윤활을 필요로 하는 엔진 전체의 모든 부분에 보내진다. 엔진 구동 부분의 마찰을 극복하면 에너지가 소비되고 원치 않는 열이 발생한다. 엔진 작동 중 마찰 감소는 전체 잠재적 출력을 증가시키게 된다. 엔진에는 여러 유형의 마찰이 발생한다.

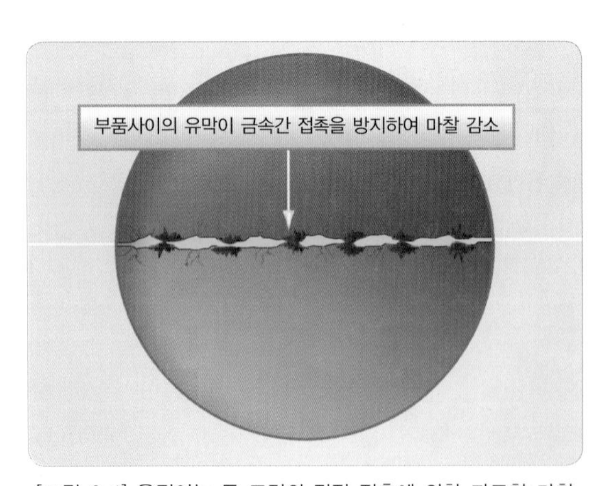

[그림 6-1] 움직이는 두 표면의 직접 접촉에 의한 과도한 마찰

6.1.1 마찰의 종류(Types of Friction)

마찰은 한 물체 또는 다른 물체에 대한 표면의 마찰로 정의될 수 있다. 혹은 표면이 다른 물체, 표면과의 비비면서 접촉하는 것으로 정의된다. 한 표면이 다른 표면 위에서 미끄러지게 될 때 미끄럼마찰을 유발하게 되며, 이는 평베어링(plain bearing)의 작동 중에 발생하는 것과 같다. 표면은 완벽한 평면도 아니고, 완벽히 매끄러운 상태도 아니어서 움직이는 표면 사이에 마찰의 원인이 되는 미세한 결점을 갖고 있다.

그림 6-1에서 보여 준 것과 같이, 구름마찰(rolling friction)은 볼베어링(ball bearing) 또는 롤러베어링(roller bearing)과 같은, 롤러 또는 구체(sphere)가 다른 표면 위에서 움직일 때 만들어지며, 마찰방지 베어링(antifriction bearing)이라고도 불린다. 구름마찰에 의해 만들어진 마찰의 양은 미끄럼마찰에 의해 만들어진 양보다 적으며, 베어링은 볼 혹은 스틸 구체와 바깥 레이스(outer race), 안쪽 레이스(inner race)와 함께 사용한다. 또 다른 종류의 마찰은 문지름 마찰로서, 이는 기어 치차(teeth) 사이에서 발생한다. 이러한 종류의 마찰에서는 압력은 광범위하게 변화되며, 기어에 가해지는 하중은 최대가 되므로 윤활유는 그러한 하중에 견딜 수 있어야 한다.

6.1.2 엔진 오일의 작용 (Functions of Engine Oil)

마찰을 줄여 주는 것 외에, 유막은 금속 사이에서 쿠션(cushion) 역할을 한다. [그림 6-2] 이 쿠션효과는 충격 하중을 받는 왕복엔진 크랭크샤프트와 커넥팅 로드 같은 부분에 특히 중요하다. 피스톤이 파워행정(power stroke)에서 아래로 내려올 때 크랭크로드 베어링과 크랭크축 저널(journal)에 하중을 가하게 된다. 오일의 하중 지지력은 유막이 손상되어 금속과 금속 간의 접촉을 방지할 수 있어야 한다. 또한 오일은 엔진계통을 순환하며 피스톤과 실린더 벽의 열을 흡수한다. 왕복엔진에서 이들 구성 부분들은 특히 오일에 의한 냉각에 의존하는 부분이다.

오일 냉각은 전체 엔진 냉각의 50% 정도를 담당하며 엔진에서 발생한 열을 오일 냉각기(oil cooler)로 전이시키는 탁월한 매체이다. 또한 오일은 피스톤과 실린더 사이의 밀봉 작용에도 일조하여 연소실에서 가스가 새어 나오지 않게 한다. 또한 오일필터를 통해 이물질을 제거함으로써 연마 마모(abrasive wear)를 줄여준다. 분산제(dispersant)는 각종 이물질이나 불순물이 오일계통 내에서 막히거나 고착되는 것을 방지하기 위한 첨가제이며, 이러한 불순물은 필터에 의해 제거된다. 또한 오일은 엔진이 정지되었을 때, 내부의 부분품에 유막을 형성함으로써 부식을 방지하는 역할을 한다. 이것이 엔진을 장기간 정지(shut down)시켜 두지 말아야 할 이유 중 하나이며, 부식방지 오일 코팅은 부품에서 지속되지 않아 녹슬거나 부식될 수 있다.

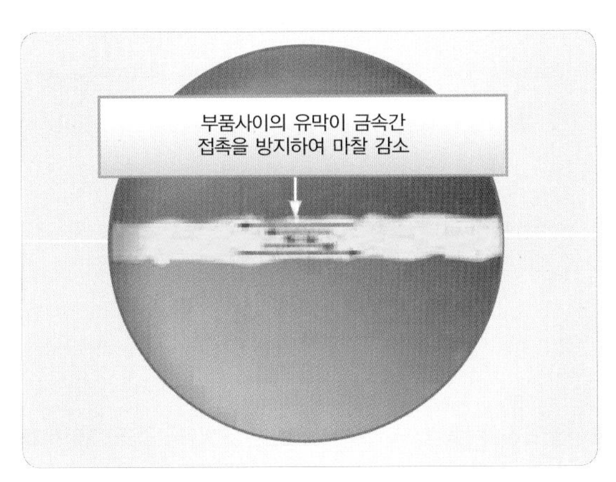

[그림 6-2] 쿠션(cushion)역할을 하는 유막(Oil film)

엔진오일은 엔진의 혈액으로 비유할 수 있으며, 엔진의 정상적인 작동에 있어서 대단히 중요하며, 엔진 오버홀 간격을 연장하게 된다.

6.2 왕복엔진 오일의 요구조건 및 특성 (Requirements and Characteristics of Reciprocating Engine Lubricants)

좋은 왕복엔진 오일이 가져야 하는 몇 가지 주요 특성 중에서, 점도는 엔진 작동에 가장 중요하다. 오일 흐름에 대한 저항을 점성이라고 한다. 오일이 천천히 흐르면 점도가 높다고 하고, 오일이 자유롭게 흐르면 점도가 낮다고 한다. 하지만 오일의 점도는 온도의 영향을 받는다. 낮은 점도의 오일이 추운 날씨에는 거의 고체 상태가 되어 저항이 증가하여 순환이 되지 않는 경우도 있다. 다른 경우는 높은 온도에서 유막의 손상으로 인한 하중 지지능력의 저하로 작동 부분품의 급격한 마모를 초래하는 경우이다. 항공기 엔진 윤활을 위해 선택된 오일은 낮은 온도에서도 순환이 잘되어야 하며, 엔진 작동 온도에서도 적정 유막을 형성할 수 있어야 한다.

윤활제는 그 고유 성질이 다르며, 한 가지 오일이 모

든 엔진과 모든 작동 조건을 만족시킬 수 없기 때문에, 오직 인가된 등급의 오일을 사용하는 것이 매우 중요하다.

왕복엔진에 비교적 고점도(high viscosity) 오일이 사용되는 이유는 다음과 같다.

1. 작동부분이 비교적 크고, 사용되는 재료가 서로 다르고, 다양한 재료의 팽창속도가 다르기 때문에 엔진작동간격(engine operating clearance)이 크다.
2. 높은 작동온도(operating temperature)
3. 높은 베어링 압력(bearing pressure)

6.2.1 점도(Viscosity)

일반적으로 상업용 항공 오일은 80, 100, 140 등과 같이 숫자적으로 분류되는데 이것은 세이볼트 유니버설 점도계(saybolt universal viscosimeter)라는 실험 계기로 측정한 점도의 근사 값이다. 측정을 위해 이 계기의 관에 일정한 양의 실험할 오일을 넣는다. 이 오일은 관을 둘러싸고 있는 액체수조(liquid bath)에 의해 정확한 온도로 된다. 정확히 60㎤의 오일이 오리피스(orifice)를 통해 흐르는 시간(초)이 그 오일의 점도가 된다. 만약 실제의 세이볼트 값이 오일의 점도를 나타낸다고 한다면, 오일 등급은 수백 가지가 될 것이다. 오일 선택을 간단히 하기 위한 목적으로 SAE 체계에 따라 분류하는데, 이 체계는 모든 오일을 130℉ 또는 210℉에서 점도에 따라 SAE 10에서 70까지 7개 그룹으로 나눈 것이다. SAE 등급(rating)은 단지 임의적이며, 세이볼트 또는 다른 분류 등급에 직접적인 관계가 없다. SAE 20W와 같이 SAE 숫자에는 흔히 'W'표시가

Commercial Aviation No.	Commercial SAE No.	Army and Navy Specification No.
65	30	1065
80	40	1080
100	50	1100
120	60	1120
140	70	

[그림 6-3] 항공용 오일 등급 명칭
(Grade designations for aviation oils)

있는데, 이것은 오일이 실험 온도상의 점성 요구조건에 부합됨은 물론 추운 날씨에서도 만족스럽다는 것을 나타낸다.

SAE는 윤활제 구분을 나타내는 데 있어서 어느 정도 혼란스러움은 제거했지만, 이 분류가 점도 요구조건 모두를 만족시킨다고 생각해서는 안 된다. SAE 숫자는 점도 등급 또는 상대 점도를 나타낼 뿐이고, 오일의 질 또는 다른 주요 특성을 나타내지 않는다. 특정 온도에서 같은 점도를 갖고 있기 때문에 같은 등급으로 분류될지라도, 어떤 오일은 좋은 특성을 보이는 반면, 다른 오일은 좋지 않은 특성을 보인다는 것은 잘 알려진 사실이다.

오일 용기에 있는 SAE 숫자는 SAE에 의해 오일을 인정하거나 권고하는 것이 아니다. 오일의 각 등급은 사용 목적에 따라 SAE 숫자로 등급이 나누어지지만, 사용 목적에 따라 상업용 항공 등급 숫자나 미 육군/해군 규격 숫자(army and navy specification number)로 나눠진다. 그림 6-3은 이러한 등급별 사이의 상호 관계를 나타낸다.

6.2.2 점도지수(Viscosity Index)

점도지수는 온도 변화에 따른 오일의 점도 변화를 숫자로 나타낸 것이다. 낮은 점도지수를 갖는 오일은

온도가 증가함에 따라 상대적으로 큰 점도 변화를 갖는다. 오일은 고온에서는 얇게(thin)되고, 저온에서는 두껍게(thick)된다. 점도지수가 높은 오일은 넓은 범위의 온도의 변화에도 점도의 변화가 적다. 대부분의 경우 가장 적합한 오일은 온도 변화 전반에 걸쳐 일정한 점도를 유지하는 오일이다. 점도지수(viscosity index)가 높은 오일은 엔진이 저온에 노출될 때 과도하게 두껍게((thick) 형성되지 않는다. 따라서 엔진 시동 시 크랭킹 속도(cranking speed)가 빨라지고, 초기 시동시 오일 순환을 촉진시킨다. 또한 엔진이 정상 작동 중에는 과도하게 얇게(thin)되지 않으므로 충분한 윤활 및 베어링 하중(bearing load)을 보호해 준다.

6.2.3 인화점과 발화점 (Flash Point and Fire Point)

인화점과 발화점은 액체가 가연성의 증기로 되고, 발화되고, 불꽃을 유지시키는 충분한 증기가 발생되는 온도를 실험실에서 실험하여 결정된다. 엔진 작동 중의 고온에서 견딜 수 있는 오일을 결정하기 위해 엔진 오일에 인화점과 발화점을 정해두고 있다.

6.2.4 혼탁점과 유동점 (Cloud Point and Pour Point)

혼탁점과 유동점도 적합성을 나타내는 데 도움이 된다. 오일의 혼탁점은 오일 용액 중에 있는 왁스 성분이 응고되어 작은 결정으로 분리되기 시작하여 오일이 혼탁하고 흐릿해지는 순간의 온도이다. 오일의 유동점은 오일이 흐르거나 흐를 수 있는 가장 낮은 온도이다.

6.2.5 비중(Specific Gravity)

비중은 물질의 중량(weight)을 특정 온도에서 동일한 양(volume)의 증류수의 무게를 비교한 것이다. 예를 들어 물은 갤런 당 약 8파운드이며, 비중이 0.9인 오일의 무게는 갤런 당 7.2파운드이다.

초기 항공기 피스톤엔진의 성능은 특별히 선택된 석유계 원료와 혼합된 순수 광물성 오일(straight mineral oil)을 사용하여 만족스럽게 윤활할 수 있었다. 오일 등급 65, 80, 100, 120은 고점도지수 오일을 혼합한 순수 광물성 오일이다. 이 오일에는 저온에서 유동성을 개선하고, 항산화 작용을 하는 약간의 유동점 강하제(pour point depressant)를 제외하고는 어떠한 첨가제도 포함되어 있지 않다. 이 유형의 오일은 새로 생산된 항공용 피스톤엔진이나 최근에 오버홀을 수행한 엔진을 길들이는(break-in) 동안 사용된다.

내열성과 산화안정성에 대한 높은 요구는 오일에 소량의 비석유 물질 첨가의 필요성을 촉진시켰다. 순수 광물성 피스톤엔진오일에 적용한 첫 번째 첨가제는 금속도료염(metallic salts)의 바륨과 칼슘이었다. 대부분의 엔진에서 내열성과 산화안전성 측면에서 이들 오일의 성능은 우수하였지만, 대다수 엔진의 연소실에서 이들 금속함유 첨가제에서 나온 재(ash)가 응착되는 부작용이 있었다. 이런 연소실에 유해한 부착물의 단점을 개선하기 위해, 재가 형성되지 않는 중합체(polymeric)와 같은 비금속 첨가제가 광물성 오일의 혼합물로 개발되었다. 'w' 오일은 무회유형으로 여전히 사용 중이다. 무회분산제(ashless dispersant) 등급의 오일은 점도 안정화를 위한 첨가제를 함유하고 있어서 고온에서 오일의 유막이 얇아(thin)지는 현상과 저온에서는 두꺼워(thick)지는 현상을 방지한다.

이 오일의 첨가제는 엔진 작동 온도 범위를 확장하고 중요한 난기운전(warm-up)기간 동안 엔진의 저온 시동 및 윤활을 개선하여 오일을 교체할 필요 없이 광범위한 기후대를 비행할 수 있도록 하였다.

피스톤엔진에 반합성(semi-synthetic) 다급점도(multigrade) SAE W15, SAE W50 오일은 가끔 쓰인 적이 있다. W80, W100, 그리고 W120 오일은 항공용 피스톤엔진을 위해 특별히 개발된 무회분산제 오일이다. 이것들은 우수한 안정성, 분산성, 그리고 기포 방지 성능을 갖도록 비금속 고점도지수(high viscosity index) 오일과 함께 첨가제를 추가하였다.

이첨가제는 각종 이물질이나 불순물이 오일계통 내에서 막히거나 고착되는 것을 방지하기 위한 첨가제이며, 분산성(dispersancy)은 부유물 내의 미소 입자의 응집을 방지하여 입자가 필터에 걸러지거나, 다음 오일 교환 시기까지 부유물을 유지하는 능력이다. 분산성 첨가제는 청정제가 아니며 엔진 내부의 기존에 형성된 침전물을 청소하지도 않는다.

일부 다급점도(multigrade) 오일은 합성물질(synthetic)과 광물성계 반합성 오일의 혼합물에 효과가 좋은 첨가제를 추가한 것이다. 이 첨가제는 유연연료(leaded fuel)를 사용하여 생기는 납 침전물을 용해하기 위해 추가된다.

다급점도 오일은 단일점도(monograde) 오일보다 폭넓은 온도 범위에서 효과적인 윤활을 제공한다. 단일점도 오일에 비해, 다급점도 오일은 일반적인 작동온도에서 더 나은 냉간 시동(cold-start)보호기능과 더 강력한 유막(lubricant film), 즉 고점도(higher viscosity)를 제공한다. 비금속, 내마모성 첨가제, 고점도지수 광물성 오일, 합성계 오일의 조합은 우수한 안정성, 분산성, 기포 방지 성능이 있다. 정상적인 엔진현상의 80%정도가 엔진 시동 시에 발생하게 되는데, 그 원인은 엔진 시동 시 윤활유가 부족하기 때문이다. 따라서 엔진 시동 시 엔진 구성 요소로 오일이 쉽게 흐를수록 마모가 줄어든다.

무회분산제 등급 오일은 다양한 외기 온도에서 작동되는 항공기 엔진, 특히 여러 가지 터빈제어기를 동작시켜야 하는 터보차저가 장착된 엔진에 사용하도록 추천된다. 20°F 이하의 온도에서는 오일의 종류와 상관없이 엔진 예열과 공급되는 오일의 예열이 필요하다.

고품질, 반합성, 다급점도, 무회분산제 오일은 고급 광물성 오일과 향상된 첨가제를 포함한 다급점도 합성탄화수소의 혼합물로 다급점도 적합을 위해 특별히 처방된 것이다. 무회 내마모성 첨가제는 특히 표면의 내마모성을 향상시킨다.

항공기 제작사들은 항공기 출고 시 녹과 부식으로부터 새 엔진을 보호하기 위해 인증된 방부 윤활유를 사용한다. 이런 방부 오일은 엔진 가동 25시간 되는 시점에 제거되어야 한다. 방부 오일이 엔진에 있는 기간에 오일을 보충할 때에는, 항공용의 순수 광물성 오일(straight mineral oil) 또는 요구되는 점도를 갖는 무회분산제 오일(ashless dispersant oil)만 사용한다.

무회분산제 오일이 새 엔진(new engine), 혹은 오버홀된 엔진(newly overhauled engine)에 사용된 경우 높은 오일 소모량을 보일 것이다. 이들 무회분산제 오일의 일부 첨가제는 피스톤 링과 실린더 벽의 윤활을 저하시킨다. 이 상황은 정상적인 오일 소모량이 될 때까지 광물성 오일을 사용함으로써 피할 수 있으며, 그 이후에는 무회분산제 오일로 교환한다. 하나 이상의 실린더 교체 후, 또는 오일 소모량이 안정될 때까지 광물성 오일을 사용해야 한다.

오일 종류 및 보급 시기를 고려할 때에는 항상 제작

사의 정보를 참조해야 한다.

6.3 왕복엔진 윤활계통(Reciprocating Engine Lubrication Systems)

왕복엔진 압력윤활계통(pressure lubrication system)은 습식섬프(wet-sump)와 건식섬프(dry-sump)로 구분된다. 주요 차이점은 습식섬프계통은 엔진 내부 저장소(reservoir)에 오일을 저장한다는 것이다. 오일이 엔진을 순환한 뒤 크랭크케이스 저장소로 되돌아온다. 건식섬프는 엔진의 크랭크케이스에서 오일을 저장하는 외부 탱크로 오일을 보내 준다. 건식섬프계통은 배유펌프(scavenge pump), 외부배관(external tubing), 그리고 오일을 저장하는 외부 탱크를 사용한다.

이런 차이점에도 불구하고 두 섬프 계통은 유사한 구성요소를 사용한다. 건식섬프계통은 습식섬프계통의 모든 구성 요소를 포함하고 있기 때문에, 건식섬프 계통을 예시 계통으로 설명된다.

6.3.1 스플래쉬와 압력 윤활의 조합 (Combination Splash and Pressure Lubrication)

윤활유는 압력(pressure), 스플래쉬(splash), 또는 압력과 스플래쉬 조합 중 한 가지 방법으로 내연 기관 내부의 작용 부위에 보내진다.

압력윤활계통(pressure lubrication system)은 항공기 엔진 윤활에 사용되는 주요한 방식이다. 스플래쉬 윤활(splash lubrication)은 항공기 엔진에서 압력윤활과 함께 이용되지만, 단독으로는 사용하지 않는다. 항공기 엔진 윤활 시스템은 항상 압력유형(pressure type) 또는 압력-스플래쉬 조합유형을 사용하며, 통상적인 방법은 후자의 조합유형이 주로 사용된다.

압력윤활(pressure lubrication)의 장점은 다음과 같다.

1. 베어링 부위로의 순조로운 오일 공급
2. 압력에 의해 많은 양의 오일 공급과 이의 순환으로 베어링 부위의 냉각 효과
3. 다양한 항공기 비행 자세에서의 만족스러운 윤활

6.3.2 윤활계통의 요구조건 (Lubrication System Requirement)

엔진 윤활계통은 항공기 운항 중 만나게 되는 다양한 항공기 비행 자세 및 여러 외기 온도에서도 적절히 작동되도록 설계되고 만들어져야 한다. 습식섬프엔진에서는 최대 오일 양의 절반이 엔진에 있는 상태에서 이 조건을 충족해야 한다. 엔진의 윤활계통은 윤활유를 냉각할 수 있는 방안이 설계되고 만들어져야 한다. 또한 과도한 압력으로부터 오일이 누출되는 것을 방지하기 위해 크랭크케이스에 배출라인(vent line)이 있어야 한다.

6.3.3 건식섬프 오일계통(Dry Sump Oil Systems)

대부분의 왕복엔진은 압력건식섬프 윤활계통을 사용하며, 이 유형의 계통에서 오일은 엔진으로부터 외부공급 탱크(tank)로 이송된다. 압력펌프(pressure pump)는 오일을 엔진으로 순환시키고, 배유펌프(scavenge pump)는 오일이 엔진 섬프에 모이는 대로 탱크로 되돌려 보낸다. 엔진 크랭크케이스에 많은 양

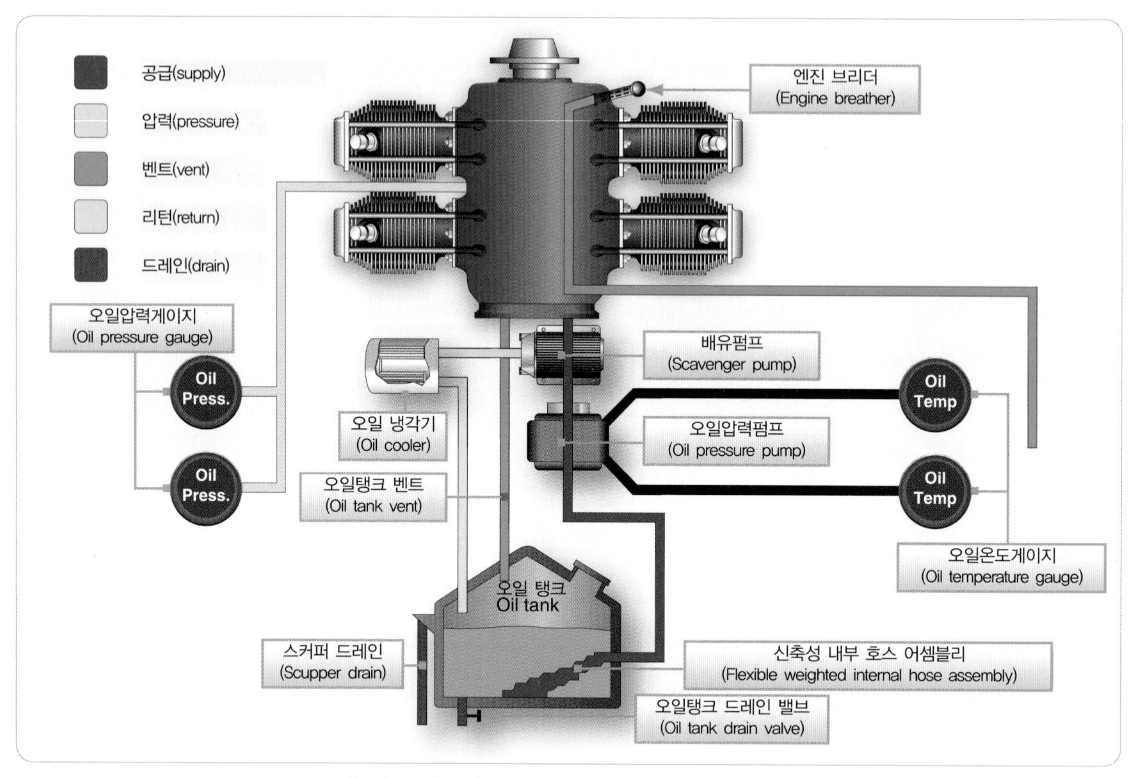

[그림 6-4] 오일시스템 계통도(Oil system schematic)

의 오일이 공급될 경우 발생할 수 있는 복잡한 문제를 고려할 때 별도의 오일 탱크가 필요하다. 다발엔진(multi-engine) 항공기에서 각 엔진은 자체의 독립된 시스템으로부터 오일이 공급된다.

항공기 형식에 따라 오일계통의 배열이 다르고, 구성하고 있는 구성품의 세부적인 구조에 있어서 차이가 있지만 이러한 모든 계통의 기능은 동일하다. 따라서 한 계통에 대한 연구를 통해 다른 계통의 일반적인 작동방식 및 정비요구사항 등을 파악할 수 있다.

그림 6-4와 같이, 전형적인 왕복엔진 건식오일계통의 주요 구성품으로는 오일공급탱크(oil supply tank), 엔진구동압력오일펌프(engine-driven pressure oil pump), 배유펌프(scavenge pump), 오일 냉각기제어 밸브가 있는 오일 냉각기(oil cooler), 오일탱크 배기(oil tank vent), 필요한 튜브들과 압력계 및 온도계 등으로 구성되어 있다.

6.3.4 오일탱크(Oil Tanks)

오일탱크는 건식섬프 오일계통에 필요하며, 습식섬프 오일계통은 엔진 크랭크케이스에 오일을 저장한다. 오일탱크는 보통 알루미늄합금으로 만들어지며, 작동 중에 발생하는 진동, 관성 및 유체 하중에서 견딜 수 있어야 한다.

왕복엔진 각각의 오일탱크는 탱크 용량의 10% 또는 0.5gallon 이상의 확장 공간을 갖추어야 한다. 오일탱크 필러 캡(filler cap)은 오일이 누설되지 않도록 오일 밀폐 실(oil-tight seal)을 사용한다. 오일탱크는 보통 엔진 가까이 위치하고 있고 중력에 의한 공급이 가능하도록 오일펌프 입구보다 충분히 높게 배치된다.

오일탱크 용량은 항공기의 종류에 따라 다르지만 보통 전체 오일 공급량에 대해 적합한 양의 오일을 저장하기에 충분하다. 탱크 필러 넥(tank filler neck)은 오일 팽창에 충분한 여유가 있고 기포(foam)가 모일 수 있게 되어 있다. 필러 캡(filler cap) 또는 커버(cover)에 'OIL'이라고 표기돼 있다. 필러 캡에 있는 배수관(drain)은 오일 보급 시 잘못으로 넘치는 것을 처리한다.

오일탱크 벤트라인(oil tank vent line)은 모든 비행 자세에서 탱크의 통풍이 잘되게 되어 있다. 이 벤트라인은 벤트를 통해 오일이 손실되는 것을 막기 위해 보통 엔진 크랭크케이스로 연결된다. 엔진 크랭크케이스는 엔진 크랭크케이스 브리더(breather)를 통해 대기 중으로 벤트 시킨다.

초기 대형성형엔진은 대용량 오일탱크가 마련되어 있었으며, 엔진 난기운전(warm up)을 돕기 위해 일부 오일탱크에는 호퍼(hopper)라는 가열장치가 있었다. 그림 6-5와 같이 오일탱크 상부에는 오일 리턴 피팅(oil return fitting)이 있고 탱크 바닥에는 섬프의 아웃렛 피팅(outlet fitting)까지 확장되어 있다. 일부 계통에서 호퍼 탱크는 아래쪽 끝에서 주 오일 공급선(main oil supply)으로 열려 있다. 또 다른 계통은 호퍼 내의 오일을 주오일 공급선과 격리시키는 플래퍼형 밸브(flapper-type valve)가 있다.

호퍼 바닥의 개구부(opening) 또는 제어된 플래퍼 밸브 개구부(opening) 오일이 탱크로부터 호퍼로 들어가 엔진에 의해 소비되는 오일을 대체한다. 호퍼 탱크가 플래퍼밸브에 의해 작동되는 개구부가 포함될 때는 언제나 밸브는 오일 차압에 의해 작동된다. 탱크 내에 있는 오일과 순환하고 있는 오일을 분리시켜 보다 적은 양의 오일이 순환된다. 보다 적은 양의 오일이 순환되는 것이 엔진 시동 시 오일을 빨리 더워지게 한다. 소수의 성형엔진에서 이런 종류의 오일탱크를 아직도 사용하고 있다.

일반적으로, 탱크 상단의 리턴라인(return line)은 소용돌이(swirling motion)를 발생시켜 탱크의 벽에 리턴 된 오일을 방출한다. 이 방법은 오일이 공기와 혼합될 때 발생하는 기포의 많은 부분을 감소시킨다. 오일탱크 바닥에 있는 배플(baffle)은 라인을 통해 오일 압력 펌프로 공기가 유입되는 것을 막기 위해 이 소용돌이를 없애 준다. 기포가 있는 오일은 체적을 증가시키고 적정 윤활능력을 저하시킨다. 오일로 제어되는 프로펠러의 경우, 오일탱크의 주 출구는 엔진 결함 발생 시에 프로펠러 페더링(feathering)을 위한 예비 오

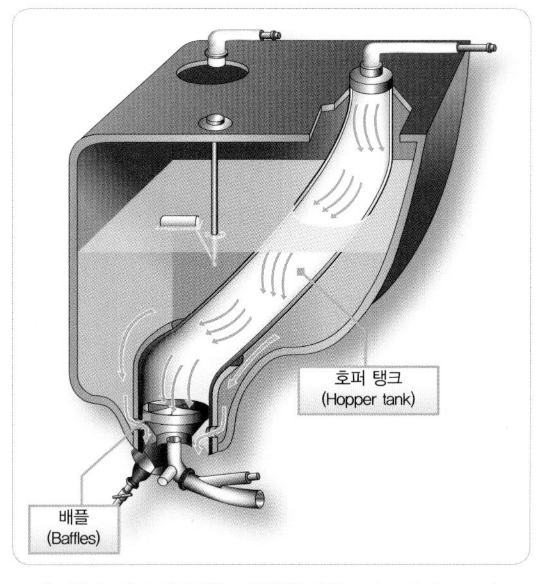

[그림 6-5] 호퍼가 있는 오일탱크(Oil tank with hopper)

일을 공급할 수 있도록 스탠드파이프(standpipe)의 형태로 되어 있다. 그림 6-4와 같이, 탱크 하부에 있는 오일탱크 섬프는 습기나 침전물을 모으는 역할을 한다. 물과 찌꺼기는 섬프 바닥에 있는 드레인 밸브를 수동으로 열어 배출시킬 수 있다.

대부분의 항공기 오일계통은 베요넷 게이지(bayonet gage)라고 부르는 딥스틱(dipstick) 형태의 오일 양 게이지를 장치하고 있다. 일부 대형 항공기 계통에는 비행 중에 오일 양을 나타내는 오일량지시계통(oil quantity indicating system)도 있다. 어떤 시스템은 암(arm)과 플로트장치(float mechanism)로 되어 오일 높이를 전기적 신호로 변환하여 조종실의 오일 양 게이지에 전달한다.

6.3.5 오일펌프(Oil Pump)

엔진에 유입되는 오일은 엔진 내의 장치에 의해 가압되고 여과되어 압력이 조절된다. 그림 6-6과 같이, 오일이 엔진에 유입되면 기어형 펌프(gear-type pump)에 의해 가압된다. 이 펌프는 하우징 내에 회전하는 두 개의 맞물린 기어로 구성된 용적형 펌프(positive displacement pump)이다. 기어의 치차와 하우징 사이의 간격은 작다. 펌프 입구는 왼쪽에 위치해 있고, 배출구는 엔진계통 압력라인(pressure line)과 연결되어 있다. 펌프 하우징에서 엔진의 액세서리 구동축으로 뻗어 있는 스플라인 구동축에 한 개의 기어가 장착되어 있다. 구동축 주위의 누설을 방지하기 위해 실(seal)이 사용된다. 아래쪽 기어는 반시계 방향으로 회전하므로 구동 아이들 기어(drive idler gear)는 시계 방향으로 회전한다.

오일이 기어 챔버(gear chamber)에 들어가게 되면 기어 치차 사이에 들어가게 되고, 기어 치차와 기어 챔

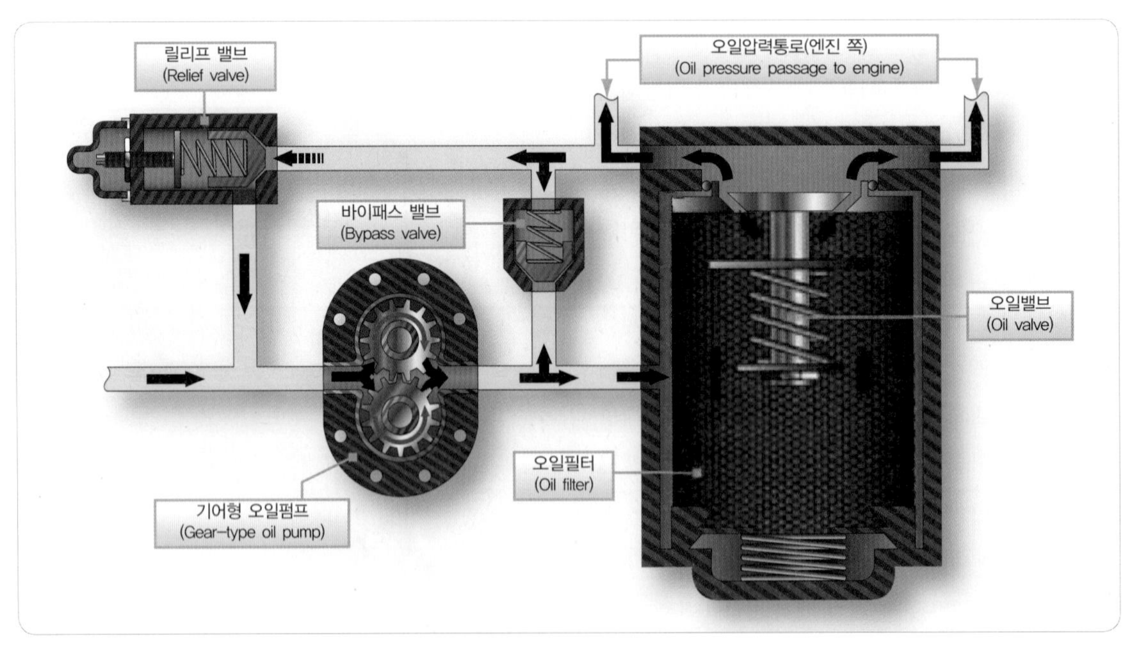

[그림 6-6] 엔진오일펌프의 관련장치(Engine oil pump and associated units)

버의 면 사이에 들어가 기어 밖으로 나가게 되고 압력 출구에서 배출되어 오일스크린 통로로 들어간다. 가압된 오일이 오일필터를 통과할 때, 오염된 오일이 여과되어 엔진 작동부품의 손상이 방지된다.

가압된 오일은 필터 위에 장착된 필터 체크밸브(check valve)를 열어 준다. 이 밸브는 성형엔진 건식 섬프에 넓게 사용되며, 엔진이 작동하지 않을 때 중력에 의해 아래로 내려가는 오일이 엔진에 들어가 아래쪽 실린더나 섬프에 고이는 것을 방지하기 위하여 1~3파운드의 가벼운 스프링 힘으로 닫혀 있다. 만약 오일이 피스톤 링으로 조금씩 스며들어 연소실을 채우게 되면 액체 폐쇄(liquid lock)가 발생할 수도 있다. 실린더의 밸브가 모두 닫힌 상태에서 엔진 시동을 위해 크랭크가 회전하게 될 때 엔진이 손상될 수 있다.

오일펌프와 오일필터 사이에 위치한 오일필터 바이패스 밸브(oil filter bypass valve)는 필터가 막혔거나 겨울철 엔진 시동 시 응결된 오일(congealed oil)이 필터를 차단하는 경우에 오일필터를 거치지 않고 직접 엔진으로 공급되게 한다. 바이패스 밸브에는 스프링 하중(spring loading)이 있어 오일 압력으로 필터를 손상시키기 전에 열리게 되어 있다. 즉 차갑고 응결된 오일의 경우 바이패스 밸브는 필터를 우회하는 저항이 적은 유로를 마련해 준다. 비록 필터를 거치지 않은 오일이지만 엔진에 오일 공급이 차단되는 것을 방지한다.

6.3.6 오일필터(Oil Filter)

항공기 엔진에 사용되는 오일필터는 보통 네 가지 형태 중 한 가지인데, 스크린(screen), 쿠노(cuno), 금속용기(canister) 또는 회전형(spin-on type)이다.

스크린필터는 이중벽 구조로 밀폐된 공간으로 넓은 여과 공간을 갖고 있다. 오일이 고운 격자망을 지나면서 불순물, 침전물, 이물질이 제거되어 필터하우징 바닥에 가라앉는다. 주기적으로 커버를 장탈하여 스크린과 하우징을 솔벤트로 세척해 준다. 오일 스크린필터는 대개 오일펌프 입구에서 흡입필터로 사용된다.

쿠노필터(cuno oil filter)는 디스크와 스페이스(spacers)로 된 카트리지(cartridge)를 갖고 있다. 클리너 블레이드(cleaner blade)는 각 쌍의 디스크 사이에 끼워진다. 클리너 블레이드는 고정되어 있고 축이 회전할 때 디스크가 회전하게 된다. 펌프에서 나온 오일은 카트리지를 둘러싸고 있는 카트리지 웰(cartridge well)로 들어가서 촘촘히 들어박힌 카트리지의 디스크 사이의 공간을 빠져나가 가운데의 빈 통로를 지나 엔진으로 공급된다. 오일에 있는 클리너 블레이드는 디스크로부터 이물질을 벗겨 낸다.

수동으로 작동되는 쿠노필터의 카트리지는 외부 핸들로 돌린다. 자동 쿠노필터는 필터 헤드에 유압모터(hydraulic motor)가 장착되어 있다. 엔진 오일 압력에 의해 작동되는 이 모터는 엔진 작동할 때마다 카트리지를 회전시킨다. 검사 시에 이 카트리지를 손으로 돌려 보기 위해 자동 쿠노필터에는 수동터닝너트(manual turning nut)가 있다. 이 필터는 현대 항공기에는 잘 사용되지 않는다.

금속용기 하우징(canister housing)필터는 재사용되는 실(seal)과 개스킷(gasket) 이외의 나머지 부분을 교환할 수 있도록 되어 있다. 그림 6-7과 같이 필터 구성 부품은 주름진 강한 금속 센터 튜브가 각각의 소용돌이 모양, 주름 모양의 필터 미디어를 지지하고 있어서 높은 붕괴압력등급(collapse pressure rating)을 갖고 있다. 이 필터는 여과 능력이 우수한데, 오일이 다층의 고정된 섬유 층을 통과하기 때문이다.

[그림 6-7] 하우징 필터 엘리먼트 형 오일필터
(Housing filter element type oil filter)

전류 회전형(full flow spin-on) 필터는 왕복엔진에서 널리 사용되는 오일필터이다. 그림 6-8과 같이 전류란 모든 오일이 필터를 통해 흐르는 것을 의미한다. 전류식 시스템에서 필터는 오일펌프와 베어링 사이에 위치하여, 오일이 베어링의 표면을 지나기 전에 오염 물질을 여과한다. 또한 필터에는 비배출통(anti-drain back)밸브, 압력릴리프(pressure relief)밸브, 사용 후 폐기하는 기밀 하우징을 포함하고 있다. 릴리프밸브는 필터가 막혔을 경우에 사용된다. 오일을 우회시켜 엔진 구성품에 오일이 고갈되지 않게 한다. 마이크로 필터(micronic filter)의 단면도를 보면 수지를 함유한 주름진 셀룰로오스(resin-impregnated cellulostic full-pleat media)로 되어 있으며, 여기에서 이물질을 걸러 내어 엔진으로 유입되는 것을 방지한다.

[그림 6-8] 전류 회전형 필터(Full flow spin-on filter)

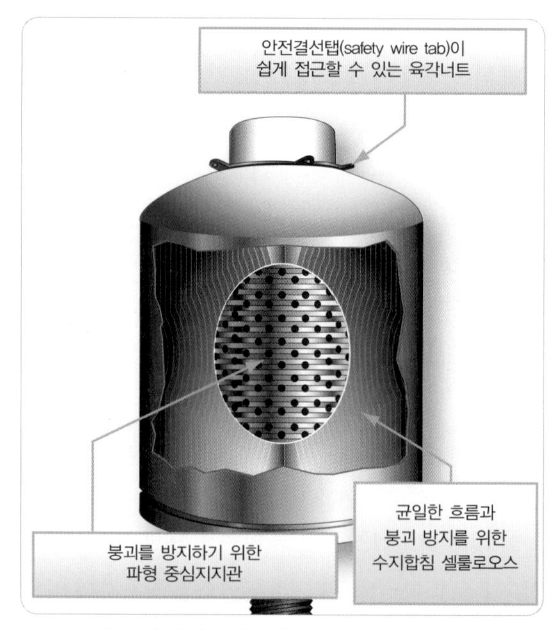

[그림 6-9] 필터의 단면도(Cutaway view of a filter)

6.3.7 오일 압력 조절밸브 (Oil Pressure Regulating Valve)

오일 압력 조절밸브는 장착 시의 조건에 따라 미리 정해진 값으로 오일 압력을 제한한다. 그림 6-6과 같이 이 밸브는 릴리프밸브라고도 부르지만, 이 밸브의 실제 기능은 현재의 압력 수준에서 오일 압력을 조절하는 것이다.

오일 압력은 고속과 높은 파워에서 엔진과 구성품에 충분한 윤활을 해 줄 수 있을 만큼 높아야 한다. 이러한 오일 압력은 크랭크샤프트 저널과 베어링 사이에 형성된 유막 유지에 도움을 준다. 그러나 오일 압력이 지나치게 높아 오일이 새거나 오일계통 고장으로 이어지면 안 된다. 오일 압력은 통상적으로 고정 너트를 풀고 조절 스크루를 돌려서 조절한다. 그림 6-10과 같이, 대부분의 항공기 엔진은 이 조절 스크루를 시계방향으로 돌리면 릴리프밸브를 잡고 있는 스프링 힘을 증가시켜 오일 압력을 증가시킨다. 조절 스크루를 반시계 방향으로 돌리면 스프링 힘을 감소시켜 오일 압력을 감소시킨다. 어떤 엔진에서는 스프링 아래에

[그림 6-10] 오일압력 조절 스크루
(Oil pressure adjustment screw)

와셔를 넣거나 제거함으로써 밸브와 오일 압력을 조절한다. 오일 압력 조절은 오일이 정상 작동 온도에 도달하고, 정확한 점도를 확인한 후에 수행해야 한다.

오일 압력을 조절하는 정확한 절차와 오일 압력 조정에 영향을 미치는 요인들은 관련된 정비 교범에 포함되어 있다.

6.3.8 오일 압력 게이지(Oil Pressure Gauge)

오일 압력 게이지는 보통 오일이 펌프에서 엔진으로 들어가는 곳의 압력을 나타낸다. 이 게이지는 오일 공급이 안 되거나, 오일펌프 고장, 베어링이 타 버렸거나, 오일관이 터졌거나, 또는 오일 압력 손실로 나타날 수 있는 다른 원인들에 의해 발생되는 고장을 경고해 준다. 오일 압력 게이지 중 한 가지는 오일 압력과 대기 사이의 압력 차를 측정하는 부르동 관 장치(bourdon-tube mechanism)를 이용한다. 이 게이지는 계기 케이스 또는 부르동관으로 가는 니플(nipple) 연결관에 작은 제한이 적용된다는 점을 제외하고 다른 부르동 관 게이지와 똑같다. 이 제한장치는 오일펌프의 파동 작용으로 인해 게이지가 손상되거나 압력 진동으로 지침이 너무 심하게 흔들리는 것을 방지해 준다. 오일 압력 게이지는 0~200psi 또는 0~300psi의 눈금이 그려져 있다. 안전한 작동 범위를 나타내기 위하여 보호 유리, 또는 게이지 표면에 작동 범위가 표시되어 있다.

다발엔진 항공기에는 이중 형태의 오일 압력 게이지가 사용되고 있다. 이중 지시계는 표준적인 계기 케이스에 두개의 부르동관이 들어 있는데 각 엔진에 한 개의 튜브가 사용된다. 연결은 케이스의 뒤쪽에서 각 엔진으로 연결되어 있다. 이 게이지에는 공통으로 움

직이는 어셈블리가 한 개 있는데 독립적으로 움직이는 부품 기능을 하고 있다. 어떤 게이지는 엔진에서 압력 게이지로 가는 라인이 가벼운 오일(light oil)로 채워져 있다. 이 오일의 점도는 온도 변화에 따라 크게 달라지지 않으므로 이 게이지는 오일 압력 변화에 보다 잘 반응을 보인다.

엔진 오일이 트랜스미터(transmitter)로 가는 라인 내의 가벼운 오일과 혼합되어 추운 날씨에 점도가 보다 진하게 되면 계기 지시가 느려질 것이다. 이런 조건을 수정하기 위해서는 게이지 라인을 분리하여 오일을 배출시키고 가벼운 오일로 다시 채워야 한다.

최근에는 모든 항공기의 오일과 연료 압력 지시계통에는 전기적인 트랜스미터와 지시계를 사용하는 추세이다. 이런 종류의 지시계통에서는 측정된 오일 압력은 전기적인 트랜스미터의 입구에 전해지고 거기서 모세관(capillary tube)에 의해 다이어프램(diaphragm assembly)으로 전해진다. 다이어프램의 팽창과 수축에 의해 생긴 운동은 레버와 기어에 의해 증폭된다. 기어는 지시하는 회로의 전기적인 값을 변화시키고 이것은 조종실에 있는 지시계에 반영된다. 이런 종류의 지시계통은 액체로 채워진 긴 관 대신 거의 무게가 없는 와이어로 바뀌고 있다.

6.3.9 오일 온도계(Oil Temperature Indicator)

건식윤활 시스템에는 오일 온도 감지장치(Oil Temperature Bulb)가 오일탱크와 엔진 사이의 오일 흡입 라인(Inlet Line) 어디에나 있을 수 있다. 습식윤활 시스템은 오일 냉각기(Oil Cooler)를 지난 후 오일의 온도를 감지할 수 있는 곳에 온도 감지장치가 위치한다. 어느 시스템이나 오일이 엔진 고열 부분(Hot Section)에 들어가기 전에 오일 온도를 측정하는 감지장치(Bulb)가 장착되어 있다. 조종실에 있는 오일 온도 게이지는 전선(Electrical Lead)에 의해 오일온도감지장치에 연결되어 있으며 오일 온도는 게이지에 나타나게 된다. 오일 냉각 시스템이 고장 나게 되면 비정상으로 가리키게 된다.

6.3.10 오일 냉각기(Oil Cooler)

원통형이거나 타원형인 냉각기는 이중벽 쉘(shell)에 둘러싸인 코어로 구성되어 있다. 코어는 구리 또는 알루미늄 튜브로 되어 있고 튜브 끝은 6각형으로, 허니콤같이 연결되어 있다. 그림 6-11과 같이, 코어의 구리 튜브는 연납(solder)되어 있고 알루미늄 튜브의 끝은 경납(brazed)으로 접합되어 있거나 기계적으로 결속되어 있다. 튜브는 튜브 길이 방향으로 공간이 생기도록 양쪽 끝에서만 접촉하고 있다. 이렇게 하면 냉각 공기가 튜브를 지나가는 동안 튜브 사이의 공간을

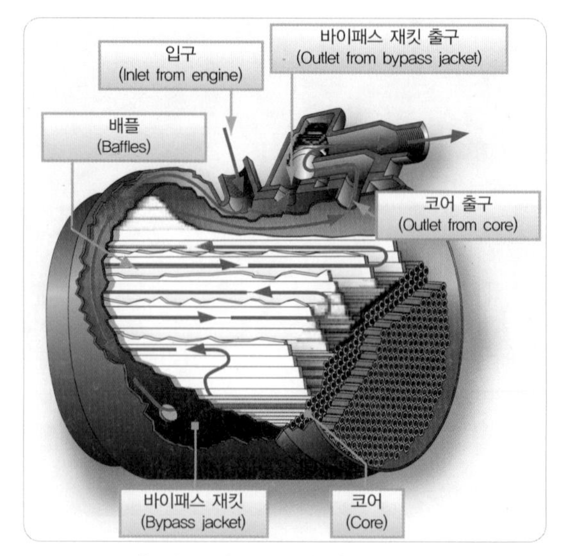

[그림 6-11] 오일 냉각기(Oil cooler)

오일이 지나갈 수 있게 된다.

안쪽 쉘과 바깥쪽 쉘 사이의 공간을 원통형(annular) 또는 바이패스 재킷(bypass jacket)이라고 한다. 냉각기를 통한 오일 흐름에는 두 가지 경로가 있다. 먼저 고온의 오일이 냉각이 필요할 때 통과하는 경로로써 입구에서 오일은 바이패스 재킷을 중심으로 중간쯤 흘러 밑바닥에서부터 코어로 유입되어 튜브 사이의 공간을 지나 오일탱크로 빠져 나가는 경로이다.

오일이 코어를 흐를 때 배플에 의해 안내를 받는데 이 배플은 오일이 코어 출구에 도달하기 전에 여러 차례 코어 내부를 오일이 앞뒤로 왕복하게 한다. 두 번째는 오일이 차가울 때 냉각이 필요 없으므로 오일은 코어를 지나지 않고 바이패스 경로(bypass route)를 따라 통과하는 경로이다.

6.3.11 오일 냉각기 흐름 조절밸브 (Oil Cooler Flow Control Valve)

앞에서 설명한 것과 같이 오일의 점도는 온도에 따라 변하게 된다. 오일 점도는 윤활특성에 영향을 미치기 때문에 오일의 온도는 엔진에 유입되기 전에 적정한 범위를 유지해야 한다. 일반적으로 계통을 윤활하고 나온 오일은 냉각 후에 재순환 되어야 한다. 엔진으로 유입되는 오일이 적정온도를 유지하기 위해서 냉각의 정도가 조절되어야 한다. 따라서 오일 냉각기 흐름 조절밸브(oil cooler flow control valve)에 의해 오일이 오일 냉각기를 통과하는 두 가지 가능한 경로가 결정된다.[그림 6-12]

흐름 조절밸브(flow control valve)에는 냉각기 상단의 해당 출구에 맞는 두 개의 개구부(opening)가 있다. 오일이 차가울 때 흐름조절(flow control)내의 벨로우(bellow)가 수축하여 밸브를 들어 올려준다. 이런 조건 하에서 냉각기에 들어가는 오일은 두개의 출구와 두개의 경로 중 선택하여 흐른다. 저항이 가장 적은 경로를 따라 오일은 재킷 주위를 돌아 온도조절밸브(thermostatic valve)를 지나 탱크로 들어간다. 이렇게 되면 오일은 빠르게 예열(warm up)되고 동시에 코어의 오일이 가열(heat)된다. 오일이 예열(warm up)되어 작동 온도에 도달하게 되면 서모스탯 벨로우(thermostat bellow)가 팽창하여 바이패스 재킷으로부터의 출구를 닫는다. 이제 오일 냉각기에 있는 오일 냉각기 흐름 조절밸브(oil cooler flow control valve)는 오일을 오일 냉각기의 코어로 흐르게 한다. 냉각기를 어느 경로를 지나가든 오일은 온도조절밸브(thermostatic valve)의 벨로우(bellow) 위로 지나간다. 이름에서 알 수 있듯이, 이 부품은 엔진에서 나오는 오일의 온도에 따라 오일을 냉각하거나, 냉각을 하지 않고 탱크로 바로 보내든지 하여 온도를 조절해준다.

6.3.12 서지 방지 밸브(Surge Protection Valve)

계통 내의 오일이 응결되었을 때 배유펌프(scavenger pump)는 오일 리턴라인(oil return line)에 아주 높은 압력을 발생시킬 수도 있다. 이런 높은 압력으로 인하여 오일 냉각기가 손상되거나 호스 연결 부위가 파손되는 것을 방지하기 위해 일부 항공기에는 엔진윤활계통에 서지 방지 밸브(surge protection valve)를 갖고 있다. 서지밸브의 한 종류는 오일 냉각기 흐름 조절밸브(oil cooler flow control valve)에 결합되어 있고, 다른 종류는 오일리턴라인에 별도로 장착되어 있다. [그림 6-12]

서지 방지 밸브가 흐름 조절밸브(flow control valve)

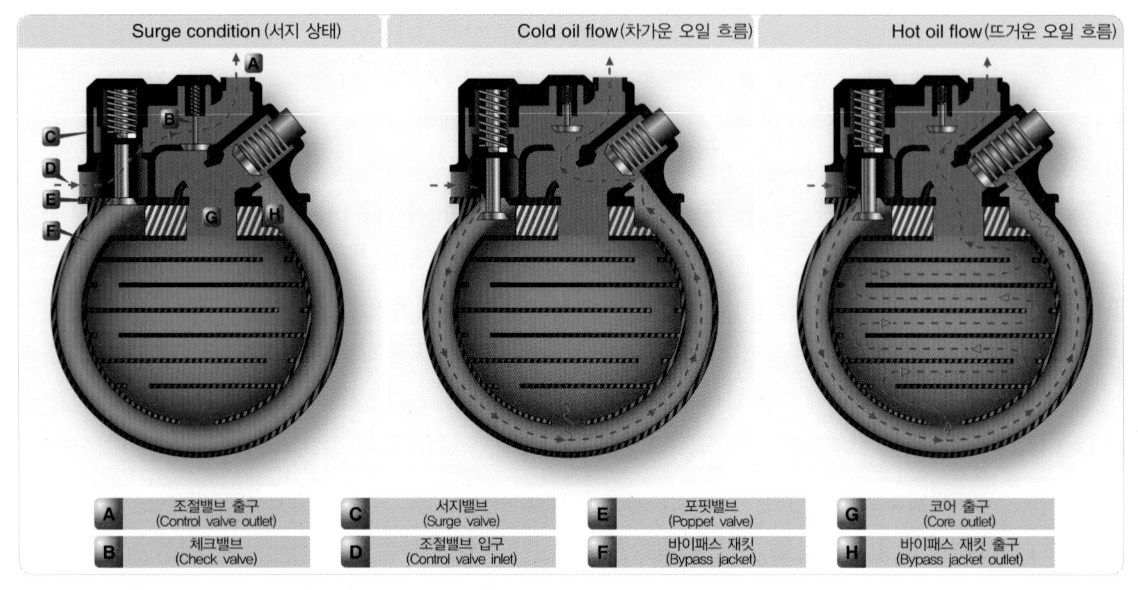

[그림 6-12] 서지 방지를 위한 조절밸브(Control valve with surge protection)

에 결합되어 있는 것이 일반적인 방식이다. 비록 이 밸브가 방금 설명한 것과는 다르지만 서지 방지(surge protection) 부분만 제외하고는 근본적으로 동일하다. 그림 6-12와 같이, 고압력 작동 조건에서 밸브 입구의 높은 오일 압력은 서지밸브(C)를 위로 올라가게 한다. 이 동작으로 서지밸브가 어떻게 열리게 하고 동시에 포핏밸브(poppet valve)(E)가 안착되었는지를 알 수 있다.

포핏밸브(poppet valve)가 닫히면 오일이 오일 냉각기에 들어갈 수 없게 된다. 그러므로 배유오일(scavenge oil)은 냉각기 바이패스 재킷이나 코어를 지나가지 않고 출구(A)를 지나 곧바로 탱크로 가게 된다. 압력이 떨어져 안전 값이 되면 스프링이 서지밸브와 포핏밸브를 아래쪽으로 내려가게 하여 서지밸브(C)를 닫게 되고 포핏밸브(E)를 열어 준다. 그러면 오일은 조절밸브(control valve) 입구(D)를 지나 열린 포핏밸브를 지나 바이패스 재킷(F)으로 들어간다. 온도 조절밸브(thermostatic valve)는 오일 온도에 따라 오일이 바이패스 재킷을 지나 출구(H)로 흐르게 할 것인지, 코어를 통해 출구(G)로 흐르게 할 것인지를 결정한다. 체크밸브(B)는 오일이 탱크 리턴라인에 도달하도록 열린다.

6.3.13 공기흐름 조절(Airflow Control)

냉각기를 지나가는 공기 흐름양을 조절함으로써 오일 온도는 여러 가지 작동 조건에 맞도록 조절할 수 있다. 예를 들어 엔진 예열(warm up) 시에 공기 흐름을 차단하면 오일은 더욱 빨리 작동 온도에 도달하게 될 것이다. 일반적으로 사용하는 두 가지 방법이 있다. 한 가지 방법은 오일 냉각기 뒤쪽에 장착된 셔터(shutter)를 이용하는 방법이고, 다른 방법은 공기 출구 덕트(air exit duct)에 있는 플랩(flap)을 이용하는 방법이다. 어떤 경우에는 오일 냉각기 공기 출구 플랩

(oil cooler air-exit flap)이 수동으로 열리고, 조종실의 레버에 연결된 장치로 닫히게 된다. 더 일반적으로는 플랩(flap)이 전기 모터에 의해 열리고 닫힌다.

가장 널리 사용되는 자동오일온도조절장치(automatic oil temperature control device) 중의 하나는 오일 입구 온도를 수동 및 자동으로 조절하는 부동제어 온도조절장치(floating control thermostatic)이다. 이런 방식에서는 오일 냉각기 공기 출구는 전기적으로 작동되는 액추에이터(actuator)에 의해 자동적으로 열리고 닫힌다. 액추에이터의 자동 작동은 오일 냉각기에서 오일 탱크로 가는 오일관 내에 삽입되어 제어되는 서모스탯(thermostat)로부터 받은 전기 충격(electrical impulse)에 의해 결정된다. 이 액추에이터는 오일 냉각기 공기 출구 도어 조절스위치(oil cooler air-exit door control switch)에 의해 수동으로 작동할 수도 있다. 이 스위치를 '열림(open)' 또는 '닫힘(closed)' 위치에 놓게 되면 냉각기 도어가 열리거나 닫히거나 한다. 스위치를 '자동(auto)' 위치로 놓으면, 액추에이터는 부동제어 온도조절장치(floating control thermostat)의 자동 제어를 받게 된다.

그림 6-13과 같이, 온도조절장치(thermostat)는 장착에 따라 약 5~8℃ 이상 변화되지 않고 정상적인 오일 온도를 유지하도록 조절된다.

작동 중 바이메탈(bimetal) 위를 흐르는 엔진오일의 온도는 바이메탈을 약간 꼬이거나 풀리게 한다. [그림 6-13B] 이 움직임은 축(A)와 접지센터 접촉암(grounded center contact arm)(C)을 회전시킨다. 접지센터 접촉암이 회전하게 되면 부동 접촉암(floating contact arm)(G)이 열리거나 닫히는 방향으로 움직인다. 두 개의 부동 접촉암(F)이 캠에 의해 진동하고, 기어 열(E)을 통하여 전기모터(D)에 의해 계속적으로 회전한다. 접지센터 접촉암이 바이메탈에 의해 부동 접촉암의 하나에 닿게 되면 오일 냉각기의 출구 플랩액추에이터 모터(exit flap actuator motor)로 가는 전기회로가 형성되어 액추에이터가 작동하고 오일 냉각기의 출구 플랩의 위치를 변하게 한다.

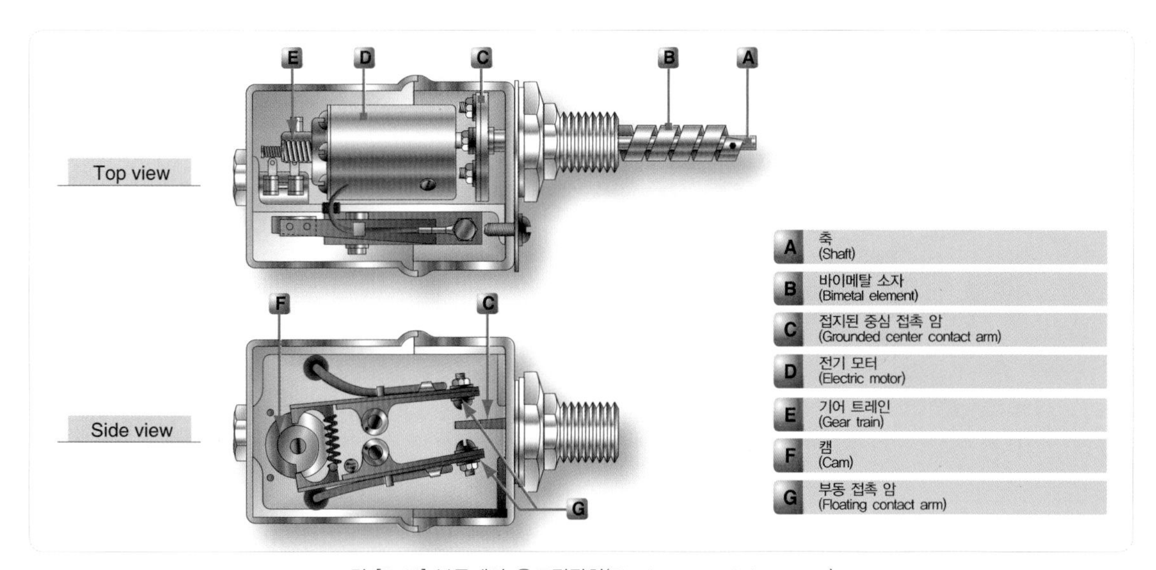

그림 [6-13] 부동제어 온도절장치(Floating control thermostat)

최신 시스템은 전자제어장치를 사용한다. 하지만 기능 혹은 전체적인 작동 방식은 오일 온도가 오일 냉각기를 통과하는 공기의 흐름을 통해 이루어진다는 것으로 근본적으로 동일하다.

일부 윤활계통에서는 이중 오일 냉각기(dual oil cooler)를 사용한다. 앞에서 설명한 전형적인 오일계통이 두 개의 오일 냉각기를 적용시킨다면, 이 계통은 흐름 분할기(flow diver), 두 개의 동일한 냉각기와 흐름조절기(flow regulator), 이중 공기 출구도어(dual air-exit door), 2도어 작동기계장치(two-door actuating mechanism), 그리고 Y-피팅(y-fitting) 등을 포함하여 개조할 수 있다. [그림 6-14] 오일은 단일 튜브를 통해 엔진으로부터 흐름분할기(E)로 리턴 되며, 리턴오일유량(return oil flow)은 두 개의 튜브(C)로 나뉘어 균등하게 각 냉각기로 보내진다.

냉각기와 조절기는 설명한 바와 같이 냉각기와 흐름조절기와 같은 구조와 작동을 한다. 냉각기에서 나온 오일은 두 개의 튜브(D)를 지나 Y-피팅으로 들어가며, 여기에서 부동제어 온도조절장치(floating control thermostat)(A)는 오일의 온도를 감지하여 2도어 작동기계장치를 이용하여 오일 냉각기 출구도어(oil cooler exit door)의 위치를 변경한다. Y-피팅으로 윤활유는 탱크로 되돌아가고, 이로써 오일 순환을 끝내게 된다.

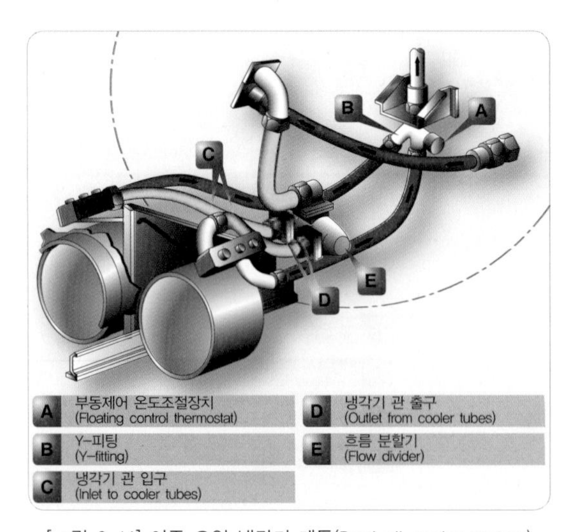

[그림 6-14] 이중 오일 냉각기 계통(Dual oil cooler system)

6.3.14 건식섬프 윤활계통의 작동 (Dry Sump Lubrication System Operation)

다음의 윤활계통은 소형 단일엔진 항공기의 일반적인 윤활계통이다. 오일계통 및 구성품은 225마력의 6기통 수평 대향형 공랭식 엔진을 윤활 하는데 사용된다. 전형적인 건식섬프압력 윤활계통(dry sump pressure-lubrication system)은 펌프에서 가압된 오일을 엔진의 베어링에 공급한다. [그림 6-4] 오일은 섬프의 바닥보다 높은 지점에서 탱크와 연결된 라인을 통해 오일펌프의 입구나 흡입구(suction side)로 흐르게 되어 있는데, 이것은 섬프에 떨어져 있는 침전물이 펌프에 유입되는 것을 방지한다. 탱크 출구는 펌프입구보다 높기 때문에 중력에 의해 오일이 펌프로 이송된다. 엔진구동 용적기어형 펌프(positive-displacement, gear-type pump)는 필터에 오일을 가압하여 보낸다. [그림 6-6] 정상 상태에서 오일은 필터를 지나가지만, 앞에서 설명한 것과 같이 필터가 막히면 바이패스 밸브가 열린다. 바이패스 밸브가 열리게 되면 오일은 여과되지 않는다. 그림 6-6과 같이 조절(릴리프)밸브는 계통 내 오일 압력을 감지하고 과도하게 높은 압력을 오일펌프 입구로 보낸다. 정상적으로 엔진으로 공급된 오일은 매니폴드 내로 유동하여 드릴(drilled)된 통로를 통해 크랭크샤프트의 베어링 및 그 밖의 엔진 베어링으로 분배된다. 홀(hole)을

통과하여 크랭크샤프트 베어링에 공급된 오일은 하부 커넥팅로드 베어링으로 공급된다. [그림 6-15]

오일이 직렬형 엔진 혹은 대향형 엔진의 중공 캠축(hollow camshaft), 성형엔진의 캠판, 캠드럼(cam drum)에 공급되고, 엔드 베어링(end bearing)과 주 베어링을 흐르고 여러 캠축, 캠드럼(cam drum), 캠판 베어링 그리고 캠으로 흘러 나간다.

엔진 실린더 표면은 크랭크샤프트와 크랭크핀 베어링으로부터 오일이 분사된다. 실린더 표면에 분사되기 전에 크랭크 핀 사이의 작은 틈으로 오일이 천천히 스며들기 때문에 충분한 양의 오일이 실린더 표면에 이르기까지는 어느 정도의 시간이 필요하다. 특히 오일 흐름이 더 느린 추운 날에는 더 많은 시간이 필요하다. 이런 이유로 저온에서 유동성이 좋은 다급점도 오일을 사용한다.

엔진 구동부의 윤활과 냉각을 수행한 오일은 엔진 하부의 섬프로 모이게 되고, 이 오일은 기어 혹은 지로터형 배유펌프(gerotor-type scavenge pump)에 의해 축척되는 즉시 오일 냉각기를 거쳐 탱크로 이송된다. 배유펌프의 용량이 압력펌프(pressure pump)보다 더

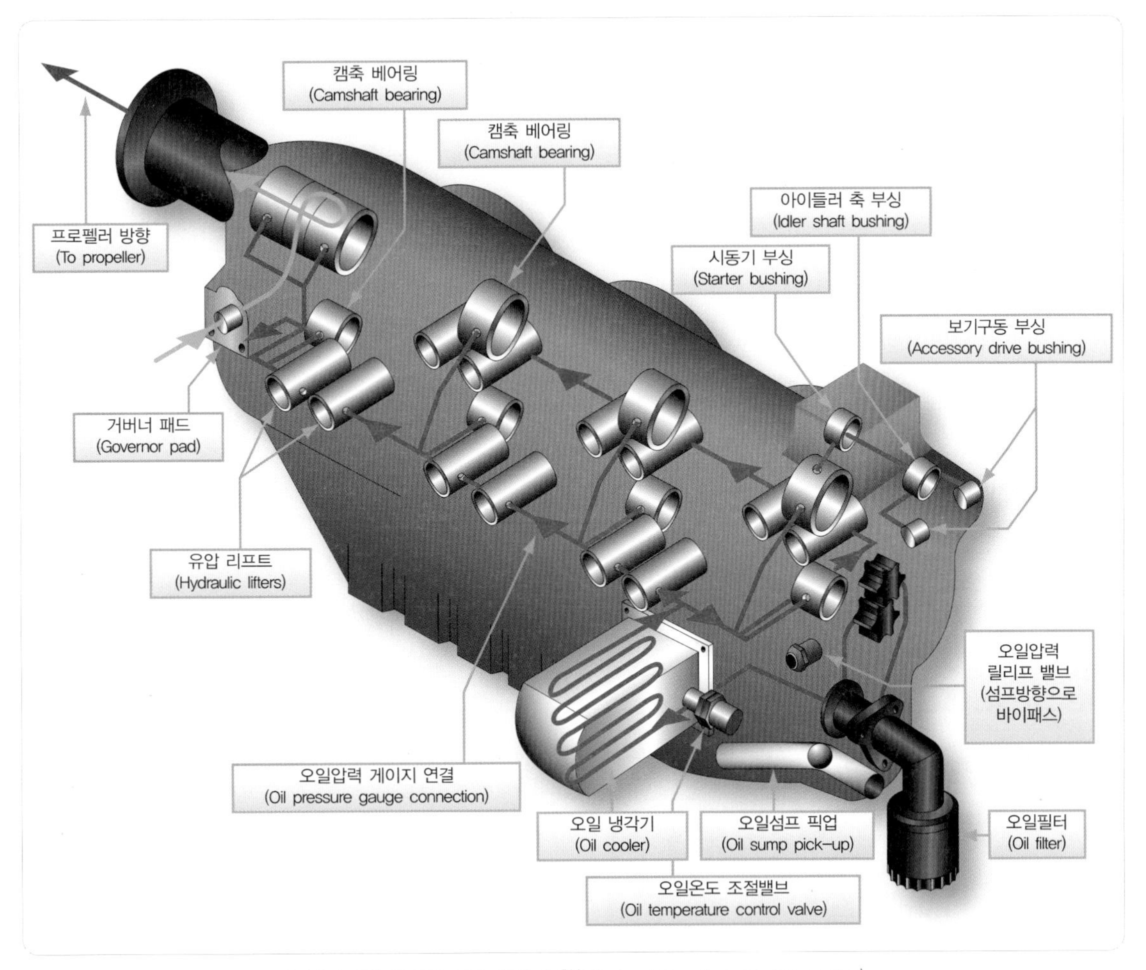

[그림 6-15] 엔진을 통한 오일 순환(Oil circulation through the engine)

큰 이유는 오일 속에 공기가 혼합되어 오일의 체적이 증가했기 때문이다.

짧은 시간 내에 전체 오일을 작동 온도로 상승시키기 위해, 오일 냉각기에 장착된 온도조절장치(thermostat)는 오일의 일부를 냉각기를 통해 흐르게 하고, 일부를 공급탱크로 직접 흐르게 하여 65℃(150℉) 이하의 뜨거운 오일이 오일탱크의 순환되지 않은 오일과 혼합되도록 한다.

6.3.15 습식섬프 윤활계통의 작동(Wet-sump Lubrication System Operation)

그림 6-16은 습식섬프 시스템의 단순한 형태이다. 이 시스템은 공급되는 오일을 수용할 수 있는 섬프 또는 팬(pan)으로 구성되어 있다. 공급되는 오일양은 섬프(오일 팬)의 용량에 제한받는다. 오일레벨(양)은 크랭크케이스 위에 있는 돌출된 부분에서 오일 속으로 뻗어 나온 수직 막대에 의해 지시되거나 측정된다. 섬프(오일 팬)의 바닥에는 적당한 크기의 메시(mesh) 또는 연속된 개구부가 있는 스크린 스트레이너(screen strainer)가 있어서 오일에 포함된 이물질을 걸러 주거나 충분한 양의 오일을 오일펌프의 입구(inlet)나 흡입구(suction side)로 보내 준다. 그림 6-17은 전형적인 오일섬프의 흡입관의 배열을 보여 주며, 여기에서 실린더로 가기 전에 연료-공기혼합기(fuel-oil mixture)가 예열된다.

엔진에 의해 구동된 펌프가 회전하면 기어 바깥쪽으로 오일이 지나간다. [그림6-6] 이것은 크랭크샤프트 오일계통(드릴링 된 통로 홀)에 압력을 발생시킨다. 엔진이 아이들(idling)에서 최대출력(full-throttle)작동범위의 변화에 따른

펌프 회전속도의 변화, 온도 변화에 따른 오일 점도의 변화는 릴리프밸브의 스프링 장력에 의해 보상된다. 펌프는 베어링 마모나 오일의 유막이 얇아(thinning)지는 것을 보상하기 위해 필요한 정도보다 더 높은 압력이 발생하도록 설계되어 있다. 가압된 오일에 의해 윤활된 부품에서 실린더와 피스톤으로 오일이 분사된다. 여러 부분품을 윤활시킨 다음 오일은 섬프로 되돌아가고 이런 사이클은 반복된다. 이 시스템은 오일이 엔진에 넘치기 때문에 배면비행에 적용할 수 있는 것은 아니다.

[그림 6-16] 기본 습식 오일계통(Basic wet-sump oil system)

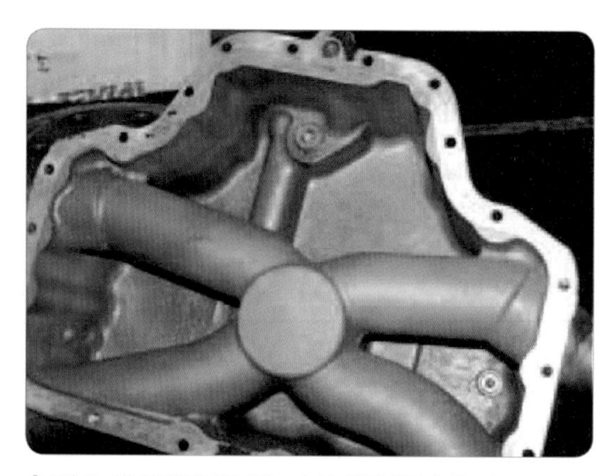

[그림 6-17] 흡입튜브가 있는 습식 흡입계통의 섬프(Wet-sump system's sump with intake tube running through it)

6.4 윤활계통의 정비 실무(Lubrication System Maintenance Practices)

6.4.1 오일탱크(Oil Tank)

알루미늄으로 용접된 오일탱크의 필러 넥(filler neck)에 있는 스프링 힘 잠금캡(spring-loaded locking cap)을 통하여 오일을 보충한다. 탱크 안에는 무게가 있고 유연한 고무호스(flexible rubber oil hose)가 장착되어 있어, 어떤 작동 중이라도 자동으로 위치를 잡아 오일을 공급하도록 해 준다. 탱크 안쪽에 딥 스틱 가드(dipstick guard)가 용접되어 있어 이 고무관을 보호해 준다. 정상 비행 중의 오일탱크 공기는 오일탱크 위에 있는 유연한 호스(flexible line)에 의해 엔진 크랭크케이스로 벤트(vent)된다. 그림 6-18은 오일계통 구성품의 위치를 보여 준다.

일반적으로 오일탱크의 수리는 오일탱크를 장탈하여 수리한다. 오일탱크의 장착/장탈 절차는 엔진의 장탈/장착 여부와 상관없이 동일하다.

첫 번째, 오일을 배출(drain)시켜야 한다. 대부분

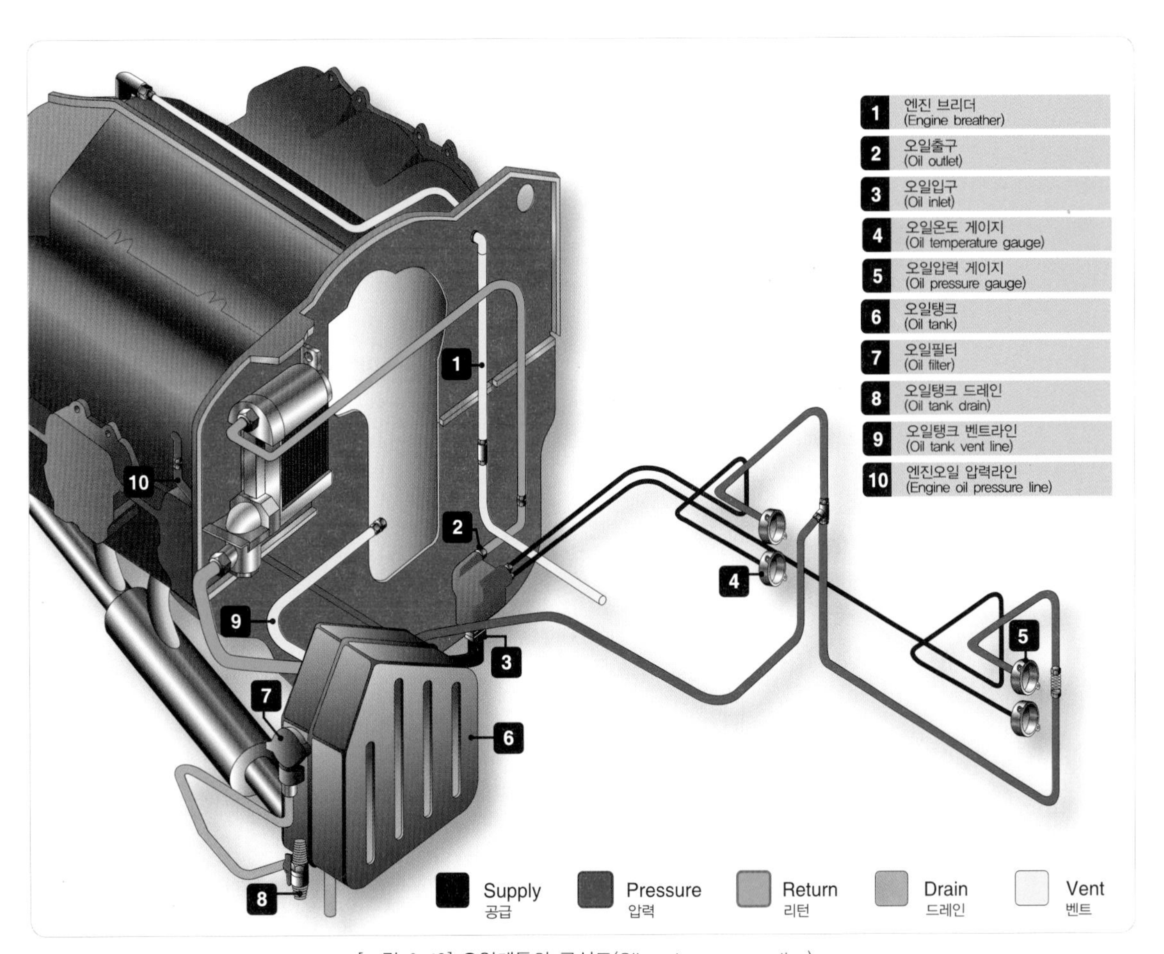

[그림 6-18] 오일계통의 구성도(Oil system perspective)

의 소형항공기는 그림 6-19와 유사한 오일 배출 장치가 있다. 일부 항공기의 경우에는 지상에서 오일탱크에서 오일 전체가 배출되지 않는 것도 있다. 배출되지 않은 오일양이 과도할 경우에는 탱크 후방의 스트랩(strap)을 느슨하게 한 후 탱크 후방 부위를 약간 들어주면 완전히 배출시킬 수 있다.

오일 입구(oil inlet)와 벤트라인(vent line)을 분리하면 스쿠프 드레인 호스(scupper drain hose)과 본딩 와이어(bonding wire)를 장탈할 수 있다. [그림 6-20]

그림 6-21과 같이, 탱크를 감싸고 있는 스트랩(strap)의 장탈이 가능하다. 클램프를 잡고 있는 안전결선(safety wire)은 클램프를 풀어 주고 스트립을 장

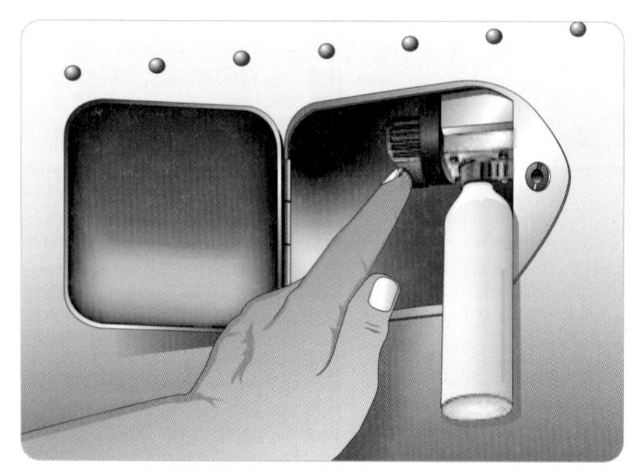

[그림 6-19] 오일탱크 드레인(Oil tank drain)

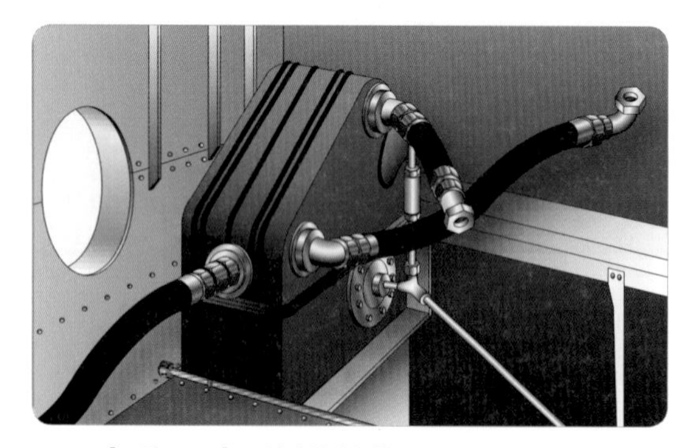

[그림 6-20] 오일라인 분리(Disconnect oil lines)

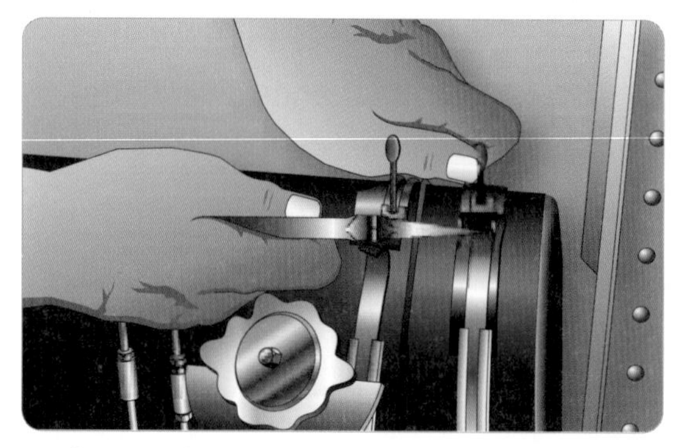

[그림 6-21] 스트랩 장탈(Removal of securing straps)

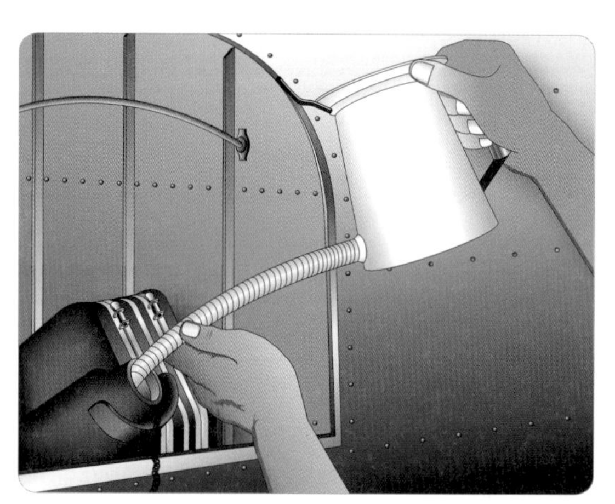

[그림 6-22] 오일탱크에 오일보충(Filling an oil tank)

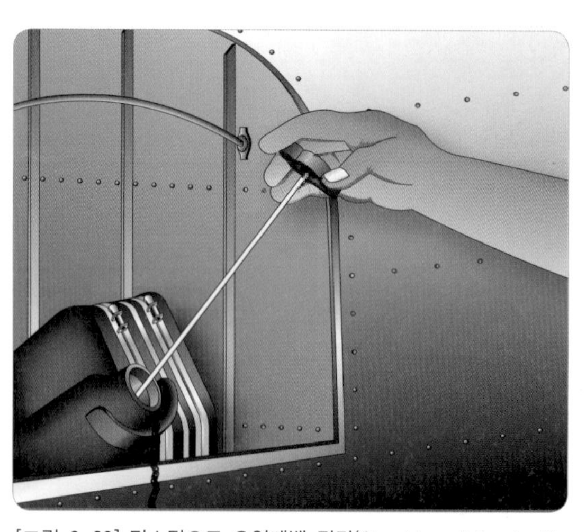

[그림 6-23] 딥스틱으로 오일레벨 점검(Checking oil level with dipstick)

탈하기 전에 제거해 주어야 한다. 이제 탱크를 항공기로부터 들어 낼 수 있다. 탱크의 장착은 장탈의 역순이며, 장착 후에는 그림 6-22와 같이 오일을 보충해야 한다.

오일 보충을 한 후에 엔진을 최소 2분간 작동시킨다. 그리고 오일 레벨(oil level)을 점검하고, 필요하다면 딥스틱(dipstick)의 높이가 적정 수준이 되도록 그림 6-23과 같이 충분한 오일을 보충해야 한다.

6.4.2 오일 냉각기(Oil Cooler)

대향형엔진을 사용하는 항공기의 오일 냉각기는 그림 6-24와 같이 벌집형(honeycomb type)이다. 엔진 작동 중이고 오일 온도가 65℃(150℉) 이하이면 오일 냉각기 바이패스밸브는 열리게 되어 오일이 코어를 바이패스하게 되고, 오일 온도가 약 65℃(150℉)에 이르게 되면 닫히기 시작한다. 오일 온도가 85℃(185℉) ±2℃에 도달하면 바이패스밸브는 완전히 닫히어 모든 오일이 냉각기의 코어로 흐르게 된다.

[그림 6-24] 오일 냉각기(Oil cooler)

6.4.3 오일 온도 벌브(Oil Temperature Bulbs)

대부분의 오일온도벌브(oil temperature bulb)는 압력오일 스크린 하우징(pressure oil screen housing)에 장착되어 있다. 이들 벌브(bulb)는 계기패널(instrument panel)에 장착된 오일온도계기(oil temperature indicator)로 엔진 오일 입구온도(engine oil inlet temperature)를 전달한다. 온도벌브는 안전결선을 풀고 온도벌브에서 나오는 전선(wire)을 분리시킨 후, 그림 6-25와 같이 적절한 렌치를 이용하여 온도벌브를 장탈하여 교환할 수 있다.

6.4.4 압력 및 배유오일 스크린 (Pressure and Scavenge Oil Screens)

그림 6-26과 같이, 엔진 작동 중 압력 및 배유오일 스크린(pressure and scavenge oil screen)에는 엔진

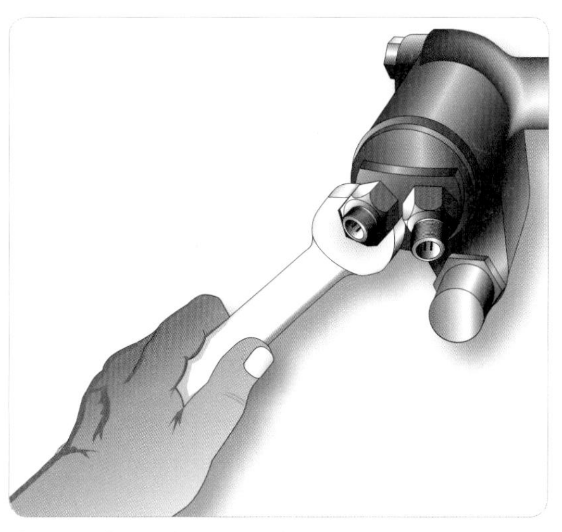

[그림 6-25] 오일 온도벌브 장탈(Removing oil temperature bulb)

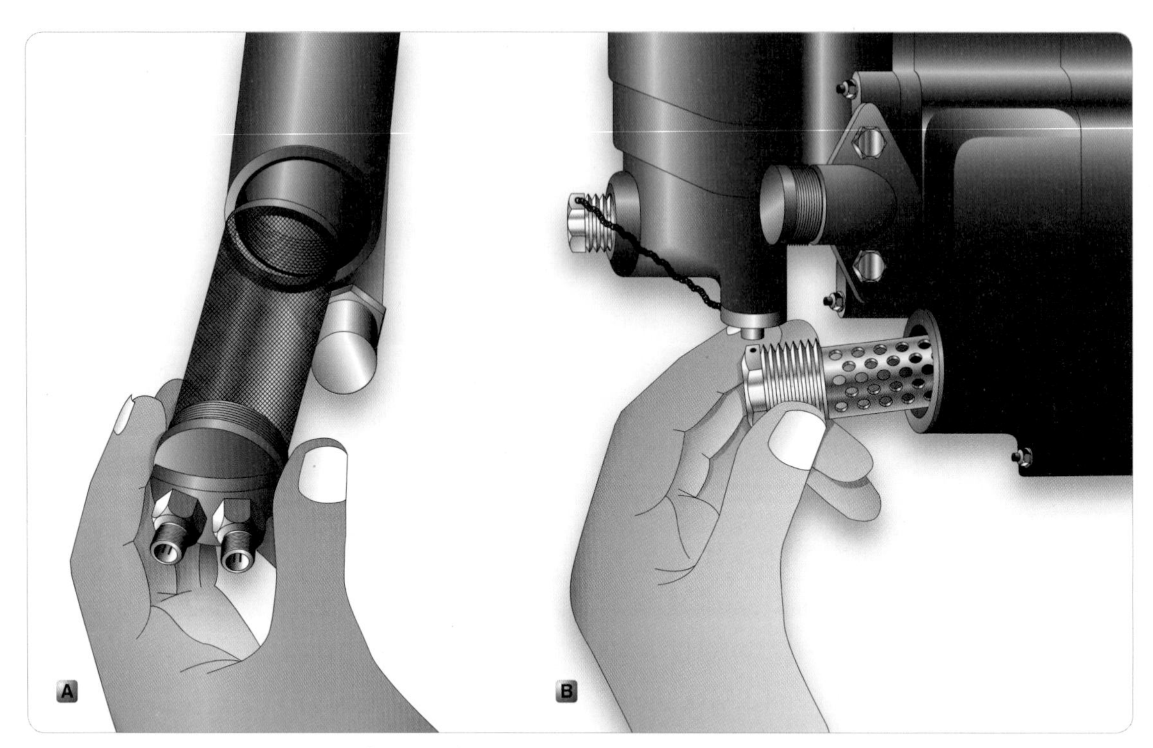

[그림 6-26] 오일압력스크린(A)과 배유오일스크린(B)

이 작동할 때 침전물들이 쌓이게 된다. 이들 스크린은 제작사가 지정한 간격으로 장탈하여 검사하고 세척해야 한다.

일반적인 장탈 절차는 안전결선을 제거하고 오일 스크린 하우징 또는 덮개(cover plate)를 풀어 주는 것이 포함된다. 필터 하우징 또는 빈 공간(cavity)으로부터 배출(drain)되는 오일을 받기 위해 알맞은 용기를 준비해야 한다. 이 용기에 담긴 오일에 대해 이물질 존재 여부를 검사하기 때문에 용기는 깨끗해야 한다. 이미 용기가 오염된 상태하면 엔진 상태를 잘못 나타내 주어, 엔진을 조기에 장탈할 수 있는 결과를 초래한다.

스크린을 장탈한 후 오염 여부를 검사하고, 엔진 내부를 마모시키거나 심한 경우 엔진 작동이 안 될 수 있는 금속 조각이 있는지 등을 검사해야 한다.

엔진에 재장착하기 전에 스크린은 깨끗이 세척해야 한다. 경우에 따라서는 필터를 검사하거나 세척하기 위해 분해할 필요가 있다. 오일 스크린을 분해하거나 재조립할 때는 제작사가 정한 절차를 따라야 한다. 필터를 재장착할 때 오링(o-ring)과 개스킷은 새것을 사용하고 필터하우징과 덮개 고정너트(cover retaining nut)는 관련 정비매뉴얼에 규정된 토크로 조인다. 필터는 필요한 안전결선을 조치를 해야 한다.

6.4.5 오일 압력 릴리프밸브 (Oil Pressure Relief Valve)

오일 압력 릴리프밸브는 오일 압력을 엔진 제작사에서 지정한 값으로 제한한다. 오일 압력 설정은 장착에 따라서 최소 35psi부터 최대 90psi까지 달라진다. 오일 압력은 고속, 고마력에서 엔진과 각종 구성 부분들을 적절하게 윤활시켜 줄 수 있도록 높아야 하지만, 압력이 너무 높아서 오일이 누설되거나 손상이 발생하지 않도록 해야 한다. 오일 압력을 조절할 경우에는 엔진은 정확한 작동온도에 있는지, 사용되는 오일의 점도는 맞는 것인지를 확인해야 한다. 오일 압력 조절은 커버 너트를 장탈하고, 로크너트(locknut)를 느슨하게 풀고 그림 6-27과 같이 조절 나사를 돌려서 조절한다.

압력을 증가시키기 위해서는 조절 나사를 시계 방향으로 돌리고, 감소시키기 위해서는 반시계 방향으로 돌려준다. 엔진이 아이들로 회전하고 있을 때 압력을 조절하고, 조절했을 때마다 조절 나사 고정너트를 조여 준다. 엔진 제작사의 정비매뉴얼에서 정한 회전수로 회전하고 있을 때 오일 압력이 얼마를 지시하는지 확인한다. 이 회전수는 약 1900~2300rpm 정도이다. 오일 압력 측정값은 모든 스로틀 설정(throttle setting)에서 제작사가 정한 범위 내에 있어야 한다.

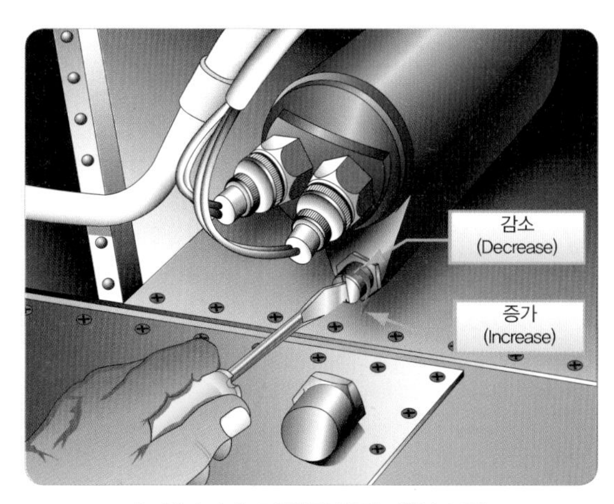

[그림 6-27] 오일압력 릴리프밸브 조절
(Oil pressure relief valve adjustment)

6.5 오일 교환 시 권고 사항 (Recommendations for Changing Oil)

6.5.1 오일 배유(Draining Oil)

사용 중인 오일은 작동부의 윤활 능력을 떨어뜨리는 여러 유해 물질에 항상 노출되어 있다. 주요 오염원은 아래와 같다.

- 가솔린(Gasoline)
- 습기(Moisture)
- 산(Acid)
- 먼지(Dirt)
- 탄소(Carbon)
- 금속 조각(Metallic Particles)

이들 유해 물질이 축적되기 때문에, 정기적으로 전체 윤활계통의 오일을 배출시킨 다음 새로운 오일로 채워 준다. 오일 교환 주기는 항공기 모델과 엔진 조합에 따라 다르다. 순수 광물성 오일은 수백 시간 사용한 엔진에서 무회분산제 오일(Ashless Dispersant Oil)로 변경할 경우 침전물을 희석하여 오일 유로를 막게 하는 경향이 있으므로 세척 시 상당히 유의해야 한다. 과도하게 오염된 상황에서 순수 광물성 오일을 사용한 엔진을 무회분산제 오일로 변경하는 것은 엔진 오버홀 이후로 미루어야 한다. 순수 광물성 오일에서 무회분산제 오일로 변경할 때, 다음의 예방 조치가 이루어져야 한다.

1. 순수 광물성 오일에 무회분산제 오일을 섞지 않는다. 순수 광물성 오일을 배출한 후 무 회분산제

오일을 채운다.

2. 첫 번째 오일 교환 전 5시간 이상 엔진을 작동하지 않는다.
3. 찌꺼기나 오일필터의 막힘은 없는지 점검한다. 만약 찌꺼기의 흔적이 있으면 10시간마다 오일을 교환한다. 10시간마다 스크린이 깨끗해질 때까지 반복 점검하고, 그 이후에는 권고된 주기에 오일을 교환한다.
4. 모든 터보과급기 엔진은 무회분산제 오일을 사용한다.

6.5.2 오일 및 필터 교환과 스크린 세척 (Oil and Filter Change and Screen Cleaning)

어떤 제작사는 새 엔진, 다시 제작된 엔진, 혹은 오버홀된 엔진, 새 실린더가 장착된 엔진에서 첫 25시간에 스크린을 교환하거나 세척한 후에 오일을 교환하라고 권고한다. 오일 교환, 필터 교환, 압력 스크린의 세척, 오일 섬프 스크린의 세척과 검사 등이 이루어져야 한다. 전형적인 25시간 오일 교환 주기와 더불어, 압력 스크린 방식을 사용하는 엔진은 압력 스크린 세척, 오일 섬프 흡입 스크린의 점검이 병행되어야 한다. 50시간 주기의 오일 교환은 통상적으로 전류여과시스템(full-flow filtration system)을 사용하는 엔진에서는 오일필터 교환과 흡입 스크린 점검이 포함된다. 오일계통의 정비(servicing) 간격은 최대 4개월이 권고되고 있다.

6.5.3 캐니스터형 하우징 오일필터 장탈 (Oil Filter Removal Canister Type Housing)

안전결선을 제거하고 육각머리스크루를 풀어 낸 후, 하우징을 반시계 방향으로 돌리면 오일필터를 엔진에서 장탈할 수 있다. [그림 6-7] 엔진 쪽에 있는 필터의 덮개 판을 잡고 있는 나일론 너트를 장탈한다. 하우징의 육각머리스크루와 덮개판을 장탈한다. 회전형(spin-on) 필터를 장탈하기 위해서는, 안전결선을 제거하고, 렌치패드를 이용하여 필터 후방을 반시계 방향으로 돌리면 필터를 장탈할 수 있다. 장탈한 필터는 아래에 설명한 것과 같이 점검하며, 장탈한 개스킷은 폐기하고 새것으로 교체한다.

6.5.4 오일필터/스크린 점검 (Oil Filter/Screen Content Inspection)

엔진 부분품의 과도한 마모는 금속 조각이나 파편에 의한 것을 나타내므로 오일필터나 스크린을 점검해야 한다. 오일필터는 여과지(filter paper element)를 열면서 검사한다. 필터의 오일 상태가 금속에 의한 오염 징후가 있는지 점검한다. 그다음 필터에서 여과지를 떼어 조심스럽게 여과지를 펼쳐 필터에 남

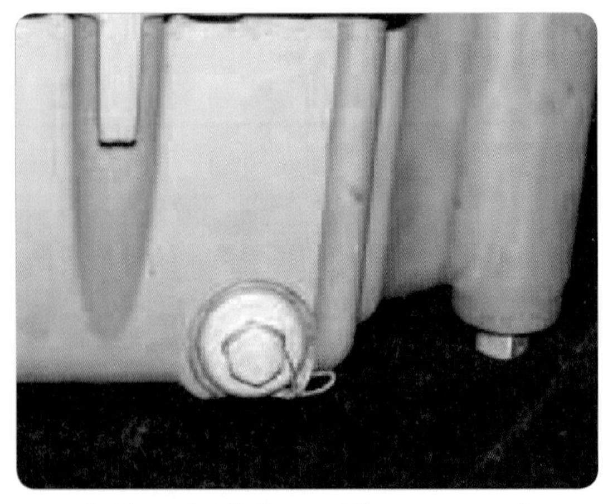

[그림 6-28] 오일 섬프 스크린(Oil sump screen)

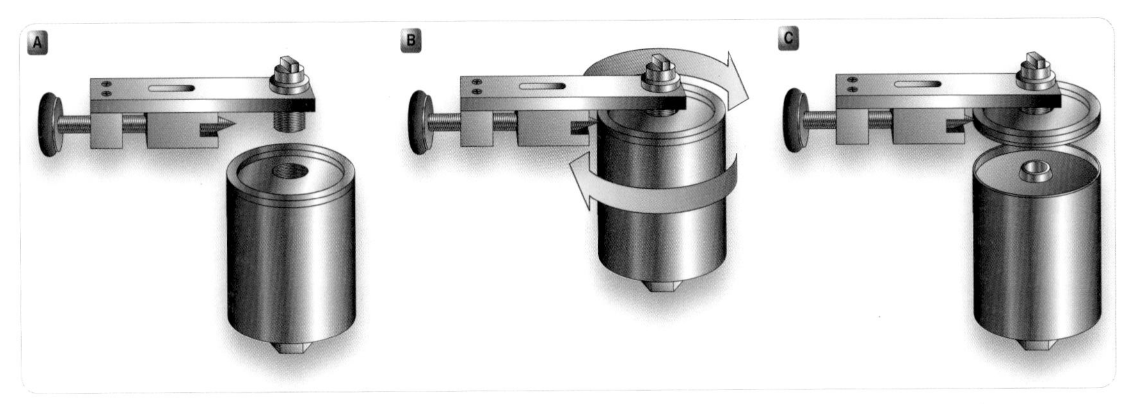

[그림 6-29] 회전형 오일필터 개봉(Cutting open a spin-on type oil filter using a special filter cutter)

아 있는 물질을 조사한다. 압력스크린계통(pressure screen system)의 엔진이면 스크린에 금속 조각이 있는지 점검한다. 오일을 배출한 다음, 오일섬프에서 흡기 섬프 스크린을 장탈하여 금속 조각이 있는지 검사한다. [그림 6-28] 사용된 오일 필터 또는 압력스크린 및 오일섬프 흡입스크린의 점검 중 비정상적인 금속이 발견되면, 금속의 출처와 수정 작업을 위한 추가적인 조치가 필요하다. 회전형(spin-on) 필터의 점검은 깡통을 절단하고 필터를 꺼내어 점검한다. 특수 커터 공구의 날을 필터에 지그시 누르면서 장착판(mounting plate)이 깡통에서 분리될 때까지 360도 돌린다. [그림 6-29] 깨끗한 플라스틱 용기에 바솔 용액(varsol solution)을 담아 필터를 움직여 오염 물질을 떨어낸다. 자석을 이용하여 바솔 용액 안에 금속 조각이 있는지 점검한다. 남아 있는 바솔 용액을 깨끗한 필터나 타월에 붓고, 밝은 빛을 비추어 비금속 조각을 점검한다.

6.5.5 오일필터의 조립과 장착 (Assembly of and Installation of Oil Filters)

부품을 세척한 후, 캐니스터(canister type) 혹은 필터 소자식(filter element type) 필터를 장착할 때는 새 고무개스킷에 오일을 가볍게 바르고, 새 구리개스킷을 육각머리나사에 장착한다. 새 구리개스킷을 이용하여 육각머리나사를 필터케이스에 넣어 조립한다. 필터소자를 장착하고 케이스 위에 덮개를 놓은 다음 수동으로 나일론너트를 돌려서 장착한다. 시계 방향으로 돌려서 엔진에 하우징을 장착한 후, 토크를 주고 안전결선을 해 준다. 회전형(spin-on) 필터는 일반적으로 필터에 장착 방법이 명시되어 있다. 고무 개스킷에 엔진오일을 코팅하고 필터를 설치한 후 토크와 안전결선을 한다. 어떤 정비 작업을 수행하든 제작사의 최신 지침을 따라서 해야 한다.

6.5.6 오일계통의 고장탐구 (Troubleshooting Oil System)

그림 6-30에 나타나 있는 고장 및 조치 방법을 이용하면 윤활계통의 고장탐구를 빠르게 할 수 있다. 여기서는 일반적인 문제를 다루기 때문에 특정 항공기에서 발생할 수 있는 것과 동일하지 않다.

결함 현상	예상 원인	필요 조치 사항
1. 과도한 오일소비		
· 오일라인 누설	· 오일 누설 징후에 대한 외부 라인 점검	· 결함이 있는 라인 교체 또는 수리
· 액세서리 실 누설	· 엔진 작동 직후 액세서리에서 누설 여부 확인	· 액세서리 또는 결함 있는 액세서리 오일 실 교환
· 저급 오일		· 적절한 등급의 오일 보급
· 베어링 결함	· 섬프 및 유압 펌프 스크린에서 금속 입자가 검출 여부 점검	· 금속입자 발견시 엔진 교환
2. 오일압력의 높음 또는 낮음		
· 압력계 결함	· 계기점검	· 결함 발견 시 계기 교환
· 오일 압력의 부적절한 작동	· 압력계가 비정상적으로 과도하게 높거나 낮음	· 릴리프 밸브 액세서리 오일 실 장탈 후, 세척 및 검사
· 부적절한 오일 공급	· 오일 량 점검	· 오일 보급
· 희석 또는 오염 된 오일		· 엔진 및 탱크 내 오일 배유 후 탱크에 오일 보급
· 오일 스크린 막힘		· 오일 스크린 장탈 후 세척
· 부정확한 오일 점도	· 규정된 오일 사용 여부 확인	· 엔진 및 탱크 내 오일 배유 후 탱크에 오일 보급
· 부적절한 오일펌프 감압밸브 조절	· 압력릴리프밸브 조절 점검	· 오일펌프 감압밸브 조절
3. 오일온도의 높음 또는 낮음		
· 온도계 결함	· 계기점검	· 결함 발견 시 계기 교환
· 부적절한 오일 공급	· 오일량 점검	· 오일 보급
· 희석 또는 오염 된 오일		· 엔진 및 탱크 내 오일 배유 후 탱크에 오일 보급
· 오일탱크 장애물	· 탱크 점검	· 오일 배유 후 장애물 제거
· 오일 스크린 막힘		· 오일 스크린 장탈 후 세척
· 오일 쿨러 통로 장애물	· 쿨러에서 통로가 막히거나 변형되었는지 점검	· 결함이 있는 경우 오일 쿨러 교환
4. 오일에 거품형성		
· 희석 또는 오염 된 오일		· 엔진 및 탱크 내 오일 배유 후 탱크에 오일 보급
· 탱크 내 오일 레벨이 너무 높음	· 오일량 확인	· 탱크에서 여분의 오일 배출

[그림 6-30] 오일계통 고장탐구 절차(Oil system troubleshooting procedures)

6.6 엔진 냉각계통 (Engine Cooling Systems)

왕복엔진이나 터빈엔진에서 과도한 열을 조절하거나 제거하지 않으면 엔진에 심각한 손상(major damage) 또는 완전한 엔진 고장(failure)이 발생할 수 있다. 거의 대부분의 왕복엔진은 공기를 이용한 공랭식이지만, 일부 경량항공기에서는 디젤 액랭식 엔진(diesel liquid cooled-Engine)도 사용되고 있다. [그림 6-31] 액랭식 엔진에서 실린더 주위에 워터 재킷(water jacket)이 있어서 액체 냉각수가 순환하며 과도한 열(excess heat)을 제거한다. 이 열은 공기 흐름을 이용하는 열 교환기(heat exchanger)나 라디에이터(radiator)에서 방산된다.

6.6.1 왕복엔진의 냉각계통 (Reciprocating Engine Cooling Systems)

내연기관은 연료의 화학적인 에너지를 크랭크샤프트에서 기계적 에너지로 변환하는 열기관(heat machine)이다. 이와 같이 에너지를 변화시키려면 어느 정도의 에너지 손실이 따르기 마련이며, 가장 효율이 좋은 엔진일지라도 연료 내에 있는 원래 에너지의 60~70%를 낭비할 수 있다. 이 폐열 대부분을 제거하지 않으면 실린더가 뜨거워져 완전한 엔진 손상이 초래될 수가 있다.

내연기관에서의 과도한 열은 다음 3가지 주요 이유로 바람직하지 못하다.

1. 연료 · 공기 혼합기의 연소 형태에 영향을 미친다.
2. 엔진 부품(engine part)을 약하게 하고 수명을 단축시킨다.
3. 윤활 작용을 나쁘게 한다.

엔진 실린더 내의 온도가 너무 높으면 연료 · 공기 혼합기가 미리 가열되어 조기점화의 원인이 된다. 조기연소가 디토네이션(detonation), 노킹(knocking) 및 기타 바람직하지 않은 조건을 유발하므로 과열로 인한 손상이 발생하기 전에 열을 제거할 수 있는 방법이 있어야 한다.

[그림 6-31] 디젤 액랭식 항공기 엔진
(Diesel liquid-cooled aircraft engine)

1갤런(gallon)의 항공용 가솔린은 75갤런의 물을 끓일 만한 열량을 갖고 있으므로 분당 4갤런의 연료를 연소시키는 엔진이 막대한 양의 열을 방출한다는 것은 쉽게 알 수 있다. 방출된 열의 약 1/4은 유용한 힘(useful power)으로 변환된다. 나머지 열은 엔진을 손상시키지 않도록 분산되어야 한다. 전형적인 항공기 엔진에서 열의 절반은 엔진 배기구로 배출되고, 나머지 절반은 엔진에 흡수된다. 순환하고 있는 오일이 엔진에 흡수되어 있는 열을 받아서 오일 냉각기를 통해 대기로 방출한다. 엔진 냉각계통은 그 나머지 열을 처리하는 것이다. 냉각은 실린더로부터 과도한 열을 대기 중으로 방출하는 것이지만 단순히 실린더를 공기흐름에 노출시키는 것으로는 충분하지 못하다.

대형엔진의 실린더는 약 1갤런 정도의 통 크기이다. 그러나 외부 표면 증대를 위해 냉각핀(Cooling Fin)을 사용하여 냉각 공기에 배럴(barrel) 크기의 외형을 제공한다. 이러한 배열은 대류에 의한 열전달을 증가시킨다. 만약 냉각핀이 너무 많이 부러지면 실린더가 적당히 냉각될 수 없어서 열점(hotspot)이 발생한다. 그러므로 $inch^2$당 정해진 수의 냉각핀이 없을 경우 일반적으로 실린더를 교환한다. 그림 6-32와 같이, 카울링과 배플은 실린더 냉각핀 위쪽으로 공기가 잘 흘러가도록 설계되어 있다. 이 배플(baffle)은 냉각공기가 실린더 주변을 감싸고 흐르도록 유도하여 최대의 냉각효과를 얻기 위해 장착한 것이다. 이그니션 리드(ignition lead)의 과열을 방지하기 위해 각 실린더의 후방 점화플러그 엘보우로 냉각공기를 공급할 수 있도록 배플에는 블라스트 튜브(blast tube)가 들어 있다.

엔진은 아주 낮은 작동온도가 될 때도 있다. 이륙 전에 엔진이 예열(warm up)하는 것과 같은 이유로 비행 중에도 엔진은 최적의 작동온도를 유지한다. 적절한 연료의 기화와 분배 및 오일의 순환은 엔진을 최적의 작동온도를 유지하는데 달려있다. 항공기 엔진은 온도조절기(temperature control)가 있어서 엔진으로 흐르는 공기의 온도를 조절한다. 온도조절기가 없다면, 이륙 시 엔진은 과열될 것이고 고고도, 고속이나 저마력으로 하강할 때는 과냉각 상태가 될 수 있다.

냉각을 조절하는 가장 일반적인 방법은 카울플랩(cowl flap)을 사용하는 것이다. [그림 6-33] 이들 플랩은 전기모터구동 잭스크루(jackscrew) 또는 유압 액츄에이터(hydraulic actuator)에의해 열리고 닫히며, 일부 경항공기는 수동으로 열고 닫는다. 보다 많은 냉각을 위해 카울플랩을 펼쳤을 때 카울플랩은 항력을 발생시키고 공기의 정상적인 흐름을 방해한다. 따라서 이륙 시에는 엔진을 온도 상한선 이하로 유지할 만큼만 카울플랩을 열어 준다.

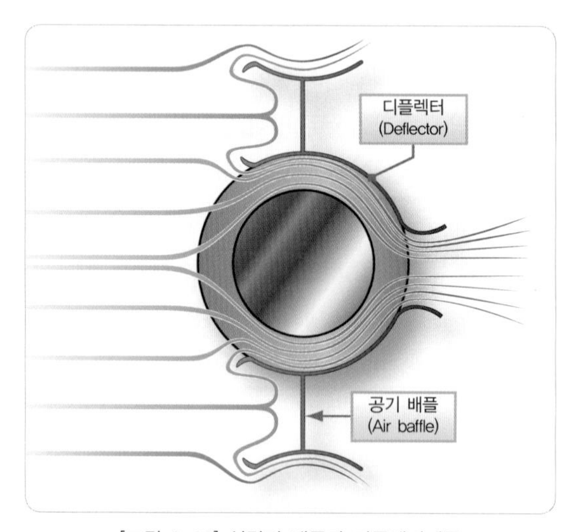

[그림 6-32] 실린더 배플과 디플렉터계통
(Cylinder baffle and deflector system)

항력을 가능한 한 줄여 주기 위하여 정상 온도 범위 이상으로 가열되는 것이 허용된다. 지상 작동 시에는 항력이 문제되지 않으므로 냉각이 최대로 되도록 카울플랩을 완전히 열어 준다. 카울플랩은 대부분 오래된 항공기나 성형엔진에서 사용된다.

일부 항공기는 추가적인 냉각공기를 제공하기 위해 오그멘터(augmentor)를 이용한다. [그림 6-34] 각 나셀마다 엔진에서 나셀 후방으로 통과하는 2쌍의 튜브가 있다. 배기 콜렉터는 배기가스를 안쪽의 오그멘터 튜브로 보낸다. 배기가스는 엔진 위로 통과하는 공기와 혼합되어 가열되어 고온, 저압의 제트와 같은 배기가스를 만든다. 오그멘터 내에 이와 같은 저압 지역이 있기 때문에 엔진으로 더 많은 냉각공기가 유입된다. 오그멘터의 바깥쪽 쉘로 들어가는 공기는 오그멘터 튜브와 접촉하여 가열되지만 배기가스에 오염되지 않는다. 오그멘터 바깥쪽 쉘에서 가열된 공기는 기내난방(cabin heating), 서리제거(defrosting), 그리고 방빙계통(anti-icing system)으로 보내진다.

오그멘터는 엔진 위로 공기가 흐르게 하기 위하여 배기가스 속도를 이용하기 때문에 냉각을 전적으로 프로펠러에 의한 공기(prop wash)에 의존하지는 않는

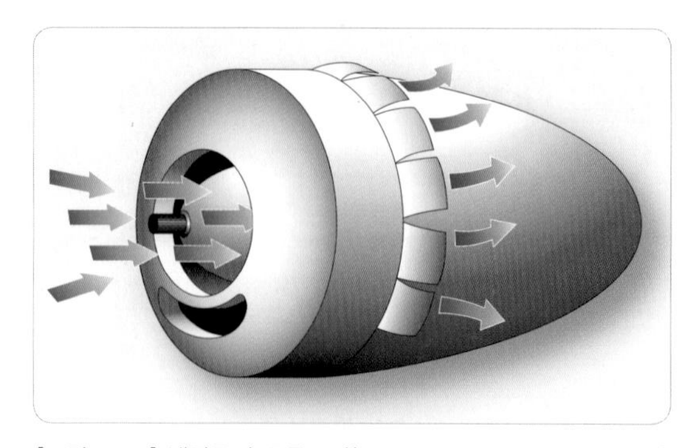

[그림 6-33] 냉각공기 흐름조절(Regulating the cooling airflow)

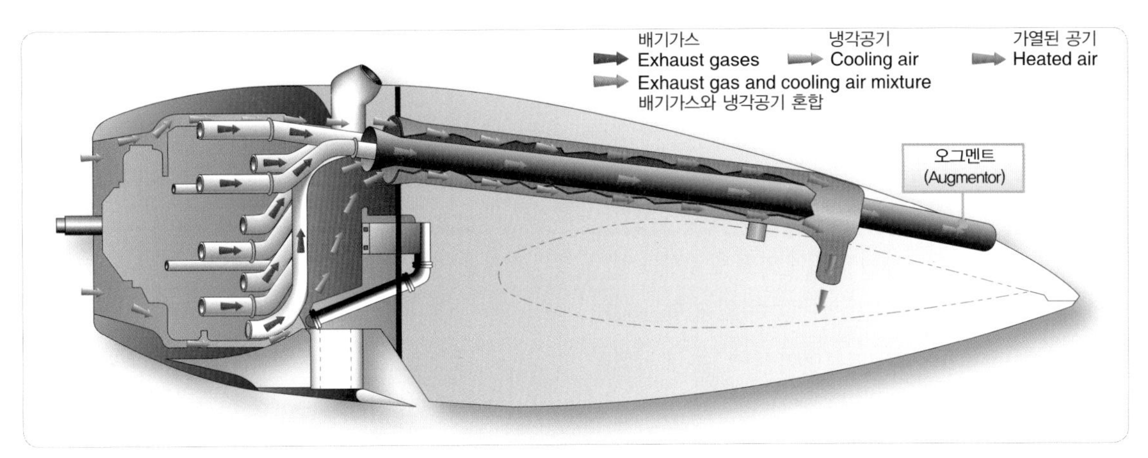

[그림 6-34] 오그멘터(Augmentor)

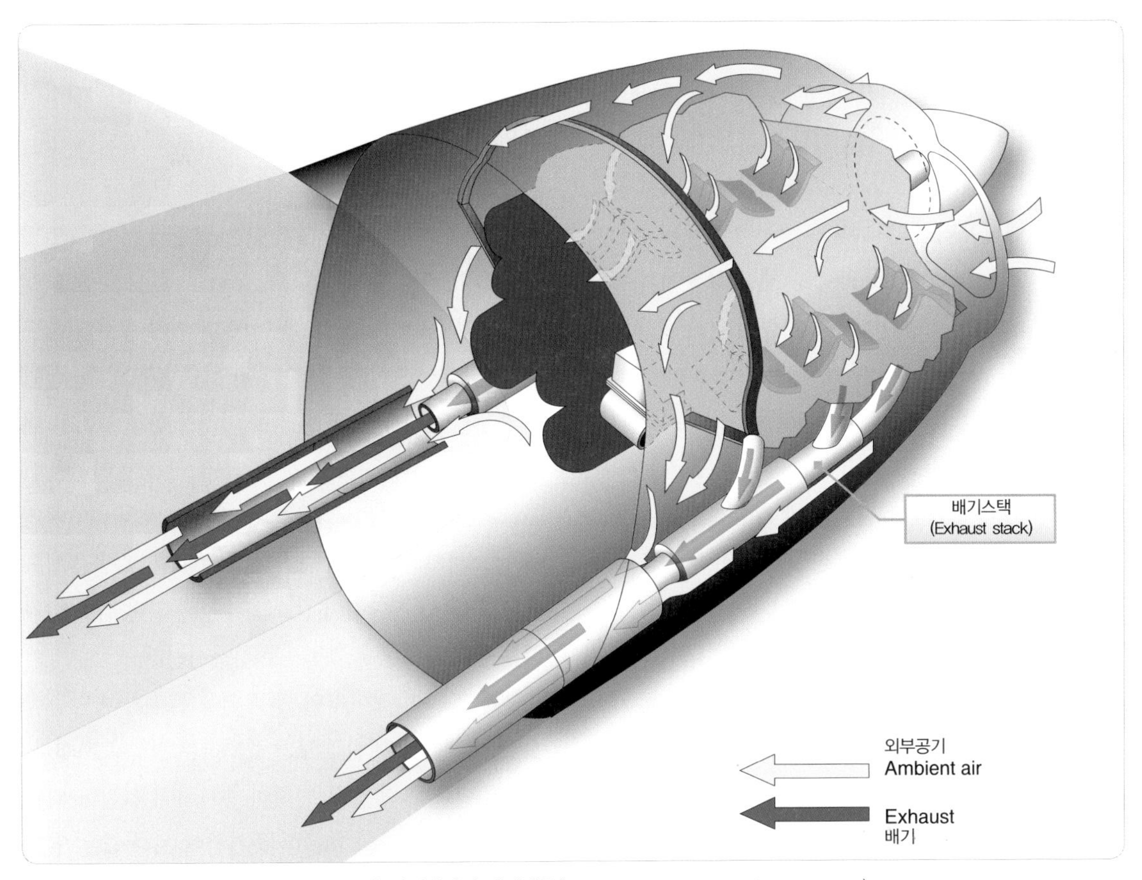

[그림 6-35] 엔진냉각과 배게계통(Engine cooling and exhaust system)

다. 오그멘터에 설치되어 있는 베인(vane)이 공기의 양을 조절한다. 이들 베인은 보통 공기를 최대한 흐를 수 있게 하기 위하여 오그멘터 끝부분에 있다. 이들 베인은 기내난방 또는 방빙에 사용하거나 또는 하강비행을 할 때 엔진이 과도하게 냉각되는 것을 방지하기 위해 닫힐 수 있다. 오그멘터 이외에 어떤 항공기는 엔진 정지 후 남아 있는 열이 빠져나갈 수 있게 하는 데 주로 사용되는 잔열창(residual heat door) 또는 나셀플랩(nacelle flap)을 갖고 있다.

나셀플랩은 오그멘터에 의해 냉각되는 것보다 더 냉각시키기 위해 열릴 수 있다. 일부 경항공기에는 앞서 설명한 오그멘터 냉각계통을 약간 개조한 형태가 쓰이고 있다. [그림 6-35] 오그멘터 시스템은 현대 항공기에는 그리 많이 쓰이지 않는다. 그림 6-35과 같이, 프로펠러 스피너 양쪽에 하나씩 노즈카울(nose cowling)에 두 개의 통로(opening)를 통해 흡입된 공기에 의해 엔진이 가압 냉각된다.

압력 챔버(pressure chamber)는 엔진 상부에서 배플로 밀봉되어 있어 냉각공기가 엔진의 각 부분으로 잘 흘러가게 유도한다. 배기 이젝터(exhaust ejector)를 통한 배기가스의 펌핑작용(pumping action)에 의해 엔진 실 하부에 더운 공기(Warm air)가 유입된다. 이 유형의 냉각계통은 조절 가능한 카울플랩을 사용하지 않고 모든 작동속도에서 적절한 엔진 냉각을 보장한다.

6.6.2 왕복엔진 냉각계통 정비(Reciprocating Engine Cooling System Maintenance)

대부분의 왕복엔진 냉각계통은 엔진카울(engine cowling), 실린더 배플(cylinder baffle), 실린더 핀(cylinder fin), 그리고 일부에서 사용되는 카울플랩(cowl flap)으로 구성되어 있다. 이러한 주요장치 외에도 실린더헤드 온도(cylinder head temperature), 오일 온도(oil temperature), 배기가스 온도(exhaust gas temperature) 등과 같은 온도지시계통이 있다.

카울은 아래와 같은 두 가지 역할을 한다.

1. 부피가 큰 엔진의 항력을 감소시키기 위해 유선형으로 한다.
2. 엔진 주위에 외피(envelope)를 형성하여 실린더 핀에 의해 발산되는 열을 흡수하기 위한 공기를 실린더 주위로 통과하게 한다.

실린더 배플(cylinder baffle)은 공기가 모든 실린더 주위를 고르게 흘러가도록 고안되고 배열되어 있는 금속실드(metal shield)이다. 이러한 균일한 공기 분배는 하나 이상의 실린더가 다른 실린더 보다 과열되는 것을 방지한다.

실린더 핀(cylinder fin)은 실린더 벽과 실린더 헤드의 열을 발산시킨다. 공기가 핀 위를 지나갈 때 실린더의 열을 흡수하여 후방 카울 아래를 통해 외기로 배출시킨다. 그림 6-36와 같이, 조절 가능한 카울플랩(controllable cowl flap)은 엔진 카울 후방의 출구영역을 감소시키거나 또는 증가시킬 수 있다. 카울플랩을 닫게 되면 출구 면적이 감소되어 실린더 핀 위로 순환하는 공기의 양을 효과적으로 감소시킨다.

공기 흐름이 적어지면 많은 열을 흡수하여 방출할 수 없기 때문에 엔진 온도가 증가하는 경향을 보인다. 카울플랩을 열면 출구 면적이 증가하여 실린더 위로 흐르는 냉각공기의 흐름이 증가하여 보다 많은 열을 흡수하여 방출하기 때문에 엔진의 온도가 감소하는

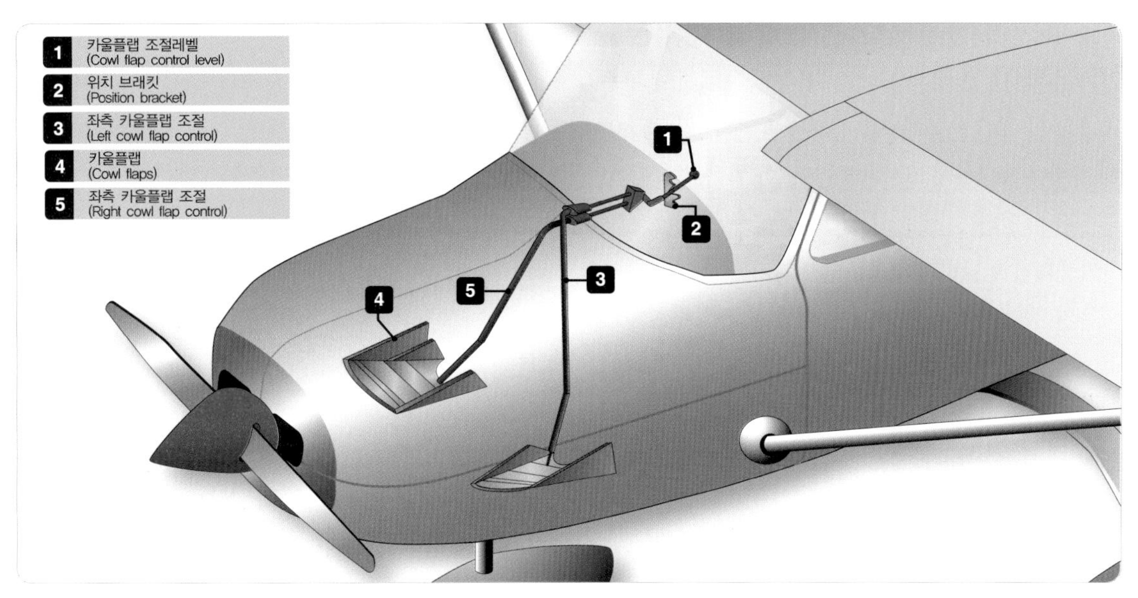

[그림 6-36] 소형항공기 카울플랩(Small aircraft cowl flaps)

경향을 보인다. 엔진 카울링 시스템을 잘 검사하고 정비해야 전반적으로 엔진을 효율적이고 경제적으로 이용하는 데 도움이 된다.

6.6.3 엔진 카울링의 정비 (Maintenance of Engine Cowling)

운항 중에 엔진 나셀에 흐르는 전체 램 공기 흐름의 약 15~30%만이 카울링에 들어가 엔진을 냉각시킨다. 나머지 공기는 카울링의 외부로 흐른다. 그러므로 카울의 외형은 에너지 손실을 최소로 하면서 카울 위로 공기가 순조롭게 흐를 수 있도록 만들어져야 한다.

여기서 설명하는 엔진 카울링은 많은 성형엔진 또는 수평 대향형 엔진에 사용되는 전형적인 카울링이다. 특정한 항공기/엔진에 장착하기 위한 약간의 구조 변경을 제외하고, 모든 냉각계통은 같은 방법으로 작용한다.

카울은 장탈할 수 있는 부분으로 만들어지며, 그 수는 항공기 제작사와 모델에 따라 다르다. 그림 6-37와 같이, 두 부분으로 되어 있고 장착되면 함께 고정된다.

알루미늄 판 또는 복합재료로 만들어진 카울패널(cowl panel)은 카울 위로 공기가 잘 흐를 수 있도록 매끄러운 외부 형태를 갖고 있다.

내부 조직은 패널에 강도를 주는 것 이외에 토글래치(Toggle Latch), 카울서포트(Cowl Support), 그리고 엔진 에어 실(Engine Air Seal)이 장치될 수 있도록 되어 있다.

에어 실은 고무재질로 되어 있고 금속 리브(Rib)에 볼트로 조여져서 카울패널에 리벳으로 장착되어 있다. [그림 6-37] 이 실(seal)은 그 이름이 의미하듯이 엔진 부분의 공기를 차단시켜, 공기가 실린더 주위를 순환하지 않고는 패널 안쪽 표면을 따라 빠져나가지 못하게 한다. 엔진 에어 실(air seal)은 실린더헤드를 완전히 덮는 실린더 배플링 시스템을 가진 엔진에 사용되어야 한다. 그 목적은 배플시스템 주위를 통해 공기가 순환하도록 하는 것이다. 항공기나 엔진의 정기점검 동안 매번 카울패널을 점검해야 한다. 정비를 위해 카울을 장탈하게 되면 좀 더 상세한 카울 점검이 이루어질 수 있다.

카울패널에 긁히거나 움푹 들어가거나 찢어진 곳이 없는지 검사한다. 이런 손상은 패널 구조를 약화시키고 공기 흐름을 혼란시켜 항력을 증가시키고 부식이 시작되기 쉽게 한다. 카울링 패널 래치(Panel Latch)는 리벳 체결 상태와, 핸들이 헐거워졌거나 손상되었는지 점검한다. 패널의 내부 구조는 보강 리브에 균열이 가지 않았는지, 에어 실이 손상받지 않았는지 검사해야 한다. 만약 장착되어 있다면, 플랩힌지와 카울플랩힌지 접착은 안전하게 장착되어 있는지, 균열이나 절단된 곳은 없는지 검사한다. 이런 검사는 육안으로 자주 실시해서 카울의 정상상태를 확인하여 효과적으로 엔진 냉각을 할 수 있도록 해야 한다.

6.6.4 엔진 실린더 냉각핀 검사 (Engine Cylinder Cooling Fin Inspection)

냉각핀은 실린더의 열을 공기로 전달하는 장치이기 때문에 냉각핀은 냉각계통에서 가장 중요하다. 냉각핀의 상태는 실린더 냉각이 적절한지 혹은 부적절한

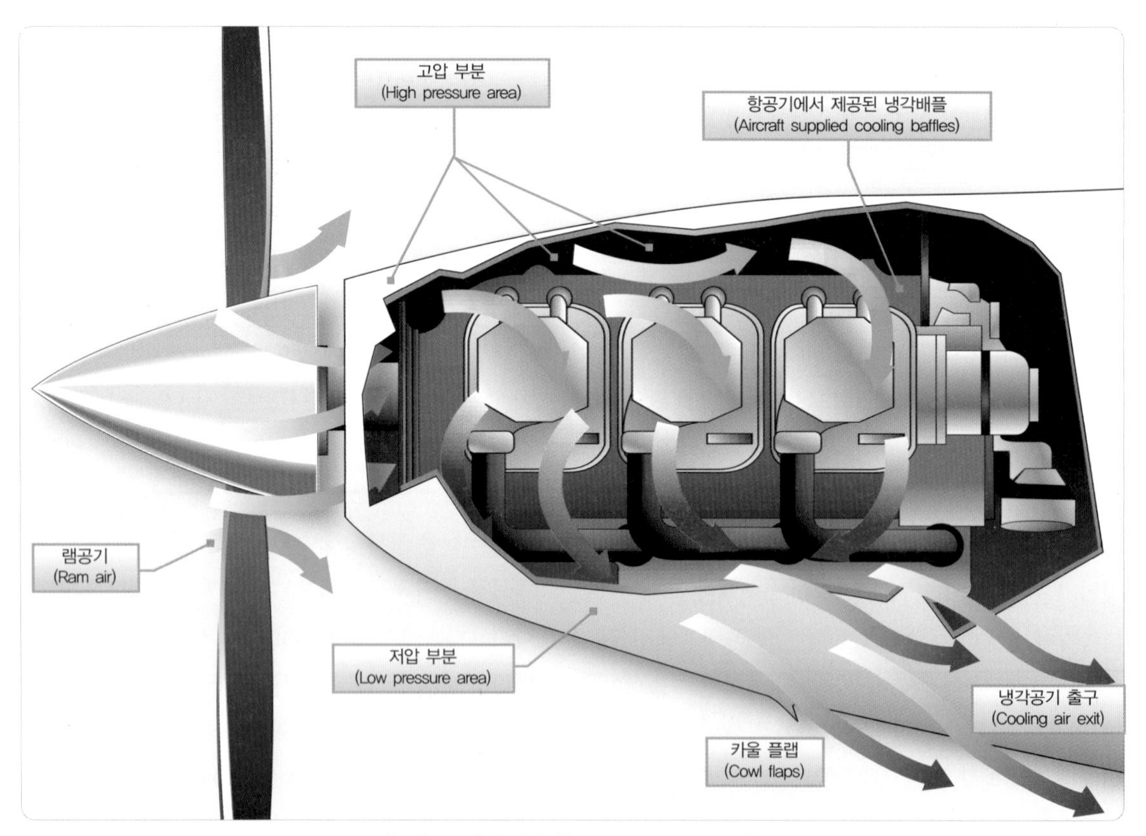

[그림 6-37] 공기냉각(Differential air cooling)

지의 차이를 의미한다. 핀은 매 정기검사에서 검사해야 한다.

핀 면적(Fin area)은 공기에 노출된 총면적(핀의 양쪽)으로서 검사 중에 핀의 균열이나 절단되지 않았는지를 검사해야 한다. [그림 6-38] 작은 균열이 발생하였을 경우 실린더를 장탈하지 않고, 균열을 방지하기 위해 메우거나(filled) 더 이상 균열이 진행되지 않도록 스톱드릴(Stop-Drill) 작업을 해 준다.

핀의 거칠거나 날카로운 모서리는 줄로 갈아 부드럽게 만들어 주면 새로운 균열 발생을 막을 수 있다. 그러나 실린더 냉각핀을 줄로 갈아서 형태를 바꾸어 주기 전에 제작사의 정비 매뉴얼 또는 오버홀매뉴얼에 정한 허용한계치를 먼저 확인해야 한다.

절단된 곳의 핀을 검사할 때 핀 영역의 정의가 중요하다. 그것은 실린더가 사용 가능한 상태인지, 혹은 장탈해야 하는지를 결정하는 요소이기 때문이다. 예를 들어 어떤 엔진에서 1개의 핀이 베이스에서 길이로 12인치 이상 완전히 절단되었거나, 혹은 어느 1개의 실린더헤드에 있는 절단된 핀의 면적이 83inch^2 이상이면 실린더를 장탈하여 교환해야 한다. 이러한 경우

[그림 6-38] 냉각 공기 흐름 조절(Regulating the cooling airflow)

실린더를 장탈해야 하는 이유는 이 정도 크기의 면적은 열 교환이 거의 일어나지 않으므로 실린더에 열점(hot spot)을 만들게 되기 때문이다. 같은 부위에서 인접된 핀이 부러졌을 때 허용 가능한 절단된 전체 길이는 2개의 인접한 핀에 생겼을 경우에는 6인치이며, 3개의 인접한 핀에 생겼을 경우에는 4인치, 4개의 인접한 핀에서는 2인치이고, 5개의 인접한 핀에서는 1인치이다. 만약 인접한 핀들의 절단된 길이가 위에서 설명한 한계를 초과한다면 실린더를 장탈하여 교환해야 한다. 위의 손상 규격(breakage specification)은 지금 설명하고 있는 전형적인 엔진에만 적용할 수 있다. 각각의 특수한 경우마다 관련 제작사의 지침을 따라야 한다.

6.6.5 실린더 배플과 디플랙터 시스템 검사 (Cylinder Baffle and Deflector System Inspection)

왕복엔진은 내부 실린더와 실린더헤드 배플들을 이용하여 냉각공기가 실린더의 모든 부분과 밀접하게 접촉하도록 해 준다. 그림 6-32는 실린더 주위의 배플과 디플렉터시스템을 보여 준다. 공기배플(air baffle)은 공기의 흐름을 막아 실린더와 디플렉터 사이를 순환시킨다. 그림 6-39는 실린더헤드를 냉각시키기 위해 고안된 배플과 디플렉터의 배치를 보여 준다. 공기배플은 공기가 실린더헤드에서 빠져나가는 것을 방지하고 헤드와 디플렉터 사이를 강제로 통과시킨다. 냉각공기가 지나갈 때 배플에 의해 저항이 있어 필요한 공기 흐름을 얻기 위해서는 엔진 전후에 적절한 압력 차이를 유지해야 하지만, 적절히 배치된 실린더 디플렉터를 이용하면 필요로 하는 냉각공기의 양은 크게 감소시킬 수 있다.

그림 6-37과 같이, 공기 흐름은 나셀에 이르게 되고 엔진 상부에 쌓여(piles up) 실린더 상단에 높은 압력이 생성되고 공기의 속도는 감소한다. 후방 카울링 하부 출구는 저압지대(low-pressure area)가 형성된다. 공기가 카울 출구에 가까워지면 다시 속도가 증가하며 기류와 부드럽게 합류된다. 엔진의 상부와 하부 사이의 압력차는 디플렉터에 의해 형성된 통로를 통하여 실린더를 지나가게 된다. 배플과 디플렉터는 보통 정기엔진점검 시에 검사하지만 어떤 목적에서든지 카울을 장탈 하였을 경우에는 반드시 점검해야 한다. 이때 균열, 움푹 패임(dent), 또는 고정 스터드(hold-down stud)가 느슨한지를 점검해야 한다. 심하게 균열이 있거나 움푹 들어가 있으면 수리하거나 장탈하고 교환해야 한다. 하지만 균열의 초기에는 스톱드릴(stop-drill)을 하거나, 움푹 들어간 부분을 바로잡을 수 있다. 이렇게 수리된 배플과 디플렉터는 더 사용할 수 있다.

6.6.6 실린더 온도지시시스템 (Cylinder Temperature Indicating System)

이 시스템은 보통 계기, 전기배선, 그리고 열전대(thermocouple)로 구성되어 있다. 배선은 계기와 나셀 방화벽 사이에 있다. 방화벽에 열전대 리드의 한쪽 끝이 전기배선으로 연결되고 다른 한쪽 끝은 실린더에 연결되어 있다. 열전대는 2개의 이질 금속, 보통 콘스탄탄(constantan)과 철(iron)으로 구성되어 있는데 배선으로 계기시스템과 연결되어 있다. 만약 접점(junction)의 온도가 이질 금속이 전선에 연결된 부분의 온도와 다를 때 전압이 발생된다. 이 전압은 전선을 통하여 계기로 전류를 보내는데, 교류측정기는 온도로 눈금이 새겨져 있다.

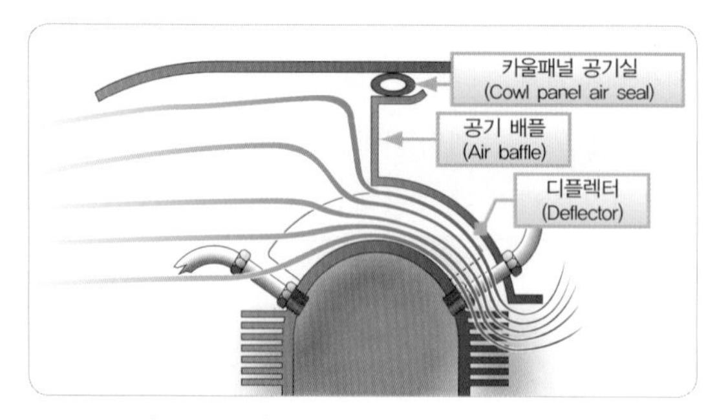

[그림 6-39] 실린더 헤드 배플과 디플렉터 (Cylinder head baffle and deflector system)

실린더에 연결되는 열전대 끝은 베이요넷형(bayonet type) 또는 개스킷형(gasket type)이다. 베이요넷형을 장착하기 위해서는 널 너트(knurled nut)

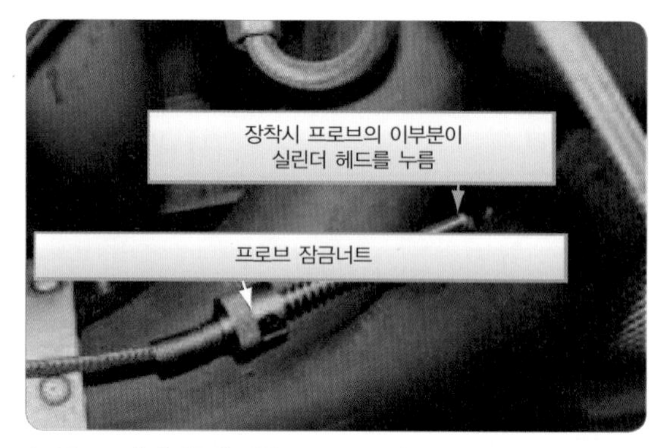

[그림 6-40] 베이요넷 타입 CHT 프로브(Bayonet type CHT probe)

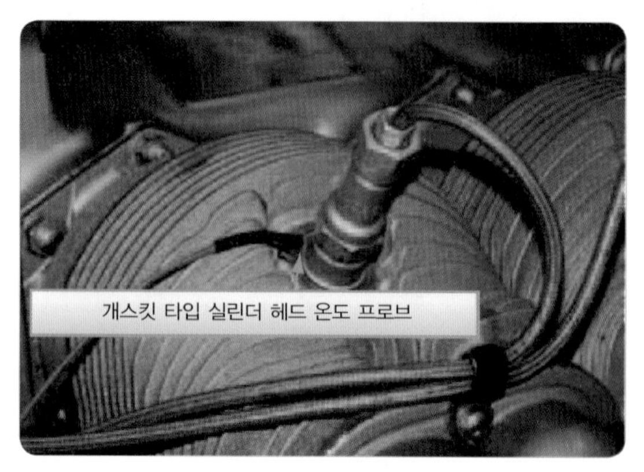

[그림 6-41] 개스킷 타입 CHT 프로브(Gasket type CHT probe)

를 누르고 딱 들어맞을 때까지 시계 방향으로 돌린다. [그림 6-40] 이것을 장탈하기 위해서는 너트를 누르고 반시계 방향으로 돌린다. 개스킷형은 점화플러그 아랫부분에 맞게 되어 있으며 통상적인 스파크 플러그 개스킷을 대신한다. [그림 6-41] 열전대 도선을 장착할 때, 너무 길다고 절단하지 말고 여분의 길이를 감아서 묶어 둔다. 열전대는 일정한 양의 저항 값을 발생하도록 설계되어 있다. 만약 도선의 길이가 짧아지면 잘못된 온도 판독결과가 나타나게 된다.

열전대의 베이요넷 또는 개스킷은 블록테스트에서 결정된 가장 뜨거운 실린더에 삽입하거나 장착한다. 열전대가 장착되고 배선으로 계기에 연결시켰을 때 나타난 눈금이 실린더의 온도이다. 엔진 작동 전에 열전대가 주위 공기 속에 있으므로 실린더헤드 온도계기는 외기 온도를 나타내게 되며, 이것으로 이 계기가 정확하게 작동하고 있는지를 알 수 있는 하나의 시험방법이다. 실린더헤드 온도 계기의 덮개 유리를 정기적으로 점검하여 유리가 원래 위치에서 이탈되었는지, 균열이 갔는지를 검사해야 한다. 덮개 유리에 있는 온도 제한치를 나타내는 표시가 없어졌거나 손상되었는지 점검해야 한다.

[그림 6-42] 배기 스택의 EGT 프로브
(EGT probe in exhaust stack)

만약 열전대 도선이 너무 길어서 감아서 묶어 두었다면, 이 묶은 곳이 풀리지 않았는지, 전선이 벗겨지지는 않았는지를 검사한다. 베이요넷 또는 개스킷은 깨끗하고 안전하게 장착되어 있는지를 검사해야 한다. 엔진을 작동시킬 때 실린더헤드 온도 지침이 떨린다면 모든 전기적인 연결 상태를 점검해야 한다.

6.6.7 배기가스 온도지시시스템 (Exhaust Gas Temperature Indicating Systems)

배기가스 온도지시계는 실린더 포트 바로 뒤의 배기가스가 지나가는 곳에 위치한 열전대로 이루어져 있다. [그림 6-42] 그런 다음 계기판의 계기에 연결되어 있다. 이렇게 해서 엔진 온도에 가장 큰 영향을 미치는 혼합기를 조절할 수 있게 해 준다. 이 계기를 이용해 혼합기를 조절하여 엔진 온도를 제어하고 감시할 수 있다.

07

프로펠러

Propellers

7 프로펠러

Propellers

7.1 일반(General)

엔진의 출력을 흡수하는 장치인 프로펠러는 수많은 개발 단계를 거쳐 왔다. 대부분 프로펠러는 깃(bladed)이 2개인 것이 사용되는데, 더 큰 출력을 얻기 위해 4개 또는 6개의 형태가 사용하기도 한다. 그러나 모든 프로펠러 추진 항공기는 프로펠러(Propeller)가 회전할 수 있는 분당 회전수(RPM)의 제한을 받는다.

프로펠러가 회전할 때 프로펠러에 작용하는 몇 가지 힘이 있는데, 주된 힘은 원심력(Centrifugal Force)이다. 높은 분당 회전수로 회전할 때 원심력은 깃(Blade)을 중심축에서 바깥 방향으로 당기는 경향이 있는데, 프로펠러의 설계에 있어서 깃의 무게는 매우 중요하다. 과도한 깃 끝 속도(너무 빠른 프로펠러 회전속도)는 깃의 효율(Blade Efficiency) 감소뿐 아니라 플러터(Fluttering)와 진동(Vibration)을 초래한다. 프로펠러 회전속도의 제한으로 프로펠러 추진 항공기의 속도는 약 400 mph로 제한된다. 그래서 항공기 속도 증가 추세에 따라, 터보팬엔진이 고속항공기에서 사용되었다.

프로펠러 추진 항공기는 여러 장점을 가지고 있어, 터보프롭엔진과 왕복엔진에 광범위하게 적용되고 있다. 짧은 이륙/착륙과 적은 비용은 가장 큰 장점이다. 새로운 재질의 깃 적용과 제작 기술의 발전은 프로펠러의 효율을 증가시켜 왔다. 많은 소형항공기에서의 프로펠러 사용은 앞으로도 지속될 것이다.

(그림 7-1)에서는 간단한 고정 피치식 깃이 두 개인 목재프로펠러(2-bladed Wooden Propeller)의 주요 명칭을 보여 주고 있다. (그림 7-2)는 깃의 특정 부분의

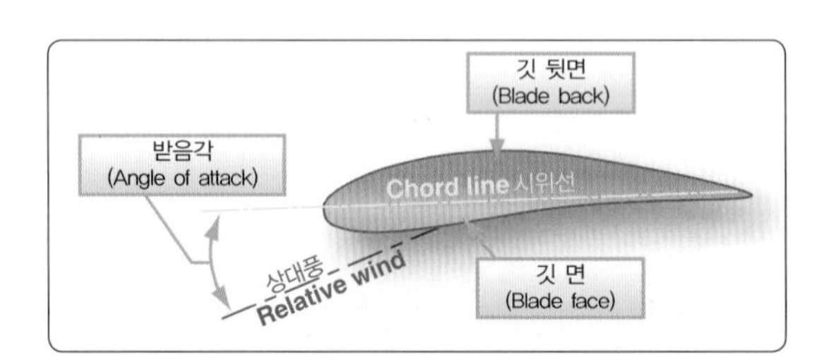

[그림 7-2] 프로펠러 깃 단면 (Cross-sectional area of a propeller blade airfoil)

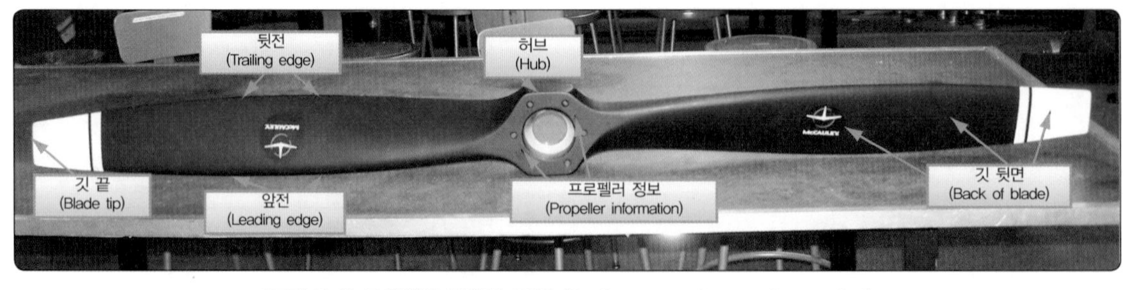

[그림 7-1] 프로펠러 부위별 명칭 (Basic nomenclature of propeller)

명칭을 보여 주는 공기역학적인 단면도이다.

특정한 항공기 장치, 속도, 임무에 따라 많은 형식의 프로펠러장치가 개발되었다. 추진 장치가 발전함에 따라 프로펠러의 개발에도 많은 변화를 가져왔다. 우포와 목재(Fabric-covered Sticks)로 된 첫 번째 프로펠러는 후방으로 공기를 밀어내도록 제작되었다.

프로펠러는 깃이 두 개인 간단한 목재프로펠러로부터 시작되었고 터보프롭 항공기의 복잡한 추진 장치로 개선되었다. 더 커지고 복잡해진 프로펠러를 작동하기 위해 가변피치(Variable-pitch), 정속구동(Constant-speed), 페더링 프로펠러장치(Feathering Propeller System), 역피치 프로펠러장치(Reversing Propeller System)가 개발되었다. 이러한 장치(System)들은 서로 다른 비행 조건에서도 약간의 엔진 회전수 변화로 가능하게 하며, 비행 효율을 증가시킨다.

기본적인 정속구동장치는 엔진 회전속도가 일정하게 유지되도록 깃의 피치 각을 조절하는 평형추가 장착된 조속기장치(Counterweight-equipped Governor Unit)로 구성되어 있다. 원하는 깃 각(Blade Angle)의 설정하고 원하는 엔진 운전 속도를 얻을 수 있도록 조종석에서 조속기를 조절할 수 있다. 예를 들어, 저피치(Low-pitch), 높은 회전수(High RPM) 설정은 이륙 시에 필요하며 비행 중에는 고피치(High-pitch)와 낮은 회전수(Low RPM) 설정이 필요하다. (그림 7-3)에서는 저피치, 고피치, 엔진 고장 시 항력을 줄이기 위해 사용하는 페더링(Feather), 그리고 '0' 피치(Zero Pitch)에서 '–' 피치(Negative Pitch) 또는 역피치(Reverse Pitch) 등의 여러 위치로 프로펠러가 움직이는 것을 나타낸다.

7.2 프로펠러 기본원리 (Basic Propeller Principles)

항공기 프로펠러는 2개 이상의 깃과 깃이 부착되는 중심 허브로 구성된다. 항공기 프로펠러 각각의 깃은 기본적으로 회전 날개(Rotating Wing)이다.

프로펠러 깃은 대기 중에서 비행기를 끌어당기거나 밀어주는 추력을 발생시킨다. 프로펠러 깃을 회전시키는 데 필요한 동력은 엔진이 제공한다. 프로펠러는 저마력 (Low-horsepower) 엔진에서는 크랭크축의

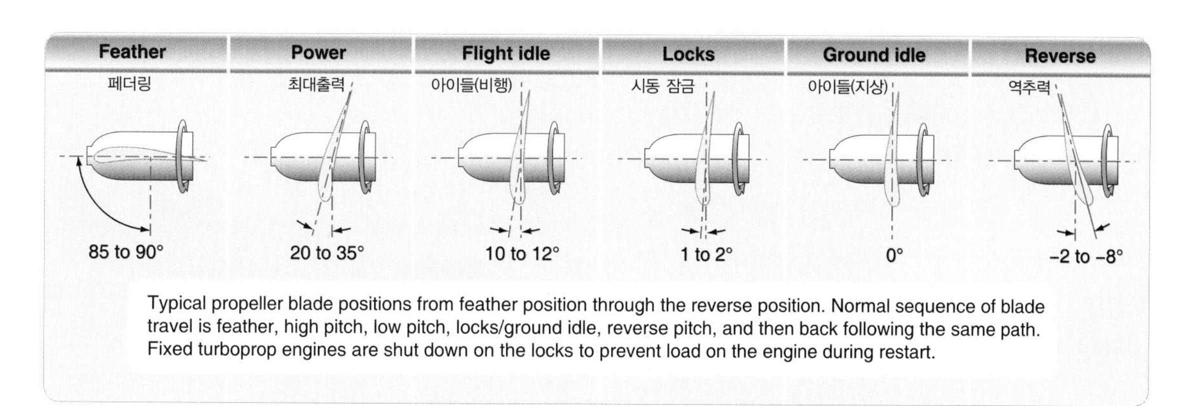

[그림 7-3] 범위별 프로펠러 위치(Propeller range positions)

연장 축에 직접 장착되고, 고마력(High-horsepower) 엔진에서는 엔진 크랭크축과 맞물린 감속기어의 프로펠러축에 장착되어 있다. 어느 경우든 엔진은 프로펠러를 고속으로 회전시킴으로써 엔진의 회전력(Rotary Power)을 추력(Thrust)으로 변환시킨다.

7.3 프로펠러 공기역학 (Propeller Aerodynamic Process)

공기를 통과하며 움직이는 비행기는 전진 운동에 저항하는 항력(Drag)을 만들어 낸다. 수평 경로로 비행하고 있다면, 항력과 같은 전진 방향으로 작용하는 힘이 주어지는데 이를 추력(Thrust)이라 한다. 추력에 의해 이루어지는 일은 추력에 움직인 거리를 곱한 값이다.

$$Work = Thrust \times Distance$$

동력은 추력에 비행기가 움직이는 속도를 곱한 것이다.

$$Power = Thrust \times Velocity$$

만약 동력을 마력 단위로 측정한다면, 추력으로서 소비된 동력은 추력마력(Thrust Horsepower)이라고 부른다. 엔진은 회전축을 통하여 제동마력(Brake Horsepower)을 공급하고, 프로펠러는 추력마력으로 변환시킨다. 이 변환 과정에서, 약간의 동력이 손실된다. 최대효율을 위해서 프로펠러는 가능한 한 최소의 손실이 발생하도록 설계되어야 한다. 어떤 기계장치의 효율은 입력출력(Power Input)에 대한 유효출력(Useful Power Output)의 비이기 때문에, 프로펠러 효율(Propeller Efficiency)은 제동마력(Brake Horsepower)에 대한 추력마력(Thrust Horsepower)의 비이다. 프로펠러 효율의 비의 부호는 그리스 문자로 η(Eta) 이다. 프로펠러 효율은 얼마나 많은 프로펠러 슬립(Propeller Slip)이 있느냐에 따라서 50~87%까지 다양하다. 피치(Pitch)는 깃 각(Blade Angle)과 다르지만 깃 각에 의해 결정되기에, 두 가지 용어는 가끔 혼용하여 사용된다. 하나의 증가와 감소는 보통 다른 하나의 증가와 감소에 관계가 있다.

(그림 7-4)에서 보는 바와 같이, 프로펠러 슬립(Propeller Slip)은 프로펠러의 기하피치(Geometric Pitch)와 유효피치(Effective Pitch) 사이의 차를 말한다. 기하피치는 프로펠러 슬립 없이 1회전 하는 동안에 전진하는 거리이고, 유효피치는 실제 전진 거리이다. 다시 말하면 기하피치는 미끄러짐이 없는 이론적인 개념이다. 실측피치 또는 유효피치는 공기 중에서 프로펠러 슬립을 고려한 것이다.

$$Geometric\ Pitch - Effective\ Pitch = Slip$$

기하피치(GP)는 피치 인치(Pitch-inch)로 나타내고, 다음의 공식으로 계산한다.

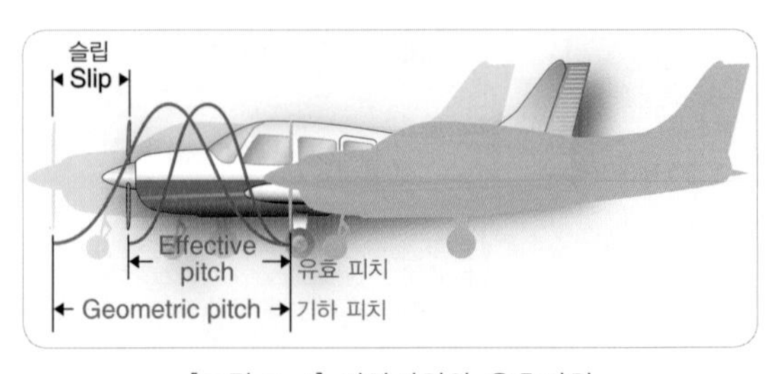

[그림 7-4] 기하피치와 유효피치 (Effective pitch and geometric pitch)

$$GP = 2 \times \pi R \times tangent\ of\ blade\ angle\ at\ 75[\%]\ station$$

$$R = Radius\ at\ the\ 75[\%]\ blade\ station$$

(그림 7-5)에서와 같이, 깃 각과 프로펠러 피치는 밀접한 관계가 있지만, 깃 각은 특정 깃 단면의 정면(Face of Blade Section) 또는 깃 시위(Chord)와 프로펠러의 회전면(Plane in Propeller Rotate) 사이의 각도이다. 일반적으로는 깃 각은 깃 시위선(Blade Chord Line)과 회전면(Plane of Rotation) 사이의 각을 나타낸다. 프로펠러 깃의 시위선은 에어포일의 시위선과 같은 방식으로 정해진다. 실제로 프로펠러 깃의 시위선은, 구역에 따라서는 폭이 축소된 형태로, 무한한 개수의 얇은 깃 요소들의 조립체로 가정할 수 있다. 대부분의 프로펠러는 평평한 깃 면을 갖기 때문에, 시위선은 프로펠러 깃 면을 따라 그려진다.

전형적인 프로펠러 깃은 고르지 않은 평면 기반(Irregular Planform)에 뒤틀린 에어포일(Twisted Airfoil)로 설명할 수 있다. (그림 7-6)에서는 프로펠러 깃의 두 방향에서의 모양을 보여준다. 깃은 허브의 중심으로부터 인치(inch) 단위로 번호가 정해진 구역으로 나뉜다. (그림 7-6)의 오른쪽에서 에어포일에 6인치(inch)마다 깃의 구역이 나뉜 단면도를 보여 준다. 또한 깃 생크(Blade Shank)와 깃 버트(Blade Butt)도 나타낸다.

깃 생크는 프로펠러 허브 근처의 두껍고 둥근 부분으로, 깃에 강도(Strength)를 주도록 설계되었다. 깃 뿌리(Blade Root)라고도 하는 깃 버트는 프로펠러 허브에 조립되는 깃의 한쪽 끝 부분이다. 깃 끝(Tip)은 허브로부터 가장 먼 부분으로 일반적으로 깃의 마지막 6인치 부분이다.

(그림 7-7)에서는 전형적인 프로펠러 깃의 단면을 보여준다. 깃의 단면은 항공기 날개의 단면과 대등하다. 깃 등(Blade Back)은 항공기 날개의 윗면과 유사하게 캠버 또는 곡면으로 되어 있다. 깃 면은 프로펠러 깃의 평평한 쪽이다. 시위선은 앞전(Leading Edge)에서 뒷전(Trailing Edge)까지 깃을 통과하는 가상선(Imaginary Line)이다. 앞전은 프로펠러가 회전할 때 공기와 부딪치는 깃의 두꺼운 가장자리(Thick Edge)

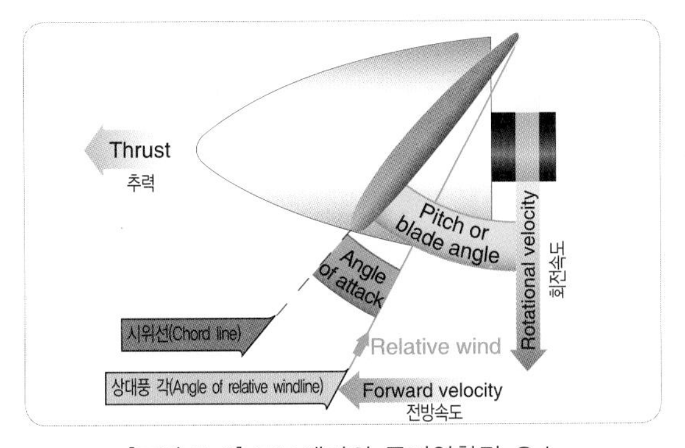

[그림 7-5] 프로펠러의 공기역학적 요소
(Propeller aerodynamic factors)

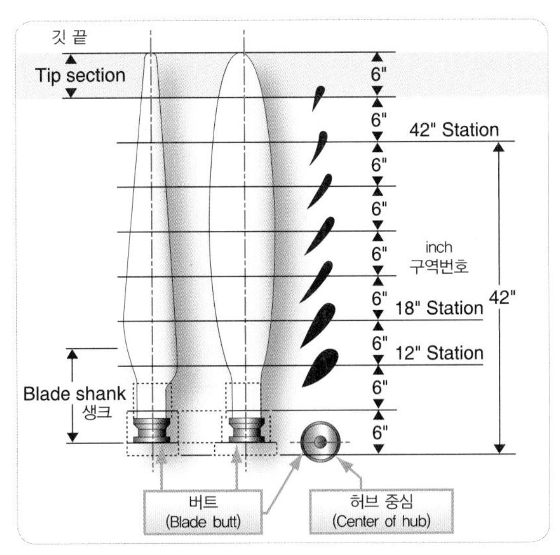

[그림 7-6] 프로펠러 깃의 구성
(Typical propeller blade elements)

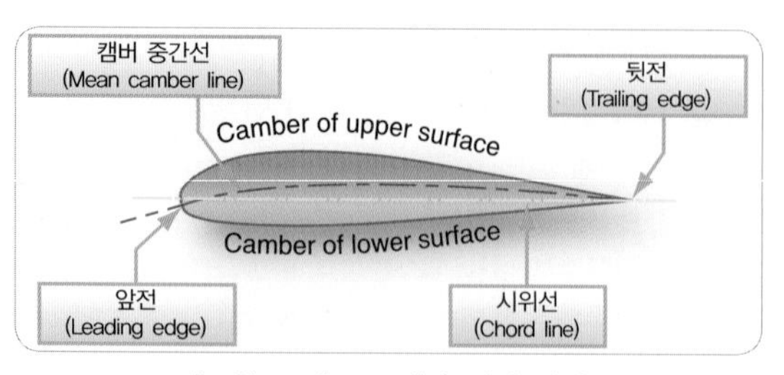

[그림 7-7] 프로펠러 깃의 단면
(Cross-section of a propeller blade)

이다.

회전하는 프로펠러는 원심 비틀림력(Centrifugal Twisting), 공력 비틀림력(Aerodynamic Twisting), 토크 굽힘력(Torque Bending), 추력 굽힘력(Thrust Bending)이 작용한다. (그림 7-8)에서는 회전하는 프로펠러에 작용하는 힘들을 보여 준다. (그림 7-8A)에서와 같이, 원심력(Centrifugal Force)은 회전 프로펠러 깃을 중심축(Hub)으로부터 이탈시키려 하는 물리적 힘이다. 원심력은 프로펠러에서 가장 큰 영향을 미친다. (그림 7-8B)의 토크 굽힘력은 반대 방향의 공기저항(Air Resistance)으로 회전하는 프로펠러 깃을 굽히려는 경향이 있다. (그림 7-8C)의 추력 굽힘력은 추력하중(Thrust Load)으로 항공기가 공기를 끌어당길 때 전진 방향 쪽으로 프로펠러 깃을 굽히려는 경향이 있다. (그림 7-8D)의 공력 비틀림력은 높은 깃 각으로 깃을 돌리려는 경향이 있다. (그림 7-8E)의 원심 비틀림력(공력 비틀림력 보다 더 큰 힘)은 낮은 깃 각으로 깃에 힘을 가하려는 경향이 있다.

프로펠러 깃에 작용하는 이 힘들 중 최소한 2 가지는 가변피치 프로펠러(Controllable Pitch Propeller)에서 깃을 움직이는 데 사용된다. 원심 비틀림력(Centrifugal Twisting)은 저피치 위치로 깃을 움직이지만, 공력 비틀림력(Aerodynamic Twisting)은 고피치 위치로 깃을 움직인다. 이 힘들은 새로운 피치 위치로 깃을 움직이는 1차 힘, 또는 2차 힘이 될 수 있다. 프로펠러는 원심력과 추력에 의해 중심축 가까이에서 발생하는 큰 응력을 견뎌야 한다. 이 응력은 분당 회전수에 정비례하여 증가한다. 깃 면 역시 원심력에 의한 인장력과 굽힘에 의한 추가 장력의 영향을 받는다. 이러한 이유로 깃의 찍힘(Nicks) 또는 긁힘(Scratches)으로 심각한 상황에 처할 수 있으며 균열과 손상으로 진행될 수도 있다.

또한 프로펠러는 고진동(High Frequency)으로 엔진 크랭크축에 직각을 이루는 깃 끝 주위에 앞쪽과 뒤쪽으로 뒤틀리는 현상, 즉 진동의 일종인 플러터(Fluttering)를 방지하기에 충분한 강도를 가져야 한다. 특이한 소음을 동반하는 플러터는 가끔 배기소음

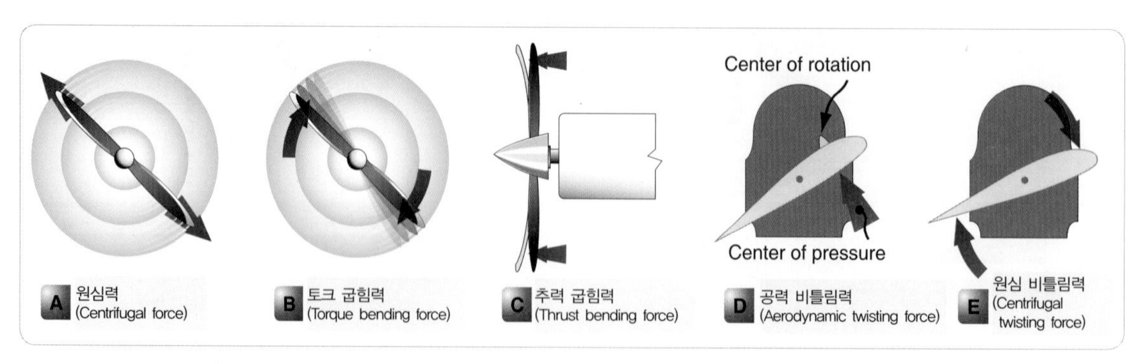

[그림 7-8] 회전 프로펠러에 작용하는 힘(Forces acting on a rotating propeller)

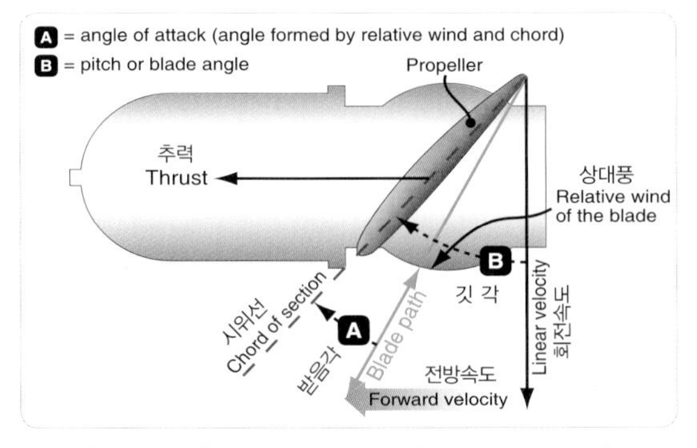

[그림 7-9] 프로펠러 작용 힘(Propeller forces)

으로 착각되는 경우가 있다. 지속적인 진동은 깃을 약화시키고 결국에는 파손의 원인이 된다.

7.3.1 공기역학적인 힘(Aerodynamic Factors)

프로펠러의 작용을 이해하기 위해서는 우선적으로 프로펠러의 움직임 중 회전 운동과 전진 운동 모두를 고려해야 한다. (그림 7-9)에서는 프로펠러 힘의 벡터로 아래 방향과 전방으로 움직이는 프로펠러 깃의 구역을 나타낸다. 힘이 관련되는 한 깃이 정지 상태이고 경로의 반대 방향에서 공기가 유입된다면 결과는 없는 것이나 마찬가지이다. 즉 상대풍이 프로펠러 깃에 부딪치는 지점에서의 각도를 받음각(AOA, Angle of Attack)이라고 한다. 받음각에 따른 공기의 변형으로 인해 프로펠러 깃의 엔진 쪽에서 대기압보다 더 높은 동압을 발생시켜, 추력을 발생시킨다.

깃의 모양 또한 날개와 같은 모양을 가지기 때문에 추력을 발생시킨다. 공기 흐름이 프로펠러를 지나갈 때, 깃 한쪽의 압력은 다른 쪽의 압력보다 더 낮다. 날개에서처럼 압력의 차이는 더 낮은 압력 쪽으로 반동 힘을 발생시킨다. 날개의 상면은 압력이 낮고, 양력은 위쪽 방향으로 향한다. 낮아진 압력의 영역은 수평 위치 대신에 수직 위치에 부착된 프로펠러의 앞쪽이고, 힘 즉 추력은 프로펠러 전방으로 작용한다. 공기역학적으로 추력은 프로펠러 형상과 깃의 받음각의 결과이다.

추력을 분석하기 위한 또 다른 방법은, 통과하는 공기의 질량 관점에서 생각해 보는 것이다. 추력은 처리된 공기의 질량(Mass of Air)과 후류 속도(Slipstream Velocity)에서 비행기의 속도(Airplane Velocity)를 뺀 값을 곱한 것과 같다. 따라서 추력을 발생시키기 위해 소비된 동력은 초당 통과하는 공기의 질량(Mass of Air moved per second)에 따라 결정된다.

평균적으로 추력은 토크(Torque), 즉 프로펠러에 의해 흡수된 총 마력(Total Horsepower absorbed by the Propeller)의 거의 80%를 차지한다. 나머지 20%는 마찰과 미끄러짐으로 소모된다. 어떤 회전속도에서도 프로펠러에 흡수된 마력은 엔진에서 공급된 마력(Horsepower delivered by Engine)과 균형을 이룬다. 프로펠러의 1회전 동안 움직일 때 공기의 질량(Amount of Air displaced)은 깃 각에 따라 결정된다. 그러므로 깃 각을 조절하는 것은 프로펠러 부하(Load on the Propeller)를 조절하고 엔진 회전수를 제어하는 좋은 방법이다.

만약 깃 각을 크게 하면 엔진에 부하가 증가하지만, 동력을 증가시키지 않으면 회전속도는 감소되는 경향이 생긴다. 에어포일이 공기 중을 통과할 때 양력과 항력을 발생시킨다. 프로펠러 깃 각 증가는 받음각을 증가시키고 더 큰 양력과 항력의 증가를 가져와 주어진 회전수에서 프로펠러를 회전하는 데 필요한 마력을 증가시킨다. 엔진이 계속해서 같은 마력을 생산하고 있기 때문에 프로펠러는 감속된다. 만약 깃 각이 감소되면, 프로펠러 속도는 증가한다. 그러므로 엔진 회전수는 깃 각의 증가 또는 감소에 의해 조절된다. 깃 각의 조절은 프로펠러 받음각 조정을 위한 좋은 방법이다.

정속 프로펠러(Constant-speed Propeller)에서 깃 각은 모든 엔진 속도와 비행 속도에서 반드시 가장 효율적인 받음각(AOA)이 되도록 조정되어야 한다. 날개에서와 마찬가지로 프로펠러에 대한 양항곡선(Lift vs. Drag Curve)에서도 가장 효율적인 받음각(AOA)은 +2° 에서 +4° 사이인 것을 알 수 있다. 이 받음각을 유지하는 데 필요한 실제 깃 각은 비행기의 진행 속도에 조금의 변화가 있다. 이는 항공기 속도의 변화에 따라 상대풍의 방향이 변하기 때문이다.

고정피치(Fixed-pitch) 프로펠러와 지상조정(Ground-adjustable) 프로펠러는 1회전과 전진 속도에서 가장 좋은 효율을 내도록 설계되었다. 즉, 주어진 비행기와 엔진의 결합에 맞도록 설계되었다. 프로펠러는 이륙, 상승, 순항, 그리고 고속에서 최대 프로펠러 효율을 내도록 만들어졌기 때문에, 이들 상황이 어떻게 변해도 프로펠러와 엔진의 효율을 낮추는 결과를 가져온다.

그러나 정속 프로펠러는 비행 중 발생하는 어떤 상황에서도 최대효율을 내도록 깃 각을 조절한다. 이륙하는 동안 최대출력과 추력이 요구될 때, 정속 프로펠러는 작은 프로펠러 깃 각(Low Propeller Blade Angle), 또는 저피치(Low-pitch)를 유지한다. 작은 날개깃 각은 상대풍에 대하여 작고 효율적인 받음각을 유지하면서 프로펠러 1회전당 더 적은 질량의 공기를 처리하게 한다. 적은 하중(Light Load) 때문에 엔진은 고회전(High RPM)하게 되고, 주어진 시간에 많은 양의 연료를 열에너지로 변환하여 최대추력을 발생시킨다. 비록 회전수당 적은 질량의 공기를 처리하지만, 엔진 회전수와 프로펠러를 지나가는 후류 속도는 높고, 낮은 비행기 속도에서 추력은 최대가 된다.

이륙 후, 비행기의 속도가 증가하면 정속 프로펠러는 더 큰 각도(Higher Angle) 또는 더 높은 피치(Higher Pitch)로 변한다. 더 큰 깃 각은 상대풍에 대해서 작고 효율적인 받음각(Small AOA)을 유지한다. 더 큰 깃 각은 회전수당 처리된 공기의 질량(Mass of Air)을 증가시키고, 연료소비량과 엔진의 마모를 줄이고, 엔진 회전수를 감소시켜 추력을 최대로 유지한다.

이륙 후 상승 과정에서는, 엔진의 출력은 매니폴드 압력 감소와 적은 회전수에 의한 깃 각의 증가로 상승 동력은 줄게 된다. 따라서 감소된 엔진 동력에 따라 토크(프로펠러에서 흡수하는 마력)도 줄어든다. 받음각(AOA)은 깃 각의 증가에 따라 다시 작게 유지된다. 그렇지만 초당 처리된 공기 질량의 증가는 낮아진 후류 속도와 증가된 대기속도에 의해 상쇄된 분량보다 더 많게 된다.

비행기가 수평비행 중인 순항고도에서는 이륙 또는 상승할 때보다 더 낮은 동력이 요구되는데, 매니폴드 압력 감소와 회전수 감소로 깃 각이 커짐에 따라 엔진 동력은 다시 감소한다. 다시 감소된 토크는 엔진 동력의 감소로 이어지고, 비록 회전당 통과하는 공기의 질량이 더 증가하더라도, 후류 속도의 감소와 대기 속도의 증가에 의해 상쇄되는 부분이 더 많다. 깃 각이 대기 속도의 증가로 증가되었기 때문에 받음각은 여전히 작다. 깃의 각 부분을 지나는 속도의 차이가 심하기 때문에 깃의 생크(Shank)에서 깃 끝(Tip)까지의 피치 분포(Pitch Distribution)도 비틀린 상태가 된다. 깃의 끝이 깃의 안쪽 부분보다 더 빠르게 회전한다.

7.3.2 프로펠러 조정 및 계기 (Propeller Controls and Instruments)

고정피치 프로펠러는 비행 중 조정 기능이 없으며 어떠한 조절도 되지 않는다. (그림 7-10)에서와 같이, 정속 프로펠러의 프로펠러 컨트롤(Propeller Control)은 중앙 페데스탈 계기판(Center Pedestal Panel)에서 스로틀 컨트롤(Throttle Control)와 혼합비 컨트롤(Mixture Control) 사이에 위치한다.

조종장치에는 두 개의 위치가 있어 전방으로 밀면(Full Forward) 회전수가 증가하고 후방으로 당기면(Pulled Aft) 회전수가 감소한다. 이 조종장치는 프로펠러 조속기(Propeller Governor)에 직접 연결되어 있고, 조종장치를 이동함으로써 조속기 조절 스프링(Governor Speeder Spring)의 장력을 조절한다. 일부 항공기에서는 조종장치를 최소 회전수 위치로 옮김(Full Decreasing)으로써 프로펠러를 수평으로 페더링(Feathering)할 때 사용된다.

정속 프로펠러에서 사용하는 주 계기 2 개는 엔진 회전속도계(Tachometer)와 매니폴드압력계(Manifold Pressure Gauge)이다. 분당 회전수(RPM)는 프로펠러 조종장치(Propeller Control)에 의해, 매니폴드압력은 스로틀(Throttle)에 의해 제어된다.

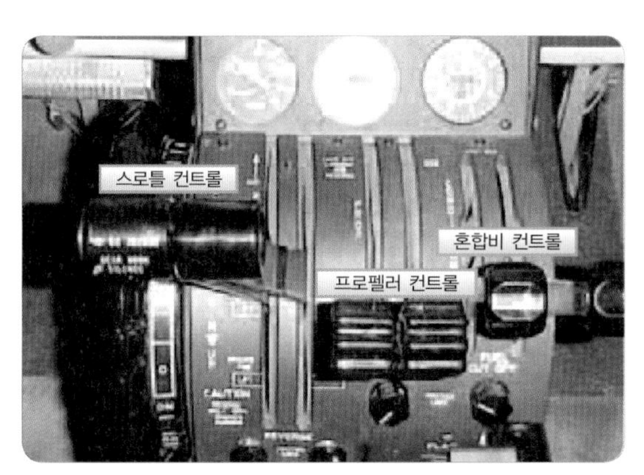

[그림 7-10] 터보프롭 프로펠러 컨트롤 (Turboprop propeller controls)

7.4 프로펠러의 위치(Propeller Location)

7.4.1 견인식 프로펠러(Tractor Propeller)

견인식 프로펠러(Tractor Propeller)는 지지 구조의 앞쪽에 있는 구동축의 상부 끝단에 부착된다. 대부분의 항공기는 견인식 프로펠러를 구비한다. 견인식 프로펠러의 주요 장점은 주변 공기의 방해를 받지 않고 회전함으로 응력을 적게 받는다는 것이다.

7.4.2 추진식 프로펠러(Pusher propellers)

추진식 프로펠러(Pusher Propeller)는 지지 구조의 뒤쪽에 있는 구동축의 하부 끝단에 부착된다. 추진식 프로펠러에는 고정식과 가변식 피치 프로펠러가 있다. 수상기 또는 수륙양용기는 다른 종류의 항공기보다 더 큰 비율의 추진식 프로펠러를 사용해 왔다. 지상에 착륙하는 항공기는 프로펠러와 지상간의 간격(Propeller-to-ground Clearance)이 프로펠러와 바닷물간의 간격(Propeller-to-water Clearance)보다 더 적기 때문에 추진식 프로펠러가 견인식 프로펠러보다 손상 가능성이 더 크다. 바퀴에 의해 뒤로 밀어내는 암석, 자갈, 그리고 작은 이물질은 추진식 프로펠러 쪽으로 향하여 날아가 손상을 입힌다. 선체에 의해 발생하는 물보라가 프로펠러에 손상을 주기 쉽기 때문에 추진식 프로펠러는 손상 방지를 위해 날개 뒤쪽 윗부분에 장착된다.

7.5 프로펠러의 형식(Types of Propellers)

가장 간단한 프로펠러는 고정피치(Fixed-Pitch) 프로펠러와 지상조정(Ground-adjustable) 프로펠러이다. 그리고 가변피치식(Controllable-pitch System), 복합정속식(Complex Constant Speed System) 그리고 자동식(Automatic System) 등으로 발전해 왔다.

7.5.1 고정피치 프로펠러 (Fixed-pitch Propeller)

(그림 7-11)에서와 같이, 고정피치(Fixed-pitch) 프로펠러는 한 몸체로 만들어지며 제작 시 일정한 피치가 정해진다. 고정피치 프로펠러는 보통 2개의 블레이드로 되어 있으며 목재(Wood) 또는 알루미늄 합금(Aluminum Alloy)으로 만들어지고 소형항공기에 널리 사용된다. 고정피치 프로펠러는 1회전으로 최상의 효율과 전진 속도를 내도록 설계되었으며, 저출력, 저속력, 적은 항속거리, 낮은 고도용 항공기에 사용되며, 비용이 적게 들고, 운영이 간단한 장점이 있다. 그리고 비행 중에도 프로펠러 조정을 필요로 하지 않는다.

[그림 7-11]고정피치 프로펠러(Fixed-pitch propeller)

7.5.2 시험용 프로펠러(Test Club Propeller)

(그림 7-12)에서와 같이, 시험용 프로펠러(Test Club Propeller)는 왕복엔진의 시험과 시운전에 사용된다. 시운전 동안 엔진에 정확한 양의 하중(Correct Amount of Load)을 주기 위해 제작되었다.

여러 개의 깃(Multi-blade)을 가진 프로펠러를 설계할 때는 시험하는 동안 여분의 냉각공기 흐름(Cooling Air Flow)도 준비한다.

7.5.3 지상조정 프로펠러 (Ground-adjustable Propeller)

지상조정(Ground-adjustable) 프로펠러의 피치 또는 깃 각의 변경은 지상에서 프로펠러가 돌아가고 있지 않을 때만 가능하며, 조정은 블레이드를 고정하는 클램핑 메커니즘(Clamping Mechanism)을 풀어야만 가능하다. 그리고 지상조정 프로펠러는 최근에는 많이 사용되지 않는다.

[그림 7-12] 시험용 프로펠러(Test club)

7.5.4 가변피치 프로펠러 (Controllable-pitch Propeller)

가변피치(Controllable-pitch) 프로펠러는 프로펠러가 회전하고 있는 동안, 깃 피치(Blade-pitch) 또는 깃 각(Blade-angle)을 변경할 수 있다. 이를 통해 프로펠러는 특정 비행 조건에서 최상의 성능을 제공하는 깃 각(blade angle)을 사용할 수 있다. 피치 위치의 단계 수는 2 단 가변(Two-position Controllable) 프로펠러와 같이, 피치위치의 수가 제한될 수 있거나, 또는 주어진 프로펠러의 최소 및 최대 피치 설정 사이의 임의의 각도로 피치가 조정될 수 있다.

가변피치(Controllable-pitch) 프로펠러는 특수한 비행 조건에서도 요구된 엔진 회전수를 얻는 것은 가능하나, 이 형식의 프로펠러를 정속 프로펠러와 혼동하지 말아야 한다. 조종사가 직접 프로펠러 깃 각을 변경해야 한다. 프로펠러 개발이 진행되면서 조속기(Governor)를 사용하는 정속 프로펠러로 이어진다.

7.5.5 정속 프로펠러 (Constant-speed Propellers)

엔진 부하의 변화로 인해 항공기가 상승할 때는 프로펠러 회전이 늦어지고, 반대로 하강 시 항공기 속도가 증가하면 프로펠러 회전이 빨라지는 경향이 있다. 프로펠러 효율을 유지하기 위해서는 가능하면 회전속도가 일정해야 하는데, 프로펠러 조속기를 이용하면 프로펠러 피치를 증가 또는 감소하여 엔진 속도를 일정하게 할 수 있다. 항공기가 상승할 때는 엔진 속도가 감소되지 않도록 프로펠러 깃 각을 감소시킨다. 엔진은 스로틀이 변하지 않는 이상 출력을 그대로 유지할 수 있다. 또한 항공기가 하강할 때는 과속되지 않을 정도로 프로펠러 깃 각이 증가하면서 엔진의 출력을 유지하고, 동일한 스로틀 세팅을 유지한다. 스로틀 세팅이 변화하면 출력(엔진 RPM 변화 아님)도 같이 변화한다. 조속기가 제어하는 정속 프로펠러(Governor-controlled, Constant-speed Propeller)는 깃 각을 자동적으로 변화시켜, 엔진 분당 회전수(RPM)을 일정하게 유지하게 한다.

어느 한 유형의 피치변환장치(Pitch-changing Mechanism)는 오일 압력(Oil Pressure)으로 작동되며, 피스톤 및 실린더 배열(Piston-and-cylinder Arrangement)을 사용한다. 피스톤이 실린더를 움직이거나 실린더가 피스톤의 위치를 움직일 수 있다. 여러 가지 형태의 기계적인 연결로 피스톤이 직선 운동하면, 이 직선운동을 회전 운동으로 변화시켜 깃 각을 변화시킬 수 있다. 깃의 버트(Butt)를 회전시키는 가변피치 기계장치와는 기어를 통하여 기계적인 연결을 할 수 있다. (그림 7-13)은 오일 압력으로 작동되는 유압 피치변환장치의 한 유형이다.

대부분의 경우 엔진 윤활 시스템으로부터의 오일 압력으로 여러 형태의 유압식 피치변환장치(Hydraulic Pitch-changing Mechanism)를 작동시킨다. 엔진 윤활시스템의 엔진 오일 압력은 프로펠러를 움직이는 조속기 작동과 맞게 통상 펌프로 가압된다. 높은 오일 압력(약 300 psi)에는 피치 변화가 빠르다. 조속기는 오입 압력을 유압식 피치변환장치에 직접 보낸다.

유압식 피치변환장치를 제어하는 조속기는 엔진 크랭크축과 기어로 연결되며 엔진 RPM 변화에 민감하다. 엔진 RPM이 조속기 세팅 값 이상으로 증가하면 조속기는 프로펠러 피치변환장치를 움직여 높은 깃 각이 되게 한다. 그러나 깃 각의 증가는 엔진 부하를 높이게 되고 결국 RPM은 낮아진다. 엔진 RPM이 조속기 세팅 값 이하로 감소하면 조속기는 프로펠러 피치 변환장치를 움직여 낮은 깃 각이 되게 한다. 그리고 깃 각의 감소는 엔진 부하를 낮추게 하여 결국 RPM은 높아진다. 이러한 원리가 프로펠러 조속기로 하여금 엔진 RPM을 일정하게 유지하게 하는 것이다.

정속 프로펠러(Constant-speed Propeller) 시스템에서는, 조종사의 지시 없이도, 특정 엔진에서 사전에 정해진 RPM을 유지하기 위하여 조속기를 사용하여 프로펠러 조정 범위 내에서 피치를 제어한다. 예를 들어, 엔진의 RPM이 증가하여 과속 상태가 발생하면 프로펠러는 감속할 필요가 있다. 그러면 시스템에서 엔진 RPM이 재조정될 때까지 자동으로 프로펠러 깃 각을 증가시킨다. 좋은 정속 프로펠러 시스템은 엔진 RPM의 조그만 변화에도 실질적으로 반응을 하여 일정한 RPM이 유지되게 한다.

[그림 7-12] 시험용 프로펠러(Test club)

각 정속 프로펠러(Constant-speed Propeller)는 조속기로 부터의 오일 압력에 반하는 반대의 힘을 가지며, 평형추가 장착된 깃을 회전면에서 높은 피치 방향으로 움직이게 한다. (그림 7-13) 그리고 피치를 높이는 방향으로 움직이게 하는 다른 힘에는 오일 압력(Oil Pressure), 스프링 그리고 공력 비틀림(Aerodynamic Twisting) 모멘트가 있다.

7.5.6 프로펠러의 페더링 (Feathering propellers)

프로펠러의 페더링(Feathering)은 다발 항공기에서 하나 이상의 엔진이 고장 난 상황에서 프로펠러의 항력을 최소로 줄이기 위한 필수 기능이다. 페더링은 다발 항공기에서 사용하는 정속 프로펠러의 하나로, 피치를 약 90°로 변경할 수 있는 기계장치를 갖고 있다. 통상 엔진이 프로펠러를 돌리기 위한 동력을 생산하지 못하면 프로펠러를 페더링 시킨다. 프로펠러 깃을 회전시켜 비행 방향과 평행하게 하면, 항공기에 가해지는 항력이 훨씬 감소된다. 프로펠러 깃을 공기흐름과 평행하게 함으로써 프로펠러 회전을 정지하거나 최소한의 윈더밀링(Windmilling)으로 유지할 수 있다.

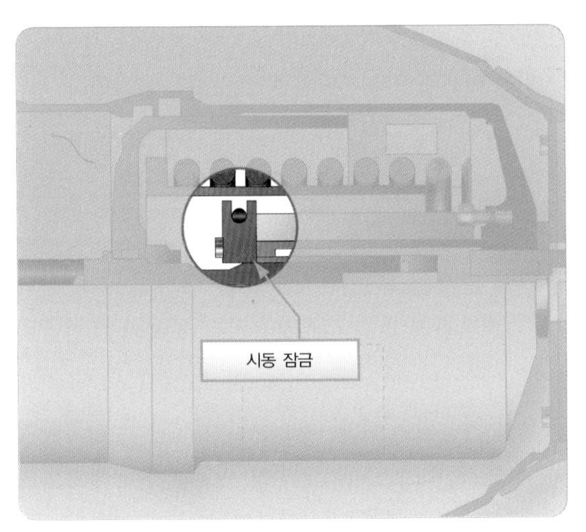

[그림 7-14] 페더링 잠금 (Feathering latches)

대부분의 소형 페더링 프로펠러는 낮은 피치(Low-pitch)에는 오일 압력, 높은 피치(High-pitch)에는 평형추(Countweights), 스프링 그리고 압축기 공기를 사용한다. 지상에서 프로펠러 정지시 프로펠러 깃이 천천히 회전하면서 페더링 위치로 가기 때문에 낮은 피치에서 잠금(Latches lock)을 한다. 잠금은 차기 시동시 엔진에 과도한 부담을 주기 않기 위한 것으로, 비행 중에는 프로펠러가 정지가 되어도 잠금 장치가 원심력으로 벗어나 있어 잠금이 되지 않는다.

(그림 7-14)는 잠금 장치의 프로펠러허브 안쪽 및 바깥쪽의 구성을 보여 준다.

7.5.7 역피치 프로펠러 (Reverse-pitch propellers)

역피치(Reverse-pitch) 프로펠러는 항공기(대부분 터보프롭 항공기)의 운영 특성을 향상시키기 위하여 사용된다. 거의 모든 역피치 프로펠러는 페더링형식이다.

역피치의 목적은 정상적인 순방향의 반대 방향으로 추력이 발생하도록 반대 깃 각을 만들어 내기 위함이다. 항공기 착륙 후 프로펠러 깃이 역피치로 움직이면 항공기의 진행방향과 반대 방향으로 역추력을 발생시켜 착륙속도를 줄일 수 있다. 프로펠러 깃이 역피치로 움직일 때, 역추력을 증가시키기 위해 엔진 동력을 증가시킨다. 이것은 항공기를 공기역학적으로 제동시켜 착륙활주거리를 짧게 한다. 역치피 프로펠러 적용하면 착륙한 후 바로 활주로에서 빠르게 항공기 속도를 줄일 수 있고 브레이크 마모도 줄일 수 있다.

7.6 프로펠러 조속기(Propeller Governor)

조속기는 엔진 회전수 감지장치(RPM-sensing Device)이며 고압 오일펌프(High-pressure Oil Pump)이다. 정속 프로펠러 장치에서 조속기는 엔진 회전수 변화에 따라 프로펠러 유압실린더(Hydraulic Cylinder)의 오일을 증가 또는 감소시킨다. 유압실린더에서 오일 부피의 변화(Oil Volume Change)는 깃 각을 변화시키고 프로펠러계통의 회전수를 유지시킨다. 조종석 프로펠러 조종장치를 통하여 조속기 스피더 스프링(Speeder Spring)을 압축 또는 풀어주는 방법으로 조속기의 특정한 회전수가 설정된다.

프로펠러 조속기는 (그림 7-15)에서와 같이 프로펠러와 엔진 회전속도를 감지하는데 사용되며, 통상적으로 오일을 공급하면 저피치 위치로 가게 한다. 일부 페더링이 안 되는 프로펠러에는 이와는 반대로 작동하는 경우도 있다. 정속 프로펠러에서 요구되는 깃 각의 변화에 관여하는 근본적인 힘들은 다음과 같다.

(1) 원심 비틀림 모멘트(Centrifugal Twisting Moment)

원심 비틀림 모멘트는 항상 저피치 깃으로 움직이는 회전날개 깃에 작용하는 원심력이다.

(2) 프로펠러 피스톤 쪽의 프로펠러 · 조속기 오일(Propeller-governor Oil)

프로펠러 피스톤 쪽의 프로펠러 · 조속기 오일은 고피치 깃으로 움직이는, 프로펠러 깃 평형추(Counterweight)의 균형을 잡는다.

(3) 프로펠러 깃 평형추(Counterweight)

프로펠러 깃 평형추는 항상 고피치 쪽으로 깃을 이동시킨다.

(4) 프로펠러 피스톤에 대한 공기압(Air Pressure)

프로펠러 피스톤에 반하는 공기압은 고피치 쪽으로 깃을 이동시킨다.

(5) 대형스프링(Large Spring)

대형스프링은 고피치 방향으로 움직여 주며 페더링(Feathering)을 한다.

[그림 7-15] 조속기 부품도 (Parts of a governor)

(6) 원심 비틀림력(Centrifugal Twisting Force)

원심 비틀림력은 저피치 쪽으로 깃을 움직인다.

(7) 공력 비틀림력(Aerodynamic Twisting Force)

공력 비틀림력은 고피치 쪽으로 깃을 이동시킨다.

위에 열거된 모든 힘의 크기는 다르고 가장 강한 힘은 프로펠러 피스톤에 작용하는 조속기 오일압력(Governor Oil Pressure)이다. 이 피스톤은 깃에 기계적으로 연결되어 있고, 피스톤이 움직일 때 비례하여 깃이 회전한다. 조속기로부터 오일압력이 제거되면 다른 힘들이 피스톤 챔버로부터 오일을 밀어내고 프로펠러 깃을 다른 방향(고피치 방향)으로 움직이게 된다.

7.6.1 조속기 기계장치(Governor Mechanism)

정속 프로펠러를 제어하는 조속기는 엔진 윤활시스템으로부터 오일을 받아 피치변환장치의 작동에 필요한 압력으로 승압시킨다. (그림 7-16)에서와 같이, 조속기는 엔진 오일의 압력을 높이는 기어 펌프(Gear Pump), 평형추(Counterweight)에 의해 제어되며, 오일 흐름을 통제하여 조속기에 오일을 공급하고 배출하게 하는 파이롯 밸브(Pilot Valve), 조속기 내의 오일 압력을 조절하는 릴리프 밸브(Relief Valve)로 구성된다. 스피더 스프링(Speeder Spring)은 회전 시 조속기 평형추가 바깥 방향으로 작용하는 힘과 반대로 작용한다. 스프링 장력은 조종사가 프로펠러 컨트롤(Propeller Control)을 작동하여 원하는 RPM으로 조절할 수 있다. 스프링 장력은 조속기가 제어하는 최대 엔진 RPM에 맞춘다. 엔진과 프로펠러 RPM이 최대가 되었을 때 조속기의 평형추가 장력을 이기고 바깥

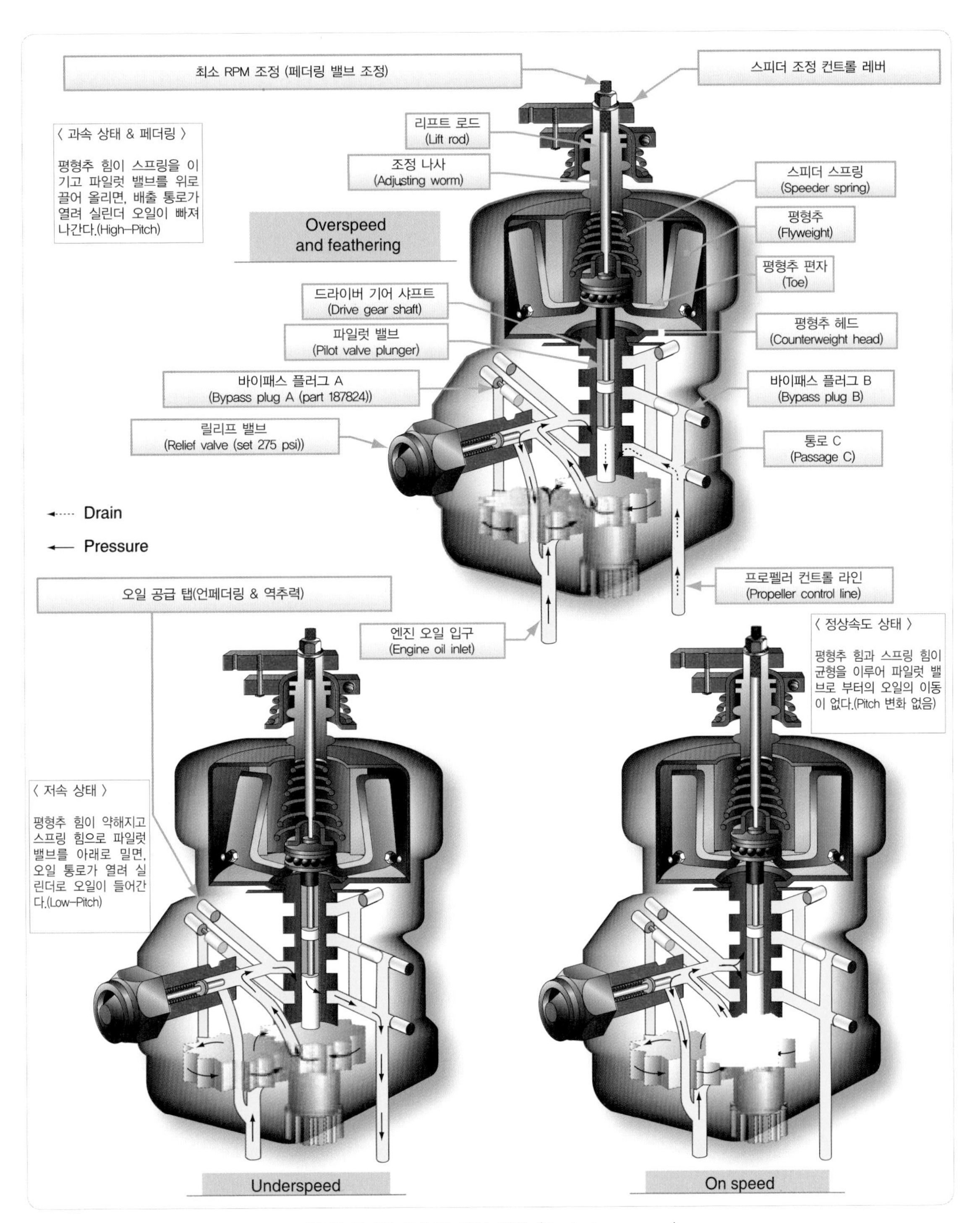

[그림 7-16] 조속기 작동 개요 (Typical governor)

으로 움직이게 한다. 그래서 파이롯 밸브가 움직여 피스톤으로부터 오일을 배출시키고 평형추가 피치 값을 증가시키면, 그 결과 엔진에 부하가 걸려 속도가 감소되거나 설정된 속도로 유지되게 한다.

조속기의, 오일 압력을 증가시키는 기능 외에, 기본적인 제어 기능의 하나는 프로펠러 피스톤 내부의 오일 조절(공급 또는 배출) 능력과 정속 운영(Constant-speed Operation) 깃 각에 필요한 정확한 피스톤 오일 양과의 평형을 유지하는 것이다. 프로펠러 조속기의 오일 조절 관련하여, 파이롯 밸브의 위치가 프로펠러로 들어가고 나가는 오일 흐름의 창구(Port) 역할을 하며 오일 양을 조절하는 것이다.

평형추 작동과 반대로 작용하는 스피더 스프링(Speeder Spring)은 프로펠러의 속도를 감지하는데, 만일 평형추가 스프링 장력보다 빠르게 회전을 하면 과속 상태(Overspeed Condition)가 된다. 엔진 및 프로펠러를 늦추려면 깃 각(피치)을 증가 시켜야 하는데, 프로펠러 피스톤으로부터 오일을 배출하고 평형추가 피치 값을 증가시킨다. 프로펠러는 서서히 늦춰져서 평형추 힘과 스프링 장력이 서로 평형을 이루면 정상 속도 상태(On-speed Condition)에 이르게 된다. 이러한 평행 상태는 항공기의 고도 변화(Climb or Dive), 조종사의 프로펠러 컨트롤로 인한 스피더 스프링 장력 값의 변화(예, 조종사의 다른 RPM 선택) 등으로 깨질 수 있다.

7.6.2 저속 상태(Underspeed Condition)

엔진이 조종사가 설정한 회전수 이하로 동작하고 있을 때, 조속기는 저속 상태(Underspeed Condition)에 놓이게 된다. 저속 상태가 되면 평형추의 회전이 느려지고, 원심력이 작아져 안쪽으로 오므라든다. 이때, 스피더 스프링의 힘으로 파일럿 밸브는 밑으로 내려가 열리는 위치가 되며, 오일 양이 증가하면서 프로펠러는 저피치가 되고 엔진 RPM은 증가한다. 저속 상태는 항공기의 전방이 들려있거나 프로펠러 깃 각이 높아 엔진에 부하를 주게 되면 프로펠러가 속도가 늦춰진다. 프로펠러가 저피치가 되면 RPM이 회복되어 다시 정속 회전 상태에 도달한다. 프로펠러가 저속 회전 상태에 놓이게 되면 위와 같은 방법에 의하여 항상 일정한 회전 속도를 유지한다. (그림 7-17)

7.6.3 과속 상태(Overspeed Condition)

(그림 7-18)에서와 같이, 엔진이 조종사가 설정한 회전수 이상으로 작동하고 있을 때, 조속기는 과속 상태(Overspeed Condition)에 놓이게 된다. 과속 상태가 되면 평형추의 회전이 빨라져 원심력에 의해 밖으로 벌어진다. 이때, 파일럿 밸브는 위로 당겨 올라가 프로펠러의 피치 조절은 실린더로부터 윤활유가 배출되며, 프로펠러는 고피치가 된다. 고피치가 되면 프로펠러 회전 저항이 커지기 때문에 회전속도가 증가하지 못하고 정속 회전 상태로 돌아오며, 조속기의 상태도 중립이 된다.

7.6.4 정상속도 상태(On-speed Condition)

(그림 7-19)에서와 같이, 엔진이 조종사에 의해 설정한 엔진 회전수로 작동하고 있을 때, 조속기는 정상속도(On-speed Condition)로 작동하고 있다.

정상속도 상태에서는 평형추의 원심력과 스피더 스프링의 장력이 서로 균형을 이루고 있고, 파일럿 밸브가 중앙 위치에 놓여 가압된 오일이 들어가거나 나가지 않기 때문에 프로펠러 깃 각이 움직이지 않고 피치가 변화하지 않는다.

그러나 항공기가 하강을 하거나 상승을 하거나, 조종사가 새로운 엔진 회전수를 설정하게 되면, 이러한 균형이 깨어지면서 과속(Overspeed) 또는 저속(Underspeed) 상태에 놓이게 될 것이다. 프로펠러의 정속 회전 상태를 변경시키려면 프로펠러 피치레버를 조작하여 평형추를 누르고 있는 스프링 강도를 조절하거나 항공기 고도를 변경하면 된다. 속도 감지장치로서의 조속기는 항공기 고도와는 상관없이 어느 정도는 설정된 프로펠러 RPM을 유지해준다. 스피더

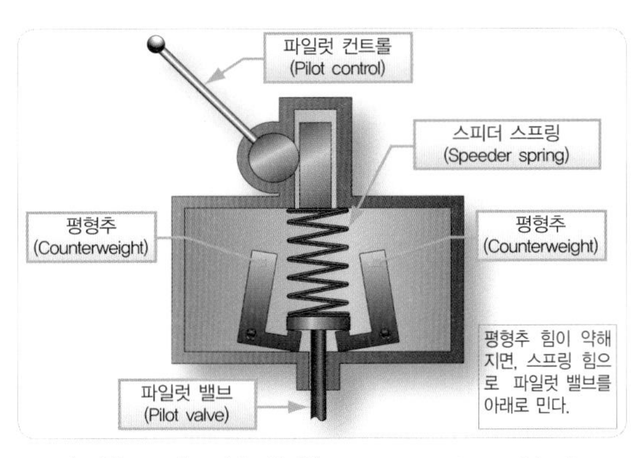

[그림 7-17] 저속 상태(Under-speed condition)

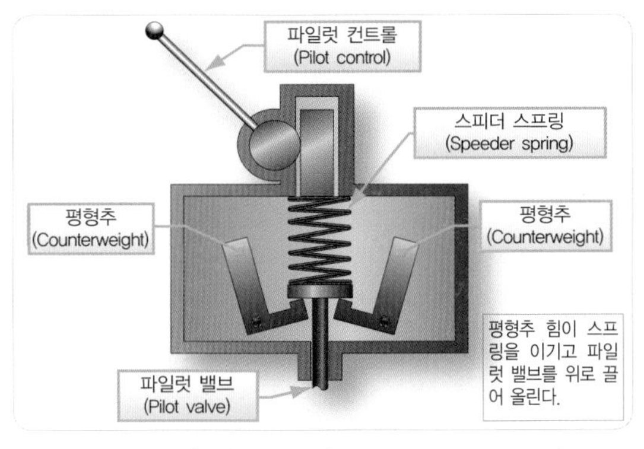

[그림 7-18] 과속 상태 (Overspeed condition)

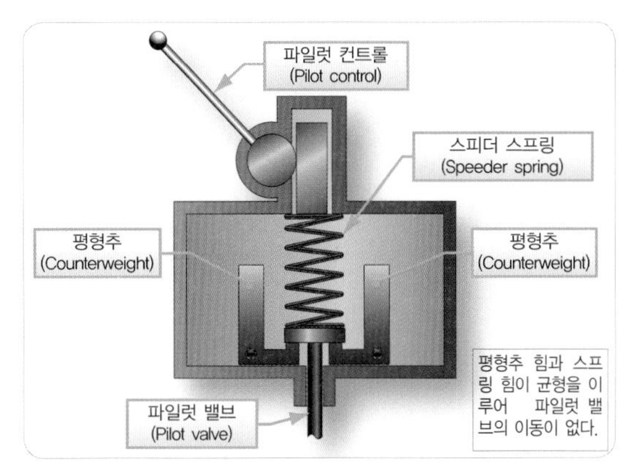

[그림 7-19] 정상 속도 (On-speed condition)

스프링의 제어 한계는 약 200 RPM으로 제한되어 있으며, 이 한도를 넘게 되면 조속기는 더 이상 정확한 RPM을 유지할 수 없다.

7.6.5 조속기의 작동 (Governor System Operation)

(그림 7-17)에서와 같이, 만약 엔진 회전속도가 조속기에서 설정된 RPM 이하로 떨어지면, 조속기 평형추의 회전력이 감소하게 되며 스피더 스프링이 아래쪽 방향으로 파일럿 밸브를 움직이게 한다. 아래쪽 방향에 있는 파일럿 밸브에서, 오일은 기어형 펌프로부터 프로펠러에 있는 통로를 통해 흐르고, 실린더를 바깥쪽 방향으로 이동시켜 깃 각을 감소시키고 엔진은 정상속도(On-speed)로 돌아온다.

만약 엔진 회전속도가 조속기에서 설정된 RPM 이상으로 증가한다면, 평형추는 회전력이 증가하면서 스피더 스프링 힘을 이기고 파일럿 밸브를 위쪽으로 움직여 프로펠러에 있는 오일이 조속기 구동축(Governor Drive Shaft)을 통하여 배출된다. 오일이 프로펠러를 빠져나오면, 평형추에 작용하는 원심력

은 깃을 높은 각으로 변환시키고 엔진 RPM는 감소한다.

엔진이 정확히 조속기에 의해 설정된 RPM에 있을 때, 평형추의 원심작용은 스피더 스프링의 힘과 균형을 이루고, 파일럿 밸브에 있는 오일은 프로펠러로부터 공급도, 배출도 되지 않는다. 이 상황에서 프로펠러 깃 각은 변하지 않는다. RPM 설정은 스피더 스프링에서 압축력(Amount of Compression)의 변화에 의해 이루어짐을 기억하라. 스피더 랙(Speeder Rack, 그림 7-15 참조)의 위치는 오직 수동으로만 조절 가능하며 그 외의 다른 작동은 조속기 내에서 자동적으로 제어된다.

7.7 비행기에서의 프로펠러 적용 (Propellers used on General Aviation Aircraft)

항공기의 수가 점점 증가하면서 경항공기에도 정속 프로펠러 기능을 가지게 되었다. 그러나 아직도 많은 항공기가 여전히 고정피치(Fixed-Pitch) 프로펠러를 사용하고 있다. 경량 항공기(Light Sport Aircraft)는 복합소재의 다중 깃(Multi-blade) 고정피치 프로펠러를 사용하며, 중형 터보프롭 항공기는 여기에 역피치(Reversing Pitch) 기능을 더한 프로펠러를 사용한다. 대형 수송용 및 터보프롭 화물기는 다중 기능 조속기에 차압 피치변환 기능의 프로펠러를 사용한다.

7.7.1 목재 고정피치 프로펠러 (Fixed-pitch Wooden Propellers)

목재로 만든 프로펠러는 고정피치이며, 제작한 후에는 피치 변화를 할 수 없다. 프로펠러 깃 각의 선택은 엔진 최대 효율, 수평 비행, 프로펠러 정상상태를 기준으로 한다. 목재 고정피치 프로펠러는 가볍고, 단단하고, 생산이 쉽고 경제적일 뿐 아니라 교환하기도 용이하여 소형 항공기에 잘 맞는다.

목재 프로펠러의 재료로는 서양 물푸레나무, 자작나무, 벚꽃나무, 마호가니, 호두나무, 흰 껍질 떡갈나무 등이 사용되고, 각각의 층은 약 3/4 inch 두께의 5~9겹 분리된 층이 사용되었다. 몇 개의 층은 방수, 수지 접착제로 함께 접착되었다. 그리고 프로펠러 모양이 완성된 후에 바깥쪽 12~15 inch 부분은 천으로 덮고 접착시킨다. (그림 7-20)

(그림 7-21)에서와 같이, 착륙, 활주, 또는 이륙 시에 공기에 있는 날아다니는 입자에 의해 발생하는 손상으로부터 프로펠러를 보호하기 위해 각각의 깃 앞전의 대부분과 깃의 끝은 금속판 엣지를 부착(Metal

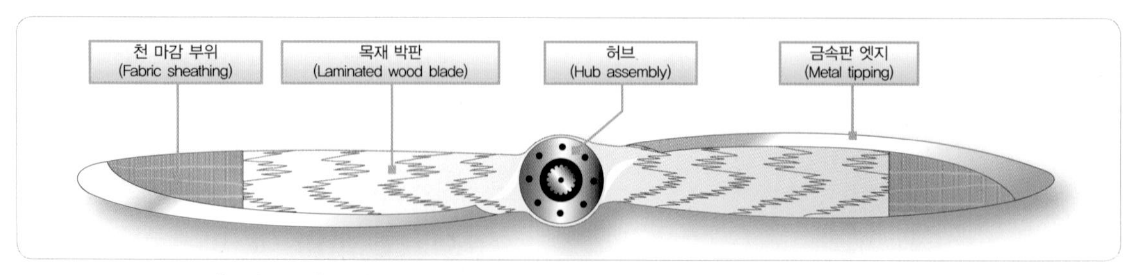

[그림 7-20] 목재 고정 피치 프로펠러 (Fix-pitch wooden propeller assembly)

Tipping)하고 목재 나사 또는 리벳으로 고정한다.

나사가 풀리지 않도록 끝을 땜납(Soldered)하고, 절단된 면이나 고르지 않는 면에는 땜납을 넣거나 연결하여 부드럽게 한다. 깃의 끝단에 있는 금속과 목재 사이에 수분이 응결될 수 있으므로 회전 시 원심력으로 배출될 수 있게 작은 구멍(Drain Hole)을 만든다. 항상 배출 구멍이 막히지 않도록 하는 것이 중요하다.

마감 사항으로 목재는 수분에 약하고 얼면 접합면이 벌어지거나 수축 등 변형될 수 있으므로 수분이 침투하지 않게 보호용 도료(Protective Coating)를 적용한다. 최종적으로는 흔히 사용하는 바니쉬(Varnish)와 같은 방수(Water-repellent)용제로 깨끗이 도장을 한다.

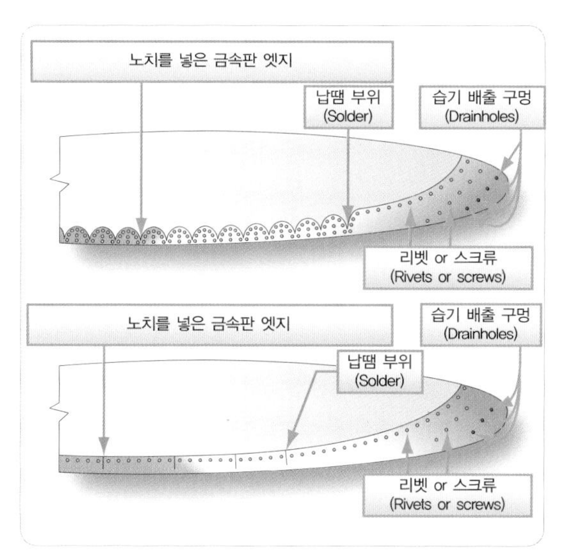

[그림 7-21] 금속 재료 부착과 마감
(Installation of metal sheath and tipping)

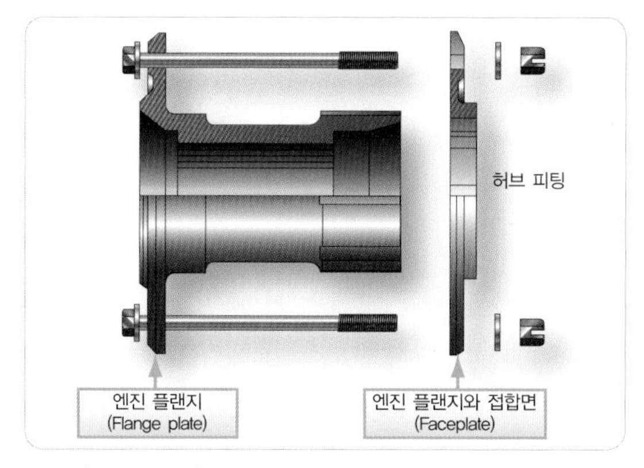

[그림 7-22] 엔진과 허브 연결 (Hub assembly)

목재 프로펠러에는 중앙에 철재 피팅(Steel Fitting)을 끼워 넣은 허브(Hub)를 사용한다. 프로펠러 장착은 엔진 프로펠러축에 있는 철재 플랜지(Flange Plate)와 허브의 앞면의 철재 원판(Faceplate)을 볼트를 고정하게 되어 있고, 추가하여 플랜지 디스크 외부와 허브의 중앙 내부(Bore)가 서로 스플라인(Spline)으로 정밀 결합되도록 된 경우도 있다. (그림 7-22)

7.7.2 금속재 고정피치 프로펠러 (Metal Fixed-pitch Propellers)

금속으로 된 고정피치 프로펠러는 깃이 얇은(Thinner) 점을 제외하면, 목재 프로펠러와 일반적인 외관에서 유사하다. 금속재 고정피치 프로펠러는 여러 경항공기와 경량항공기(LSA, Light Sport Aircraft)에 폭넓게 사용된다. 수많은 초기의 금속재 프로펠러는 단조 두랄루민(Forged Duralumin)의 통판으로 제작되었다. 목재 프로펠러와 비교하면, 그들은 깃-고정장치(Blade-clamping)가 불필요하여 무게가 가벼워졌고, 통판으로 만들어졌기 때문에 정비 비용이 보다 싸고, 유효피치를 허브에 더 가까이 할 수 있어 냉각 효율이 좋다. 그리고 깃과 허브 사이에도 접합 부분이 없기(No joint between Blade and Hub) 때문에 프로펠러의 피치는 한도 내에서 깃이 약간 뒤틀리는 조절도 가능하다.

이 형식의 프로펠러는 요즘에는 양극 처리된 알

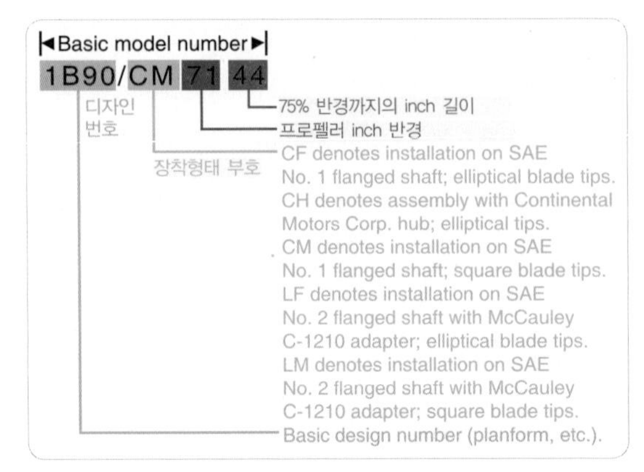

[그림 7-23] 프로펠러 모델번호 구성
(Complete propeller model numbers)

루미늄합금 통판(One-piece Anodized Aluminum Alloy)으로 제작된다. 일련번호, 모델번호, 미연방항공청 형식증명번호(Type Certificate Number), 제작증명번호(Production Certificate Number), 그리고 프로펠러의 수리 횟수가 프로펠러 허브에 표시되어 있다. 프로펠러의 모델번호는 기본 모델번호, 그리고 프로펠러 직경과 피치를 표시하는 숫자의 조합으로 되어 있다. (그림 7-23)에서는 McCauley IB90/CM 프로펠러의 예로 한 모델번호에 대한 설명이다.

7.8 정속 프로펠러 (Constant-speed Propellers)

7.8.1 Hartzell 정속, Non-페더링 프로펠러 (Hartzell Constant-speed, Non-feathering)

Hartzell 프로펠러는 성형된 알루미늄허브

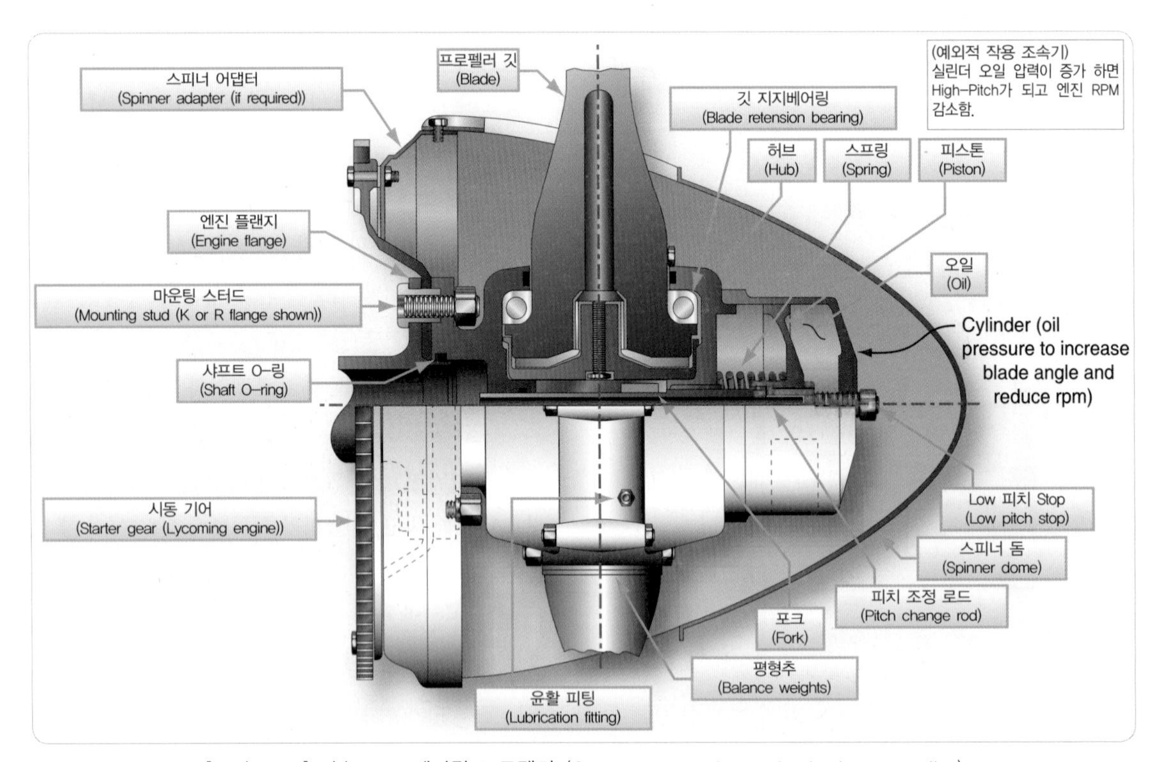

[그림 7-24] 정속 Non-페더링 프로펠러 (Constant-speed non-feathering propeller)

(Aluminum Hub)와 스틸허브(Steel Hub)로 구분된다. Hartzell 성형된 알루미늄허브는 새로운 개념으로 가벼운 무게와 설계의 단순함, 그리고 튼튼한 구조를 가지고 있다. 부품의 대부분을 알루미늄합금 단조를 활용하고 허브는 가능한 한 작게 제작되었다. 두 부분으로 제작된 허브 셀(Hub Shell)은 회전면을 따라 함께 볼트로 조여진다. 이 허브 셀(Hub Shell) 내부에 피치 변환장치와 깃뿌리가 위치한다. 피치 변환용 동력을 공급하는 유압실린더(Hydraulic Cylinder)는 허브 앞쪽에 설치된다. 프로펠러는 엔진의 플랜지에 장착된다.

페더링이 되지 않는 어떤 알루미늄허브 정속 프로펠러는 조속기로부터 오는 오일 압력으로 깃을 고피치(Low RPM)로 변환한다. 깃의 원심 비틀림 모멘트(Centrifugal Twisting Moment)는 조속기의 오일 압력이 없을 경우에 저 피치(High RPM)로 깃을 변경시킨다. 이것은 대부분의 알루미늄허브 모델과 페더링 모델과는 예외적으로 다른 점이다. (그림 7-24)

Hartzell 프로펠러 알루미늄허브와 스틸허브 모델의 대부분은 깃 피치를 증가시키기 위해 깃 평형추(Blade Counterweight)에 작용하는 원심력과 저피치를 위한 조속기 오일 압력을 이용한다. 많은 종류의 경항공기는 2-깃(Two-bladed)에서 6-깃(Six-bladed)까지 조속기 조절식 정속 프로펠러를 사용한다. 이들 프로펠러는 페더링이 안 되거나 페더링과 역추력이 가능한 것도 있다. 스틸허브는 깃뿌리 안쪽으로 확장 튜브와 함께 알루미늄 깃을 지탱하는 '삼발이(Spider)'가 중심에 장착되어 있다. 깃 클램프(Blade Clamp)는 깃을 유지하는 깃 지지베어링(Blade Retention Bearing)과 함께 깃 생크(Blade Shank)를 연결시킨다. 유압실린더는 피치 작용을 위하여 깃 클램프에 연결된 회전축에 설치된다.

깃과 허브의 조립은 전 모델 공통 사항으로, 깃은 각도 조절을 위해 허브 삼발이에 설치된다. 약 25 ton 이나 되는 깃의 원심력은 깃 클램프를 거쳐 볼베어링을 통하여 허브 삼발이에 전달된다. 프로펠러 추력과 엔진 토크는 깃 생크 안쪽에 부싱을 통하여 깃으로부터 허브 삼발이까지 전달된다.

깃의 피치를 제어하기 위해, 유압피스톤 실린더(Piston-cylinder)의 구성요소는 허브 삼발이의 앞쪽에 설치된다. 피스톤은 페더링이 되지 않는 모델(Non-feathering Model)에서는 슬라이딩 로드(Sliding Rod)와 포크 시스템(Fork System)에 의하여, 그리고 페더링 모델(Feathering Model)에서는 슬라이딩 로드와 연결장치(Link System)에 의하여 깃 클램프에 부착된다. 조속기로부터 공급된 오일 압력은 평형추에 의해 발생된 상대적 힘을 이기고 피스톤을 앞쪽 방향으로 작동한다. 경항공기에 사용되는 Hartzell 와 McCauley 프로펠러의 작동은 서로 유사하다. 하지만, 제작사 규격과 특정한 모델에 대한 정보는 반드시 제작사 정비교범을 참조해야 한다.

7.8.2 정속 페더링 프로펠러 (Constant-speed Feathering Propeller)

(그림 7-25)에서와 같이, 페더링 프로펠러는 유압으로 작동하는 단일 압력으로 깃 각을 변경시킨다. 이 프로펠러는 다섯 날개깃(Five-bladed)을 갖고 있으며 주로 Pratt & Whitney 터빈엔진에 사용된다. 두 조각의 알루미늄허브는 각각의 프로펠러 깃은 추력 베어링(Thrust Bearing, 회전축과 평행하는 추력을 흡수하는 베어링)에 의해 지지된다. 실린더는 허브에 부

착되어 있고 페더링 스프링과 피스톤이 장착되어 있다. 유압으로 작동하는 피스톤은 피치조정로드(Pitch Change Rod)와 각 깃의 포크(Fork)를 통해 선형운동(linear motion)을 전달하여 깃 각을 조절한다.

프로펠러가 작동 중일 때 상시 작용하는 힘들은 다음과 같다.

(1) 스프링 힘(Spring Force)
(2) 평형추 힘(Counterweight Force)
(3) 각 깃의 원심 비틀림 모멘트(Centrifugal Twisting Moment)
(4) 깃 공력 비틀림 힘(Aerodynamic Twisting Force)

스프링과 평형추 힘은 깃 각이 커지는 쪽(Higher Angle)으로 깃을 회전하도록 하고, 반면에 각각의 깃에 작용하는 원심 비틀림 모멘트는 깃 각이 작아지도록(Lower Angle) 한다. 깃의 공력학적 비틀림력은 다른 힘과 비교하면 아주 작고, 깃 각을 증가 또는 감소를 시킬 수 있다.

정리하면, 전방으로 향하는 프로펠러의 힘은 피치가 크지는 방향(High Pitch, Low RPM)으로, 다른 여러 형태의 방향 힘은 피치가 적어지는 방향(Low Pitch, High RPM)으로 작용한다. 여러 형태의 힘 중 하나는 조속기로부터의 오일 압력이다. 피스톤 내에 오일 양이 많아지면 실린더가 깃 각이 적어지는 방향으로 움직여 프로펠러 RPM을 증가시킨다.

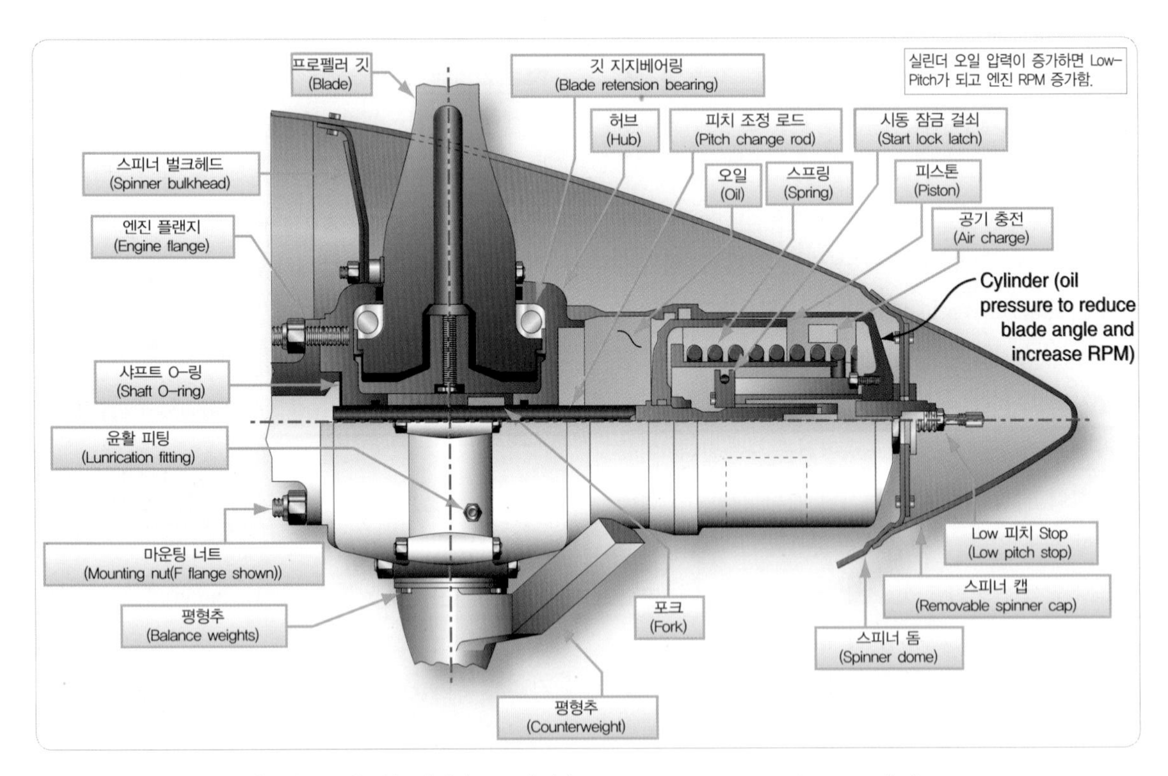

[그림 7-25] 정속 페더링 프로펠러 (Constant-speed feathering propeller)

페더링(Feathering)은 오일을 배출하여 프로펠러 피치가 증가하는데, 이를 넘어 페더 위치(Feather Stop Point)에 도달할 때 까지 피스톤 내의 오일을 배출(Drain Out)시키는 과정이다. 비행 중의 페더링은 엔진 이상을 발견하고 조종사가 프로펠러 컨트롤 레버를 빠르게 페더 멈춤(Feather Detent) 또는 맨 아래 위치로 당기면, 조속기 내의 오일이 엔진 섬프로 배출되면서 발생한다. 지상에서의 엔진 정지과정도 페더링과 유사하나, 프로펠러 600~800 RPM 이하에서 페더링스프링(Feathering Spring)의 작용으로 High-pitch Stop을 걸어 더 이상 페더링으로 넘어가지 않게 한다. High-pitch Stop에서 정상적으로 정지한 엔진은 차기 시동 시 엔진 오일 압력이 상승하면서 자동적으로 프로펠러를 저피치 위치로 되돌려 엔진에 부하가 걸리지 않도록 한다.

페더링에 소요되는 시간은 조속기 내 오일 통로의 크기와 평형추와 스피더 스프링의 장력 정도에 따라 다르나, 통상적으로 3~10초 소요되며 페더링 과정에서 엔진도 정지된다.

7.8.3 언-페더링(Un-feathering)

페더링 이후 언-페더링(Un-feathering)은 다음의 몇 가지 방법에 의해서 이루어질 수 있다.

(1) 정상 시동: 엔진을 시동하면, 오일 압력이 올라가고 조속기는 프로펠러로 오일을 보내 피치를 감소시킨다. 프로펠러의 페더링 사례가 흔하지 않기 때문에 대부분의 쌍발 경항공기에서는 이 과정을 고려한다. 엔진을 시동할 때와 프로펠러가 페더링(Feather)에서 벗어나기 시작할 때 진동이 발생할 수 있다.

(2) 축압기(Accumulator) 장착: 프로펠러가 페더링 되었다가 RPM이 정상으로 돌아오면 페더링에서 빠져나갈 수 있도록, 공기 · 오일 차단 밸브가 장착된 축압기를 장착하고 조속기와 연결한다. 이 장치는 매우 짧은 시간에 프로펠러가 언-페더링(Un-feathering)될 수 있고 이어서 바람에 의한 자연적인 회전(Windmilling)을 시작하기 때문에 훈련기용으로 사용된다. (그림 7-26)

(3) 언-페더링 펌프(Un-feathering Pump) 장착: 프로펠러를 신속히 저피치로 복원해 줄 수 있도록 엔진오일압력을 공급하는 언-페더링 펌프를 장착한다.

페더링은 비행중 항공기 추진계통에 이상이 발생했을 때 실시하는 비정상절차의 하나이다. 비행을 마친 후에 지상에서 페더링을 하게 된 원인과 페더링과정에서 발생한 문제 여부를 점검하고 문제가 해결된 후에 언-페더링을 하는 것이 정상적인 절차이다. 그러나 위의 (2), (3)과 같은 언-페더링 장치를 부착하고 사용하는 데에는 특별한 목적과 사용할 수밖에 없는 상황이 입증되어야 한다.

비행 중의 언-페더링 작동은 조종사가 프로펠러 컨트롤 레버를 다시 정상 비행(통제 가능) 범위 위치에 두었을 때 이루어질 수 있다.

일반적으로, 프로펠러의 재시동(Re-starting)과 언-페더링(Un-feathering)은 왕복엔진의 재시동과 언-페더링으로 나뉜다.

왕복엔진에서는 엔진 시동시 오일압력이 충분하도록 시동시간을 조금 길게 유지해야 한다. 이러한 과정에서 프로펠러가 페더링에서 빠져 나올 때 진동이 발

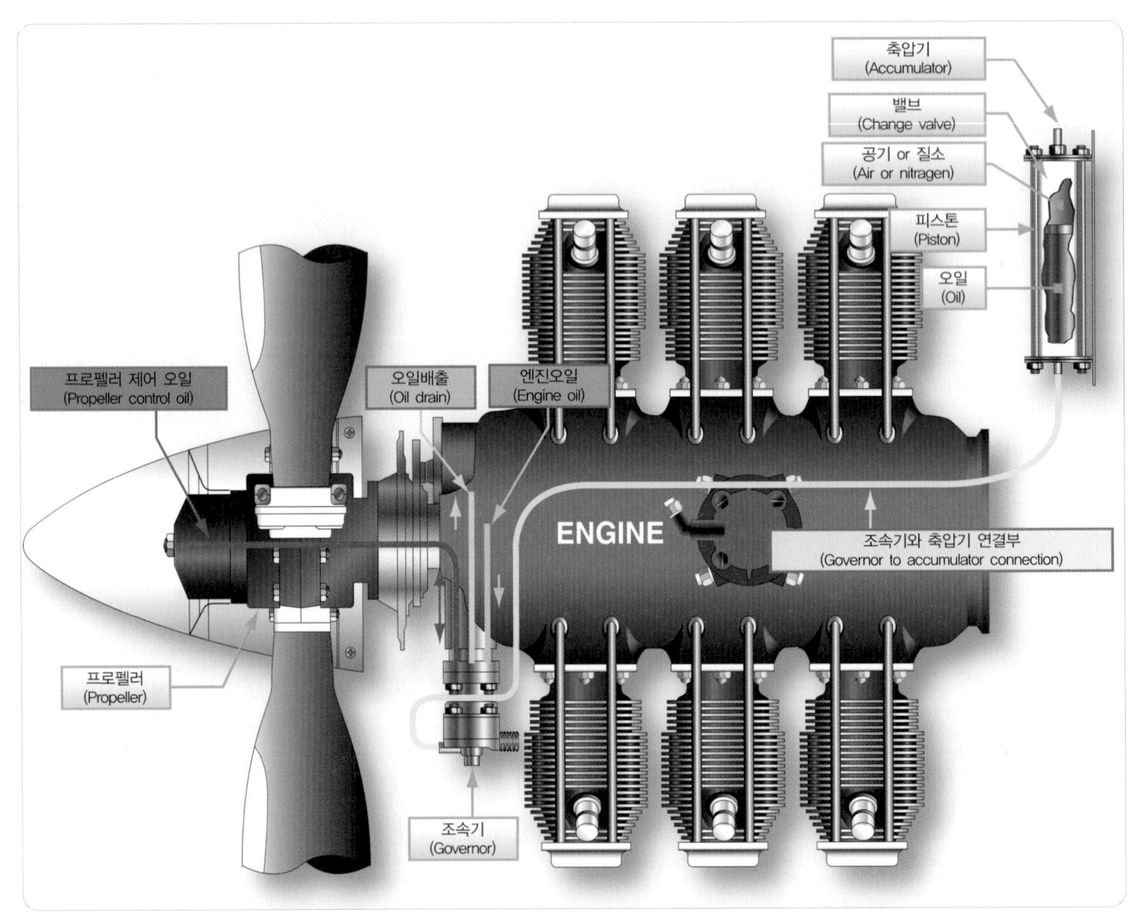

[그림 7-26] 언-페더링 계통 (Un-feathering system)

생할 수 있다.

많은 항공기에서 프로펠러를 빠르게 언-페더링 하는 장치로 오일압력을 저장하는 축압기를 사용하기도 한다. 축압기 내의 고압 공기(또는 질소)는 축압기 내 다른 공간에 있는 저장 오일을 밀어내어 프로펠러 피스톤으로 오일을 공급한다. 피스톤이 움직이고 프로펠러 깃 각이 페더링에서 낮은 각으로 전환되면, 공중에서는 Windmilling 시작, 엔진을 시동할 수 있다. 언-페더링 펌프(Un-feathering Pump)를 사용하는 경우, 펌프 압력으로 프로펠러를 움직여 낮은 각으로 전환되면 시동할 수 있다. 시동이후 엔진 오입 압력이 정상으로 되면 언-페더링 펌프의 역할은 종료된다.

7.9 프로펠러 보조계통 (Propeller Auxiliary Systems)

7.9.1 결빙제어계통(Icing Control Systems)

프로펠러 깃의 결빙은 프로펠러 단면 형상을 거칠

게 하여 프로펠러 효율을 저하시키는 원인이 된다. 얼음은 프로펠러 깃에 비대칭적으로 형성되어 진동을 발생시키고, 무게를 증가시킨다.

7.9.1.1 방빙계통(Anti-icing Systems)

(그림 7-27)에서와 같이, 전형적인 방빙계통은 방빙액 저장 탱크가 있고, 펌프에 의해 방빙액이 각 프로펠러로 이송되며 필요한 방빙액 양은 프로펠러의 상황에 따라 다르다. 각 프로펠러의 깃 후면에 노즐이 있는 슬링거 링(Slinger Ring)이 설치되어 있고, 펌프가 가동되면 방빙액이 원심력에 의해 슬링거 링의 노즐로부터 나와서 프로펠러 깃 생크(Blade Shank)에 뿌려진다. 뿌려진 방빙액은 주위를 흐르는 공기흐름에 의해 흩어지기 때문에 추가로 피드슈(Feed Shoe)가 깃 앞전에 설치되어 있으며, 피드슈는 깃 생크에서 대략 반경 75%까지 연장된 길이에 고무로 만든 좁은 띠 모양으로 깃에 내장되어 있다. 군데군데 피드슈 구멍에서 흘러나온 방빙액은 원심력을 받아 앞전을 타고 깃 끝단으로 흐른다.

방빙액으로는 확보가 용이하고 가격이 저렴한 이소

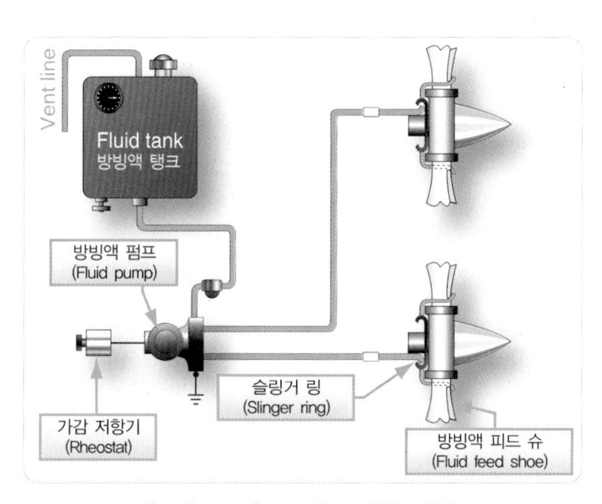

[그림 7-27] 프로펠러 방빙 계통
(Typical propeller fluid anti-icing system)

프로필알코올(Isopropyl Alcohol)을 사용한다. 인산염 혼합물(Phosphate Compound)은 방빙 기능으로 볼 때 이소프로필알코올과 대등하고 화염감소능력이 조금 우세하나 가격이 비싸 많이 사용되지 않는다. 그러나 이러한 시스템은 필요한 종류가 많아 무게가 증가하고 용액 탑재 이후 사용 시한이 제한되는 단점이 있다. 그래서 현대 항공기에는 이러한 시스템을 사용하지 않고 전기적으로 방빙을 한다.

7.9.1.2 제빙계통(De-icing systems)

(그림 7-28)에서와 같이, 전기식 프로펠러 방빙장치(Electric Propeller-icing Control System)는 전원, 저항전열선(Resistant Heating Element), 제어계통(System Controls) 그리고 필요한 배선으로 구성된다. 전열선은 프로펠러 스피너(Propeller Spinner)와 깃의 내부 또는 외부에 설치된다. 전력은 항공기 전기 계통으로부터 슬립링(Slip Ring)과 브러시(Brush)에 연결된 전기도선을 통하여 프로펠러 허브로 보내진다. 잘 구부러지는 커넥터(Connector)는 허브로부터 깃 요소로 전력을 전달하는 데 사용된다.

제빙계통(De-ice System)에는 마스터 스위치(Master Switch)와 각 프로펠러별 작동 스위치(On-off Switch)가 있어 조종사가 필요한 스위치를 On하여 제어한다. 어떤 시스템은 선택 스위치(Selector Switch)가 있어 Icing Condition에 따라 선택(Light or Heavy)하거나 자동으로 선택할 수도 있다. 시간횟수 제어장치(Timer or Cycling Unit)는 어떤 프로펠러 깃을 제빙하고 또 제빙 시간 등을 정하거나, 제빙 부츠, 부츠 일부, 순서대로 또는 전부 다 등으로 대상 별 횟수를 적용할 수도 있다.

(그림 7-29)에서는 슬립링(Slip Ring)과 브러시

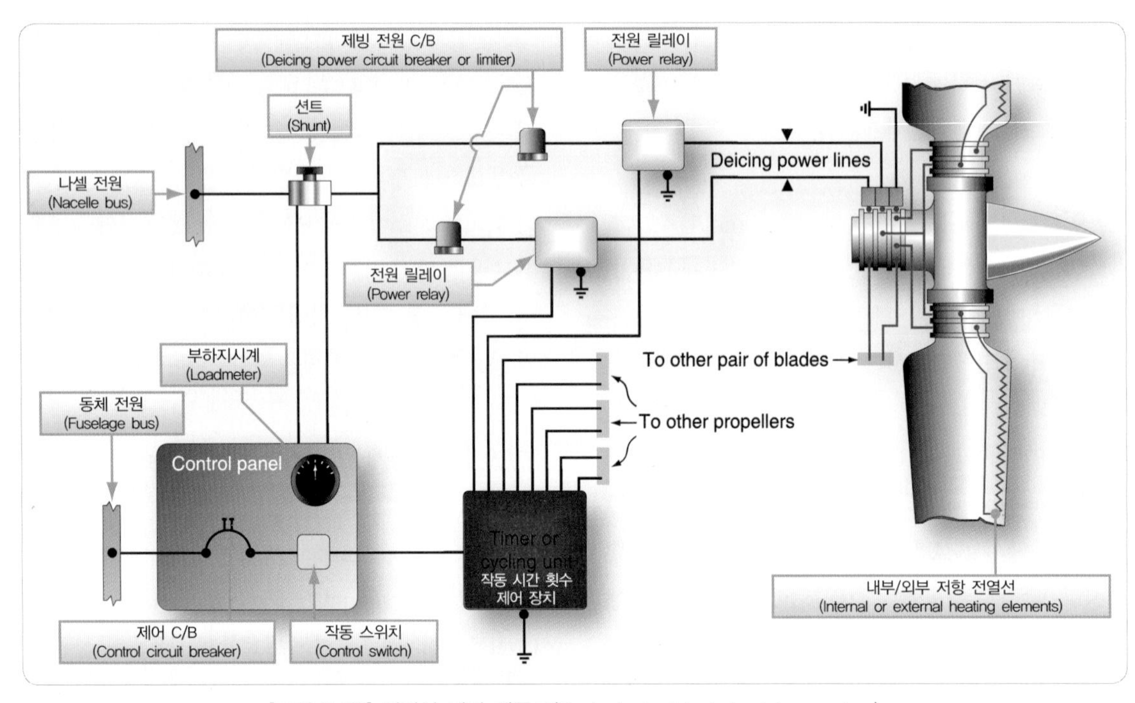

[그림 7-28] 전기식 제빙 계통도(Typical electrical de-icing system)

(Brush) 장치를 보여 준다. 브러시는 프로펠러 바로 뒤 엔진에 장착되고 슬립링으로 전력을 전달한다. 슬립링은 프로펠러와 함께 회전하고 깃 제빙부츠(De-ice Boot)에 회로를 형성한다. 슬립링 전선 다발은 터미널 연결 스크루에 슬립링을 전기적으로 연결해 주기 위한 것으로 일부 허브에 사용된다. 제빙용 전선다발로 슬립링과 제빙부츠는 전기적으로 연결된다.

(그림 7-30)에서와 같이, 제빙부츠에는 내부 전열

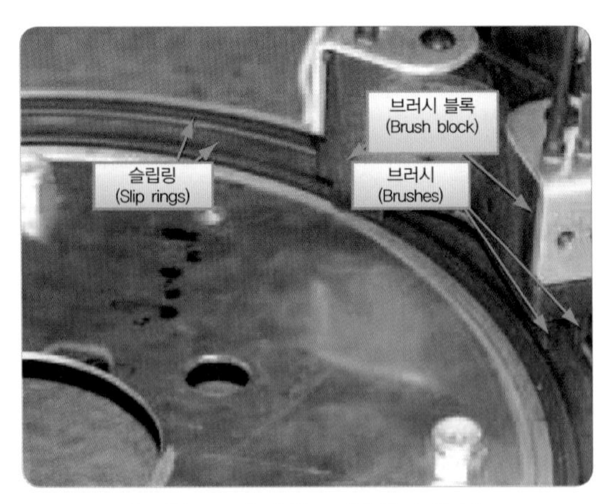

[그림 7-29] 제빙 브러시와 슬립 링
(De-icing brush block and slip ring assembly)

[그림 7-30] 전기식 제빙 부츠
(Electric deice boot)

선(Internal Heating Element) 또는 이중열선(Dual Element)이 장착되어 있다. 부츠는 접착제로 각각의 날개깃의 앞전에 단단히 부착된다.

전기식 제빙계통은 얼음이 과도하게 축적되기 이전에 미리 제거하기 위해, 간헐적으로 짧게 작동되도록 설계되었다. 가장 적절한 가열 방법은 얼음이 생성되기 이전에 충분히 녹이면 되지만, 만일 필요한 정도 보다 과도하게 적용되어 생성된 수분이 다 증발하지 못하면, 다른 차가운 구역(Unheated Zone)으로 수분이 옮겨 가는 현상(Runback)이 생길 수 있다. 이렇게 되면 제어하지 않았던 구역에서도 얼음이 생성되는 어려움이 따른다. 타이머(Cycling Timer)를 사용하여 시간을 제어하며, 열선의 가동은 15~30 초 주기로 반복하되 한 번에 2분 정도 계속한다.

7.9.2 프로펠러 동기화 및 상동기화(Propeller synchronization and Synchro-phasing)

대부분의 다발 항공기에 프로펠러 동기장치(Propeller Synchronization Systems)가 장착되어 있다. 동기장치는 엔진 회전수를 제어하여 동기화한다. 동기화는 동기화되지 않은 프로펠러 작동에 의한 진동(Vibration)을 줄이고 불편한 소음(Unpleasant Beat)을 제거한다.

(그림 7-31)과 같이 전형적인 동기위상조정장치(Synchro-phasing System)는 전자장치에 의해 제어된다. 그것은 양쪽 엔진 회전수를 일치시켜 주는 기능을 하며 객실 소음을 줄이기 위해 왼쪽과 오른쪽 프로펠러 사이에 깃 위상관계(Blade Phase Relationship)를 확립한다.

동기화장치는 스로틀 쿼드런트(Throttle Quadrant)

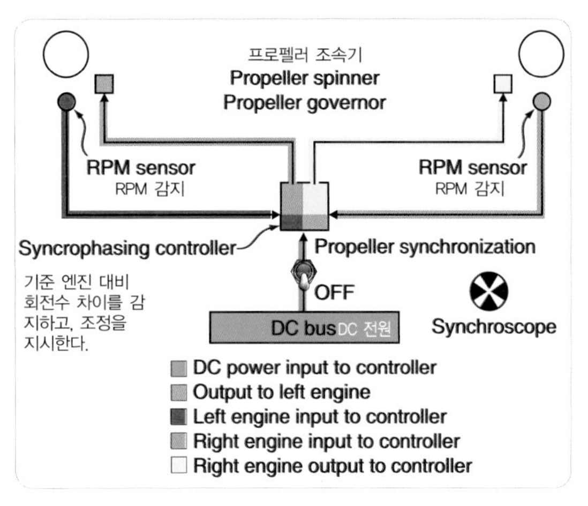

[그림 7-31] 상동기화 계통(Synchro-phasing system)

의 앞쪽에 위치한 2상 스위치에 의해 제어된다. 스위치를 ON 하면 전자제어박스(Electronic Control Box)로 직류전원(DC)이 공급된다. 프로펠러 회전수를 나타내는 입력신호는 각각의 프로펠러에서 자장변화(Magnetic Pickup)로 감지된다. 계산된 입력신호(Computed Input Signal)는 명령신호(Command Signal)로 수정되고, 느린 엔진의 프로펠러 조속기에 위치한 회전수 트리밍코일(RPM Trimming Coil)로 보내진다. 그 결과 이 회전수는 다른 프로펠러의 회전수에 맞춰 조정된다.

7.9.3 자동페더링계통 (Auto-feathering systems)

자동페더링 계통(Auto-feathering System)은 보통 이륙, 진입(Approach), 그리고 착륙 시에만 사용된다. 자동페더링계통은 만약 어느 한쪽의 엔진 동력이 상실되었다면, 자동적으로 프로펠러를 페더링 시키기 위해 사용된다. 이 계통은 만약 2개의 토크 스위치(Torque Switch)가 엔진으로부터 저토크(Low Torque)를 감지하면 솔레노이드밸브를 통해 프로펠러 실린더로부터 오일 압력을 배출함으로써 프로펠러가 페더링 되게 한다. 이 계통은 자체 점검 스위치(Test-off-arm Switch)를 가지고 있다.

7.10 프로펠러 점검 및 정비(Propeller Inspection and Maintenance)

프로펠러는 주기적으로 검사되어야 한다. 프로펠러 검사를 위한 점검 주기는 프로펠러 제조사가 특정 프로펠러 형식별로 제시한다.

일반적으로 일일검사는 프로펠러 깃, 허브, 조정장치(Controls)에 대한 육안점검과, 다른 부품(Accessory)들이 안전하게 장착되었는지 등에 대한 일반적인 점검이다. 깃의 육안검사는 흠집(Flaw)또는 결점(Defect)을 찾을 수 있을 만큼 매우 신중하게 수행해야 한다. 25시간, 50시간, 또는 100시간 등의 일정 시간마다 수행되는 검사는 다음의 육안점검을 포함한다.

(1) 날개깃, 스피너(Spinner), 외부 표면에 과도한 오일 또는 그리스 흔적(Grease Deposit) 여부 점검.
(2) 깃과 허브의 접합 부분(Weld and Braze Section)에 대한 손상 흔적 점검.
(3) 날개깃, 스피너, 허브의 찍힘(Nick), 긁힘(Scratch), 흠집(Flaw)이 있는지 점검하고, 필요에 따라 확대경을 사용하여 검사.
(4) 스피너 또는 돔 셀(Dome Shell)이 나사못으로 꽉 조여 있는지 검사.
(5) 필요에 따라 윤활 및 오일 수준(Oil Level) 점검.

감항성 개선명령(AD, Airworthiness Directive) 준수는 법률적으로 항공기의 감항성을 유지하기 위해 필요하지만, 정비 회보(SB, Service Bulletin)를 수행하는 것도 중요하다. 감항성 개선 명령 준수와 정비 회보 수행을 포함하여, 프로펠러에서 수행된 모든 작업은 프로펠러 업무일지(Propeller Logbook)에 기록되어야 한다. 특정한 프로펠러의 정비 정보는 반드시 제작사 정비교범을 참고한다.

7.10.1 목재 프로펠러의 점검 (Wood Propeller Inspection)

목재 프로펠러는 감항성을 보장하기 위해 자주 검사해야 한다. 균열(Crack), 패임(Dent), 뒤틀림(Warpage), 접착제 손상(Glue Failure), 박리 결함(Delamination)이 있는지 검사하고, 장착볼트가 풀려 프로펠러와 플랜지 사이에 목재의 탄화현상(Charring) 같은 결함이 생겼는지 검사한다. 금속판 엣지(Metal Sleeve) 근접한 목재부에는 깃에서 바깥쪽 방향으로 진행되는 균열이 있는지 검사한다. 균열은 나무나사(Lag Screw)의 끝단에서 발생하고 목재의 내부 균열로 나타난다. 헐거움(Looseness), 벗겨짐(Slipping), 납땜 이음의 분리(Separation of Solder Joint), 풀린 스크루(Loose Screw), 헐거워진 리벳(Loose Rivet), 깨진 곳(Break), 균열(Crack), 침식(Erode), 부식(Corrosion)과 같은 결함을 검사한다. 금속제 앞전과 캡(Cap) 사이가 분리되었는지 검사한다. 이 현상은 변색(Discoloration)과 헐거워진 리벳으로 나타난다.

균열은 보통 날개깃의 앞전에서 시작된다. 습기 구멍(Moisture Hole)이 열렸는지를 검사한다. 직물 또는 플라스틱에서 나타나는 가는 선(Fine Line)은 목재에 있는 갈라진 균열일 수도 있다. 프로펠러 깃의 뒷전의 접합(Bonding), 분리(Separation), 또는 손상(Damage)이 있는지 검사한다.

7.10.2 금속재 프로펠러의 점검 (Metal Propeller Inspection)

금속재 프로펠러와 깃에의 예리한 찍힘(Sharp Nick), 절단(Cut), 그리고 긁힘(Scratch) 등은 응력의 집중(Stress Concentration)을 만들고 이로 인한 피로파괴(Fatigue Failure)에 영향을 미친다. 스틸(Steel)로 만든 깃은 육안검사나 형광침투검사(FPI), 또는 자분탐상검사(MPI) 등으로 검사한다. 만약 스틸로 만든 깃에 엔진오일 또는 녹 방지 화합물(Rust-preventive Compound)이 발라져 있다면 육안검사가 용이하다. 앞전과 뒷전의 전체 길이(특히 Tip 근처)에 걸쳐, 깃 생크에 홈(Groove)이 있는지, 모든 패임(Dent)과 흠은 확대경으로 정밀하게 점검하여야 한다.

회전속도계(Tachometer) 검사는 전체의 프로펠러 검사 중 매우 중요한 검사이다. 회전속도계의 부정확한 작동은 제한된 엔진 작동과 높은 응력으로 손상을 초래하게 될 것이다. 이것은 깃 수명을 단축시킬 수 있으며 치명적인 손상으로 진행될 수 있다. 만약 회전속도계가 부정확하면, 허용된 속도보다 훨씬 빠르게 회전할 수 있고 추가적인 응력이 발생한다. 엔진 회전속도계의 정밀도는 100 시간 주기 검사 또는 1년 주기 검사 중에서 먼저 해당되는 시기에 점검하여야 한다. Hartzell 프로펠러는 ±10 rpm 이내로 정확하고, 적절한 보정 주기를 갖는 회전속도계 사용을 권고한다.

7.10.3 알루미늄 프로펠러의 점검 (Aluminum Propeller Inspection)

알루미늄 프로펠러와 깃에 균열(Crack)과 흠집(Flaw)이 있는지 주의하여 검사한다. 크기에 관계없이 가로 방향의 균열 또는 흠집은 허용되지 않는다. 앞전과 깃 면(Face of Blade)에 깊은 찍힘(Nick)과 홈(Gouge)은 허용되지 않는다. 프로펠러의 균열은 염색침투액(Dye Penetrant) 또는 형광 침투액(Fluorescent Penetrant)을 사용하여 검사한다. 검사에서 나타난 결함에 대한 조치는 제작사의 기준을 참조한다.

7.10.4 복합소재 프로펠러의 점검 (Composite Propeller Inspection)

(그림 7-32)에서와 같이, 복합재료 깃(Composite Blade)은 찍힘(Nick), 홈(Gouge), 자재의 풀림(Loose Material), 침식(Erosion), 균열(Crack)과 접착 부위 결함(Debond), 그리고 낙뢰(Lightning Strike)에 대한 육안검사가 필요하다. 복합소재로 된 깃은 금속 동전(Metal Coin)으로 해당 부위를 두드려 박리(Delamination)와 접착 부위 결함(Debond)에 대해 검사한다. (그림 7-33)에서 보는 것과 같이, 동전으로 두드렸을 때 만약 속이 빈 소리(Sounding Hollow), 또는 맑지 않은 소리(Sounding Dead)가 들린다면 접착 부위가 떨어졌거나 또는 박리를 예상할 수 있다. 커프(Cuff)를 합체시킨 깃은 동전을 두드리면 다른 울림을 낸다. 소리의 혼동을 피하기 위해, 동전은 커프 구역과 깃, 그리고 커프와 깃 사이의 전이 지역(Transition

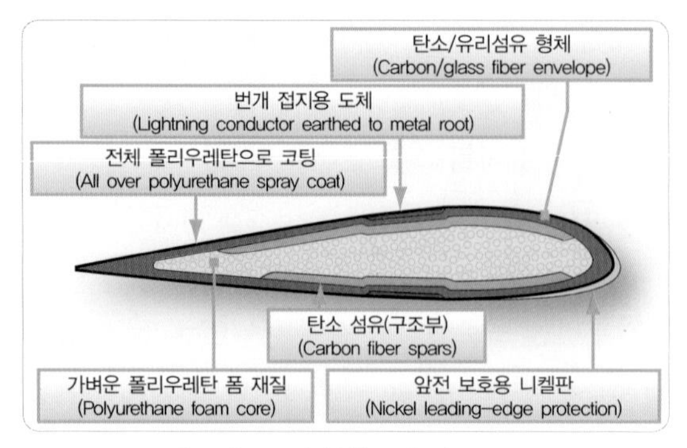

[그림 7-32] 복합소재 깃 구조
(Composite blade construction)

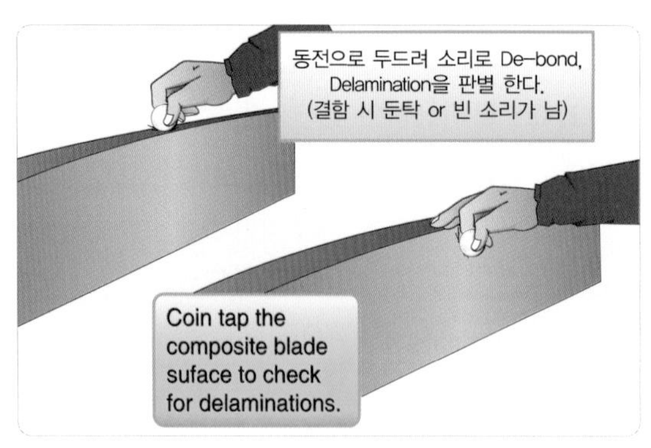

[그림 7-33] 동전 탭 테스트(Coin-tap test to check for de-bonds and delamination)

Area)을 각각 두드린다. 더 정밀한 검사가 필요할 때는 상배열검사(Phased Array Inspection), 초음파탐상검사(UI) 등과 같은 비파괴검사를 수행한다.

프로펠러의 수리는 소(小)수리(Minor Repair)로 제한된다. 인증된 작업자라도 프로펠러의 대(大)수리(Major Repair)는 허용되지 않는다. 대수리는 인증된 프로펠러 수리 공장(Certified Propeller Repair Station)에서 이루어져야 한다.

7.11 프로펠러의 진동 (Propeller Vibration)

프로펠러의 진동(Propeller Vibration)은 원인이 너무 다양하여 고장탐구가 쉽지 않다. 만약 프로펠러에 균형(Balance), 각도(Angle) 또는 궤도(Track)의 문제로 인해 진동이 발생한다면, 비록 진동의 강도가 회전수에 따라 변화한다고 할지라도, 진동은 전체 엔진 작동 범위(Entire RPM Range)에서 발생한다. 진동이 특정한 회전수에서, 예를 들어 2,200~2,350 RPM과 같은 제한된 회전수 범위 내에서 일어난다면, 진동은 프로펠러 문제만이 아니라 엔진과 프로펠러의 부조화(A Poor Engine-propeller Match) 문제로 인한 것이다.

만약 프로펠러 진동이 의심되지만 확신할 수 없다면, 이상적인 고장탐구 방법은 가능하다면 감항성이 입증된 프로펠러를 가지고 일시적으로 교환하여 항공기를 시험비행 하는 것이다. 깃의 흔들림(Blade Shake)은 진동 발생의 주원인이 아니다. 엔진이 작동 중일 때, 원심력은 깃 베어링을 약 30,000~40,000 Pound 정도로 단단히 깃을 잡아 준다. 객실의 진동은 가끔 크랭크축에서 프로펠러 깃의 위치를 바꿔(Re-indexing Propeller) 개선될 수 있다. 프로펠러를 떼어내서 180° 회전시켜 다시 장착할 수 있다. 프로펠러 스피너(Spinner)는 불균형의 원인일 수 있다. 스피너의 불균형은, 엔진 작동 중에 스피너의 떨림(Wobble)으로 나타난다. 이 떨림은 보통 스피너 전방 지지대의 틈새(Inadequate Shimming), 균열된 스피너, 또는 변형된 스피너에 의해 발생한다.

동력장치에 진동이 발생하였을 때, 엔진의 진동(Engine Vibration)인지 또는 프로펠러의 진동(Propeller Vibration)인지 판단이 어렵다. 대부분의 경우에 진동의 원인은 엔진이 1,200~1,500 RPM 범위에서 회전하는 동안 프로펠러 허브(Hub), 반구형 덮개(Dome), 또는 스피너(Spinner)를 주의 깊게 살펴보고 프로펠러 허브가 완전히 수평면에서 회전하는지, 아닌지에 따라 판단할 수 있다. 만약 프로펠러 허브가 약간의 궤도상 흔들림(Swing in a Slight Orbit)이 보이면 진동은 보통 프로펠러에 의한 것이다. 만약 프로펠러허브가 일정한 궤도로 회전하는 것이 보이지 않으면, 아마도 원인은 엔진 진동에 의한 것일 것이다.

프로펠러 진동이 심한 진동의 원인일 때, 결함은 프로펠러 깃의 불균형(Blade Imbalance), 궤도가 불일치한 깃(Blade not Tracking), 또는 설정된 깃 각의 변화(Variation in Blade Angle)에 의해 발생한다. 진동의 원인이 무엇이든 프로펠러 깃 궤도 점검(Blade Tracking)을 하고, 저피치 깃 각(Low-pitch Blade Angle)의 설정을 재점검한다. 만약 프로펠러 궤도와 낮은 깃 각의 설정이 모두 정상인데 프로펠러가 정적 및 동적으로 불균형하면 교환하거나 제작사의 허용범위 안에서 균형 작업을 다시 한다.

7.11.1 깃의 궤도 점검(Blade Tracking)

깃 궤도 점검(Blade Tracking)은 서로 비교하여 프로펠러 깃 끝의 위치가 회전면상에 있는지 검사하는 것이다. 깃 궤도 점검은 깃의 상대적 위치를 나타낼 뿐 실제 경로는 아니다. 깃은 가능한 한 모든 궤도가 서로 일치해야 한다. 같은 지점에서 궤도의 차이는 프로펠러 제작사에 의해 명시된 오차 허용범위를 초과해서는 안 된다. 프로펠러의 깃 끝 궤도가 적정하도록 프로펠러가 설계 및 제작되어야 한다.

다음은 일반적으로 사용하는 궤도 검사 방법이다.

(1) 항공기가 움직일 수 없도록 받침목을 고인다.
(2) 프로펠러를 돌리기에 수월하고 안전하도록 각 실린더에서 점화플러그를 각각 하나씩 장탈한다.
(3) 깃 중 하나가 아래쪽으로 위치하도록 회전시킨다.
(4) (그림 7-34)에서 보여 준 것과 같이, 프로펠러 근처에 카울링의 지시 포인터가 접촉하거나 가깝도록 하고 앞쪽에는 무거운 나무블록을 놓는다. 나무블록은 지상과 프로펠러 끝 사이 간격보다 지면에서 최소한 2 인치(inch) 이상 높아야 한다.
(5) 프로펠러를 천천히 회전시키면서, 차기의 깃(Next Blade)이 블록 또는 포인터에 동일한 지점을 접촉하면서 통과하여 궤도가 일치하는지를 판단한다. 각 깃의 궤도는 반대쪽 깃(Opposite Blade) 궤도와 ±1/16 inch 범위 이내에 있어야 한다.

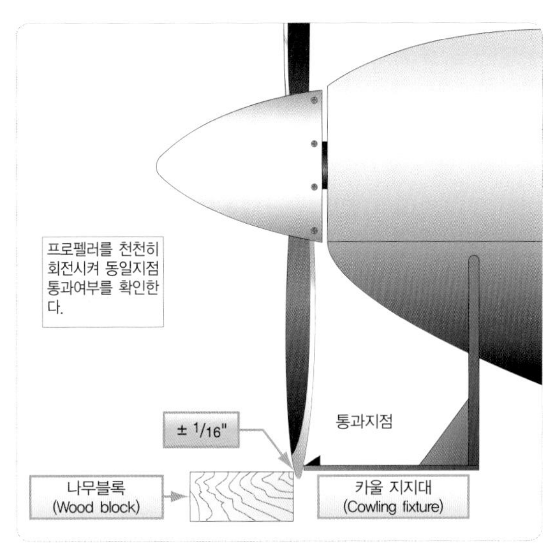

[그림 7-34] 프로펠러 깃 궤도 점검 (Propeller blade tracking)

(6) 궤도가 이탈된 프로펠러는 구부러진 1개 이상의 프로펠러 깃(Blade being Bent), 구부러진 프로펠러플랜지(Bent Propeller Flange), 또는 프로펠러 장착볼트의 과대토크(Over-torque)나 과소토크(Under-torque)가 원인일 것이다. 궤도 이탈된 프로펠러는 진동의 원인이 되고, 기체와 엔진에서 응력을 발생시키고, 프로펠러 조기 파손의 원인이 되게 한다.

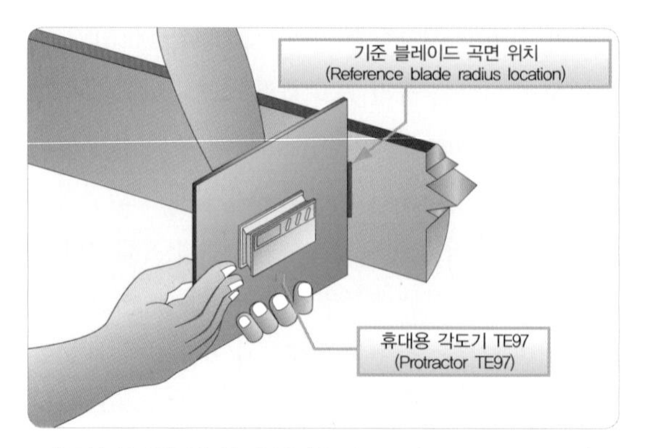

[그림 7-35] 깃 각 측정 (Blade angle measurement)

7.11.2 깃 각의 점검과 조절(Checking and Adjusting Propeller Blade Angles)

장착하는 동안에 부적절한 깃 각 설정(Improper Blade Angle Setting)을 발견하거나, 혹은 엔진 성능 점검 중 부적절한 깃 각 설정을 발견했을 때는 다음의 기본 정비 지침에 따른다. 실제로 깃 각 설정과 깃 각의 점검 위치는 해당 프로펠러 제작사의 정비교범에서 알 수 있다.

표면의 긁힘(Surface Scratch)은 언젠가는 깃 파손을 초래하기 때문에, 금속 바늘 같은 뾰족하고 날카로운 도구를 사용하여 프로펠러 깃에 표식을 하려 해서 안 된다. (그림 7-35)에서와 같이, 만약 프로펠러가 항공기에서 장탈된 상태이면 벤치-탑 각도기(Bench-top Protractor)를 사용한다. (그림 7-35, 7-36)에서 보여 준 것과 같이, 프로펠러가 항공기에 장착된 상태이거나 나이프-에지 균형 검사대(Knife-edge Balancing Stand)에 장치된 상태이면 깃 각을 점검하기 위해 휴대용 각도기(Handled Protractor)를 사용한다.

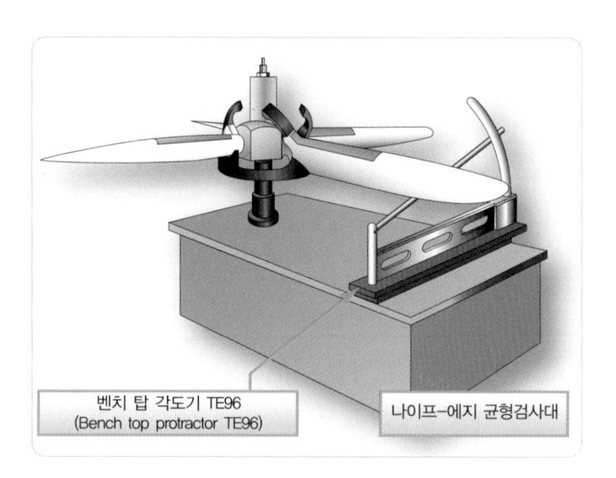

[그림 7-36] 벤치-탑 각도기(Bench top protector)

7.11.3 만능 프로펠러 각도기 (Universal Propeller Protector)

만능 프로펠러 각도기(Universal Propeller Protractor)는 프로펠러가 균형 검사대에 있거나, 또는 항공기 엔진에 장착된 상태에서 프로펠러 깃 각(Blade Angle)을 점검 목적으로 사용할 수 있다. (그림 7-37)에서는 만능 프로펠러 각도기의 주요 부분과 조절 방법을 보여 준다. 다음은 엔진에 장착된 프로펠러에 각도기를 사용하는 법이다.

(1) 검사할 첫 번째 프로펠러를 깃의 앞전 위쪽(Leading Edge Up)으로 수평이 되게 돌린다.

(2) 각도기의 면과 직각이 되게 코너 기포 수준기(Corner Sprit Level)를 놓는다.

(3) 판(Disk)을 링(Ring)에 고정하기 전에 원판조정장치(Disk Adjuster)를 돌려서 각도 눈금(Degree Scale)과 아들자 눈금(Vernier Scale)을 일치시킨다.

(4) 잠금장치는 핀(Pin)으로 스프링에 접속된 위치를 유지시켜 준다.

- 핀(pin)은 바깥쪽 방향으로 잡아당겨서 90° 돌리면 풀린다.

(5) 프레임에서 링-프레임 잠금을 풀고(Ring-to-frame lock, 오른나사 너트) 링을 돌려, 링과 디스크의 '0'이 각도기의 꼭대기에 있게 한다.

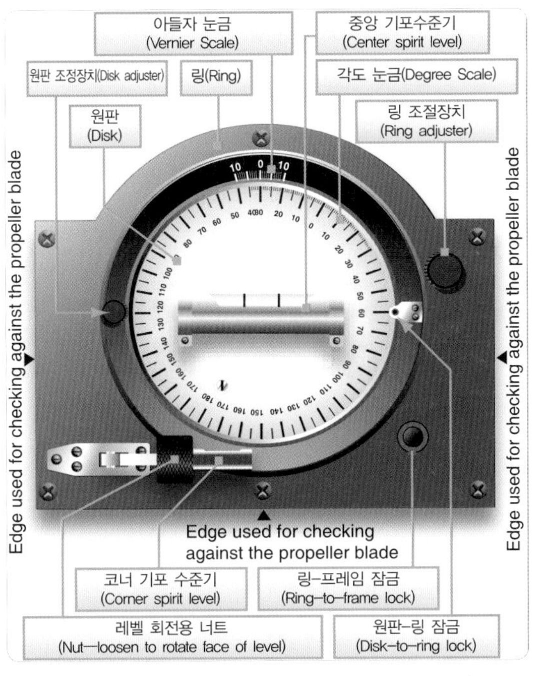

[그림 7-37] 만능 각도기 (Universal protector)

(6) 블록의 평편한 쪽(Flat side of the Block Slant)이 회전면으로부터 어느 정도 기울어지는지를 판단하여 깃 각을 점검한다.

(7) 우선, 각도기를 허브너트 끝에 수직으로 설치하거나, 프로펠러 회전면의 인식이 편한 장소에 눕혀 놓는다.

(8) 코너 기포 수준기(Corner Split Level)를 이용하여 각도기를 수직으로 유지하고 수평 위치일 때까지 링 조절장치(Ring Adjuster)를 돌린다.

- 이것은 프로펠러 회전면을 나타내는 지점에서 아들자 눈금(Vernier Scale)의 '0'을 설정한다.
- 그리고 링-프레임 잠금(Ring-to-frame Lock)을 고정한다.

(9) 각도기의 둥근 부분(Curved edge Up)을 손으로 잡고 있는 동안, 디스크와 링을 연결해 주는 원판-링 잠금장치(Disk-to-ring Lock)를 풀어 준다.

(10) 두 번째 프로펠러를 깃을 제작사의 사용설명서에서 명시한 위치에 깃(먼저 적용한 가장자리의 반대쪽 가장자리)을 전방 수직(Forward Vertical Edge)으로 놓는다.

(11) 코너 기포 수준기(Corner Sprit Level)를 이용하여 각도기를 수직으로 유지하고, 원판조정장치(Disk Adjuster)를 돌려 기포수준기를 수평 위치가 되게 한다.

(12) 프로펠러 깃 각 측정 시 유의해야 할 점은 다음과 같다.

- 두 '0' 사이의 각도와 10등분 한 각도는 깃 각을 지시한다.
- 깃 각을 결정할 때는, 아들자 눈금(Vernier Scale)상의 '10' 지점이 각도 눈금(Degree Scale)상의 '9' 지점과 같다는 것을 기억하라.

- 아들자 눈금(Vernier Scale)은 각도기 눈금 증가 방향으로 증가한다.
- 필요한 깃 조정 작업을 한 후, 바른 위치에 고정시킨다.

(13) 프로펠러의 나머지 깃에 대해서도 같은 작업을 반복한다.

7.12 프로펠러의 균형 조절 (Propeller Balancing)

항공기에서 진동의 원인이 되는 프로펠러의 불균형(Propeller Unbalance)은 정적(Static) 또는 동적(Dynamic) 불균형이다. 프로펠러의 정적 불균형(Static Imbalance)은 프로펠러의 무게중심(CG)이 회전축(Axis of Rotation)과 일치하지 않을 때 일어난다. 프로펠러 동적 불균형(Dynamic Unbalance)은 깃(Blade) 또는 평형추(Counterweight)와 같은, 프로펠러 구성요소(Element)들의 무게중심(CG)이 회전면을 벗어났을 때 발생한다.

엔진 크랭크축의 연장선에 있는 프로펠러 어셈블리의 길이는 프로펠러의 직경과 비교할 때 짧고, 프로펠러 회전 시 축에 대한 수직 평면상에 놓이도록 허브(Hub)에 고정되기 때문에, 궤도 오차 허용범위 안에만 있다면 부적절한 질량 분배의 결과로서 일어나는 동적 불균형(Dynamic Unbalance)은 무시할 수 있다.

프로펠러 불균형의 다른 형태인 공력학적 불균형(Aerodynamic Unbalance)은 깃의 추력이 동일하지 않을 때 일어난다. 이 불균형은 깃 외형의 점검(Checking Blade Contour)과 깃 각 설정(Blade Angle Setting)을 통해 크게 개선될 수 있다.

7.12.1 정적 평형(static balancing)

(그림 7-38)에서와 같이, 2개의 견고한 스틸 엣지(Steel Edge)를 가지고 있는 스틸엣지 스탠드(Knife-edged Test Stand)는 날(Edge) 사이에 조립된 프로펠러가 자유롭게 회전할 수 있도록 설치되었다. 스틸엣지 스탠드는 실내에 설치하거나 공기의 영향을 받지 않는 곳에 설치하고, 심한 진동의 영향을 받지 않아야 한다.

프로펠러 어셈블리(Propeller Assembly) 평형 점검(Balance Check)을 위한 표준방법(Standard Method)은 다음의 순서로 한다.

(1) 프로펠러의 엔진축 구멍에 부싱(Bushing)을 끼운다.
(2) 부싱을 통해 심축(Arbor or Mandrel)을 삽입한다.
(3) 심축의 끝단(End)이 평형스탠드(Balance Stand) 나이프 엣지(Knife-edge) 위쪽에 지지되도록 프로펠러 어셈블리(Propeller Assembly)를 놓는다. 프로펠러는 회전이 자유로워야 한다.
(4) 만약 프로펠러가 정적으로 적절한 균형이 잡혔다면, 프로펠러는 놓인 위치를 그대로 유지한다.
(5) 2깃 프로펠러를 점검할 때: 먼저 깃을 수직 위치(Vertical Position)에서 점검한 다음, 수평 위치(Horizontal Position)에서 점검한다.
(6) 깃의 위치를 반대로 놓은 상태(위와 아래 교체)에서 수직 위치에서의 점검을 반복한다.

(그림 7-39)에서는 3깃 식(Three-bladed) 프로펠러 어셈블리의 점검으로, 각각의 깃을 아래쪽 수직 위치(Downward Vertical Position)에 놓은 것을 보여 준다.

프로펠러의 정적 평형(Static Balance)을 점검하는

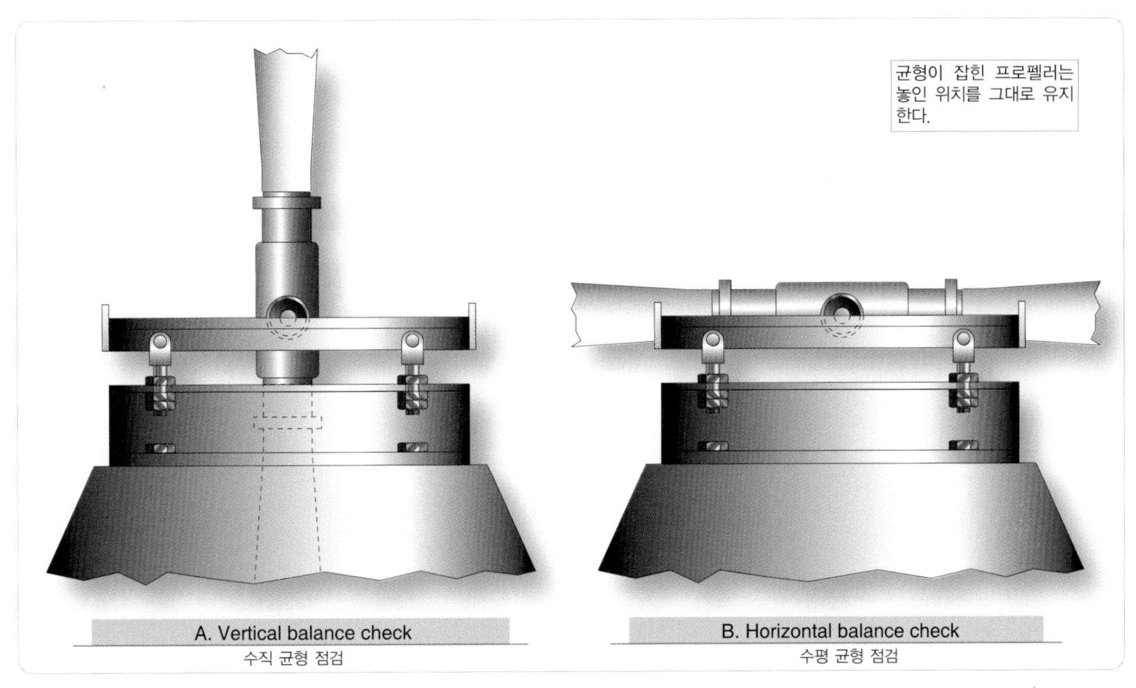

[그림 7-38] 2-깃 프로펠러 정적 평형 점검(Position of two-bladed propeller during a balance check)

동안, 모든 깃은 똑같은 깃 각(Same Blade Angle)에서 점검되어야 한다. 평형점검을 진행하기 전에, 각각의 깃이 똑같은 깃 각으로 세팅되었는지 검사한다. 프로펠러 제조사(Propeller Manufacturer)에서 특별히 언급된 사항이 없다고 해도, 프로펠러 어셈블리가 이전에 설명했던 어느 위치에서도 회전하려는 경향이 없어야 한다. 만약 프로펠러가 위에서 행했던 모든 위치에서 균형이 잡혔다면, 또한 중간 위치에서도 완전히 균형이 잡혀야 한다. 필요하면 중간 위치에서도 평형점검을 하여 최초 위치에서의 점검결과를 확인해야

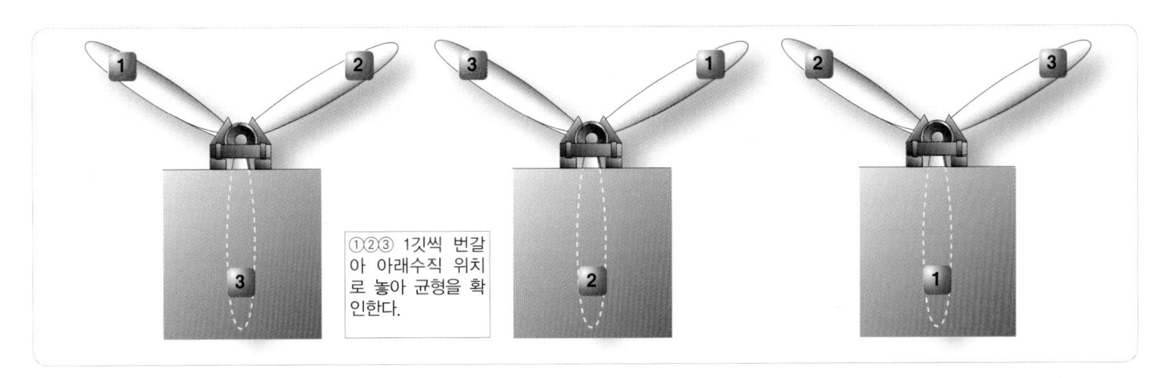

[그림 7-39] 3-깃 프로펠러 정적 평형 점검(3-Position of three-bladed propeller during balance check)

한다. (그림 7-40)

프로펠러 어셈블리의 정적평형을 점검할 때 회전하려는 경향(Tendency to Rotate)이 있다면, 추가 교정을 하여 불균형(Unbalance)을 제거해야 한다.

(1) 프로펠러 어셈블리 또는 주요 부분의 전체 무게가 허용한계 이하일 때 허용되는 장소에 영구적인 고정 추(Weight)를 추가.
(2) 프로펠러 어셈블리 또는 주요 부분의 전체 무게가 허용한계와 똑같을 때 허용되는 장소에서 고정 추(Weight)를 제거.
(3) 프로펠러 불균형 교정을 위해 추를 제거 또는 추가할 수 있는 장소는 프로펠러 제조사에서 결정한다.

[그림 7-40] 프로펠러 정적 평형
(Static propeller balancing)

7.12.2 동적 평형(Dynamic Balancing)

프로펠러와 스피너 어셈블리(Propeller & Spinner Assembly)의 진동을 줄이기 위해 분석 장비(Analyzer Kit)를 이용하여 동적 평형(Dynamic Balance)을 맞출 수 있다. 평형 장치가 구비되지 않은 일부 항공기에는 평형 작업하기 전에 배선계통이나 감지기(Sensor)와 케이블 설치가 필요한 경우가 있다. 추진 장치의 평형은 객실로 가는 진동과 소음의 전달을 실제적으로 감소시킬 수 있고, 항공기와 엔진 구성품에 대한 심각한 손상을 감소시킬 수 있다.

동적 불균형(Dynamic Imbalance)은 여러 종류의 불균형(Mass Imbalance) 또는 공기역학전인 불균형(Aerodynamic Imbalance)에 의해 발생한다. 동적 불균형(Dynamic Imbalance)의 개선 여부는 오직 추진 장치의 외부 회전 구성품(External Rotating Components)의 동적 균형 상태에 달려있다. 만약 엔진 또는 항공기가 노후한 상태(Poor Mechanical Condition)에 있다면, 평형 작업으로는 진동이 감소하지 않는다. 부품의 결함(Defective)이나 마모(Worn), 또는 부품이 풀려(Loose) 있을 경우에는 균형을 맞추기 어렵다.

몇몇의 제조사들이 동적 프로펠러 평형장비(Balancing Equipment)를 제작했는데, 그 장비 작동은 서로 다를 수 있다. 전형적인 동적 평형 장치(Dynamic Balancing System)는 프로펠러에 가까운 엔진에 부착된 진동 감지기(Vibration Sensor), 그리고 무게와 평형추의 위치를 계산하는 분석 장치(Analyzer Unit)로 이루어진다.

7.12.3 평형 조절 절차(Balancing Procedure)

항공기를 바람(최대 20 knot) 방향과 정면으로 두고 바퀴에 받침목을 고인다. 분석 장치를 장착하고, 낮은 순항 회전수로 엔진을 돌려주는데 동적 분석기(Dynamic Analyzer)는 각각의 깃에서 요구되는 평형추를 계산한다. 평형추를 장착한 후, 다시 엔진을 시운전하여 진동 수준의 감소 여부를 확인한다. 이 과정은 만족스런 결과를 얻을 때까지 여러 번 반복한다.

동적 평형 조절에서 평형 절차를 수행할 때 항상 해당 항공기 정비교범과 해당 프로펠러 정비교범을 참고한다. 동적 평형은 동적 불균형의 양(Amount)과 위치(Location)를 정밀하게 파악하여 수행한다. 장착된 평형추의 수는 프로펠러 제조사가 명시한 한도를 초과하면 안 된다. 프로펠러 제조사의 특정서(Specifications) 및 동적 평형 장비제작사 지침서(Equipment Manufacturer's Instructions)를 따른다.

대부분의 장비는 회전수 감응에 반사테이프(Reflective Tape)를 감지하는 광학적 방법(Optical Pickup)을 사용한다. 또한 초당 움직이는 거리(ips, inches per second)로 진동을 감지하는 가속도계(Accelerometer)가 엔진에 설치되어 있는 경우도 있다. 동적 평형 작업 전에 먼저 프로펠러를 육안검사 한다.

새로운(New) 또는 오버홀(Overhauled)된 프로펠러를 처음 시운전하면 깃(Blade)과 스피너 돔의 내부 표면(Inner Surface)에서 소량의 그리스(Grease)가 남아있을 수 있다. 깃 또는 스피너 돔 내부 표면의 그리스를 완전히 제거하려면 스토다드 솔벤트(Stoddard Solvent) 등을 사용한다. 프로펠러 깃에 그리스 누출의 흔적이 있는지 육안검사 한다. 또, 스피너 돔(Spinner Dome)의 내부 표면에 그리스 누출 흔적이 있는지 육안검사 한다. 만약 그리스 누출의 흔적이 없다면, 정비교범에 따라 프로펠러에 윤활 작업을 한다.

만약 그리스 누설이 발견되면 위치를 명확히 식별하고 윤활 및 동적 평형 작업 전에 수정해야 한다. 동적 평형 작업 전에, 모든 평형추의 수와 위치를 기록한다. 정적 평형 작업은 오버홀 또는 대수리가 수행되었을 때 프로펠러 수리 시설에서 이루어진다.

동일한 간격으로 열두 곳에 평형추를 장착한다. 항공기용 10/32 또는 AN-3 형식(type) 스크루 또는 볼트를 사용하여 평형추를 장착한다. 스피너 격벽(Spinner Bulkhead)에 부착된 평형추 스크루는 자동잠금너트(Self-locking Nut)나 너트플레이트(Nut Plate) 밖으로 최소 1개에서 최대 4개의 나사산이 나와 있어야 한다. 엔진 제작사 또는 기체 제작사가 특별히 명시한 사항이 없으면, Hartzell은 진동이 0.2 ips 이하가 되도록 권고하고 있다. 반사테이프는 동적 평형 작업 완료 후 즉시 제거한다. 동적 평형추(Dynamic Weight)의 수와 위치, 정적 평형추(Static Weight)의 수와 위치(변경되었을 경우) 관련 사항은 프로펠러 업무일지(Logbook)에 기록한다.

7.13 프로펠러의 장탈 및 장착 (Propeller Removal and Installation)

7.13.1 장탈(Removal)

다음은 일반적인 프로펠러 장탈 절차이며, 실제 프로펠러를 장탈 및 장착할 때에는 항상 제작사 정비교범을 참조한다.

(1) 스피너(Spinner) 장탈 절차에 따라 스피너 돔(Spinner Dome)을 떼어낸다. 안전 결선이 있으면, 프로펠러 장착 스터드(Mounting Stud)에서 안전결선을 제거한다.

(2) 슬링(Sling)으로 프로펠러를 지지한다. 만약 프로펠러가 재장착 되었고 동적 평형이 수행되었다면, 동적 불균형 방지와 재장착 시의 편의를 위해 프로펠러 허브와 엔진플랜지의 동일한 위치에 표시(ID Mark)를 해 둔다.

(3) 엔진 부싱(Bushing)에서 4개의 장착 볼트를 푼다. 엔진 부싱으로부터 2개의 장착 너트와 부착된 스터드를 푼다. 만약 프로펠러를 오버홀 간격 중에 떼어냈다면 장착 스터드, 너트, 그리고 와셔는 손상 또는 부식되지 않았을 경우에 재사용할 수 있다.

CAUTION 프로펠러 장착 스터드가 손상되지 않게 주의하면서 슬링을 이용하여 플랜지로부터 프로펠러를 장탈한다.

(4) 이동용 보관대(Cart)에 프로펠러를 내려놓는다.

7.13.2 장착(Installation)

(1) 프로펠러 플랜지(Propeller Flange)에는 4 inch 원에 배치된 6개의 스터드를 갖고 있다. 그중 2개의 스터드는 위치 표시(Dowel Pin)가 있고 엔진 크랭크축에서 프로펠러에 토크를 전달한다. 이 두 스터드가 장착되어야 할 위치는 프로펠러 허브에 표시가 되어 있다. 스피너 장착 전에 필요 절차가 있으면 수행하고, 빨리 마르는 스토다드 솔벤트(Stoddard Solvent), 또는 메틸에틸케톤(MEK, Methyl Ethyl Ketone)으로 엔진 플랜지와 프로펠러 플랜지를 세척한다. 허브 내부에 있는 O-ring 홈(Groove)에 O-ring을 장착한다.

NOTE 프로펠러를 공장으로부터 수령할 때, O-ring은 통상 장착되어 있다. 프로펠러를 지지할 수 있는 크레인 호이스트(Crane Hoist) 등을 이용하여 조심스럽게 프로펠러를 항공기 앞으로 이동한다.

(2) 엔진 플랜지에 프로펠러를 장착한다. 엔진 장착 플랜지의 구멍과 프로펠러 플랜지의 맞춤 스터드(Dowel Stud)가 일치되도록 한다. 프로펠러는 주어진 위치 또는 180° 회전 위치로 엔진 플랜지에 장착하게 된다. 프로펠러의 정확한 장착 위치는 항공기 정비교범 및 엔진 정비교범을 참조한다.

CAUTION 장착 부품들은 장착 플랜지에 과도한 예비하중(Preload)이 걸리지 않도록 깨끗하게(Clean) 하고 건조(Dry)시켜야 한다.

(3) 스페이서(Spacer)와 함께 프로펠러 장착용 너트를 체결한다. 항공기 정비교범에 규정된 값으로 너트를 토크한다. 만약 안전결선이 필요하면 프로펠러 장착 플랜지의 뒤쪽에서 복선식으로 안전결선(Pair Safety Wiring)을 한다.

CAUTION 허브 손상을 방지할 수 있도록 지그재그 방향으로 균등(Crisscross Torque)하게 너트를 조인다.

7.14 프로펠러의 서비스 작업 (Servicing Propellers)

프로펠러 서비스 작업(Propeller Serving)에는 세척(Cleaning), 윤활(Lubricating), 윤활유의 보충(Replenishing)을 포함한다.

7.14.1 프로펠러 깃의 세척 (Cleaning Propeller Blades)

알루미늄과 강재 프로펠러 깃, 그리고 허브는 보통 솔(Brush) 또는 헝겊(Cloth)을 사용하고 적절한 세척제(Solvent)를 사용하여 세척한다. 산성(Acid) 또는 부식성(Caustic)이 있는 재료는 사용하지 않는다. 깃의 긁힘 등의 손상을 초래하는 동력 버퍼(Power Buffer), 강모(Steel Wool), 강철 솔(Steel Brush) 등은 사용해서는 안 된다.

만약 고광택(High Polish)이 필요하면 적합한 등급의 공업용 금속광택제(Metal Polish)를 사용할 수 있다. 광택 작업을 완료한 후 광택제의 흔적은 즉시 제거하고, 깃이 깨끗한 상태에서 엔진오일로 깨끗하게 피막을 입힌다.

목재 프로펠러 세척에는 솔 또는 헝겊, 그리고 따뜻한 물과 자극성이 없는 비누(Mild Soap)를 사용한다. 어떤 재질의 프로펠러든지 만약 소금물에 접촉하였다면 소금이 완전히 제거될 때까지 깨끗한 물로 씻어 내고 완전히 말린 다음, 엔진오일 또는 동등한 것으로 금속 부분에 피막을 입힌다.

프로펠러 표면으로부터 그리스(Grease) 또는 오일(Oil) 흔적을 제거하려면 깨끗한 헝겊에 스토다드 솔벤트(Stoddard Solvent)를 적셔서 주요 부분을 깨끗하게 닦아 낸다. 또 비부식성 비누액(Non-corrosive Soap Solution)을 사용하여 프로펠러를 세척할 수도 있다. 그런 다음 물로 충분히 헹구고 건조한다.

7.14.2 프로펠러 에어돔의 충전 (Charging the Propeller Air Dome)

다음은 일반적인 절차이므로 정확한 것은 항상 해당 프로펠러 제작사의 정비교범을 참조해야 한다.

프로펠러가 시동 록(Start Lock)에 위치되어 있는지, 적절하게 조절되었는지를 확인한 후 건조공기

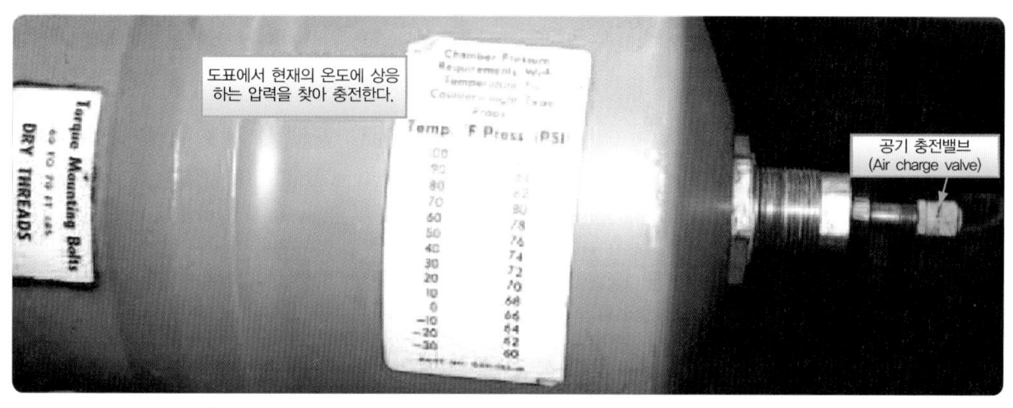

[그림 7-41] 프로펠러 에어 충전(Servicing air charge in propeller)

(Dry Air) 또는 질소(Nitrogen)로 실린더를 충전한다. (그림 7-41)에서는 실린더에 있는 공기 충전 밸브(Air Charge Valve)를 보여 준다. 가능하면 질소를 충전하는 것을 권고한다. 정확한 충전 압력은 부착된 도표로 확인하며, 온도에 상응하는 허브 공기압을 파악할 수 있다.

7.14.3 프로펠러의 윤활(Propeller Lubrication)

엔진오일로 조종되는 유압식 프로펠러(Hydromatic Propeller)와 일부 밀폐식 프로펠러(Sealed Propeller)는 별도의 윤활을 필요로 하지 않는다. 전기식 프로펠러(Electric Propeller)는 허브 윤활(Hub Lubrication)과 피치변환구동장치(Pitch Change Drive Mechanism)에 오일과 그리스를 필요로 한다. 오일과 그리스 규격, 그리고 윤활 방법은 제작사가 발행한 정비교범에 설명되어 있다.

사례를 분석해 보면, 어떤 모델(Model)은 수분이 프로펠러 깃 베어링에 있는 경우도 있었다. 따라서 프로펠러 제작사가 권고하는 주기적인 그리스 주입(Grease Lubrication)은 작동 부위의 적절한 윤활과, 부식에 대한 보호를 위함이다. 프로펠러에서 대부분의 결함은 외부 부식이 아니라 볼 수 없는 내부 부식이기 때문에 오버홀 기간 중에 반드시 점검해야 한다.

프로펠러와 허브 사이에는 이질 금속(Dissimilar Metals) 부식이 발생하는데, 적절한 검사를 위해서는 분해를 해야만 한다. 과도한 부식은 깃과 허브의 강도를 심하게 감소시킬 수 있다. 심지어 외관상 심각하지 않은 부식이라도 검사할 때 깃과 허브에 손상으로 나타날 수 있다. 심한 경우 깃 이탈(Blade Loss) 등과 같이 안전성에 영향을 미치기 때문에, 이 부분은 주의 깊게 관찰해야 한다.

부식 때문에 윤활 주기의 적용은 매우 중요하다. 통상 프로펠러는 100시간 또는 12개월 중에서 먼저 도래하는 시기에 윤활 작업을 한다. 그러나 항공기의 운영시간이 년 100시간 보다 훨씬 적다면 윤활 주기는 6개월로 단축해야 한다. 항공기가 높은 습도, 소금기와 같은 불리한 대기 조건에서 작동하거나 또는 보관되면, 윤활 주기는 6개월로 단축해야 한다. Hartzell은 새것(New) 또는 새롭게 오버홀된(Newly Overhauled) 프로펠러에서는 원심력으로 그리스가 축적되거나 재분배되어 프로펠러의 불균형을 초래할 수 있기 때문에 첫 번째 1~2시간의 작동 후에 윤활하도록 권장한다. 그리스의 부족은 습기가 모일 수 있는 깃 베어링에서 발생할 수 있다. (그림 7-42)에서처럼 엔진 쪽 허브 반쪽(Engine-side Hub Half) 또는 실린더 쪽 허브 반쪽(Cylinder-side Hub Half)으로부터 윤활 피팅(Fitting)을 장탈한다. 어느 쪽으로든 남아있는 윤활 피팅에 그리스 건(Grease Gun)을 이용하여 그리스를 주입하는데, 피팅이 제거된 구멍으로 그리스가 빠져나올 때까지 1 fluid once(30 ㎖)를 보급한다.

NOTE 1 액량온스(fluid once : 30 ㎖)는 수동 그리스 건이 있는 약 6개의 펌프이다. 떼어낸 윤활 피팅을 다시 장착한 후 조인다. 각 윤활 피팅의 볼(ball)이 적절하게 안착되었는지를 확인한다. 각 윤활 피팅에 윤활 피팅 캡(Lubrication Fitting Cap)을 장착한다. 제작사 정비교범에 따라 부착된 압력 피팅을 통해 그리스를 교체한다.

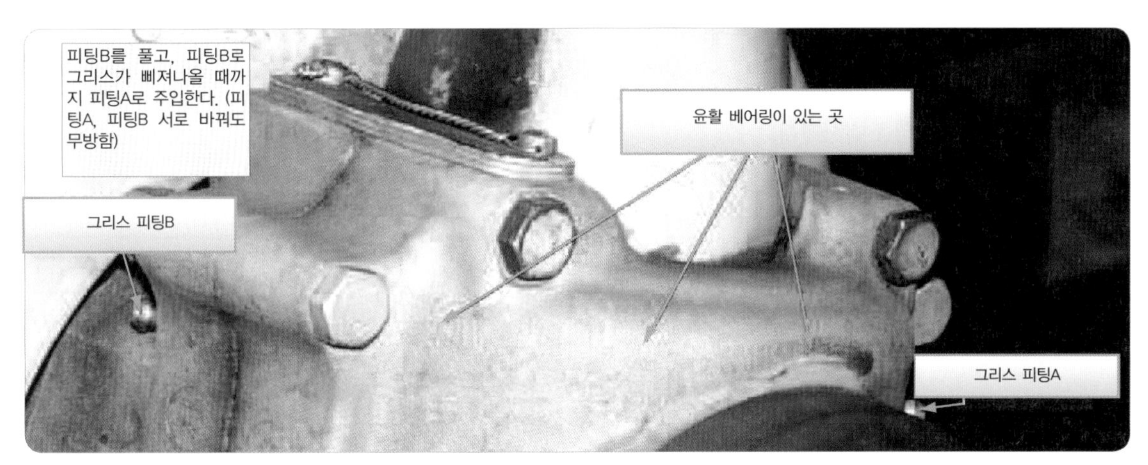

[그림 7-42] 프로펠러 베어링 윤활 (Lubricating propeller bearings)

7.15 프로펠러 오버홀(Propeller Overhaul)

프로펠러 오버홀(Propeller Overhaul)은 해당되는 최대 시간(Maximum Hour) 또는 달력 시간(Calendar Time) 중에서 먼저 도래하는 시기 내에서 이루어져야 한다. 오버홀 준비사항으로 먼저 프로펠러 장탈 수령 즉시, 향후 수행될 오버홀 과정 전체에 걸쳐서 프로펠러 구성 부분 관련 서류를 검토한다. 오버홀 과정에 함께 진행할 수 있는 감항성 개선 명령(AD), 현재의 명세서, 그리고 제작사의 정비 회보(SB) 등을 검토한다. 일련번호가 맞는지를 반복 확인하고 프로펠러의 일반적인 상태에 관하여 작업지시서(Work Order)에 설명을 달아 준다.

프로펠러 입고 후 첫 번째 사항으로 모든 구성 부분이 분해되고 세척된 후, 관련된 주요 부분에 대하여 예비검사(Preliminary Inspection)를 수행한다. 검사 결과에 따라 발견된 손상 정도, 수리가 필요한 부품, 그리고 교체해야 할 부품 등을 그 사유와 함께 부품번호별로 기록한다. 소수의 예외사항(제작사 재허용 품목)을 제외하고 분해 시 떨어지는 대부분의 소모품 등급의 볼트, 너트, 와서, 씰 등은 폐기하고 교체한다. 프로펠러를 분해하고 정상적으로 조립하기 위해서는 특정한 장비와 지지대가 필요하다. 이러한 장치는 대체로 15-feet Torque Adapter Bar 에서부터 허브 위치 표시(Dowel Pin)용 100-ton 압축기까지 해당 프로펠러 모델별로 다양하다. 프로펠러 깃, 허브와 같은 주요 부품은 3차원 치수 검사(Dimensional Inspection)를 통하여 변형된 부분, 마모된 부분을 확인하고 수리 방법을 찾는다. 수리방법이 없으면 새로운 부품으로 교체하거나 수리대기 상태로 남는다. 수리와 검사가 끝나고, 알루미늄 부품은 아노다이징(Anodizing), 스틸 부품은 카드뮴 처리(Cadmium Plating)부식 방지 작업을 하게 되면 재사용 가능한 상태가 되고, 조립 대기 상태로 넘어간다.

7.15.1 허브(The Hub)

허브 및 구성품으로 분해한 후 페인트와 양극 처리된 피막을 제거하고 다음에 해당되는 비파괴 검사를 실시한다.

(1) 비철 허브(Non-ferrous Hub) 및 구성품에는 형광침투탐상검사(FPI, Fluorescent Penetration Inspection)로 균열을 검사한다.

- 식각(Etch)하고, 헹구어 내고, 건조시킨다.
- 형광침투용액(FPI)에 부품을 담가 놓는다.
- 침투제에 흠뻑 적신 후 다시 헹구고 건조시킨다.
- 표면에 균열 또는 결함을 포착하는 현상액(Developer)을 뿌린다.
- 자외선 형광램프 아래에서 검사를 하면 손상된 부위에는 침투제가 명확히 확인된다.

(2) 특정 모델의 허브에는 고응력 부위(High-stress Area)에 와전류검사(Eddy- current Inspection)를 한다.

- 와전류탐상시험은 전도성 재료를 통해 전류를 통과시키는데, 즉 균열이나 결함이 있으면 지시계 또는 모니터에 변화된 파동이 나타난다.
- 이 검사 방법은 눈에는 보이지 않는 재료의 표면 아래쪽에 있는 결함을 검출할 수 있다.

(3) 자분탐상검사(MPI)는 강재 부분에 있는 결함의 위치를 찾을 때 적용된다.

- 프로펠러의 스틸로 된 부분에 강력한 전류를 통과시키면 자화된다.
- 형광산화철분말(Fluorescent Iron Oxide Powder)의 용제를 부품에 분사한다. 자화되는 동안, 부품 표면에 있는 유체 내의 입자는 곧바로 불연속(Discontinuity)으로 정렬된다.
- 블랙라이트 아래에서 검사할 때, 균열은 밝은 형광 선(Bright Fluorescent Line)으로 나타난다.

7.15.2 깃 (The Blade)

프로펠러 깃의 오버홀 첫 단계는 정밀 치수 검사(Precise Dimensional Inspection)를 통하여, 폭(Width), 두께(Thickness), 면 맞춤(Face Alignment), 깃 각(Angle), 길이(Length) 등을 확인하는 일이다. 기록한 수치를 해당 모델의 제작사 오버홀 매뉴얼(Overhaul Manual)에서 명시하는 각 항목별 최소 허용 수치와 비교하고 수리 가능한 경우는 수리에 들어간다. 수리방법이 없으면 새로운 부품으로 교체하거나 수리대기 상태로 남는다.

각 프로펠러 깃 별로 필요한 수리에는 표면 연마(Surface Grinding), 피치 재설정(Re-pitching), 펴기(Straightening) 등이 있다. 이러한 작업은 특별히 고안된 장비와 정밀 측정 장비를 사용해야 한다. 피치 재설정은 특별 장비를 사용해도 0.1 degree 이내만 허용된다. 표면 연마는 표면에 있는 부식(Corrosion), 긁힘(Scratch), 흠(Flaw) 등을 제거하며, 작업 후 잔류 스트레스(Stress)가 남지 않아야 한다.

모든 응력 요인(Stress)과 결함(Fault)을 완전히 제거한 후, 최종적으로 깃 측정을 수행하고 깃 각각의 검사 결과를 기록한다. 프로펠러 깃의 균형을 맞추어서 조합하고 장기간 방식 처리를 위해 그들을 양극 처리(Anodizing)하고 페인트(Painting)를 칠한다.

7.15.3 프로펠러 재조립(Propeller Reassembly)

프로펠러 허브와 깃의 오버홀 과정이 완료되면 조립과정으로 들어간다. 조립 준비과정으로는 오버홀 과정을 기록한 서류와 실물 부품번호를 대조 확인하고 부품별로 필요한 윤활 작업을 한다.

프로펠러 허브와 깃을 조립한 후에는 정속 프로펠러(Constant-speed Propeller)인 경우 깃의 저피치(Low-pitch)와 고피치(High-pitch) 각을 점검하고, 깃 각을 움직여 전 범위 내에서 적절히 작동하는지, 공기압력의 누설이 없는지를 확인한다. 그리고 프로펠러 어셈블리의 정적 평형(Static Balance)을 점검한다. 정적균형 점검 결과 필요하면 허브의 한 위치에 평형추(Counterweight)를 부착할 수도 있다.

최종 검사에서 오버홀을 수행한 기록(AD 수행, SB 수행, 수리기록, 정밀점검 등)을 검토하고 하자가 없는지를 확인하고 서명하면, 항공기에 장착할 수 있다. 그리고 동적 평형(Dynamic Balance)점검은 이후 항공기 엔진에 장착 후 수행하게 된다.

7.16 프로펠러의 고장탐구 (Troubleshooting Propellers)

다음의 사례는 일반적인 고장탐구의 경우이며, 실제 항공기에서의 고장탐구는 해당 항공기의 정비교범을 따라야 한다.

7.16.1 난조(Hunting) 와 서징(Surging)

난조(Hunting)는 요구되는 속도 부근에서 엔진 회전속도가 주기적으로 변화하는 특징이 있다. 서징(Surging)은 엔진 속도가 큰 폭으로 증가 또는 감소하는 특성을 가지고, 1~2회 나타난 후 원래의 속도로 복귀한다. 만약 프로펠러가 난조되고 있다면, 다음을 점검해야 한다.

(1) 조속기(Governor)
(2) 연료제어장치(Fuel Control)
(3) 상동기화장치(Phase Synchronizer) 또는 동기장치(Synchronizer)

7.16.2 고도에 따른 엔진 속도 변화 (Engine Speed varies with Flight Altitude)

엔진 회전속도에서 작은 변화는 정상이다. 페더링이 되지 않는 프로펠러에서 항공기 속도가 증감하는 동안 엔진 회전속도가 증가하는 경우는 다음 사항의 관련일 수 있다.

(1) 조속기가 프로펠러의 오일 체적을 증가시키지 못할 경우(Not Increasing Oil Volume)
(2) 엔진 전달 베어링의 과도한 누설(Excessive Leaking)
(3) 깃 베어링 또는 피치변환장치에서의 과도한 마찰(Excessive Friction)

7.16.3 페더링 불능 또는 느린 페더링 (Failure to feather or Feathers slowly)

페더링이 안 되거나 느릴 경우(Failure to Feather or Slow Feathering)에는 자격을 갖춘 정비사가 다음 사항을 수행해야 한다.

(1) 만약 공기 충전이 안 됐거나 충전도가 낮다면, 정비교범의 공기 충전 부분(Air Charge Section)을 참조한다.
(2) 프로펠러 조속기 조종 연결장치(Control

Linkage)가 적절하게 작동하는지, 그리고 장착 상태, 리깅 등을 점검한다.

(3) 조속기의 배출 기능(Drain Function)을 점검한다.

(4) 깃 베어링(Blade Bearing) 또는 피치변환장치(Pitch-change Mechanism)에서 과도한 마찰을 초래하는 잘못된 조절(Misalignment), 또는 내부 부식(Internal Corrosion)이 있는지 점검한다. 본 사항은 반드시 인가된 프로펠러 수리 시설에서 수행되어야 한다.

08 엔진 장탈 및 교환

Engine Removal and Replacement

8 엔진 장탈 및 교환

Engine Removal and Replacement

8.1 도입(Introduction)

항공기 엔진의 교환 절차는 항공기와 엔진의 형식에 따라 다르기 때문에 하나의 절차를 모든 엔진에 적용시킬 수는 없으나 왕복엔진의 대표적인 장착 절차를 선정하여 설명하고자 한다. 왕복엔진과 가스터빈 엔진의 대표적인 장착 절차를 선정하여 설명하고자 한다.

엔진 교환 시 분리하고 다시 연결해야 하는 사항으로 전기, 유압, 연료공급라인 등이 있으며 또한 공기 흡입구와 배기구 부품 및 엔진컨트롤, 그리고 엔진마운트 등이 공통적인 사항에 해당된다.

이들 두 가지 형식의 엔진은 일부 공통적인 사항도 있지만 엔진에 따라 특수성이 있기 때문에 모두 언급할 수 없으며, 이러한 이유로 엔진 교환 시 반드시 관련 제작사 매뉴얼을 참고해야 한다.

8.2 왕복엔진의 장탈 사유(Reasons for Removal of Reciprocating Engines)

8.2.1 엔진 혹은 부품의 수명 초과(Engine or Component Lifespan Exceeded)

엔진의 수명은 작동 환경, 수리 방법, 항공기 형식, 사용용도, 그리고 장착 운용 중 적용된 정비 프로그램에 많은 영향을 받는다.

또한 엔진 운용 경험에 근거하여 엔진 오버홀주기를 설정할 수도 있지만 제작사에서 설정한 엔진 장탈 주기를 준수해야 한다.

8.2.2 엔진 급정지(Sudden Stoppage)

엔진 급정지라 함은 매우 갑작스럽게 발생하는 완전한 엔진 정지를 말한다.

이는 특정 원인에 의해 엔진 회전체가 고착되거나 프로펠러가 외부 물질로부터 충격을 받는 순간부터 회전체가 1회전 이내에 정지되는 현상이며, 발생 원인으로는 착륙장치의 급격한 접힘, 항공기 기수가 지상에 박혀 뒤집힐 때, 또는 항공기의 불시착 등에 의해 나타날 수 있다. 급정지는 프로펠러 기어의 균열(crack), 기어트레인의 손상, 크랭크축 평형추의 어긋남, 프로펠러베어링의 손상과 같은 엔진 내부의 손상을 유발할 수 있다.

이와 같은 엔진 급정지가 발생되면 일반적으로 엔진을 장탈하여 제작사 매뉴얼에 따라 검사 및 수리를 수행해야 한다.

8.2.3 엔진 급감속(Sudden Reduction in Speed)

급감속은 엔진의 저(低)회전 시 한 개 또는 그 이상의 프로펠러 깃이 외부 물체와 충돌하여 발생될 수 있으며, 충돌 후 외부 물체는 제거되고 엔진은 손상을 방지하기 위해 정지되지 않는 한 회전을 회복하여 지속적으로 운전 가능한 현상을 말한다.

이는 항공기 지상 활주 시 프로펠러가 활주로의 돌출된 부분과 충돌하거나 공구박스(tool box), 또는 다른 항공기의 일부와 충돌하는 경우에 발생할 수 있다.

이와 같은 사고가 엔진의 고회전 속도에서 일어날 경우, 매우 중대한 엔진 손상을 유발할 수도 있다. 급감속 발생 시, 일반적으로 아래 언급한 절차를 참고할 수는 있지만, 제작사 매뉴얼을 따라 필요한 조치를 취해야 한다.

급감속으로 인한 손상 정도를 파악하기 위해서 엔진마운트, 크랭크케이스, 그리고 기수부분에 대한 철저한 육안점검을 실시해야 하며, 만약 손상 정도가 라인 정비(line maintenance)를 초과한다고 판단되면, 엔진을 장탈하여 수리해야 한다.

급감속 발생 시 엔진의 오일스크린과 오일필터를 장탈하여 금속입자의 검출 여부를 확인 후 섬프플러그를 장탈 후 깨끗한 용기에 오일을 배유시켜 배유된 오일을 점검하여 오일 내 금속입자의 존재 여부를 확인해야 한다.

엔진 오일에서 다량의 금속입자가 검출되면 이는 명확한 엔진 고장을 나타내는 것이며 이 경우 엔진은 장탈되어야 하지만, 검출된 금속입자가 극소량에 불과하면 엔진 장탈을 결정하기보다는 엔진의 계속 사용 가능성 여부를 판단하기 위해 엔진 작동을 포함한 추가적인 엔진 점검의 수행이 바람직하다.

프로펠러를 장탈하여 크랭크축이나 감속기어에 장착되어 있는 프로펠러 구동축의 잘못된 정렬(misalignment) 상태를 점검한다. 모든 실린더로부터 점화플러그를 장탈 후 크랭크축을 돌려 크랭크축, 프로펠러축, 또는 플랜지 등이 굽힘없이 일직선으로 회전하는지 여부를 관찰한다.

만약 크랭크축 또는 프로펠러구동축에서 측정된 굽힘이나 굴곡이 제작사 매뉴얼의 허용범위를 초과한다면 엔진은 장탈되어야 하며, 측정된 굽힘이나 굴곡이 제작사 매뉴얼의 허용범위 이내라면 사용 가능한 프로펠러를 장착하여 항공기 프로펠러 트랙 점검을 수행한다.

엔진이 진동 없이 순조롭게 작동하는지 여부와 적당한 동력의 출력 여부를 확인하기 위하여 엔진을 시동하여 지상 점검을 수행한다. 엔진이 적절하게 작동된다면 엔진을 정지시키고 오일계통의 금속입자 함유 여부를 재확인한다.

8.2.4 오일계통의 금속입자 (Metal Particle in the Oil)

엔진오일스크린 또는 마그네틱 칩 디텍터(magnetic chip detector)에서 금속입자가 검출되었다면 이는 엔진의 부분적인 내부 손상으로 간주될 수 있다. [그림 8-1참고]

카본은 엔진 내부에서 금속 조각의 모습으로 떨어져 나갈 수도 있다. 그러므로 엔진오일스크린이나 오일섬프 플러그에서 이물질이 검출되었다고 엔진 내부 손상이라고 속단하여 엔진 장탈을 결정하기 전에, 자석을 이용해서 검출된 이물질이 자성체인지 여부를 판단한 후 결정하는 것이 중요하다.

철금속이 오일스크린에서 검출되면 신중하게 판단해야 하나, 엔진 오버홀 후에 장착된 엔진에서 검출되는 소량의 비철금속은 때때로 정상적인 것으로 간주될 수도 있다. 예를 들어, 줄밥(filing)과 유사한 이물

Clean MCD – No Action

MCD with a debris catch – Investigate

[그림 8-1] 마그네틱 칩 디텍터(Magnetic Chip Detector)

질이 소량 발견되었다면, 오일을 배유 후 재보급한다.

그리고 엔진을 시동 후 오일스크린과 마그네틱 칩 디텍터(magnetic chip detector)를 다시 검사하여 이 물질이 더 이상 발견되지 않는다면, 엔진을 계속해서 사용하거나 또는 제작사 메뉴얼을 적용하여 적절한 조치를 취한다.

8.2.5 분광식 오일 분석 프로그램(Spectrometric Oil Analysis Engine Inspection Program)

분광식 오일 분석 프로그램(SOAP)은 오일 샘플을 채취하고 분석하여 소량일지라도 오일 내에 존재하는 금속 성분을 탐색하는 오일 분석 기법이다.

오일은 엔진 전체를 순환하기 때문에, 엔진이 일정 시간 운영됨에 따라 오일은 마모금속(wear metal)이라고 불리는 미량의 금속입자를 함유하게 된다. 이 프로그램을 이용하여 오일 내에 함유된 금속입자를 PPM(Part Per Million)단위로 판정하고 측정한다.

분석된 원소는 마모금속이나 첨가제(additive)와 같은 범주로 분류되고, PPM으로 측정된 자료는 엔진의 상태(engine's condition)를 판단하는 여러 가지 수단 중 한 가지로서 사용될 수 있도록 전문분석가에 의해 엔진오일시스템의 상황을 판단하게 된다.

마모금속의 양은 샘플을 채취할 때마다 기록되고 분석해야 하며, 마모금속의 양이 정상비율을 초과하여 증가하는 경우 해당 작업자에게 신속하게 통지하여 수리 및 권장된 특정 정비절차 또는 점검을 수행해야 한다.

오일 분석은 이와 같이 엔진의 내부 결함이 발생되기 전에 문제점을 인지하여 적절한 조치를 취할 수 있게 하는 수단으로 이용되며, 이는 엔진의 중대 결함을 예방하며 2차 손상을 방지하여 수리비용을 절감할 수 있기 때문에 가스터빈엔진과 왕복엔진의 건강상태 진단 방법으로 사용되고 있다.

8.2.6 엔진 작동 시 문제점 (Engine Operation Problems)

엔진 작동 중에 아래와 같은 결함이나 문제점이 나타나면 장탈해서 적절한 조치를 취해야 한다.

(1) 과도한 엔진의 진동이 나타날 경우 즉각적인 조치가 이루어져야 한다.
(2) 왕복엔진의 밸브트레인 또는 다른 기계적 결함으로 인한 역화나 점화 실패의 경우
(3) 왕복엔진의 압축비 저하로 인해 출력이 감소되는 경우

8.3 엔진 장탈 및 장착 절차 (General Procedures for Engine Removal and Installation)

8.3.1 장착 준비 (Preparation of Engines for Installation)

엔진 장탈이 결정되면 엔진 교환을 준비한다.

정비 절차와 방법은 엔진에 따라 다르지만 최고의 정비 효율과 신속한 엔진 교환이 요구되는 민간 항공사는 엔진 파워패키지(engine power package)라고도 불리는 QECA(Quick Engine Change Assembly)를 활용하여 엔진을 신속하게 교환한다.

8.3.2 엔진 교환을 위한 QECA 조립 (QECA Buildup Method for changing of Engines)

그림 8-2와 같이, 방화벽은 보통 엔진나셀의 가장 중요한 격벽(bulkhead)이며 일반적인 항공기의 격벽과는 달리 스테인리스강 또는 내화성 물질로 제작된다.

엔진나셀 내에서 화재가 발생될 경우 화염이 나셀 외부로 번지지 않도록 하는 것이 방화벽 장착의 가장 중요한 목적이다.

또한 방화벽은 엔진나셀 내부에 각종 부품을 위한 설치 면과 튜브, 링키지, 그리고 엔진과 항공기 사이에 연결되는 각종 전기 배선을 위한 분리 지점을 제공한다.

방화벽이 없는 엔진에서 화재가 발생하면 항공기의 안전은 치명적일 수 있으므로 화재가 발생하더라도 화염의 전파를 막기 위해 방화벽의 설치는 매우 중요할 뿐만 아니라 방화벽 내 사용되지 않는 모든 열린 홀을 밀폐(sealing)하는 것도 중요하다.

저장 중에 있던 엔진과 그 엔진에 장착되어 있는 액세서리들은 항공기에 장착되기 전에 절차에 따른 저장해제정비(de-preservation)와 적절한 점검이 이루어져야 한다.

만약 엔진이 압력이 작용하는 금속 컨테이너에 저장되어 있었다면, 공기밸브를 열어 공기압을 제거해야 하며 공기압 제거는 밸브의 크기에 따라 다르지만 30분 이내에 마무리될 수 있을 것이다.

금속 컨테이너를 열고 엔진 외부에 부착되어 있는 탈수제(dehydrating agent) 또는 건조제(desiccant) 및 습도계를 제거한다.

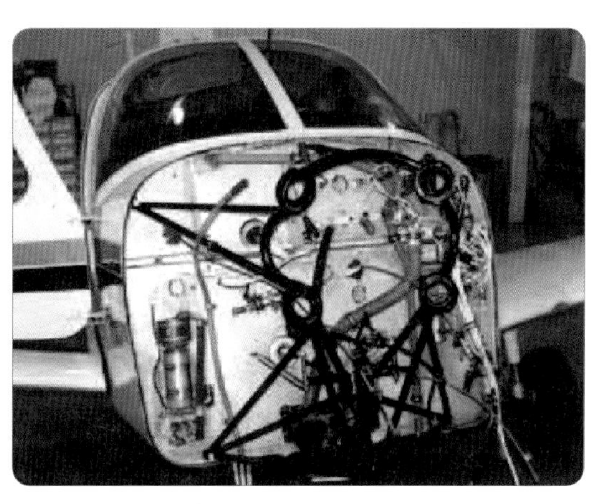

[그림 8-2] 구성 요소가 장착된 된 방화벽
(Typical firewall with components mounted on it)

또한 엔진을 항공기에 장착 시 엔진에 장착될, 별도로 보관 중인 액세서리 등이 있으면 안전하게 챙겨 둔다.

8.3.3 엔진 저장해제정비 (Depreservation of an Engine)

엔진을 엔진스탠드에 고정시킨 후, 브리더(breathers), 배기출구, 그리고 액세서리 마운팅 패드 커버 등에 장착되어 있는 모든 커버를 제거하고 접근이 가능한 부분을 통해 엔진의 부식 여부를 점검한다.

또한 각각의 실린더로부터 탈수플러그를 제거하고, 탈수플러그의 색상을 검사하여 조금이라도 변색이 발견되면 해당 실린더의 벽을 면밀히 점검한다.

엔진 보관 중에 방식제가 중력에 의해 아래로 유입될 수 있으므로, 성형엔진의 경우 특히 하부실린더의 내부와 흡입관의 방식제 잔존 여부를 면밀히 검사하여야 한다.

부식방지 화합물(corrosion-preventive compound)이 과도하게 남아 있다면 엔진 시동 시 유압폐쇄(hydraulic lock) 혹은 액체폐쇄(liquid-lock)에 의한 엔진 손상이 발생될 수도 있기 때문에 각각의 실린더로부터 탈수플러그를 제거한 후 실린더의 점검이 이루어져야 한다.

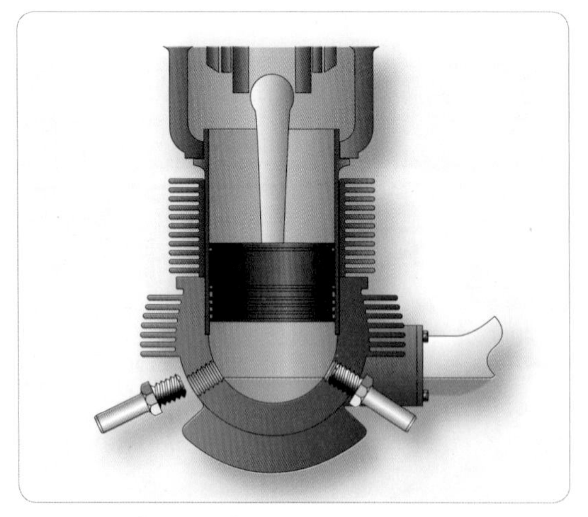

[그림 8-3] 부식방지 화합물 배출
(Draining corrosion preventive compound

부식방지 화합물은 탈수플러그가 제거되면 성형엔진의 하부실린더에서 점화플러그 장착 홀을 통해 배유시킬 수 있지만 그림 8-3과 같이, 점화플러그 장착 홀보다 낮은 실린더헤드에 남아 있는 일부 혼합물은 수동펌프를 이용하여 제거시킬 수 있다.

오일스크린은 엔진으로부터 장탈하여 오일 순환을 저해하고 엔진 고장을 유발시킬 수 있는 모든 축적물을 제거하기 위해 인가된 솔벤트로 완전히 세척한 후, 깨끗한 오일에 담갔다 꺼내 엔진에 다시 장착한다.

프로펠러 구동엔진에 대해서는 프로펠러축을 보호하고 있는 보호피막을 제거한 후 축의 안쪽 면과 바깥쪽 면에 입혀져 있는 방식제를 깨끗이 제거한 후 엔진오일을 프로펠러축에 엷게 바른다.

엔진 외부의 청결 상태를 포함하여 이물질이나 불필요한 물건의 방치 등에 대해 최종 점검을 실시한다.

8.3.4 액세서리에 대한 저장해제정비 및 점검 (Inspection and De-preservation of Accessories)

엔진이 완전히 오버홀 되어 최적의 상태라 해도 액세서리의 결함이나 장착 실수는 엔진 가동을 저해하고 심지어 엔진의 수리 범위를 초과할 수 있을 정도로 엔진을 손상시킬 수 있기 때문에, 엔진의 성능은 곧 엔진 액세서리의 성능이라 해도 지나친 표현이 아니다.

액세서리의 저장해제정비 전에, 엔진 컨테이너의 외부에 기록된 저장 기간 또는 기록 등을 통해 엔진과 액세서리의 보관 기간을 파악해야 한다.

가령 엔진과 같이 오버홀 되어 보관 중인 액세서리라도 제작사에서 정한 저장 한계를 초과했다면 그 액세서리는 사용할 수 없음을 인식해야 한다.

장탈된 엔진에서 정상적으로 사용하던 액세서리라도 장착할 엔진에 장착하여 사용하기 위해서는 매뉴얼에서 언급된 검사 방법을 이용해 그들을 검사하여 상태를 파악해야 한다.

이 검사 항목으로는 전체적인 상태, 청결함, 부식 여부, 그리고 작동부의 작동 상태 및 과도한 마모 상태 등이 포함된다.

엔진이 내부 결함으로 장탈될 경우 엔진오일을 이용하여 윤활 되는 일부 액세서리는 엔진의 금속 조각에 의해 오염될 수 있기 때문에 사용 시간에 관계없이 교체되어야 한다.

8.4 파워플랜트 외부 점검 및 교환 (Inspection and Replacement of Powerplant External Units and Systems)

엔진나셀은 항공기에 따라 다르지만 엔진이 장착되는 카울링을 포함하는 프레임을 말하며 검사 전에는 반드시 세척되어야 한다. 또한 이는 항공기에 장착되어 있으며 엔진과 기체를 격리시키는 방화벽을 포함한다.

엔진 내 여러 시스템이나 제어장치 사이를 연결하는 와이어, 튜브, 및 링키지 등은 이 방화벽을 통과하여 서로 연결된다.

골조와 판금, 그리고 나셀에 부착된 플레이트 등 전반적인 엔진나셀의 상태를 점검하며 엔진 마운트 프레임의 장착 튜브에 대해서는 휘어짐이나 찌그러짐 및 부식 발생 여부 등을 점검한다. 균열, 기공 부분, 또는 기타 결함의 존재 여부를 확인하기 위해서 색조침투탐상검사(dye penetrant inspection)를 이용하기도 한다.

엔진 마운팅 볼트(mounting bolt)는 일반적으로 자분탐상검사(magnetic particle inspection) 또는 다른 인가된 방법으로 상태를 점검하며, 볼트가 장탈된 상태에서 볼트 홀은 편 마모나 신장 등에 대해 점검해야 한다.

노출된 전선의 외부 표면에 대해서는 패임(dent), 벗겨짐(chafing) 또는 기타 손상 등에 대해 점검해야 하며, 크림프(crimp)되거나 연납땜 된(soldered) 케이블 끝단의 견고함 등을 점검한다. 추가해서 커넥터 플러그의 전반적인 상태를 점검하여 손상 정도에 따라 수리하거나 교체해야 한다.

엔진을 장착하기 전에 패임(dent), 찍힘(nicks), 긁힘(scratches), 벗겨짐, 또는 부식에 대해 나셀의 모든 튜브를 검사한다. 여러 가지의 엔진계통에 사용되는 호스도 철저히 검사하여 피복이 벗겨졌거나 떨어져 나간 경우는 손상된 길이만큼 교체할 수도 있다. 클램프의 압력에 의해 발생된 깊고 영구적인 호스의 변형을 콜드 플로우(cold-flow)라 칭하는데 이러한 현상이 나타나면 호스는 교체해야 한다.

컨트롤 로드의 경우 강도에 영향을 미칠 만큼 충분히 깊은 찍힘(nicks) 또는 부식이 발생되면 교체해야 한다.

구형항공기에서는 조종계통에 사용되고 있는 풀리(pulley)의 움직임을 점검해야 한다. 케이블이 풀리 주위를 운동하면서 케이블이나 풀리에 마모가 발생하면 운동이 자유롭지 못하므로 풀리의 결함 여부는 쉽게 확인할 수 있다. 풀리의 베어링은 풀리로부터 케이블을 제거한 상태에서 풀리를 움직여 풀리의 과도한 유격이나 흔들림 등을 점검하여 검사할 수 있다. 케이블은 또한 부식과 부러진 가닥에 대해 검사하며 천을 감아 케이블 위를 닦아 가면서 부러진 가닥의 위치를 찾아낼 수 있다.

터미널 끝단의 청결 상태나 부착 상태를 가볍게 흔들어 가며 점검하고 완전한 결속 여부를 확인하는 전기저항 점검은 제작사 매뉴얼에 명시된 저항 값을 초과해서는 안 된다.

배기 스택(exhaust stack), 콜렉터 링, 그리고 테일 파이프에 대해서는 균열, 부식, 견고함 등을 검사하며, 이들 중 항공기에 엔진을 장착하기 전에 미리 엔진에 장착해야 하는 것들도 있다.

에어 덕트에 대해서는 덴트 여부와 덕트가 교차되거나 클램프가 장착되는 곳에 있어야 할 마찰방지 스트립(anti-chafing strip)의 장착 상태를 점검한다.

엔진오일계통을 꼼꼼히 점검하고, 엔진을 장착하기 전에 수행해야 할 특별한 정비 사항이 있으면 수행한다. 엔진이 정상 작동 후 결함 없이 장탈되었다면 엔진오일계통에 대해서는 단지 오일을 교체하는 것으로 충분하다.

그러나 엔진이 내부 결함(internal failure)에 의해 장탈되었다면 통상 오일탱크, 오일냉각기와 온도조절기를 포함한 엔진오일계통의 일부 부품이 교체될 수도 있고 관련 계통은 완벽한 세척 및 점검이 이루어져야 한다.

또한 프로펠러 조속기와 페더링펌프가 엔진 오일 압력을 이용하여 작동되는 엔진의 내부 결함에 의해 장탈될 경우 프로펠러 조속기와 페더링펌프도 교환해야 한다.

8.5 엔진 장탈 준비 절차 (Preparing the Engine for Removal)

항공기나 엔진에 대해 정비작업을 하기 전에 마그네토 스위치는 반드시 오프(off) 위치에 있어야 한다. 만약 마그네토 스위치가 온(on) 위치에 있는 상태에서 프로펠러가 회전하게 되면 엔진이 시동될 수도 있다.

모든 연료선택밸브(fuel selector valve) 혹은 연료차단 밸브(fuel shutoff valve)는 닫혀 있어야 한다.

연료차단 밸브는 수동으로 작동되거나 솔레노이드에 의해 작동된다.

솔레노이드는 전기적으로 작동되기 때문에, 연료차단 밸브를 닫기 전에 배터리 스위치를 온(on)으로 선택해야 할 수도 있다.

이들 밸브는 방화벽에서 항공기와 엔진 사이의 연료라인을 단속한다.

엔진으로 공급되는 연료가 차단(shut off)되었음을 확인한 후에 화재 발생의 가능성을 방지하기 위하여 배터리를 분리한다.

만약 항공기가 6일 이상 그라운드 될 경우, 일반적으로 배터리는 장탈하여 배터리 숍(battery shop)에 보관하며 필요시 충전한다.

또한 아래와 같이 엔진 장탈 전에 준비해야 하는 사항도 몇 가지 있다.

첫째, 화재 발생에 대비해 가까운 위치에 소화기를 비치해야 하고 소화기는 봉인되어 있어 사용 가능함이 증명되어야 한다.

그런 다음 휠 초크(wheel chock)을 점검한다. 만약 이들이 제자리에 없다면, 항공기는 엔진 작동 시에 앞뒤로 조금씩 움직일 수도 있을 것이다.

또한 만약 항공기가 삼륜 착륙장치를 갖고 있다면,

엔진의 무게가 항공기의 앞쪽 끝단으로부터 제거되었을 때 항공기가 뒤로 주저앉을 수도 있으므로 이런 상황이 발생되지 않도록 항공기 후미가 안전하게 지탱되고 있는지를 확인한다. 그러나 단지 하나의 엔진이 제거될 예정이라면 일부 다발항공기는 후미를 지탱하는 것이 불필요할 수도 있다.

추가하여, 랜딩기어 쇼크 스트럿(shock strut)는 엔진의 무게가 항공기로부터 제거되었을 때 정도 이상으로 늘어날 수도 있으므로 이를 방지하기 위해 사전에 공기를 빼야 하는 경우도 있다.

이들 엔진 장탈 전 필요한 준비 사항을 갖춘 후, 엔진으로부터 카울링을 장탈한다.

장탈된 카울링은 세척 후 수리가 필요하면 엔진 교환 중에 수리될 수 있도록 검사 및 필요조치를 취한다. 카울링을 장탈 후, 프로펠러를 장탈하여 검사 및 수리를 진행한다.

8.5.1 엔진 배유(Draining the Engine)

엔진 장탈 중 흘러내리는 각종 유체를 받아 내기 위해 엔진 하부 바닥에 큰 금속 팬(metal pan) 또는 드립 팬(drip pan) 놓는다. 그런 다음 오일 또는 부식방지 혼합물을 배출할 수 있는 깨끗한 용기(clean container)를 고정한다. 용기(container)를 놓고 배유밸브(drain valve)를 열어 오일을 배출시킨다. 그림 8-4는 일반적인 항공기 엔진오일계통이 배유되는 지점(point)을 보여 준다. 오일계통의 오일이 배출되어지는 또 다른 지점은 오일쿨러, 오일리턴라인, 그리고 엔진섬프 등이 포함된다. 모든 밸브, 배유플러그, 그리고 라인은 오일계통이 완전히 배유될 때까지 열린 상태에서 오일이 모두 배출된 것이 확인되면 배유플러그를 재장착하고 배유밸브를 닫은 후 배유출구 주위에 묻어 있는 오일을 깨끗이 닦아 낸다.

[그림 8-4] 오일계통 배유 지점(Oil system drain points)

8.5.2 전기배선 분리(Electrical Disconnect)

전기배선 분리는 보통 엔진방화벽(engine firewall)에서 이루어진다. 엔진 장탈 전에 시동기와 발전기와 같은 액세서리에 연결되어 있는 전선을 분리시킨다.

전선을 분리하기 위해서는 먼저 마그네토를 분리하고, 엔진이나 어셈블리의 장탈이 이루어지는 지점에서 즉시 접지(ground)하는 것이 좋은 안전습관(safety habit)이다.

각각의 커넥터는 플러그어셈블리(plug assembly)와 리셉터클 어셈블리(receptacle assembly)로 이루어져 있다.

그림 8-5는 전형적인 플러그 피팅 어셈블리(plug fitting assembly)나 정션박스 어셈블리(junction box assembly)를 보여 준다. 안전결선을 잘라 버린 후, 도관을 정션박스에 고정시키는 슬리브너트와 커넥터너트를 제거하고 이물질이나 습기 침투를 방지하기 위

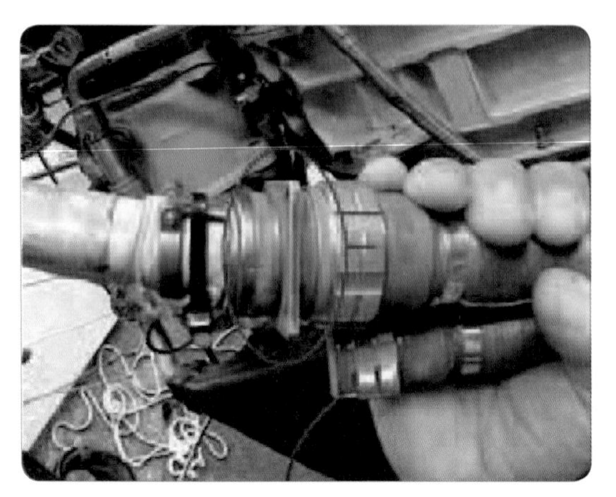

[그림 8-5] 전기배선 연결(Electrical connections)

해 커넥터의 노출된 부분을 방습테이프로 감아 준다.

또한 엔진이 장탈되는 동안 전기케이블이 느슨해지면서 항공기의 일부와 엉킬 수 있으므로 느슨해진 케이블은 묶거나 테이프를 감아 엔진 장탈에 방해가 되지 않도록 조치를 취하는 것이 바람직하다.

8.5.3 엔진 컨트롤 분리 (Disconnection of Engine Controls)

기화기(carburetor)나 연료 컨트롤(fuel control) 스로틀밸브(throttle valve) 그리고 혼합기 조절밸브(mixture control valve)와 같은 장치를 조종석에서 수

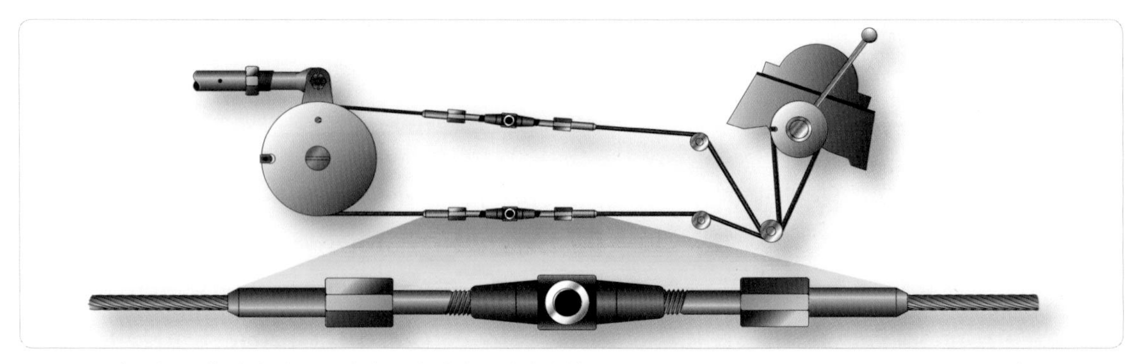

[그림 8-6] 엔진 컨트롤 케이블 및 턴버클 어셈블리(Engine control cable and turnbuckle assembly)

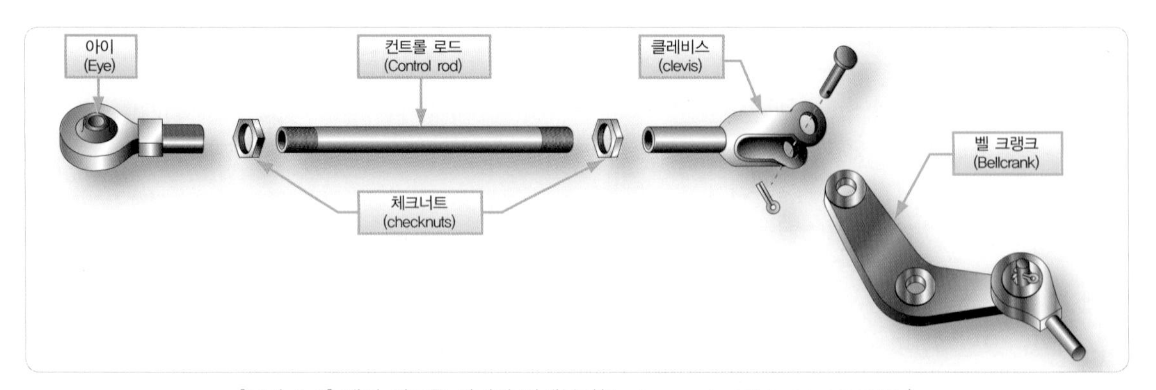

[그림 8-7] 엔진 컨트롤 링키지 어셈블리(Engine control linkage assembly)

동으로 제어하기 위해 컨트롤 로드(control rod) 및 컨트롤 케이블(control cable)이 사용된다.

그림 8-6과 같이, 컨트롤은 케이블 끝에 장착된 턴버클을 제거하면 분리되는 형식도 있다.

그림 8-7은 벨 크랭크에 연결된 컨트롤 로드로 이루어진 전형적인 왕복엔진의 컨트롤 링키지를 설명한다.

링키지의 컨트롤 로드는 두 개의 로드-엔드어셈블리(rod-end assemblie), 클레비스(clevis)와 반대쪽 끝에 아이(eye)로 구성되며 컨트롤 로드의 길이는 로드-엔드어셈블리의 장착 상태에 따라 결정되며 아이(eye)에 마찰방지 베어링(antifriction bearing)이 설치된다. 클레비스와 벨 크랭크 아이(eye)를 통과하는 볼트는 캐슬너트(castle nut)와 코터핀(cotter pin)으로 안전하게 고정된다.

엔진 컨트롤 링키지를 분리한 후, 볼트와 너트는 재사용을 위해 로드-엔드 혹은 벨 크랭크 암에 분실되지 않도록 잘 묶어 놓아야 한다.

8.5.4 라인 분리(Disconnection of Lines)

항공기와 엔진 사이에 연결되는 라인들은 전체 길이에 걸쳐 클램프에 의해 견고하게 고정되며, 대부분 플렉시블 호스(flexible hose) 또는 알루미늄합금 관(aluminum-alloy tube)으로 이루어져 있다. 하지만 작동유와 같이 고압에 견뎌야 하는 라인은 스테인리스강 관(stainless steel tube)으로 제작되는 것도 있다.

그림 8-8은 라인 분리의 기본적인 형식을 나타내고 있다. QECA에 연결되는 대부분의 라인은 슬리브 너트에 의해 방화벽에 있는 나사산 피팅에 장착된다. 호스의 장착 방법도 유사하지만 호스가 연결되는 유닛에 나사산 피팅이나 호스 클램프에 의해 장착되는 경우도

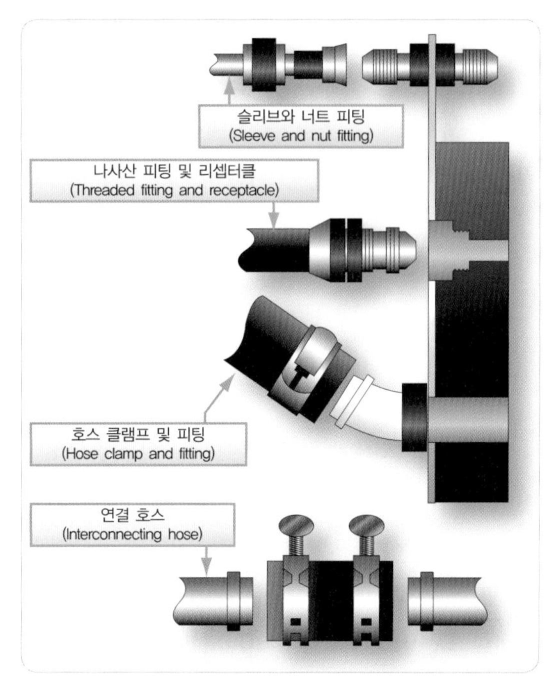

[그림 8-8] 라인 분리기의 종류(Types of line disconnects)

있다. 일부 라인은 분리될 때 액체가 흘러 나가는 것을 방지하기 위해 체크밸브를 포함하는 퀵 디스커넥트 피팅(quick-disconnect fitting)을 갖고 있지만 환경 보호를 위해 흘러나올 수 있는 연료, 오일 등의 액체를 받기 위해 적당한 컨테이너를 사용해야 한다.

라인으로부터 모든 액체를 배출한 후, 분리된 라인 내부의 오염 및 액체의 추가 배출을 방지하기 위해 라인을 플러깅 하거나 방습테이프(moisture-proof tape)를 사용하여 막는다.

8.5.5 기타 분리(Other Disconnections)

에어 덕트는 엔진과 항공기에 장착되는 상태에 따라 다르지만 일반적으로 공기흡입덕트(air intake

duct)와 배기시스템(exhaust system)은 엔진 또는 QECA가 장탈될 수 있도록 분리되어야 한다. 엔진 마운트를 제외한 엔진과 항공기의 모든 연결 부위가 꼬이지 않은 상태로 분리되면 엔진을 항공기로부터 분리할 준비가 완료됐다고 할 수 있다.

8.6 엔진 장탈(Removing the Engine)

엔진마운트는 엔진과 함께 장탈될 수도 있지만 엔진 형식에 따라 엔진과 별도로 마운트는 항공기에 그대로 남게 되는 경우도 있다. 엔진이 항공기로부터 분리되기 전에 엔진에 슬링(sling)을 장착한다.

엔진 또는 QECA는 각기 크기나 무게 분포에 따라 호이스트 슬링(hoisting sling)을 부착하기 위한 지점이 별도로 표시되어 있으며, 그림 8-9는 두 개의 연결부를 갖춘 슬링을 보여 준다. 슬링은 엔진의 모든 무게를 지탱해야 하기 때문에 엔진에 장착하기 전에 안전을 위하여 슬링의 상태를 주의 깊게 검사해야 한다.

[그림 8-9] 엔진에 부착된 호이스트 슬링
(Hoisting sling attached to engine)

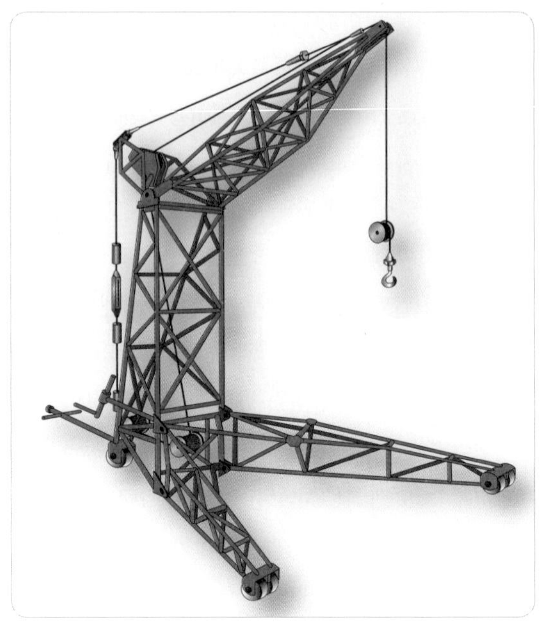

[그림 8-10] 호이스트 및 프레임 어셈블리
(Hoist and frame assembly used for engine removal)

호이스트에 의해 엔진이 들려짐에 따라 슬링에 고정된 엔진의 무게중심이 변동되어 한쪽으로 기울 수 있으므로 계속 확인하여 필요시 적절한 조치를 취해야 한다.

그림 8-10은 이동식 프레임에 설치된 수동식 호이스트이며 이것은 엔진이나 부피가 큰 부품을 항공기로부터 장탈할 때 사용하기 위해 제작된 것이다.

8.6.1 엔진 들어 올리기(Hoisting the Engine)

항공기 테일 서포트(tail support)와 휠 초크(wheel chock)가 적절하게 위치하고 있는지 재점검한 후 슬링에 호이스트를 연결하고 엔진마운트에 걸리는 엔진의 무게가 천천히 경감될 수 있도록 엔진을 조심스럽게 들어 올린다. 제작사 매뉴얼에서 권고하는 순서대로 엔진마운트에서 너트를 제거한다. 마지막 너트가 제거되더라도 엔진이 흔들거리지 않도록 엔진에 로프를 감아 한쪽으로 끌어당겨 엔진에 손상이 발생되지 않게 하면서 호이스트를 천천히 움직여서 엔진을 마운트로부터 분리시킨다.

엔진마운트가 지탱하던 엔진의 무게를 호이스트가 담당하게 되면, 엔진은 항공기로부터 벗어난 것이며, 와이어나 호스 등의 꼬임 혹은 얽힘이 없다고 확인되면 천천히 지상에 준비된 엔진스탠드에 안착시킨 후 장착볼트를 이용하여 엔진을 고정하고 엔진 수리를 위한 준비를 한다.

8.7 엔진 장착을 위한 엔진 들어 올리기 (Hoisting and Mounting the Engine for Installation)

장착될 엔진이 준비되었으면 엔진이 안착된 스탠드를 항공기의 장착 위치 가까이로 이동시킨다.

엔진에 슬링을 부착하고 슬링에 호이스트를 연결하여 호이스트가 엔진 무게의 대부분을 지탱할 때까지 팽팽할 정도만 들어 올린 상태에서 스탠드로부터 엔진부착볼트를 제거한 후 엔진을 천천히 들어 올린다.

엔진 장착 업무에 방해되지 않게 하기 위해 엔진스탠드는 그 위치로부터 이동시키고 엔진을 나셀 안으로 쉽고 천천히 들어 올릴 수 있게 하기 위해 호이스트프레임의 위치를 잡는다.

정비사의 안전 확보 및 항공기 또는 엔진의 손상 방지를 위해, 호이스트프레임을 움직일 때 엔진이 견고한 상태를 유지하는지 계속 확인해야 한다.

엔진이 나셀 안쪽으로 위치될 수 있도록 천천히 유도하여 엔진마운트 볼트 홀과 배기 테일파이프 같은 여러 가지의 연결부를 일치시킨다.

엔진이 나셀에 정확히 정렬되면, 엔진마운트볼트에 매뉴얼에 명시된 토크 값으로 너트를 체결한다.

너트가 조여지고 있는 동안, 호이스트는 마운트볼트의 정렬이 유지될 수 있도록 엔진 무게를 확실히 지탱해야 한다.

너트가 체결되고 엔진슬링과 호이스트를 제거한 후, 엔진마운트에서 항공기동체까지 전기적 통로를 제공하기 위해 본딩 스트랩을 연결한다.

나셀 안에 엔진을 위치시켜 마운팅 볼트를 체결하는 것은 엔진 장착의 일부이며 모든 덕트, 전선, 컨트롤 튜브, 그리고 도관 등이 완벽히 장착되어야 엔진이 비로소 장착되었다고 할 수 있다.

8.7.1 연결 및 조절 (Connections and Adjustments)

장치(unit) 또는 계통(system)을 엔진에 연결하기 위해 명확한 절차는 없다. 따라서 각 정비조직(maintenance organization)은 일반적으로 이 절차 중에 따라야 할 워크시트(worksheet) 또는 점검목록(checklist)을 제공한다.

아래에 엔진 장착에 대한 일반적인 방법을 언급한다.

엔진의 에어 덕트 시스템은 항공기마다 조금씩 다르지만 덕트 시스템을 연결하는 데 중요한 것은 모든 연결지점에서 에어가 누설되지 않게 덕트를 고정하는 것이다.

항공기의 일부 덕트 시스템은 압력을 가하여 누설 점검을 하는데, 이는 덕트의 한쪽을 막고 다른 한쪽은 매뉴얼에 명시된 압축공기를 공급한 후 일정 시간 동안의 압력저하를 점검하는 방법으로 수행된다.

공기흡입계통(air induction system)에 사용되는 여과기는 엔진과 그 장치(unit)에 오염되지 않은 공기가 유입될 수 있도록 청결한 상태로 유지되어야 한다. 공기여과기(air filter)를 세척하는 방법은 여과되는 성분에 따라 사용되는 공기여과기의 재질이 다르기 때문에, 항공기 기술지시(technical instruction)를 준수해야 한다.

배기시스템은 나셀로 뜨거운 가스가 유입되는 것을 방지하기 위해 견고히 연결되어야 한다. 이를 위해 배기시스템 장착 시 모든 클램프, 너트, 그리고 볼트를 점검하여 조금이라도 의심스러운 상태의 부품은 새것으로 교체한다. 조립 시에, 너트는 정해진 토크치에 이를 때까지 천천히 조이며 클램프는 제 위치에 잘 안착될 수 있도록 목재나 황동망치 등으로 가볍게 두드리면서 장착한다.

저압계통에 사용되는 호스는 통상 클램프에 의해 고정된다. 변형되어 일그러졌거나 손상된 클램프는 엔진 작동 중 호스에 손상을 줄 수 있으므로 폐기되어야 하며 호스는 일정한 간격으로 클램프에 의해 지탱되어야 한다.

금속배관을 장착하기 전에 배관 나사산의 청결 상태와 손상 여부를 확인한다.

그리고 장착하기 전에 피팅의 나사산에 인가된 실링 콤파운드(sealing compound)를 고르게 바른 후 나사산이 서로 깎이고 넘어서면서(cross-threading) 손상되지 않도록 주의하며 규정된 토크 값을 적용하여 조인다.

나셀 내에서 시동기, 발전기, 또는 여러 가지의 전기장치를 연결할 때, 모든 전기적 커넥션은 손상이 없어야 하며 적절히 고정되어 있어야 한다.

너트를 이용하여 터미널에 도선 장착 시, 엔진 작동 중 너트가 풀리는 것을 방지하기 위해 너트의 아래쪽에 로크와셔를 삽입하여 장착한다.

그림 8-11은 왕복엔진의 스로틀 제어 계통(throttle control system)을 설명하는 간략한 개략도(schematic drawing)이며 스로틀 제어에 대한 조절을 간단히 정리하면 다음과 같다.

첫 번째, 기화기에서 톱니모양의 스로틀 제어 암(serrated throttle control arm)을 풀고 스로틀밸브가 완전히 닫힐 때 까지 스로틀 스톱을 뒤로 빼낸다.

잠금 핀으로 케이블드럼을 제 위치에 고정시킨 후, 컨트롤 로드의 길이를 조절한다.

그다음 고정된 케이블 드럼에 컨트롤 로드의 한쪽 끝을 장착하고, 기화기에 있는 스로틀 컨트롤 암에 다른 끝을 장착하면 케이블드럼에 컨트롤 암을 정확히 연결하게 된다.

스로틀 컨트롤이 잠금 핀에 의해 쿼드란트(quadrant)에 고정될 때까지 케이블 턴버클을 느슨하게 푼 다음 양쪽 잠금 핀에서 텐션미터를 이용하여 케이블의 장력을 정확하게 조절한 후 케이블 드럼과 쿼드란트로부터 잠금 핀을 제거한다.

다음에 스로틀 쿼드란트의 두 개의 위치에서 조금 여유 있게 스로틀 컨트롤을 조절하는데, 하나의 위치는 기화기 스로틀밸브가 완전개방(full-open) 포지션에 있을 때이고 다른 하나의 위치는 아이들 포지션에 있을 때이다.

스로틀 컨트롤 쿠션(cushion)이 스로틀밸브의 완전개방 포지션에서 교정될 때까지 반대 방향에서 균등하게 케이블 턴버클을 돌려 쿠션을 조절한다.

엔진 컨트롤의 조절은 제어시키고자 하는 유닛에 대해 미리 결정된 길이로 링키지를 조절하는 것이며,

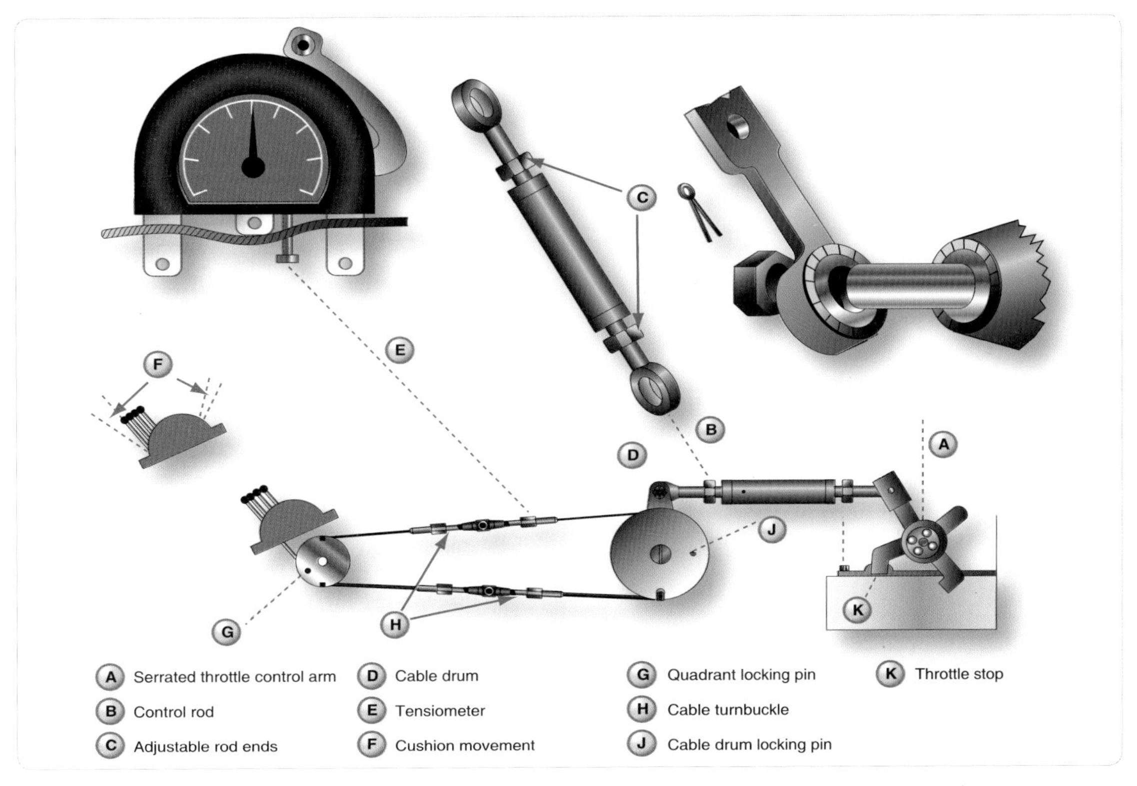

[그림 8-11] 스로틀 컨트롤 시스템 구성도(Schematic drawing of throttle control system)

이는 기본적으로 모든 항공기는 유사하다.

컨트롤 시스템을 고정시킨 후 정해진 값으로 케이블의 장력을 조정한 후 마지막으로 제어시키고자 하는 유닛의 완전한 작동 행정 여부를 확인하는 절차로 모든 엔진 컨트롤에 대해 똑같은 방법을 적용한 후 리깅한다.

엔진을 장착한 후 엔진 내의 냉각공기 통로가 정확히 조절될 수 있도록 만약 카울 플랩이 장착되었다면 카울 플랩을 조절한다.

시스템을 작동시키고 명시된 한도 내에서 열리고 닫히는지를 재점검한다.

또한 만약 카울 플랩 포지션 지시계가 장착되었다면, 카울 플랩의 위치를 정확히 지시하는지 그 여부를 확인하기 위해, 카울 플랩 포지션 지시계를 점검한다.

카울 플랩은 카울링을 통해 공기 흐름을 제어하는 후방 카울링의 밑에 위치하고 있는 도어이며 오일 쿨러 도어도 카울 플랩과 유사한 방법으로 조절된다.

엔진이 완전히 장착된 후, 스러스트 베어링 리테이닝 너트를 규정된 토크 값으로 조인 후 프로펠러축에 엔진오일을 얇게 바르고 프로펠러를 장착한다.

프로펠러 가버너와 방빙(anti-icing) 시스템은 매뉴얼에 따라 장착한다.

8.8 엔진 시험비행 준비(Preparation of Engine for Ground and Flight Testing)

8.8.1 프리오일링(Pre-oiling)

새로 장착된 엔진을 시험비행 하기 전에 몇 가지 작동을 포함한 지상점검(ground check)이 이루어져야 한다.

엔진베어링이 건조한 상태에서 고속운전 시 엔진 구동 오일펌프로부터 윤활유가 도달되기 전에 마찰에 의해 베어링이 파손될 수 있기 때문에 이를 방지하기 위해 엔진베어링은 사전에 윤활유로 프리오일링(pre-oiled)되어야 한다.

엔진 프리오일링 방법에는 그림 8-12와 같이 프리오일러(pre-oiler)를 사용할 수도 있고 엔진의 오일펌프를 이용할 수도 있으며 이는 엔진 구동 전에 오일계통을 윤활하기 위한 것이며 항공기매뉴얼에 따라 수행한다.

엔진의 프리오일링을 마친 후, 점화플러그를 교체하고 오일계통을 연결한다. 일반적으로 엔진은 프리오일링 후 4시간 이내에 시동되어야 하나 정해진 시간을 초과하게 되면 프리오일링 절차를 재수행해야 한다.

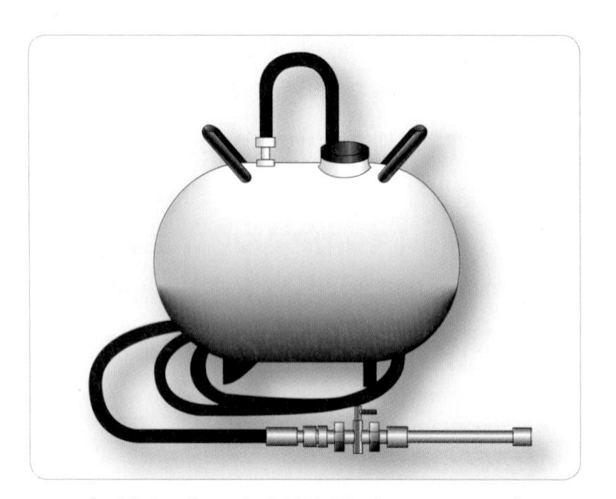

[그림 8-12] 프리 오일링 탱크(Pre-oiler tank)

8.8.2 연료계통 블리딩(Fuel System Bleeding)

연료계통 내 에어로크(air lock)를 제거(purge)하고 압력 기화기(pressure carburetor), 및 연료분사장치(fuel injector unit) 등으로부터 방부유(preservative oil)를 플러싱(flushing)하기 위해 연료 주입구로부터 가장 멀리 있는 연료 챔버(chamber)의 배유플러그(drain plug)를 장탈 후 바닥에 있는 컨테이너로 연료가 흘러내릴 수 있도록 적당한 길이의 호스를 장착한다.

그다음 연료제어장치를 설정하여 충분한 양의 연료가 시스템을 통과해 컨테이너로 흘러내리게 하여 블리딩을 완료한 후, 모든 스위치를 그들의 정상(normal) 포지션이나 오프(off) 포지션으로 위치시키고 마무리한다.

8.9 프로펠러 점검(Propeller Check)

프로펠러 마운트볼트(mounting bolt)의 적절한 토크 값, 누설(leak), 진동(vibration), 그리고 장착 상태 등에 대해 엔진이 지상에서 작동되기 전, 작동하는 동안, 그리고 작동 후에도 점검되어야 한다. 피치 조절장치 및 RPM 변화, 그리고 페더링 사이클(feathering cycle) 등에 대해서도 안전성과 적절한 작동성을 점검해야 된다.

8.10 엔진 런업 후 점검 및 조절 (Checks and Adjustments after Engine Run-up and Operation)

엔진이 지상 및 시험비행 후 연료 압력, 오일 압력뿐만 아니라 점화 시기, 밸브 간격, 그리고 아이들 속도와 공연비 등 필요한 사항에 대해서는 추가로 조정되어야 하고 철저한 육안검사(visual inspection)를 통해 조정 및 장착 사항을 확인한다.

초기 지상 시운전과 시험비행 후 오일섬프 플러그와 스크린을 장탈하여 금속입자의 검출 여부를 점검 후 이상이 없으면 세척 후 재 장착한다.

장착된 모든 라인은 누설 및 장착 상태에 대해 확인되어야 하며 특히 호스의 연결부에서 오일 누설 흔적 및 클램프의 체결 상태를 점검한다.

8.11 대향형엔진의 장탈 및 장착 (Removal and Installation of Opposed-type Engine)

8.11.1 엔진 장탈(Engine Removal)

수평대향형엔진에 대한 일반적인 엔진의 장탈 및 장착 절차는 다음과 같다.

(1) 프로펠러를 장탈한다.
(2) 상부 카울링을 고정시키고 있는 카울 패스너(cowl fastener)를 풀고 상부 카울링을 장탈한다.
(3) 상부 카울링어셈블리와 하부 카울링어셈블리의 뒤쪽에 있는 스크류를 제거한 후, 카울링어셈블리를 장탈하고 작업에 방해가 되지 않도록 한쪽에 보관한다. [그림 8-13 참고]

[그림 8-13] 카울링 장탈 및 부적절한 보관방법 (Cowling removed and stored out of the way)

(4) 연료펌프의 유입 라인을 분리한다.
(5) 배터리 도선을 분리하고, 발전기와 시동기의 도선을 분리한다.
(6) 실린더헤드 열전쌍을 장탈한다.
(7) 오일 압력 라인과 매니폴드압력 라인을 분리한다.
(8) 오일 리턴 라인을 분리한다.
(9) 본딩 스트랩을 장탈한다.
(10) 가버너로부터 가버너 콘트롤 케이블을 분리한다.
(11) 타코미터 케이블을 분리한다.
(12) 오일쿨러 호스를 분리한다.
(13) 오일 온도 도선를 분리한다.
(14) 브리더(breather) 라인을 분리한다.
(15) 기화기 마운트너트를 장탈하고 엔진컨트롤을 이용하여 기화기와 기화기 에어 박스를 지지하게 한다.
(16) 호이스트를 엔진 리프팅 아이(engine-lifting

[그림 8-14] 엔진마운트의 장력완화
(Relieve tension on engine mounts)

[그림 8-15] 엔진장탈(Engine clear of mount)

eye)에 부착한 후 엔진을 천천히 들어 올려 마운트볼트에 걸려 있는 장력을 풀어 준다. [그림 8-14 참고]

(17) 마그네토 P-lead를 분리한다.

(18) 각각의 볼트로부터 코터핀, 너트, 와셔, 그리고 전방 마운트를 분리한 후 슬리브를 장탈하고 마운트볼트를 뽑아낸다. 엔진의 부품이 손상되지 않도록 엔진을 조심스럽게 흔들어 가며 후방 마운트를 장탈한다. [그림 8-15 참고]

8.11.2 엔진 장착(Engine Installation)

액세서리를 엔진에 장착한 후 수평대향형엔진을 항공기에 장착하기 위한 일반적인 절차를 소개한다.

엔진마운트 안으로 엔진마운트볼트를 끼워 넣고 쇼크마운트를 마운트볼트에 밀어 넣어 쇼크마운트와 엔진마운팅패드가 밀착되게 한다. [그림 8-16 참고]

(1) 쇼크마운트 스페이서(spacer)를 엔진마운트볼트에 밀어 넣는다.

(2) 호이스트를 엔진 리프팅 아이에 부착하고 마그네토가 엔진마운트에 걸리지 않도록 엔진 후미를 아래쪽으로 기울여 엔진을 들어 올린다. 엔진마운트에 일직선이 되도록 엔진마운트 러그의 위치를 잡는다.

(3) 마운트볼트의 나사산이 1-2개 나오도록 상부 마운트볼트를 엔진 안으로 장착하라.

(4) 엔진마운트와 엔진 사이에 쇼크 마운트를 밀어 넣는다.

(5) 하부 마운트볼트에 대해서 상기 절차 (3)과 (4)를

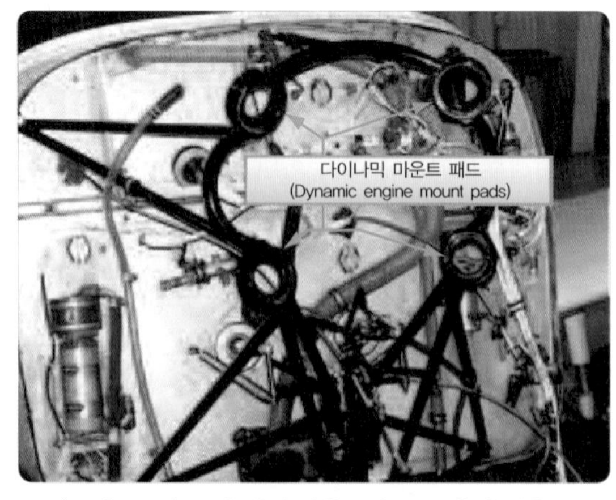

[그림 8-16] 스틸 엔진 마운트의 고무 충격 마운트
(Rubber shock mount in steel engine mount)

수행한다.

(6) 전방 마운트를 볼트에 장착하고 슬리브의 앞쪽 방향으로 들어 올려 장착하고 쇼크 마운트가 휘어지지 않았는지를 육안점검 한다.

(7) 마그네토 P-lead를 삽입한 후 조이고 안전결선을 한다.

(8) 각각의 마운트볼트에 와셔와 캐슬너트를 장착한다. 명시된 토크 값을 적용하여 너트를 조인 후 코터핀을 장착한다.

(9) 기화기 에어박스와 개스킷을 장착한다.

(10) 엔진브리더 라인을 연결한다.

(11) 엔진 오일쿨러 에어 덕트 부츠(Boot)를 연결한다.

(12) 엔진 오일 온도 도선을 연결한다.

(13) 오일쿨러 호스를 연결한다.

(14) 타코미터 케이블을 연결한다.

(15) 프로펠러 가버너 컨트롤을 부착한다.

(16) 엔진마운트 링에 본딩 스트랩을 연결한다.

(17) 오일 압력 라인을 연결한다.

(18) 시동기, 발전기 및 배터리 도선을 연결한다.

(19) 실린더헤드 온도 열전쌍을 장착한다.

(20) 프라이머(Primer) 라인을 연결한다.

(21) 진공펌프에 라인을 연결한다.

(22) 유압펌프에 라인을 연결한다.

(23) 배기시스템과 발전기 블라스트 튜브(blast tube)를 부착시킨다.

(24) 카울어셈블리를 제자리에 밀어 넣고 하부 섹션을 부착시킨다.

(25) 카울 패스너를 이용하여 상부 카울을 장착한다.

(26) 프로펠러를 장착한다.

8.12 엔진마운트(Engine Mounts)

8.12.1 왕복엔진의 마운트 (Mounts for Reciprocating Engines)

왕복엔진을 장착한 항공기의 마운트는 대부분 용접된 강철배관(steel tubing)으로 만들어져 있다. 마운트는 마운트링, 브레이싱 멤버(V-strut), 그리고 피팅 등 엔진을 윙 나셀에 장착하기 위한 여러 부분으로 이루어져 있다.

엔진마운트는 비행 중에 엔진과 프로펠러 전체의 무게를 지탱하고 프로펠러에 의해 발생되는 응력 등에 효과적으로 견딜 수 있도록 일반적으로 특수 열처리 된 강철볼트(special heat-treated steel bolt)에 의해 항공기에 장착되어 있다.

그림 8-17은 엔진마운트 구조물의 4군데 위치에 장착된 피팅과 부착 지점을 보여 준다.

엔진이 장착된 엔진마운트 섹션을 엔진마운트 링이

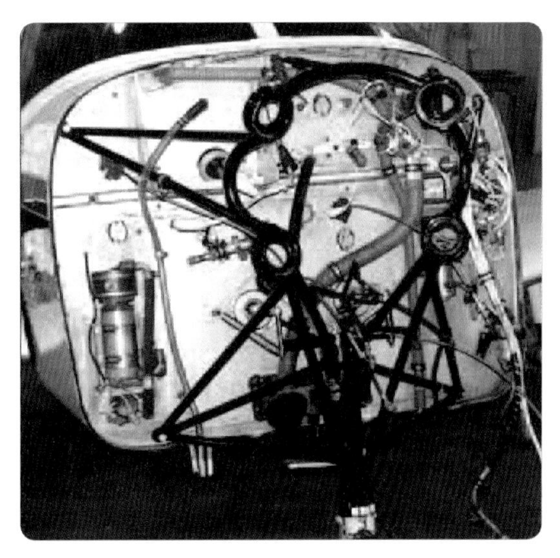

[그림 8-17] 엔진장착 링(Engine mounting ring)

라 하고 그 외의 마운트 구조물보다 더 큰 직경의 강제 배관을 이용하며 엔진을 둘러싸도록 원형으로 만들어진다.

그림 8-17에서 보여 준 것과 같이, 항공기 엔진이 더 커지게 되고 더 큰 파워를 생산하게 됨에 따라 발생되는 그들의 진동을 흡수할 수 있도록 완충마운트라고 부르는 고무(rubber)와 강제 엔진 서스펜션 유닛(steel enginesuspension unit)의 개발에 이르렀다.

8.13 엔진의 저장 정비 및 저장 (Preservation and Storage of Engines)

저장 중이거나 장기간 비행하지 않는 엔진은 습기에 의해 부식될 수 있으므로 엔진의 정상적인 수명 유지가 불가능하다. 따라서 주기적이고 적절한 저장 정비를 수행해야 한다. 특히 해안, 호수, 강 및 기타 다습한 지역 인접해서 운항하는 항공기는 건조한 지역에서 운용되는 엔진보다 부식 방지에 각별히 신경을 써야 한다.

8.13.1 부식방지제 (Corrosion-preventive Materials)

사용 중인 엔진은 연소에 의한 열이 엔진의 내부와 주위에서 습기를 증발시키고 엔진 내부에서 순환되는 윤활유는 일시적으로 그것이 접촉하는 금속에 보호피막을 형성하기 때문에 부식의 우려는 거의 없으나, 만약 엔진이 일정 기간 동안 운용이 정지되면 엔진의 운용 정지 기간에 따라 적절한 방식제를 이용하여 엔진을 보관한다.

8.13.2 부식방지 콤파운드 (Corrosion-preventive Compounds)

저장 정비 물질은 모든 형식의 엔진 저장에 사용이 가능하며 부식방지 콤파운드는 그들이 발린 금속 위에 왁스 같은 피막을 형성하는 석유계 제품이다.

다양한 요구에 맞추기 위해 여러 종류의 부식방지 콤파운드가 생산되고 있으며 부식방지 콤파운드를 만들어 내기 위해 엔진오일과 혼합되는 형식은 혼합물이 일정 온도 이상에서 엔진오일과 쉽게 섞이도록 비교적 묽게 생산한다.

혼합물은 엔진에 보급되기 전에 원하는 농도로 별도로 준비되어야 한다.

비록 부식방지 콤파운드는 습기를 차단하는 작용을 하지만, 습도가 과도하면 콤파운드도 분해되고 부식이 발생할 수밖에 없다. 이런 콤파운드도 주성분이 기름이기 때문에 시간이 경과함에 따라 점차적으로 증발하게 되며 이에 따라 결국 건조된다. 그러므로 엔진이 저장되면, 일정량의 방습제를 엔진에 비치하여 주변 공기로부터 습기를 흡수하지 못하도록 한다.

8.13.3 탈수제(Dehydrating Agents)

실리카 겔(silica gel)은 포화상태에서 용해되지 않기 때문에 방습제로 많이 사용되고 있으며, 이를 자루에 넣어 저장 중인 엔진의 여러 군데에 분산, 배치시킨다.

그것은 또한 스파크 플러그 홀과 같은 엔진의 열린 부분 안으로 끼워 넣을 수 있도록 깨끗한 플라스틱 플러그에 담아 탈수 플러그로 사용하기도 한다.

실리카 겔이 들어 있는 탈수 플러그에 염화코발트를 첨가하면 공기 중 상대습도에 따라 실리카 겔의 색깔이 변화하는데 낮은 상대습도(30% 이하)에서는 밝은 파란색을 유지하며 상대습도가 증가하면(60% 이상) 핑크색으로 변하게 되어 부식 가능성 여부를 시각적으로 확인할 수 있다. [그림 18, 그림 19 참조]

동일하게 염화코발트 처리된 실리카 겔은 습도계

[그림 8-18] 습도가 높은 탈수기 플러그 "분홍색"(Dehydrator plug "pink" showing high humidity (Sacramento Sky Ranch))

[그림 8-19] 습도가 낮은 탈수기 플러그 "파란색"(Dehydrator plug "blue" showing low humidity(Sacramento Sky Ranch))

봉투에 넣어 저장 중인 엔진의 컨테이너에 있는 조그만 점검창을 통하여 습도를 검사할 수 있도록 고정시켜 사용한다.

8.14 엔진 저장 정비 및 환원(Engine Preservation and Return to Service)

엔진을 저장하기에 앞서 오일 시스템을 부식방지 오일 혼합물(corrosion-preventive oil mixture)로 채워진 상태에서 엔진을 작동시켜 엔진 내부 부품의 코팅을 통해 부식을 억제시키도록 한다.

섬프(sump) 또는 계통(system)에서 윤활유를 배유시키고 제작사의 지침에 따라 부식방지 오일 혼합물로 교환 후 정상 작동 온도에 도달할 때까지 엔진을 작동시킨다.

또한 실린더 내부의 연소 잔류물에 습기가 접촉하여 부식이 발생되는 것을 방지하기 위해 각각의 실린더는 하사점 상태에서 점화플러그 홀을 통해 부식방지 혼합물을 뿌린다.

모든 실린더 내부에 부식방지 혼합물을 분무한 후 피스톤과 실린더 벽 사이에 코팅된 혼합물이 훼손되지 않도록 크랭크축은 회전되지 않아야 한다. 그리고 엔진에는 "DO NOT TURN CRANKSHAFT—ENGINE PRESERVED PRESERVATION DATE __________." 와 유사한 내용의 표찰을 부착해 놓는다.

엔진을 저장하기 위해, 방습 플러그(dehydrator plug)를 각각의 점화플러그 홀 안으로 고정시키는데, 만약 엔진을 목재 케이스에 저장하고자 한다면, 그림 8-20과 같이 도선 지지대를 이용하여 점화도선을 방수 플러그에 부착시킨다. 엔진을 보관 컨테이너에 수

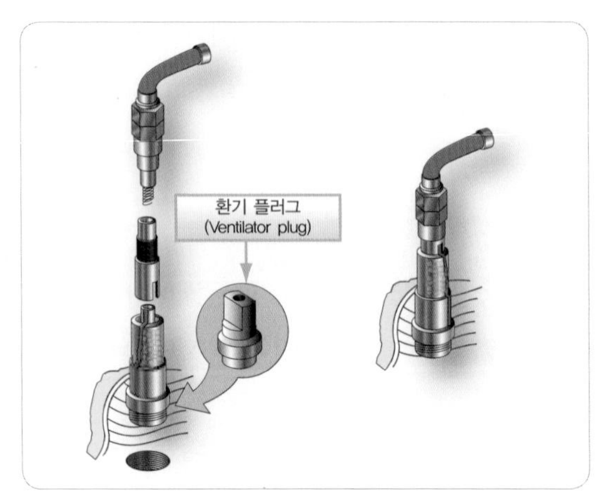

[그림 8-20] 점화 하니스 설치
(Ignition harness lead support installation)

평으로 저장하는 경우에는 점화플러그 홀에 특수한 환기플러그(ventilatory plug)를 장착하는 경우도 있다.

금속 컨테이너 안에 엔진을 저장할 경우 일반적으로 환기 커버를 갖추고 있다.

기화기가 엔진에 장착된 상태로 저장될 경우 스로틀밸브를 열린 상태가 유지되도록 와이어 작업을 한 후 공기흡입구를 밀폐해야 하지만, 기화기가 엔진에서 장탈되어 별도로 저장된다면 기화기마운트를 밀폐한다.

엔진에 부식방지 혼합물을 스프레이 코팅을 하지 않은 경우에 프로펠러축과 프로펠러축의 추력 베어링(thrust bearing)은 반드시 부식방지 혼합물(corrosion-preventive mixture)로 코팅되어야 한다.

수송 컨테이너에 설치하기 전에, 원격 연료펌프 어댑터, 프로펠러 허브 부착볼트, 시동기, 발전기, 유압펌프, 프로펠러 가버너(propeller governor) 등 엔진의 기본 부품이 아닌 부품은 장탈한다.

8.15 엔진 수송컨테이너 (Engine Shipping Containers)

그림 8-21에서 보는 것과 같이, 엔진을 보호하기 위해 엔진을 플라스틱(plastic) 또는 호일(foil)봉투로 밀폐하고 목재 수송케이스(wooden shipping case)나 가압 금속 컨테이너(pressurized metal container) 안에 위치시킨 후 마운팅 플레이트를 이용하여 엔진을 컨테이너에 고정시킨다.

수송컨테이너 커버를 닫기 전에, 습도계의 장착 상태와 기타 필요한 모든 것이 컨테이너 속에 동봉되었는지 확인한 후 커버를 닫고 고정시킨 후 저장 정비 날짜 및 엔진의 사용 가능성 여부(serviceability)를 기록한다.

8.16 저장 엔진에 대한 검사 (Inspection of Stored Engines)

대부분의 엔진 수리 공장은 저장 중인 엔진에 대한 검사 프로그램을 구축하여 수송컨테이너에 저장된 엔진의 습도계(humidity indicator)는 30일마다 검사한다. 습도계를 검사하기 위해 보호봉투(protective envelope)를 열어야 할 경우 조건에 따라 90일마다 한

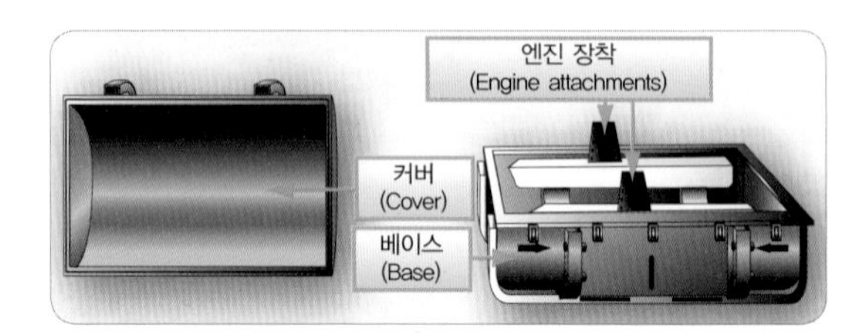

[그림 8-21] 터빈 엔진 운송 컨테이너
(Turbine engine shipping container)

번으로 검사기간을 연장할 수 있다. 금속용기의 습도계는 정상적인 조건에서 180일마다 검사된다.

만약 목재 수송컨테이너에 있는 습도계가 30% 이상의 상대습도 색깔로 나타난다면, 모든 건조제(desiccant)를 교체해야 한다. 또한 점화플러그 홀에 장착된 방습제의 절반 이상이 과도한 습기에 의해 변색된다면 실린더 내부에 방식 혼합물이 다시 뿌려져야 한다.

09

화재방지 계통

Fire Protection System

9 화재방지 계통

Fire Protection System

9.1 개요(Introduction)

화재(fire)는 항공기에서 중대한 위협 중 하나이기 때문에, 현재 생산되는 모든 다발 항공기의 화재 발생 가능 구역(potential fire zone)에는 고정형 화재방지 장치(fixed fire protection system)가 설치되어 있다. 화재발생가능구역은 화재 감지 및 소화 장비와 높은 수준의 내화성을 갖출 수 있도록 제작사가 지정한 항공기의 특별한 구역을 뜻한다.

14 CFR(Title 14 of Code of Federal Regulations) Parts 23 및 25에 따라, 다발 터빈엔진항공기, 터보차저(turbo-charger)가 장착된 다발 왕복엔진항공기, 조종실에서 엔진의 위치가 잘 보이지 않는 항공기, 정기운송 항공기, 그리고 보조 엔진(APU)이 장착된 항공기 등의 APU 격실에 화재방지장치(fire protection system)를 필수적으로 장착해야 한다. 화재방지장치는 단발 및 쌍발 왕복엔진이 장착된 일반 항공기에는 필수 설치 항목이 아니다.

9.1.1 구성품(Components)

화재 방지 시스템은 화재 감지(fire detection)와 소화 장치(fire protection)를 포함한다. 화재나 과열 상태를 감지하기 위해서, 과열감지기(overheat detector), 온도상승률감지기(rate-of-temperature-rise detector), 그리고 화염감지기(flame detector) 등과 같은 감지기를 여러 구역에 장착하여 감시한다.

이러한 방법들 이외에, 엔진 화재를 감지하는 것은 아니지만 항공기 화재 방지 시스템으로 수하물 구역이나 화장실 같이 연소 속도가 느린 물질이 있는 곳이나 연기가 발생하는 장소에는 연기감지기(smoke detector), 일산화탄소감지기(carbon monoxide detector)등도 사용된다.

최근 생산되는 항공기의 화재방지 시스템은 화재감지의 첫째 방법으로 승무원의 관찰에 의존하지 않는다. 이상적인 화재감지장치는 아래와 같은 특징을 가능한 한 많이 포함한다.

(1) 어떠한 비행 및 지상 조건에서도 허위 경고(false warning) 발생이 없을 것
(2) 신속하고 정확하게 화재 위치(fire location)를 알려줄 것
(3) 화재가 소화되었을 때 정확히 알려줄 것(indication of fire out)
(4) 화재가 재 점화되었을 때 알려줄 것(indication of re-ignition)
(5) 화재가 지속되는 동안 계속 그 상태를 지시할 것(continuous indication)
(6) 조종실에서 감지장치를 전기적으로 점검할 수 있는 방법(system test)이 있을 것
(7) 감지기가 오일, 물, 진동, 극한 온도에의 노출 및 취급 등에 대해 내구성(resistance)이 있을 것

(8) 감지기가 무게가 가볍고, 어느 위치에서도 쉽게 장착(light and easy adaptable)이 가능할 것

(9) 인버터 없이 항공기 동력으로 바로 작동(direct operation)할 수 있는 감지기 회로일 것

(10) 화재 지시를 하지 않을 때 최소의 전류 소모량(minimum current)을 가질 것

(11) 각 감지장치는 화재 장소를 지시하는 경고등을 켜고 청각경고장치(light indication and audible alarm)를 작동시킬 수 있을 것

(12) 엔진별 각각 독립적인 감지기(separate detector)가 있을 것

9.1.2 엔진 화재감지시스템 (Engine Fire Detection System)

엔진 화재를 감지하기 위해 항공기에는 여러 가지 종류의 화재감지장치가 장착되어 있다. 보편적으로 국부 감지기(spot detector)와 연속적 루프 장치(continuous loop system)가 사용된다.

국부 감지기는 각각의 센서(sensor)를 이용하여 화재 지역을 감시하는 것으로 열스위치장치(thermal switch), 열전쌍장치(thermocouple system), 광학화재감지장치(optical fire detection system), 그리고 공압 열적화재감지장치(thermal fire detection system)가 대표적이다. 연속적 루프 장치는 운송용 항공기에 일반적으로 장착되어 있으며 여러 개의 루프 형태의 센서(loop-type sensor)를 사용해서 더욱 완벽한 화재 감지 기능을 제공한다.

9.1.2.1 열 스위치 시스템(Thermal Switch System)

다수의 감지기(detector)나 센서(sensing device)를 이용하며 구형 항공기에서 열 스위치 장치(thermal switch system), 또는 열전쌍장치(thermocouple system)로 활용하고 있다.

열 스위치장치는 항공기 동력으로부터 에너지를 받아 라이트들의 동작을 제어하는 열 스위치를 가지고 있다. 이러한 열 스위치들은 열에 민감하여 특정 온도에서만 회로를 형성한다. 그들은 서로 병렬로 연결되어 있지만, 지시등과는 직렬로 연결되어 있다. 이 회로의 어느 부분에서 온도가 설정된 값 이상으로 상승하게 되면, 그 열 스위치가 닫히면서 회로를 형성하여 화재나 과열 상태를 지시하게 된다.

열 스위치의 수량은 필요에 따라 정해진다. 여러 개의 열 스위치가 하나의 지시등에 연결된 경우(그림 9-1)도 있고 열 스위치마다 별도의 지시등이 있는 경우도 있다.

어떤 경고등은 버튼을 눌러서 테스트(push-to-test)하는 것들도 있으며, 전구를 눌러 시험 회로의 상태를 점검할 수 있다. 그림 9-1과 같이 시험회로(test relay)를 작동시키면 회로가 완성되어 전체에 대한 회로 및 전구를 점검할 수 있다. 그리고 조명제어 회로(dimming relay)를 작동시켜 저항을 변화시키면 경고

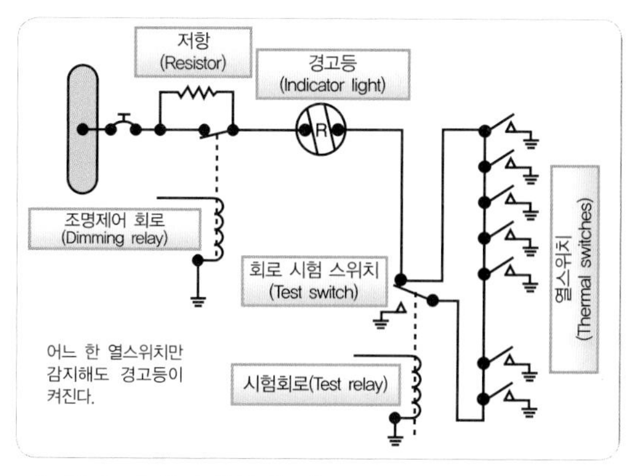

[그림 9-1] 열 스위치 회로(Thermal switch fire circuit)

등의 밝기를 조절할 수 있다.

9.1.2.2 열전쌍 시스템(Thermocouple Systems)

열전쌍 화재 경고 장치(thermocouple fire warning system)는 열 스위치 장치(thermal switch system)와는 전혀 다른 원리로 작동한다.

열전쌍은 온도 상승률(rate of temperature rise)에 의존하기 때문에 엔진의 과열 속도가 느리거나 단락회로(short circuit)가 발생될 때는 경고를 발생시키지 않는다. 이 장치는 릴레이 박스, 경고등 그리고 열전쌍으로 이루어진다. 그림 9-2와 같이 이러한 장치는 (1) 감지회로(detect circuit), (2) 경고회로(alarm circuit), (3) 시험회로(test circuit)로 나누어진다.

릴레이박스(relay box)에는 센서티브 회로(sensitive relay)와 슬레이브 회로(slave relay), 그리고 열적 시험기(thermal test unit)가 있으며 회로들이 경고등을 제어한다.

크로멜(chromel : 크롬+니켈 합금), 콘스탄탄(constantan :동+니켈 합금) 2개의 이질 금속으로 구성된 열전쌍(thermocouple)은 고온에 노출되어 있으면서 온도가 빠르게 상승하게 되면, 절연부(reference

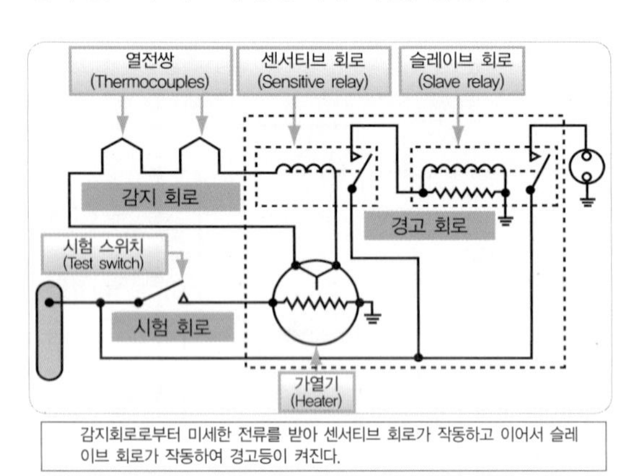

감지회로로부터 미세한 전류를 받아 센서티브 회로가 작동하고 이어서 슬레이브 회로가 작동하여 경고등이 켜진다.

그림 9-2] 열전쌍 화재경고 회로
(Thermocouple fire warning circuit)

junction)과 고열노출부(hot junction) 간의 온도 차이로 인한 전압이 생성되어 전류가 흐르게 되어있다.

일반적으로 엔진 격실에는 엔진 작동에 따라 점진적인 온도의 상승이 발생하는데, 이것이 완만하기 때문에 두 접합체(junction)가 같은 속도로 가열되어 경고 신호가 발생되지 않게 된다. 하지만 만약 화재가 발생할 경우, 고열노출부(hot junction)가 절연부(reference junction)보다 더 빨리 가열되며, 이로 인하여 발생되는 전압에 의해 감지회로에 전류(최소 0.004 ampere)가 흐르게 되면 센서티브 회로(sensitive relay), 슬레이브 회로(slave relay) 순으로 닫히고 화재 경고등에 불이 들어오게 된다.

그림 9-2와 같이, 회로에는 두 개의 저항이 있다. 슬레이브 회로 터미널 사이로 연결되어 있는 저항은 코일의 자기유도전압(self-induced voltage)을 흡수하여 센서티브 회로의 아킹(arcing)을 방지한다. 또한 코일 터미널사이에 있는 저항은 센서티브 회로가 열리게(open 되었을 때 코일에 생성되는 자기유도전압을 흡수하여 센서티브 회로를 보호한다. 센서티브 회로의 접점은 매우 약해서 아킹이 발생하면 타거나 녹아 버린다.

9.1.2.3 광학 화재감지시스템 (Optical Fire Detection Systems)

'화염감지기(Flame Detector)'라고도 불리는 광학센서(Optical Sensor)는 탄화수소화염으로부터의 특정 방사선 방출(Radiation Emission)을 감지하여 경고음이 울리도록 설계되어 있으며, 적외선(IR: Infrared)과 자외선(UV: Ultraviolet) 형태의 광학 센서가 활용된다.

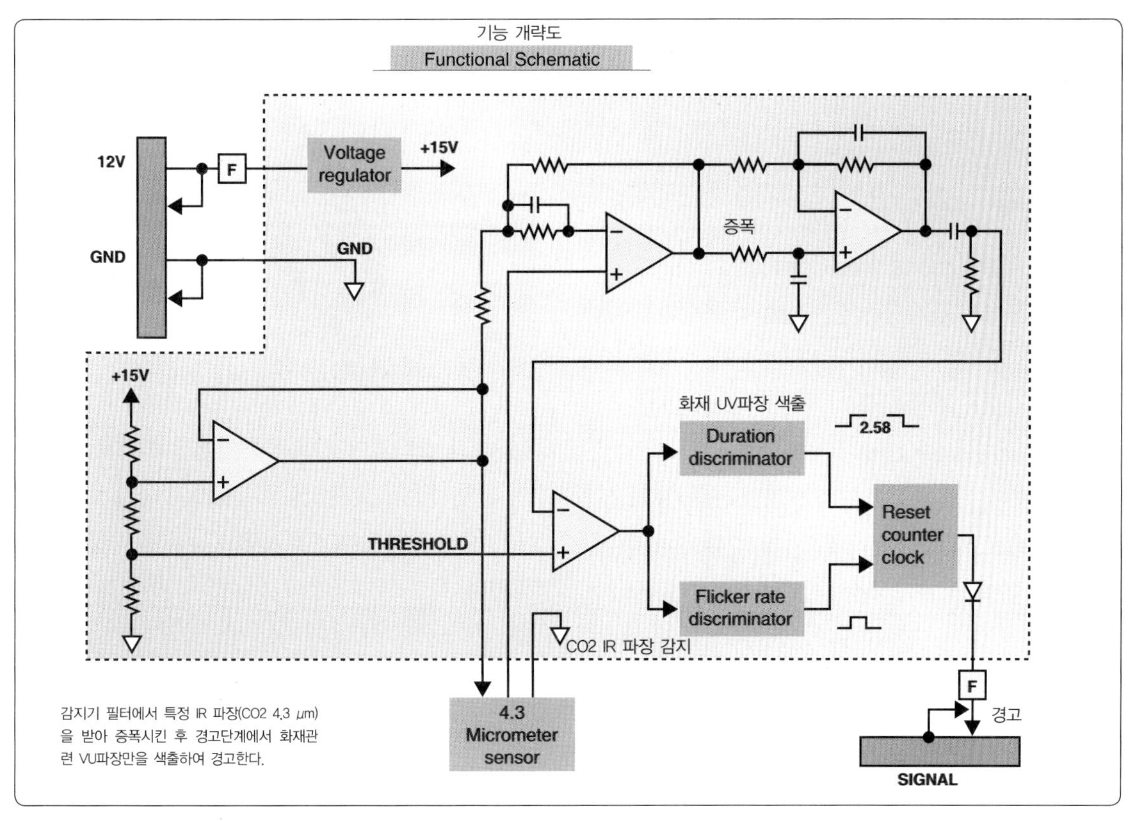

[그림 9-3] 광학 화재감지 회로 (Optical fire detection system circuit)

탄화수소화염(Hydrocarbon Flame)에서 방출되는 방사선외에도 공간에서 떠도는 많은 방사선이 화염 감지기에 감지되더라도 감지기 필터에서 특정 IR 파장(화재 시 발생되는 CO2 기체의 공명 주파수 4.3~4.4 μm)의 방사선만을 통과하게 한다. 특정 방사선이 관통하면서 발생하는 에너지로 미세한 전압을 발생시키면 여러 회로를 거치면서 전압을 증폭 시킨다. 최종적으로 Alarm Sensitivity Level 단계에서 백열등(Incandescent Light), 태양 파장 같은 허위 경고 요원(False Alarm Sources)을 제거하고, 화재와 직접 관계되는 UV 파장(3-4 milliseconds with a time delay of 2-3 seconds)을 정밀하게 색출하여 경고하게 한다. (그림 9-3) 참조.

9.1.2.4 공압 열적 화재감지시스템(Pneumatic Thermal Fire Detection Systems)

공압감지기(pneumatic detector)는 기체 법칙의 원리에 그 기초를 두고 있다. 감지부(sensing element)는 헬륨으로 가득 찬 막힌 튜브(helium-filled tube)로 구성되어 있으며, 그 한쪽 끝이 반응 어셈블리(responder assembly)와 연결되어 있다. 그 감지부가 가열되면 튜브 내의 기체 압력이 상승하게 되며 경고 수준까지 압력이 상승하면 내부 스위치가 작동되어 조종실에 경고를 보내게 된다. 한편 공압의 손실을 감지하는 경우는 공압감지기에 가해지던 압력이 일정이하로 낮아지면 내부 스위치가 open 되면서 fault alarm을 하게 되고 누출(leak)로 간주한다.

9.1.2.5 지속적인 루프 시스템 (Continuous-loop Systems)

대부분의 상용 항공기는 감지 성능이 우수하고 감지 범위가 넓으며 현대의 터보팬엔진의 가혹한 운용 환경에서도 신뢰성이 좋은 '지속적 열 감지 시스템(Continuous-loop System)'을 사용한다.

지속 루프 시스템은 열 스위치 장치(Thermal Switch System)의 또 다른 형태이며, 널리 사용되는 지속 루프 시스템의 두 가지 종류는 펜월 시스템(Fenwal System)과 키드 시스템(Kidde System)이다.

9.1.2.5.1 펜월 지속 루프 시스템 (Fenwal Continuous-Loop System)

펜월 지속 루프 시스템은 열적으로 민감한 공융염(Thermally Sensitive Eutectic Salt)과 중앙의 니켈와이어 전도체(Nickel Wire Center Conductor)가 합쳐진 가느다란 인코넬 튜브(Inconel Tube)를 사용한다. (그림 9-4) 이러한 감지 요소는 제어장치와 직렬로 연결되어 있다. 전원으로부터 직접 작동하는 제어장치는 감지 요소에 낮은 전압을 흐르게 한다. 이 부품의 길이 방향에서 어느 한 지점이 과열되면, 감지 부품 내부의 공융염의 저항(Resistance of the Eutectic Salt)이 급격이 저하되면서, 중앙의 니켈와이어(Center Conductor)와 외피(Outer Sheath) 사이가 통하여 전류가 흐르게 된다. 제어장치는 이 전류를 감지하여 출력 회로(Output Relay)를 작동시켜 신호를 보내게 된다.

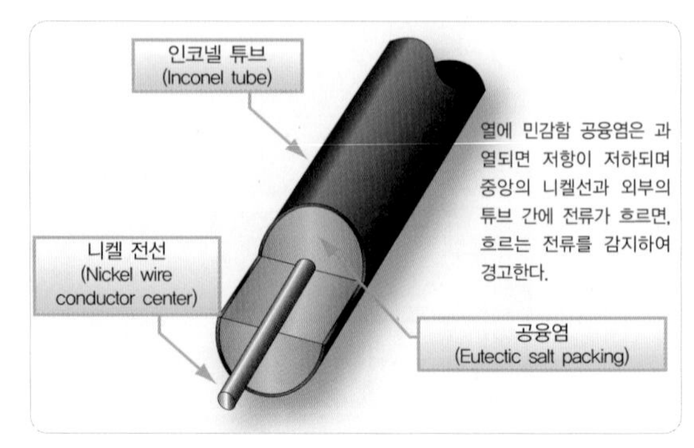

[그림 9-4] 팬월 감지기 (Fenwal sensing element)

화재가 소화되거나 온도가 임계점 이하로 내려가면, 펜월 지속 루프 시스템은 자동으로 대기 상태로 돌아가며, 다시 화재나 과열 상태를 감지할 수 있는 상태가 된다.

9.1.2.5.2 키드 지속 루프 시스템 (Kidde Continuous-Loop System)

(그림 9-5)와 같이, 키드 지속 루프 시스템에는 두 개의 전선이 서미스터 재료(Thermistor Core Material)로 채워진 인코넬 튜브(Inconel Tube)에 끼워져 있다. 이 두 개의 전도체가 중심부의 길이 방향으로 지나가게 되는데, 하나의 도체는 튜브에 접지(Ground)되어 있고 다른 하나의 도체는 화재감지제어장치(Fire Detection Control Unit)로 연결되어 있다.

중심부의 온도가 상승하면 전기저항이 감소한다. 화재감지제어장치는 이 저항을 감시하여 저항이 허용한계(Overheat Set Point)이하로 감소되면 조종실로 과열 신호를 보낸다. 일반적으로 과열 신호는 10초의 시간 지연(10-second time delay)이 설정되어 있으며 저항 값이 화재 수준(Fire Set Point)이하로 계속 감소하면 화재 경고를 발생시킨다. 화재나 과열 상태가 사라지면, 저항 값이 상승하고 조종실의 지시등이 꺼진다.

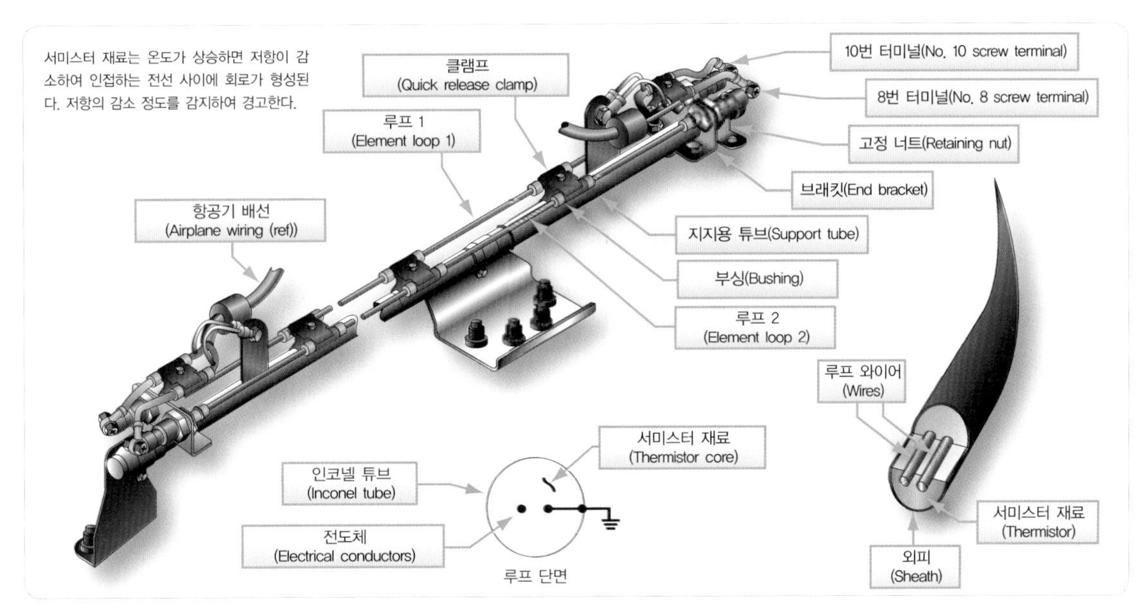

[그림 9-5] 키드 지속-루프 시스템(Kidde continuous-loop system)

9.1.2.5.3 화재와 과열 경고의 결합
(Combination Fire and Overheat Warning)

같은 구역의 화재감지장치로부터 연속하여 화재 및 과열 신호를 받은 제어장치는 다음과 같이 2단계로 대응하게 된다.

첫 단계로 과열경고(Overheat Warning/낮은 단계의 화재 경보)를 발생한다.

엔진 구역에서 뜨거운 블리드 에어 또는 연소실 가스가 누출되면서 온도가 상승하고 있으므로, 조종사로 하여금 엔진 구역의 온도를 낮추는 조치를 취하도록 하는 조기 경고와 같다.

두 번째 단계로 화재경고(Fire Warning)를 발생하여 화재에 대응한 조치를 하게 한다.

9.1.2.5.4 시스템 시험 작동(System Test)

지속적인 루프 시스템(Continuous-loop Systems)을 점검하는 방법의 하나로 시스템 시험 작동(System Test) 방법이 있다.

시험 방법은 조종실에서 해당 시스템에 대해 전원을 공급한 상태에서 Test Switch를 작동한다. (그림 9-6)에서와 같이 Test Switch를 작동하여 감지 루프(Sensing Element Loop)의 한 쪽 끝 부분을 제어장치 내 시험 회로(Test Circuit)로 연결시키면, 감지 루프가 부러지거나 단절되지 않은 이상, 화재 상황을 시

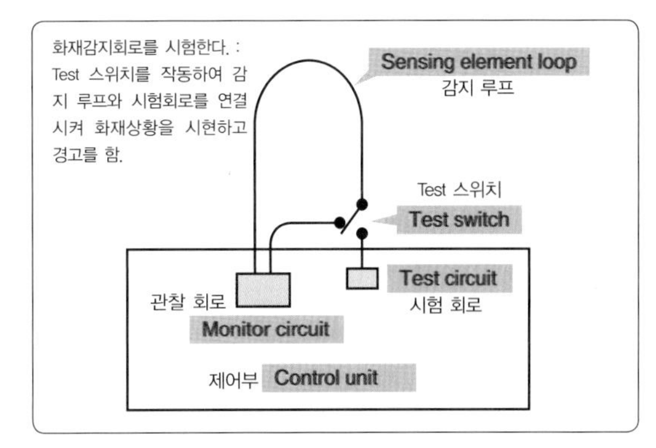

[그림 9-6] 지속-루프 시험회로(Continuous-loop fire detection system test circuit)

현하고 경고를 발생할 수 있다. 추가하여 본 시험으로 화재 감지 회로의 연결성(Continuity of Sensing Element Loop)과 제어장치가 잘 작동하는지를 확인할 수 있어, 엔진 시동 전에 반드시 수행하는 절차이기도 하다.

9.1.2.5.5 이중 루프 시스템(Dual-Loop System)

이중 루프 시스템은 허위 화재경고를 최대한으로 줄이고 신뢰성을 높이기 위해 같은 구역에 각 독립적인 화재 감지 장치를 이중으로 장착한 것으로, 실제로 상업용 항공기에 적용하고 있다.

이중 루프 시스템에서 각각의 루프 시스템을 System A, System B라고 칭할 때, 같은 구역으로부터 System A/화재, System B/화재 신호가 나왔을 때 〈화재 발생〉으로 간주하는 "AND"논리를 적용하며, System A와 System B 신호가 일치하지 않으면 화재로 간주하지 않는다.

만일 어느 한 시스템에 이상이 있을 경우, 이상이 있는 시스템을 "Inoperative"시키고, 나머지 하나의 시스템으로 화재를 감지하게 할 수 있다. 이 경우 비행은 가능하지만 "Inoperative"처리(정비이월: Maintenance Deferred)된 시스템은 정해진 시일 내에 해소해야 한다.

9.1.3 화재 구역(Fire Zones)

엔진에는 몇 곳의 정해진 화재 구역이 있다.

(1) 엔진동력구역(Engine Power Section)
(2) 엔진보기구역(Engine Accessary Section)
(3) 엔진동력구역과 엔진보기구역 사이에 분리 장치가 없는 원동기 격실 구역 (Powerplant Compartment)
(4) APU 격실(APU Compartment)
(5) 연료연소가열기, 그리고 기타 연소 장비 설비(Fuel-burning Heater, Combustion Equipment)
(6) 터빈엔진의 압축기와 보기구역(Compressor and Accessary Sections)
(7) 인화성이 있는 유류 또는 기체를 운반하는 라인이 통과하거나 부분품을 포함하는 터빈엔진 설비의 연소실, 터빈 및 테일파이프 구역

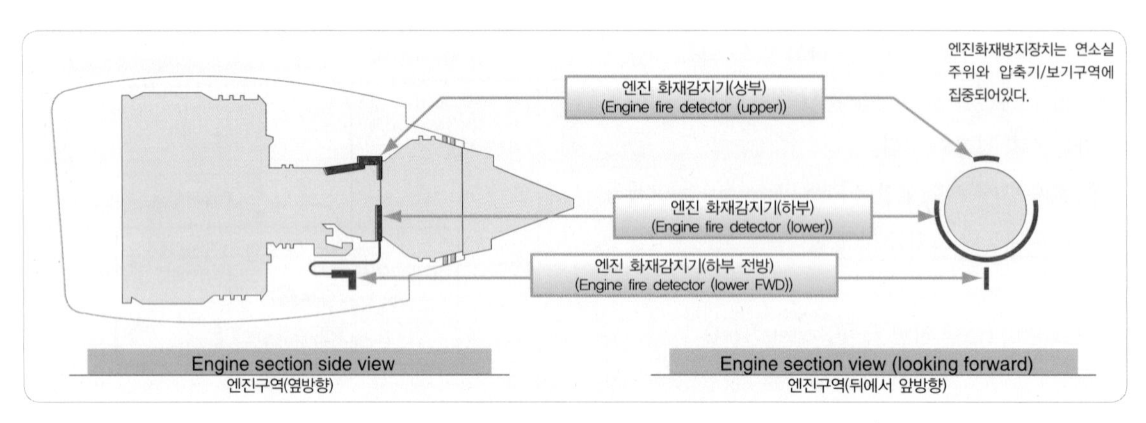

[그림 9-7] 터보팬 엔진 화재구역(Large turbofan engine fire zones)

(Combustor, Turbine & Tailpipe Sections)

(그림 9-7)은 대형 터보팬엔진에서의 화재방지장치의 위치를 나타낸다.

다발항공기에는 엔진 및 나셀 구역 이외에 수하물 격실, 화장실, APU, 연소가열기 설비, 그리고 다른 위험 구역에도 화재 감지 및 방지 시스템이 설치되어 있다.

9.2 엔진 소화시스템 (Engine Fire Extinguishing System)

14 CFR(Code of Federal Regulations) Part 23에 의하여 형식 증명된 정기운송항공기(Commuter)는 최소한 일회용 소화시스템을 장착해야 하고, 14 CFR Part 25에 의하여 형식 증명된 모든 운송용 항공기(Transport Category)는 두 개의 방출기를 구비해야 하며, 각각의 방출구는 소화용제를 적절하게 방출시킬 수 있도록 위치되어야 한다. 그러나 APU, 연료연소 가열기(Fuel Burning Heater), 연소 장비 설비는 독립적인 일회용 소화 장비를 사용할 수 있으나, 그 외의 화재구역은 두 개의 방출기를 구비해야 한다. (그림 9-8 참고)

9.2.1 소화용제(Fire Extinguishing Agents)

대부분의 엔진 화재방지시스템에 사용되는 고정형 소화기 시스템은 연소를 방해하는 비활성기체(Inert Agent)이며 이는 대기를 희석시키는 방식으로 설계되어 있다. 대부분의 시스템은 구멍이 뚫린 튜빙이나 분사노즐을 사용하여 소화용액을 분사한다. 대용량 소

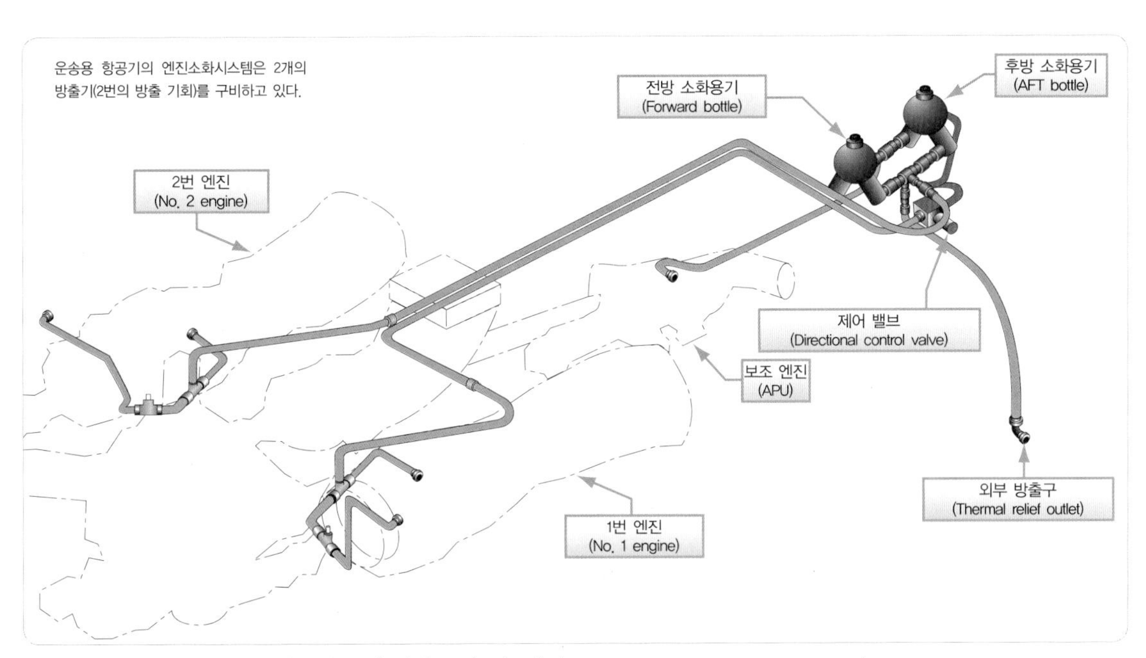

[그림 9-8] 화재 소화 시스템 (Typical fire extinguishing system)

화장치(HRD, High Rate of Discharge)는 1~2초 내에 다량의 용액을 분사하기 위하여 끝부분이 개방된 튜브들을 사용한다. 뛰어난 화재 진압 능력과 비교적 낮은 독성 때문에 소화용액으로 Halon 1301을 가장 많이 사용한다. Halon 1301은 비부식성으로, 그것에 접하는 물질에 영향을 미치지 않으며, 방출되어도 세척할 필요가 없다.

현재 상용 항공기용으로 사용하는 Halon 1301은 소화용제로는 우수하지만 오존 층(Ozone Layer)을 고갈시키기 때문에, 개발 중에 있는 친환경 대체 물질(HCL-125: 군용으로 시험 사용 중)의 개발이 완료될 때까지 한시적으로 사용되고 있다.

9.2.2 터빈엔진 지상 화재 예방(Turbine Engine Ground Fire Protection)

많은 항공기의 경우 압축기, 테일파이프, 또는 연소실로 쉽게 접근할 수 있는 방법이 있어야 하며, 주로 해당 구역의 근접 도어를 사용한다. 엔진 작동 중지(Shutdown) 또는 비정상 시동 시(False Start)에 발생하는 엔진 테일파이프 화재는 시동기를 이용하여 엔진을 모터링하여 불어내면 화재를 진압할 수 있다. 만약 화재가 진압되지 않는다면, 소화용제를 테일파이프로 방출시킬 수 있다. 그렇지만, 냉각 효과를 갖고 있는 이산화탄소나 다른 용제를 과다하게 사용하게 되면, 터빈하우징이 수축될 수 있으며 엔진의 강성이 약해진다.

9.2.3 용기(Containers)

대용량 소화용기(HRD Bottle)는 보통 스테인레스 강으로 제작되며 그 내부에 액체 할로겐 소화용제(Halon Extinguishing Agent)를 넣고 질소(N2 Gas)로 가압된다. 설계상의 필요에 따라, 티타늄을 포함하는 다른 대체 재질을 사용할 수 있지만 용기는 미국 운수부의 규격(DOT, Department of Transportation Specification)을 충족해야 한다.

대부분의 항공기 용기는 무게를 가볍게 할 수 있는 구 형태로 제작(Spherical Design)되지만, 공간적 제약을 고려해야 하는 경우는 실린더 형태도 사용한다.

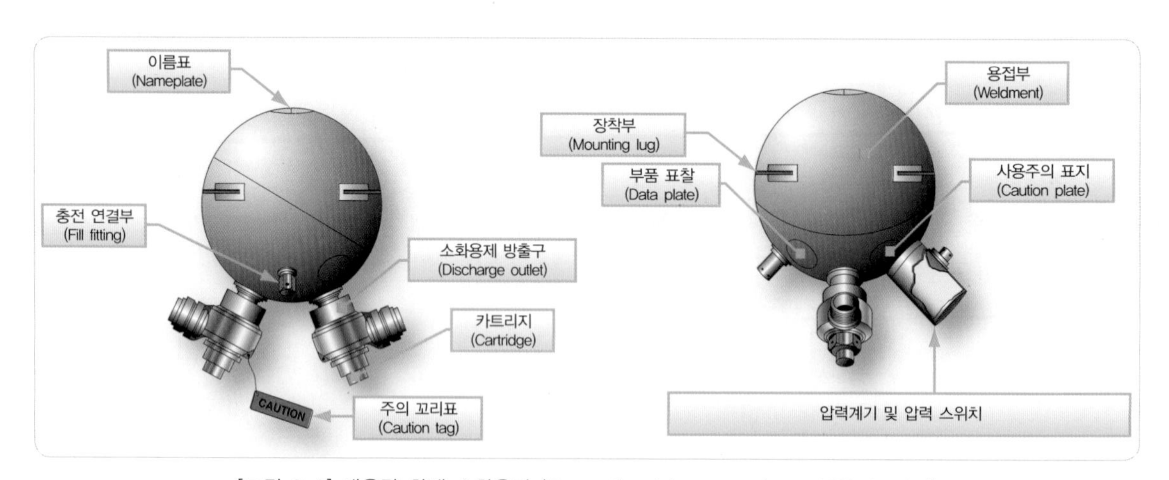

[그림 9-9] 대용량 화재 소화용기 (Fire extinguisher containers, HRD bottles)

각 용기에는 온도/압력 감지의 안전격막이 있어서, 용기가 과도한 온도에 노출되는 경우 용기의 허용압력을 넘지 않도록 방지해 준다. (그림 9-9)

9.2.4 방출밸브(Discharge Valves)

방출밸브는 소화용기에 장착되어 있으며 (그림 9-10)과 같이, 방출밸브의 출구에 카트리지(Cartridge or Squib)와 충격에 부서지도록 되어 있는 원반형(Disk-type) 밸브가 장착되어 있다. 솔레노이드(Solenoid) 또는 수동으로 작동되는 시트형(Seat-type) 방출밸브를 사용하는 경우도 있다.

카트리지 디스크를 릴리스(Disk-release)하는 방법에는 두 가지 형태가 있다. 표준 릴리스 방법(Standard-release-type)은 폭발 에너지로 조그만 덩어리(slug)를 발사하여 도관을 가로막고 있는 디스크를 파열시킨다. 다음으로 고온이나 진공 밀폐된 장치의 경우, 폭발에 의한 직접 충격식(Explosive Impact-type) 카트리지가 사용되는데, 분리된 조각이 이미 응력을 받은 내부식성 스틸 다이어프램(Corrosion-resistant Steel Diaphragm)을 파열시키게 된다. 대부분의 용기에는 방출 이후의 수리가 용이하도록 전통적으로 금속 개스킷(Metallic Gasket)이 사용된다.

9.2.5 압력 지시(Pressure Indication)

소화용제의 충전 상태를 확인하기 위하여 다양한 종류의 방법이 사용된다. 그중 간단하게 시각적으로 확인할 수 있는 것으로 진동에 강한 헬리컬 보돈 형태(Helical Bourdon -type)의 지시기다. (그림 9-9 참고)

복합 계기 스위치는 실제 용기 압력을 시각적으로 확인 가능하게 하며, 또한 용기 압력이 빠지면 전기적 신호를 통해 방출되었음을 알린다. 통상적으로 밀폐 용기(Hermetically-sealed Container)에는 지상에서 확인 가능한 다이어프램 압력 스위치(Diaphragm-type Low-pressure Switch)가 사용된다. 키드 시스템(Kidde System)에는 진공 밀봉된 기준형 챔버(Chamber)에 온도보정압력스위치(Temperature-compensated Pressure Switch)를 사용하여 온도에 따른 용기의 압력 변화를 반영해준다.

[그림 9-10] 방출 밸브(좌)와 카트리지(우) [Discharge valve[left) and cartridge, or squib(right)]

9.2.6 양방향 체크밸브 (Two-Way Check Valve)

경량의 알루미늄 또는 강으로 제작된 양방향 체크 밸브(Two-way Check Valve)가 사용되며, 이러한 밸브는 복수의 소화 용기를 결합하더라도 사용대기(Reserve) 용기(압력이 높음)의 용제가 비어 있는 주 용기 속으로 역류하는 것을 방지한다.

9.2.7 방출 지시계(Discharge Indicators)

방출 지시계는 (그림 9-11)와 같이 시스템에서 소화용제가 방출되었음을 시각적으로 알려주는 장치로서, 열 형식(Thermal-type)과 방출 형식(Discharge-type) 등 두 종류의 지시계가 사용된다. 이들 지시계는 접근이 용이하도록 항공기 외부에 장착되어 있다.

9.2.7.1 열 방출 지시계 (붉은 원반) (Thermal Discharge Indicator(Red Disk))

열 방출 지시계는 소화 용기에서 방출된 소화용제가 도관을 통과하여 외부로 배출되면서 빨간 원판(Red Disk)을 밀어내어 소화용제가 방출되었음을 시각적으로 보여준다. 이로써 차기 비행 전에 소화용기가 교환될 수 있도록 운항 승무원 및 정비사에게 알려주게 된다.

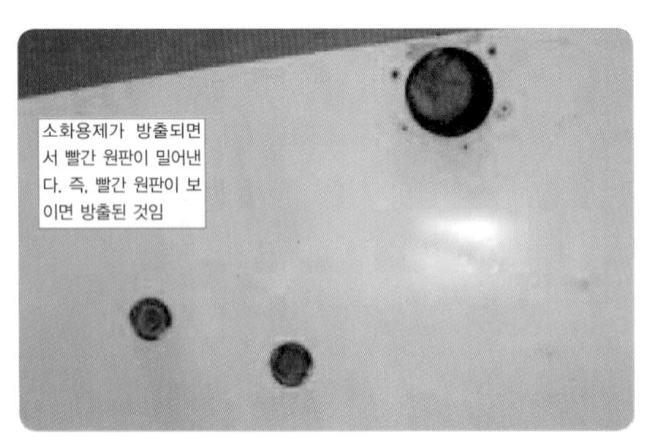

[그림 9-11] 방출 지시계 (Discharge indicators)

9.2.7.2 노란 원반 방출 지시계 (Yellow Disk Discharge Indicator)

운항 승무원이 소화시스템을 작동시키면, 항공기 동체 외피에 노란 원판(Yellow Disk)이 드러난다. 이것은 소화시스템이 운항 승무원에 의해 작동되었음을 암시하는 것으로 차기 비행 전에 소화용기가 교환될 수 있도록 정비사에게 알려주게 된다.

9.2.8 화재 스위치(Fire Switch)

화재 스위치는 주로 조종실의 중앙 오버헤드 계기판(Center Overhead Panel) 및 중앙 콘솔(Center Console)에 장착되어 있다 (그림 9-12 참고) 화재 스위치가 작동되면, 연료 공급을 중단시켜 엔진이 정지되고, 엔진이 항공기 시스템으로부터 차단되며, 소화

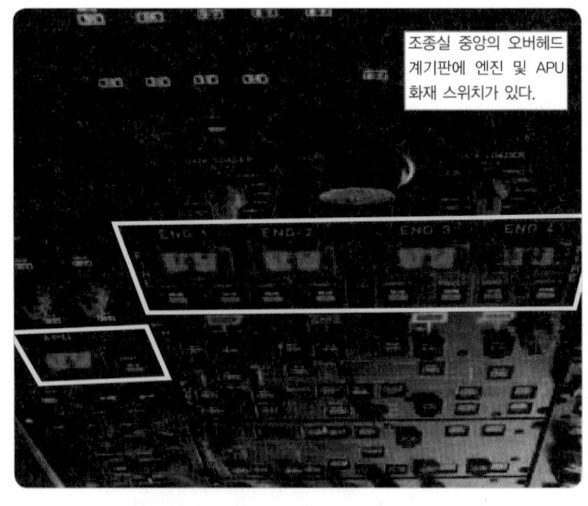

[그림 9-12] 조종실 엔진/APU 화재스위치 (Engine and APU fire switch on the cockpit center overhead panel)

시스템이 작동된다. 항공기의 화재 스위치의 작동 방법에는 당긴 후 돌려서 시스템을 작동시키는 방법과 씌워져 있는 보호판을 올리고 누르는 형태의 스위치를 눌러서 작동시키는 방법이 있다.

화재 스위치를 실수로 작동시키는 것을 방지하기 위하여 잠금장치(Lock)가 장착되어 있는 경우도 있는데, 이것은 화재가 감지되는 경우에만 화재 스위치를 작동하게하기 위함이다. 이 잠금장치는 화재감지시스템에 고장이 있는 경우 운항 승무원이 수동으로 작동할 수 있게 되어있다. (그림 9-13)

9.2.9 경고시스템(Warning Systems)

엔진 화재경고시스템은 경적 소리와 경고등 등으로 엔진 화재가 감지되었음을 운항 승무원에게 알려서 적절한 조치를 취할 수 있게 하며, 화재가 소화되면 이러한 지시들은 중지된다.

9.3 화재감지시스템 정비(Fire Detection System Maintenance)

화재감지기 구성품은 엔진 주위에서 화재 가능성이 높은 지역에 설치된다. 그러한 구성품들의 장착 위치가 특이하고 그 부품들의 크기가 작기 때문에 정비 시 쉽게 손상될 수 있다. 따라서 지속 루프 시스템 점검 및 정비 프로그램에는 아래의 점검이 포함되어야 한다.

(1) 점검판, 카울패널, 또는 엔진 구성품 사이에서의

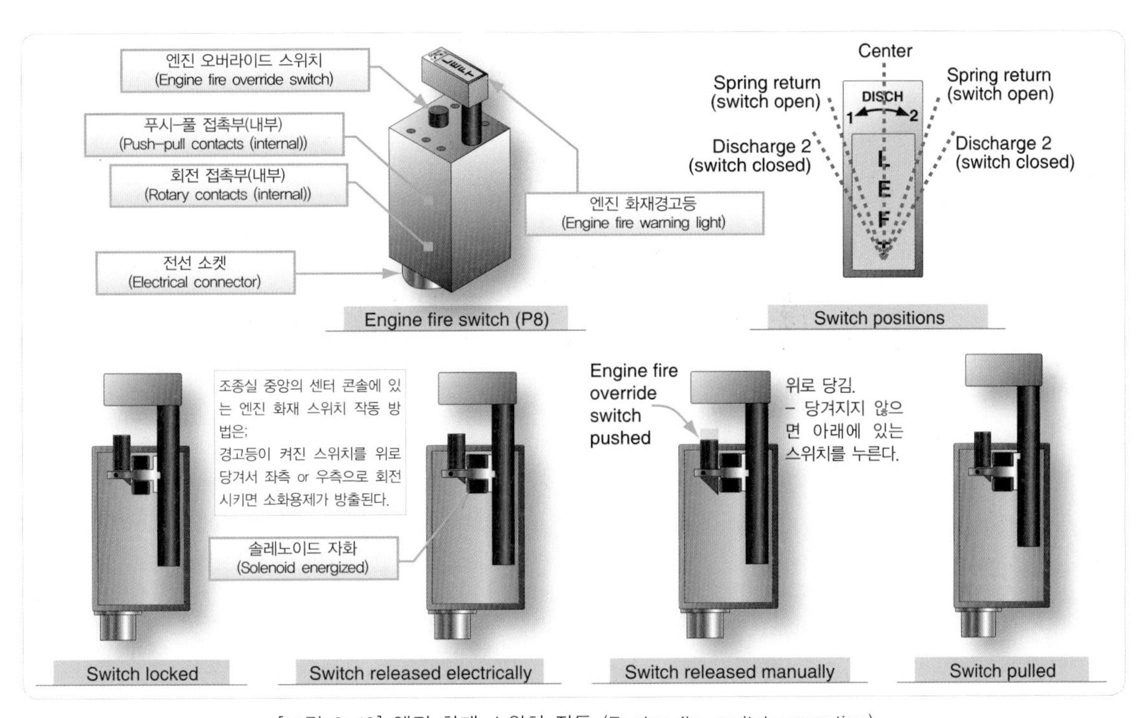

[그림 9-13] 엔진 화재 스위치 작동 (Engine fire switch operation)

압착으로 인해 발생한 균열, 깨짐 여부 확인

(2) 카울링, 보기류 및 구조물의 마모 여부 확인

(3) 탐지 단자(Spot-detector Terminal)를 쇼트 시킬 수 있는 안전결선이나 금속 조각의 방치 여부 확인

(4) 오일에 노출됨으로써 약해지거나 과도한 열로 인해 경화될 수 있는 장착 클램프의 고무 그로멧(Rubber Grommet) 손상 여부 확인

(5) 탐지부품(Sensing Element) 부위의 굽힘 또는 꺾임 여부 확인 (그림 9-14)의 Tubing 그림 참조).

[주의] 탐지 부품의 굽힘 또는 꺾인 정도, 배관 윤곽의 부드러움 정도는 제조자 정비교범을 참조해야 함. 배관이 받는 응력으로 파손될 수 있으므로, 정비교범에서 허용하는 정도라면 굽힌 또는 꺾인 배관을 바르게 펴려는 시도를 해서는 안됨.

(6) 탐지부품의 끝에 있는 너트들이 견고하게 조여져 있는지, 그리고 안전결선이 정상적으로 체결되어 있는지 여부 확인 (그림 9-15)

[주의] 풀린 너트는 제작사 정비교범에 명시된 값으로 다시 조여야 함. 어떤 감지 부품은 조립 시 구리성분의 개스킷(Copper-crush Gasket)을 사용하기도 하는데, 이런 개스킷은 1회용으로 언제나 연결이 분리 되었을 때 교체해야 함.

(7) 도선의 Shield 바깥 면이 닳거나 풀어진 것이 없는지 확인 (Shield 형태의 연성 도선이 사용되었을 경우).

[주의] Shield 바깥 면은 내부절연선을 보호하기 위해 여러 가닥의 금속선으로 짜인 것으로, 사용하면서 케이블이 여러 차례 굽혀지거나 또는 거칠게 취급하면 특히 Connector 근처에 이들 가는 금속선을 끊어지게 할 수 있으니 유의해야 한다.

(8) 탐지부품의 배열이나 클램핑이 견고히 되어 있는지 여부 확인 (그림 9-16). 지지간격이 길어

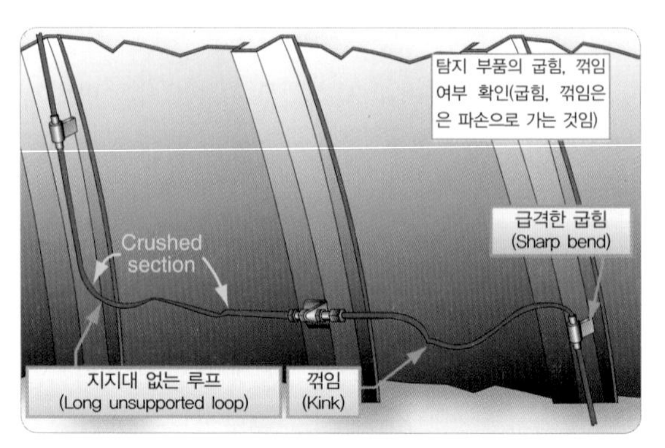

[그림 9-14] 감지기 손상 사례 (Sensing element defects)

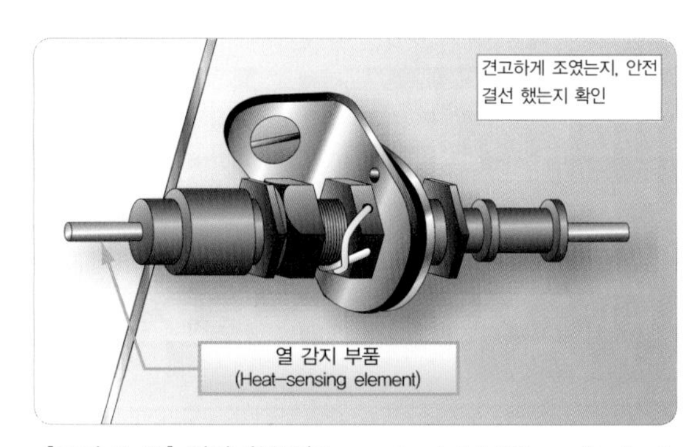

[그림 9-15] 열탐지부품(Connector joint fitting attached to the structure)

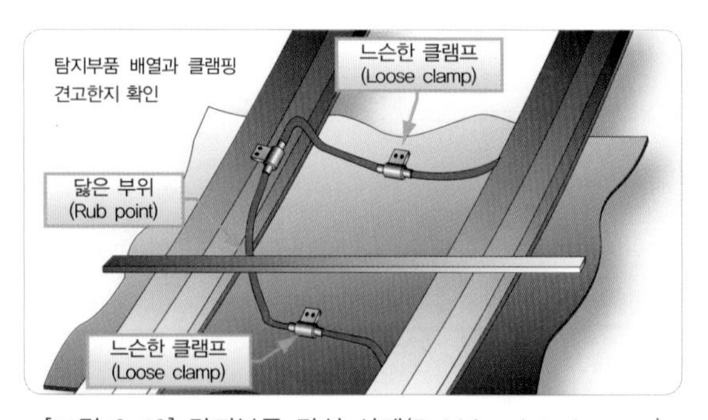

[그림 9-16] 감지부품 간섭 사례(Rubbing interference)

잘 지탱되지 않을 경우 진동이 발생하며, 파손의 원인이 될 수 있다. 클램핑 간격은 제작사 정비 규범에 명시되어 있으며, 직선 배선의 경우 보통 약 8~10 inch 정도이다. 연결부 끝단에서부터 첫 번째 지지 클램핑는 보통 끝단 연결부 조립으로부터 4~6 inch 위치한다. 대개의 경우, 굽힘이 시작되기 전에 1 inch 정도는 직선으로 유지하게 해야 하며, 최적 굽힘 반지름은 3 inch 정도이다.

(9) 카울 지지대와 감지 부품 간의 간섭은 마찰로 인한 마모와 쇼트를 초래할 수 있으므로 간섭 여부 확인 (그림 9-16)

(10) 그로멧(Grommet)의 중심에 클램프가 위치해 있는지, 분리되어 있는 그로멧의 끝이 잘 처리되어 있는지 여부 확인. (그림 9-17) 클램핑과 그로멧은 탐지부품을 편하게 감싸는 듯이 고정되도록 해야 한다.

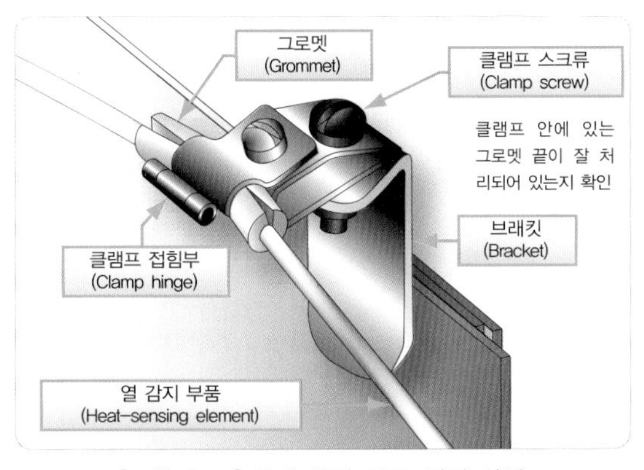

[그림 9-17] 화재 감지-루프 점검 사례
(Inspection of fire detector loop clamp)

9.4 화재감지시스템 고장탐구(Fire Detection System Troubleshooting)

엔진 화재감지시스템의 일반적인 고장탐구 절차는 아래와 같다.

(1) 감지시스템 도선에서 간헐적으로 쇼트가 발생되면 간헐적인 경고가 나타난다. 이러한 쇼트는 느슨한 도선이 주위의 단자에 접촉되거나 외피가 벗겨진 도선이 구조물과의 마찰에 이은 마모에 의해 발생된다. 간헐적인 결함은 도선을 움직여서 쇼트 상태를 재현하여 그 위치를 찾아낼 수 있다.

(2) 엔진의 화재나 과열 상태가 존재하지 않더라도 화재 감지가 발생하기도 한다. 이러한 오작동은 제어장치에서 엔진 탐지 루프 연결을 분리하여 그 결함 위치를 찾을 수 있다. 해당 탐지 루프가 분리되었을 때 그 오작동이 멈춘다면 결함은 바로 그 분리된 탐지 루프에 있는 것이며, 어딘가의 굽어진 부분이 엔진의 뜨거운 부분과 닿아 있지 않은지 점검해 보아야 한다. 굽어진 부분이 없는 경우는 전체 루프에서부터 순차적으로 연결부위를 분리하면서 결함 위치를 찾아낸다.

(3) 탐지 부품에 꼬임이나 심한 굴곡이 존재하면, 내부 도선이 외부 튜빙에 간헐적으로 쇼트 될 수 있다. 이런 결함은 의심되는 지역의 구성요소를 두드리면서 저항 측정기를 사용하여 탐지 구성요소를 점검함으로써 그 결함 위치를 찾아낼 수 있다.

(4) 탐지시스템은 습기에 의한 오작동은 거의 발생하지 않는다. 그러나 습기에 의해 경고가 발생되

더라도, 습기가 제거되거나 건조되면 정상으로 환원된다.

(5) 시험스위치의 결함, 제어장치의 결함, 전원 불충분, 경고등의 고장, 탐지 구성요소나 연결도선의 틈새로 인해 시험스위치가 작동되어도 경고신호가 발생하지 않는 경우가 있다. 이 경우는 회로를 분리하면서 저항을 측정하여 이중 도선 탐지 루프(Two-wire Sensing Loop)의 도통 상태를 점검해야 한다.

9.5 소화시스템 정비(Fire Extinguisher System Maintenance Practices)

소화시스템에 대한 정기적인 정비는 일반적으로 소화용기의 점검과 충전, 카트리지와 방출밸브의 장탈 및 재장착, 방출튜브 누출 시험, 그리고 전기도선 도통 시험과 같은 항목들이 포함된다.

소화용기는 주기적으로 점검하여 그 압력이 허용 제한치 사이에 있는지를 확인해야 한다. 대기 온도에 따른 압력의 변화도 허용 제한치 이내에 들어와야 한다. (그림 9-18)은 압력-온도 곡선에서의 최대 및 최소 지시값을 보여 주고 있다.

만약 소화용기의 압력이 허용 제한치를 벗어난다면, 그 소화용기는 교체되어야 한다. 소화기 방출 카트리지의 사용 가능 기간은 카트리지의 앞면에 붙어 있는 제작사의 확인 날짜로부터 계산된다. 카트리지의 수명은 제작사에 의해 설정되는데 일반적으로 5년 정도이다.

대부분의 새로운 소화용기는 그 카트리지와 방출밸

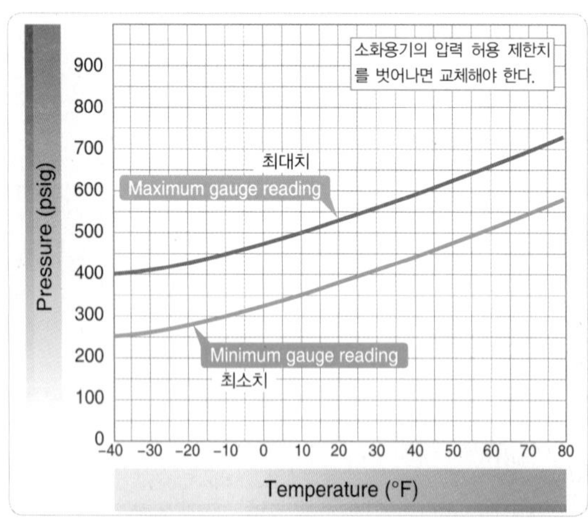

[그림 9-18] 화재소화용기의 압력-온도 변화도(Fire extinguisher container pressure-temperature chart)

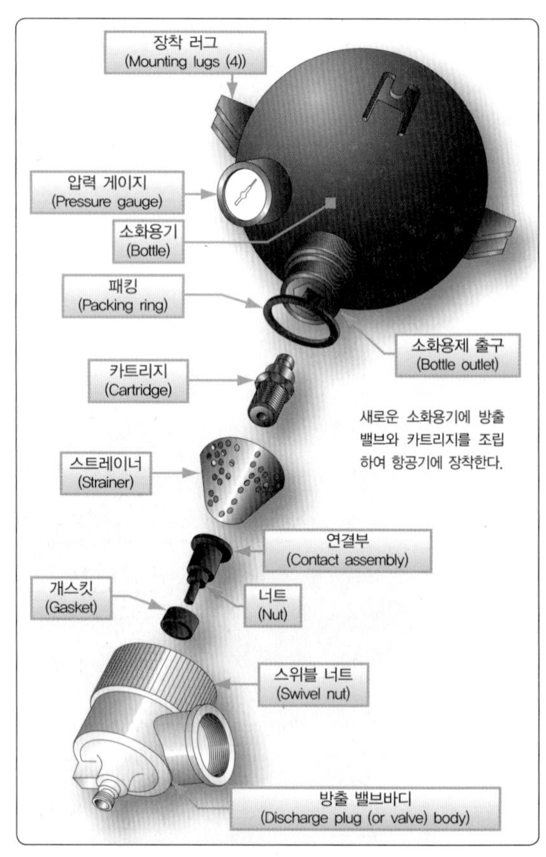

[그림 9-19] 화재소화용기 구성품 (Components of fire extinguisher container)

브가 분리된 상태로 제공되기 때문에 항공기에 장착
하기 전에 카트리지를 방출밸브에 적절히 조립한 후,
방출밸브를 용기에 연결한다. (그림 9-19)

10
엔진 정비 및 작동

Engine Maintenance and Operation

10 엔진 정비 및 작동

Engine Maintenance and Operation

10.1 왕복엔진 오버홀 (Reciprocating Engine Overhaul)

엔진에 대한 정비(maintenance)와 오버홀(overhaul)은 일반적으로 일정한 주기로 수행된다.

이 주기는 엔진의 운용시간, 운용방법 및 환경의 영향을 받지만 엔진 제작사의 권고사항을 많이 참고한다.

오버홀 주기는 시간 단위로 계산되며, TBO(Time before Overhaul)를 연동하여 사용한다. 예를 들어 오버홀 주기가 2,000시간인 엔진이 500시간 운용되었다면 이 엔진의 TBO는 1,500시간이 된다. 이 오버홀 주기를 초과하면 엔진의 어느 특정 부품에서 결함이 발생할 수도 있다.

오버홀된 엔진이 새 엔진과 같은 정도의 품질 및 감항성을 확보하기 위해서는 엔진 오버홀 시 손상된 부품을 발견하여 수리하거나 교체해야 한다.

완전한 오버홀 과정은 아래의 10단계를 포함한다.

(1) 수령검사(receiving inspection)
(2) 분해(disassembly)
(3) 육안검사(visual inspection)
(4) 세척(cleaning)
(5) 구조물검사(structural inspection)
(6) 비파괴검사(non-destructive testing (NDT) inspection)
(7) 치수검사(dimensional inspection)
(8) 수리와 교환(repair and replacement)
(9) 조립(reassembly)
(10) 테스트(testing and break in)

검사 과정은 오버홀 단계에서 가장 정확해야 하는 중요한 과정이며, 검사 결과는 잘 정리해서 엔진의 기록문서와 함께 보관되어야 한다.

엔진 제작사는 엔진 부품의 허용치 및 감항성을 판단하기 위한 구체적인 기준을 설정하며, 정비사는 제작사의 기준을 근거로 부품의 사용 가능성이나 수리 가능성 혹은 폐기처분 등의 최종 판단을 한다.

10.1.1 톱 오버홀(Top Overhaul)

왕복엔진에 적용하는 톱 오버홀은 엔진을 완전히 분해하지 않고 크랭크케이스 위쪽에 장착되어 있는 부품에 대해 수행하는 오버홀을 의미하며, 이것은 실린더를 장탈하기 위해 필요한 부품 즉, 배기관(exhaust collectors), 점화 하니스(ignition harness), 그리고 흡입관(intake pipes) 등의 장탈을 포함한다.

실제 톱 오버홀은 피스톤과 피스톤링의 교환이나 재생, 그리고 실린더 벽과 밸브 유도장치를 포함한 밸브 작동기구의 도금이나 재생에 의해 엔진 실린더를 재생하는 것이기 때문에 이는 진정한 엔진 오버홀이라 할 수는 없고 엔진 수리의 일부분으로 간주된다. 액세서리에 대해서는 액세서리의 일반적인 정비 프로그램을 적용하여 수리한다. 톱 오버홀은 일반적으로 밸브 또는 피스톤링이 조기에 마모되는 경우에 수행하지만 만약 수리 범위가 예상보다 커지게 되면 정상적인 엔진 오버홀을 수행하는 것이 바람직하다.

10.1.2 메이저오버홀과 메이저수리 (Major Overhaul and Major Repairs)

메이저오버홀(Major Overhaul)이라 함은 동력 장치를 완전히 재생하는 것이다. 메이저수리(Major Repair)는 크랭크케이스를 분해하는 정도이며 메이저오버홀과는 구분된다.

내부과급기가 장착되지 않은 엔진이나 프로펠러 감속장치를 장착한 엔진에 대해서는 인가된 정비사가 메이저오버홀을 수행하거나 공정을 감독할 수 있다. 엔진은 일정한 주기로 완전히 분해되어 철저한 세척 및 검사가 이루어져야 하고 각각의 부품은 제작사 매뉴얼에 따라 오버홀 되어야 한다. 동시에 모든 액세서리에 대해서도 제작사 매뉴얼에 따라 장탈하여 오버홀 및 테스트를 실시해야 한다.

10.2 일반적인 오버홀 절차 (General Overhaul Procedures)

엔진 크랭크축 또는 프로펠러축의 마모 상태가 매뉴얼의 허용범위를 초과하면 반드시 교환해야하기 때문에 엔진 오버홀(overhaul) 시 가장 먼저 엔진 크랭크축 또는 프로펠러축의 마모 상태를 점검해야 한다.

10.3 수령검사(Receiving Inspection)

수령검사는 엔진에 장착되어 있는 부품에 대한 상태 점검 및 수령한 엔진 전체에 대한 일반적인 점검을 수행하여 엔진의 상태를 파악하는 검사를 의미한다. 수령검사 시 모델명과 일련번호 같은 액세서리의 기본적인 정보를 기록하고 검사 결과에 따라 액세서리를 장탈하여 오버홀(overhaul)을 수행한다. 오버홀 기록문서는 체계적으로 관리되어야 하고 관련 매뉴얼은 엔진 로그북(log book)과 함께 찾아보기 쉽게 정리되어야 한다.

엔진의 정비개선회보(service bulletin), 감항성개선명령(airworthiness directive), 그리고 형식증명(type certificate) 등을 확인하고 엔진은 오버홀 스탠드에 안착된 상태에서 오염되지 않도록 보관한다. (그림 10-1 참고)

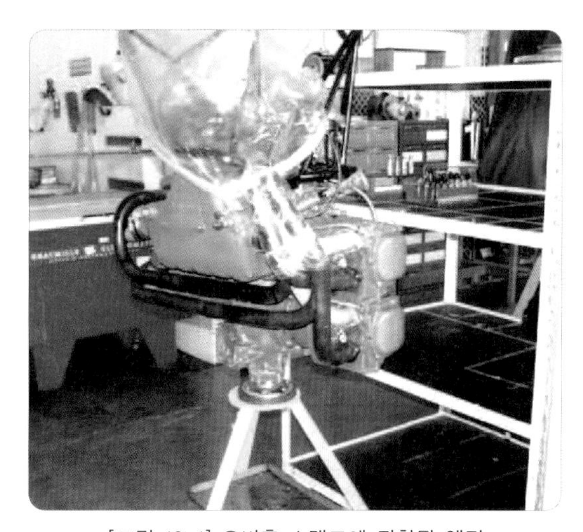

[그림 10-1] 오버홀 스탠드에 장착된 엔진
(Engine mounted on an overhaul stand)

10.4 분해(Disassembly)

엔진 분해 시 모든 부품은 육안검사를 위해 장탈된 순서대로 작업대 위에 정돈하여 진열한다. 또한 부품의 손상 및 분실을 방지하기 위해 엔진을 분해하면서 너트, 볼트 등과 같은 작은 부품을 보관할 수 있도록 적당한 용기나 컨테이너를 비치한다.

분해 시 준수사항을 정리하면 다음과 같다.

(1) 엔진오일을 배유(drain)하고 오일필터를 장탈한다. 배유되는 오일은 깨끗한 천(clean cloth)으로 걸러내고 적합한 컨테이너(container)로 받아 내고 오일과 천(cloth)에 금속입자가 있는지 확인한다.

(2) 장탈된 안전결선이나 코터핀과 같은 모든 안전장치를 폐기하고 재사용하지 않도록 한다.

(3) 풀린 나사나 헐거워진 피팅 등을 하나라도 빠짐없이 점검할 수 있도록 꼼꼼히 짚어 가며 검사한다.

(4) 언제나 소켓과 박스 엔드렌치(box end wrench) 등 용도에 맞는 공구를 사용하며, 특수공구를 사용해야 하는 곳에는 급조해서 대체품을 사용하지 말고 반드시 정격의 특수공구를 사용해야 한다.

10.5 검사 공정(Inspection Process)

오버홀(overhaul) 시 엔진 부품에 대한 검사(inspection)는 다음의 세 가지 범주(categories)로 나눌 수 있다.

(1) 육안검사(Visual)

(2) 비파괴검사(Structural NDT)

(3) 치수검사(Dimensional)

엔진 부품의 결함(defect)은 육안으로 발견하여 감항성(airworthiness) 여부를 판단할 수 있다. 만약 부품이 육안검사(visual inspection)에 의해 감항성이 없다고 판단되면 추가검사나 수리 없이 부품을 폐기한다. 구조적 결함은 몇 가지 방법으로 확인될 수 있다. 자성체(Magnetic parts)는 자분탐상방법(magnetic particle method)에 의해 쉽게 판정할 수 있다. 또한 침투탐상(dye penetrate)검사, 와전류(eddy current)검사, 초음파(ultra sound)검사그리고 엑스레이(X-ray) 검사와 같은 검사 방법도 사용될 수 있다. 이들 검사 방법 중 침투탐상검사와 와전류검사는 부품의 구조적 결함을 검사할 수 있으며 부품의 크기 및 형상에 따라 적당한 검사 방법을 적용할 수 있다.

정확한 측정 장비를 사용하여 엔진 부품의 치수검사를 수행하고 실측한 자료를 매뉴얼에 명시된 허용범위와 비교한다.

10.5.1 육안검사(Visual Inspection)

육안검사는 모든 다른 검사 방법보다 먼저 수행한다.

후미지거나 구석진 부분의 결함은 금속 찌꺼기 부착물의 형태를 활용하여 감지될 수도 있기 때문에 육안검사를 수행하기 전에 세척하지 않는다.

엔진 부품 검사 시 발견되는 결함의 용어를 정리하면 다음과 같다.

(1) 마모(abrasion)

움직이는 부품 또는 표면의 이물질과의 마찰에 의해 물질의 표면이 거칠어지거나 긁혀 닳아 없어진 현상

(2) 브리넬링(brinelling)

베어링 마찰 면에 고하중 또는 힘이 작용하여 발생되는 둥글거나 또는 구면의 움푹 들어간 현상

(3) 버닝(burning)

과도한 열에 의해 발생된 표면 손상으로 부적절한 장착(fit), 윤활불량, 또는 과열(over-temperature)로 인해 발생한다.

(4) 버니싱(burnishing)

매끄럽고 단단한 표면과 접촉하여 한쪽 표면을 연마(polishing)된 상태이며, 일반적으로 금속의 변위나 제거는 없는 상태, 매끄럽고 더 단단한 물질을 이용하여 결함 표면에 미끄럼접촉을 발생시켜 윤이나 광택을 내는 것

(5) 버(burr)

일반적으로 기계가공으로 인해 날카롭거나 거친 금속 돌출부

(6) 체이핑(chafing)

약한 압력 하에서 두 부품 사이의 마찰작용(rubbing action)에 의해 마모되는 현상.

(7) 치핑(chipping)

과도한 응력집중 또는 부주의한 취급에 의해 발생되는 재료 조각의 떨어져 나감, 혹은 재료가 깎인 현상.

(8) 부식(corrosion)

화학작용 또는 전기화학작용에 의한 금속 표면이나 내부에서 발생하는 재료의 상실을 말하며 부식 생성물은 기계적인 방법으로 쉽게 제거된다.

(9) 균열(crack)

진동(vibration), 과부하(overloading), 내부응력(internal stresses), 부적절한 조립 또는 피로(fatigue)에 의해 발생되는 재료의 부분적인 분리, 또는 깨진 현상.

(10) 절단(cut)

톱날, 끌(chisel), 또는 빗나간 타격이나 기계적인 수단에 의해 비교적 길고 좁은 지역 위에 분명한 깊이로 발생된 금속의 상실

(11) 덴트(dent)

둥근 물체에 부딪혀서 표면이 작고 둥근 모양으로 움푹 들어간 상태

(12) 침식(erosion)

그릿(grit) 또는 고운모래(fine sand)와 같은 이물질의 기계적 작용에 의한 표면의 금속손실

(13) 박리(flaking)

도금 또는 도장된 표면이 지나친 하중에 의해 금속의 작은 조각 또는 코팅이 떨어져 나간 현상.

(14) 프렛팅(fretting)

일반적으로 상당한 단위 압력과 함께 두 부품 사이의 미세한 움직임으로 인한 표면 침식 상태.

(15) 마손(galling)

금속이 한 부분에서 다른 부분으로 전이되는 심각한 상태를 말하며, 이것은 일반적으로 제한된 상대적 움직임을 가지고 하중이 큰 결합부품의 약간의 움직임에 의해 발생한다.

(16) 가우징(gouging)

움직이는 두 물체 사이에 낀 금속 조각에 의해 금속이 전이되어 표면에 발생된 주름.

(17) 그루빙(grooving)

부품의 불안전한 얼라인먼트에 의해 발생되는, 둥글고 매끄러운 가장자리를 갖는 우묵하게 들어간 현상.

(18) 인클루젼(inclusion)

금속의 일부분 내에 완전히 박혀 있는 외부 물질이나 이물질이 존재하고 있는 현상.

(19) 찍힘(nick)

대체로 공구와 부품의 부주의한 취급에 의해 발생되는 V형태의 침하.

(20) 피닝(peening)

표면의 연속된 무딘 침하.

(21) 픽업 혹은 스커핑(pick up or scuffing)

불충분한 윤활, 불충분한 간격, 또는 이물질의 유입 등에 의해 금속이 한쪽 지역에서 다른 쪽 지역으로 밀리거나 눌린 현상.

(22) 피팅(pitting)

표면의 부식(corrosion) 또는 접촉에 의해 발생되는 금속 표면에서의 불규칙한 모양의 작은 중공. 일반적으로 표면의 부식 또는 미세한 기계적 치핑으로 인해 발생한다.

(23) 스코어링(scoring)

움직이는 부품 또는 부주의한 조립(assembly) 또는 분해(disassembly)기술 사이에 이물질로 인한 깊은 긁힘(scratche) 자국

(24) 스크레치(scratches)

작동 중 미세한 이물질의 존재 또는 취급 중 다른 부품과의 접촉으로 인해 깊고 폭이 다양한 얕고 가는 선 또는 자국.

(25) 얼룩(stain)

전체 면적에서 부분적으로 눈에 띄게 다른 색으로의 변화, 혹은 다른 외관.

(26) 업세팅(upsetting)

정상적인 윤곽이나 표면에서 벗어난 물질의 변위, 즉 국부적인 부풀어 오름 또는 융기.

모든 기어에 대해 피팅(pitting)이나 과도한 마모의 흔적을 검사한다. 이런 상태는 치차(teeth)에서 발생할 때 특히 중요하다. 깊은 피트(pit)자국은 심각한 상태를 나타내는 것이다. 따라서 모든 기어의 베어링 표면에는 깊은 스크레치가 없어야 한다. 그러나 경미한 마모(abrasion)는 고운 연마포로 제거될 수 있다.

모든 베어링은 스코어(score), 마손(galling) 그리고 마모(wear) 여부를 검사해야 한다. 알루미늄 베어링 면의 경미한 긁힘은 심각한 결함이 아니며 제작사의 오버홀(overhaul)매뉴얼에 명시된 허용치 이내라면 수리 후 사용이 가능하다.

볼베어링은 거칠기(roughness), 볼의 평평한 반점, 박리(flaking), 피팅(pitting), 스코어링(scoring) 등에 대해 육안점검 하고 손으로 만져 가며 검사한다. 모든 저널은 마손(galling), 스코어(score), 미스얼라인먼트(misalignment), 또는 범위를 벗어난 상태 등을 점검해야한다. 축과 핀 등은 V-블럭과 다이얼 게이지를 사용하여 직진도(straightness)를 검사해야 한다.

고응력 부품의 부식(corrosion)에 의해 발생된 피트 표면(Pitted surface)은 궁극적인 결함(failure)의 원인이 될 수 있다. 이러한 부식의 증거가 있는지 다음영역에서 주의 깊게 검사해야 한다.

(1) 피스톤핀의 안쪽 표면(interior surface)
(2) 크랭크축과 크랭크핀 저널 표면의 가장자리에 있는 필렛(fillets)
(3) 추력베어링 레이스(thrust bearing races)

언급한 표면에 피팅(pitting)이 존재할 경우, 연마포(crocus cloth) 또는 부드러운 연마제로 제거할 수 없는 정도라면 부품은 폐기되어야 한다.

볼트, 너트 또는 플러그 등에 대해서는 나사산의 상태를 검사해야 한다. 경미한 찍힘(nick) 또는 버(burr) 같은 경미한 결함은 작은 줄, 고운 연마포 또는 스톤로

제거해도 무방하나 마모가 심하거나 절단된 나사산은 허용될 수 없다. 만약 부품이 과도한 조임이나 또는 부적절한 공구 사용에 의해 뒤틀리거나 심하게 마손(galling)되었을 경우, 새로운 부품으로 교환한다.

10.5.2 실린더헤드(Cylinder Head)

실린더헤드는 내부와 외부의 균열(crack) 여부에 대해 검사한다.

균열 검사를 위해서는 탄소부착물과 페인트를 제거한 후 밝은 조명 아래서 확대경이나 현미경을 사용하여 의심스러운 부분에 대해서 검사한다.

외부의 균열은 부주의한 취급에 의한 충격을 받아 발생되며, 내부 균열은 통상 시트(seat)나 부싱의 부적절한 장착에 의해 대부분 밸브시트나 점화플러그 부싱보스(bushing boss)로부터 발생한다. 실린더 벽의 부식, 스코어(score) 피팅(pitting), 또는 심한 긁힘에 대해 검사한다. 경미한 손상은 연마포 또는 부드러운 연마제로 제거할 수 있지만 실린더의 광범위한 손상 처리를 위해서는 호닝작업을 수행해야 하며, 만약 수리 범위를 초과하면 실린더는 폐기되어야 한다.

10.5.3 피스톤(Piston), 밸브트레인(Valve Train)과 피스톤핀(Piston Pin)

그림 10-2와 같이 직선 자와 두께게이지(thickness gauge)를 이용하여 피스톤헤드의 편평도(flatness)에 대해 검사한다. 만약 침하가 발견되었다면, 피스톤 안쪽의 균열(crack)에 대해 검사한다. 피스톤 상부에서 침하가 발견되면 이는 보통 실린더 내 이상폭발의 결과라 간주된다.

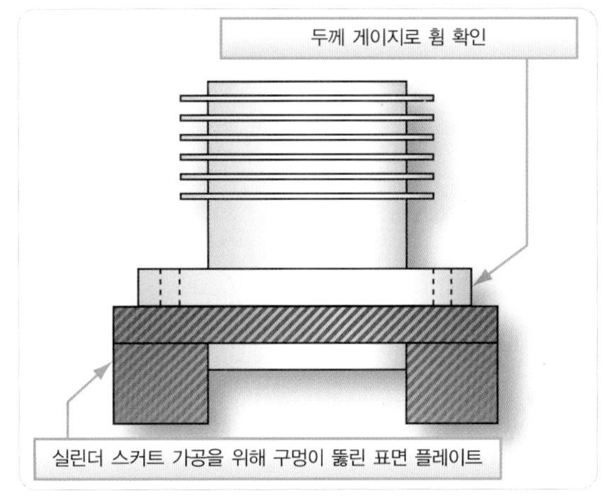

[그림 10-2] 실린더 플랜지 휨 점검
(A method for checking cylinder flange warpage)

피스톤의 외부, 스커트 부분, 링랜드 부분, 그리고 피스톤핀 홀 주변에 대해서는 긁힌 자국과 스코어링(scoring)에 대해 검사한다. 그러나 메이저오버홀(major overhaul)을 수행하는 동안, 피스톤은 세척하고 검사하는 것보다 교체하는 것이 더 경제적일 수 있기 때문에 대부분의 경우 새 부품으로 교환한다.

밸브의 스템 부분과 팁 부분의 균열(crack), 찍힘(nick), 혹은 기타 손상은 밸브를 심하게 약화시킬 수 있으므로 확대경을 사용하여 검사한다.

밸브스프링에 대해 균열(crack), 부식(corrosion), 절단, 그리고 압축성 등을 검사한다.

로커샤프트에 대해 균열, 인장, 편심도 및 로커암 부싱 등의 결함을 검사한다. 부싱에 있는 오일 홀(hole)과 로커암에 있는 홀(hole)은 50% 이상 일치되어야 한다. 또한 모든 유로에 대해 막힘이 없는지 검사한다.

실린더헤드에 있는 모든 볼트의 헐거움, 곧은 정도, 나사산의 상태, 그리고 적절한 길이에 대해 검사한다. 경미하게 손상된 나사산은 형상에 맞게 다듬어서 재

사용 가능하며 스터드의 길이는 안전장치의 장착을 고려하여 ±1/32(0.03125)[inch] 이내의 정확성이 유지돼야 한다.

10.5.4 크랭크축과 커넥팅로드 (Crankshaft and Connecting Rods)

크랭크축의 모든 면에 대해 균열(crack) 검사를 신중하게 실시한다. 베어링 면에 대해 마손(galling), 스코어링, 또는 다른 손상 등을 검사한다. 오일 이송관(oil transfer tube)을 구비한 축에 대해서는 장착 상태의 안정성을 별도로 검사한다.

커넥팅로드는 확대경 또는 탁상용 현미경 등의 보조기구를 이용하여 육안검사를 수행하되 명백하게 휘었거나 뒤틀린 커넥팅로드는 추가 검사 없이 폐기한다. 커넥팅로드의 모든 면에 대해 균열(crack), 부식(corrosion), 긁힌 자국, 마손(galling), 또는 다른 손상 등을 검사한다. 마손은 과속 또는 과도한 매니폴드 압력 상태에서 운전 시, 베어링 인서트 면과 커넥팅로드 사이의 미세한 움직임에 의해 발생되며, 이는 한쪽의 금속이 상대편 금속에 용접된 것과 같은 모습으로 나타나는데, 이 경우 커넥팅로드는 폐기한다.

10.6 세척(Cleaning)

육안검사를 마치면 추가 정밀검사를 위해 엔진 부품에 대한 철저한 세척이 요망된다. 엔진 부품을 세척하기 위한 공정은 아래와 같다.

(1) 오물과 찌꺼기, 즉 연화탄소를 제거하기 위한 탈지 공정

(2) 디-카보나이징(decarbonizing), 솔질 또는 긁어내기, 그리고 그릿-블라스팅(grit-blasting)을 통해 단단한 탄소부착물 제거 공정

10.6.1 탈지(Degreasing)

상업용 솔벤트에 부품을 담그거나 솔벤트를 부품에 발라 부품의 탈지를 수행한다.(그림 10-3) 만약 탈지 시 부식성의 혼합기나 비누 성분을 함유하는 탈지액이 사용된다면 이는 잠재적으로 알루미늄과 마그네슘 부품에 부식(corrosion)을 유발시킬 수 있으며 엔진 운용 시 금속에 묻어 있는 성분에 의해 오일의 거품을 발생시킬 수도 있으므로 수분 혼합 용제를 사용할 때는 부품을 탈지 후 깨끗한 끓는 물에 충분히 그리고 완전히 헹구어야 한다. 하지만 탈지 방법과 사용된 용제에 관계없이 세척된 부품은 부식(corrosion)을 방지하기 위해 곧바로 윤활유를 부품 표면에 고르게 바르거나 분무한다.

[그림 10-3] 탈지 탱크(Typical solvent degreasing tank)

10.6.2 경화탄소 제거(Removing Hard Carbon)

오물(dirt), 그리스(grease), 그리고 연화탄소(soft carbon) 등은 탈지액(degreasing solution)을 이용하여 제거하지만, 내부 표면에 거의 예외 없이 존재하는 경화탄소부착물을 제거하기 위해서는 탄소 제거제가 담겨 있는 가열된 탱크에 부품을 담가 우선 경화탄소를 분해시켜야 한다.

CAUTION 마그네슘 주조물의 탄소를 제거하기 위해 마그네슘을 강철과 동일 탱크에 담그면 마그네슘에 부식(corrosion)이 발생할 수 있으므로 동일한 탱크에 두 금속을 같이 담그지 않도록 한다.

탈지 후에 남아 있는 경화탄소부착물은 일반적으로 디-카보나이징(decarbonizing) 공정으로 대부분 분해되지만 완전히 제거하기 위해서는 보통 솔질, 긁어내기, 또는 그릿-블라스팅(grit-blasting)을 이용한다. 이런 작업을 하면서 가공 면이 손상되지 않도록 주의해야 하며 특히 철 브러쉬와 금속 스크래퍼는 베어링이나 접촉면에는 사용하지 않는다.

[그림 10-4] 그릿 블라스팅 장비(Grit-blasting machine)

그릿-블라스팅을 위한 연마재로 모래, 쌀, 구운 밀, 플라스틱알갱이, 유리구슬, 또는 호두껍질 등이 사용된다. 그림 10-4는 그릿-블라스팅 장치의 모습이다.

블라스팅 전에 모든 가공 면은 완벽히 마스킹되어야 하고, 모든 열린 구멍은 단단히 플러깅되어야 한다. 필요하다면 피스톤링 홈에 대해서 그릿-블라스팅을 할 수 있지만, 홈의 바닥과 옆면으로부터 금속이 떨어져 나가지 않도록 주의해야 한다. 하우징을 그릿-블라스팅 하기 위해서, 고무마개 또는 다른 적당한 도구를 이용해 모든 유로를 플러깅하여 이물질의 유입을 차단한다.

마그네슘 부품은 페인트칠하기 전에 중 크롬산 처리를 수행하여 완벽하게 세척해야 한다.

이 방법은 중성, 비부식성의 탈지 용액을 사용하여 부품에 묻어 있는 그리스나 오일을 세척한 후 부품을 180~200[°F]의 중크롬산나트륨 희석액에 적어도 45분 동안 담근 후 헹굼으로 마무리한다. 이어서 부품은 흐르는 찬물로 충분히 씻어낸 후 뜨거운 물에 담갔다 꺼내 에어 블라스트로 건조시킨 후 즉시 프라임 코팅과 엔진 에나멜로 도장한다.

일부 구형 엔진은 슬러지 제거를 위해 속빈 크랭크핀과 같이 제작된 슬러지챔버를 갖춘 크랭크축을 사용하기도 하며 이 슬러지 챔버는 오버홀(overhaul) 시 검사 및 세척해야 하지만 오늘날의 항공기 엔진은 기술의 발달에 따라 별도의 슬러지 챔버를 사용하지 않는다.

10.7 구조검사(Structural Inspection)

육안검사 결과를 확인하는 최선의 방법으로 염색침투탐상검사(Dye Penetrant Inspection), 와전류검사(Eddy Current Inspection), 초음파검사(Ultrasonic Inspection), 자분탐상검사(Magnetic Particle Inspection), 그리고 엑스레이검사(X-ray Inspection)와 같은 비파괴검사(NDT, Non-destructive Testing)를 활용한다.

알루미늄 부품과 같은 비(非)자성체에 대해서는 자분탐상검사를 제외하고 자성체에 대해 적용 가능한 모든 검사 방법을 활용할 수 있다.

10.7.1 염색침투탐상검사 (Dye Penetrant Inspection)

염색침투탐상검사는 비(非)다공성 재질(Nonporous Material)의 부품 표면에 나타나는 결함을 검출하기 위한 비파괴시험의 한 가지 방법으로 알루미늄, 마그네슘, 황동, 구리, 주철, 스테인리스강, 그리고 티타늄과 같은 금속에서 신뢰성 있는 검사 방법으로 사용된다.

이는 부품 표면의 갈라진 공간에 유입되어 잔류하는 침투액을 사용하는 검사 방법으로 검사 결과를 명확하게 확인할 수 있는 방법이다. 염색침투탐상검사는 침투 재료로 염색제를 사용하며, 형광침투탐상검사(Fluorescent Penetrant Inspection) 는 침투 재료로 형광염료(Fluorescent Dye)를 사용하여 가시도를 증대시킬 수 있다. 형광염료 사용 시, 자외선 원(UV, Ultraviolet Light), 즉 블랙라이트(Black Light)를 사용하여 검사한다.

침투탐상검사의 절차를 요약하면 다음과 같다.

(1) 금속 표면을 철저하게 세척한다.
(2) 침투 검사액(Penetrant)를 도포한다.
(3) 제거유화제(Emulsifier) 또는 세척제(Cleaner)를 이용하여 여분의 침투 검사액을 제거한다.
(4) 부품을 건조시킨다.
(5) 현상액(Developer)을 균일하게 도포한다.
(6) 검사 진행 과정 및 검사 결과를 해석한다.
(7) 검사 완료 후 검사 대상물 부위에 남아 있는 검사액 및 현상액을 세척한다.

10.7.2 와전류검사(Eddy Current Inspection)

코일에 교류전류를 흘려주면 자기장이 발생하게 되는데, 코일을 도체에 가까이 가져갈 때 전자유도에 의해 도체 내부에 생기는 맴돌이 전류를 와전류라 한다. 와전류탐상검사는 시험체에 접촉하지 않는 비접촉식 검사법으로 다른 비파괴검사법에 비해 자동 및 고속 탐상이 가능하며 각종 도체의 물리적 성질을 측정하고 표면 결함을 검출한다. 와류탐상검사는 프라이머(Primer), 페인트, 그리고 아노다이징 필름(Anodized Film)과 같은 표면 처리가 된 부품 표면을 제거하지 않고도 수행할 수 있어 부품 판정에 대해 신속하고 빠른 의사결정을 하는 데 효과적이다.

10.7.3 초음파검사(Ultrasonic Inspection)

초음파검사는 모든 종류의 재료에 적용이 가능하며 소모품이 거의 없으므로 경제적인 검사 방법이다. 이를 위해서 검사 표준 시험편이 필요하며 검사 대상물의 한쪽 면만 노출되면 검사가 가능하며 판독이 객관적이다.

초음파검사는 탐상 원리에 따라 다음과 같이 분류된다.

(1) 펄스반사법(Pulse-echo Method): 부품 내부로 초음파펄스를 송신하여, 내부나 저면에서의 반사파를 탐지하는 방법으로 내부의 결함이나 재질 등을 조사하는 검사 방법이다.
(2) 투과탐상법(Through Transmission Method): 검사 대상물의 양면에 2개의 탐촉자(Transducer)를 한쪽은 초음파 펄스를 송신하고, 다른 한쪽에서 받은 투과 신호의 변화(결함부위 투과 시 Echo 변함)정도로 판정하는 검사 방법이다. Pulse-echo 방법 보다 감도가 덜하다.
(3) 공진법(Resonance Method): 공진 원리를 이용하여 양면이 매끈하고 평행한 대상물의 두께를 측정하기 위한 방법.

10.7.4 자분탐상검사 (Magnetic Particle Inspection)

자분탐상검사는 강자성체로 된 시험체의 표면 및 표면 바로 밑의 불연속을 검출하기 위하여 시험체에 자장을 걸어 자화시킨 후 자분(Ferromagnetic Particles)을 적용하고, 누설자장으로 인해 형성된 자분의 배열 상태를 관찰하여 불연속의 크기, 위치 및 형상 등을 검사하는 방법이다.

부품 표면에 존재하는 결함을 검출하는 방법으로, 침투탐상검사와 더불어 자분탐상검사가 널리 적용되며 강자성체의 표면 결함 탐상에는 일반적으로 침투탐상검사보다 감도가 우수하다.

자속이 누설된 부분(Magnetic Field Discontinuity)에서는 N극과 S극이 생겨서 국부적인 자석이 형성되고 여기에 강자성체의 분말을 산포하면 자분은 결함부분(Interruption)에 흡착되며 흡착된 자분 모양을 관찰하여 결함을 검출한다.

10.7.5 엑스레이검사(X-ray)

엔진 구성 부분의 구조적 짜임새(Structure Integrity)에 대한 판단이 필요할 때 활용되는 검사 방법으로, 사용되는 엑스레이는 금속 또는 비금속에 대해 불연속점(Discontinuity)을 검출하여 결함을 판단한다. 투과성방사선을 검사하고자 하는 부품에 투영시켜 필름에 잠상(Invisible or Latent Image)을 생기게 하여 물체의 방사선사진(Radiograph), 또는 엑스레이사진(Shadow Picture)을 생성한다. 운반이 자유로운 장점이 있으며, 엔진 구성 부분의 거의 모든 결함의 검출에 활용되고, 빠르고 신뢰도 있는 검사 방법으로 활용된다. 그러나 이 검사 방법은 검사 비용이 비싸며 방사선 안전 등의 해결해야 할 문제점도 있다.

10.8 치수검사(Dimensional Inspection)

치수검사는 엔진 부품의 크기와 부품 사이의 틈새가 매뉴얼에 명시된 허용치와 비교하는 검사 방법이며 매뉴얼에 명시된 치수로는 허용한계, 최대치수, 및 최소치수 등이 있으며, 치수검사를 수행하기 위해 많은 측정 공구가 사용된다.

10.8.1 실린더배럴(Cylinder Barrel)

그림 10-5와 같이 실린더보어 게이지, 텔레스코핑 게이지, 또는 내측 마이크로미터를 사용하여 실린더 배럴의 상태를 검사한다. 배럴에 대한 치수검사는 다음과 같은 항목에 적용된다.

(1) 실린더 벽의 테이퍼 상태
(2) 최대진원도
(3) 내경
(4) 단(step)
(5) 피스톤스커트와 실린더 사이 맞춤 부위

실린더배럴 직경을 포함한 모든 측정은 피 측정 면의 각도 90[°]를 유지하여 최소한 두 곳에서 측정한다.

[그림 10-5] 실린더 보어게이지(A cylinder bore gauge)

실린더배럴의 하부 직경과 상부 직경이 다르면 실린더 벽이 테이퍼 상태임을 암시하는 것이다. 피스톤은 상사점 부근에서 더 많은 열과 압력, 그리고 더 많은 침식 및 움직임의 환경에 노출되어 있으므로 엔진이 작동되면서 자연스럽게 상부가 하부보다 더 많이

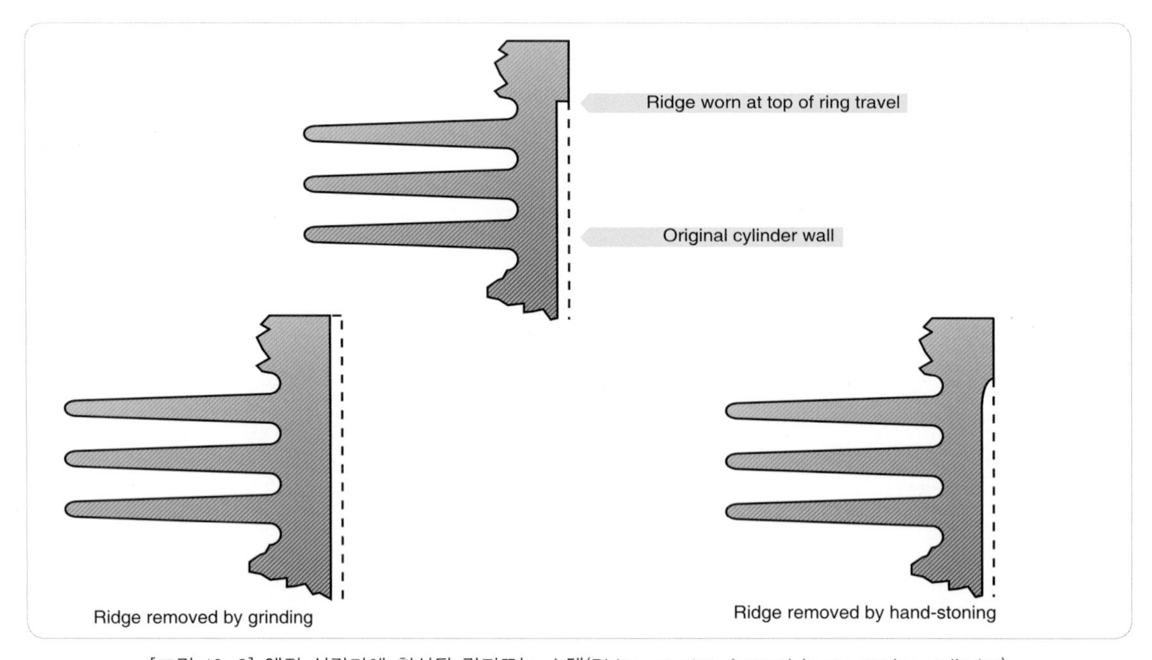

[그림 10-6] 엔진 실린더에 형성된 릿지또는 스텝(Ridge or step formed in an engine cylinder)

닳게 되어 실린더 벽의 테이퍼 형태가 발생되는 것이다. (그림 10-6 참고)

10.8.2 밸브와 밸브스프링 (Valves and Valve Springs)

그림 10-7은 밸브의 런-아웃(run-out)과 엣지 두께를 검사하는 곳을 설명한다. 만약 리-패이싱(re-facing) 후, 엣지 두께가 제작사의 허용한계에 못 미치면 밸브는 폐기한다.

엣지 두께는 다이얼 게이지와 정반을 이용하여 정밀하게 측정해야 한다. 아웃업 라운드(out-of-roundness)는 보통 밸브의 교착에 의해 발생되며 아웃업 라운드와 오버사이즈는 텔레스코핑 게이지와 마이크로미터를 사용하여 검사한다.

그림 10-8에서 보는 것과 같이, 현미경 또는 밸브 반지름 게이지(radius gauge)를 사용하여, 밸브의 신장(stretch)과 마모된 상태를 검사한다.

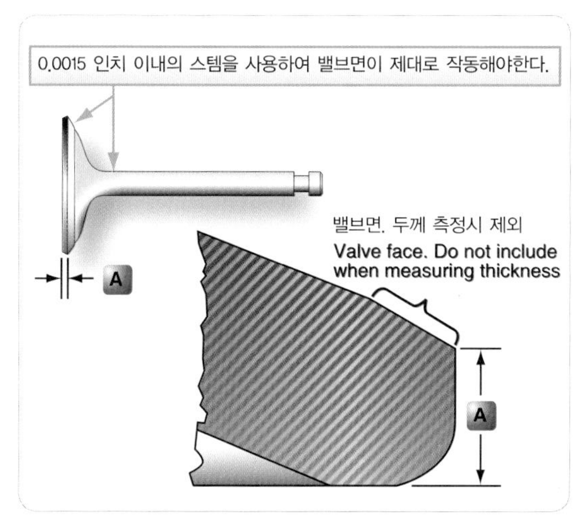

[그림 10-7] 런아웃 점검을 위한 밸브 위치 (Valve showing location for checking run-out)

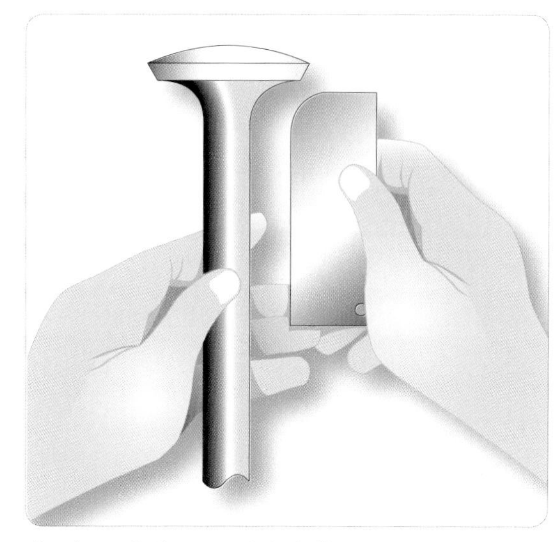

[그림 10-8] 밸브 스트레치 점검(Checking valve stretch with a manufacture's Gauge)

[그림 10-9] 밸브 스프링 압축 시험기 (Valve spring compression tester)

그림 10-9와 같이, 밸브스프링 압축 시험기를 사용하여 스프링의 높이를 매뉴얼에 명시된 대로 압축하여 밸브스프링의 압축성을 측정한다.

마이크로미터를 사용하여 로커샤프트의 직경을 검사한다. 로커샤프트는 실린더헤드에서 굵히거나 탄흔적이 나타날 수 있다. 또한 로커부싱에서 청동이 축으로 밀리는 밀림현상이 발생되는 경우도 있는데 보통 이것은 과열이나 또는 축과 부싱 사이의 간격이 작아서 발생된다.

10.8.3 크랭크축(Crankshaft)

크랭크축 검사에 대해서는 각별히 직진도(straightness)에 대해 주의를 기울여야 한다. 그림 10-10과 같이, V-블럭에 크랭크축을 놓고 정반과 다이얼 게이지를 사용하여 측정한다. 크랭크축이 런-아웃(run-out) 한계를 초과하면 크랭크축은 폐기되어야 한다.

마이크로미터를 사용하여 크랭크축의 주요 부분과 베어링 저널의 외부 지름을 측정한다. (그림 10-11 참고)

[그림 10-10] 크랭크샤프트 런-아웃 점검
(Checking crankshaft run-out)

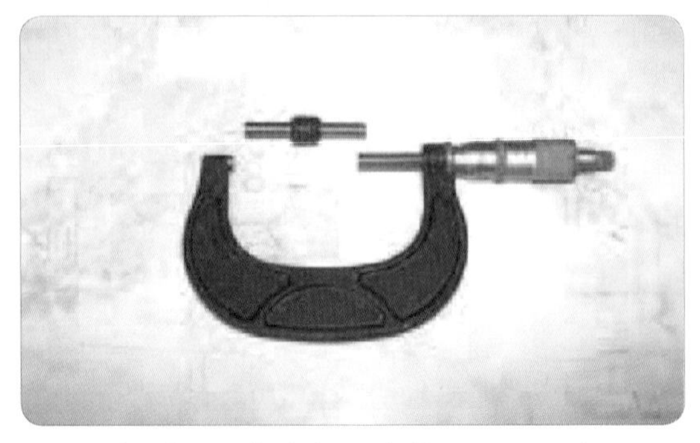

[그림 10-11] 마이크로미터(A micrometer)

[그림 10-12] 텔레스코핑게이지 및 마이크로미터 조합
(Telescoping gauges and micrometer combination)

그림 10-12와 같이, 내부 측정은 텔레스코핑 게이지(telescoping gauge)와 마이크로미터를 이용하여 측정한다.

10.8.4 얼라인먼트 점검(Checking Alignment)

부싱을 교환하면 장착된 부싱과 로드보어(rod bore)가 평행하고 끝의 직각 상태가 유지되는지 점검해야 한다.

커넥팅로드의 얼라인먼트 점검을 위해서는 커넥팅로드의 양쪽 끝단을 연결시킬 수 있는 축과 정반 및 같

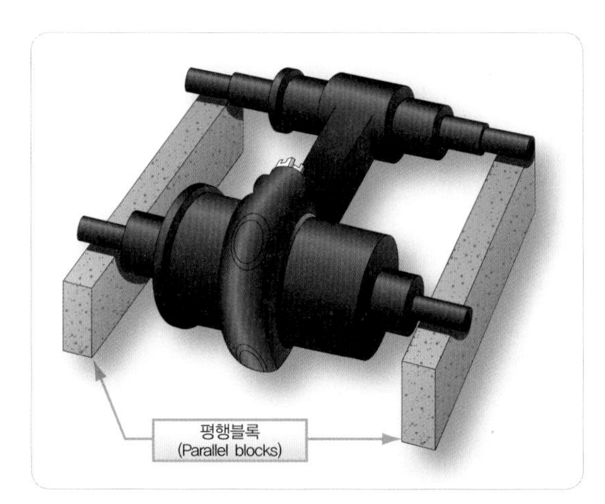

[그림 10-13] 커넥팅로드 직각도 확인
(Checking connecting rod squareness)

은 높이의 평행블록 2개가 필요하다. 그림 10-13과 같이 커넥팅로드의 정방형이나 트위스트를 측정하기 위해, 커넥팅로드의 내부에 축을 삽입하여 평행블록에 얹어 정반에 놓는다. 축이 평행블록에 얹혀 있는 지점의 틈새를 틈새 게이지를 사용하여 검사하고 측정된 틈새를 평행블록의 거리로 나누면 단위거리당의 트위스트를 산출할 수 있다.

10.8.5 수리 및 교환(Repair and Replacement)

검사를 할 수 없을 정도로 손상되었거나 또는 수리가 불가능한 부품은 폐기돼야 한다. 버(burr), 찍힘(nick), 스코어링(scoring), 또는 마손(galling)과 같은 경미한 손상은 스톤, 연마포, 또는 유사한 연마제 물질로 제거될 수 있다. 이런 종류의 수리를 마치면 부품은 연마제 잔유물이 모두 제거될 수 있도록 완전히 세척 후 장착된 상태의 틈새 적정성 여부를 검사한다. 휘거나 뒤틀리거나, 또는 찍힘(nick)이 있는 플랜지는 정반에서 랩핑으로 수리될 수 있다. 경미한 나사산의 결함은 적절한 다이 또는 탭을 이용하여 수리하고, 찍힘은 미세한 사포나 줄 등을 이용하여 제거할 수 있다. 만약 저널의 베어링 면에서 긁힘을 제거했다면 광내기로 마무리한다.

일반적으로 고응력에 노출되는 엔진 부품에 대한 용접은 제작사로부터 인가된 경우에만 적용이 가능하지만 마운팅러그, 카울러그, 실린더핀, 로커박스커버 등 저응력 부품에 대해서는 매뉴얼에 따라 적용하면 된다. 용접된 부품은 절차에 따라 스트레스 릴리프를 수행한다.

10.8.6 실린더어셈블리 재생(Cylinder Assembly Reconditioning)

실린더의 헤드핀에 대해 균열(crack)을 포함하여 다른 손상 등을 육안검사 한다.

패임이나 휨이 위험한 균열을 동반하지 않으면 사용 가능하며 핀의 일부가 떨어져 나갔으면 떨어져 나가 날카로운 부분에 대해 줄을 이용하여 부드럽게 처리한다.

점화플러그 부싱 근처 또는 실린더의 배기밸브 근처의 핀의 파손은 다른 곳보다 위험하므로 핀을 수리할 때 제작사 매뉴얼을 엄격히 준수해야 한다. 점화플러그 인서트에 대해 나사산의 형태 및 헐거움을 검사한다.

10.8.7 피스톤과 피스톤핀 (Piston and Piston Pins)

장착될 피스톤은 마이크로미터를 사용하여 여러 방향과 위치에서 외경을 측정하여 실린더의 내경과 비

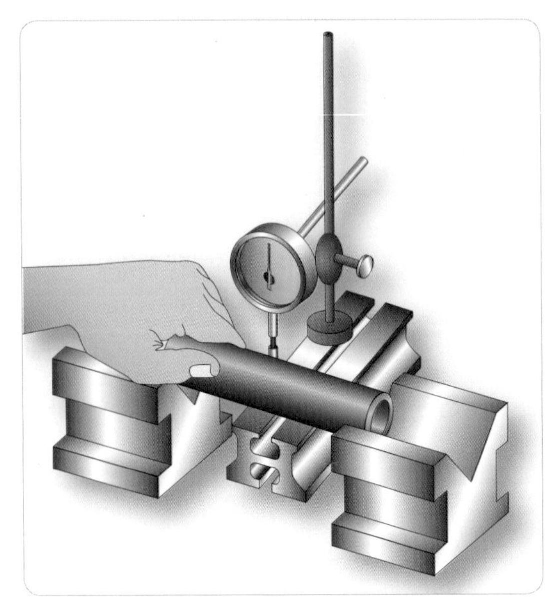
[그림 10-14] 피스톤 핀의 벤딩점검
(Checking a piston pin for bends)

교해야 한다. 링의 홈 마모 상태는 틈새 게이지를 사용하여 측면 간격을 검사하고 피스톤핀에 대하여 스코어링(scoring), 균열(crack), 마모(wear) 등을 검사한다. 텔레스코픽 게이지와 마이크로미터를 사용하여 피스톤핀과 피스톤핀보스 내경 사이의 간격을 검사한다.

피스톤핀의 균열검사는 자분탐상검사를 이용하고, 휘어짐에 대해서는 그림 10-14와 같이 정반에 V-블록과 다이얼 게이지를 사용하여 검사한다.

10.8.8 밸브시트 면 고르기 (Refacing Valve Seats)

실린더의 밸브시트 인서트는 밸브에 정확하게 안착될 수 있도록 일반적으로 매 오버홀(overhaul) 시마다 면을 고르게 마무리한다.

밸브가이드 또는 밸브시트가 교체되면, 밸브가이드와 밸브시트는 서로 중심에 잘 맞춰 편심 되지 않도록 한다.

저출력 엔진에 주로 사용되는 청동시트는 알루미늄 청동합금 또는 인청동합금으로 제작되며, 고출력 엔진에 사용되는 강철시트는 일반적으로 밸브 접촉면에 스텔라이트합금강 층을 입힌 내열강으로 제작된다.

[그림 10-15] 밸브시트 연삭장비
(Valve seat grinding equipment)

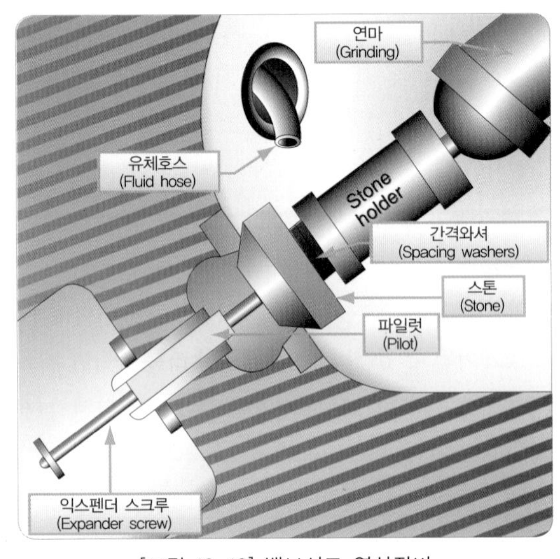

[그림 10-16] 밸브시트 연삭장비
(Valve seat grinding equipment)

그림 10-15와 같이, 강철시트는 연삭 장비를 사용하여 면을 고르게 하는 반면, 청동시트는 주로 커터나 리이머를 사용하여 면을 고르게 한다.

시트 면을 고르게 하기 전에, 밸브가이드의 청결 상태 및 수리 가능성 여부 등을 점검 후 실린더를 픽스쳐에 견고하게 설치한다.

그림 10-16과 같이, 익스팬딩 파일럿(Pilot)을 실린더의 안쪽으로부터 밸브가이드에 삽입하고 익스팬더 스크루를 가이드의 위쪽으로부터 파일럿에 삽입한다.

유체호스는 점화플러그 인서트를 통해 삽입한다.

거친스톤(rough stone), 마무리스톤(finishing stone), 그리고 광내기스톤 등 세 가지 등급의 스톤들이 사용되며, 용도 및 공정에 따라 선택하여 사용한다.

그림 10-17과 같이, 거친스톤은 시트가 밸브가이드에 정확하게 안착되고 긁힘이나 연소 흔적을 제거하는 용도로 사용되며, 마무리스톤은 시트를 매끈하고 윤이 날 수 있게 하는 데 사용된다.

그림 10-18은 랩핑 과정 및 완료 후 접촉면에 대한 시험 결과를 보여 준다.

10.8.9 밸브 재생(Valve Reconditioning)

엔진 오버홀(overhaul) 시 거의 대부분 수행하는 밸브 연삭은 주로 습식밸브연삭기(wet valve grinder)를 사용한다.

보통 밸브는 30[°] 또는 45[°]의 표준각도로 제작되며, 그림 10-19와 같이, 좁은 접촉면에서 확실한 밀봉을 유지하기 위해 억지끼워맞춤(interference fit)을 사용한다.

다른 연삭과 마찬가지로, 밸브 연삭 시 중요한 사항은 연삭량을 최소로 하여 표면을 마무리하는 것이다.

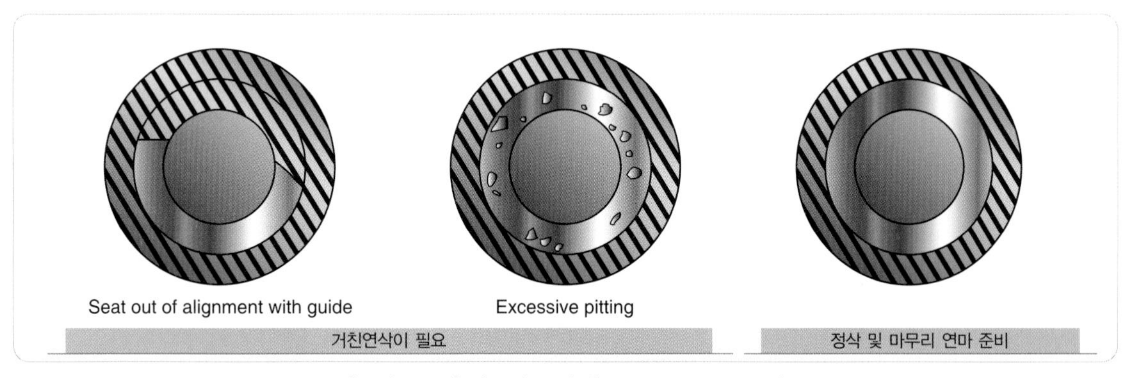

[그림 10-17] 밸브시트 연삭(Valve seat grinding)

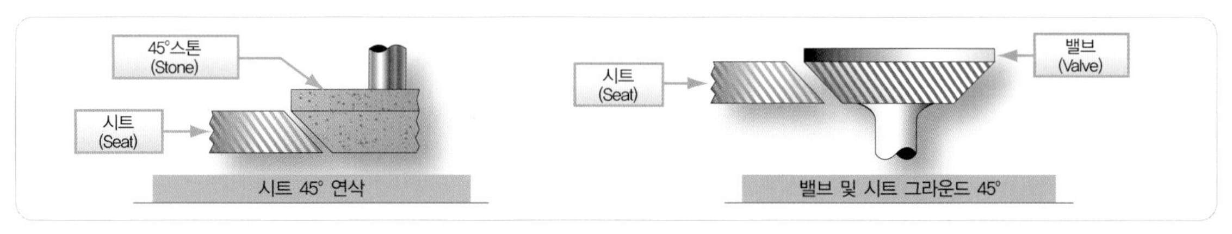

[그림 10-18] 밸브시트 장착(Fitting the valve and seat)

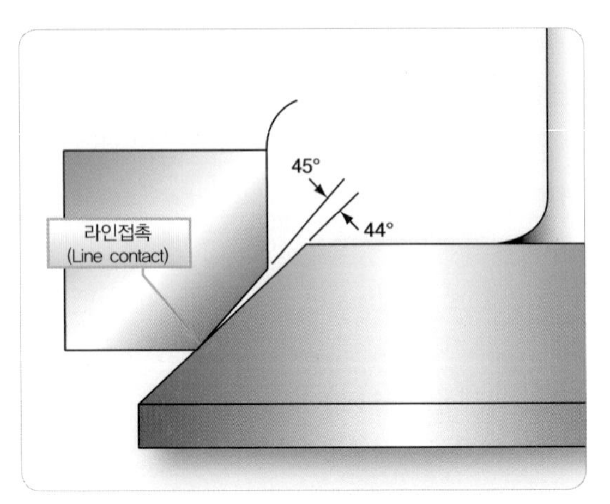

[그림 10-19] 밸브 및 밸브시트의 억지끼워맞춤
(Interference fit of valve and valve seat)

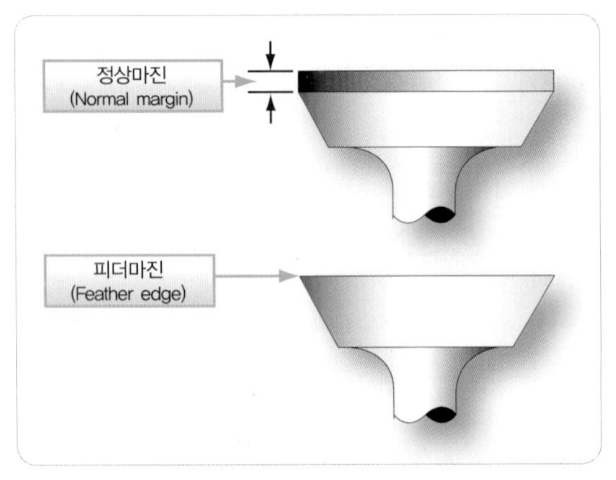

[그림 10-20] 정상마진과 피더에지 밸브(Engine valves showing normal margin and a feather edge)

연삭 후, 밸브 에지(valve edge)에 남아 있는 두께를 확인하기 위해 밸브 마진을 검사한다. 밸브 에지가 너무 얇은 상태를 피더에지(feather edge)라고 부르며 이는 조기점화를 유발하고 조기에 밸브 에지를 소손시켜, 실린더를 다시 오버홀(overhaul)하게 된다.

그림 10-20은 정상적인 마진의 밸브와 피더에지 밸브를 보여 준다.

그림 10-21과 같이, 밸브는 스톤의 옆쪽에 클램프에 의해 고정된다. 연삭기가 돌고 연삭액이 공급되는

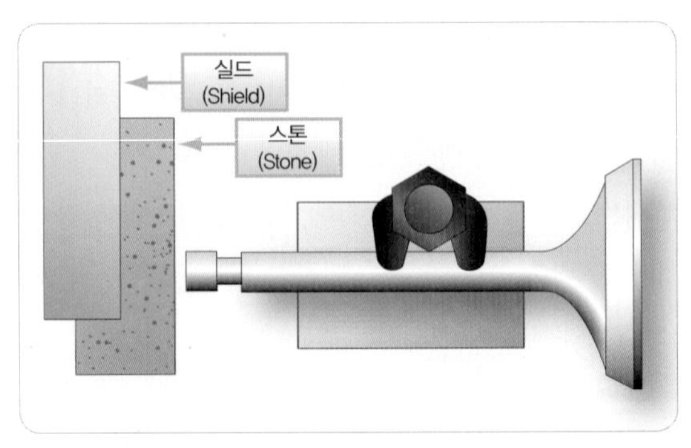

[그림 10-21] 밸브 팁 연삭(Grinding a valve tip)

상태로, 밸브는 스톤에 가볍게 스치면서 연삭된다.

이 연삭 공정 동안 밸브에 과열이 발생되지 않도록 충분한 연삭액이 공급되도록 한다.

10.8.10 밸브 랩핑 및 누설 시험 (Valve Lapping and Leak Testing)

연삭 절차가 끝난 후, 필요시 밸브시트에 대해 랩핑을 한다. 이것은 밸브를 밸브가이드 안으로 삽입 후 랩핑툴을 이용하여 밸브를 회전시키면서 소량의 랩 연마제를 밸브 면에 발라 접촉면을 마무리하는 공정이다. 그림 10-22는 올바로 랩핑된 밸브를 보여 준다.

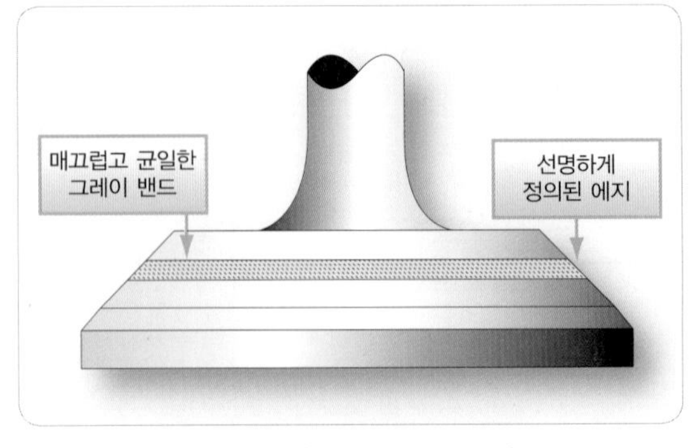

[그림 10-22] 올바로 랩핑된 밸브
(A correctly lapped valve)

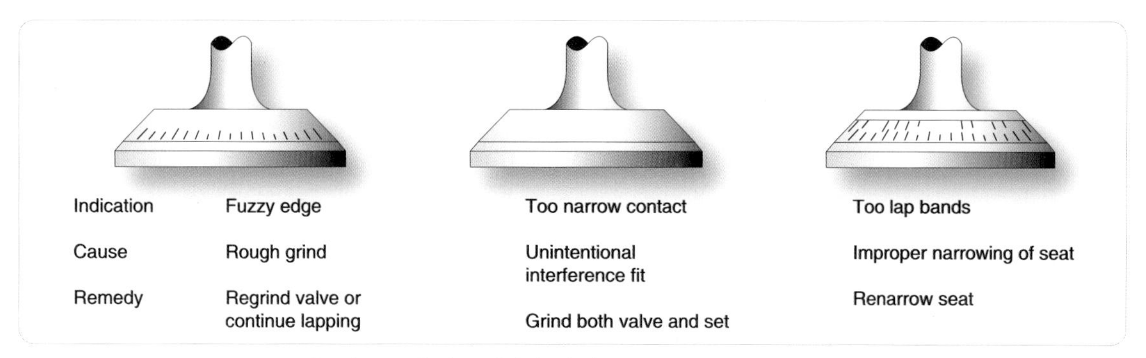

[그림 10-23] 잘못 랩핑된 밸브(Incorrectly lapped valves)

랩핑 공정이 끝난 후, 모든 랩 연마제를 밸브 면과 밸브시트 등으로부터 제거하고 마지막으로 접촉면이 올바르게 밀봉되는지를 확인하기 위해 누설 검사를 실시하여 필요시 랩핑 작업을 반복 수행한다. 그림 10-23은 잘못된 예와 그들의 원인, 그리고 수정 방법을 보여 준다.

10.8.11 피스톤 수리(Piston Repairs)

대부분의 마모는 피스톤링과 실린더 벽, 밸브 스템과 밸브가이드, 그리고 밸브 면과 밸브시트 사이에서 발생하기 때문에 피스톤 수리는 실린더만큼 자주 수리가 요구되지는 않는다.

회전체와 커넥팅로드 등이 완전히 밸런싱이 끝난 엔진에서 모든 피스톤의 무게는 1/4온스 이내를 유지해야 한다. 새로운 피스톤 장착 시, 장착될 피스톤은 장탈된 피스톤과 무게 오차범위 이내에 있어야 한다.

새로 장착될 피스톤의 무게 조정을 용이하게 하기 위해, 제작사는 피스톤 스커트의 하단 안쪽을 두껍게 제작한다. 피스톤의 무게 조정을 위해 이 두껍고 무거운 스커트 하단의 안쪽을 균일하게 줄질하여 금속을 제거한다. 피스톤의 무게를 줄이는 것은 쉽게 할 수 있으나, 용접이나 도금 등을 활용하여 피스톤의 무게를 증가시키는 방법은 허용되지 않으므로 무게 경감 시 주의해야 한다.

10.8.12 실린더 연마 및 호닝 (Cylinder Grinding and Honing)

만약 실린더가 테이퍼형으로 변형되었거나 진원을 상실했거나 스텝 등이 최대허용범위를 초과하는 경우, 실린더는 허용범위 내에서 오버사이즈로 연마될 수 있다. 만약 실린더 벽에 부식이나, 스코어링(scoring), 또는 얽은 자국 등이 있으면 호닝이나 랩핑을 이용하여 제거하게 된다.

실린더에 대한 재연삭은 파워플랜트 정비사가 수행할 수 없는 전문 작업에 속하지만 정비사는 실린더의 재연삭 필요성 여부를 판단해야 하고 완성된 실린더에 대해서는 재연삭의 충실도를 판정할 수 있어야 한다.

일반적으로 항공기 엔진용 실린더의 표준 오버사이즈는 0.010인치, 0.015인치, 0.020인치, 또는 0.030인치이다. 항공기 엔진용 실린더는 무게를 줄이기 위해 실린더 벽이 얇게 제작되고 있으며 표면은 질화 처리

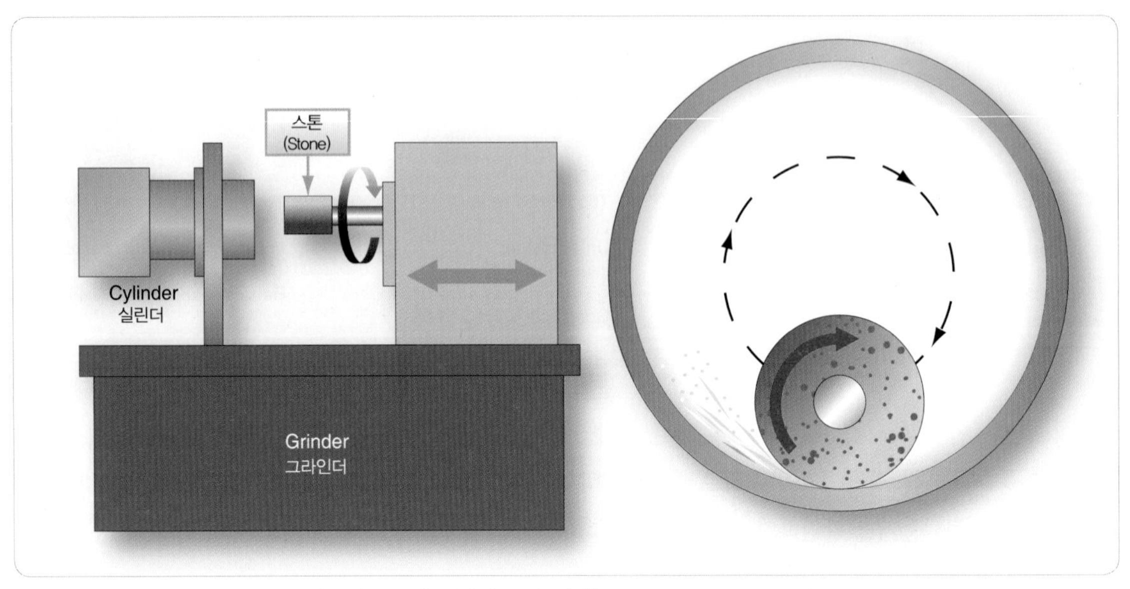

[그림 10-24] 실린더 보어 연삭(Cylinder bore grinding)

하여 연삭을 제한하고 있다.

예를 들어, 표준내경이 3.875인치인 실린더를 0.015인치 오버사이즈 하기 위해서 실린더내경을 3.890인치(=3.875+0.015)로 연삭해야 하며 연삭 시 ±0.0005인치의 오차가 인정된다.

그림 10-24와 같이, 실린더내경을 회전하는 스톤이 실린더배럴의 길이 방향으로 이동하면서 실린더 연삭이 진행된다.

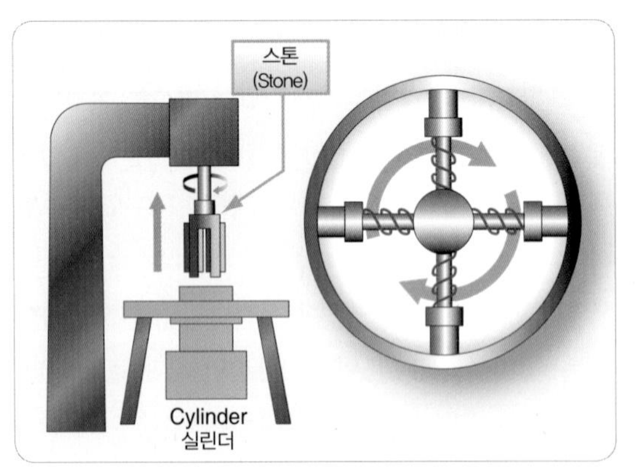

[그림 10-25] 실린더 호닝(Cylinder honing)

실린더 연삭 후 원하는 표면 마무리를 확보하기 위하여 실린더내경을 호닝할 수도 있으며, 호닝 시 실린더내경이 증가되므로 연삭 시 호닝으로 인한 실린더 내경 증가를 고려해야 한다. (그림 10-25참고)

10.9 재조립(Reassembly)

재조립을 시작하기 전에, 모든 수리한 부품과 새로운 부품은 세척되고 정리되어야 하며 조립되는 순서로 배열해 놓는다. 엔진 조립을 위해 가장 보편적으로 활용되는 방법은 엔진의 전체 조립을 정비사들이 한 곳의 작업 장소에서 완료하는 것이다. 또한 정확한 기재가 엔진 조립 시에 사용될 수 있도록 부품 명세서를 참고하는 것이 중요하다. 안전결선, 자동잠금너트, 그리고 토크치의 적용뿐만 아니라 조립과 최종 점검 등에 대해 엔진 오버홀(overhaul)매뉴얼을 따라야 한다.

10.10 장착 및 시험운전 (Installation and Testing)

10.10.1 왕복기관의 시험운전(Engine Testing of Reciprocating Engines)

조립된 엔진에 대해 기계적으로 결함이 없고 감항성 확보를 확인하기 위해 일반적으로 시험대, 또는 시운전실에서 시험운전을 하지만 여건에 따라 항공기에 장착하여 시험운전을 하는 경우도 있다.(그림 10-26 참고).

엔진 시험은 크게 두 가지 목적을 위해 수행한다.

첫 번째는 피스톤링의 런-인과 베어링의 광내기를 위해 수행하는 것이고, 두 번째는 엔진 성능을 평가하고 엔진의 상태를 확인할 수 있는 유용한 자료를 제공하는 것이다.

최소 오일 소모량으로 실린더배럴 벽의 상부까지 적당한 오일을 공급하기 위해, 피스톤링의 장착 상태가 매우 중요하다. 이러한 과정을 피스톤링 런-인이라 하며, 부적당한 피스톤링의 장착 또는 런-인은 오일 소모량을 증가시키며 엔진 작동을 거칠게 한다.

엔진 시험운전 중 어떠한 부품의 파손이라도 발생하면, 해당 부위를 수정하든지, 아니면 상태에 따라 엔진을 다시 수리하고 시험운전을 수행해야 한다. 엔진이 성공적으로 시험을 통과하면 엔진의 선적이나 저장을 위한 조치를 취한다.

10.10.2 시운전실 요구 조건 (Test Cell Requirements)

시운전실은 엔진을 시험운전 하기 위해 엔진을 고정하고 설치하는 특별한 장소를 의미하며 이곳은 제어실, 계기판, 그리고 엔진의 전체 성능을 파악하기 위한 특별한 장비를 갖춰야 한다.

엔진 시험을 위해 그림 10-27과 같이 실제 프로펠러를 대신하여 테스트 클럽이 사용되기도 한다. 테스트 클럽은 더 많은 냉각공기와 정확한 수준의 부하를

[그림 10-26] 테스트 스탠드(Test stand)

[그림 10-27] 테스트 클럽(Test club)

제공한다. 작동시험과 시험운전 절차는 개개의 엔진에 따라 다양하지만 기본적인 필요조건은 대체로 유사하게 이루어진다.

10.10.3 엔진 계기(Engine Instruments)

시운전실의 제어실은 엔진을 작동하기 위한 제어장치와 여러 종류의 온도와 압력, 연료량 및 다른 엔진의 주요 파라미터를 측정하기 위한 계기 등이 설치되어 있다.

이러한 장치들은 엔진의 정확한 작동 점검과 평가를 위해 필요하며 제어실은 시운전실의 인접한 곳에 별도로 격리되어 있다. 엔진 시험운전을 위한 시운전실은 기본적으로 항공기에서 사용하는 계기와 동일한 것이 사용되며, 추가하여 엔진 성능을 세밀히 평가하기 위해 항공기에 장착할 수 없는 특수 장비를 구비하기도 한다. 항공기에 장착된 계기처럼, 시운전실에서 사용되는 계기도 정기적으로 검사 및 교정하여 엔진 운용에 관한 정확한 정보가 보증되어야 한다.

엔진 계기는 기계적, 전기적, 압축공기 또는 유체 압력 등 여러 가지 방법으로 작동되며 시운전실에서 사용되는 기본적인 계기는 다음과 같다.

(1) 기화기공기온도계(carburetor air temperature gauge)
(2) 연료압력계(fuel pressure gauge)
(3) 연료유량계(fuel flowmeter)
(4) 매니폴드압력계(manifold pressure gauge)
(5) 오일온도계(oil temperature gauge)
(6) 오일압력계(oil pressure gauge)
(7) 회전속도계(tachometer)
(8) 배기가스온도계(exhaust gas temperature gauge)
(9) 실린더헤드온도계(cylinder head temperature gauge)
(10) 토크미터(torquemeter)

대체로 계기 표식법은 적색, 황색, 그리고 녹색의 세 가지 색깔로 표시된다.

적색 선은 위험스러운 운전 조건의 상태, 황색 아크는 주의를 요하는 작동 범위, 녹색 아크는 정상 운영 범위와 안전 범위를 나타낸다.

10.10.3.1 기화기공기온도계(Carburetor Air Temperature Indicator)

기화기입구에서 측정되는 기화기공기온도는 흡입계통의 결빙 여부를 지시하는 온도로 이용되지만 그 외의 많은 중요한 용도에 활용된다.

파워플랜트는 하나의 열기관이고, 구성품의 온도나 그들을 통해 흐르는 유체는 직접 또는 간접적으로 연소 공정에 영향을 준다. 흡입공기의 온도는 혼합기의 밀도뿐만 아니라 연료의 기화에도 영향을 미친다.

기화기공기온도는 엔진을 시동하기 전과 운전 정지 직후에 특별히 확인되어야 한다.

시동하기 이전의 온도는 기화기 본체의 연료 온도를 가장 잘 나타내며, 초기의 기화 상태와 혼합기의 밀도 조절 여부를 판단하는 온도로 활용된다.

운전 정지 후의 높은 기화기공기온도는 기화기 내에 잔류하고 있는 연료가 팽창하여 높은 내부 압력을 유발할 것을 암시하는 일종의 경고로 인식될 수 있다.

시운전실의 온도센서는 엔진의 공기흡입통로에 장착되지만 실제 항공기에서는 램에어 흡입덕트에 장착

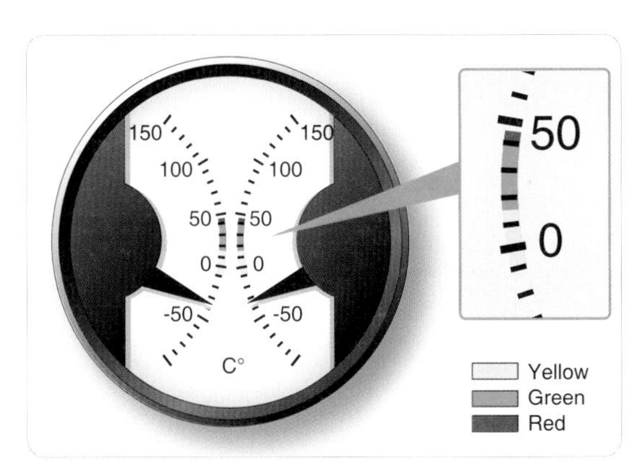

[그림 10-28] 기화기 공기 온도 게이지
(Carburetor air temperature gauge)

된다.

그림 10-28는 섭씨 눈금으로 표시된 기화기공기온도계를 나타낸다. 다발기에 사용되는 많은 계기와 마찬가지로, 기화기공기온도계도 이중계로 구성되어 있다.

−10~+15[℃] 범위를 지시하는 황색 아크는 결빙의 위험 상태를 표시하며 +15~+40[℃] 범위를 지시하는 녹색 아크는 정상 동작 범위를 표시한다.

40[℃]이상의 적색 선은 최대작동온도를 지시하며, 그 이상 온도에서의 엔진 작동은 디토네이션의 위험을 초래할 수 있음을 표시한다.

10.10.3.2 연료압력계(Fuel Pressure Indicator)

시운전실의 연료압력계는 기화기입구, 연료공급밸브의 방출노즐, 그리고 주연료 보급라인에서의 엔진 연료압력을 측정하며 PSI(pound per square inch)로 표시한다. 일부 항공기에서는 엔진의 기화기나 연료분사장치 입구에서 측정하는 경우도 있다. (그림 10-29 참고)

10.10.3.3 오일압력계(Oil Pressure Indicator)

오일 압력은 오일펌프 중 압력펌프의 압력을 감지한다. 그림 10-29에서 20[psi]에 나타난 적색 선은 엔진 작동 중 허용되는 최소오일압력, 50~90[psi] 사이의 녹색 아크는 정상적인 오일 압력 범위, 115[psi]의 적색 선은 최대오일압력을 지시한다.

10.10.3.4 오일온도계 (Oil Temperature Indicator)

시운전실에서 엔진 시험운전 시, 엔진 오일 온도는

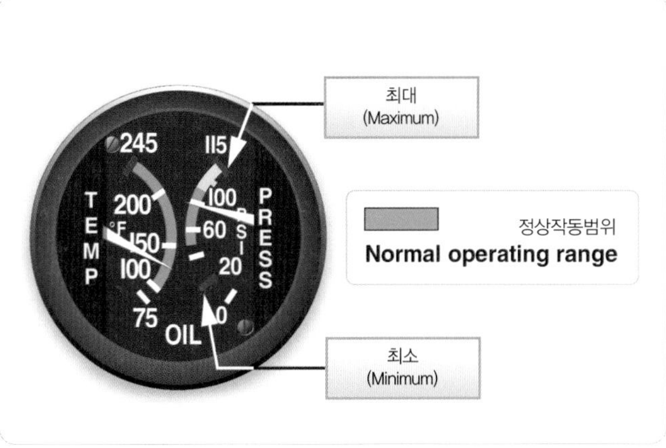

[그림 10-29] 엔진 계기판(Engine instrument clusters)

오일 주 입구와 배출구에서 측정되나, 실제 항공기에서는 엔진에 유입되는 오일관에 연결되어 있다.

이는 대형 왕복엔진의 시동 과정 시 대단히 중요한 요소 중 하나로 꼽힌다.

오일온도계도 다른 계기와 유사하게 마킹되어 있으며 그림 10-29에 소개되어 있다.

10.10.3.5 연료유량계(Fuel Flowmeter)

연료유량계는 엔진으로 유입되는 연료의 양을 측정하며, 측정하는 방법에 따라 왕복기관은 직독식 유량계와 압력식 유량계를 사용하며 가스터빈엔진은 터빈 감지식 유량계를 사용한다.

가스터빈엔진에서 연료량 지시계통은 트랜스미터와 지시계로 구성되어 있으며, 트랜스미터는 엔진 액세서리 섹션에 장착되어 있어 엔진 구동 연료펌프와 연료제어기 사이를 통과하는 연료량을 측정한다. 연료유량은 일반적으로 GPH(gallons per hour)로 지시된다.

10.10.3.6 매니폴드압력계 (Manifold Pressure Indicator)

왕복엔진의 매니폴드압력을 측정하기 위한 바람직한 방법은 압력을 절대압력으로 지시하는 방법이다. 참고로 절대압력은 대기압에 흡입매니폴드의 압력을 더해 나타나는 값이다.

다양한 매니폴드압력계가 사용되며, 그림 10-30에서 대표적인 압력계를 소개한다.

10.10.3.7 회전속도계(Tachometer Indicator)

왕복엔진에서 회전속도계는 엔진 크랭크축의 분당 회전수[RPM]를 나타낸다. TACH라고도 불리는 회전속도계는 100[RPM] 간격으로 눈금이 표시되며 그림 10-31은 눈금판이 0에서 시작하여 35(3,500[RPM])까지 구성되어 있다. 적색 선은 이륙 시에 허용될 수 있는 최대회전수를 지시하는데, 이 값을 초과하면 과속으로 규정된다.

터빈엔진은 일반적으로 고속으로 작동되기 때문에

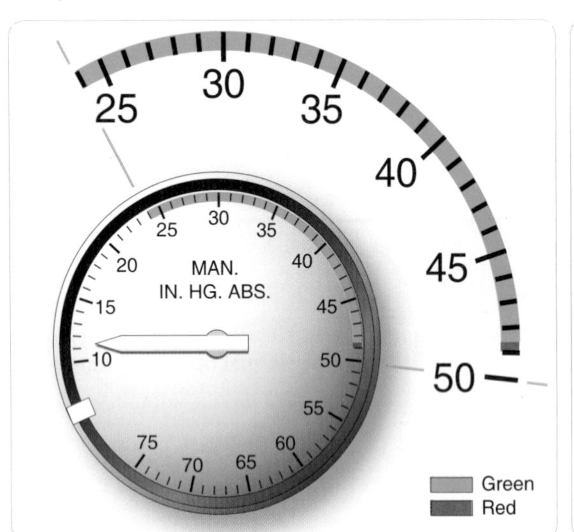

[그림 10-30] 매니폴드 압력 게이지(Manifold pressure Gauge)

[그림 10-31] 회전계(Tachometer)

회전축의 회전수를 % RPM으로 표시한다.

각각의 회전축은 자체 % RPM 계기 및 지시계를 사용한다.

10.10.3.8 실린더헤드온도계(Cylinder Head Temperature Indicator)

실린더헤드온도는 실린더에 부착된 열전쌍에 의해 지시되는 온도로서 엔진의 가장 뜨거운 부분을 지시한다. (그림 10-32참고)

10.10.3.9 토크미터(Torque-meter)

토크미터는 프로펠러축에 의해 유도된 토크의 크기를 지시한다.

프로펠러축의 토크가 변함에 따라 헬리컬기어(helical gear)가 앞뒤로 움직인다.

피스톤에서 작동하는 이 헬리컬기어r)는 생성된 토크에 비례하여 오일 압력을 조절하는 밸브의 위치를 변경하며, 이로 인해 변화된 오일 압력은 트랜듀서에 의해 전기신호로 변환되어 제어실로 발신된다. 토크

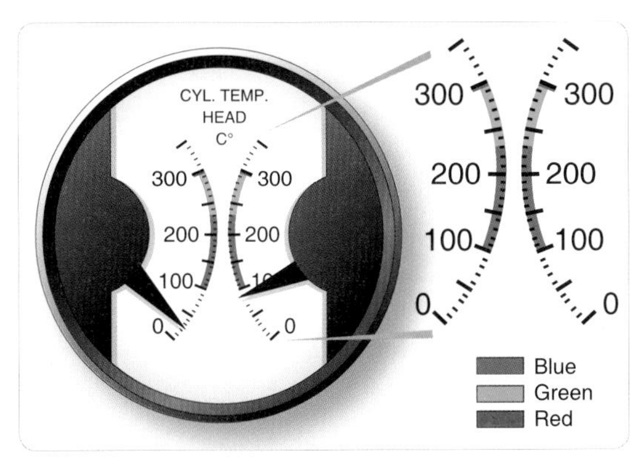

[그림 10-32] 실린더 헤드 온도 게이지 (Cylinder head temperature gauge)

[그림 10-33] 토크미터 판독(Torque-meter readout)

미터는 FT-LB로 지시되며, 대표적인 토크미터가 그림 10-33에서 소개된다.

10.11 왕복엔진 작동(Reciprocating Engine Operation)

파워플랜트는 로드, 케이블, 벨 크랭크, 풀리 등에 의해 엔진에 연결된 콘트롤핸들과 레버를 이용하여 조종석에서 작동된다. 대부분의 경우, 콘트롤핸들은 조종석에 있는 쿼드런트(quadrant)에 설치되어 있고 쿼드런트에는 플래카드와 마킹 등을 부착하여 레버의 기능과 위치를 표시하고 있다.

10.11.1 엔진 계기(Engine Instruments)

엔진 계기라 함은 파워플랜트의 기능을 측정하고 지시하기 위해 요구되는 모든 계기를 포함한다. 엔진 계기는 일반적으로 모두가 한눈에 쉽게 관찰될 수 있도록 계기판에 장착된다.

매니폴드압력, 회전속도, 엔진 온도, 오일 온도, 기화기 공기온도, 그리고 공연비 등은 조종석의 조종장치를 작동하여 제어될 수 있다. 제어장치의 작동과 그에 따른 계기의 지시가 조화롭게 반응해야 엔진을 운용한계 이내로 안전하게 작동할 수 있다.

엔진의 작동은 아래 명시된 엔진 파라미터의 동작범위에 의해 제한된다.

(1) 크랭크축 속도(crankshaft speed, RPM)
(2) 매니폴드압력(manifold pressure)
(3) 실린더헤드 온도(cylinder head temperature)
(4) 기화기공기온도(carburetor air temperature)
(5) 오일 온도(oil temperature)
(6) 오일 압력(oil pressure)
(7) 연료 압력(fuel pressure)
(8) 연료유량(fuel flowmeter)
(9) 혼합기 세팅(fuel/air mixture setting)

10.11.2 엔진 시동(Engine Starting)

엔진 시동 전의 매니폴드압력계는 대기압을 지시해야 하며 모든 엔진 계기는 엔진이 비 작동 상황에 맞는 범위 내에 있는지 확인한다.

엔진 작동에 있어서 시동은 매우 중요한 절차이므로 착오 없이 진행될 수 있도록 엔진 작동에 관련되는 기본적 내용을 숙지하여 엔진을 정확한 절차로 시동한다.

10.11.3 프리오일링(Pre-oiling)

오버홀(overhaul)된 엔진은 유로의 일부에 공기가 차 있을 수 있으며 이는 엔진 시동 전에 반드시 제거되어야 한다.

이것은 점화플러그가 장탈된 상태에서 오일 압력이 지시될 때까지 스타터를 이용하거나, 아니면 손으로 엔진을 크랭킹하여 제거될 수 있으며, 또 다른 방법은 오일이 엔진의 오일출구를 빠져나올 때까지 외부 펌프를 이용하여 오일계통에 적정한 압력의 오일을 주입하는 것이다. 이를 프리오일링이라 한다.

10.11.4 유압폐쇄(Hydraulic Lock)

성형엔진은 운전이 정지된 상태로 몇 분 이상 경과되면 그림 10-34와 같이 오일이나 연료가 아래쪽 실린더의 연소실로 고이거나 또는 아래쪽 흡입관에 축적되어 엔진이 시동될 때 실린더로 흡입될 수 있다. 피스톤이 압축행정의 상사점에 도달함에 따라, 비압축성인 이들 유체는 피스톤의 운동을 정지시킬 수 있는데 이를 유압폐쇄라 한다.

이 상태에서 만약 크랭크축이 계속 회전한다면 해당되는 실린더는 파손되거나 커넥팅로드는 절단될 수도 있다.

이를 방지하기 위해서 아래쪽 실린더의 점화플러그를 장탈한 후 프로펠러를 정상적인 방향으로 회전시키면 피스톤은 유압폐쇄현상을 유발할 수 있는 유체를 밖으로 방출시킨다.

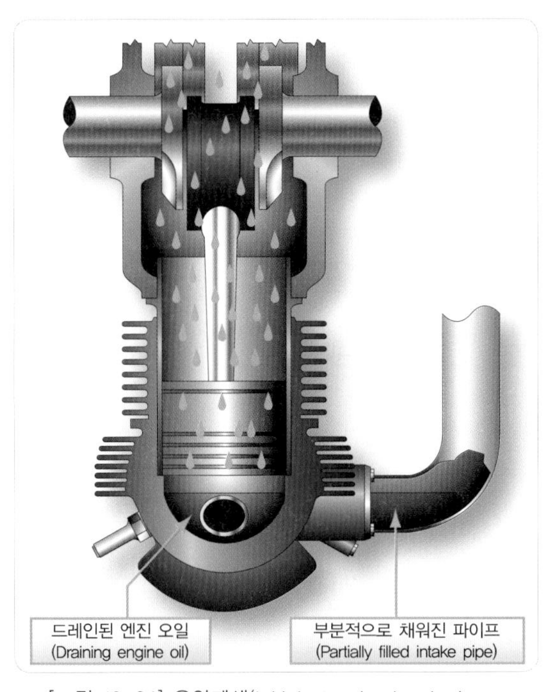

[그림 10-34] 유압폐쇄(Initial step in developing a hydraulic lock)

10.11.5 엔진 웜업(Engine Warm-up)

혼합기 상태, 밸브의 조절 상태, 또는 점화플러그의 상태 등을 포함하여 전반적인 엔진의 상태를 확신할 수 없을 때는 엔진의 안정성을 도모하기 위해 적절한 엔진 웜업이 필요하다.

엔진 웜업은 엔진의 안정적 회전을 확보할 수 있는 속도로 수행해야 하며 경험적으로 볼 때 1,000~1,600[RPM]에서 이루어지는 것이 바람직하다. 웜업 중, 정상적인 엔진 작동의 확인을 위해 관련된 계기를 정밀 주시해야 한다.

예를 들어, 엔진 오일 압력은 시동 후 30초 이내에 상승되어야 하지만 만약 오일 압력이 엔진 시동 후 1분이 지나도록 정상적으로 상승되지 못한다면 안전을 위해 엔진을 정지시켜야 한다. 실린더헤드온도 또는 냉각수온도는 최대허용한도 이내에서 유지되고 있는지를 계속적으로 주시해야 한다.

웜업을 촉진하기 위해 희박혼합기를 사용하지 않는 것이 바람직하지만, 실제로 웜업 회전수에서 엔진에 공급되는 혼합기는 스로틀레버의 위치에 따라 결정되기 때문에 농후혼합기와 희박혼합기의 차이는 크지 않다.

부자식기화기를 갖춘 엔진에 있어서, 결빙을 방지하고 완만한 작동을 유지하기 위해 웜업 시에 기화기 공기온도를 증가시키는 것은 바람직한 것이다.

또한 엔진 웜업 시 마그네토의 안전성 점검을 실시하여 모든 엔진 작동 범위에서 점화계통이 안전하게 작동되는지 여부를 확인하는 마그네토안전점검은 엔진 고출력, 즉 프로펠러 저피치(low fixed-pitch)에서 진행한다.

10.11.6 지상 점검(Ground Check)

지상 점검은 매니폴드압력에 의해 측정되는 파워인풋(power input)과 회전속도 또는 토크에 의해 측정되는 파워아웃풋(power output)을 비교하여 엔진의 성능을 평가하기 위해 수행되는 점검이다.

지상 점검은 엔진이 완전히 웜업된 상태에서 수행해야 하며, 청각, 시각, 계기의 판독, 조종 장치의 움직임, 그리고 스위치의 반응 등을 종합해서 파워플랜트와 액세서리의 작동을 점검하는 것이다. 지상점검 시 엔진의 냉각 및 엔진의 정확한 성능 파악을 위해 항공기는 정풍을 받도록 위치시키는 것이 바람직하며 수행 절차를 요약하면 다음과 같다.

(1) 제어장치 위치 점검
(2) 카울플랩-개방
(3) 혼합기-농후
(4) 프로펠러-고회전
(5) 기화기-냉각
(6) 제작사 매뉴얼에 따라 프로펠러 점검
(7) 엔진 런업 회전속도로 스로틀밸브 개방
(8) 점화계통 작동 점검

점화계통의 작동 점검, 즉 마그네토 점검은 프로펠러의 저피치(low fixed-pitch) 상태에서 수행한다.

마그네토 점검이 수행될 때, 토크미터 압력의 강하는 회전속도의 변동을 의미하며 마그네토의 비정상적인 거친 작동은 플러그의 결함이나 점화계통의 결함에 의해 발생된다.

각각의 싱글 스위치 위치에서 엔진 회전속도와 매니폴드압력이 정상 작동 범위로 작동될 수 있도록 충분한 시간을 갖고 점검해야 한다.

회전속도계가 고착되면 상당히 위험한 상황이 발생될 수도 있으므로 회전속도계가 고착되지 않도록 주의해야 하며 바늘이 자유롭게 움직일 수 있는지 확인하기 위해 가볍게 흔들어 볼 수도 있다.

10.11.7 연료 압력과 오일 압력 점검(Fuel Pressure and Oil Pressure Check)

엔진 작동 중 연료 압력과 오일 압력은 반드시 허용작동 범위 내 즉, 녹색 아크 이내에서 유지되어야 한다.

10.11.8 프로펠러 피치 점검 (Propeller Pitch Check)

피치콘트롤 시스템의 정확한 작동을 확인하기 위해 프로펠러를 점검해야 한다.

가변피치프로펠러의 작동은 프로펠러 조속기가 변화할 때 타코미터와 매니폴드압력계의 지시에 의해 점검된다.

10.11.9 파워 점검(Power Check)

엔진의 성능 점검을 위해 특정한 회전속도와 매니폴드압력의 관계를 매 지상점검(ground check) 시에 확인해야 한다. 이것은 마그네토 점검을 수행하기 위해 엔진을 런-업(run-up)하는 동안에도 수행이 가능하다.

교정시험(calibration tests)은 엔진이 특정한 회전속도와 매니폴드압력에 해당되는 출력의 발생을 판단하는 시험이며, 이는 시운전실(test cell)에서 동력계(dynamometer)를 사용하여 수행한다.

공기밀도가 안정적인 환경에서 프로펠러는 어느 고정된 피치에서라도 항상 똑같은 출력을 엔진으로부터 흡수하기 위해 동일한 회전속도를 필요로 하며, 이러한 특성은 엔진의 상태를 판단하는 방법으로 이용된다.

조속기 제어가 최저피치(full low pitch)인 상태는 엔진이 정적인 상태를 유지하므로 프로펠러는 고정피치 프로펠러처럼 작동된다. 이 상태에서 매니폴드압력은 실린더의 작동 상태를 나타낸다.

점화 시기가 늦거나 점화가 불가능한 실린더가 있으면 매니폴드압력이 비정상적으로 높게 나타나고, 반대로 점화 시기가 빠르면 매니폴드압력이 낮게 지시되며, 빠른 점화는 이륙 출력에서 디토네이션과 저출력의 원인이 될 수 있다.

출력 점검의 정확도는 아래와 같은 변수에 의해 영향을 받는다.

(1) 바람(wind)

프로펠러가 고정피치의 위치에 있을 때, 5[mph]이상의 풍속은 프로펠러깃에 작용하는 공기 부하를 변화시킨다. 정풍(head wind)은 주어진 매니폴드압력으로 얻을 수 있는 회전속도를 증가시키고 배풍(tail wind)은 회전속도를 감소시킨다.

(2) 대기온도(atmospheric temperatures)

대기온도 변동에 따른 효과는 서로 상쇄되는 경향이 있다.

높은 기화기 공기흡입구온도와 실린더온도는 회전속도를 낮추는 경향이 있지만, 온도가 높을수록 밀도가 낮아지기 때문에 프로펠러에 작용하는 부하가 경감되어 회전속도를 증가시키는 효과가 있다.

(3) 엔진과 흡입계통 온도(engine and induction system temperature)

만약 실린더온도와 기화기온도가 대기온도 외에 다른 요소 때문에 높아지면, 프로펠러에 작용하는 부하는 경감되지 않는 상태에서 엔진 출력이 감소되므로 회전속도가 감소된다.

(4) 오일 온도(oil temperature)

냉각된 오일은 높은 점성에 의해 마찰마력의 손실을 증가시키기 때문에 회전속도를 감소시키려는 경향이 있다.

10.11.10 아이들속도 및 아이들혼합기 점검 (Idle Speed and Idle Mixture Checks)

아이들혼합기 세팅이 적절한 상태에서 엔진을 가동하면 이물질의 퇴적이나 배기가스의 발연을 최소화할 수 있으며, 또한 그것은 착륙 후의 활주 동안에 항공기 브레이크를 적게 사용해도 되는 추가적인 이점도 있다.

만약 바람이 너무 강하지 않다면, 아이들 혼합기는 지상 점검 동안 다음과 같이 쉽게 점검될 수 있다.

(1) 스로틀을 차단한다.
(2) 혼합기컨트롤을 아이들 컷오프 위치로 이동시키고 회전속도의 변화를 관찰한다. 엔진 정지 전에 혼합기컨트롤을 농후한 위치로 환원시킨다.

10.11.11 엔진 정지(Engine Stopping)

엔진에 따라 엔진 정지 절차가 다르지만, 역화 가능성을 최소화하고 과열을 방지하며 신속히 정지시킬 수 있는 일반적인 방법은 아래와 같다.

(1) 카울플랩과 도어는 엔진의 과열 방지를 위해 항상 오픈 상태를 유지하고 엔진이 정지된 후에도 잔열을 방출하기 위해 그 상태를 유지한다.
(2) 기화기 공기 히터는 역화에 의해 발생되는 손상을 방지하기 위해 콜드 위치를 유지한다.
(3) 정속프로펠러(Constant speed propeller)는 보통 고피치(high pitch), 즉 저회전속도(decrease rpm) 위치를 유지한다.

추가하여 전기계통, 유압계통 등과 같은 항공기 장비의 여러 가지 항목의 기능을 점검한다.

10.12 엔진 작동 원리(Basic Engine Operating Principles)

10.12.1 연소 공정(Combustion Process)

정상연소(normal combustion)는 연료 · 공기혼합기(fuel/air mixture)가 실린더 내에서 점화되어 연소실의 전역에서 일정한 속도로 고르게 연소될 때 일어난다. 점화가 적당한 시기에 맞추어 발생되면, 최대압력은 피스톤이 압축행정 상사점을 막 지난 후 형성된다.

그림 10-35와 같이, 불꽃 면은 점화플러그에서 시

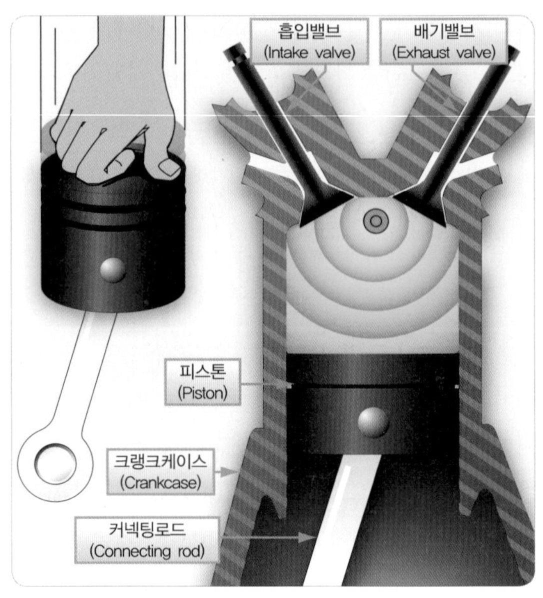

[그림 10-35] 정상연소
(Normal combustion within a cylinder)

작해서 웨이브 형태(wavelike form)로 연소가 진행된다. 불꽃의 진행 속도는 연료의 종류, 공연비, 그리고 혼합기의 압력과 온도 등에 영향을 받지만 보통 정상연소 상태에서 불꽃의 진행 속도는 약 100[ft/sec]이다. 실린더 내의 온도와 압력은 혼합기가 연소됨에 따라 정상비율로 상승한다.

10.12.2 디토네이션(Detonation)

엔진 실린더 내에서 정상적인 연소를 허용 할 수 있는 압축 량 및 온도 상승도에는 제한이 있다. 또한 모든 연료에도 온도와 압축의 한계가 있다. 이 한계를 넘어서면 자연 발화하고 폭발적인 폭력으로 화상을 입습니다. 연료 / 공기 혼합물의보다 즉각적이고 폭발적인 연소가 일어나게 되는데 이러한 현상을 디토네이션(detonation)이라고 한다.

정상연소가 이루어지는 동안, 실린더에서 불꽃 면

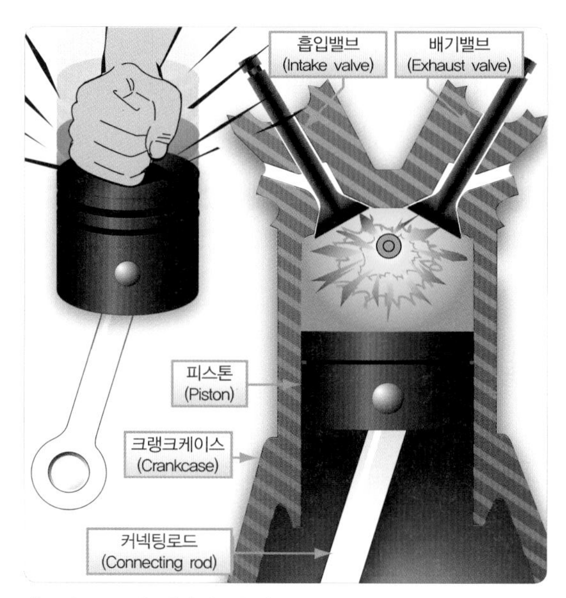

[그림 10-36] 비정상 연소(Detonation within a cylinder)

은 점화 지점으로부터 진행된다. 이들 불꽃 면은 그들의 앞에 있는 혼합기를 압축하게 되고 동시에 혼합기는 피스톤의 압축행정에 의해 압축되어진다. 만약 남아 있는 미연소가스(remaining unburned gase)에 작용하는 전체 압축이 임계점을 초과한다면 디토네이션이 일어나게 되며, 이 경우 발생된 와류와 더불어 빠른 압력 상승 및 높은 온도 상승은 실린더와 피스톤 사이에서 마찰을 유발한다.

디토네이션의 임계점은 혼합기를 구성하는 공기와 연료의 비율에 따라 변하므로 혼합기의 디토네이션 특성은 공연비를 변화시켜 제어할 수 있다.

엔진 고출력에서의 연소 압력과 온도는 저출력에서보다 높기 때문에 디토네이션의 발생 가능성이 크다.

이를 방지하기 위해서 고출력에서는 보다 양호한 연소를 위해 농후(rich)한 혼합기를 공급한다. 만약 디토네이션이 미약하게 발생하면 감지할 수 없는 경우도 많으며, 이런 정도는 엔진 출력에 영향을 주지 않기 때문에 지나칠 수 있다.

그러나 엔진 오버홀(overhaul) 수행 시 디토네이션의 존재는 접시 꼴로 움푹해진 피스톤헤드, 변형된 밸브헤드, 부러진 링랜드, 또는 밸브, 피스톤, 실린더헤드의 침식 등을 통해 확인할 수 있다.

디토네이션 방지를 위한 몇 가지 사항을 정리하면,

고출력에서 나타날 수 있는 디토네이션은 농후혼합기를 자동적으로 공급할 수 있도록 설계된 기화기의 사용이 요구되며, 최대작동온도를 포함하는 엔진의 정격추력을 제한하고 정확한 등급의 연료를 선택해서 사용한다.

디토네이션 방지를 위한 설계상의 고려 사항으로는 실린더 냉각(cylinder cooling), 마그네토 타이밍(magneto timing), 혼합기의 알맞은 분포, 적절한 과급, 그리고 기화기의 정확한 세팅 등을 꼽을 수 있다.

그 외의 디토네이션을 예방하는 방법으로는 회전속도와 매니폴드압력의 허용한계 준수, 과급기와 연료혼합기의 적절한 사용, 적당한 실린더헤드온도와 기화기공기온도의 유지 등 정비사와 조종사의 조치 사항으로 정리할 수 있다.

10.12.3 조기점화(Pre-ignition)

조기점화는 실린더 내에서 불꽃이 정상적으로 점화플러그 터미널을 통해 발생되기 전에 연소가 일어나는 것을 의미한다.

이것은 종종 열점(hot spot)의 원인이 되는 누적된 탄소(carbon) 또는 다른 침전물에 의해서 발생되기도 하고, 고출력에서 과도하게 희박한 혼합기가 공급되는 경우 발생되기도 한다. 이는 조종실에 보통 엔진 파라미터의 불안정, 역화(backfiring), 그리고 실린더헤드온도(cylinder head temperature)의 급격한 상승 등으로 나타난다.

조기점화를 해소하기 위한 가장 효과적인 방법은 스로틀레버를 후진시켜서 실린더온도를 낮추는 것이다. 이것은 실린더 내 연료 공급을 낮춰 결과적으로 열을 낮추는 것이며, 만약 과급기가 사용된다면 매니폴드압력을 최대한 떨어뜨려 실린더온도를 낮춘다. 또한 가능하다면 혼합기를 농후하게 조성하여 연소 온도를 낮춘다.

10.12.4 역화(Backfiring)

모든 산소를 소비하기에 충분한 연료를 함유하지 않는 경우의 연료 · 공기 혼합기(fuel/air mixture)를 희박혼합기(lean mixture)라 하고, 반대로 요구되는 것보다 많은 연료를 함유한 혼합기를 농후혼합기(rich mixture)라 부른다.

극단적으로 희박혼합기는 전혀 연소되지 못하거나 혹은 배기행정의 종료 시점까지도 연소가 완료되지 않을 정도로 매우 늦게 연소된다.

이렇게 늦은 연소는 화염을 실린더 내에서 오래 머물게 하여 흡입밸브가 열릴 때 흡입매니폴드(intake manifold) 또는 흡입계통으로 유입되는 혼합기를 연소시키게 되고 상황이 심하면 화염이 거슬러 올라가는 현상을 역화(backfiring)라 하며, 이는 기화기와 흡입계통의 구성품을 손상시키며 심하면 폭발을 동반하는 경우도 있다.

부정확한 점화 시기나 결함이 있는 점화도선은 흡입밸브가 열릴 때 점화를 발생시켜 역화를 유발할 수도 있다.

이와 같이 역화는 밸브의 잘못된 간극 설정, 연료분사노즐의 결함, 희박혼합기, 또는 점화계통의 결함 등에 의해 발생된다. 저출력에서 희박혼합기가 공급되면 역화 발생의 가능성이 크기 때문에 아이들 출력에서의 공연비를 농후하게 하여 방지할 수 있다.

10.12.5 후화(Afterfiring)

후기연소(afterburning)라고도 불리는, 후화(Afterfiring)는 주로 연료 · 공기혼합기(fuel/air mixture)가 과농후(overly rich mixture)할 때 발생한다.

실린더 내의 지나친 농후혼합기는 연소를 지연시키며, 결과적으로 미연소 연료가 배기가스에 포함되어 배출된다. 배출되는 미연소 연료는 발화된 상태에서 배기구의 바깥쪽 공기와 혼합하여 배기계통에서 연소하게 되며 심한 경우 폭발을 동반한다. 후화는 일반적으로 긴 배기통을 갖는 엔진에서 미연소 혼합기가 많이 배출될 경우 발생된다. 역화의 경우처럼, 후화를 예방하기 위해서는 혼합기의 적절한 조절이 필요하다.

또한 후화는 점화플러그나 연료분사노즐의 결함, 또는 부정확한 밸브 간극 등에 의해 연소되지 않는 실린더에 의해 발생될 수도 있다.

10.13 엔진 작동에 영향을 미치는 요소 (Factors Affecting Engine Operation)

10.13.1 압축(Compression)

출력 손실을 막기 위해 실린더의 모든 열려 있는 곳은 압축행정과 폭발행정에서 닫혀야 하고 완전히 밀봉되어야 한다. 이런 점에서, 최대효율을 얻기 위해 실린더의 정확한 동작을 위한 세 가지 착안 사항은 다음과 같다.

첫 번째, 피스톤링은 최대의 밀봉 효과를 낼 수 있는 좋은 상태를 유지하여 피스톤과 연소실 벽 사이의 누출을 차단해야 한다.

두 번째, 압축 시 흡입밸브와 배기밸브에서 손실이 없도록 견고하게 닫혀야 한다.

세 번째, 엔진이 정상적인 정격회전수로 작동될 때 엔진의 최대효율이 얻어지므로, 밸브의 열리고 닫히는 동작이 정확하게 맞아야 한다.

10.13.2 연료 조절(Fuel Metering)

흡입계통(induction system)은 엔진의 분배 부분 및 연료 계량 부분으로 구성되며 흡입계통의 결함은 엔진 작동에 심각한 영향을 미친다.

최상의 작동을 위해 각각의 실린더에는 적절한 혼합기가 공급되어야 하며, 이는 일반적으로 기화기에 의해 조절되지만, 연료분사엔진에서는 연료분사기 및 연료분사노즐에 의해 계량된다.

그림 10-37에서 공연비에 대한 엔진 출력의 관계를 도시하였다. 혼합기가 희박에서 농후로 변화함에 따라, 엔진의 출력은 그것이 최대에 도달할 때까지 증가한 후 최고점을 초과하면 출력은 혼합기가 더 농후해짐에 따라 감소됨을 설명하고 있다. 이것은 혼합기가 너무 농후하면 완전연소를 하기 어려우며, 또한 최대 엔진출력(maximum engine power)은 기화기에 의해 정해지는 곡선의 한 지점임을 설명하고 있다.

10.13.3 아이들 혼합기(idle mixture)

아이들 혼합기 곡선은 아이들 혼합기 조절에 따른 혼합기의 변화를 보여 준다. (그림 10-38) 아이들 속도에서 혼합기가 가장 농후하지만 아이들 이상에서도 약간 농후한 구간이 있다. 일반적으로 부자식기화기를 구비한 엔진에서 아이들 조절은 저순항 시점까지 혼합기에 영향을 준다. 이것은 부정확한 아이들 혼합기 조절은 아이들 작동을 거칠게 할 뿐만 아니라 순항

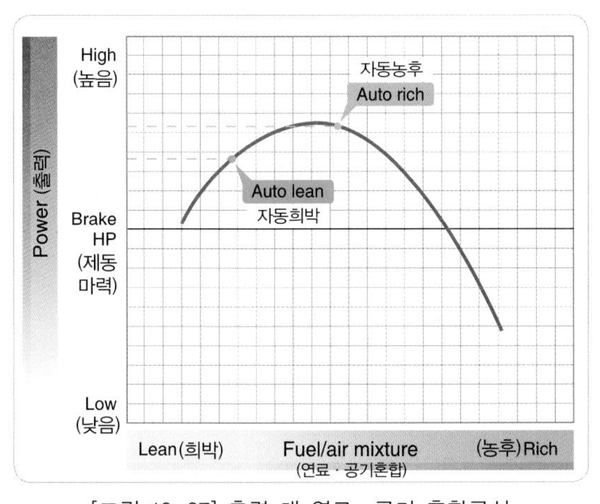

[그림 10-37] 출력 대 연료 · 공기 혼합곡선
(Power versus fuel/air mixture curve)

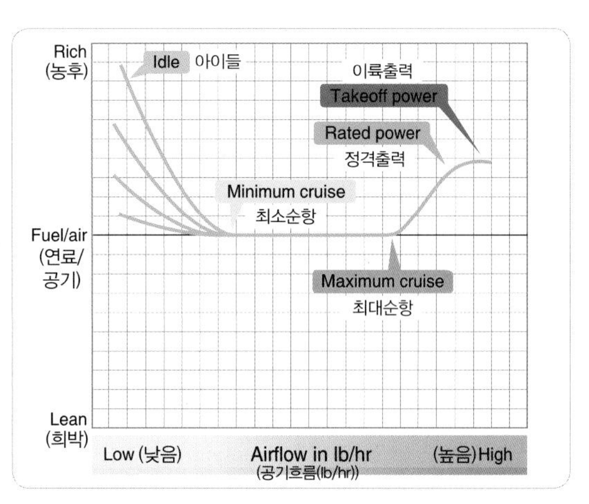

[그림 10-38] 완속 혼합곡선(Idle mixture curve)

성능에도 나쁜 영향을 미칠 수 있음을 의미한다.

엔진 내에서의 연료 분배와 엔진의 냉각능력 차이에 따라 엔진별로 필요한 혼합기의 양은 다르며, 기화기 세팅은 가장 희박한 실린더를 기준으로 충분히 농후한 혼합기가 공급될 수 있도록 해야 한다. 만약 연료 분배가 고르지 않다면 연료 분배가 양호한 경우에 요구되는 혼합기보다 전체적으로 더 농후하게 공급한다.

엔진의 냉각능력은 냉각핀을 포함한 실린더의 설계, 압축비, 개개의 실린더를 가동하는 엔진에 장착되어 있는 액세서리, 그리고 실린더 주위의 공기 흐름을 유도하는 배플의 설계 등에 의해 영향을 받는다. 또한 이륙 출력에서 실린더의 냉각을 위해 농후한 혼합기를 충분히 공급해야 한다.

10.13.4 흡입매니폴드(Induction Manifold)

흡입매니폴드는 공기 또는 혼합기를 실린더에 분배하는 기능을 한다. 연료조절계통의 형식에 따라 흡입매니폴드는 혼합기를 처리할 수도 있고 아니면 공기만을 처리할 수도 있다.

기화기를 갖고 있는 엔진의 흡입매니폴드는 기화기에서 실린더로 혼합기를 분배한다.

연료분사식엔진에서 연료는 각각의 실린더에 있는 분사노즐로 전달되므로 연료와 공기의 혼합은 실린더의 흡입구에서 이루어지기 때문에 연료분사식엔진의 흡입매니폴드는 오직 공기만을 처리한다.

흡입계통에서는 적은 누설이라도 실린더까지 이르는 혼합기에 영향을 미친다. 그중에서 특히 흡입매니폴드의 실린더 끝단에서 누설이 발생하면 그 영향이 크게 작용한다.

매니폴드압력이 대기압 이하일 경우, 외부 공기가 유입되어 혼합기를 희박하게 하며, 희박해진 혼합기는 실린더를 과열시키거나 점화가 고르지 못하게 되거나 심지어 엔진을 정지시킬 수도 있다.

10.13.5 밸브 간극의 영향 (Operational Effect of Valve Clearance)

현재 사용 중인 모든 항공기의 왕복엔진은 밸브 간극의 작동상의 효과를 고려하여 밸브오버랩을 활용하고 있다.

밸브오버랩은 흡입밸브와 배기밸브가 동시에 열려 있는 상황이며, 이것은 유입되는 혼합기와 배출되는 배기가스를 효율적으로 관리하기 위해 운동량을 활용하는 것이다.

그림 10-39는 두 가지 서로 다른 운영 조건에서의 흡입구와 배기구 압력을 보여 준다.

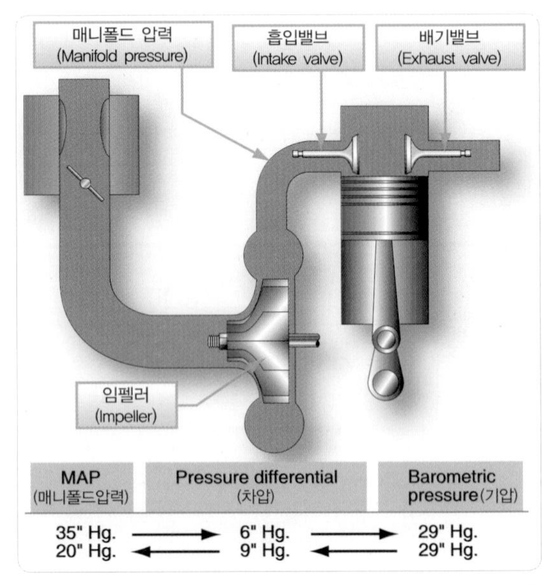

[그림 10-39] 밸브오버랩의 영향(Effect of valve overlap)

첫 번째 경우는 엔진이 35[inHg]의 매니폴드압력에서 동작하고 있다. 기압, 즉 배기배압은 29[inHg]이므로 6[inHg]의 압력차가 화살표 방향으로 작용된다. 밸브오버랩의 순간의 이 압력 차이는 연소실 내 혼합기를 열린 배기밸브로 밀어내고 이 혼합기의 흐름에 의해 실린더에 남아 있는 배기가스를 완전히 배기시킬 수 있게 된다.

그런 후에 후속 흡입행정에서 실린더 내부는 완전히 새로운 혼합기에 의해 채워지게 되는데 이것이 밸브오버랩에 의한 출력 증가를 도모하는 대략적인 상황에 대한 설명이다.

매니폴드압력이 대기압보다 낮을 때, 예를 들어 20[inHg]일 때, 반대 방향으로 9[inHg]의 압력차가 발생되며 이 압력 차이는 밸브오버랩 동안 공기 또는 배기가스를 배기밸브를 통해 실린더 안으로 끌어들이게 한다.

콜렉터 링을 구비한 엔진의 저출력 상황에서 배기구를 통해 연소된 배기가스가 유입되면 이 가스가 실린더 안으로 유입된 후 뒤이어 유입되는 혼합기와 섞이게 된다. 그러나 이 배기가스는 산소를 함유하지 않은 불활성이기 때문에 공연비에는 크게 영향을 주지 못한다.

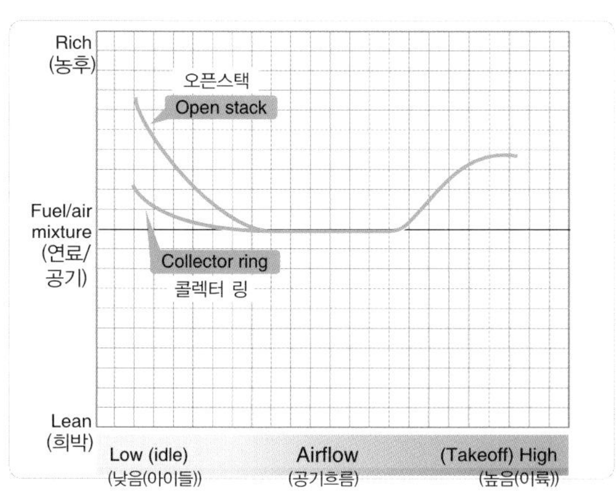

[그림 10-40] 오프닝 스택 및 컬렉터 링 설치를 위한 연료 · 공기 혼합 곡선(Fuel/air mixture curve for opening-stack and collector-ring installations)

그러나 열린 배기통을 구비한 엔진은 상황이 완전히 다르다. 이 열린 배기통을 역류해서 산소를 함유한 신선한 공기가 실린더 안으로 유입되기 때문에 혼합기가 희박해지게 된다. 그러므로 이 경우는 혼합기가 희박해지는 것을 감안하여 최대로 농후한 아이들 혼합기가 유입될 수 있도록 기화기는 조절되어야 한다.

밸브오버랩으로 인한 혼합기에 미치는 효과는 아이들 혼합기를 고려할 때 명확하다. 그림 10-40과 같이, 성형엔진의 콜렉트 링 대신에 열린 배기통이 동일한 엔진에 사용될 경우 혼합기는 20~30[%] 농후해야 한다.

엔진제작사, 항공기제작사, 그리고 장비제작사는 엔진이 만족한 성능을 발휘할 수 있도록 파워플랜트를 설계한다.

캠은 최상의 밸브 작동과 정확한 밸브오버랩을 유도할 수 있도록 설계되었지만 밸브 간극이 설계 값을 유지할 경우에 한해서 밸브는 정확하게 작동된다.

만약 밸브 간극이 처음부터 잘못 설정되었거나 엔진 작동 중 간극이 변경된다면, 밸브오버랩 기간이 제작사의 의도보다 더 길거나 더 짧아질 수 있다.

밸브 간극이 너무 크면 밸브는 늦게 열리거나 필요한 만큼 충분히 열리지 못하여 밸브오버랩을 감소시킨다. 아이들 속도에서, 밸브오버랩이 짧아지면 정상보다 적은 공기가 실린더 안으로 유입되기 때문에 혼합기를 농후하게 만들 수 있다. 이처럼 밸브 간극은 혼합기에 영향을 미친다.

밸브 간극이 작으면 반대로 밸브오버랩이 증가되어 아이들 속도에서 정상보다 많은 양의 공기가 실린더 안으로 유입되어 실린더의 아이들 혼합기는 희박해진다. 밸브오버랩 기간에 유입될 수 있는 공기나 배기가스의 양에 따라 혼합기의 농도가 변화되므로 이런 기본적인 내용을 고려하여 기화기를 조절해야 한다.

실린더로 유입되는 혼합기나 실린더를 빠져나가는 배기가스의 변화는 실린더의 용적 효율에 영향을 주기 때문에 밸브 간극 또한 용적 효율에 영향을 준다고 할 수 있다. 유압밸브 리프터를 사용하면 밸브 간극을 자동적으로 조절하기 때문에 엔진 작동이 크게 개선되며 이 경우 밸브 간극을 위한 정비가 거의 필요 없다.

10.14 엔진 고장탐구 (Engine Troubleshooting)

고장탐구는 엔진의 기능 불량을 나타내는 증상에 대한 체계적인 분석으로서 대부분의 문제점은 엔진계통에 대한 지식과 논리적인 추리를 적용하여 해결한다.

표 10-1은 왕복엔진에서 발생 가능한 대표적인 결함 내용과 발생 사유, 그리고 이에 따른 조치 사항 등을 소개하고 있다.

만약 결함이 존재한다면, 다음의 계통을 고장탐구해서 결함을 발견하고 수정할 수 있다.

(1) 점화계통
(2) 연료조절계통
(3) 흡입계통
(4) 출력 부분(파워섹션, 밸브, 실린더 등)
(5) 계기장치

만약 문제에 대해 논리적으로 접근하고 계기의 지시 사항을 적절하게 이용한다면, 가능성의 범위를 좁혀 가며 결함을 찾아내고 해결할 수 있다.

어떤 특정한 문제점에 관하여 정보가 많을수록, 수리를 더욱 신속하게 진행할 수 있을 것이다. 결함의 위치를 보다 신속하고 정확하게 찾아내기 위한 정보로 다음의 착안 사항이 유용하게 활용될 수 있다.

(1) 활용 가능한 실마리는 없는지 확인한다. 어떤 상황으로 엔진이 작동되었는지 확인한다.
(2) 엔진과 점화플러그의 사용시간은 얼마인지 확인한다. 마지막으로 검사를 수행한 이래 얼마나 경과되었는지 확인한다.
(3) 점화계통 작동 점검과 출력 점검은 정상이었는지 확인한다.
(4) 결함이 언제 처음 나타났는지 확인한다.
(5) 역화 또는 후화를 동반했는지 확인한다.
(6) 최대출력의 성능은 정상이었는지 확인한다.

다른 관점에서, 실제로 파워플랜트는 공동의 크랭크축을 회전시키는 작은 여러 개의 엔진이며 연료 계량과 점화라는 두 가지의 중요한 기능에 의해 동작되고 있다.

역화, 저출력, 또는 다른 결함들이 나타나면 먼저 연료계량 또는 점화 중 어느 계통과 관련되는지를 알아보고, 그다음에 전체 엔진의 문제인지, 또는 오직 하나의 실린더에서 문제가 있는지를 판단한다.

예를 들어, 역화는 다음에 의해 발생된다.

(1) 하나 또는 그 이상의 실린더의 밸브가 열려 있거나 열린 상태로 고착된 경우

[표 10-1] 대향형엔진 고장탐구(Troubleshooting opposed engines)

결함 현상	예상 원인	필요 조치 사항
시동실패	· 연료 부족	· 연료 계통에서 연료 탱크 누출 여부 점검 · 연료라인, 스트레이너 또는 밸브 청결유지.
	· 언더프라이밍	· 프라이밍 절차 준수
	· 오버프라이밍	· 스로틀을 열고 프로펠러를 돌려 엔진을 "언로드" 함
	· 부정확한 스로틀 설정	· 스로틀을 그 범위의 10분의 1까지 개방
	· 점화플러그 결함	· 스파크 플러그 세척 후 재장착 또는 교환
	· 점화도선 결함	· 결함이 있는 와이어를 테스트한 후 교환
	· 배터리 결함 또는 약함	· 충전된 배터리로 교환
	· 마그네토 또는 브레이커 포인트의 오작동	· 마그네토의 내부 타이밍 점검
	· 기화기내부의 수분	· 기화기 및 연료 라인의 수분 배출
	· 내부 결함	· 오일 섬프 스트레이너에서 금속 입자 검출여부 점검.
	· 자화 임펄스 커플링(설치된 경우)	· 임펄스 커플링의 비 자화
	· 스파크 플러그 전극 동결	· 스파크 플러그 교환 또는 건조
	· 아이들 차단에서의 혼합기 제어	· 혼합기 제어 오픈(Open)
정상적인 아이들 도달 실패	· 부정확한 기화기 아이들 속도 조정	· 스로틀 스톱을 조정하여 정확한아이들 확보
	· 부정확한 아이들 혼합기	· 혼합기 조절(엔진 제작사 절차 준수)
	· 흡입계통 누설	· 흡입계통의 모든 연결부를 조이고, 결함이 있는 부품은 교환
	· 낮은 실린더 압축	· 실린더 압축 점검
	· 결함 있는 점화 시스템	· 전체 점화 시스템 점검
	· 프라이머 오픈 또는 누설	· 프라이머 잠금 또는 수리
	· 고도에 대한 부적절한 점화 스파크 플러그 설정	· 점화플러그 간극 점검
	· 불결한 공기 필터	· 청소 또는 교체.
저출력 및 엔진 작동 불일치	· 과농후로 인한 느린 엔진 작동, 배기가스 불꽃 및 검은 연기 배출	· 프라이머 점검 기화기 혼합기 재조정
	· 과희박으로 인한 과열 또는 역화 현상 유발	· 연료 라인의 먼지 또는 다른 제한 여부 점검 및 연료 공급 점검
	· 흡입계통 누설	· 모든 연결부를 조이고, 결함 부품 교환
	· 점화플러그 결함	· 점화플러그 세척 또는 교환
	· 부적절한 등급의 연료사용	· 탱크에 권장 등급의 연료 공급
	· 마그네토 브레이크 포인트 작동 불능	· 청결상태 확인 및 마그네토 내부 타이밍 점검
	· 점화도선 불량	· 결함이 있는 와이어를 테스트 후 교환
	· 점화플러그 단자 커넥터 결함	· 점화플러그 와이어의 커넥터 교환
	· 부정확한 밸브 간극	· 밸브 간극 조절 · 점검 및 교체 또는 수리
	· 배기계통의 제한	· 제한 원인 해소
	· 부적절한 점화시기	· 마그네토의 타이밍 및 동기화 확인

결함 현상	예상 원인	필요 조치 사항
엔진 최대출력 진입실패	· 스로틀 레버가 조정되지 않음	· 스로틀 레버 조정
	· 흡입계통 누설	· 모든 연결부를 조이고 결함이 있는 부품은 교환
	· 기화기 에어 스쿠프의 제한	· 에어 스쿠프를 검사하고 제한된 원인 해소
	· 부적절한 연료	· 탱크에 권장된 연료 보급
	· 프로펠러 가버너가 조정에서 벗어남	· 가버너 조정
	· 점화 불량	· 모든 연결부를 조이고 계통점검 및 점화시기 점검
거친 엔진 구동	· 엔진 마운트 균열	· 엔진 마운트 수리 또는 교환
	· 프로펠러의 불균형	· 프로펠러 장탈 후 균형점검
	· 장착 부싱 결함	· 마운팅 부싱 교환
	· 점화 플러그의 납 침전물	· 플러그 청소 또는 교환
	· 프라이머의 잠금 해제	· 프라이머 잠금
낮은 오일 압력	· 불충분한 오일	· 오일 공급량 점검
	· 불결한 오일 스트레이너	· 오일 스트레이너 장탈 후 청소
	· 압력계 결함	· 게이지 교환
	· 릴리프 밸브 내에 생성된 에어로크 또는 이물질	· 오일 압력 릴리프 밸브 장탈 후 청소
	· 흡입관 또는 압력관에서의 누설	· 액세서리 하우징 크랭크 케이스 사이의 개스킷 점검
	· 높은 오일 온도	· 문제가 있는 컬럼의 "높은 오일 온도" 참조
	· 오일 펌프 흡입 통로의 고착	· 라인에서 방해물이 있는지 점검 · 흡입 스트레이너 청소
	· 마모 또는 스코어링 된 베어링	· 엔진 오버홀
높은 오일 온도	· 공기 냉각 부족	· 공기 흡입구 및 배기구의 변형 또는 막힘상태 점검
	· 불충분한 오일 공급	· 오일 탱크 내에 적절한 수준의 오일 보급
	· 오일 라인 또는 스트레이너의 막힘	· 오일 라인 또는 스트레이너 장탈 후 청소
	· 베어링 결함	· 섬프에 금속 입자가 있는지 검사하고, 발견된 경우에 엔진 오버홀 시행
	· 서모스탯 결함	· 서모스탯 교환
	· 온도게이지 결함	· 일반적으로 링이 약하거나 링이 고착되어 발생
	· 과도한 블로바이	· 엔진 오버홀
과도한 오일 소비	· 베어링 결함	· 섬프에 금속 입자가 있는지 검사하고, 발견된 경우에 엔진 오버홀 시행
	· 마모되거나 파손된 피스톤 링	· 피스톤 링 교환
	· 피스톤 링의 부적절한 장착	· 피스톤 링 교환
	· 외부 오일 누설	· 개스킷 또는 O- 링에서의 오일 누설 여부 점검
	· 엔진 연료 펌프 벤트를 통한 누설	· 연료 펌프 실(seal) 교환
	· 엔진 브리더 또는 진공 펌프 브리더	· 엔진을 점검하고, 진공 펌프의 오버홀 또는 교환

(2) 희박혼합기
(3) 흡입관의 누설
(4) 밸브 조절의 실패

역화에 대한 점화계통의 원인으로 배전기블록의 균열 또는 점화도선 사이에서 발생되는 고전압 누전을 꼽을 수 있다.

이들 조건은 흡입행정 시에 실린더 내의 혼합기를 점화시킨다.

만약 연료계통, 점화계통, 그리고 흡입계통이 적절히 역할을 다 하고 엔진의 기본적인 출력 부분에서 어떤 결함이 없다면 충분한 제동마력을 출력할 수 있다.

10.15 실린더 압축시험 (Cylinder Compression Tests)

실린더 압축시험은 밸브, 피스톤링, 그리고 피스톤이 연소실을 적절하게 밀봉하고 있는지를 판정하여 실린더의 교체 필요성 여부를 판정하는 시험이다. 만약 압력누설이 과도하면, 실린더는 설계된 최대출력을 생산할 수 없다. 결함이 있는 실린더를 발견하고 교체하면 실린더 파손의 이유로 엔진 전체의 교환을 방지할 수 있기 때문에 실린더 압축시험은 주기적으로 수행되어야 한다.

엔진 압축에 영향을 주는 사항은 다음과 같다.

(1) 부정확한 밸브 간극
(2) 마모, 또는 손상된 피스톤
(3) 피스톤링과 실린더 벽의 과도한 마모
(4) 타거나 또는 뒤틀린 밸브
(5) 밸브 면과 시트 사이의 탄소입자의 퇴적
(6) 빠르거나 느린 밸브 개폐 시기

실린더 압축시험은 피스톤링, 실린더 벽, 그리고 다른 부품들이 윤활유가 묻어 있는 상태에서 수행해야 하므로, 엔진이 운전을 정지한 후 가능한 한 즉시 실시하는 것이 바람직하다.

그렇지만 엔진이 조립되었거나 또는 개별 실린더를 교체한 후에 실린더 압축시험을 수행하기 위해 엔진을 별도로 작동시킬 필요는 없으며 이와 같은 경우, 시험 전에 실린더 안으로 소량의 윤활유를 뿌리고 실린더배럴에 있는 피스톤과 링을 밀봉하기 위해 엔진을 수동으로 몇 번 회전시킨다.

엔진의 우발적인 점화를 방지하기 위해 점화스위치는 OFF 위치에 있어야 하며, 필요한 카울링 및 각각의 실린더로부터 점화플러그를 장탈한다.

점화플러그를 장탈할 때, 실린더번호를 마킹하여 점화플러그에 대한 검사 결과를 실린더 내의 문제점을 파악하는 데 활용할 수 있도록 한다. 시험하기 전에 엔진의 정비기록문서를 검토한다. 과거 실린더 압축시험의 기록은 진행되고 있는 마모 상황을 분석하고 필요한 조치를 수립하는 데 도움이 된다.

10.15.1 차압시험기 (Differential Pressure Tester)

차압시험기는 실린더를 통한 누설을 측정하여 항공기 엔진의 압축능력을 점검한다.

이 시험기의 원리는 고정된 오리피스를 통하여 주입시킨 공기가 일정 시간 경과 후에 나타나는 압력강하를 측정하는 것이며 실제 개별 실린더의 밸브 누설

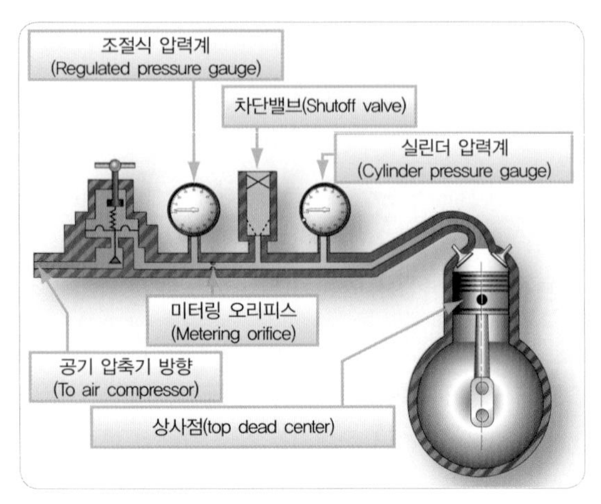

[그림 10-41] 차압시험 다이어그램
(Differential compression tester diagrams)

을 점검한다.

그림 10-41과 같이 피스톤을 압축행정 상사점에 위치시킨 상태에서 일정 압력의 공기를 실린더에 공급하면, 밸브 또는 피스톤링의 상태에 따라 공기의 누설이 차압시험기의 압력강하로 나타날 수 있다.

차압시험 절차를 간략하게 정리하면 아래와 같다.

(1) 윤활유가 묻어 있는 상태에서 시험을 수행하기 위해서는 엔진의 운전 정지 후 가능한 한 즉시

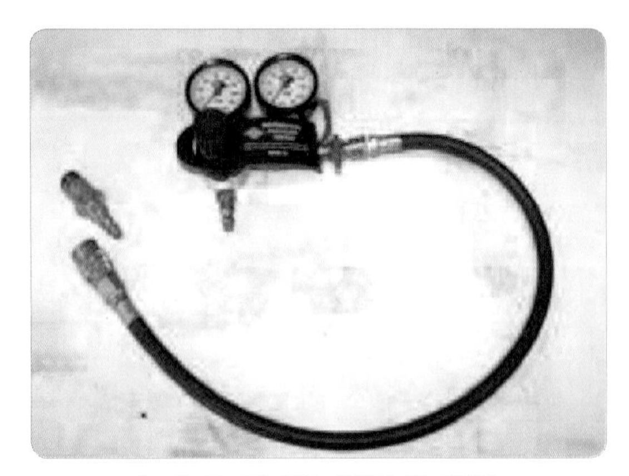

[그림 10-42] 압축 시험기 및 어댑터
(Compression tester and adapter)

실시한다.

(2) 실린더로부터 가장 접근하기 쉬운 점화플러그를 장탈하고, 그리고 점화플러그 인서트(insert)에 점화플러그 어댑터를 장착한다.

(3) 압축시험기에 100~150[psi]의 압축공기를 연결한다. 차단밸브가 닫힌 상태에서, 조절기를 이용하여 조절식 압력계(regulated pressure gauge)가 80[psi]를 지시하도록 한다. (그림 10-42)

(4) 점화플러그 어댑터에 공기 호스 피팅을 장착한 후 차단밸브를 천천히 연다. 흡입밸브와 배기밸브가 닫혔을 경우 실린더의 압력은 자동적으로 15~20[psi]의 압력을 유지한다.

(5) 시험되고 있는 실린더의 압력이 15[psi]를 지시할 때까지 엔진 회전방향으로 엔진을 손으로 회전시킨다.

피스톤이 상사점에 도달할 때까지 천천히 프로펠러를 엔진의 회전방향으로 돌린다.

만약 엔진이 상사점을 지나 회전된다면, 15~20[psi]의 압력은 프로펠러를 회전방향으로 돌게 하려는 힘으로 작용할 것이다.

이 순간을 감지하면 프로펠러의 회전을 멈추고 프로펠러를 반대 방향으로 날개깃 하나의 회전거리만큼 회전시킨다. 이 절차는 밸브작동장치의 백래쉬 효과를 제거하고 링랜드 하단에 장착된 피스톤링을 보호하기 위한 것이다.

(6) 압축시험기의 차단밸브를 닫고 조절식 압력계를 통하여 실린더로 흐르는 공기압이 80[psi]를 지시하는지 재점검하여 압력이 80[psi]를 벗어났다면, 조절기를 조절하여 80[psi]에 맞춘다.

(7) 압력이 80[psi]로 조절된 상태에서, 만약 실린더

압력계(cylinder pressure gauge)에 지시된 압력이 매뉴얼에 명시된 최소허용한도 이하를 지시한다면, 홈에 피스톤링을 안착하도록 엔진 회전 방향으로 프로펠러를 움직인다. 지금까지 요약한 절차를 모든 실린더에 대해 적용하고 지시치를 기록한다.

만약 어떤 실린더에서 저압축이 지시된다면, 엔진을 재시동하여 이륙 출력까지 작동 후 해당 실린더를 재점검한다.

그래도 저압축이 수정되지 않는다면, 로커박스커버를 장탈하여 밸브 간극을 점검한다. 만약 저압축이 부적합한 밸브 간극에 의해 발생된 것이 아니라면, 밸브와 밸브시트 사이에 박혀 있을 수 있는 이물질을 제거하기 위해 1~2[lbs] 무게의 망치를 이용하여 로커암을 가볍게 두드린다.

압축을 재점검하여 결과에 따라 실린더를 계속 사용하거나 교환해야 하며, 교환 후 실린더번호와 압축 점검표에 새로 장착된 실린더의 압축 값을 기록한다.

10.15.2 실린더 교환(Cylinder Replacement)

왕복엔진의 실린더는 정상적인 작동 환경에서 정상적인 정비프로그램에 의해 운용되면, 일부 마모가 발생하더라도 정해진 그들의 오버홀(overhaul)주기(TBO)까지는 사용될 수 있도록 설계되어 있다. 그러나 자재 결함이나 조작 실수는 실린더 수명에 심각한 영향을 미칠 수 있다.

엔진 조기장탈의 또 다른 원인으로 부적절한 정비를 꼽을 수 있으므로 정확한 정비 절차를 적용할 수 있도록 세심한 주의를 기울여야 한다.

실린더 교환 원인을 정리하면 다음과 같다.

(1) 저 압축
(2) 과다 오일 소모량
(3) 과도한 밸브유도장치 간극
(4) 흡입관 플랜지의 결함
(5) 점화플러그 인서트의 결함
(6) 균열(crack)과 같은 외부 손상

실린더를 교환하는 경우 항상 피스톤, 피스톤 링, 밸브, 그리고 밸브스프링을 포함하는 완전한 어셈블리로 교환하며, 밸브스프링, 로커암, 그리고 로커박스커버 등은 개별적으로도 교환이 가능하다.

10.16 실린더 장탈(Cylinder Removal)

실린더 장탈 시 청결하고 정돈된 장소에서 수행하며, 엔진 내부로 너트, 와셔, 공구, 혹은 다른 물건들이 들어갈 수 없도록 모든 개구부는 안전하게 막아야 한다.

모든 관련되는 카울링을 장탈 후 흡입관과 배기관을 장탈한다.

점화플러그를 느슨하게 푼 상태에서 점화플러그 도선 클램프를 장탈한다. 점화플러그는 실린더를 제거할 준비가 완료된 후 장탈한다. 로커박스커버를 장탈하고 로커암과 푸쉬로드를 장탈한다. 장착 시를 대비해서 장탈되는 부품에 표식 또는 기호를 마킹한다.

푸쉬로드를 장탈하기 전에, 흡입로커암과 배기로커암 양쪽에 작용하는 압력을 경감시키기 위해 크랭크축을 돌려 피스톤을 압축행정 상사점에 위치시킨다.

다음 단계는 안전결선을 절단하거나 또는 코터핀을 제거하고, 그리고 실린더 부착용 캡스크루 또는 너트에서 잠금장치를 떼어내는 것이다.

서로 180[°]에 위치하고 있는 2개만 남겨 두고 모든 스크루 또는 너트를 장탈한다. 마지막으로, 실린더를 적절하게 지탱하면서, 남아 있는 스크루 또는 너트 2개를 장탈하고 천천히 실린더를 크랭크케이스로부터 분리시킨다.

실린더스커트를 크랭크케이스로부터 천천히 빼면서 피스톤이 스커트로부터 불쑥 나오기 전에, 엔진 부품이나 부서진 조각이 크랭크케이스 속으로 떨어지는 것을 막기 위해 적당한 받침대를 준비한다. 그런 후에 피스톤을 제거하고 받침대를 제거한다.

실린더 마운팅패드에 받침기둥을 놓고 2개의 캡스크루 또는 너트를 이용하여 그것을 고정시킨다.

그다음 커넥팅로드에서 피스톤과 링어셈블리를 떼어 놓는다.

실린더와 피스톤을 장탈 후, 로드와 크랭크케이스에 손상이 발생되지 않도록 커넥팅로드를 안전하게 지지한다.

와이어 브러시를 사용하여, 스터드 또는 캡스크루를 깨끗하게 세척하고 균열(crack)이나 나사산의 손상 등 기타 결함을 검사한다.

10.17 실린더 장착(Cylinder Installation)

실린더와 피스톤어셈블리에 묻어 있는 모든 프리저베이션 오일(preservative oil)을 솔벤트로 세척하고 압축공기를 이용하여 건조시킨다.

커넥팅로드에 피스톤과 링어셈블리(ring assembly)를 장착하고 피스톤 면(piston face)을 올바른 방향으로 향하게 한다.

피스톤헤드 바닥에 날인된 피스톤번호는 엔진의 정면 쪽을 향하게 한다.

피스톤핀에 윤활유를 바른 후 피스톤핀을 제 위치에 밀어 넣어 고정시킨다.

피스톤어셈블리의 모든 외부 면, 피스톤, 피스톤링 주위, 그리고 링과 홈 사이의 공간 등에 윤활유를 충분히 바른다.

피스톤에 링갭이 서로 엇갈리게, 그리고 올바른 홈에 장착되어 있는지 확인하고, 오일 링과 압축 링이 바르게 장착되어 있는지 확인한다.

실린더를 장착하기 전에 육안점검, 구조점검, 그리고 치수점검을 수행하고 실린더배럴 안쪽에 윤활유를 충분하게 바른다.

링 압축기를 사용하여 링을 피스톤의 직경과 같게 압축한다.

피스톤을 상사점에 위치시킨 상태에서 피스톤을 위아래로 움직여 모든 피스톤링을 실린더내경에 안착시킨 후 링 압축기와 커넥팅로드 가이드를 장탈한다.

그다음 실린더를 마운팅패드에 끼워 넣고 실린더를 지탱하면서 180[°] 떨어진 2개의 캡스크루 또는 스터드너트를 장착 후 나머지 너트를 장착한다.

푸시로드, 푸시로드하우징, 로커암, 배럴디플렉터, 흡입관, 점화도선 클램프와 브라켓, 연료 분사관 클램프와 연료분사노즐, 배기통, 실린더헤드 디플렉터, 그리고 점화플러그 등을 다시 장착한다. 푸시로드는 그 본래의 장소에 장착되어야 하며 뒤집어 장착되지 않도록 주의한다.

푸시로드와 로커암을 장착 후, 밸브 간극을 맞춘다. 로커박스커버를 장착하기 전에 로커암 베어링과 밸브스템에 윤활유를 바른다.

가스켓과 로커박스커버를 장착 후 명시된 토크치로 안전하게 조이고 필요한 안전결선과 코터핀을 장착한다.

11

경량항공기 엔진

Light-sport Aircraft Engines

11 경량항공기 엔진

Light-sport Aircraft Engines

11.1 엔진 일반 (Engine General Requirements)

경량항공기 및 일부 실험용(experimental) 항공기, 초경량(ultra-light) 항공기, 동력패러슈트(powered parachute)와 같은 형식의 항공기에 사용되는 엔진은 생산동력에 비해 매우 가벼워야 한다. 항공기 중량 이상의 양력을 제공하기 위해 각 항공기는 충분한 전진속도(forward speed)를 내기 위한 추력이 요구된다.

11.2 대향형 경량항공기 및 인증된 엔진 (Opposed Light-sport and Certified Engines)

많은 인증된 엔진은 경량항공기와 실험용 항공기에 사용되고 있다. 일반적으로 동력장치의 형식을 고려할 때 비용은 큰 요소로 작용한다. 인증된 엔진은 인증되지 못하고 미국재료시험협회(ASTM)의 승인을 받지 못한 엔진보다 훨씬 더 비싼 경향이 있다.

11.2.1 로텍스(Rotax) 경량항공기 엔진

그림 11-1은 전형적인 4기통, 4행정 로텍스 수평대향형엔진을 보여 주고 있다. 대향형엔진은 중앙에 크랭크축의 좌우에 2열(bank)의 실린더가 배치되어 있다. 양쪽 실린더 열의 피스톤은 단일 크랭크축에 연결되어 있다. 엔진 실린더헤드는 액랭식과 공랭식이 있는데, 공기냉각은 주로 실린더에 사용된다. 대향형 엔진은 마력 당 중량비(weight ratio)가 낮고, 좁은 윤곽은 쌍발 항공기 날개에 수평으로 장착하기에 이상적이고 낮은 진동(low-vibration)의 특성을 가진다. 로텍스 912/914 엔진은 로텍스(Rotax) 582와 같은 무게이므로, 현존하는 경량항공기의 다수의 동력으로 사용하는 2행정 2실린더 로텍스 582 엔진의 이상적인 대체품이다. 이들 엔진은 미연방항공청(FAA)에 의해 승인된 일부 형식의 엔진과 함께 미국재료시험협회(ASTM, american society for testing materials)에서 경량항공기(Light-sport Aircraft) 범주의 항공기에 장착되도록 승인되었다.

[그림 11-1] 4기통 4행정 수평대향형엔진 (horizontally opposed engine)

11.2.1.1 냉각계통(Cooling System)

그림 11-2와 같이, 로텍스(Rotax) 914는 실린더헤드에 액랭식으로 실린더에는 램에어냉각(ram-air cooling)방식으로 설계되어 있다. 실린더헤드의 냉각계통은 팽창탱크를 갖춘 밀폐회로(closed circuit)를 이루고 있다.(그림 11-3) 냉각수 흐름은 캠축으로 구동하는 물 펌프에 의해 방열기로부터 실린더헤드로 공급한다. 실린더헤드의 꼭대기에서, 냉각제는 팽창탱크(1)로 흐른다. 방열기(2)의 기본 위치는 엔진 아래쪽이기 때문에, 팽창탱크는 냉각수의 팽창을 감당하도록 엔진의 윗부분에 위치한다. 팽창탱크는 초과압력밸브(excess pressure valve)와 귀환밸브(return valve)에 가압뚜껑(pressure cap)(3)으로 닫혀 있다. 냉각제의 온도가 상승하면, 초과압력밸브(excess pressure valve)는 열리고 냉각제는 대기압(atmospheric pressure)에서 호스를 경유하여 투명한 용기(4)로 흐른다. 냉각이 되었을 때, 냉각제는 다시 냉각회로(cooling circuit)로 흡수된다. 냉각

[그림 11-3] Water-cooled heads

제 온도는 2번과 3번 실린더헤드에 설치된 온도탐침(temperature probe)에 의하여 측정되며 장착된 실린더헤드의 가장 뜨거운 지점의 측정값을 읽는다.(그림 11-2)

11.2.1.2 연료계통(Fuel System)

연료는 탱크(1)에서 거친 여과기(coarse filter) / Water Trap(2)을 경유하여 나란히 연결된 2개의 전

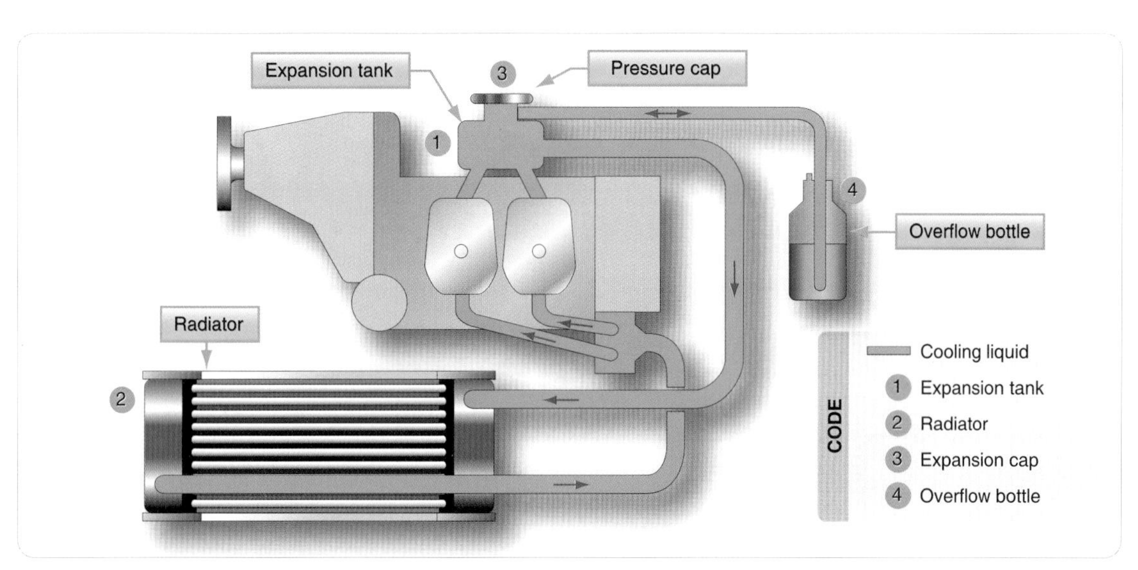

[그림 11-2] 로텍스(Rotax) 914 cooling system

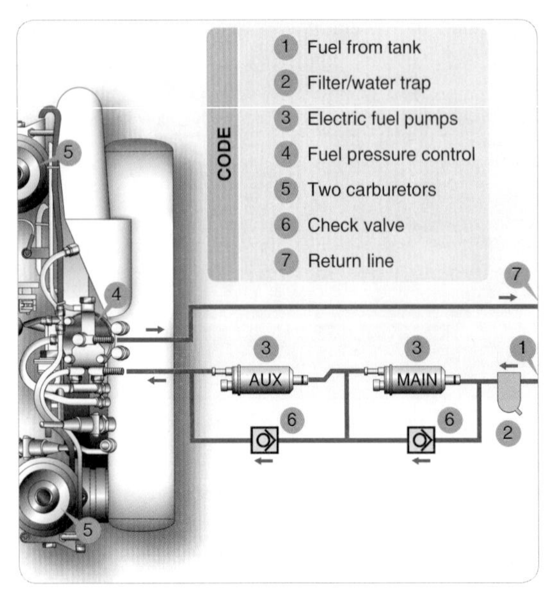

[그림 11-4] 연료계통 구성품(Fuel system components)

기식 연료펌프(electric fuel pump)(3)로 흐른다.(그림 11-4) 펌프로부터, 연료는 연료압력 조절장치(fuel pressure control)(4)를 경유하여 2개의 기화기(5)로 지나간다. 독립된 체크밸브(6)가 있는 각각의 연료펌프에 평행한 것은 여분의 연료가 귀유관(7)을 통하여 연료탱크로 귀환되도록 장착되어 있다. 연료의 오버플로(overflowing)를 방지하기 위해 지름의 축소나 방해가 있는지 검사하여야 한다. 귀유관은 흐름을 막는 어떤 저항도 없어야 한다. 연료압력 조절장치는 연료압력이 항상 에어박스(air-box)에서 가변과급압력보다 약 0.25bar(3.63psi)정도 높게 유지되도록 하여 기화기의 적절한 작동을 보장한다.

11.2.1.3 윤활계통(Lubrication System)

로텍스(Rotax) 914 엔진은 주 오일펌프로 가압하는 압송식 윤활방식(forced lubrication system)으로 압력조절기와 흡입펌프(suction pump)를 일체화한 건식섬프(dry sump) 윤활계통을 구비하고 있다.(그

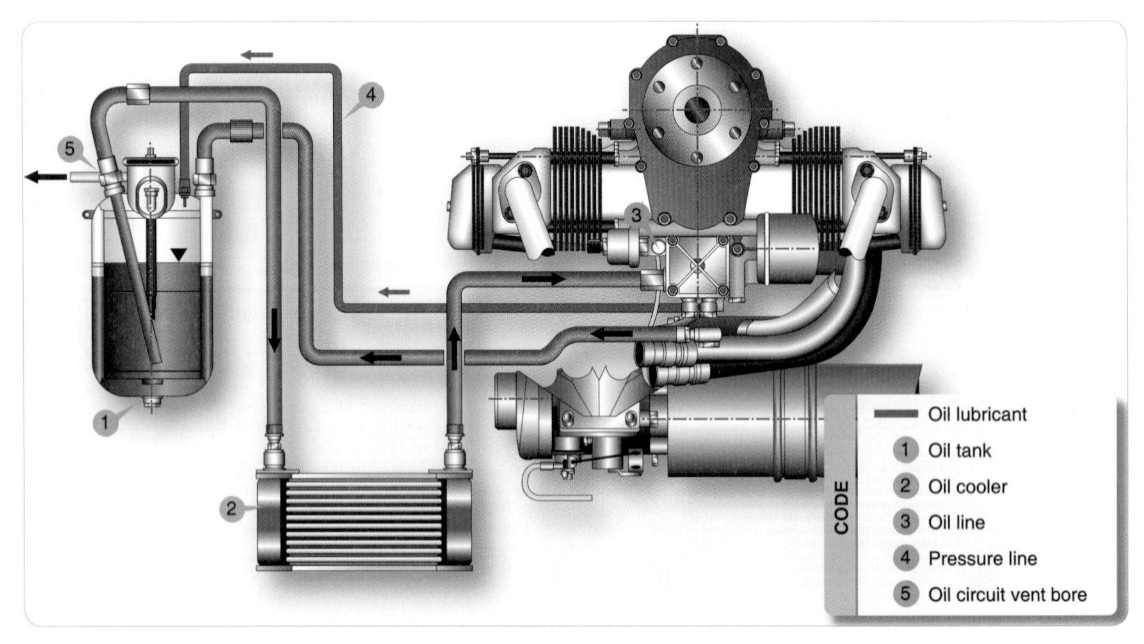

[그림 11-5] 윤활계통(Lubrication system)

림 11-5) 오일펌프는 캠축에 의해 구동된다. 주 오일펌프는 탱크(1)에서 오일 냉각기(2)를 경유하여 오일을 끌어올리고 윤활 지점으로 오일필터를 거쳐 공급된다. 또한 터보과급기(turbocharger)와 프로펠러 조속기(governor)의 평면베어링(plain bearing)을 윤활시킨다. 윤활 지점으로부터 나오는 여분의 오일은 크랭크케이스의 바닥에 축적되고, 연소실 블로우 바이 가스(blow-by gas)에 의해 오일탱크로 다시 밀어낸다. 터보과급기는 주 오일펌프로부터 독립된 오일관을 경유하여 윤활된다. 터보과급기 아래쪽으로부터 나오는 오일은 독립된 펌프에 의해 섬프(sump)에 모이고 오일관(oil line)(3)을 경유하여 오일탱크로 보내진다. 오일 순환(oil circuit)은 오일탱크 안의 구멍(bore)(5)을 경유하여 배출된다. 오일입구온도(oil inlet temperature)의 측정을 위해 오일펌프 플랜지(flange)에 오일온도감지기가 있다.

11.2.1.4 전기계통(Electric System)

로텍스(Rotax) 914 엔진은 그림 11-6과 같이 일체형 발전기(integrated generator)를 갖춘 브레이커레스, 커패시터 방전방식(capacitor discharge design)을 사용하는 이중 점화장치로 구성되어 있다. 점화장치는 정비의 부담이 없으며 외부 전력 공급원이 필요 없다. 발전기 고정자에 위치한 2개의 독립적인 충전코일(charging coil)(1)은 각각의 점화회로(ignition circuit)에 공급한다. 에너지는 전자모듈(electronic module)(2)의 커패시터(capacitor)에 저장된다. 점화 순간에, 4개의 외부 트리거 코일(external trigger coil)(3) 중 각각 2개는 이중점화코일(4)의 1차 회로를 경유하여 커패시터를 방전시킨다. 점화순서는 1-4-

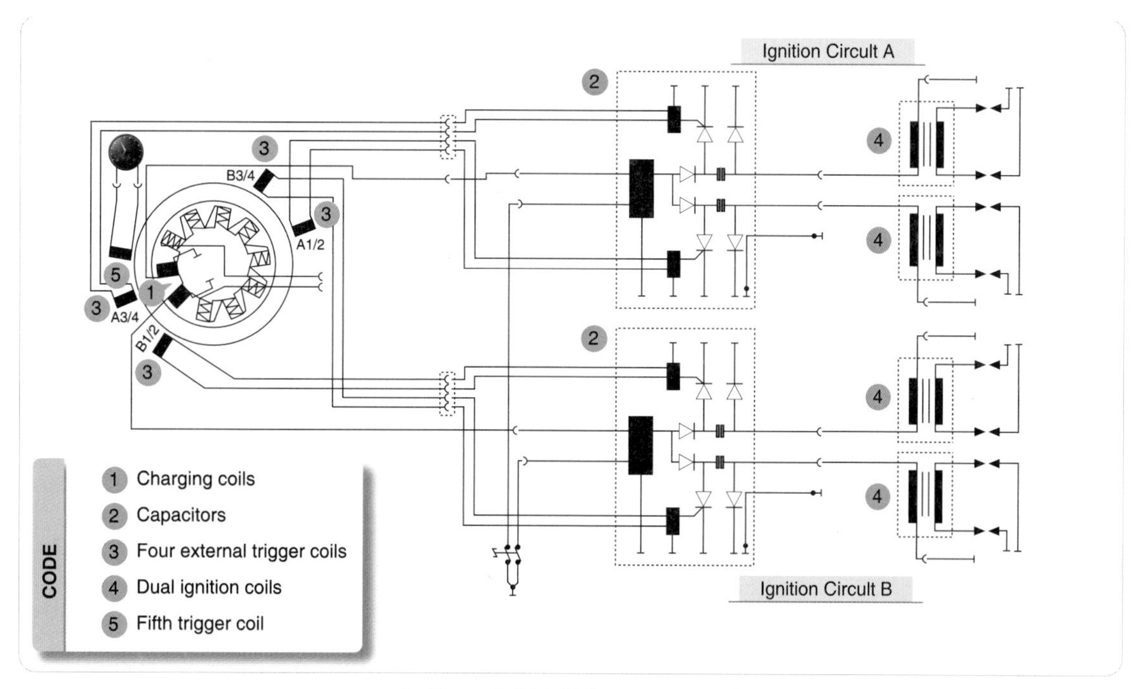

[그림 11-6] 전기계통(Electric system)

2-3이다. 다섯 번째 트리거 코일(trigger coil)(5)은 회전수 계측신호(revolution counter signal)를 제공한다.

11.2.1.5 터보과급기 조정계통 (Turbocharger and Control System)

로텍스(Rotax) 914 엔진은 흡입공기의 압축을 위해 또는 흡기계통으로 과급압력(boost pressure)을 제공하기 위해 배기가스에 있는 에너지를 이용하도록 만든 배기가스 터보과급기(turbocharger)를 구비하고 있다. 흡기계통의 과급압력(boost pressure)은 배기가스터빈에 있는 전자제어식 웨스트게이트밸브(waste-gate valve)에 의해 제어된다. 웨스트게이트는 터보과급기의 속도를 조절하며 결과적으로는 흡기계통에서 과급압력을 조절한다. 흡기계통에 요구되는 표기 과급압력(nominal boost pressure)은 기화기의 2/4에 장착된 스로틀 위치 감지기(throttle position sensor)에 의해 결정된다. 감지기(sensor)의 송출은 아이들에서 풀-파워(full power)까지 스로틀 위치에 따라 0~115% 범위이다.(그림 11-7) 흡기에서 스로틀 위치와 표기 과급압력 사이의 상호 관계는 그림 11-8을 참조한다. 108~110%에서 스로틀 위치는 표기 과급압력의 급상승으로 나타난다. 불안정한 상승(boost)을 방지하기 위해, 스로틀은 최대출력(115%)이거나 또는 최대연속출력(maximum continuous power)으로 동력을 줄일 때 부드럽게 움직여져야 한다. 이 범위(108~110% 스로틀 위치)에서 작은 변화는 엔진 성능(performance)과 속도에 큰 영향을 미친다. 그림 11-7의 변화는 조종사가 스로틀레버 위치로 바로 알 수 있는 것은 아니다. 정해진 성능에 대한 정확한 세팅(setting)은 이 범위에서 거의 불가능하며, 또 그러한 시도는 파동(fluctuation) 또는 심한 진동(surging)을 유발할 수 있기에 금지되어야 한다. 스로틀 위치뿐 아니라 엔진의 과속(over-speeding)과 너무 높은 흡입공기온도는 표기 과급압력(nominal boost pressure)에 영향을 준다. 만약 설명했던 요소 중 한 가지가 규정된 한도를 초과하면, 과급압력은 자동으로 감소하여 과도한 승압(over boost)과 이상폭발(detonation)로부터 엔진을 보호한다.

터보제어장치(TCU)는 터보제어장치(TCU, turbo control unit)의 동작 상태를 지시하는 외부 적색부스트램프(external red boost lamp)와 오렌지주의램프

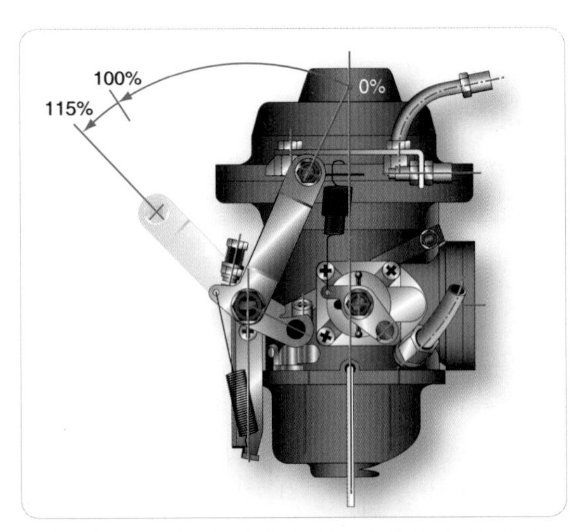

[그림 11-7] 터보차저 제어계통 스로틀 변위 및 위치 (Turbocharger control system throttle range and position)

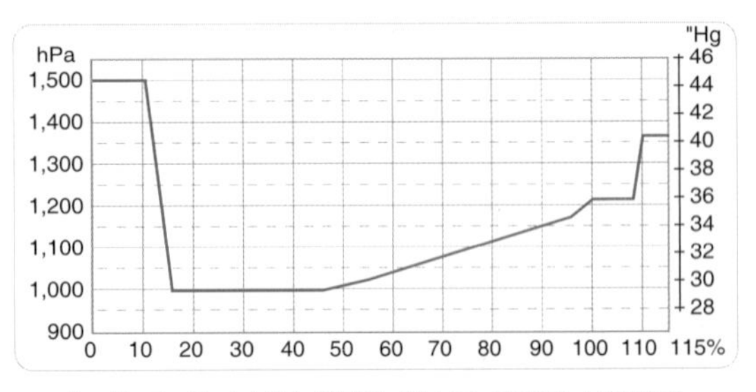

[그림 11-8] 스로틀 위치와 부스트 압력의 상관관계 (Correlation between throttle position and nominal boost pressure)

(orange caution lamp)가 출구 연결부에 설치되어 있다. 전압 공급원에 연결되었을 때, 2개의 램프는 자동적으로 기능시험(function test)이 이루어진다. 램프 모두는 1~2초 정도 켜졌다가 꺼진다. 만약 정상으로 작동하지 않으면, 엔진정비매뉴얼에 따라 점검이 필요하다.

- 오렌지주의램프가 ON 되지 않으면, 터보제어장치(TCU)가 작동 준비 되었다는 신호이다.
- 램프가 깜빡인다면, 터보제어장치(TCU) 또는 주 변계통의 기능불량(malfunction)을 나타낸다.
- 허용된 과급압력을 초과하면 계속해서 적색램프가 ON된다.
- 터보제어장치(TCU)는 풀 스로틀(full-throttle) 작동(과급) 시간을 기록한다.
- 적색부스트라이트(red boost light)가 켜진 상태에서 풀 스로틀 위치에서 5분 이상 작동시키면, 외부 적색부스트램프(external red boost lamp)가 깜빡거리게 된다.

적색부스트램프는 5분 이상 풀 파워(full power)로 작동을 못 하도록, 또는 엔진의 과열과 기계적인 과도한 응력(overstress)이 발생하지 않도록 조종사를 도와준다.

11.2.2 자비루(Jabiru) 경량항공기 엔진

자비루(Jabiru) 엔진은 최신의 제작기술을 사용해 제작하도록 설계되었다.(그림 11-9)

모든 자비루 엔진은 제작, 조립되어 다이노메터(dynometer)에서 시험되고, 인도 전 교정한다. 분할 크랭크케이스, 실린더헤드, 크랭크축, 시동기 모터 하우징(starter motor housing), 배전기회전자(distributor rotor)에 동력을 공급하는 기어박스덮개(배전기회전자로 동력을 공급하는 기어박스) 등 많은 작은 구성 부분(component)과 함께 단단한 재료로 기계 가공된 것이다. 섬프(sump/오일 팬)는 주조물(casting)이고 실린더는 4140 크롬몰리브덴 합금강(chrome molybdenum alloy steel) 봉을 기계 가공하였고 스틸 보어(steel bore) 안에서 피스톤이 직선운동을 한다. 크랭크축도 4140 크롬몰리브덴 합금강으로부터 기계 가공된 것이며, 저널(journal)은 자분탐상(magna-flux)검사를 하기 전에 정밀한 연마가 되어 있어야 한다. 캠축은 질화 처리된 저널과 캠을 갖춘 4140 크롬몰리브덴 합금강으로 제작된다.

[그림 11-9] 자비루 엔진(Jabiru engine)

11.2.3 텔레다인 콘티넨털(Teledyne Continental) 경량항공기 엔진

O-200 계열은 레저스포츠 항공기에 보편적으로 사용되는 엔진이 되었다. O-200-A/B는 100bhp를 생산

[그림 11-10] O-200 콘티넨털 엔진(continental engine)

하는 4실린더, 기화기가 장착된 엔진이며 2750 RPM의 크랭크축 속도를 갖는다. 엔진은 수평 대향형 공랭식 실린더를 갖추고 있다. 실린더의 바닥에 장착된 상향식(updraft) 흡기구(intake inlet)와 하향식(down-draft) 배기구(exhaust outlet)를 갖춘 오버헤드밸브(overhead valve)로 되어 있다.

11.3 경량항공기 로텍스(Rotax) 엔진의 정비 일반(General Maintenance Practices on Light-sport Rotax Engines)

안전규정(safety regulation)은 엔진 장착(installation) 및 정비와 서비스작업을 할 때, 정비요원의 안전을 위해서 다음의 내용을 반드시 지켜야 한다.

- Ignition은 반드시 Off 시켜야 하고 Battery와 분리와 함께 점화계통은 접지(grounded)하여 의도치 않은 엔진 작동에 대비한다.
- Ignition을 On 하고 Battery를 연결할 필요가 있는 정비 작업 시에는 손에 의해 프로펠러가 회전하지 않도록 고정시키고, 안전구역을 관찰하고 단속한다.
- 접지케이블(ground-cable), 즉 P-lead가 적절하게 접지(ground)에 연결되지 않은 한 Ignition은 ON 연결되어 있다는 것을 명심한다.
- 정비할 때에 냉각 윤활, 연료계통에 금속 칩(metal chip), 이물질, 그리고 오물(dirt)의 유입에 의한 오염(contamination)을 방지한다.
- 작업 시작 전에 엔진이 외기(outside air) 온도까지 내려가 냉각되지 않았다면 심한 화상을 입을 수 있다.
- 분해된 부품을 재사용하기 전에, 적절한 세척제로 세척하고, 점검하고, 그리고 지시서(instruction)에 의거해 재장착하고, 항상 재조립 전에 분실된 구성 부분(component)이 있는지 확인한다.
- 정비 지시서에서 사용이 인가된 접착제(adhesive), 윤활제(lubricant), 세척제, 그리고 솔벤트(Solvent)를 사용한다.
- 스크루(screw)와 너트(nut)의 규정된 토크(torque) 값을 확인한다. 오버토크(over-torque) 또는 너무 느슨한 결합(connection)은 심각한 엔진 손상과 고장(failure)을 초래할 수 있다.
- 안전과 효율적인 작업을 위해 다음 사항을 준수해야 한다.

(1) 금연구역에서만 작업하고 Spark 또는 화염에 노출을 피한다.
(2) 항상 지정된 공구를 사용한다.
(3) 분해/조립(disassembling/reassembling)할 때에는 Safety wiring, Self-locking Fastener와 같은 Safety item은 항상 새것으로 교체해야 한다.
(4) 분해/조립할 때에는 자동잠금너트(self-

securing nut), 즉 잠금너트(locking nut)는 항상 교체한다.

(5) 흠이 없는 스크루(screw)와 너트(nut)를 사용하고 너트의 표면과 나사산(thread) 부분의 손상 상태를 검사하고, 손상 발견 시 교체한다.

(6) 엔진을 재조립(reassembly)할 때는, 모든 Sealing ring, Gasket, Securing element, O-ring, Oil seal을 교체한다.

(7) 엔진을 분해(disassembly)할 때, 필요하면 부품의 원래 위치(original position)에 위치를 찾기 위해 엔진의 구성 부분(component)을 표시한다.

(8) 부품은 재조립할 때에 동일한 위치에 체결한다.

(9) 사용되었던 부품이 조립 형태를 갖고 있다면 교체해야 하며 또는 재사용된다면 표시된 Marking에 일치시켜야 한다. 반드시 이러한 표시가 지워지거나 씻겨 나가지 않도록 한다.

11.4 정비 계획과 정비 점검표 (Maintenance Schedule Procedures and Maintenance Checklist)

제시된 모든 작업은 정해진 기간 내 수행해야 한다. 정비작업 간격은 허용범위를 초과하면 안 된다. 만약 100시간 점검을 실제로 110시간에 실시했다면, 다음 점검은 210±10시간에서 실시하는 것이 아니라 200±10시간에 실시해야 한다. 지정된 정비간격보다 일찍 수행했다면 다음 정비 점검은 동일한 간격에서 수행되어야 한다. 예를 들어, 첫 번째 100시간 점검을 87시간 작동 후에 수행했다면 다음번 100시간 점검은 187시간 작동 후 실시해야 한다.

점검과 정비작업은 정비점검표(maintenance checklist)에 의거하여 수행된다. 반드시 목록은 복사하여 각 정비 점검 시 기록해야 한다. 예를 들어, 100시간 점검과 같이 각각의 점검은 정비점검표(maintenance checklist)의 모든 쪽(page)의 꼭대기(top)에 명시해야 한다. 수행된 모든 정비작업은 작업을 수행한 항공정비사가 서명란에 서명해야 한다. 정비 후, 완료된 체크리스트는 정비기록문서(maintenance record)에 입력해야 한다. 정비 시간은 일지(logbook)에서 확인되어야 한다. 모든 결함과 수정사항은 정비작업을 수행할 권한이 있는 회사에 의해 발견되고 기록부에 기록하고 유지되어야 한다. 이 기록을 저장하고 유지하는 것은 항공기 운용자의 의무이다. 예를 들어 기화기(carburetor), 연료펌프(fuel pump), 조속기(governor)와 같은 장치의 교체와 Service Bulletin의 수행(execution)은 일지(logbook)에 필요한 정보(information) 상황을 포함시켜야 한다.

11.4.1 기화기 동기화 (Carburetor Synchronization)

원활한 아이들(idling) 작동을 위해, 스로틀밸브의 동기화(synchronization)가 필요하다. 동기화할 때, 보덴케이블(bowden cable) 양쪽을 느슨(slacken)하게 하고, 2개의 공기흡입구장치를 분리하기 위해 보정(compensating) Tube(2)의 공진기(resonator) 호스를 떼어낸다.(그림 11-11) 이 상태에서, 엔진 작동 상태의 확연한 차이점이 나타나서는 안 된다. 만약 스로틀의 기본적인 동기 조정(synchronous adjustment)이 필요하면, 다음과 같이 진행한다.(그림 11-12와 그림 11-13)

- 스로틀밸브의 동시 열림(opening)을 위해 2개의 보덴케이블(bowden cable)을 조정한다.
- 스로틀레버(1)에서 케이블 고정장치(fixation)(4)를 떼어 낸다.
- 스로틀레버(1)에서 리턴 스프링(return spring)(5)을 풀어내고, 손을 사용해 아이들 스톱 위치(idle stop position)로 스로틀레버(1)를 복귀시킨다. 이 과정에서 어떠한 저항도 없어야 한다.
- 아이들 스톱장치에서 분리될 때까지 아이들 속도(idle speed) 조정스크루(adjustment screw)(2)를 풀어 준다.
- 아이들 속도 조정스크루(adjustment screw)(2)와 기화기 아이들 차단(idle stop)(3) 사이에 0.1㎜(0.004inch) 필러게이지를 삽입하고
- 0.1㎜(0.004inch) 필러게이지에 접촉될 때까지 시계 방향으로 완속 스크루를 부드럽게 돌려 준다.
- 필러게이지를 빼내고 각각의 아이들 속도 조정스크루(adjustment screw)(2)를 시계 방향으로 1.5 회전 돌려 준다.
- 완전히 삽입될 때까지 시계 방향으로 각각의 아이들 혼합비(idle mixture) 스크루(6)를 부드럽게 돌려 준 후, 반시계 방향으로 1.5 회전을 풀어 준다.
- 원래 위치(original position)로 스로틀레버(1)를

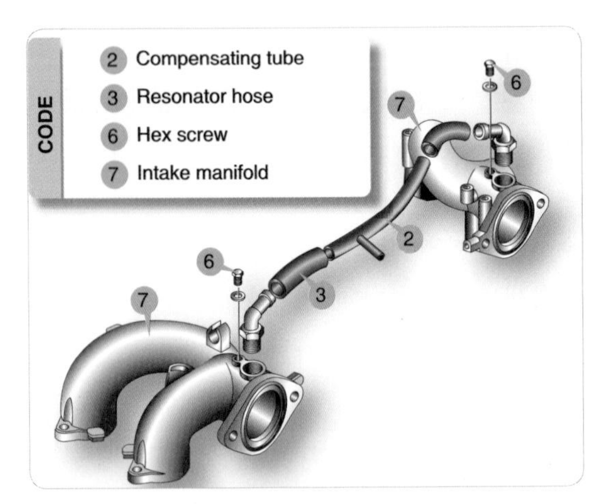

[그림 11-11] 공진기 호스 및 보정 튜브
(Resonator hose and compensating tube)

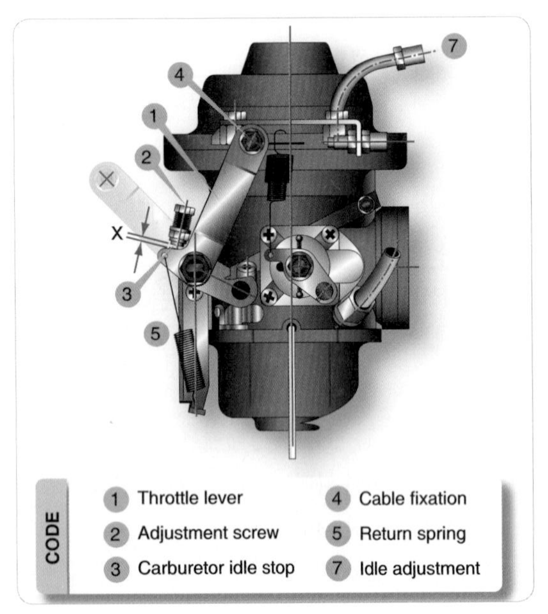

[그림 11-12] 기화기 스로틀 레버(Carburetor throttle lever)

[그림 11-13] 아이들 혼합 스크루(Idle mixture screw)

후진시켜 리턴스프링(return spring)(2)을 걸어 준다. 스로틀밸브가 자동으로 완전히 열림(Open) 상태가 되는지를 확인한다. 양쪽 기화기에 위의 절차를 수행한다.

11.4.2 공압 동기화(Pneumatic Synchronization)

2개의 기화기는 적당한 유량계(flow meter) 또는 진공계(vacuum gauge)(1)를 이용하여 아이들(idling)에서 유속(flow rate)을 균일하게 하기 위해 조정한다.

시험장치(test equipment)를 연결하는 데에는 두 가지 방법이 있다.

- 하나는 흡기매니폴드에서 육각스크루 M6×6을 떼어 내고 진공계(1)를 연결하는 것이다.(그림 11-14) 흡기 매니폴드 사이에 연결된 호스와 함께 보상호스(compensating hose)(2)를 떼어 내고, 흡기 매니폴드의 연결부를 막아 준다.
- 다른 Hoop-up 방법은 장력 클램프(tension clamp)(4)를 떼어 낸 후 Push-on Connection(5)으로부터 보상호스(2)를 떼어 낸다.
- Push-on Connection(5)을 이용하여 진공게이지(1)로 유도되는 플렉시블 고무호스(flexible rubber hose)(8)에 장착한다. 진공게이지로 가는 다른 플렉시블 고무호스(flexible rubber hose)도 장착한

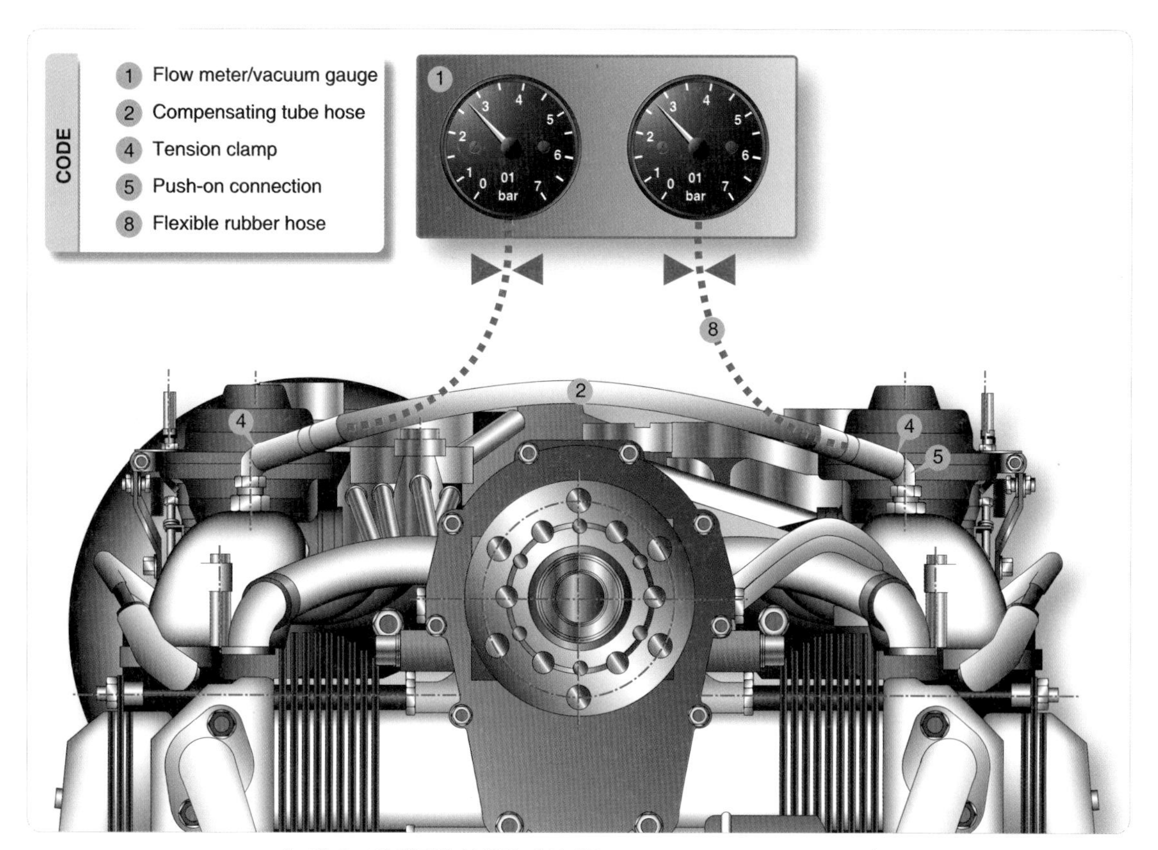

[그림 11-14] 엔진에 부착된 게이지(Gauges attached to the engine)

다.(그림 11-14)

• 휠 촉(wheel chock)과 로프(rope)를 이용하여 지면에 항공기를 고정시킨다.

적당한 아이들 속도일 때에, 아이들 속도 이상의 작동 범위 점검이 필요하다. 먼저, 조종실에서 선택한 엔진이 전 이륙 성능(full takeoff performance) 또는 이륙회전속도(take off rpm)를 발생시키는지 확인한 후 아이들에서 풀-스로틀(full-throttle)까지의 작동 범위 세팅을 점검 및 조절할 수 있다.

작동교범(operator's manual)에 따라 엔진을 시동하고 난기 운전(warm up)을 한다. 풀-파워(full power)를 선택하고 양쪽 압력계기가 동일한 지시값을 나타내고 있는지 확인한다. 만약 동일하게 지시하지 않으면, 엔진을 정지하고, 기화기가 풀-트레블(full travel) 작동하는지, 촉(chock)이 완전차단(full off) 위치에 있는지 점검한다. 필요한 경우, 양쪽 기화기에서 풀-파워(full power)를 얻을 수 있도록 기화기 움직임(actuation)을 맞추고 수정(fit / modify)한다. 풀-파워가 양쪽 기화기에서 이루어질 경우, 스로틀을 줄이고 압력계기 세팅을 관찰한다. 압력계기는 양쪽 기화기에서 같은 지시값을 나타내야 한다. 지시값의 불일치는 Off idle adjustment(7)를 조정함으로써 보정된다.(그림 11-12) 더 낮은 지시값인 기화기는 더 높은 기화기에 맞추기 위해 전진시킨다. 이것은 엔진을 정지시키고 보덴케이블(bowden cable)에 잠금너트(locknut)를 풀어서 1/2바퀴 회전시켜 Off idle adjustment를 조이고 엔진을 다시 시험함으로써 이루어진다. 마지막의 아이들 속도(idle speed) 조정은 아이들 속도 조정스크루(adjustment screw)(2)의 재설정이 필요하게 된다.(그림 11-12) 같은 조정은 양쪽 기화기에서 이루어져야 한다.

주요(major) 조정(adjustment)은 이 절차에서 언급한 모든 파라미터(Parameter)가 한계치 이내인지 확인을 위해 재시험이 요구된다. 떼어 내기(removal)의 역순으로 엔진에 보정튜브어셈블리(compensation tube assembly)를 장착한다. 아이들 속도에서 작은 균형의 차이는 보정될 수 있다. 항상 계기제조사 사용설명서(instrument manufacturer's instruction)를 따른다.

11.4.3 아이들 속도 조정 (Idle Speed Adjustment)

만족스러운 아이들 속도 조정이 이루어지지 않으면, 아이들 제트(idle jet) 또는 추가적인 공압 동기화(pneumatic synchronization)가 필요하다. 항상 엔진이 따뜻할 때 무부하속도 아이들 속도 조정을 수행한다. 의 기본 조정(adjustment)은 일차적으로 스로틀 밸브의 조정스크루(adjustment screw)(2)를 사용한다.(그림 11-12)

11.4.4 엔진 작동 최적화 (Optimizing Engine Running)

기화기 동기화(synchronization)가 달성되지 않으면 엔진 작동의 최적화가 필요하다. 아이들 혼합조정 스크루(idle mixture screw)(6)를 시계 방향으로 완전히 돌려서 잠근 후 1바퀴 반시계 방향으로 돌려서 다시 열어 준다.(그림 11-12와 그림 11-13) 이렇게 기본 조정으로 시작하여, 아이들 혼합조정 스크루(6)는 최대 전동기속도(motor speed)에 도달할 때까지 돌려 준다. 최적의 조절 상태는 RPM 드롭(drop)이 나타나는 두 위치 사이의 중간 지점이다.

아이들 속도의 재조정(readjustment)은 아이들 속도 조정 스크루(idle speed adjustment screw)(2)로 하며, 필요에 따라 아이들 혼합 조정 스크루(6)를 다시 살짝 돌릴 수도 있다. 아이들 혼합 조정 스크루(6)를 시계 방향으로 돌리면 희박혼합비(leaner mixture)로, 반시계 방향으로 돌리면 농후혼합비(richer mixture)로 된다.

11.4.5 기화기 작동 점검 (Checking the Carburetor Actuation)

보덴케이블(bowden cable)은 엔진 및 기체의 어떤 작동상태에서도 영향을 받지 않고 기화기 작동과 조화를 이루도록 배치되어야 하고, 그렇지 않으면 아이들 속도 세팅(idle speed setting) 및 동기화(synchronization)가 변할 수 있다.(그림 11-15) 각각의 기화기는 2개의 보덴케이블(bowden cable)에 의해 작동한다. 1위치에서 스로틀밸브와 연결되고(connection), 2위치에서 촉 작동기(chock actuator)와 연결된다. 보덴케이블(bowden cable)은 스로틀밸브와 Starting 기화기의 촉 작동기가 완전히 열리고 닫힐 수 있도록 조정해야 한다. 보덴케이블(bowden cable)과 레버는 물림(jam)없이 자유롭게 작동해야 한다.

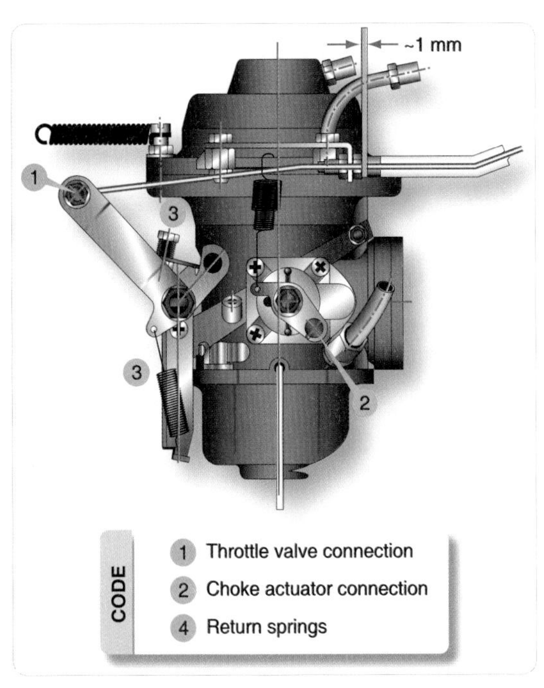

[그림 11-15] 보덴 케이블 라우팅(Bowden cable routing)

11.5 윤활계통(Lubrication System)

11.5.1 오일 레벨 검사(Oil Level Check)

윤활계통의 작업을 시작하기 전에는 항상 엔진을 외기(ambient)온도까지 냉각시킨다.

- 점화를 Off로 하고 점화키를 뽑는다.
- 엔진이 시동기에 의해 회전하지 않도록 하기 위해 Battery의 (-)단자를 분리한다.
- 오일 레벨을 점검하기 전에, 크랭크케이스에 많은 오일의 잔류 여부를 확인한다.
- 오일 레벨 점검 전에, 엔진의 회전방향으로 프로펠러를 손으로 여러 번 돌려서 오일을 탱크로 보낸다.
- 모든 오일의 배출은 공기 흐름(air flow)이 오일 탱크(oil tank)로 흘러 들어갈 때 완료되며, 이 공기흐름은 오일탱크의 Cap을 열었을 때 가글링(gurgling) 소리가 난다.
- 오일탱크 안의 오일 레벨은 딥 스틱(dipstick)의 Max/Min 표시 사이에 있어야 하나 절대로 Min 표

[그림 11-16] 오일 딥스틱 최저 최대 마크
(Oil dipstick minimum and maximum marks)

시 아래로 떨어져서는 안 된다.

- 필요한 만큼 오일을 새로 보충하되, 장시간 비행을 위해서 더 많은 오일 비축(reserve)이 요구되면 Max 표시까지 오일을 새로 보충한다.
- 표준엔진작동(standard engine operation) 시에 오일 레벨은 Max 표시와 Min 표시보다 더 높은 중간에 있어야 한다. 오일은 배출구(venting Passage, breather/통기구)로 빠져나갈 수 있다.

11.5.2 오일 교환(Oil Change)

오일 소비에 대한 특성을 알기 위해 오일 교환 전에 오일 레벨 점검이 필요하다.

- 작업 시작하기 전에 엔진을 작동시켜 오일을 데워준다.
- 크랭크케이스에서 오일을 이송시키기 위해 손으로 엔진을 돌려 준다.
- 오일탱크에서 안전결선(safety wire)과 오일 배출 스크루(oil drain screw)(1)를 제거한 후, 사용된 오일을 배유시키고 환경규제에 의거하여 폐기시킨다. (그림 11-17)
- 오일을 교환할 때마다 오일필터를 교체한다.
- 오일관(oil line)과 기타 오일-연결계통은 떼어 낼 필요는 없다.
- 흡입관 (suction line), 오일냉각기, 귀유관(return line)을 배유할 필요가 없으며, 반면 반드시 이를 피해야 하는데, 오일계통 안으로 공기가 들어갈 수 있기 때문이다.

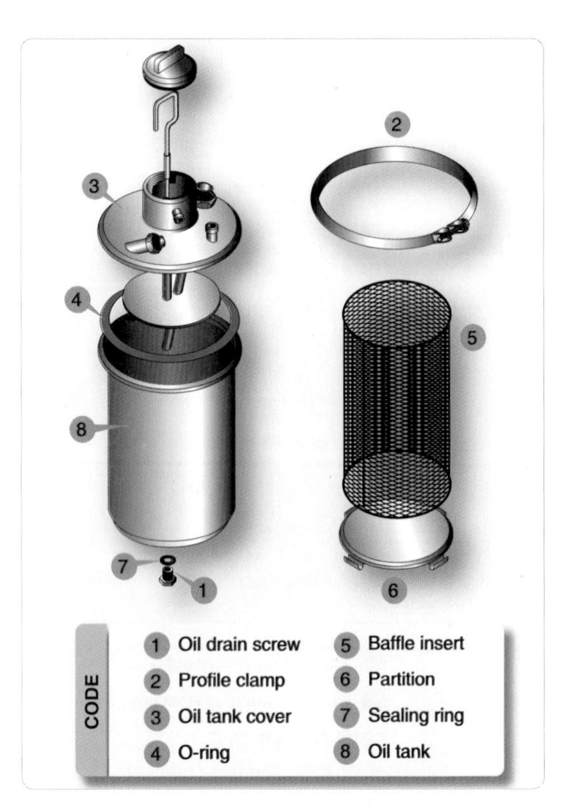

[그림 11-17] 오일 탱크(Oil tank)

- 오일필터 교체와 오일 교환은 오일계통과 유압식 태핏(hydraulic tappet)에서 배유되는(draining) 것을 방지하기 위해 신속하게 이루어져야 한다.
- 압축된 공기는 오일계통(oil lines, oil pump housing, oil bores in the housing)을 통해 불어넣기 위해 사용해서는 안 된다.
- 오일 배출 스크루(oil drain screw) 토크 작업과 안전결선을 다시 해 준다.
- 최신의 운영자매뉴얼(operator's manual)과 서비스사용설명서(service instruction)에 따라 적합한 오일만을 사용해야 한다.
- 엔진 오일계통이 열려 있을 때, open 되었을 때 크랭크를 돌려 시동해서는 안 된다.
- 오일 교환이 완료된 후, 엔진은 전체 오일순환(oil circuit)계통을 완전히 채워 주기 위해 엔진 회전방향(약 20바퀴)으로 손을 이용해 크랭크를 돌려준다.

11.5.3 오일탱크 세척(Cleaning the Oil Tank)

오일계통 세척(oil cleaning)은 선택사항이며 오일계통의 배출(venting)을 필요로 한다.

심각한 오일 오염이 있을 경우에만 오일탱크와 내부 부품을 세척할 필요가 있다. 그림 11-17에서는 오일탱크를 세척하기 위한 과정을 보여 준다.

- Profile Clamp(2)를 떼어 내고
- O-ring(4), 오일관(oil line)과 함께 오일탱크덮개(oil tank cover)(3)를 떼어 낸다.
- Baffle insert(5)와 Partition(6)과 같은 오일탱크의 내부 부품을 떼어 낸다.
- 오일탱크(8)와 내부 부품(5),(6)을 세척하고, 손상을 점검한다.
- 오일탱크 구성 부분의 부정확한 조립은 엔진 결함 및 손상을 일으킨다.
- 새로운 밀폐링(sealing ring)(7)과 배출나사(drain screw)를 교체한다.
- 25Nm(18.5ft/lb)로 조이고, 안전결선 한다.
- 분해한 역순으로 오일탱크를 재조립한다.

11.5.4 마그네틱 플러그 점검 (Inspecting the Magnetic Plug)

마그네틱 플러그(magnetic plug)를 분리하여, 칩(chip)의 축적에 대해 검사한다.(그림 11-18) 마그네틱 플러그(Tor x Screw)는 2번 실린더와 기어박스사이의 크랭크케이스에 있다. 이 검사는 기어박스와 엔진의 내부 상태를 파악할 수 있고, 손상(damage)에 대한 정보를 얻을 수 있다.

- 많은 양의 금속 칩(metal chip)이 검출되었다면, 반드시 엔진은 검사, 수리 또는 오버홀을 해야 한다.
- 만약 축적물이 3㎜(0.125inch) 이하라면, 소량의

[그림 11-18] 마그네틱 플러그 검사
(Inspecting the magnetic plug)

강철칩(steel chip)은 허용될 수 있다.

- 불분명한 물질이 발견된 경우에, 오일순환(oil circuit)계통을 세척하고 새로운 오일필터를 장착한 후, 엔진을 시운전하고 오일필터를 한 번 더 검사한다.
- 만약 마그네틱 플러그에 금속칩의 대량 축적이 있다면, 계속하여 감항성(airworthiness)을 유지하기 위해서는 제작사 사용설명서(manufacturer's instruction)에 따라 수리, 또는 오버홀해야 한다.
- 영향을 받은 엔진 구성부품(component)은 세부적인 검사(detailed inspection)를 해야 한다.
- 오일순환(oil circuit)계통이 오염되었다면, 오일 냉각기를 교체하고 계통을 세척한 후 원인을 찾아서 개선해야 한다.
- 마그네틱 플러그에 금속의 축적이 없으면, 세척하고 재장착한다.
- 25Nm(18.5ft/lb)의 토크(torque)로 플러그를 조여주고 안전결선 하고, 모든 계통이 정상 기능인지 검사한다.

11.5.5 프로펠러 기어박스 점검 (Checking the Propeller Gearbox)

다음의 자유회전 점검(free rotation check)과 마찰 토크 점검(friction torque check)은 한정된 엔진과 별도(optional extra) 오버로드 클러치(overload clutch)를 가진 엔진에 대해서만 필요하다. 오버로드 클러치가 없는 엔진은 여전히 비틀림 충격 흡수장치(torsional shock absorption)가 있다. 이 장치는 오버로드 클러치 장치와 비슷하지만 자유회전(free rotation) 기능이 없다. 따라서 마찰 토크 방법(friction torque method)은 오버로드 클러치가 없는 엔진에는 적용될 수 없다.

11.5.6 자유회전 마찰 토크 점검(Checking the Friction Torque in Free Rotation)

고정 핀(locking pin)으로 크랭크축을 고정시킨다.(그림 11-19) 크랭크축을 잠근 상태에서, 프로펠러는 손으로 15° 또는 30° 정도 회전시킬 수 있고, 이것은 비틀림 충격 흡수장치(torsional shock absorption unit)가 있는 Dog Gear의 형태에 좌우된다.

WARNING 점화를 Off 하고, 계통을 접지한 후, 항공기 배터리의 (-)단자를 분리한다.

- 마찰 토크(friction torque)를 고려하여, Ramp 사이로 프로펠러를 수동으로 앞뒤로 돌려 준다. 이때 소음이나 불규칙한 저항이 발견되면 안 된다.
- 프로펠러 중심으로부터 임의의 거리(distance, L)에 교정된 스프링 스케일(spring scale)을 설치한다.

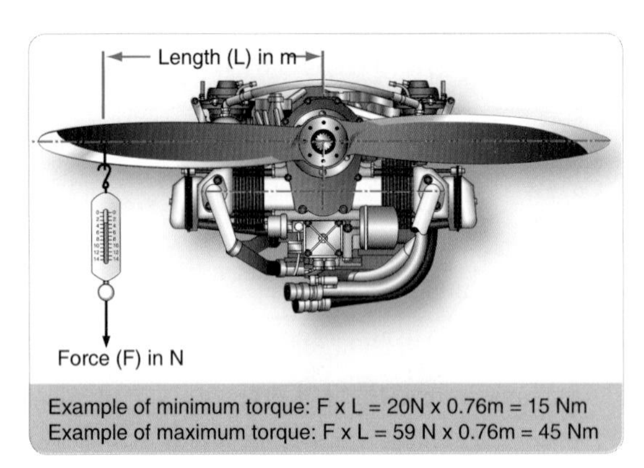

[그림 11-19] 프로펠러 기어박스 점검 (Checking propeller gearbox)

- 자유회전(free rotation)의 15° 또는 30° 범위에서 프로펠러를 당기는 데 필요한 힘을 측정한다.
- 스프링 스케일에서 구한 힘(N 또는 lb)과 프로펠러의 중심에서 스케일(scale)이 장착된 위치까지의 거리(L)를 곱함으로써 마찰 토크(friction torque)(Nm)를 구한다.
- 거리측정(distance measurement)과 토크측정(torque measurement)은 표준법 또는 미터법 중 하나만을 사용해야 한다(혼용 금지). 마찰 토크는 최소 25Nm, 최대 60Nm(18.5~44.3ft/lb) 사이에 있어야 한다.

다음은 이러한 계산의 예이다.

$$Friction\ Torque[feet]$$
$$=Length[meter]\times\ Newtons[torque]$$
$$=0.5[m]\times 60[newtons]$$
$$=30[Nm]$$

- 크랭크축 고정핀(locking pin)을 떼어 내고 새로운 가스킷(gasket)과 함께 플러그(plug)를 다시 장착한다.
- 항공기 Battery의 (−) 단자를 다시 연결한다.
- 만약 상기의 마찰 토크를 얻을 수 없다면, 감항성(airworthiness)을 유지하기 위해 제작사 사용설명서(instruction)에 따라 기어박스를 검사, 수리, 오버홀(overhaul)한다. 프로펠러 플랜지는, 일상적인 정비가 아니지만, 결함이나 균열이 의심되면 검사할 수 있다.

11.5.7 일일 정비 점검 (Daily Maintenance Checks)

다음의 체크리스트(Checklist)는 일일 정비 점검(daily maintenance check) 및 수리를 위해 사용되어야 하고, 모든 결함은 비행 전 필요한 정도로 수리한다.

(1) 점화가 Off인지 확인한다.
(2) 연료탱크 섬프와 Water trap에서 물을 배출시킨다.
(3) 기화기 고무소켓(rubber socket) 또는 플렌지(flange)의 균열과 장착 상태를 확인한다.
(4) 기화기 플로트 챔버(float chamber)의 물과 오염 상태를 검사한다.
(5) 흡기소음기(intake silencer)와 공기필터의 상태를 점검하고 장착 상태를 확인한다.
(6) 방열기 장착부(radiator mounting) 상태 및 손상과 누설에 대해 검사한다.
(7) 오버 플로우 병(overflow bottle)의 냉각제 수준(coolant level)을 점검하고 캡 (cap)의 안전성을 확인한다.
(8) 냉각제 호스(coolant hose)가 잘 장착되어 있는지 확인하고 누설과 쓸림(chafing)에 대해 검사한다.
(9) 냉각제 누설 대해 엔진을 검사한다.(cylinder head, cylinder base, water pump).
(10) 로터리밸브(rotary valve) 기어 윤활을 위한 오일 용량을 점검하고 오일 캡이 잘 장착되어 있는지 확인한다.
(11) 오일호스가 잘 장착되어 있는지 확인하고, 누설과 쓸림에 대해 검사한다.(rotary valve gear

lubrication system, oil injection system)

(12) 점화코일 / 전기 박스(electronic box)가 확실히 장착되어 있는지 확인하고, 점화전선(ignition lead)과 모든 전선(electrical wiring)의 연결과 쓸림(chafing)에 대해 검사한다.

(13) 전기시동기가 잘 장착되어 있는지 확인하고, 균열 검사한다.

(14) 엔진이 기체에 잘 장착되어 있는지 확인하고, 균열 검사한다.

(15) 연료펌프가 잘 장착되었는지 확인하고, 모든 연료호스의 연결 상태를 검사한다(filter, primer bulb, tap의 안전상태, leakage, chafing, kink).

(16) 연료펌프 충격호스(impulse hose)가 잘 연결되었는지 확인하고, 쓸림과 꼬임(kink)이 있는지 검사한다.

(17) 기어박스 배출(drain)과 레벨 플러그(level plug)의 안전결선을 검사한다.

(18) 고무커플링(rubber coupling)에 손상과 노화현상(aging)이 있는지 확인한다(C-type gearbox만 해당).

(19) 손으로 엔진을 회전시켜 비정상적인 소음이 들리는지 들어 본다.(먼저 점화가 Off되어 있는지 거듭 확인)

(20) 프로펠러를 흔들어서 프로펠러축베어링(shaft bearing) 간격(clearance)을 점검한다.

(21) 스로틀 초크(chock)와 오일펌프레버 케이블의 손상(end fitting, outer casing, 그리고 kink)을 검사한다.

11.6 비행 전 점검(Pre-flight Checks)

다음의 체크리스트(checklist)는 모든 비행 전 점검에서 수행해야 한다. 모든 불일치(discrepancy)와 결점(shortcoming)에 대해 필요 시 수리한다.

(1) 점화가 Off 되어 있는지 확인한다.

(2) 연료량을 확인한다.

(3) 냉각제(coolant) 누설에 대해 검사한다.

(4) 오일 분사 엔진의 경우, 오일탱크 내용물(content)을 확인한다.

(5) 점화플러그 커넥터(connector)가 잘 장착되어 있는지 확인한다.

(6) 오일 누설에 대해 엔진과 기어박스를 확인한다.

(7) 너트, 볼트, 그리고 스크루의 풀어짐, 또는 빠져나감에 대해 엔진과 기어박스를 검사하고 기어박스가 엔진 장착부(mounting)에 잘 장착되어 있는지 확인한다.

(8) 프로펠러의 분리(splits)나 깨진 조각(chips)이 있는지 확인한다. 만약 손상이 있다면 수리한 후 사용 전 균형을 다시 잡아야 한다.

(9) 프로펠러가 잘 장착되었는지 확인한다.

(10) 스로틀, 오일분사펌프(oil injection pump), 그리고 쵸크 작동(chock actuation)이 자유롭게 되는지, 완전히 움직이는지 확인한다.

(11) 공랭식 엔진의 경우, 엔진이 회전하고 있을 때 냉각팬이 회전하는지 확인한다.

(12) 배기 부분에 균열이 있는지, 장착은 잘 되었는지, 마운트, 스프링의 안전상태, 그리고 훅(hook)에 마모나 파손이 있는지 검사한다. 스프링의 안전결선을 확인한다.

(13) 해당 구역에 접근자(by-stander)가 없는지 확인한 후 엔진을 시동한다.
(14) 단일점화(single ignition) 엔진의 경우, 점화스위치(ignition switch)의 작동상태를 점검한다.(아이들에서 점화가 Off 되었다가 다시 On 되는지 여부)
(15) 이중 점화(dual ignition) 엔진의 경우, 양쪽 점화회로(ignition circuit) 모두의 작동 상태를 점검한다.
(16) 엔진을 예열하는 동안 모든 엔진 계기(instrument)의 작동 상태를 점검한다.
(17) 가능하다면, 예열하는 하는 동안 엔진과 배기계통에 과도한 진동이 있는지 육안점검 한다.(즉, 균형을 벗어난 프로펠러의 지시)
(18) 이륙 시에 엔진이 풀-파워(full power) RPM에 도달하는지 확인한다.

11.7 고장탐구 및 비정상 작동 (Troubleshooting and Abnormal Operation)

이 섹션의 내용은 훈련을 위한 것이며 실제 항공기에 대한 정비에서 사용되어서는 안 된다. 이 특정한 형식의 엔진에 대한 훈련을 받아 자격을 갖춘 사람(2행정 작업자)만이 정비작업과 수리작업을 할 수 있다. 만약 결함의 수정에 관한 정보를 따랐음에도 문제가 해결되지 않으면, 공인기관에 문의한다. 고장이 해결되기 전까지지는 엔진을 운용에 복귀하면 안 된다. 엔진을 작동하기 위한 기본적인 두 가지 필수요소는 점화와 정확한 연료·공기혼합(fuel/air mixture)이다. 대부분의 결함은 이 둘 중 하나의 결핍 때문에 발생하는 것이다.

11.7.1 고장탐구(Troubleshooting)

다음의 고장탐구 절차를 따른다. 이것은 결함이나 고장탐구를 쉽게 확인하는 과정이다.

(1) 연료-탱크의 연료 보급 상태, 피팅(fitting)의 헐거움, 필터의 막힘(plugged), 플로트 실(float chamber)의 오염 상태(fouled)를 검사한다.
(2) 점화-점화플러그에서 점화상태를 확인한다.

더 복잡한 문제는 엔진 작업자가 직접 확인하는 것이 최선이다.

다음은 엔진 고장과 가능한 대처방법의 예이다.

11.7.1.1 점화 OFF 상태에서 엔진의 계속작동 (Engine keeps Running with Ignition OFF)

예상 원인 : 엔진의 과열(overheating)
해결 방법 : 약 2,000rpm의 아이들(idling)에서 엔진을 냉각 운전한다(cool down).

11.7.1.2 저 부하 노킹(Knocking Under Load)

예상 원인 : 연료의 너무 낮은 옥탄가(octane rating)
해결 방법 : 더 높은 옥탄가(octane rating)의 연료를 사용한다.
예상 원인 : 연료 부족(starvation), 희박혼합비(lean mixture)

해결 방법 : 연료공급계통을 점검한다.

11.7.2 비정상 작동(Abnormal Operating)

11.7.2.1 엔진 최대허용속도 초과 (Exceeding the Maximum Admissible Engine Speed)

엔진 속도를 줄인다. 조종사는 최대허용엔진속도(maximum admissible engine speed)의 초과에 관한, 과속의 정도와 기간을 항공일지(logbook)에 기록해야 한다.

11.7.2.2 실린더헤드 최대허용온도 초과 (Exceeding of Maximum Admissible Cylinder Head Temperature)

필요한 최소(minimum) 세팅으로 엔진 동력을 줄이고, 조심스럽게 착륙한다. 최대허용 실린더헤드온도의 초과는 조종사가 항공일지에 지속기간과 과잉온도 상태(excess-temperature condition)의 정도를 기록해야 한다.

11.7.2.3 배기가스 최대허용온도 초과 (Exceeding of Maximum Admissible Exhaust Gas Temperature)

필요한 최소(minimum) 세팅으로 엔진 동력을 줄이고, 조심스럽게 착륙한다. 최대 허용하는 배기가스 온도의 초과는 조종사가 항공일지에 지속기간과 과잉온도 상태의 정도를 기록해야 한다.

11.8 엔진 저장(Engine Preservation)

엔진을 일정 기간 사용하지 않을 계획이면, 엔진을 열, 직사광선, 부식, 기타 불순물 형성 등으로부터 보호 조치하여야 한다. 연료에 있는 알코올에 의해 응축된 물은 보관 시 부식을 심화시키는 원인이 된다. 매 비행 후, 엔진 정지 전에 짧은 시간 choke을 작동시킨다. 오염물과 습기의 침투 방지를 위해 배기파이프, 배출관(venting tube), 공기필터와 같은 엔진의 모든 열린 구멍(opening)을 막아 준다.

1~4주 정도의 엔진 보관을 위해서, 엔진 정지 이전, 또는 작동온도에서 엔진의 보존 작업(preservation)을 수행한다. 아이들 속도 이상으로 엔진을 작동시킨다. 엔진을 정지하고 부주의에 의해 시동되지 않도록 조치한다. 공기필터를 떼어 내고 약 3CC의 저장오일(preservation oil) 또는 동등 규격의 오일을 각각의 기화기 공기흡입구 안으로 주입한다. 엔진을 재시동하고 아이들 속도 이상으로 10~15초 작동시킨다. 엔진을 정지하고 부주의에 의해 시동되지 않도록 조치한다. 오염물질과 습기의 침투를 방지하기 위해 배기파이프, 배출관(venting tube), 공기필터와 같은 엔진의 모든 열린 구멍(opening)을 막아 준다.

4주에서 1년 정도의 엔진 보관을 위해서는 엔진 정지 이전, 또는 작동온도에서 엔진의 보존 작업을 수행한다. 아이들 속도 이상으로 엔진을 작동시킨다. 공기필터를 떼어 내고 약 6CC의 저장오일 또는 동등 규격의 오일을 각각의 기화기 공기흡입구 안으로 주입한다. 엔진을 정지시킨다. 점화플러그를 떼어 내고 저장오일 또는 동등 규격의 오일을 약 6CC 정도로 각각의 실린더 안으로 주입하고, 상부 끝부분(top end part)을 윤활 시키기 위해 손으로 크랭크축을 2~3바퀴 천천히 회전시킨다. 점화플러그를 교체하고 다시 토크를 한다. 플로트 실(float chamber), 연료탱크(fuel tank), 그리고 연료 관에서 가솔린을 배출시킨다. 결빙에 의한 손상을 막기 위해 액랭식 엔진(liquid-cooled engine)에서 냉각제를 배출시킨다. 적절한 윤활 방법을 사용하여 모든 기화기(carburetor) 연결장치(linkage)를 윤활시킨다. 이물질 또는 습기의 침투를 방지하기 위해 배기관, 배출관(venting tube), 공기필터와 같은 엔진의 모든 열린 부분(opening)을 막아 준다. 엔진오일을 분사하여 모든 외부의 강철 부품(external steel part)을 보호한다.

◆ 개정집필위원

* 표시는 대표 집필자임

김천용(한서대학교 항공융합학부)
최세종(한서대학교 항공융합학부)
채창호(중원대학교 항공정비학과)
김맹곤(중원대학교 항공정비학과)
박희관(초당대학교 항공정비학과)
김건중(초당대학교 항공정비학과)
하영태(호원대학교 국방기술학부)
이형진(신라대학교 항공정비학과)
최병필(경남도립남해대학 항공정비학부) *
손창근(경북전문대학교 항공정비과)

◆ 감수위원

* 표시는 대표 연구 · 감수진임

김근수(세한대학교)
박기범(대한항공) *
이종희(세한대학교)
황효정(세한대학교)
김사웅(여주대학교 무인항공드론학과)
권병국(세한대학교 항공정비학과)

◆ 기획 및 관리

* 표시는 연구 책임자임

국토교통부

김상수(항공안전정책과장)
차시현(항공안전정책과)
강경범(항공안전정책과)
김은진(항공안전정책과)
홍덕곤(항공기술과)

세한대학교 산학협력단

김천용(항공정비학과장) *
장광일(항공정비학과)
조민수(항공정비학과)
류용정(항공정비학과)

|개정판|

항공기 엔진 | 제1권 **왕복엔진**

2021. 1. 22. 1판 1쇄 발행
2024. 1. 10. 1판 3쇄 발행

지은이 | 국토교통부
펴낸이 | 이종춘
펴낸곳 | BM (주)도서출판 성안당
주소 | 04032 서울시 마포구 양화로 127 첨단빌딩 3층(출판기획 R&D 센터)
10881 경기도 파주시 문발로 112 파주 출판 문화도시(제작 및 물류)
전화 | 02) 3142-0036
031) 950-6300
팩스 | 031) 955-0510
등록 | 1973. 2. 1. 제406-2005-000046호
출판사 홈페이지 | www.cyber.co.kr
ISBN | 978-89-315-3912-7 (93550)
정가 | 25,000원

abrasion 마모 p. 10-4

마찰 부분이 닳는 것.

augmentor 오그멘터 p. 6-30

왕복엔진의 배기 테일 파이프 주위에 장착된 긴 스테인리스스틸 튜브. 배기가스가 오그멘터 튜브를 통해 흐를 때, 실린더 헤드 냉각핀을 통과하기 위한 저압을 생성한다.

augmenter exhaust 배기 오그멘터 p. 3-27

배기 테일 파이프 주위에 장착된 긴 스테인리스스틸 튜브. 배기가스가 오그멘터 튜브로 흐를 때 발생하는 벤투리 효과를 이용하여 실린더 헤드 냉각핀을 통과하기 위한 냉각 공기를 끌어들이는 엔진실에서 저압을 생성하여 찬 공기를 더 많이 흡수하여 배기계통 구성품의 냉각 효과 증진을 목적으로 한다. APU 배기덕트에도 같은 기능이 적용된다.

overhaul 오버홀 p. 1-2

인가된 정비방법, 기술 및 절차에 따라 항공제품의 성능을 생산 당시의 성능과 동일하게 복원하는 것. 오버홀에는 분해, 세척, 검사 및 필요한 경우 수리·재조립이 포함되며, 작업 후 인가된 기준 및 절차에 따라 성능시험이 필요하다.

accelerating system 가속장치 p. 2-9

스로틀밸브를 급속히 열면 많은 양의 공기가 기화기의 공기 통로를 통해 들어가지만 주 계량장치의 반응이 관성력 때문에 느려져서 연료의 양은 요구되는 만큼 빠르게 공급하지 못하여 연료공기 혼합기가 순간적으로 희박해지는 것을 방지하기 위한 시스템이다. 이런 경향을 극복하기 위해 기화기에 가속펌프라 부르는 작은 연료펌프를 추가적으로 장착한다.

afterfiring 후화 p. 10-32

농후 혼합기가 연소를 지연시켜 미연소 연료가 배기계통을 빠져 나가면서 연소되는 것

antiseize compound 고착방지 컴파운드

p. 4–51

장착된 나사산에 고열 등으로 부식 및 고착이 발생하는 것을 막기 위해 조립하기 전에 나사산에 바르는 윤활제. 알루미늄, 구리 및 흑연 윤활유의 고도로 정제된 혼합물로 구성된 반고형의 그리스로서 보어스코프 포트, 점화플러그 등 고열에 노출되어 작동되는 구성품이 달라 붙어 장탈되지 않는 불상사를 막기 위해 필히 매뉴얼을 참조하여 적절한 파트넘버의 윤활제를 발라주어야 한다.

aviation gasoline (AVGAS) 항공용 휘발유

p. 2–2

항공기에 동력을 공급하는 데는 석유 기반 연료 또는 석유 및 합성연료 혼합물을 사용하며, AVGAS는 피스톤엔진 항공기에 사용되는 연료이다. 자동차 연료로 사용되는 MOGAS(motor gasoline)와 크게 다르지 않다. 하지만 고고도 비행 특성상 고옥탄가와 저온에서도 엔진의 원활한 작동을 위해 각종 첨가제를 추가한다.

backfire 역화

p. 2–4

실린더 내부에서 화염 전파속도가 느린 경우, 연료와 공기의 혼합가스가 배기행정이 끝날 때까지도 타고 있기 때문에 흡입밸브가 열리면서 유입되는 연소되지 않은 혼합가스에 화염을 붙여 주어 불꽃이 매니폴드나 기화기 안의 혼합가스로까지 전해 붙는 현상

ball bearing 볼베어링

p. 1–34

구체 모양의 볼을 사용하는 방사상의 하중과 추력하중을 담당하는 구름 베어링(rolling bearing)의 일종. 기본적인 구성요소는 내측 레이스와 외측 레이스, 볼, 리테이너로 이루어져 있고, 2개의 레이스 사이에 볼이 들어가 있어서 각각의 레이스와 점 접촉을 함으로써 마찰을 줄인다.

blade tracking 깃의 궤도점검 p. 7-31

프로펠러 블레이드의 진동, 구부러짐 등 변형을 찾기 위해 각각의 블레이드가 동일한 궤적 내에 있는지를 프로펠러를 회전시키면서 확인하는 것

bootstrapping 부트스트래핑 p. 3-19

터보차저 시스템을 갖추고 있는 엔진에서 좀더 많은 엔진 파워를 생산하기 위해 가해진 회전 변화가 터보차저를 가속하게 되면서 동반되는 일시적 엔진 파워의 증가현상

bottom dead center(BDC) 하사점 p. 1-38

4행정 사이클을 갖는 엔진의 연소행정에서 실린더 내부에서 직선 운동하는 피스톤이 위치할 수 있는 가장 낮은 지점

brake horsepower 제동마력 p. 1-46

피스톤의 펌핑작용, 피스톤의 마찰과 같은 기계적인 손실을 뺀 실제 유용한 일로 전환되어 프로펠러 샤프트에 전달되는 실제 동력

brake mean effective pressure(BMEP) 제동평균유효압력 p. 1-49

파워 행정이 진행되는 동안 왕복엔진의 실린더 내부의 평균 압력. 평방인치당 파운드 단위로 측정되는 BMEP는 엔진에서 발생하는 토크와 관련이 있으며, 브레이크 마력을 알고 있을 때 계산할 수 있다.

brake specific fuel consumption 제동비연료소비율 p. 1-3

연료소비량을 생산된 출력으로 나눈 값. 연소를 통해 회전력 또는 축 출력을 생성하는 엔진의 연료효율을 측정한 것으로, 축 출력을 갖는 내연기관의 연료효율을 비교할 때 이 SFC를 사용하면 서로 다른 엔진의 연비를 직접 비교할 수 있다. 엔진으로 공급되는 연료의 단위 시간당 소모율을 의미한다.

brinelling 브리넬링 p. 10-5

베어링 표면에 하중이 작용하여 움푹 패이는 현상

burning 버닝

p. 10–5

과도한 열에 의해 발생한 표면의 변색 또는 연소 흔적

burnishing 버니싱

p. 10–5

두 금속 구성품이 접촉하여 접촉면이 광택이 날 정도로 연마되는 것

burr 버

p10–5

금속 끝부분에 발생하는 날카롭고 거친 돌출물. 알루미늄 판재 드릴 작업 시 가공 방향의 반대면에 발생하는 거칠고 날카로운 찌꺼기와 같은 모양

cam ring 캠링

p. 1–27

성형엔진의 크랭크 샤프트와 동심원으로 장착되며 캠 중간의 구동 기어 어셈블리를 통해 감소된 속도로 크랭크 샤프트에 의해 구동되는 링. 설정된 속도로 밸브의 열리고 닫힘을 만들어주는 로브가 장착된다.

camshaft 캠샤프트

p. 1–29

대향형 엔진의 밸브 메커니즘을 작동시키기 위한 회전축. 캠샤프트는 크랭크 샤프트에 부착된 다른 기어와 결합하는 기어에 의해 구동된다.

carburetor 기화기

p. 2-2

기체 또는 액체의 속도가 증가하면 압력이 감소한다는 기본 물리학법칙에 의한 벤투리를 장착한 유입공기 유도 시스템을 통해 기류를 반영하여, 비행 중 발생하는 상황에 요구되는 적절한 공기와 연료의 혼합비를 맞춰주는 장치. 최근까지 기화기를 장착한 대부분의 항공기는 항공산업의 기술 발전에 따라 성능이 향상된 연료분사장치로 대체되고 있다.

chafing 체이핑

p. 10-5

지속적인 진동에 노출된 2개의 금속이 접촉과 마찰에 의해 생긴 마모. 가깝게 지나가는 유압 튜브 간의 간섭에 의한 pinhole 등의 형태로 나타난다.

chipping 치핑

p. 10-5

부주의한 접촉 등 과도한 응력집중으로 인해 표면이나 단면 끝부분이 떨어져 나가는 것. 일반적으로 기계가공 공정 중 급하게 마무리 작업을 할 때 많이 발생한다.

chokebore 초크보어

p. 1-22

엔진이 작동하면서 직선 실린더를 유지할 수 있도록, 연소에 의해 발생하는 열팽창을 고려해서 실린더 헤드 부분을 스커트 부분에 비해 상대적으로 작은 직경으로 제작하는 공법. 왕복엔진에서 가장 높은 열은 실린더 헤드 부분의 내부, 즉 연소공간에서 발생하기 때문에 크랭크케이스에 장착되는 실린더의 하부는 상부에 비해 상대적으로 낮은 온도에 노출되며 이를 보상하기 위해 제작 시 실린더 헤드부분의 내경을 좁게 만들고 엔진이 작동 중일 때 연소열에 의한 팽창을 고려한다.

cloud point 혼탁점

p. 6-5

오일 성분 중 왁스 성분이 응고되어 작은 결정으로 분리되기 시작하여 오일이 흐릿해지는 순간의 온도

compression ratio 압축비

p. 1-43

스트로크가 진행 중인 엔진의 피스톤이 하단에 있을 때의 실린더 체적과 스트로크 상단에 피스톤이 있을 때 실린더 체적의 비율

compression ring 압축링

p. 1-19

엔진 작동 중에 피스톤을 지나 연소 가스가 빠져 나가는 것을 방지하기 위해 장착된 링. 피스톤 헤드 바로 아래 링 홈에 장착되며 링 단면이 직사각형 또는 테이퍼진 쐐기형으로 제작되어 마찰을 작게 한다.

compression stroke 압축행정

p. 1-40

압축행정은 4행정 사이클을 갖고 있는 엔진의 두 번째 행정. 연료와 공기 혼합물은 피스톤이 위쪽으로 이동하여 체임버의 부피를 줄인 결과 실린더 상단으로 압축되며 피스톤이 상사점 가까이 이동할 무렵 혼합물이 점화플러그에 의해 점화된다.

connecting rod 커넥팅 로드

p. 1-6

콘로드라고도 불리는 커넥팅 로드는 피스톤을 크랭크축에 연결하는 피스톤 엔진의 구성품으로, 피스톤의 왕복운동을 크랭크축의 회전으로 변환시킨다. 커넥팅 로드는 피스톤으로부터의 압축력과 인장력을 전달하고 양쪽 끝에 회전을 위한 베어링을 지지한다. 엔진의 배열 형태에 따라 다양한 형상으로 분류된다.

corrosion 부식

p. 10-5

화학작용 또는 전기화학작용에 의해 표면이나 금속 내부가 재료의 성질을 상실하는 현상. 재료의 구조강도를 잃어 하중에 견디는 능력을 잃어버린다.

counter weight 카운터 웨이트

p. 1–11

해당 열에 장착된 피스톤과 커넥팅 로드의 무게를 상쇄시켜, 크랭크축의 정적 평형을 만들어주기 위해 추가적인 무게를 갖도록 만들어진 구성품. 각 열의 회전하는 축이 크랭크축의 중심에서 벗어남에 따라 회전 시 지속적으로 발생하는 어긋난 힘을 보상할 수 있도록 연장된 부분에 추가의 무게를 장착한다.

counterbore 카운터 보어

p. 2–39

볼트나 작은 나사 머리를 묻기 위해 가공된 구멍을 넓게 도려내는 것. 일반적으로 소켓 헤드, 캡나사 같은 고정장치가 공작물 표면의 높이와 같거나 그 아래에 놓여야 할 때 사용한다.

crack 균열

p. 10–5

재료에 발생한 과부하, 진동 등에 의해 발생한 부분적인 갈라짐. 재료가 갖고 있는 구조강도를 무기력하게 만든다.

crank cheek 크랭크 칙

p. 1–11

크랭크핀을 주 저널에 연결시켜 주는 부품으로, 크랭크암이라고도 한다. 크랭크축의 평형을 유지하는 균형추(counter weight)를 지지하도록 주 저널을 지나 좀더 길이가 길게 제작된다.

crankpin 크랭크핀

p. 1–11

커넥팅 로드 베어링을 지지하기 위한 저널. 크랭크축 전체의 무게를 줄이고, 윤활유가 오가는 통로 역할을 하며, 탄소 침전물, 찌꺼기 등이 커넥팅로드 베어링 표면으로 나오지 못하게 원심력으로 이를 모으는 체임버(chamber) 역할을 하기 위해 속이 빈 형태로 제작된다.

crankshaft 크랭크샤프트

p. 1-5

크랭크샤프트는 커넥팅로드와 함께 피스톤의 왕복운동을 회전운동으로 변환하는 회전하는 축으로, 실린더 내부에서 만들어진 에너지를 프로펠러에 회전 동력으로 제공한다. 주 저널과 크랭크암, 크랭크핀으로 구성되며 메인 베어링에 지지되어 엔진 블록(크랭크 케이스) 내에서 회전한다.

cruise power 순항출력

p. 1-3

항공기가 이륙 후 제한 범위 내에서 고도와 속도를 거의 일정하게 유지하여 가장 경제적으로 비행하는 상태에서의 엔진 출력

cut 절단

p. 10-5

재료에 외부의 기계적인 힘이 가해져 해당 재료가 일부 잘려나가는 것을 말한다.

cylinder 실린더

p. 1-20

피스톤, 밸브 및 점화플러그를 수용하고 연소실을 형성하는 왕복엔진의 구성 요소

cylinder barrel 실린더 배럴

p. 1-22

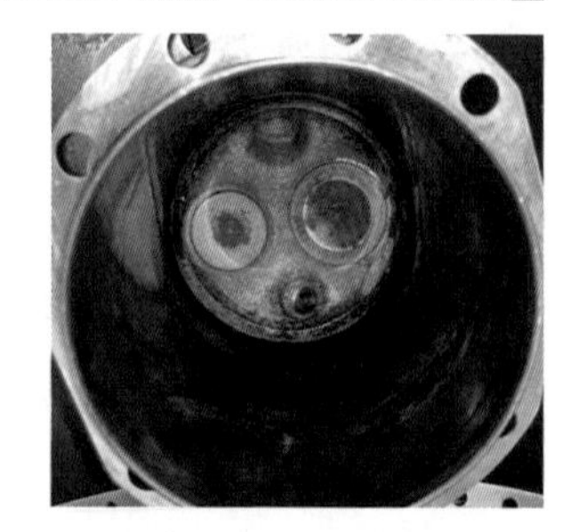

실린더 내부에서 피스톤이 왕복운동을 하는 공간. 마찰로 인한 손상이 발생되지 않도록 고강도 합금강으로 만들어지며, 경량 구조와 베어링 특성을 제공하기 위해 표면을 경화 처리한다.

cylinder head 실린더 헤드

p. 1–21

헤드는 공기와 연료를 실린더로 공급하고 배기가스가 빠져 나갈 수 있는 통로를 위한 공간을 제공하는 부분. 밸브, 점화플러그 및 연료분사장치를 장착하는 장소를 제공하며 냉각을 위한 핀이 장착된다.

cylinder pad 실린더 패드

p. 1–9

크랭크 케이스에 실린더를 장착할 수 있도록 가공된 부분. 실린더뿐 아니라 보기 하우징, 오일 섬프의 장착을 위한 패드가 마련되어 있다.

cylinder skirt 실린더 스커트

p. 1–9

실린더 플랜지 하부로 돌출된 부분. 크랭크 케이스 안으로 들어가 지지된다. 윤활유가 실린더로 떨어지는 것을 막아 오일 소모량을 감소시킬 목적으로 도립형 엔진 실린더와 성형 엔진 하부에 위치한 실린더의 경우 다른 실린더보다 긴 스커트로 제작된다.

damper 댐퍼

p. 1–11

크랭크축의 회전에 의해 발생하는 비틀림 진동을 경감시키기 위해 카운터웨이트 내부에 장착된 진자형 추

deck pressure 데크 압력

p. 3–17

연료분사계통을 갖고 있는 엔진의 연료량을 조절하기 위해 측정되는 터보차저 압축기 출구에서부터 스로틀 사이의 압력

dent 움푹 들어감

p. 10–5

외부 물체에 부딪혀 표면이 움푹 들어간 것. 항공기 날개 앞부분이나 동체 하면 등에 작업대의 접촉에 의해 자주 발생하는 부분적인 함몰형태의 결함을 말하며, 결함의 끝부분은 부드럽게 변형된 모양을 하고 있다.

detonation 디토네이션

p. 10–30

실린더 안에서 점화가 시작되어 연소·폭발하는 과정에서 화염 전파속도에 따라 연소가 진행 중일 때 아직 연소되지 않은 혼합가스가 자연 발화온도에 도달하여 순간적으로 자연 폭

발하는 현상. 디토네이션이 발생하면 실린더 내부의 압력과 온도가 비정상적으로 급상승하여 피스톤, 밸브, 커넥팅 로드 등의 손상의 위험이 있다.

dimensional inspection 치수검사 p. 10-11

가공된 부품 및 제품의 기하학적 특성을 평가하여 설계 사양을 준수하고 있는지 확인하는 검사. 마이크로미터, 다이얼 게이지 등을 활용하여 크기를 측정한다.

discharge nozzle 분사노즐 p. 2-9

공기가 기화기를 통해 엔진 실린더로 통과할 때까지 가장 낮은 압력이 발생하는 지점인 벤투리 목 부분에 장착되어 연료를 분무시키는 장치. 분사노즐 부분의 저압과 기화기 내부 플로트 체임버의 상대적으로 높은 압력인 대기압, 이 두 곳의 압력 차이를 이용한다.

dry sump 건식 섬프 p. 11-4

엔진 외부에 오일 저장 탱크와 펌프를 가지고 있는 엔진의 오일 저장방식

durability 내구성 p. 1-3

제품이 원래의 상태에서 변질되거나 변형됨이 없이 오래 견디는 성질. 즉 제품이 설계 수명 동안 정상작동이 어려울 때 크게 정비나 수리를 필요로 하지 않고 그 기능을 유지할 수 있는 능력을 말한다.

dynamic balance 동적 균형 p. 1-13

회전하는 물체가 회전의 영향력으로 인한 원심력을 발생시키지 않아, 진동 없이 회전 상태를 유지하는 것. 엔진에서 발생하는 진동이 치명적인 고장을 유발할 수 있기 때문에 불균형을 최소 수준까지 감소시키거나 제거하도록 설계해야 하며, 이를 위해 다이내믹 댐퍼(dynamic damper)를 장착하는 것이 대표적인 사례이다.

dynamometer 다이나모미터 p. 1-47

엔진에서 생성되는 토크의 양을 측정하는 데 사용되는 장치. 엔진의 구동축에 발전기 또는 유압펌프가 장착되고, 발전기나 펌프의 출력을 측정하여 토크 단위로 변환이 가능하다.

economizer system 이코노마이저 장치

p. 2-10

스로틀 설정치가 정격 출력의 약 60~70% 이하일 때 밸브를 닫아서 장시간 비행하는 순항 모드 중 연료공기 혼합비를 희박한 상태로 유지하여 연료 소모율을 줄여주는 장치. 통상적으로 정격 출력의 60~70% 미만의 스로틀 설정에서 밸브가 닫히지만, 가속 등 최대출력이 요구되는 높은 스로틀 설정과 같은 상황에서 이상폭발 방지, 엔진 냉각 등을 위해 필요한 추가 연료 공급기능을 한다.

E-gap 이갭

p. 4-6

왕복엔진 마그네토 내부 2차코일에서 유도된 에너지 파동이 최대가 되어 가장 높은 에너지를 갖는 스파크를 생성할 수 있는 지점이 필요하며, 이를 구현하기 위해 회전자가 중립위치를 지나 1차권선을 단락시키는 브레이커 포인트가 열리기까지 설정한 사이의 각도. E-갭은 물리적 갭이 아니라 전기적인 갭이다.

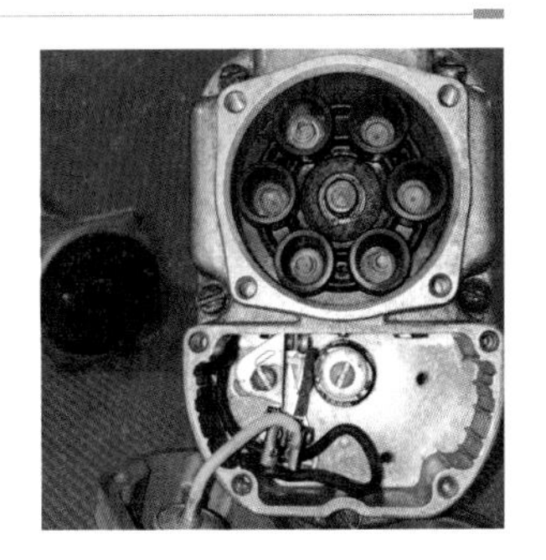

engine control unit(ECU) 엔진 전자제어장치

p. 4-19

작동 조건에 비례하여 센서 입력을 기반으로 엔진속도, 매니폴드 압력, 매니폴드 온도 및 연료 압력의 변화를 지속적으로 모니터링하여 실린더의 흡기 포트에 주입할 연료량을 결정하는 전자제어 구성품

erosion 침식

p. 10-5

금속 표면에 마찰로 인해 생기는 마모 또는 구멍이 패이는 현상. 모래와 같은 결정, 강한 가스나 강한 액체의 흐름 등에 노출된 표면에 발생한다.

exhaust stack 배기 스택

p. 3-30

일반적으로 소음 수준이 너무 크지 않은 비슈퍼차저 엔진 및 저출력 엔진에 사용되는 배기 계통의 형태

exhaust stroke 배기행정

p. 1-40

배기행정은 4행정 엔진의 마지막 단계. 피스톤은 위쪽으로 이동하면서 연소행정 중에 생성된 열에너지를 갖는 가스를 압축하며, 이 가스는 실린더 상단의 배기밸브를 통해 실린더에서 배출된다.

fatigue failure 피로파괴

p. 1-13

금속 등의 재료가 항복강도보다 작은 응력을 반복적으로 받는 것을 피로라고 하며, 재료가 피로로 인해 파괴되는 것을 피로파괴라고 한다. 응력 변동폭이 클수록 적은 반복 횟수에서도 파괴가 일어난다.

feathering 페더링

p. 7-12

제어 가능한 피치 프로펠러의 블레이드를 약 90°의 높은 피치 각도로 변경하여 고장난 엔진의 프로펠러를 페더링시키면 풍차효과가 발생하지 않고 항력이 크게 감소하여 더 큰 손상을 예방할 수 있다.

flaking 박리

p. 10-5

금속의 도금이나 페인트 처리된 표면이 큰 하중이나 부식에 의해 떨어져 나가는 것을 이른다.

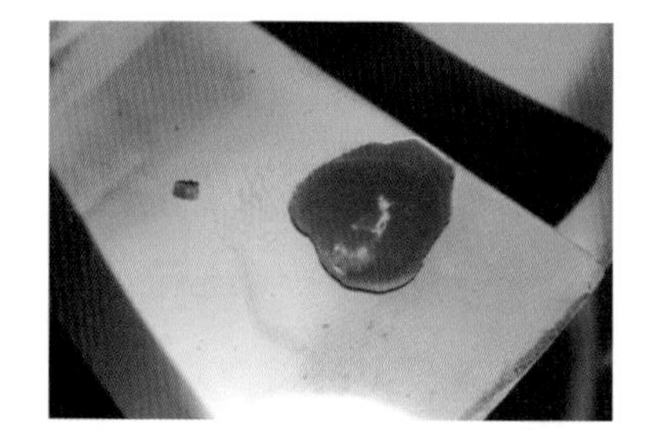

flashover 플래시오버

p. 4-10

마그네토 분배기의 고전압이 잘못된 터미널로 점프하는 점화 시스템의 오작동. 엔진 출력을 감소시키고 진동과 과도한 열을 발생시킨다.

float type carburetor 부자식 기화기

p. 2-13

공급되는 연료량 조절을 위한 힘이 분사노즐 출구보다 아래에 둔 부자식 니들밸브에 의해 발생하는 왕복엔진에 사용되는 카뷰레터의 일종. 기본적으로 엔진 실린더로 공급되는 공기의 흐름과 관련하여 방출되는 연료의 양을 제어하는 float chamber mechanism system, main metering system, idling system, mixture control system, accelerating system, economizer system 등 6개의 서브시스템으로 구성된다.

flow divider 연료흐름 분할기

p. 2-34

계량된 연료를 압력 상태로 유지하고, 모든 엔진 속도에서 적당량의 연료를 각각의 실린더로 분배하며, 제어장치가 idle cutoff 상태에 있을 때 개별 노즐 라인을 차단한다.

fluttering 플러터링

p. 7-2

몸체의 편향과 유체 흐름에 의해 가해지는 힘 사이의 양적(positive)인 피드백으로 인해 발생하는 탄성구조의 동적 불안정성. 프로펠러의 경우 회전 중 심한 떨림으로 나타난다.

fretting 프레팅

p. 10-5

베어링과 같은 진동과 반복된 하중에 노출된 표면운동에 의해 접촉 표면에 발생한 울퉁불퉁한 마모와 부식에 의한 변색

friction horsepower 마찰마력

p. 1-49

엔진이 작동하면서 프로펠러를 회전시키기 위해 일을 하는 동력이 아니라 크랭크축, 피스톤, 기어 및 부속품을 회전시키고 실린더 내부의 공기를 압축하는 데 소모되는 동력의 양. 지시마력에서 제동마력을 뺀 값으로 산출한다.

fuel discharge nozzle 연료분사노즐

p. 2-35

왕복엔진의 실린더 헤드에 장착된 연료의 출구. 연료분사노즐은 실린더 헤드에 위치하며 출구는 흡기 포트로 향한다. 노즐 본체에는 양쪽 끝에 카운터 보어가 있는 드릴로 뚫린 통로가 있다.

fuel evaporation ice 연료증발결빙

p. 2–12

연료가 흡입공기의 흐름에 유입된 후 연료의 증발로 인해 공기 온도가 내려가면서 공기흐름 주변의 온도가 낮아져 유입공기 중의 수분에 형성된 얼음. 연료공기 혼합기의 조절에 영향을 주어 엔진 출력을 조절하는 데 어려움이 발생한다.

fuel injection pump 연료분사펌프

p. 2–36

엔진의 액세서리 구동 시스템에 스플라인 샤프트로 연결되어 장착된 정용량식 로터리 베인 타입(rotary vane type) 펌프

fuel injection system 연료분사장치

p. 2–30

기존의 카뷰레터 시스템과 달리 흡입행정 중에 공기와 혼합되도록 연료를 실린더로 직접 분사하여 공급하는 시스템. 연료 기화에 의한 온도 하락이 실린더 내부 또는 근처에서 발생하기 때문에 매니폴드 등 공급 경로상의 구성품에 발생할 수 있는 결빙의 위험이 낮아 대형 엔진 대부분이 연료분사시스템을 갖추고 있다.

fuel metering section 연료조절부분

p. 2–33

유량분배기로 가는 연료 흐름을 계량하고 제어하기 위해 장착된 구성품. 공기조절부분에 부착되며 inlet fuel strainer, manual mixture control valve, idle valve, main metering jet를 포함한다.

full authority digital engine control (FADEC) 엔진 전자제어장치

p. 4–2

엔진 작동 중에 발생하는 과도한 파워의 변화 및 과열상태를 방지하기 위해 연료의 공급을 조절하는 디지털 전자제어장치. 왕복엔진의 경우 마그네토와 수동 혼합기 조종장치가 필요 없으며, 가스터빈엔진의 경우 제어 정보를 비행조종컴퓨터(FMC)와 EICAS(Engine Indication and Crew Alerting System)에 제공한다.

galling 마손 p. 10-5

서로 접촉하는 표면의 마찰에 의한 마모. 강한 압축력에 의해 표면의 결정구조가 찢어지면서 마찰열로 인해 녹아 부분적으로 달라붙는 현상을 말한다.

geometric pitch 기하학적 피치 p. 7-4

프로펠러가 고체 안을 회전한다고 가정할 경우 한 바퀴 회전할 때의 거리. 이론상으로 한 바퀴 회전할 때 전진한 거리를 말한다.

gouging 가우징 p. 10-5

금속 표면에 발생한 구멍, 홈 또는 움푹 들어간 부분이 생기는 부식

grit blasting 그릿 블라스팅 p. 10-9

연마제를 물체의 표면에 강하게 분사하여 오염물을 제거하거나 표면 처리의 마무리 작업

grooving 그루빙 p. 10-5

회전하는 구성품에 칩이나 금속조각 등이 유입되어 발생하는 연속적인 띠 모양의 홈이나 패이는 것

ground boosted engine 지상승압엔진 p. 3-9

엔진의 정격 마력을 달성하기 위해 해수면 압력보다 훨씬 높은 매니폴드 압력을 만들어 공급하기 위해 수퍼차저 또는 터보차저가 장착된 항공기 왕복엔진

hollow 중공 p. 1-12

무게 경감, 윤활유의 흐름 통로 역할을 할 수 있는 공간 확보를 목적으로 피스톤 핀과 같은 기둥형태의 구조물을 만들 때, 내부가 빈 상태로 가공하는 것 또는 비어 있는 공간

hopper tank 호퍼 탱크 p. 6-9

추운 날씨에 엔진 시동을 돕기 위한 윤활유 가열장치. 엔진 오일탱크 내부에 있는 오일과 순환하고 있는 오일을 분리시켜 보다 적은 양의 오일이 순환하여 엔진 시동 시 오일을 빨리 데워지게 한다.

horsepower 마력 p. 1–41

중력단위계에서 일률의 단위. 짐마차를 부리는 말이 단위 시간에 하는 일을 실측해 33,000 lb · ft/min을 1마력으로 정의한다.

hot-spot 열점 p. 3–30

윤활유나 연료 입자에 의해 발생한 국부적인 탄소 침전물을 발견할 수 있는 연소실의 특정 위치. 연소실 내의 탄소입자는 더 많은 열을 보유하므로 계획된 점화시기와 별개로 자동 발화해 가솔린엔진의 노킹을 유발하는 등 엔진효율을 큰 폭으로 감소시킨다.

hydraulic lock 유압폐쇄 p. 8–6

왕복엔진의 하부 실린더로 오일이 피스톤 링을 지나 연소실로 스며들어 채워진 상태. 엔진 시동 전에 오일을 제거하지 않으면 심각한 손상을 입을 수 있다.

idle cutoff system 연료차단장치 p. 2–10

기화기에 장착되어 엔진을 멈추기 위해 연료를 차단할 수 있도록 마련된 시스템. 수동 혼합기조절장치에 통합된 이 시스템은 조절 레버를 "idling cutoff" 위치로 설정할 때 기화기로부터의 연료 방출을 완전히 정지시킨다.

idle needle valve 아이들 니들 밸브 p. 2–25

엔진이 추가적인 부하가 요구되지 않는 작동상태에서 정해진 출력을 낼 수 있도록 연료 흐름을 제한하는 밸브. 링케이지에 의해 스로틀 샤프트에 연결되어 있으며, 원하는 저출력값을 설정할 수 있다.

idling 공회전 p. 1–4

항공기가 정지해 있는 상태에서 엔진 액세서리를 제외한 추가적인 부하 없이 작동하고 있을 때의 엔진의 파워. 엔진이 작동하고 있는 상태의 가장 낮은 파워 상태로 제작 시 제공된 기준값들과의 비교를 통해 엔진의 상태를 모니터링할 수 있다.

idling system 공회전시스템 p. 2–9

엔진 회전속도가 약 800 rpm 또는 20 mph 미만에서 엔진이 정지하지 않고 작동할 수 있도록 공기 연료혼합기를 제공하기 위한 시스템. 엔진이 공회전 중일 때 스로틀은 거의 닫히며, 벤투리를 통과하는 공기 흐름이 제한되어 진공에 가까운 상태가 발생하기 때문에 주 분사 노즐 튜브에서 연료를 흡입할 수 없어 이를 해결하기 위해 스로틀 밸브와 벽 사이에 저속 제트(idling jet)라고 하는 흡기 통로를 만들어 연료혼합기를 지속적으로 공급할 수 있도록 한다.

impact ice 충돌 결빙 p. 2-12

대기 중의 눈, 진눈깨비, 수분 등이 32°F 미만 온도의 표면에 충돌하면서 형성된 얼음. 기화기의 elbow, screen과 metering element 등 관성 효과로 인해 공기 흐름의 방향을 바꾸는 부분에 형성될 수 있다.

impuls coupling 임펄스 커플링 p. 4-24

엔진과 마그네토 축 사이에 장착된 시동 보조장치. 내부 스프링과 플라이웨이트(flyweight)가 작동하여 양호한 스파크를 만들어 내기에 충분한 빠르기로 마그네토를 회전시키고 시동하는 동안에 점화시기를 지연시키는 역할을 한다.

inclusion 개재물 p. 10-5

부품을 구성하는 금속의 내부에 포함된 이물질. 몸체를 이루는 금속 전체가 비슷한 탄성 등의 성질을 갖고 있지만, 노출된 열에 의한 변형률이 달라 국부적으로 강도가 약한 부분이 나타날 수 있다.

indicated horsepower 지시마력 p. 1-45

엔진 내부의 마찰 손실을 고려하지 않은 엔진이 생산하는 이론적인 동력

induction system icing 흡입계통 결빙 p. 3-5

항공기가 구름, 안개, 비, 진눈깨비, 눈 또는 심지어 수분 함량이 높은 맑은 공기에서 비행하는 동안, 연료-공기 혼합기 공급경로상에 얼음이 형성되는 현상. 연료와 공기 혼합기 공급의 흐름을 차단하거나 혼합기 비율을 변화시킬 수 있어 매우 위험하다.

intake stroke 흡입행정

p. 1-38

흡입행정은 4행정 사이클을 갖고 있는 엔진의 첫 번째 단계. 피스톤의 하향 움직임이 진행되면서 실린더 상단의 흡입밸브를 통해 연료와 공기 혼합물을 연소실로 끌어들이고 이 과정에서 부분 진공을 생성한다.

internal timing 내부 타이밍

p. 4-36

마그네토가 E-gap 위치에 있을 때 마그네토의 브레이커 포인트가 열리도록 맞추는 것. 외부 타이밍을 맞춘 후 마그네토 안에 있는 배전기 구동기어에 비스듬히 깎아 표시한 부분을 케이스의 표시된 부분에 맞추어 크랭크케이스에 부착한다. 타이밍 라이트의 도선 중 접지선을 크랭크케이스에 연결하고 나머지 연결선을 각각의 마그네토 브레이커 포인트에 장착한 후 프로펠러를 회전시켜 램프가 동시에 켜질 때까지 조절한 후 마그네토의 고정작업을 수행한다.

kick back 킥백

p. 2-11

엔진 시동 시에 피스톤이 압축행정에서 천천히 위쪽으로 이동하는 동안, 점화가 일어나면서 피스톤이 압축행정의 상단 중앙을 통과하기 전에 팽창압력이 피스톤에 전달되어 크랭크축이 역회전하는 현상. 지연점화를 위한 점화 타이밍 조절로 방지할 수 있다.

knuckle-pin 너클핀

p. 1-16

핀 이음에서 한쪽 포크 아이 부분을 연결할 때, 두 구성품이 상대적인 각운동을 할 수 있도록 구멍에 수직으로 장착하는 굵기가 일정한 둥근 핀

Lenz's law 렌츠의 법칙

p. 4-5

주변의 자기장의 변화가 전류를 흐르게 하는 기전력을 발생시키며, 이러한 기전력이 발생하는 현상을 전자기유도라고 한다. 렌츠의 법칙은 이때 변화하는 자기장에 의해 도체에 유도되는 전류는 코일 주위의 자기장의 변화를 방해하는 방향으로 유도전류를 발생시킨다고 정의하였다.

low-tension magneto 저압 마그네토

p. 4-16

고압 마그네토와 다르게 낮은 전압은 마그네토에서 만들어지고 점화플러그와 가까운 곳에 위치한 변압코일에서 승압시키는 마그네토. 고전압이 변압기와 점화플러그 사이의 짧은 도선에만 통하기 때문에 플래시 오버가 발생하지 않는 장점이 있다.

magnetic chip detector(MCD) 마그네틱 칩 디텍터

p. 8-3

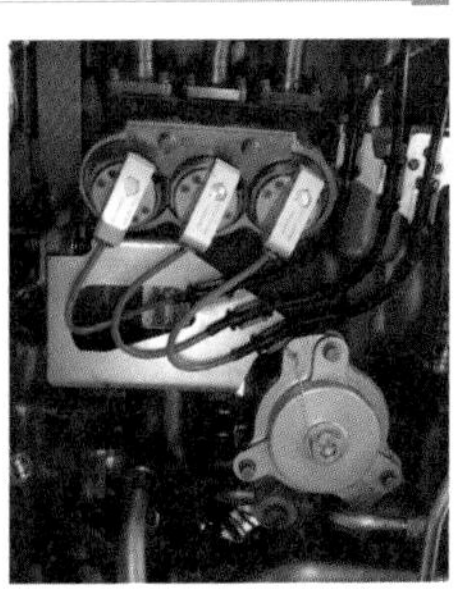

엔진오일 계통 내부의 철금속 부품의 손상 정도를 점검하기 위해 오일탱크 하부에 장착된 마그네틱 플러그. 오일탱크, 기어박스, 스타터 등 오일이 지나는 흐름이 있는 낮은 부분에 장착되어 베어링이나 기어 등 내부 구성품의 마모, 충격에 의해 깨진 조각 등의 철금속의 유무를 주기적으로 점검하여 엔진 등 해당 구성품의 지속적인 사용 여부를 분석하는 점검방법이다. 최근 debris monitoring system detectors라는 명칭의 디지털 방식이 적용되어 정비사가 열어보는 수고를 덜어주고 조종석 CDU engine maintenance page에서 실시간으로 확인할 수 있는 기능으로 향상되었다.

magneto 마그네토

p. 3-21

영구자석을 사용하여 교류의 주기적인 펄스를 생성하는 발전기. 영구자석이 아닌 필드 코일을 사용하는 대부분의 다른 교류 발전기와 달리, 마그네토에는 직류를 생성하는 정류자가 없다.

magneto drop 마그네토 드롭

p. 4-40

점화계통의 상태를 점검하기 위해 엔진이 가동되고 있는 상황에서 점화스위치의 포지션을 변경하면서 회전계기의 회전수가 떨어지는(drop) 정도를 확인하고 이상 유무를 판단하는 것. 비행 전 마그네토 드롭 점검을 통해서 엔진의 정상 작동 여부를 판단하는 기준으로 삼는다.

main journal 주 저널

p. 1-11

크랭크축의 회전 중심으로 주 베어링이 장착되는 곳. 엔진 출력부의 회전 구성품 무게와 작동 하중을 견디기 위해 두 개 이상의 메인 저널로 구성된다. 보통은 크랭크케이스 전방과 후방에 지지되어 크랭크축이 회전하는 동안 함께 작동하는 구성품들의 기준축 역할을 한다.

main metering system 주 계량장치

p. 2-9

아이들링(idling) 작동 이상의 모든 속도에 반응하여 조절된 연료를 엔진에 공급하는 장치. 구성품으로 venturi, main metering jet, main discharge nozzle, idling system으로 이어지는 통로, 스로틀밸브(throttle valve)가 있으며, 이 시스템에 의해 배출되는 연료는 벤투리 목 부분의 압력 강하에 의해 결정된다.

manifold pressure 매니폴드 압력

p. 3-2

왕복엔진의 연료-공기 혼합기를 공급해주는 시스템 내에 존재하는 절대압력. 엔진의 실린더로 공기를 밀어 넣는 힘을 말하며, 일반적으로 매니폴드 압력이라고 한다.

manual mixture control valve 수동혼합기 조정밸브

p. 2-25

벤투리 흡입공기를 블리딩하여 항공기의 고도가 높아짐에 따라 정확한 연료와 공기혼합기의 비율을 유지하는 역할을 하는 밸브. 레버의 포지션은 ① 희박 혼합비, ② 농후 혼합비, ③ 연료 흐름을 완전히 멈춤. 이 세 가지 중에서 선택할 수 있다.

mechanical efficiency 기계효율

p. 1-52

실린더에서 팽창하는 가스에 의해 발생된 동력이 실제로 출력 샤프트로 전달되는 정도를 나타내는 비율

$$\textit{mechanical efficiency} = \frac{\text{bhp}}{\text{ihp}}$$

metallic sodium 금속나트륨

p. 1-26

왕복엔진의 배기밸브를 높은 열로부터 보호하기 위해 밸브 내부에 충전된 금속나트륨. 금속나트륨은 우수한 열전도체이며, 엔진 작동으로 인해 상승한 높은 열에 노출되면 약 208°F에

서 금속나트륨이 녹아 중공으로 만들어진 밸브 내부를 액체 상태로 상전이된 나트륨이 왕복운동을 통해 순환하며, 순환 운동하는 나트륨이 밸브 헤드에서 밸브 스템으로 열을 전달하여 밸브 가이드를 통해 실린더 헤드와 냉각핀으로 열을 방출한다. 이러한 열전달을 통해 밸브의 작동온도는 300~400°F까지 낮아질 수 있다.

mixture control system 혼합기 조절장치

p. 2-10

고고도 비행 중 혼합기가 너무 농후해지지 않도록 연료의 양을 조절해주는 장치. 벤투리에 의해 생성되는 저압 영역은 공기 밀도보다는 공기 속도에 따라 달라지는데, 낮은 고도에서와 동일한 양의 연료를 높은 고도에서 분사 노즐을 통해 공급해 줄 때 밀도가 낮은 공기와 혼합된 혼합물은 고도가 높아질수록 더욱 농후 혼합기 상태가 되어 이를 방지하기 위해 고도 변화에 따른 연료의 공급량을 조절해 준다.

mounting lug 장착 러그

p. 1-9

보기품을 장착한 엔진을 항공기에 안전하게 고정할 수 있도록 크랭크 케이스 후면 또는 성형엔진의 디퓨저 섹션 주변에 마련된 구조부

muffler 머플러

p. 3-29

내연기관의 배기가스에서 발생하는 소음을 줄이기 위한 장치. 왕복엔진에 사용된 머플러는 객실과 기화기에 사용될 뜨거운 공기를 공급할 열교환기 역할을 하도록 만들어진다.

nick 찍힘 p. 10-5

얇은 구성품이나 부품의 가장자리 끝부분이 강한 접촉에 의해 잘리거나 찍히는 것. FOD에 의한 터빈 블레이드 끝부분의 손상이 자주 발생한다.

nitriding 질화처리 p. 1-12

500~600℃의 온도에서 40시간 이상 암모니아 가스에 노출시켜 강의 표면에 질소가 침투하도록 하여 강의 표면을 경화시키는 열화학적 처리방법. A1 변태점(723℃) 이하의 온도에서 처리하여, 조직 변화를 유도하는 경화방법이 아니기 때문에 침탄법과 비교할 때 열처리 변형이 작다는 장점이 있다.

oil control ring 오일조절링 p. 1-19

실린더벽의 오일 필름 두께를 조절하는 기능을 수행하기 위해 압축링 바로 아래 및 피스톤 핀 보어 위의 홈에 장착되는 링. 피스톤당 하나 이상의 오일조절링이 장착되며, 필요 이상의 오일이 크랭크케이스로 되돌아갈 수 있도록 링 홈의 바닥이나 홈 옆의 랜드에 구멍 가공을 한다.

oil dilution 오일 희석

온도가 매우 낮은 추운 날씨에도 왕복엔진을 시동할 수 있도록 윤활유의 점도를 일시적으로 낮추는 방법. 엔진을 정지시키기 전에 연료계통의 충분한 가솔린이 엔진의 윤활유와 혼합, 희석되어 오일의 점도가 낮아져 스타터에 부하가 발생하지 않고 시동을 걸 수 있도록 하는 기능이며, 엔진이 시동되고 오일이 예열되면 가솔린은 증발하여 오일의 성능은 유지된다.

oil scraper ring 오일 스크레이퍼 링 p. 1-20

피스톤 스커트 부분에 위치하며 경사단면이 있어 피스톤이 하향할 때 실린더벽의 오일을 긁어 내리는 역할을 하는 링. 연소실에 오일의 유입을 막아 오일 소모량을 줄인다.

opposed type engine 대향형 엔진

p. 1-5

경량항공기에 많이 사용되고 있는 왕복엔진의 하나로, 실린더의 배치방법에 의한 분류에 해당하며, 실린더가 마주보며 수평으로 엇갈려 배치되어 좌우로 움직여 동력을 발생시키는 형상을 하고 있다. 항공기용 왕복엔진 중에서 효율성·신뢰성·경제성이 우수하여 최근 인기가 많은 조종사 양성기관의 초등비행 훈련용 항공기 대부분에서 사용하고 있다.

otto cycle 오토사이클

p. 1-38

가솔린 기관 또는 전기점화 내연기관의 기본이 되는 이론 사이클로서 2개의 단열과정과 2개의 정적과정으로 이루어져 있다. 동작유체에 대한 열공급 및 방출이 일정한 체적하에서 이루어지는 정적사이클이다.

overrunning clutch 오버러닝 클러치

p. 5-10

입력축과 출력축을 연결하는 클러치 유형. 입력축이 구동되면 출력축도 함께 회전하고, 출력축이 구동되면 입력축은 회전하지 않는다.

overshoot 오버슈트

p. 3-21

터보차저를 장착한 엔진이 자연 흡기 엔진보다 스로틀 감도가 더 민감하기 때문에, 스로틀을 빠르게 움직일 때 발생하는 터보차저 엔진 매니폴드 압력의 일부 쏠림 현상이다.

piston 피스톤

p. 1-17

실린더 내부의 팽창가스의 힘을 커넥팅 로드를 통해 크랭크축에 전달하는 구성품. 엔진 수명을 길게 유지하기 위해 피스톤은 높은 작동 온도와 압력에 견딜 수 있는 강도를 갖도록 제작하며, 성능을 향상시키기 위해 다양한 단면형상으로 만들어진다.

piston ring 피스톤 링

p. 1-19

왕복엔진 피스톤의 외경에 장착된 주철이나 강철로 만들어진 분할 링. 가스의 손실을 막고, 실린더벽으로 열을 전달하며, 피스톤과 실린더벽 사이의 적절한 오일양을 유지하는 기능을 하기 때문에 주기적인 점검이 필요하다. 대표적으로 end gap과 side clearance 측정을 수행하여 링의 상태를 점검하며, 검사를 위해 링이 부러지지 않도록 상당한 주의가 요구된다.

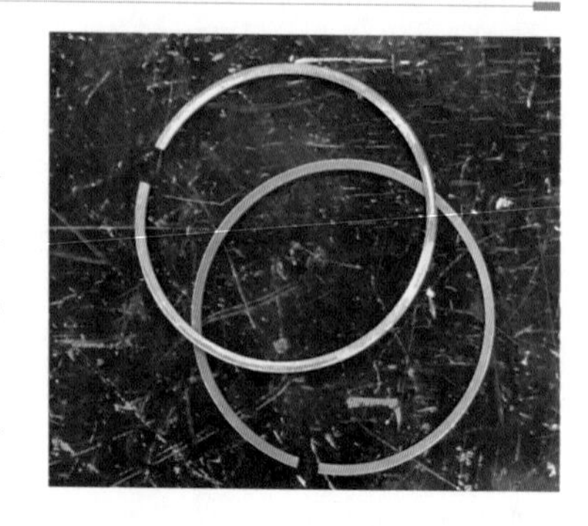

pitting 피팅

p. 10-6

금속 표면에 발생한 작은 구멍 형태의 부식

plain bearing 플레인 베어링

p. 1-33

플레인 베어링(미끄럼 베어링)은 베어링 표면만 있고 롤링 요소가 없는 가장 단순한 유형의 베어링을 말한다. 베어링이 저널부의 표면 전부 또는 일부를 둘러싼 것 같은 형태로 접촉면 사이에 윤활유가 도포되어 있으며, 가장 간단한 예로는 구멍에서 회전하는 샤프트가 있다.

power stroke 폭발행정

p. 1-40

폭발행정은 4행정 사이클을 갖고 있는 엔진의 세 번째 행정. 점화된 연료와 공기 혼합물이 팽창하여 피스톤을 아래쪽으로 밀어내며, 이 팽창에 의해 생성된 힘이 엔진의 회전력을 만들어 낸다.

powerplant 동력장치

p. 1-2

엔진과 함께 한 묶음으로 교환되는 구성품들까지를 포함해서 부르는 명칭. 엔진 본연의 기능인 가스 발생(gas generation)을 수행하기 위한 주요 구성품과 이 구성품들을 항공기에 장착하기 위해 필요한 보기품, 배관 및 배선 등을 포함하며, 이들이 모여 비로소 엔진의 기능인 연소를 수행하며 에너지를 만들어 낼 수 있는 하나의 덩어리로 생각할 수 있다.

preignition 조기점화 p. 1-44, p. 10-31

정상적인 점화시기 전에 엔진 실린더 내부의 연료-공기 혼합물이 점화되는 것. 조기점화는 보통 실린더 내부의 열점으로 인해 발생한다.

preservation oil 프리저베이션 오일 p. 10-42

엔진 등을 사용하지 않고 저장하기 위해 내부에 공급하는 오일. 부식, 녹 방지제가 첨가된다.

pressure injection carburetor 압력분사식 기화기 p. 2-21

연료펌프에서 가압되어 분사 노즐까지 공급되는 방식으로, 대형, 성형 및 V형 엔진에 사용되는 여러 개의 압력격실이 있으며 스로틀을 지나는 공기 흐름량에 반응하여 연료량을 조절하는 장치. 조절된 연료는 엔진으로 유입되는 공기량을 기준으로 계량되며, 슈퍼차저 임펠러의 중앙 부분에 펌프압력으로 분사된다.

prony brake 프로니 브레이크 p. 1-47

엔진이 출력 샤프트에 전달하는 마력의 양을 측정하는 데 사용되는 도구. 특정 rpm으로 작동하고 있는 엔진에서 발생하는 출력에 제동력을 가하고, 발생하는 토크의 양을 측정하여 제동마력으로 변환한다.

proof test 보증시험 p. 1-3

하중 지지 구조물의 적합성을 입증하기 위한 응력시험의 한 형태. 종종 실제 사용 시 예상되는 하중 이상을 적용하여 안전성과 설계 마진을 입증한다.

propeller balancing 프로펠러의 균형 p. 7-34

항공기 내 진동의 원인인 프로펠러 언밸런스는 정적 불균형과 동적 불균형이 있다. 정적 불균형은 프로펠러의 무게중심(CG)이 회전축과 일치하지 않을 때 발생하고, 동적인 불균형은 블레이드나 카운터웨이트와 같은 요소의 CG가 동일한 회전면에서 따르지 않을 때 발생한다.

propeller shaft 프로펠러축 p. 1-36

엔진의 크랭크 샤프트로부터 만들어진 토크와 회전을 전달하기 위한 기계적 구성요소. 테이퍼형, 스플라인형, 플랜지형의 3가지가 주로 사용된다.

propellers hunting 프로펠러의 난조 p. 7-43

엔진 속도가 원하는 속도보다 높거나 낮은 상태로 주기적으로 변하는 것

propulsive efficiency 추진효율 p. 1-53

항공기 엔진이 연소시킨 연료를 유용한 추력으로 변환하는 효과를 나타내는 척도. 프로펠러가 생산하는 추력 마력과 프로펠러를 돌리는 샤프트의 토크 마력의 비율로 계산하는데 항공기의 속도가 배기 제트 또는 프로펠러 후류의 속도에 가까울수록 후류에서 손실되는 운동에너지가 적고 추진효율이 높아진다.

push rod 푸시 로드 p. 1-31

밸브 태핏에서 로커 암으로 리프팅 힘을 전달하는 관 모양의 로드. 튜브 모양의 하우징에 둘러싸여 있으며 크랭크케이스에서 실린더 헤드까지 연장되며, 푸시 로드 튜브라고도 한다.

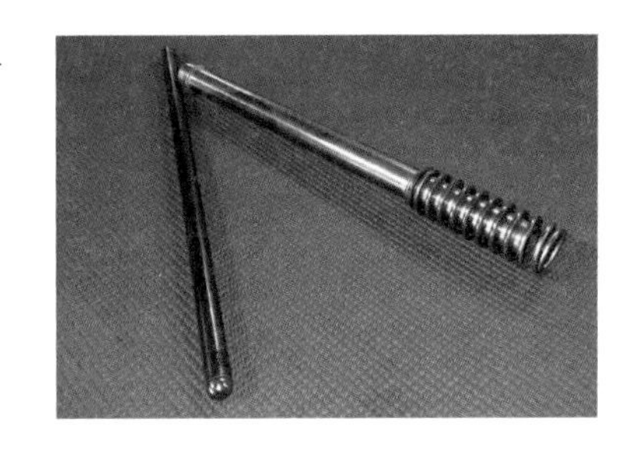

quick engine change assembly (QECA) 엔진 교환 모듈 p. 8-5

엔진을 교환해야 할 경우 그라운드 시간을 줄이기 위해 단위 구성품별로 교환할 수 있도록 설정된 모듈단위의 구성품. 보통은 엔진을 교환할 때에 한정하여 사용되던 용어지만 정비용어로 일반화되었다. 엔진 교환 시 코어엔진을 장착하기 위해 필요한 구성품들의 번들 개념으로 인식할 수 있으며, 해당 번들을 교환함으로써 엔진 장탈착 시간을 줄일 수 있다.

receiving inspection 수령검사 p. 10-3

구매품에 대해 구매 품질의 기준과 구매 발주의 정보에 따라 제품의 적합성 여부를 확인하는 검사. 구매한 제품을 항공기에 장착하기 위한 사전작업으로, 현장에 제공된 어셈블리를 대상으로 장착에 필요한 구성품의 수량과 상태 등을 확인한다.

reduction gear 감속기어 p. 1-8

왕복엔진의 출력을 키우는 방법 중 하나. 크랭크축의 출력 행정 수의 증가를 들 수 있는데, 회전속도 증가에 따라 출력이 증가하지만 프로펠러의 회전속도가 과도하게 빠를 경우 프로펠러 끝 속도가 음속에 가까워져 프로펠러의 효율이 감소하여 역효과가 일어나기 때문에, 적절한 회전속도를 유지하기 위한 기어장치. 프로펠러의 효율 감소와 같은 문제점을 해결하기 위해 크랭크축의 회전속도는 빠르게 유지하면서 프로펠러의 회전속도를 상대적으로 낮게 유지하기 위해 크랭크축과 프로펠러 사이에 장착된다.

reliability 신뢰성 p. 1-3

어떠한 계통 또는 부품이 정해진 환경 조건하에서 규정된 시간 동안 고장 나지 않고 만족스럽게 주어진 기능을 다할 확률

rocker arm 로커암

p. 1-32

피벗 역할을 하는 플레인, 롤러, 볼베어링 또는 이들의 조합에 의해 지지되어 캠에서 밸브로 리프팅 힘을 전달하는 구성품. 일반적으로 팔의 한쪽 끝이 푸시 로드와 맞닿아 있고, 다른 한쪽 끝은 밸브 스템에 접촉하고 있어 밸브를 열고 닫는다. 흡입밸브와 배기밸브에 장착되는 로커암의 크기와 각도가 다르기 때문에 서로 바뀌어 장착되지 않도록 사전에 구분이 필요하다.

roller bearing 롤러베어링

p. 1-34

마찰을 최소화하면서 하중을 전달하도록 설계된 베어링. 베어링의 움직이는 부분 사이의 분리를 유지하기 위해 실린더 롤링 요소를 사용하여 하중을 전달하며, 방사상의 하중과 추력하중을 모두 지지할 수 있다.

rotary cycle engine 로터리 사이클 엔진

p. 1-41

왕복엔진이 피스톤의 직선운동을 회전운동으로 바꾸는 것과는 다르게, 연소가스의 폭발력이 로터를 직접 회전시켜 동력을 만드는 엔진. 로터하우징(rotorhousing) 내부의 단면이 에피트로코이드(epitrochoid) 곡선이라고 불리는 형상을 하고 있으며, 그 가운데에 피스톤에 해당하는 3각형 모양의 로터(rotor)가 회전하고, 로터와 하우징벽 사이에 체적이 변화하는 3개의 공간을 형성하면서 각각의 공간을 통과하는 혼합기에 흡입, 압축, 연소, 배기가 순차적으로 진행된다. 이때 연소가스의 팽창력이 로터를 회전시킨다.

scavenge pump 배유펌프

p. 3-17

윤활 등의 목적으로 공급된 오일을 크랭크케이스로부터 오일탱크로 회송시켜 주기 위해 일부 내연기관에서 사용되는 오일펌프

scoring 스코어링

p. 10-6

움직이는 부품에 생긴 깊고 굵은 긁힘.

scratches 스크래치

p. 10-6

작동 중 이물질 등에 의해 생긴 가는 선 모양의 긁힘.

scuffing 스커핑

p. 10-6

부품 간의 마찰에 의해 고열이 발생하는 피스톤 링이나 기어 톱니와 같은 구성품에 윤활이 안 되어 금속 간에 직접적인 접촉이 발생하면서 그 마찰열에 의해 용접한 것과 같이 나타나는 달라붙음 현상이나 보호 피막층의 손실

slip joint 슬립 조인트

p. 1-9

공기와 연료의 혼합가스를 공급하는 흡입관의 누설을 방지하기 위해 내부에 패킹을 장착하여 움직임이 가능하도록 만들어진 연결부분

slip ring 슬립링

p. 7-25

발전기 또는 교류발전기의 로터 샤프트에 장착된 부드럽고 연속적인 황동 또는 구리 링. 프로펠러 허브에 장착된 슬립링의 매끄러운 표면에 있는 브러시는 로터 코일 안팎으로 전류를 전달한다.

spark plug gap 점화플러그 간극

p. 4.3

점화플러그 전극과 전극 사이에 불꽃이 튈 수 있도록 만들어진 간격. 왕복엔진의 경우 일반적으로 점화플러그를 설치하는 작업자가 접지전극을 약간 구부려 조정할 수 있는 스파크 간격을 갖도록 설계되어 있으며, 갭 게이지(gap gauge)를 활용해서 동일한 플러그 제품을 해당 항공기 매뉴얼에 따라 각각 다른 간격으로 적용할 수 있다.

specific gravity 비중

p. 6-5

물질의 중량을 특정 온도에서 동일한 양의 증류수의 무게와 비교한 것

spectrometric oil analysis engine inspection program 오일분광검사 프로그램 p. 8-4

오일 샘플을 전기 아크로 태우면서 생성된 빛의 파장을 분석하는 프로그램. 오일의 각 화학 원소는 연소될 때 고유한 주파수 대역을 포함하는 빛을 생성하는데, 컴퓨터는 각 주파수 대역의 양을 분석하여 오일의 특정 요소가 비정상적으로 증가하는 것으로 엔진에 발생한 결함을 예측한다.

spinner 스피너 p. 7-28

항공기의 구성 요소로, 프로펠러 허브 또는 터보팬 엔진 중앙에 장착된 유선형 페어링. 기체를 전반적으로 더욱 간소화하여 공기 역학적 항력을 줄이고 공기 흐름을 원활하게 하여 공기흡입구로 효율적으로 유입되도록 한다.

squib 스퀴브 p. 9-11

엔진, CGO 등에 장착된 fire bottle의 작동을 위해 사용하는 특수목적의 소형 폭발물. bottle에 충전된 소화액을 배출시키기 위한 격발장치로, 봉인된 frangible disk를 찢을 정도의 충격력을 발생시키며, 테스트할 때 적절한 절차를 준수하여 bottle의 격발장치가 작동되지 않도록 주의가 필요하다.

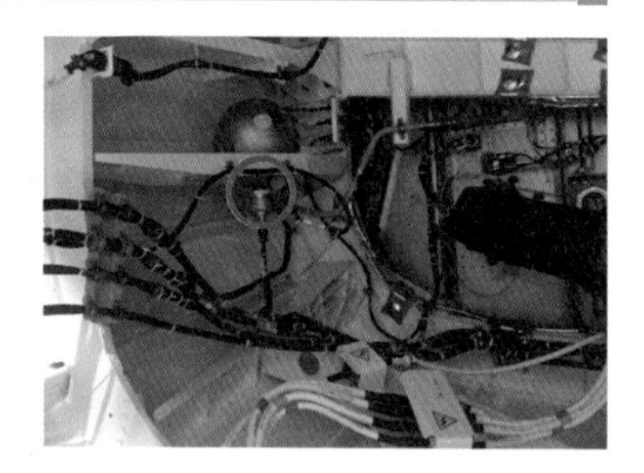

static balance 정적 균형 p. 1-13

물체에 제동력이 가해지지 않은 조건에서 축이 중력으로 인해 회전하는 경향이 없이 수평인 상태를 유지할 수 있는 것. 정적 균형은 물체의 무게중심이 회전축에 있을 때 발생하며 프로펠러와 같이 회전하는 구성품의 수리 개조 후 항공기에 장착하기 전 균형 검사를 하며 측정장비에 수평상태로 올려진 프로펠러의 움직임 여부로 판단한다.

stellite 스텔라이트 p. 1-25

내마모성을 위해 설계된 코발트-크롬계 합금. 합금은 텅스텐 또는 몰리브덴이 포함되며 소량이지만 특성을 강화하는 양의 탄소가 포함될 수 있다.

structural inspection 구조검사 p. 10-10

항공기 뼈대에 해당하는 주요 하중을 담당하는 구성 요소의 구조적 건전성을 검증하기 위해 수행하는 육안검사

supercharger 과급기 p. 1-4

왕복엔진을 장착한 항공기가 고고도에서 부족한 공기밀도를 보충하기 위해 기계적으로 공기를 공급하는 강제 유도장치. 비행고도가 높아질수록 해당 대기 중의 공기밀도가 낮아져 흡입공기의 질량유량이 낮아짐으로써 엔진의 성능 저하를 유발하기 때문에 강제적으로 압축시킨 공기를 공급시켜주는 것이 목적이다. 과급기의 목적과 기능은 터보차저와 유사하지만, 엔진에 직접 연결되어 구동되는 점이 다르다.

takeoff power 이륙출력 p. 1-3

항공기기술기준에 의해 왕복엔진은 표준해면고도 조건 및 정상 이륙의 경우로 승인을 받은 크랭크샤프트 회전속도와 매니폴드 압력이 최대인 조건하에서 결정된 제동마력, 터빈엔진은 지정된 고도와 대기온도에서의 정격 조건 및 정상 이륙의 경우로 승인을 받은 로터축 회전속도와 배기가스 온도가 최대인 상태하에서 결정된 제동마력으로 정의된 출력으로, 각 엔진의 이륙출력은 승인을 받은 엔진 사양에서 명시된 사용시간으로 제한된다.

tappet assembly 태핏 어셈블리 p. 1-30

캠 로브의 회전운동을 왕복운동으로 변환하고 이 운동을 푸시로드, 로커 암, 밸브 팁으로 전달하여 적절한 시기에 밸브를 여는 역할을 하는 구성품. 어셈블리 내부에 채워진 오일 압력이 밸브 간극을 제로가 되도록 유지해 준다.

temperature bulb 온도감지장치 p. 6-14

내부에 충전된 유체의 팽창원리를 이용해서 온도를 측정하는 장치

thermocouple 열전쌍 p. 9-4

두 개의 서로 다른 금속 와이어로 만들어지며 끝이 서로 용접되어 루프를 형성한다. 와이어가 결합된 접합부의 온도 차이에 비례하는 전압이 루프에 존재하고, 루프에 흐르는 전류의 양은 와이어에 사용되는 금속 종류, 접합부 간의 온도 차이 및 와이어 저항에 의해 결정된다. 너무 높은 온도라서 실제값을 측정할 수 없기 때문에 비교값으로 해당 부분의 온도를 생성한다.

throttle ice 스로틀 결빙 p. 2-12

스로틀 밸브가 부분적으로 "닫힌" 위치에 있을 때 스로틀 후면에 발생되는 얼음. 스로틀 밸브를 통과하는 공기의 빠른 진입은 후면에 낮은 압력을 유발하고, 이것은 스로틀 전체에 압력 차이를 만들어 연료와 공기 혼합기의 진입 시 냉각 효과를 제공하는 것이 되어, 저압 영역에서 수분이 얼어붙고 저압 쪽에서 쌓이게 된다.

throttle valve 스로틀밸브 p. 2-7

카뷰레터에 내장되거나 카뷰레터 바로 바깥쪽에 장착되어 엔진에 대한 공기와 연료 혼합기의 공급량을 조절하도록 설계된 밸브. 핸드휠, 레버 또는 가버너에 의해 자동으로 작동된다.

thrust 추력 p. 1-2

항공기가 비행 중 공기 중을 통과하면서 발생하는 공기의 저항을 극복하는 데 필요한 힘. 가스터빈엔진, 프로펠러의 작동이 좋은 예로, 뉴턴의 제3법칙인 작용-반작용의 법칙으로 설명된다.

thrust bearing 추력 베어링 p. 7-21

특정 유형의 회전 베어링. 다른 베어링과 마찬가지로 부품 간에 영구적으로 회전하지만 주로 축방향 하중을 지지하도록 설계된다.

thrust horsepower(THP) 추력마력 p. 1-2, p. 1-50

축 출력을 이용하는 항공기의 일률을 표시하는 마력과 제트엔진과 같이 축 출력을 활용하지 않는 엔진 추력인 힘을 직접 비교할 수 없기 때문에, 제트엔진 추력이 어느 정도의 마력을 내는지를 비교하기 위해 환산된 값. 항공기의 속도가 주어져야 하기 때문에 비행 시의 진추력을 이용한다.

터보 제트엔진이 생성하는 추력과 동등한 마력. 파운드로 표현되는 엔진의 순 추력과 시간당 마일로 측정한 항공기 속도를 곱한 다음 375로 나눈 값으로 추력마력을 계산한다.

$$\text{추력마력(THP)} = \frac{\text{추력(lbs)} \times \text{mph}}{375}$$

thrust specific fuel consumption 추력당 연료소비율

p. 1-3

터빈엔진을 장착한 항공기의 연료 효율성을 나타내는 엔진 성능지표로서, 단위시간당 정격 추력을 제공하기 위해 필요한 연료의 질량을 의미한다.

time between overhaul(TBO) 오버홀 주기

p. 1-3, p. 10-2

항공기 기체 사용시간이나 엔진 사용시간 등을 기준으로 한 오버홀과 오버홀 사이의 시간을 의미. 설정된 시간이 도래할 때마다 오버홀을 수행해야 하는데, 제작사의 권고에 따른 적절한 운용과 정비절차에 의해 TBO가 결정된다.

timing light 타이밍 라이트

p. 4-35

브레이커 포인트가 열리는 정확한 시기를 찾아내기 위한 엔진 마그네토 타이밍을 맞출 때 사용되는 측정장치

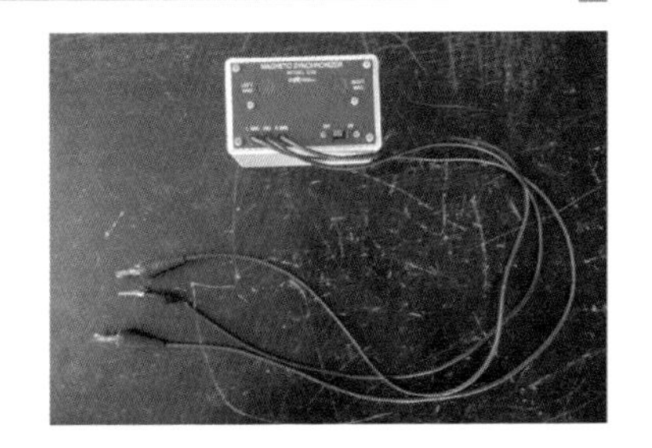

timing reference mark 타이밍 레퍼런스 마크

p. 4-33

크랭크샤프트 풀리 또는 플라이휠에 표기되어 있는 엔진의 점화 시스템 타이밍을 설정하는 데 사용되는 표시. 외부 점화시기를 맞출 때 1번 실린더를 압축행정에 두고 케이스에 표기된 부분에 레퍼런스 마크를 일치시킨다.

top dead center (TDC) 상사점 p. 1-36

4행정 사이클을 갖는 엔진의 압축행정에서 실린더 내부에서 직선 운동하는 피스톤이 위치할 수 있는 가장 높은 지점

turbocharger 터보과급기 p. 3-11

왕복엔진을 장착한 항공기가 고고도에서 안정된 비행을 하기 위해 부족한 공기밀도를 보충하기 위해 기계적으로 구동되는 공급 공기의 강제유도장치. 수퍼차저(supercharger)와 다른 점은 엔진 배기가스의 흐름에서 폐에너지를 회수하여 터빈을 구동시키고, 터빈에 연결된 압축기가 주변 공기를 흡입하여 압축한 다음 엔진 흡입구로 공급하여 더 많은 공기 질량을 생성하여 공급한다. 증가된 공기 질량에 비례해서 더 많은 양의 연료를 실린더로 유입시킴으로써 터보차저 엔진은 자연흡기 엔진보다 더 큰 동력을 만들어낸다.

turboprop engine 터보프롭 엔진 p. 1-4

엔진의 회전이 프로펠러를 구동하도록 최적화된 제트 엔진의 한 형태이다. 마하 0.6 미만의 낮은 비행속도에서 매우 효율적이며 좌석 마일당 연료 소모가 적고 동일한 크기의 터보제트 또는 터보팬 항공기보다 이착륙 시 필요한 활주거리가 짧다. 단거리 노선 운항 시 터보팬 항공기에 못 미치는 저속 특성을 비용 및 성능면에서 상쇄시키므로 단거리 노선의 왕복을 주로 하는 commuter 항공기에 사용되는 엔진이다.

valve guide 밸브 가이드 p. 1-22

실린더 헤드에 장착된 밸브가 내부를 왕복할 수 있도록 압착 또는 한 몸으로 주조된 원통형 금속. 흡입밸브와 배기밸브에 대해 밸브 가이드가 제공되며, 연소과정에서 발생하는 열을 배기밸브에서 실린더 헤드로 전도하는 역할을 한다.

valve operating mechanism 밸브 작동기구 p. 1-6

실린더에 장착된 밸브의 개폐 시기를 조절하는 밸브 작동 메커니즘. 크랭크 케이스 내부

에 장착된 캠 롤러 또는 캠 팔로워에 대해 작동하는 로브가 장착된 캠링 또는 캠축, 실린더에 장착된 밸브로 힘을 전달하기 위한 태핏, 푸시로드, 로커암 등으로 구성된다.

valve overlap 밸브 오버랩 p. 1-26

흡기밸브와 배기밸브가 동시에 벨브시트에서 떨어져 있는 4행정 왕복엔진의 작동주기 부분. 정확하게 상사점에서 열리고 닫히는 것이 아니라, 상사점 전에서 미리 열리고 상사점 후에서 늦게 닫히므로 상대적으로 많은 시간 열려 있는 밸브를 통해 유입되고 배출되는 가스의 증가된 양으로 실린더의 체적 효율과 냉각 효과를 증가시킨다.

valve seat 밸브시트 p. 1-9

알루미늄 합금으로 만들어진 실린더 헤드의 재질 특성으로 밸브 개폐 시의 충격에 견디지 못하기 때문에, 강도가 강한 청동이나 강으로 밸브가 닫히는 부분을 보강하기 위해 삽입한 구성품. 기밀을 확보하기 위해 냉간 수축 상태에서 장착해야 한다.

valve spring 밸브스프링 p. 1-32

밸브를 닫고 밸브시트에 밸브를 단단히 고정하는 역할을 하는 스프링. 만약 스프링이 1개 사용된다면 특정 속도에서 진동하거나 서지가 발생할 수 있기 때문에 진동을 감쇠시키기 위해, 그리고 피로에 의한 스프링의 고장 가능성을 줄일 목적으로 2개 이상의 스프링을 설치한다.

valve timing 밸브 타이밍 p. 1-27

피스톤 엔진에서 밸브 타이밍은 최대 압축효과를 만들기 위해 설정된 흡입밸브와 배기밸브가 열리고 닫히는 시기를 말한다. 이론적인 4행정 프로세스에서 흡기밸브 및 배기밸브가 기능을 수행하기 위해 엔진 사이클의 특정 지점에서 열리고 닫히는 시기를 의미한다.

venturi principle 벤투리 원리 p. 2-6

유체가 파이프의 수축된 부분을 통해 흐를 때 발생하는 유체 압력의 감소 효과를 이용하여 일을 할 수 있도록 만들어진 이론

volumetric efficiency 체적효율 p. 1-53

왕복엔진의 실린더 내부의 연료와 공기 혼합가스의 충전 부피와 실린더의 물리적 총부피의 비율

$$volumetric\ efficiency = \frac{\text{흡입된 혼합기 체적(온도와 압력에 대해 보정된)}}{\text{피스톤 배기량}}$$

waste gate 웨이스트 게이트 p. 3-14

배기가스가 배기덕트로 빠져 나가는 경로상에 장착되어 있으며, 열리고 닫히는 정도에 따라 터보차저의 입구로 보내지는 배기가스의 양을 조절하여 터보차저의 구동력을 조절해 주는 역할을 하는 밸브

water injection system 물분사계통 p. 2-48

대형 성형엔진을 장착한 항공기가 이륙출력 향상을 위해 물과 알코올 혼합액을 스로틀에 분사하는 시스템. 증발열을 이용해 냉각효과를 증가시키고 디토네이션을 예방하는 역할을 하기 때문에 antidetonation injection(ADI)이라고도 한다.

wobble 떨림 p. 7-30

스피너의 불균형이 원인이 되어 엔진 작동 중 발생하는 떨림 현상

| Index |

가속장치 accelerating system p. 2-9 ······ 1
└ 본 책의 페이지 └ 부록 항공용어해설의 페이지

ㅂ

ㅅ

ㅇ

ㅈ

ㅊ

ㅋ

ㅌ

ㅍ

ㅎ